SEDIMENT-PETROLOGIE

von

W. v. ENGELHARDT, H. FÜCHTBAUER, G. MÜLLER

TEIL III

DIE BILDUNG VON SEDIMENTEN UND SEDIMENTGESTEINEN

von

Prof. Dr. WOLF Frh. v. ENGELHARDT

Mineralogisch-Petrographisches Institut der Universität Tübingen

Mit 133 Abbildungen und 55 Tabellen im Text

E. SCHWEIZERBART'SCHE VERLAGSBUCHHANDLUNG

(Nägele u. Obermiller) Stuttgart 1973

Printed in Germany
ISBN 3 510 65003 4 (Teil III)
ISBN 3 510 65004 2 (Teil I-III) Gesamtausgabe

Druck: Gebrüder Ranz, Dietenheim

CARL W. CORRENS
zum 80. Geburtstag

VORWORT ZU TEIL III

H. FÜCHTBAUER und G. MÜLLER haben in dem im Jahre 1970 erschienenen zweiten Teil der Sedimentpetrologie den Mineralbestand, das Gefüge und die aus petrographischen Befunden, dem geologischen Verband und den Beobachtungen in rezenten Bildungsräumen abgeleiteten Entstehungsbedingungen der Sedimente beschrieben, sowie den Ablauf der diagenetischen Umbildung der verschiedenen Ablagerungen zu den festen Gesteinen geschildert, welche die oberste Kruste der Erde bilden. Nach dieser systematischen Darstellung der Sedimente und Sedimentgesteine wird mit dem dritten Teil des Werkes ein Versuch vorgelegt, zusammenfassend die wichtigsten Vorgänge zu beschreiben und zu erklären, durch welche Sedimente gebildet werden und Sedimentgesteine entstehen.

Während die Darstellung im zweiten Teil vom Erscheinungsbild der Sedimente und Sedimentgesteine und ihrem Vorkommen in der Natur ausgeht, setzt der Aspekt, unter dem im vorliegenden Bande die Sedimentpetrologie dargelegt wird, die petrographischen Kenntnisse voraus. Die Darstellung hat das Ziel im Auge, das, was im sedimentären Bereich an der Erdoberfläche und in den obersten Zonen der Erdkruste geschieht und in der geologischen Vergangenheit geschehen ist, nach physikalischen und chemischen Prinzipien zu erklären. Die Absicht ist, die überaus komplexen natürlichen Prozesse, soweit als möglich, auf einfache Modelle zurückzuführen und die daraus sich ergebenden Möglichkeiten der quantitativen Behandlung sedimentpetrologischer Probleme aufzuzeigen.

Die Beschränkung auf die generellen Prinzipien der sediment- und gesteinsbildenden Vorgänge bestimmt das Verhältnis dieses Bandes zum zweiten Teil des Werkes. Einerseits gründet sich die Darstellung, auch wo dies nicht ausdrücklich gesagt wird, auf die systematischen und detaillierten Beschreibungen im zweiten Teil. Andererseits werden manche dort schon behandelte Phänomene und Vorgänge unter dem Gesichtspunkt der physikalischen und chemischen Erklärung und der quantitativen Erfassung erneut erörtert. Da die Sedimentpetrologie nicht ein abgeschlossenes Lehrgebäude ist, sondern eine in voller Entwicklung befindliche Wissenschaft, führte dies in einigen Fällen zu anderen Begriffsbestimmungen, gelegentlich auch zu anderen Deutungsvorschlägen.

Die Analyse der Vorgänge folgt dem Ablauf des natürlichen Geschehens: Feste Gesteine erfahren durch den Einfluß von Wasser und Atmosphäre an der Oberfläche der Erde chemische Veränderungen und werden zu lockeren Massen zerlegt. Die Produkte dieser Verwitterung werden durch Wind und Wasser transportiert. Feste Partikel trennen sich von den Lösungen. Die festen Teile werden unter fortdauernder Veränderung von Gestalt und Stoffbestand nach Form und Größe sortiert. In den Ablagerungsräumen der Kontinente und Ozeane kommt es zur Akkumulation dieser klastischen Massen und, z. T. unter der Mitwirkung von Organismen, zur Bildung von Abscheidungen aus Lösungen. Durch geologische Vorgänge werden diese Sedimente in größere Tiefen versenkt und erfahren dabei Veränderungen ihres Gefüges sowie ihres chemischen und mineralogischen Bestandes.

Dementsprechend gliedert sich die Darstellung in fünf Hauptkapitel, welche die Ausgangsmaterialien, die Verwitterung, den Transport und die Ablagerung klastischer Bestandteile durch Wasser und Wind, die Bildung chemischer Sedimente und die Diagenese behandeln.

Das Buch wendet sich an fortgeschrittene Studenten aller Disziplinen der Geowissenschaft sowie an alle diejenigen, welche in Forschung und Praxis an Problemen arbeiten, zu deren Lösung eine Kenntnis der Prinzipien wichtig ist, nach denen Sedimente entstehen und zu festen Gesteinen werden. Es wurde versucht, ein Bild zu zeichnen, das dem heutigen Stande der Forschung entspricht. Daß dies nicht immer in der wünschenswerten Vollständigkeit erreicht wurde, mag der Leser dem Autor nachsehen, dem es nicht auf allen Gebieten gelang, im Schreiben des Manuskriptes mit der schnellen Entwicklung sowohl der Beobachtungsdaten als auch der Theorien Schritt zu halten.

Herrn H. Füchtbauer dankt der Autor für die sorgfältige Durchsicht des Manuskriptes und zahlreiche fruchtbare Anregungen.

Den Herren J. Nägele und Dr. E. Nägele von der Schweizerbart'schen Verlagsbuchhandlung in Stuttgart sei für die Anregung zu diesem Buch, für großzügige Geduld während der Entstehung des Manuskriptes und alles Entgegenkommen bei der Gestaltung des Bandes gedankt.

Tübingen, August 1972

W. v. Engelhardt

INHALTSVERZEICHNIS

1. Ausgangsmaterial

Ausgangsmaterial der sedimentbildenden Vorgänge sind einerseits magmatische und metamorphe Gesteine (auch primäre Gesteine genannt), andererseits ältere Sedimentgesteine, deren Bestandteile schon einmal oder mehrmals sedimentbildenden Prozessen unterworfen waren, ohne danach durch höhere Temperaturen und Drucke umgeformt worden zu sein.

Für die Häufigkeit der Minerale in den magmatischen Gesteinen sind in Tabelle 1-1 einige Zahlen nach BARTH zusammengestellt. Die erste Spalte bezieht sich auf alle magmatischen Gesteine des Oslogebietes, wo vornehmlich syenitisch-granitische Tiefengesteine und deren vulkanische Äquivalente vorkommen. Die Zahlen wurden nach der mineralogischen Zusammensetzung der einzelnen Gesteinstypen unter Berücksichtigung ihrer Verbreitungsareale berechnet. Die zweite Spalte bezieht sich auf die Laven der Inseln des Pazifik unter der Annahme eines Mengenverhältnisses von 95% Basalt und 5% Phonolith-Trachyt. Die Daten der dritten Spalte sind aus der von CLARKE & WASHINGTON (1924) angegebenen mittleren Zusammensetzung aller magmatischen Gesteine berechnet worden.

Tabelle 1-1. Häufigkeit der Minerale in den magmatischen Gesteinen nach BARTH (1949) (Gewichtsprozente).

	Plutonische und vulkanische Gesteine des Oslogebietes	Vulkanische Gesteine der Inseln des Pazifik	Durchschnitt aller magmatischen Gesteine
Quarz	8	3,5	12,4
Alkalifeldspat	62	18	31,0
Plagioklas	16	30	29,2
Pyroxen	5	27	12,0
Hornblende	2	—	1,7
Biotit	2	—	3,8
Muskovit	0,2	—	1,4
Olivin	0,3	9,5	2,6
Nephelin	0,3	2,2	0,3
Erze	2	7,4	4,1
Sonstige	2,2	2,4	1,5

Über den durchschnittlichen Mineralbestand der metamorphen Gesteine liegen keine Zahlen vor. Sie dürften auch schwer zu ermitteln sein, da die Mineralzusammensetzung eines metamorphen Gesteins nicht nur von seiner chemischen Zusammensetzung, sondern außerdem von den Druck- und Temperaturbedingungen der Metamorphose abhängt. Qualitativ läßt sich aber sagen, daß die metamorphen Gesteine weniger Feldspäte und Pyroxene als die magmatischen Gesteine enthalten, dafür aber mehr Amphibole und Glimmer. Dazu kommen dann noch verschiedene Minerale, die den magmatischen Gesteinen ganz oder fast ganz fehlen wie Chlorite, Epidot, Karbonate, Granate u. a.

Für die Mengenverhältnisse der großen Hauptgruppen der Sedimentgesteine: Tone, Sandsteine und Karbonatgesteine gibt es Abschätzungen, die auf geochemischen Berechnungen beruhen. Eine Untersuchung von WICKMAN (1954), die eigene Berechnungen mit den Ergebnissen anderer Autoren vergleicht, führt zu folgenden Zahlen:

Tone	80—82%
Sandsteine	8—12%
Karbonatgesteine	8—10%

Die Sandsteine enthalten viel Quarz neben geringeren Mengen von Feldspat, Glimmer und Gesteinsbruchstücken. Die Tongesteine bestehen überwiegend aus Phyllosilikaten: neben Glimmern kommen verschiedene alkalifreie Minerale der Chlorit-, Kaolin- und Montmorinfamilien vor. Karbonatgesteine enthalten vorwiegend Calcit neben Dolomit.

Auch ein nur qualitativer Vergleich der Mineralbestände von magmatischen, metamorphen und sedimentären Gesteinen läßt die tiefgreifenden Veränderungen erkennen, die die magmatische und metamorphe Mineralsubstanz durch die sedimentbildenden Vorgänge erfährt. Die in den magmatischen und in vielen metamorphen Gesteinen reichlich vorhandenen Feldspäte sind in den Sedimenten ebenso weitgehend verschwunden wie Pyroxene und Amphibole. Dafür spielen die Phyllosilikate in den Sedimenten eine beherrschende Rolle. Viele dieser Phyllosilikate mögen aus Metamorphiten stammen. Doch ist zu bedenken, daß die sedimentären Glimmer fast ausschließlich zum dioktaedrischen Typus gehören, während in den metamorphen Gesteinen, wie in den magmatischen, trioktaedrische Glimmer weitaus häufiger sind. Auch gehören die dioktaedrischen Glimmer der Sedimente zum großen Teil zur Gruppe der unvollständigen Glimmer (Illite), die weniger Kalium und ein höheres Si : Al-Verhältnis enthalten als die normalen Muskovite. Soweit sie nicht im Prozeß der Sedimentbildung neu entstanden, können Illite nur durch eine chemische Umformung aus primärem Material gebildet worden sein. Vollständig neu entstanden in den Prozessen der Sedimentbildung die großen Mengen der Kaolin- und Montmorin-Minerale, ein Teil der Chlorite sowie die Karbonate.

Für das Verständnis von Verwitterung und Transport ist die Frage interessant, in welchen Korngrößen die wichtigsten Minerale in den primären Gesteinen vorliegen. Für die metamorphen Gesteine ist diese Frage kaum sinnvoll zu beantworten, da die Korngrößen sowohl von der Natur der Ausgangsgesteine als auch von Art und Grad der Metamorphose abhängen und deshalb in sehr weiten Grenzen schwanken. Auch die vulkanischen Gesteine sind nicht geeignete Objekte, da glasige und sehr feinkörnige Grundmassen überwiegen. Für körnige Tiefengesteine liegt eine Unter-

Tabelle 1-2. Mittlere Korngröße der Minerale von Tiefengesteinen (nach FENIAK 1944).

Mineral	Saure Gesteine					Intermediäre Gesteine					Basische Gesteine				
	(n)	d_1	d_2	F	$\bar{d}$	(n)	d_1	d_2	F	$\bar{d}$	(n)	d_1	d_2	F	$\bar{d}$
Quarz	(88)	0,85	0,55	0,468	0,67	(26)	0,49	0,34	0,166	0,41	(4)	0,39	0,26	0,101	0,32
Orthoklas	(76)	1,25	0,80	1,00	1,00	(21)	1,4	0,75	1,05	1,03	(5)	1,6	0,90	1,44	1,20
Mikroklin	(49)	1,15	0,75	0,87	0,94	(4)	2,05	1,15	2,36	1,54	—	—	—	—	—
Mikroperthit	(7)	1,8	1,05	1,89	1,38	(2)	1,95	0,75	1,46	1,21	—	—	—	—	—
Plagioklas	(87)	1,3	0,75	0,975	0,99	(48)	1,1	0,60	0,66	0,81	(43)	1,3	0,60	0,78	0,88
Nephelin	—	—	—	—	—	(10)	1,1	0,85	0,935	0,97	(2)	0,80	0,45	0,36	0,60
Muskovit	(11)	0,445	0,23	0,103	0,32	(2)	0,26	0,103	0,027	0,17	—	—	—	—	—
Biotit	(62)	0,70	0,31	0,217	0,47	(36)	0,70	0,375	0,262	0,51	(16)	0,70	0,38	0,266	0,52
Hornblende	(38)	0,80	0,48	0,384	0,62	(27)	0,85	0,50	0,425	0,65	(9)	0,95	0,55	0,525	0,73
Pyroxen	(3)	0,77	0,44	0,339	0,58	(27)	0,824	0,421	0,347	0,59	(35)	1,114	0,696	0,697	0,84
Olivin	—	—	—	—	—	(2)	0,50	0,37	0,185	0,43	(26)	0,9	0,6	0,54	0,74
Zirkon	(43)	0,063	0,042	0,0026	0,053	(7)	0,066	0,046	0,003	0,050	(4)	0,057	0,035	0,002	0,045
Orthit	(6)	0,20	0,108	0,0216	0,15	(3)	0,43	0,29	0,125	0,35	(1)	0,335	0,195	0,065	0,26
Titanit	(20)	0,23	0,114	0,0262	0,16	(20)	0,31	0,154	0,048	0,22	(2)	0,20	0,132	0,0264	0,16
Apatit	(58)	0,12	0,05	0,006	0,089	(51)	0,17	0,07	0,012	0,11	(27)	0,23	0,10	0,023	0,15
Fluorit	(5)	0,35	0,22	0,077	0,28	(1)	0,17	0,085	0,0145	0,12	—	—	—	—	—
Magnetit	(66)	0,185	0,123	0,023	0,15	(42)	0,185	0,14	0,026	0,16	(47)	0,37	0,28	0,103	0,32
Pyrit	(3)	0,137	0,088	0,012	0,11	(6)	0,23	0,17	0,039	0,20	(8)	0,20	0,132	0,026	0,16

(n): Anzahl der untersuchten Gesteine; d_1: größter mittlerer Durchmesser in mm; d_2: kleinster mittlerer Durchmesser in mm; $F = d_1 \times d_2$ in mm^2; $\bar{d} = \sqrt{F}$: mittlerer Durchmesser in mm.

suchung von Feniak (1944) vor, die sich auf 92 saure (Granite, Syenite), 55 intermediäre (Nephelinsyenite, Monzonite, Diorite) und 53 basische Gesteine (Gabbros, Ultrabasite) bezieht. Durch Ausmessung von Dünnschliffen wurden für die einzelnen Mineralkörner je ein größter und ein kleinster Durchmesser bestimmt, aus welchen Zahlen dann arithmetische Mittelwerte gebildet wurden. Die Ergebnisse sind in der Tabelle 1-2 zusammengefaßt.

Da vulkanische und metamorphe Gesteine im Mittel jedenfalls aus kleineren Körnern bestehen als die Tiefengesteine, dürften durch die Zahlen dieser Tabelle etwa die Maximalgrößen bezeichnet sein, die man im Mittel für die klastischen Mineralkörner in den Sedimentgesteinen erwarten kann. Für die wichtigsten klastischen Bestandteile Feldspat und Quarz liegen diese Maximalgrößen zwischen 1,5 und 0,7 mm, d. h. im Bereich des Grobsandes. In der Tat ist die überwiegende Menge der Sedimente feinkörniger als Grobsand.

Wichtig für die Sedimentbildung sind neben den absoluten Größen der primären Minerale die Größenverhältnisse. Man entnimmt der Tabelle, daß die Feldspäte die größten Primärkörner bilden. In den quarzreichen Gesteinen folgt darauf der Quarz. Von den dunklen Mineralen sind Hornblenden und Pyroxene am größten, besonders klein sind die Körner des Zirkon.

Das Ausgangsmaterial einer bestimmten Sedimentationsfolge kann in sehr verschiedenen Verhältnissen aus magmatischen, metamorphen und sedimentären Gesteinen bestehen. Es ist immer ein Ziel der Sedimentpetrologie gewesen, aus dem Mineralbestand eines Sediments auf dessen Ausgangsmaterial zu schließen. Dies geschieht vornehmlich mit Hilfe charakteristischer Leitminerale, von denen man annehmen kann, daß sie die chemischen und mechanischen Beanspruchungen der Sedimentbildung überstehen konnten. Eine genaue Kenntnis der Wirkung dieser Vorgänge auf die einzelnen Minerale ist für die richtige Rekonstruktion der Ausgangsgesteine ebenso wichtig wie die Kenntnis des Vorkommens und der Ausbildung charakteristischer Leitminerale in den primären Gesteinen. Allgemein kann man sagen, daß es in hohem Maße von der Art und Vorgeschichte eines Sediments abhängt, welche Aussagen über das Ausgangsmaterial möglich sind. Je intensiver die Verwitterung gewirkt hat, je länger der Transportweg war, je stärker das Sediment diagenetisch verändert wurde, desto mehr werden die Spuren des Ausgangsmaterials verwischt sein. In grobkörnigen, klastischen Gesteinen wird man eher charakteristische Leitminerale finden und erkennen können als in feinkörnigen Tonen, die vorwiegend aus Verwitterungsneubildungen bestehen. Leitminerale werden umso brauchbarer sein, je besser sie der Verwitterung und der Transportauslese widerstehen können.

Ohne die ausführlichen Erörterungen der folgenden Abschnitte über die Wirkung von Verwitterung, Transport und Diagenese auf die primären Minerale vorwegzunehmen, seien im folgenden einige der wichtigsten Erfahrungen über Leitminerale zusammengestellt.

Der Quarz könnte wegen seiner hohen Resistenz gegenüber chemischen Agentien wie auch gegen mechanische Beanspruchung als Leitmineral gut geeignet sein, falls es gelingt, Besonderheiten der Ausbildung zu finden, die für bestimmte Ausgangsgesteine charakteristisch sind. Als Merkmale solcher Art wurden die Korngestalt, die Einschlüsse, die Farbe, die undulöse Auslöschung und die sogenannten Anwachssäume untersucht (vgl. hierzu Füchtbauer im 2. Teil dieses Werkes).

Die Gestalt der Quarzkörner in Sedimenten ist von geringem diagnostischen Wert. Die Quarzkörner in vielen Sanden und Sandsteinen haben oft verlängerte Formen, wobei die Längsachse der Körner bevorzugt die c-Achse ist oder in der Ebene des Grundrhomboeders ($10\bar{1}1$) liegt (Schumann 1941, Blatt & Christie 1963). Man hat dies mit der primären Form der Quarze kristalliner Schiefer in Zusammenhang bringen wollen. Es zeigt sich jedoch, daß es einerseits Sedimente mit rundlichen Quarzen gibt, die aus metamorphen Gesteinen stammen, und andererseits solche mit verlängerten Quarzen, die aus Tiefengesteinen abgeleitet werden müssen. Die verlängerte Gestalt sedimentärer Quarze ist daher kein sicheres Indiz für die Herkunft, zumal sie in vielen Fällen wahrscheinlich während des Transports durch eine bevorzugte Teilbarkeit nach $\{10\bar{1}1\}$ und die Anisotropie des Widerstands gegen Abrieb entstanden ist.

Es ist immer wieder angenommen worden, daß man aus dem Vorkommen undulöser Auslöschung auf die Herkunft sedimentärer Quarze schließen könne. Quarze aus magmatischen Gesteinen sollen keine oder nur geringe undulöse Auslöschung zeigen. Starke undulöse Auslöschung soll ein charakteristisches Kennzeichen der Quarze aus kristallinen Schiefern sein. Nach einer systematischen Untersuchung von Blatt & Christie (1963), die 51 plutonische, 18 vulkanische und 50 metamorphe Gesteine sowie 44 Sedimente verschiedener Epochen umfaßte, sind diese Annahmen nicht richtig. Vielmehr kommen sowohl in plutonischen wie auch in metamorphen Gesteinen häufig undulös auslöschende Quarze vor. Ein wesentlicher Unterschied besteht nicht. Dagegen gibt es in vulkanischen Gesteinen undulös auslöschende Quarze nur sehr selten. Unter den quarzführenden Sedimenten erwiesen sich die untersuchten reinen Quarzgesteine, die Orthoquarzite, als fast frei von undulösen Quarzen, während in anderen Sandsteinen, Arkosen und Grauwacken undulöse Quarze etwa in derselben Häufigkeit gefunden wurden wie in den plutonischen und metamorphen Gesteinen. Blatt & Christie schließen aus diesen Beobachtungen, daß Quarze mit undulöser Auslöschung mechanisch instabiler sind als nicht undulöse Körner und daher bei Verwitterung und Transport bevorzugt zerstört werden, so daß Sedimente hohen Reifegrades wie die Orthoquarzite, deren Bestandteile besonders gründlich oder gar mehrfach aufgearbeitet wurden, nur noch wenig undulöse Quarze enthalten.

Quarze, die um einen meist rundlichen Kern einen Saum von weitergewachsener Quarzsubstanz zeigen, stammen, wenn diese Bildung nicht in dem betreffenden Sediment selbst stattgefunden hat, in der Regel aus älteren Sedimenten, welche im Verlauf der Diagenese eine Abscheidung von Quarzsubstanz im Porenraum erlebt haben (siehe Abschn. 5.42). Solche Quarze mit alten Anwachssäumen sind somit ein Hinweis darauf, daß das betreffende Sediment Material aus älteren Sedimentgesteinen enthält.

Minerale der Feldspatgruppe sind als Indikatoren des Ausgangsgesteins nur in besonderen Fällen verwendbar, da die Feldspäte besonders stark der chemischen und mechanischen Zerstörung während der Verwitterung und des Transportes unterworfen sind. Fehlender Feldspatgehalt hat deshalb nichts zu sagen. Hoher Feldspatgehalt deutet dagegen immer auf nicht-sedimentäres Ausgangsmaterial. In diesen Fällen kann aus der Art des Feldspats auch auf die Natur des Ausgangsgesteins geschlossen werden.

Für die stratigraphische Gliederung fossilarmer klastischer Sedimente, für Zwecke der Korrelierung und als Leitminerale für die Erkundung des Ausgangsmaterials sind besonders die akzessorischen Minerale hohen spezifischen Gewichtes, die sogenannten Schwerminerale, herangezogen worden. Sofern diese Minerale genügend resistent gegen chemische und mechanische Zerstörung und charakteristisch für bestimmte Ausgangsgesteine sind, kann aus ihrem Vorkommen wohl etwas über die Herkunft von sedimentärem Material geschlossen werden. Im folgenden seien einige wichtigere Schwerminerale in alphabetischer Reihenfolge in dieser Hinsicht kurz besprochen.

Minerale der Amphibolgruppe unterliegen relativ leicht sowohl der mechanischen Zerstörung wie auch der chemischen Zersetzung. Dennoch können sie in manchen klastischen Sedimenten häufig genug sein, um als Leitminerale zu dienen. Die gewöhnliche Hornblende kommt in magmatischen Gesteinen, vor allem in Graniten, Syeniten und Dioriten und deren vulkanischen Äquivalenten vor. In regionalmetamorphen Gesteinen der Amphibolitfazies und in kontaktmetamorphen Gesteinen der Hornblende-Hornfelsfazies ist sie sehr verbreitet. Die basaltische Hornblende findet sich in alkalireichen syenitischen Tiefengesteinen, in Hornblendegabbro und in vielen SiO_2-armen Vulkaniten (Andesite, Basalte). Glaukophan kommt in kristallinen Schiefern der nach ihm benannten Fazies vor, Riebeckit in alkalireichen Tiefengesteinen (Granite, Syenite), entsprechenden Vulkaniten, auch in kontaktmetamorphen Gesteinen und Gneisen. Arfvedsonit ist in Nephelinsyeniten verbreitet. Tremolit und Minerale der Strahlsteinreihe kommen in kristallinen Schiefern der Grünschieferfazies vor.

Anatas ist kein charakteristisches Leitmineral, da er aus verschiedenen magmatischen und metamorphen Gesteinen stammen kann und sich zudem oft während der Verwitterung oder diagenetisch bildet.

Andalusit kommt primär in kontaktmetamorphen Gesteinen der Hornblende- und Pyroxen-Hornfelsfazies sowie in den bei niederem Druck gebildeten regionalmetamorphen Gesteinen der Cordierit-Amphibolitfazies vor. Er wird auch in manchen Graniten gefunden.

Apatit kann durch saure Lösungen im Verlauf der Verwitterung oder der Diagenese leicht zerstört werden. Doch gibt es manche klastische Sedimente, die noch Apatitkörner enthalten. Primär findet sich Apatit in allen magmatischen Gesteinen und ebenso verbreitet in regional- und kontaktmetamorphen Gesteinen.

Brookit ist ähnlich wie Anatas von geringem Wert als Leitmineral. Primär findet er sich vor allem in sauren magmatischen Gesteinen und in verschiedenen kristallinen Schiefern. Auch kann sich Brookit im Sediment neu bilden.

Cordierit kommt primär in kontaktmetamorphen Gesteinen der Pyroxen- und Hornblende-Hornfelsfazies sowie in den bei niederen Drucken gebildeten regionalmetamorphen Gesteinen der Cordierit-Amphibolitfazies vor. Auch wird Cordierit in SiO_2-reichen magmatischen Gesteinen gefunden.

Disthen ist ein typisches Mineral regionalmetamorpher Gesteine, welche dem höheren Druckbereich der Amphibolitfazies angehören. Er findet sich auch in manchen Granuliten und Eklogiten.

Von den Mineralen der Epidot-Zoisit-Gruppe kommt der Epidot vor allem in Ca-reichen kristallinen Schiefern der Grünschieferfazies vor, doch findet er sich auch schon in manchen Graniten. Orthit kommt in SiO_2-reichen Tiefengesteinen, aber auch in kristallinen Schiefern vor. Klinozoisit und Zoisit finden sich in kristallinen Schiefern, welche auch Epidot führen, besonders in metamorphen basischen Gesteinen.

Von der Granatgruppe kommen Almandin und Almandin-reiche Granate sowie Grossular, Spessartin und Andradit in regionalmetamorphen Gesteinen der Amphibolitfazies vor. Pyropreiche Granate finden sich in Gesteinen der Granulitfazies, besonders Pyrop-reiche in Eklogiten. In kontaktmetamorphen Gesteinen der Hornblende-Hornfelsfazies kommen Grossular und Spessartin vor. Melanit ist typisch für alkalireiche, SiO_2-arme Tiefen- und Ergußgesteine.

Ilmenit kommt primär in allen magmatischen Gesteinen vor. Auch in metamorphen Gesteinen ist er weit verbreitet.

Ebenso kommt Magnetit in allen magmatischen und metamorphen Gesteinen vor.

Magnetkies findet sich in allen magmatischen Gesteinen, vor allem in solchen geringeren SiO_2-Gehaltes sowie in vielen Metamorphiten. Auch kann er sich neu im Sediment bilden.

Monazit kommt in SiO_2-reichen magmatischen Gesteinen, insbesondere Graniten und in quarz- und glimmerreichen kristallinen Schiefern vor.

Olivin ist ein typisches Mineral SiO_2-armer magmatischer Gesteine. Besonders olivinreich sind ultrabasische Gesteine (Dunite, Peridotite). Viele Basalte und auch Gabbros enthalten Olivin. Wegen seiner chemischen Instabilität bleibt er in Sedimenten nur selten erhalten.

Orthit kommt in granitischen Pegmatiten und als pneumatolytische bis hochhydrothermale Bildung in verschiedenen kontaktmetamorphen Gesteinen, seltener in Tiefen- und Ergußgesteinen vor. Er findet sich aber auch in regionalmetamorphen Gesteinen aller Druck- und Temperaturbereiche. Wegen seiner hohen mechanischen und chemischen Beständigkeit ist Orthit trotz des mengenmäßig nicht bedeutenden Vorkommens in den primären Gesteinen ein recht häufiger Bestandteil der Schwermineralfraktion von Sedimenten.

Minerale der Pyroxengruppe treten unter den Schwermineralen der Sedimente meist recht zurück, da sie im primären Material seltener als die Amphibole sind und sowohl mechanisch wie auch chemisch nicht besonders resistent sind. Orthopyroxene kommen in basischen und ultrabasischen magmatischen Tiefengesteinen, in den entsprechenden Ergußgesteinen sowie in kontaktmetamorphen Gesteinen der Pyroxen-Hornfelsfazies und in regionalmetamorphen Gesteinen der Granulitfazies vor. Augite finden sich in Syeniten, Dioriten, Gabbros und den entsprechenden vulkanischen Gesteinen. Aegirin ist typisch für alkalireiche magmatische Gesteine, insbesondere Nephelinsyenite und Phonolithe. Diopsid kommt in verschiedenen magmatischen Tiefengesteinen (Pyroxengranite, Syenite, Diorite, Gabbros), in Basalten, in kontaktmetamorphen Gesteinen der Pyroxen-Hornfels- und der Hornblende-Hornfelsfazies sowie in regionalmetamorphen Gesteinen der Amphibolit- und der Granulitfazies vor. Spodumen findet sich vornehmlich in Graniten und Granitpegmatiten, aber auch in kristallinen Schiefern.

Rutil kommt in magmatischen Gesteinen nur untergeordnet und meist wohl nur als sekundäres Umbildungsprodukt von Magnetit und Ilmenit vor. Er findet sich in Pegmatiten und vor allem in kristallinen Schiefern, Granuliten und Eklogiten sowie in kontaktmetamorphen Gesteinen. Er ist gegen Verwitterung besonders resistent.

Sillimanit findet sich in kontaktmetamorphen Gesteinen der Pyroxen-Hornfelsfazies sowie in regionalmetamorphen Gesteinen der Amphibolitfazies, die den höchsten Bildungstemperaturen entsprechen.

Minerale der Spinellgruppe sind Hochtemperaturbildungen, die in SiO_2-armen magmatischen Gesteinen, in kontaktmetamorphen Gesteinen höchster Bildungstemperatur (Sanidinitfazies, Kalksilikatfelse) und regionalmetamorphen Gesteinen der Katazone vorkommen.

Staurolith kommt in regionalmetamorphen Gesteinen der Almandin-Amphibolitfazies vor, als eine Bildung des niederen Temperaturbereichs.

Titanit ist verbreitet in granitischen, dioritischen, syenitischen und nephelinsyenitischen Tiefengesteinen sowie deren vulkanischen Äquivalenten. Er kommt außerdem sowohl in regionalmetamorphen wie auch in kontaktmetamorphen Gesteinen vor.

Topas kommt in pneumatolytisch beeinflußten Graniten und deren Nebengestein vor.

Turmalin kommt in Dioriten, Syeniten, Graniten, besonders häufig im pneumatolytisch beeinflußten Graniten und deren Nebengestein vor. Seltener findet er sich in SiO_2-reichen vulkanischen Gesteinen. Verbreitet ist er in kontaktmetamorphen Tongesteinen. Er findet sich auch in regionalmetamorphen kristallinen Schiefern. Turmalin kann sich in Sedimenten diagenetisch neu bilden. Er ist gegen Verwitterung besonders resistent.

Vesuvian findet sich in kontaktmetamorphen Ca-reichen Gesteinen, vornehmlich in der höchsttemperierten Pyroxenhornfelsfazies und gelegentlich auch in regionalmetamorphen Gesteinen der Grünschieferfazies.

Wollastonit kommt vornehmlich in kontaktmetamorphen, Ca-reichen Gesteinen der Hornblende-Hornfels- und der Pyroxen-Hornfelsfazies vor. Auch tritt er in den Kalken der kristallinen Schiefer auf.

Xenotim kommt in Graniten, Granitpegmatiten und Nephelinsyeniten und analogen Gneisen vor. Wegen seiner hohen mechanischen und chemischen Stabilität ist er ein nicht seltener Bestandteil der Schwermineralfraktion von Sedimenten.

Zirkon ist verbreitet in Graniten, Syeniten und Dioriten sowie den vulkanischen Äquivalenten dieser Gesteine. Häufig findet er sich in metamorphen Gesteinen, wohl meist als Relikt aus magmatischen und sedimentären Gesteinen. Er ist gegen Verwitterung besonders resistent. Nach Hoppe (1962, 1963) lassen sich Zirkone morphologisch ihrer Herkunft nach unterscheiden: An Zirkonen aus Graniten treten vorherrschend {100} und {111} z. T. mit {310} auf, in Quarzporphyren ist die Kombination {110} und {111} vorherrschend. Auch rundliche Zirkone kommen in magmatischen Gesteinen vor, sie sind jedoch typisch für Metamorphite. Am stärksten gerundet sind die Zirkone der Granulite.

2. Subaerische Verwitterung

2.1 Allgemeines

Der Begriff Verwitterung umfaßt alle Veränderungen, welche Gesteine und Minerale im Kontakt mit Atmosphäre und Hydrosphäre erleiden. Unter subaerischer Verwitterung seien alle Vorgänge verstanden, die in Berührung mit der Atmosphäre stattfinden. Die subaquatische Verwitterung, welche Verwitterungsprozesse unter Wasserbedeckung umfaßt, wird in einem späteren Abschnitt besprochen (3.172).

Die Schicht, in welcher die Vorgänge der subaerischen Verwitterung ablaufen, ist nach oben durch die Grenze gegen die freie Atmosphäre, nach unten durch dasjenige Niveau bestimmt, bis zu dem die Wirkung der Atmosphäre und der Oberflächenwässer hinabreicht. Besonders in Sedimentgesteinen, welche einen zusammenhängenden Porenraum besitzen, kann es unter Umständen schwierig sein, die untere Grenze scharf festzulegen. Diejenige Zone des Grundwassers, die noch in merklichem stofflichen Austausch mit Oberflächenwässern und Atmosphäre steht und an den Fließbewegungen teilhat, die durch Niederschlag und Verdunstung gespeist und gesteuert werden, muß man noch dem Bereich der Verwitterung zurechnen. Die tiefere Zone des nicht mehr von oben her bewegten Grundwassers gehört schon zur Region der Diagenese, die soweit in die Tiefe reicht, wie ein zusammenhängender Porenraum existiert.

Wir unterscheiden einerseits den Zerfall der primären Gesteine zu lockeren Massen, welcher ohne wesentliche Veränderung der chemischen Zusammensetzung abläuft, und andrerseits die stoffliche Veränderung des primären Materials durch chemische Umsetzung. An jedem wirklichen Verwitterungsablauf sind beide Vorgänge in sehr wechselnden Intensitätsverhältnissen beteiligt. In weiteren Kapiteln werden die Neubildungen der Verwitterung und die wichtigsten Bodentypen behandelt.

2.2 Zerfall der primären Gesteine und Minerale zu lockeren Massen

Wo immer festes Gestein an der Erdoberfläche ansteht, zerfallen die kompakten Massen zu Bruchstücken, deren Größe einen weiten Bereich zwischen Blöcken und feinstem Grus umfaßt. Art und Intensität dieses Zerfalls sind von den klimatischen Verhältnissen abhängig, so daß sich charakteristische Beziehungen zwischen der durch diese Verwitterung bestimmten Morphologie und den Klimazonen feststellen lassen (Wilhelmy 1958). Im humiden Klima der Tropen und der kühleren Breiten entstehen z. T. sehr tiefe Zonen lockeren Materials, das durch die Wirkung der immer wieder erneuerten Niederschlagswässer in seinem chemischen Bestand gegenüber der Zusammensetzung des Ausgangsgesteins wesentlich verändert ist. Der hier zu beobachtende Zerfall hat sich also unter starker Beteiligung chemischer Prozesse abgespielt. Anders verhält es sich in den ganzjährig ariden Wüsten und im nivalen Klima der höchsten Breiten und der Hochgebirge. Auch dort umgeben sich die anstehenden Gesteine im Laufe der Zeit mit einem Mantel von Blöcken, Steinen oder feinem Grus, obwohl hier tropfbar flüssiges Wasser nicht oder nur selten vorkommt. Die Zerlegung der kompakten Gesteine in Bruchstücke kann hier also überhaupt nicht oder nur zu einem sehr geringen Teil der lösenden und zersetzenden Wirkung der die Verwitterungszone durchströmenden Niederschlagswässer zugeschrieben werden.

Der Zerfall kompakter Gesteine in lockere Massen ist also ein allgemeines Phänomen der Verwitterung in allen Klimazonen. Alle Tiefengesteine, alle metamorphen Gesteine und fast alle Sedimentgesteine haben ihren Zusammenhalt und ihre Festigkeit in tieferen Teilen der Kruste bei höheren Drucken und Temperaturen erworben. Die vulkanischen Gesteine erstarrten bei hoher Temperatur. An der Erdoberfläche befinden sich alle festen Gesteine unter Bedingungen, die von denen verschieden sind, unter deren Wirkung sie zu festen Gesteinen wurden. Unter den neuen Bedingungen sind sie als feste Gesteine nicht mehr stabil und zerfallen zu lockeren Massen. Es fragt sich, welche Kräfte und Mechanismen im einzelnen diese Veränderung hervorbringen.

Die Gesteine erfahren zuerst schon dadurch mechanische Wirkungen, daß sie aus Zuständen höherer Temperatur und höheren hydrostatischen, eventuell auch gerichteten Druckes unter die Bedingungen der Erdoberfläche geraten. Bei Gesteinen der Tiefe führt die Druckentlastung, bei Vulkaniten die Abkühlung zu Spannungen, die innere Brüche sowohl im großen Zusammenhang wie auch im mikroskopischen Korngefüge hervorrufen. Die häufig zu beobachtende Bankung von Massengesteinen, die besonders an Berg- und Talhängen der Erdoberfläche folgt, wird auf Entlastungskräfte zurückgeführt, welche parallel zur Oberfläche verlaufende Entlastungsklüfte erzeugen. Auch die oberflächenparallelen Abschuppungsklüfte an den bizarr geformten, aus kristallinen Gesteinen bestehenden Zuckerhut- und Glockenbergen in Brasilien werden durch Druckentlastung erklärt (Wilhelmy 1958). Häufig beobachtet man schaligen Gesteinszerfall durch Druckentlastung in Bergwerken und Tunnelbauten.

Den durch Druckentlastung und Abkühlung entstandenen makroskopischen Klüften entsprechen feine Bruchflächen und Fugen im Mikrogefüge. Man kann voraussetzen, daß die meisten, vielleicht alle primären, an der Erdoberfläche anstehenden Gesteine, auch wenn sie äußerlich fest zusammenhängen, schon vor dem Einsetzen der Verwitterung von einem mehr oder minder dichtem Netz innerer Bruchflächen durchzogen sind.

Jeder Bruchfläche in einem festen Material entspricht eine bestimmte spezifische freie Oberflächenenergie (erg/cm²), welche der mechanischen Arbeit gleich ist, die zur Herstellung von 1 cm² dieser Oberfläche aufgewendet werden muß. In einem homogenen vulkanischen Glas ist die spez. Oberflächenenergie einheitlich und von der Richtung unabhängig. Dagegen ist in einem polykristallinen Gestein die spezifische Oberflächenenergie für jedes Mineral verschieden und innerhalb jedes Mineralkorns von der Richtung abhängig. Spaltflächen sind Ebenen besonders niedriger Oberflächenenergie. Auch die Korngrenzen werden im allgemeinen Flächen geringerer Oberflächenenergie sein. Bei mechanischer Beanspruchung bilden sich vorzugsweise Bruchflächen niedriger Oberflächenenergie. Die durch Entlastung und Verwitterung entstehenden Brüche verlaufen daher vorzugsweise parallel Spaltflächen der spaltbaren Minerale (Feldspäte, Glimmer) oder nach den Korngrenzen. In den durch Gesteinszerfall entstandenen Lockermassen liegen deshalb einerseits monomineralische Körner vor; andrerseits findet man den spaltbaren Feldspat in feineren Korngrößen als den nicht spaltbaren Quarz, obwohl die Feldspatkörner im primären Gestein oft größer als die Quarzkörner sind.

Zahlenwerte für die spezifischen freien Oberflächenenergien gesteinsbildender Mineralien sind nicht bekannt. Jedenfalls liegen sie im Bereich zwischen mehreren hundert und einigen tausend erg/cm². Sie sind also wesentlich höher als die Oberflächenenergie des Wassers (76 erg/cm²). Wassermoleküle werden deshalb an frischen Bruchflächen dieser Minerale adsorbiert, wobei, wie bei jeder Adsorption, die spezifische freie Oberflächenenergie herabgesetzt wird. Im Grenzfall wird die Oberflächenenergie der Grenzschicht gleich der des Wassers.

Die Adsorption von Wasser an den inneren Bruchflächen von Gesteinen vermag mechanische Spannungen zu erzeugen und ist deshalb für die Verwitterung von Bedeutung. Adsorptionsschichten breiten sich nämlich auf reinen Oberflächen mit einem bestimmten Druck, dem Spreitungsdruck, wie ein zweidimensionales Gas nach allen Seiten hin aus. Sie vermögen daher in keilförmig sich verengende Bruchspalten einzudringen und dieselben weiter aufzureißen. Festkörper mit hoher innerer Oberfläche erfahren zufolge der mechanischen Wirkung sich ausdehnender Oberflächenschichten bei der Adsorption meßbare Deformationen, die von BANGHAM und Mitarbeitern (1932, 1934) an Kohlekörpern, von YATES (1954) und von AMBERG & McINTOSH (1952) an porösen Glasstäben gemessen wurden. Die Ausdehnung dieser Körper bei der Adsorption von Wasserdampf und anderen Gasen entspricht der Quellung, die von vielen organischen und auch anorganischen Gelen (wie z. B. Tonen) bekannt ist. Wenn auch an Gesteinen noch keine Messungen vorliegen, so ist doch mit Sicherheit vorauszusehen, daß ein von Bruchfugen durchsetztes Gestein durch die Adsorption von Wasserdampf mechanische Wirkungen erfährt.

Für die Größe des Spreitungsdrucks gilt eine einfache Beziehung, die für den Fall der Ausbreitung von Filmen auf der Oberfläche von Flüssigkeiten durch Messungen kontrolliert werden kann (siehe z. B. WOLF, I, S. 171):

$$\pi = \sigma_0 - \sigma_a \text{ [dyn/cm]} \qquad (2.1)$$

Der Spreitungsdruck π ist gleich der Differenz zwischen der spezifischen freien Oberflächenenergie der reinen Oberfläche (σ_0) und der ihr gegenüber verringerten Oberflächenenergie der Adsorptionsschicht (σ_a). Es ist dabei vorausgesetzt, daß die spezifische freie Grenzflächenenergie zwischen Adsorptionsschicht und kristalliner

Unterlage vernachlässigt werden kann. Der so definierte Spreitungsdruck hat wie die Oberflächenenergie die Dimension Kraft/Länge; er bezieht sich auf 1 cm der Grenzlinie zwischen Adsorptionsschicht und reiner Oberfläche. Den wirklich ausgeübten Druck, wie er z. B. am Keilgrund von Bruchspalten auftreten kann, erhält man, indem man durch die Dicke δ der Adsorptionsschicht dividiert:

$$p = \pi/\delta \qquad (2.2)$$

Es sind weder für σ_0 und σ_a noch für die Dicke der Adsorptionsschicht genaue Zahlenwerte bekannt, die auf Gesteine angewendet werden können. Immerhin ist eine Abschätzung der zu erwartenden Druckbeträge von Interesse. $\sigma_0 = 1000$ erg/cm² und $\sigma_a = 200$ erg/cm² sind für Silikate und eine Wasseradsorptionsschicht plausible Werte. Mit einer Dicke der Schicht von $\delta = 10$ Å erhält man den beträchtlichen Druck von 8000 kg/cm², von dem man sich wohl vorstellen kann, daß er vorhandene Bruchspalten weiter aufzureißen vermag.

Noch stärkere Wirkungen treten auf, wenn das Gestein quellfähige Tonminerale wie Montmorillonit enthält. Dann wird das Wasser nicht nur an den äußeren Grenzflächen der Mineralkörner adsorbiert, sondern innerkristallin eingebaut, wobei erhebliche Volumeneffekte und Quellungsdrucke auftreten. So beträgt nach van Olphen (1963) der Quellungsdruck für die erste Schicht von Wassermolekülen im vollständig dehydratisierten Montmorillonit etwa 5400 at und für die zweite Schicht 2500 at.

Man darf also schließen, daß trockene, von Bruchspalten durchzogene Gesteine durch die Adsorption von Wasserdampf erheblich gelockert, unter Umständen sogar zu völligem Zerfall gebracht werden können. Für einen fortschreitenden Zerfall wird es allerdings erforderlich sein, daß das Gestein einem mehrfachen Wechsel von Adsorption und Desorption ausgesetzt ist. Jeder einzelne Adsorptionsvorgang an bereits vorgebildeten Bruchflächen kann nur eine begrenzte Vergrößerung der Bruchspalten erzeugen, welche dem Energiebetrag entspricht, der durch die Adsorption der Wassermoleküle frei wird. Ein nachhaltiger und sich fortsetzender Gesteinszerfall kann nur dann erfolgen, wenn die einmal adsorbierten Wassermoleküle immer wieder verdampft werden (Desorption). Jede neue Adsorption kann dann aufs neue sprengend wirken und die Bruchspalten vergrößern.

Derartige Bedingungen können im ariden Klima gegeben sein, wo starke Temperaturunterschiede einen Wechsel der Sättigung der Atmosphäre an Wasserdampf hervorrufen. In den Zeiten niederer Temperatur und hoher Wasserdampfsättigung (nachts) kann Wasser adsorbiert und eine Sprengwirkung ausgeübt werden. Zu Zeiten hoher Temperatur und geringer Wasserdampfsättigung (tags) kann das adsorbierte Wasser ganz oder teilweise verdampft werden.

Daß der in Wüsten beobachtete, Insolation genannte Gesteinszerfall nicht allein auf den durch die Sonneneinstrahlung hervorgerufenen Temperaturwechsel, sondern auf die Bindung von Wassermolekülen aus der Luftfeuchtigkeit an den Mineraloberflächen („Hydratation“) zurückzuführen sei, haben verschiedene Forscher aus Beobachtungen (vgl. hierzu Wilhelmy 1958) oder allgemeinen Erwägungen (siehe z. B. Reiche 1950) geschlossen. Auch die im folgenden zu erwähnenden Versuche von Griggs

(1936) sprechen dafür, daß nicht der Temperaturwechsel allein, sondern der mit ihm verknüpfte Wechsel der relativen Luftfeuchtigkeit den Gesteinszerfall bedingt.

Steigt der Feuchtigkeitsgehalt der Atmosphäre, so kann auch im ariden Klima neben dem adsorbierten Wasser flüssiges Wasser auf den Gesteinszerfall einwirken, obwohl es äußerlich noch nicht in Erscheinung tritt. Zufolge des Phänomens der Kapillarkondensation bildet sich nämlich in feinen Kapillaren flüssiges Wasser bei Wasserdampfdrucken, die unter dem normalen Sättigungsdruck liegen. Zwischen dem normalen Sättigungsdampfdruck p_0 und dem Wasserdampfdruck p_r, bei dem in einer runden Kapillare vom Radius r flüssiges Wasser auftritt, gilt bei vollständiger Benetzung die Beziehung:

$$\ln \frac{p_0}{p_r} = \frac{2\sigma V}{rRT} \tag{2.3}$$

σ: spez. freie Oberflächenenergie des Wassers,
V: Molekularvolumen des Wassers,
R: Gaskonstante,
T: absolute Temperatur.

Für eine Temperatur von 15° C ergibt sich (r in cm):

$$\lg \frac{p_r}{p_0} = \frac{0{,}48 \cdot 10^{-7}}{r} \tag{2.4}$$

Es kann also in ungesättigter Atmosphäre in sehr feinen Haarrissen flüssiges Wasser vorkommen. Da bei konkavem Meniskus (Randwinkel $< 90°$) im Inneren der wassergefüllten Kapillare ein Unterdruck herrscht, dessen Größe bei vollständiger Benetzung (Randwinkel $= 0°$) für eine kreisförmige Kapillare nach der Gleichung

$$p_c = \frac{2\sigma}{r} \tag{2.5}$$

zu berechnen ist, wirkt die Füllung von Kapillaren mit Wasser auf das Gestein zusammenziehend, dem Zerfall also entgegen. Andererseits können in gefüllten Kapillaren die chemischen Reaktionen des Wassers mit den Oberflächen der Minerale beginnen, welche im nächsten Abschnitt behandelt werden. Sofern für eine allmähliche Abfuhr der gebildeten Reaktionsprodukte gesorgt ist, wird unter dem Sättigungsdampfdruck des Wassers in den feinsten Haarrissen eine chemische Zersetzung der Minerale stattfinden, die die Risse fortsetzt und erweitert, also zu einem Zerfall des Gesteins führt, ohne daß eine wesentliche Veränderung des chemischen Stoffbestandes erfolgt.

Der im ariden Klima zu beobachtende Gesteinszerfall wurde früher ausschließlich auf die Spannungen zurückgeführt, welche durch tageszeitliche Schwankungen der Temperatur erzeugt werden. Für spröde Körper wie Gesteine ist die Zugfestigkeit geringer als Schub- oder Druckfestigkeit. Ob Temperaturänderungen Brüche hervorrufen können, hängt daher von den auftretenden Zugspannungen ab. Ein etwa kugelförmiger Gesteinskörper, der periodisch der Erwärmung durch Sonnenbestrahlung und der Abkühlung durch Ausstrahlung ausgesetzt ist, erfährt die maximale Zugspannung während der Abkühlung an der Oberfläche, während der Erwärmung hingegen im

Zentrum. Da in der Natur vorwiegend Zerfall an der Oberfläche beobachtet wird, ist vor allem die Frage interessant, welche maximalen Zugspannungen beim Abkühlen an der Oberfläche von Gesteinskörpern auftreten und ob diese die Festigkeit der Gesteine übertreffen. Leider ist eine theoretische Untersuchung dieser Frage mit großen Schwierigkeiten verknüpft und daher bisher noch nicht ausgeführt worden.

Berechnungen sind nur für Modelle aus homogenem Material möglich. Gesteine sind jedoch Aggregate von Mineralkörnern, deren Wärmeleitfähigkeit, thermische Ausdehnung, elastische Konstanten und Zugfestigkeiten sehr verschieden, von der Richtung abhängig und durch ein homogenes Modell nicht ausreichend reproduzierbar sind. Es ist anzunehmen, daß in polymineralischen Gesteinen wegen der Unterschiede dieser Eigenschaften lokal höhere Spannungen entstehen als in homogenem Material.

Blackwelder (1933) und Griggs (1936) führten Experimente über das Verhalten von Gesteinen bei schnellem Temperaturwechsel aus. Blackwelder fand, daß alle von ihm untersuchten Gesteinsproben eine plötzliche Abschreckung um 200—300° C ohne erkennbare Veränderung überstanden. Brüche traten bei plötzlicher Abkühlung erst bei Temperaturdifferenzen von 300° und 375° C auf. Bei langsamer Abkühlung konnten Differenzen bis zu 600° C ohne Schädigung durchschritten werden. Griggs prüfte die Wirkung vielfacher Wiederholung von Erwärmung und Abkühlung und fand an Granit keine Veränderung nach 89400fachem Temperaturwechsel zwischen 30° und 140° C.

Dagegen wurde eine Aufrauhung der Oberfläche und im mikroskopischen Bild eine Verbreiterung und Vertiefung von Bruchspalten bereits nach ca. 900 Zyklen erhalten, wenn die Gesteinsprobe bei jeder Abkühlung mit Wasser besprüht wurde. Diese Versuche geben also keinen Anhaltspunkt dafür, daß der in Wüsten vorkommende Temperaturwechsel allein einen Gesteinszerfall hervorrufen könnte. Dagegen zerfällt das Gestein, wenn Wasser anwesend ist, welches entweder lösend oder in dem durch den Temperaturwechsel hervorgerufenen Wechsel von Adsorption und Desorption den Kornverband lockert.

Im humiden Klima zerfallen die festen Gesteine bei steter Anwesenheit von flüssigem Wasser. Bei Temperaturen oberhalb des Gefrierpunktes liefern die im folgenden Kapitel zu behandelnden chemischen Reaktionen des Wassers mit den verschiedenen Mineralien genügend Energie, um den Zerfall des festen Gesteins zu lockeren Massen voranzutreiben.

Da die lösenden und zersetzenden chemischen Reaktionen vorzugsweise den Grenzen zwischen verschiedenen Mineralkörnern folgen, sind aus verschiedenen Mineralen zusammengesetzte Gesteine, wie z. B. Granite oder Gneise, dem Zerfall dieser Art eher ausgesetzt als monomineralische Gesteine wie Kalke, Quarzite oder vulkanische Gläser. Bei mengenmäßig geringfügiger chemischer Umsetzung können auf diesem Wege große Massen polymineralischer Gesteine gründlich aufgelockert werden.

Das in Hohlräumen fester Gesteine eingeschlossene Wasser kann erhebliche Drucke ausüben, wenn die Temperatur unter den Gefrierpunkt sinkt, da Eis ein größeres Volumen als flüssiges Wasser hat. Diese Frostverwitterung ist für den Gesteinszerfall in hohen Breiten und im Hochgebirge von großer Bedeutung. Während der Wintermonate spielt sie auch in den gemäßigten Zonen eine Rolle, vor allem dort, wo feste Gesteine ohne eine schützende Decke von Verwitterungsschutt anstehen. Der Zerfall des festen Gesteins unter einer Bedeckung von Boden oder Schutt verläuft auch in den kühleren Klimazonen ohne Beteiligung der Frostverwitterung, wenn diese schützende Decke mächtiger ist als die Reichweite des Frostes im Winter.

Die sprengende Wirkung des gefrierenden Wassers kann sich nur unter bestimmten Voraussetzungen auswirken. Die Hohlräume müssen ganz mit Wasser gefüllt sein. Außerdem muß es durch die Form der Hohlräume und die Art des Gefriervorgangs gewährleistet sein, daß sich der Zugang nach außen schließt, bevor die Gesamtmenge des Wassers gefroren ist. Der in allseitig geschlossenen, ganz von Wasser erfüllten Hohlräumen maximal erreichbare Druck ergibt sich aus der Schmelzkurve im Zustandsdiagramm des Wassers. Bei $-5°$ C beträgt dieser Druck bereits etwas über 500 kg/cm^2, bei $-10°$ C etwa 1100 kg/cm^2 und bei $-22°$ C etwa 2100 kg/cm^2. Dies ist der höchste Druck, den gefrierendes Wasser überhaupt auszuüben vermag. Im Bereich höherer Drucke und niedrigerer Temperaturen gelangt man in das Gebiet des Eis III, dessen Volumen geringer als das des Wassers ist.

Außer der Bildung von Eis können unter Umständen auch andere Kristallisationsvorgänge in feinen Hohlräumen der Gesteine das Gefüge lockern. Mit CORRENS (1939) unterscheiden wir drei verschiedene Prozesse: die Volumwirkung in Hohlräumen auskristallisierender Lösungen, die Wirkung wachsender Kristalle auf ihre feste Umgebung und die Volumwirkung durch Hydratation von Salzen.

Falls die übersättigte Lösung ein kleineres Volumen hat als die Summe der gesättigten Lösung und der ausgeschiedenen Kristalle, kann die Bildung von Kristallen aus übersättigter Lösung unter bestimmten Bedingungen sprengend wirken. Es muß nur wie bei der Frostsprengung dafür gesorgt sein, daß der Ausgang des Hohlraums im Gestein durch die Bildung der ersten Kristalle sogleich verstopft wird, so daß keine Lösung entweichen kann. Eine um den Faktor 2 übersättigte Alaunlösung ergibt z. B. beim Kristallisieren eine Volumenausdehnung um 0,58%, was gemäß der Kompressibilität des Wassers einem Druck von 127 atm entspricht (CORRENS & STEINBORN 1939). Der Sprengwirkung von Alaun oder Glaubersalz bedient man sich zur Zerlegung und Aufarbeitung von Tongesteinen. Eine ähnliche Wirkung wie Alaun werden alle Salze zeigen, die sich in Wasser unter Volumverminderung, d. h. derart lösen, daß die Summe der Volumina von festem Salz und reinem Wasser größer ist als das Volumen der aus beiden gebildeten gesättigten Lösung. Außer Alaun verhalten sich in dieser Weise u. a.: Soda, NaCl, Glaubersalz, $CaCl_2 \cdot 6\,H_2O$.

Wachsende Kristalle können einen Druck ausüben, da die Löslichkeit eines Kristalls mit dem Druck zunimmt. Steht ein Kristall im Gleichgewicht mit einer übersättigten Lösung, so vermag er wachsend einem erhöhten Druck zu widerstehen, resp. ihn auszuüben, welcher der Übersättigung proportional ist. Es gilt die folgende Beziehung (CORRENS & STEINBORN 1939) zwischen dem Druck P, der Sättigungskonzentration c_s und der Konzentration c (beide in Mol/l) der Lösung:

$$P = \frac{RT}{v} \ln \frac{c}{c_s} \qquad (2.6)$$

(R = Gaskonstante, T = abs. Temperatur, v = Molvolumen).

Eine Voraussetzung dafür, daß ein mit anderen festen Phasen im Kontakt befindlicher Kristall einen Druck auf dieselben ausüben kann, ist die Bedingung, daß die Lösung zwischen beide Phasen einzudringen vermag. Dies hängt von den spez. freien Grenzflächenenergien der festen Phasen zwischen einander und zur Lösung ab.

Schließlich kann eine sprengende Wirkung unter bestimmten Bedingungen dadurch entstehen, daß wasserfreie Salze unter Volumvermehrung Kristallwasser aufnehmen (Hydratisierung). Als Beispiel wird hier meistens die Bildung von Gips aus Anhydrit und Wasser angeführt. Aus 46 cm^3 Anhydrit und 36 cm^3 Wasser entstehen 74 cm^3 Gips. Eine Sprengwirkung kann also nur dann eintreten, wenn das Wasser — etwa durch poröse Schichten — Zutritt zum Anhydrit hat, ohne daß der neugebildete Gips den Platz des Wassers einnehmen kann. MORTENSEN (1933) hat Hydratationen dieser Art für den Gesteinszerfall in der ägyptischen Wüste verantwortlich gemacht und folgende Drucke berechnet:

$$Na_2CO_3 \cdot H_2O \rightarrow Na_2CO_3 \cdot 7\,H_2O \quad \backsimeq 150 \text{ at}$$
$$Na_2SO_4 \rightarrow Na_2SO_4 \cdot 10\,H_2O \quad \backsimeq 240 \text{ at}$$
$$Na_2CO_3 \cdot H_2O \rightarrow Na_2CO_3 \cdot 10\,H_2O \quad \backsimeq 300 \text{ at}$$

Alle drei Arten des Gesteinszerfalls durch die Kristallisation von Salzen können nur in Gesteinen auftreten, deren Poren mit hochkonzentrierten Lösungen oder mit festen Salzen gefüllt sind. Die Aus- oder Umkristallisationen werden durch starke Temperaturänderungen, resp. durch eine Veränderung der relativen Feuchtigkeit der Luft hervorgerufen. Solche Bedingungen sind am ehesten im ariden oder semiariden Klima gegeben.

Pflanzenwurzeln, die in Klüfte und feine Risse von Gesteinen eindringen, können mechanische Wirkungen ausüben, die zum Gesteinszerfall führen. Die Kräfte rühren vom Quellungsdruck her, der durch die Wasseraufnahme organischer Körper entsteht. Auf demselben Mechanismus beruht die sprengende Wirkung, die man durch Befeuchtung eines in trockenem Zustand in eine Gesteinskluft eingepreßten Holzkeils erzeugen kann.

Zusammenfassend ergeben sich folgende Prozesse, die in erster Linie den Zerfall der festen Gesteine in lockere Massen hervorrufen:

A. In allen Klimazonen:
   1. Entlastung und Abkühlung der bei höheren Drucken und Temperaturen verfestigten Gesteine.

B. Vorzugsweise im ariden Klima:
   2. Wiederholte Adsorption und Desorption von Wasser.
   3. Lösende Wirkung des in Haarrissen kondensierten Wassers (Kapillarkondensation).
   4. Sprengende Wirkung durch Kristallisation und Hydratation von Salzen.

C. Vorzugsweise im humiden Klima:
   5. Lösende Wirkung von Wasser längs Korngrenzen und Spaltflächen.
   6. Sprengende Wirkung von Pflanzenwurzeln.

D. In kühlerem Klima:
   7. Sprengende Wirkung von gefrierendem Wasser.

2.3 Chemische Umsetzungen

2.31 Allgemeines

Die Agentien der chemischen Umsetzungen von Mineralen und Gesteinen in der Zone der subaerischen Verwitterung sind die Gase der Atmosphäre und die an der Erdoberfläche vorkommenden wässerigen Lösungen.

Die freie Atmosphäre hat eine nahezu konstante Zusammensetzung aus den folgenden Hauptbestandteilen (Rankama & Sahama 1950):

	Vol.%
Stickstoff	78,09
Sauerstoff	20,95
Kohlendioxid	0,03
Argon	0,93

In der Nähe des Bodens können, bedingt durch die Tätigkeit von Pflanzen und Bodenorganismen, höhere Gehalte an Kohlendioxid und niedrigere an Sauerstoff auftreten. Dies gilt in erhöhtem Maße für die in den oberen Horizonten der Böden enthaltene Luft. Diese Bodenluft enthält meist 0,2 bis 0,7 Vol.% Kohlendioxid und etwa 20 Vol.% Sauerstoff. In feinkörnigen und daher schlecht durchlässigen Böden kann der Kohlendioxidgehalt bis auf 5 Vol.% ansteigen und der Sauerstoffgehalt bis unter 10 Vol.% fallen (Scheffer & Schachtschabel 1966).

Der Wasserhaushalt der Erdoberfläche wird durch das Gleichgewicht zwischen Niederschlägen und Verdunstung bestimmt. Den Oberflächen der Meere wird insgesamt mehr Wasser durch Verdunstung entzogen als durch Niederschläge zugeführt. Auf den Kontinenten besteht dagegen insgesamt ein Überschuß der Niederschläge über die Verdunstung. Über die Atmosphäre wird also den Kontinenten aus dem Meere Wasser zugeführt, das oberflächlich in die Ozeane zurückströmt. Der Verhältnis von Niederschlag zu Verdunstung auf den Kontinenten hängt im einzelnen vom lokalen Klima ab und ist starken Schwankungen unterworfen. Für die Stoffbilanz der gesamten Erdoberfläche ist es jedoch von großer Bedeutung, daß für alle Kontinente zusammen die Menge der Niederschläge die der Verdunstung übertrifft. Nur weil ein solcher Wasserüberschuß existiert, sind die auf den Landoberflächen exponierten primären Gesteine den fortschreitenden Prozessen der chemischen Verwitterung ausgesetzt, welche dadurch ausgezeichnet sind, daß immer wieder frisches Lösungsmittel zugeführt, nie also ein Gleichgewichtszustand erreicht wird. Die überschüssigen Niederschläge durchdringen die Verwitterungszone und reagieren mit den Mineralen. Dadurch entstehen Lösungen, die über das Grundwasser oder durch oberflächlichen Abfluß weiterwandern. Der größte Teil dieser Lösungen gelangt über Flüsse und Seen oder durch das Grundwasser in das allgemeine Sammelbecken der Meere. Ein kleinerer Teil strömt abflußlosen Becken der Kontinente zu.

Tabelle 2-1 unterrichtet nach einer Zusammenstellung von Dietrich & Kalle (1957) über die Wassermengen, die den Oberflächen von Meer und Land durch Verdunstung und Niederschläge ab-, resp. zugeführt werden.

Tabelle 2-1. Verdunstung und Niederschlag über den Oberflächen von Meer und Land (nach DIETRICH und KALLE 1957).

	km^3/Jahr	cm/Jahr
Verdunstung von den Meeresoberflächen:	351 000	97
Niederschlag auf den Meeresoberflächen:	324 000	90
Verdunstung von den Landoberflächen:	74 000	50
Niederschlag auf den Landoberflächen:	101 000	68

Nach diesen Zahlen, die naturgemäß nur den Charakter von Abschätzungen haben, werden der festen Erdoberfläche im Mittel 27 000 km^3 Wasser jährlich mehr zugeführt als durch Verdunstung entzogen. Dieser Überschuß, d. h. etwa 27% der Niederschläge, wird durch Grundwasser und Flüsse abgeleitet.

In der Tabelle 2-2 sind nach DURUM, HEIDEL & TISON (1960) neuere Werte für Niederschlagsmenge und abfließende Wassermenge in den Vereinigten Staaten zusammengestellt. Die Mengen der in den großen Flußsystemen ablaufenden Wässer sind recht verschiedene Anteile der in den betreffenden Einzugsgebieten niedergehenden Niederschläge. Der Einfluß des Klimas ist hier sehr deutlich: Im trockenen Einzugsgebiet des Colorado-Flusses erreichen nur 2,4% der Niederschläge das Meer, während im nördlichen Teil der Atlantikküste 48%, im Einzugsgebiet des Columbia-Flusses sogar 60% der Niederschläge in das Meer gelangen. Unter Berücksichtigung

Tabelle 2-2. Mengen von Niederschlägen und abfließendem Wasser in den Vereinigten Staaten (nach DURUM, HEIDEL & TISON 1960).

	1 Einzugs- gebiet km^2	2 Mittl. jährl. Nieder- schlag cm	3 Mittl. Abfluß $10^3 m^3$/ sec	4 Mittl. Abfluß pro km^2 $10^9 m$/ sec	5 Mittl. Abfluß im Jahr cm	6 5 : 2 in %
Nordatlantische Abdachung	383 311	102,1	594,7	1,55	49,02	40,0
Südatlantische Abdachung	372 951	124,5	404,9	1,09	34,04	27,3
Östlicher Golf von Mexiko	362 592	132,1	515,4	1,42	44,96	34,0
Mississippi-Flußgebiet	3 221 885	73,7	1795,3	0,557	17,53	23,8
Westlicher Golf von Mexiko	1 069 645	62,5	158,6	0,148	4,83	7,7
Colorado-Flußgebiet	637 125	32,0	155,7	0,244	0,76	2,4
Pazifische Abdachung in Kalifornien	303 022	67,8	226,5	0,747	23,37	34,5
Columbia-Flußgebiet	782 162	80,3	1186,5	1,52	48,01	59,8
USA, insgesamt	7 132 695	76,2	4897,4	0,687	21,84	28,7

der großen Fehlerquellen für weltweite Abschätzungen entspricht der für die gesamten Vereinigten Staaten berechnete Mittelwert von 29% gut dem aus den Zahlen der Tabelle 2-1 für die gesamten Kontinente zu errechnenden Wert von 27%.

Die Wässer der Niederschläge enthalten Gase der Atmosphäre und verschiedene anorganische Stoffe gelöst. Das im Regenwasser gelöste Gas besteht zu 63% aus Stickstoff, zu 34% aus Sauerstoff und zu 3% aus Kohlendioxid. Die Proportionen sind also gegenüber der Atmosphäre verschoben, Sauerstoff und Kohlendioxid sind im Regenwasser angereichert. Für die Verwitterung wird der erhöhte Gehalt an Kohlendioxid von Bedeutung sein.

Der Elektrolytgehalt des Niederschlagswassers ist großen Schwankungen unterworfen, was mit der Herkunft dieser Stoffe zusammenhängt. Vielfach werden sehr kleine feste Salzteilchen bei der Bildung der Regentropfen als Kondensationskeime dienen und so in das Regenwasser geraten. Die wichtigsten Anionen sind Chlorid und Sulfat, das häufigste Kation ist Natrium, daneben werden Calcium und Magnesium sowie auch Kalium beobachtet.

Chlorid und Natrium stammen wohl vorwiegend aus dem Meer und gelangen durch die winderzeugte Zerstäubung von Meerwasser in der Brandungszone in die Atmosphäre. Man hat festgestellt, daß der Natriumchloridgehalt des Regenwassers mit Enfernung von der Küste abnimmt und an bestimmten Orten besonders hoch ist, wenn der Wind vom Meere her weht. Die mittleren Chloridgehalte pflegen zwischen 0,3 und 3,0 mg/l zu liegen. Doch kommen an der Küste auch Gehalte zwischen 100 und 1000 mg/l vor. Sulfat scheint immer im Regenwasser vorzukommen. Auf den Kontinenten, fern von der Küste, findet man ein Mengenverhältnis von Sulfat zu Chlorid von eins oder über eins. Das Sulfat muß also aus anderen Quellen als aus versprühtem Meerwasser stammen. Ein Teil des Sulfats wird aus der natürlichen Oxidation von Schwefelwasserstoff, resp. Sulfiden herzuleiten sein. Die hohen Sulfatgehalte, die besonders in dichter besiedelten Gebieten auftreten, dürften jedoch hauptsächlich aus künstlichen Quellen stammen und durch den Menschen veranlaßt sein. In der Nähe von Städten und Industriezentren ist sogar die Anwesenheit freier Schwefelsäure festgestellt worden. Da systematische Regenwasseruntersuchungen über größere Gebiete der Erdoberfläche und Analysen aus der Zeit vor der modernen Industrieentwicklung fehlen, kann nicht entschieden werden, in welchem Umfang Zusammensetzung und insbesondere Azidität der Niederschläge in neuerer Zeit durch den Menschen verändert worden sind. Es ist wahrscheinlich, daß aus diesen Gründen die chemische Verwitterung in der Gegenwart — mindestens in dicht besiedelten Gebieten — anders als in der geologischen Vergangenheit verläuft.

Sowohl die absoluten wie auch die relativen Mengen der im Niederschlagswasser gelösten Stoffe schwanken stark. Da zudem nur wenig systematische Untersuchungen vorliegen, können hier keine Mittelwerte angegeben werden. Die Entfernung von der Küste und von großen Städten und Industriezentren, die Windrichtung, die Dauer und Menge des Niederschlags haben einen starken Einfluß auf die im Regenwasser gelösten Stoffe, so daß selbst für einen bestimmten Ort sehr erhebliche Schwankungen auftreten. Für ein Gebiet in Mittelengland hat Gorham (1957) die Ergebnisse von Analysen der im Ablauf eines Jahres gesammelten Regenproben vorgelegt. Aus diesen

Untersuchungen läßt sich deutlich die Abhängigkeit der Elektrolytgehalte von den Wetterbedingungen ableiten. Eine Zusammenfassung aller Ergebnisse findet sich in Tabelle 2-3.

Tabelle 2-3. Zusammensetzung der im Verlaufe eines Jahres im Lake District, England, gesammelten Regenproben (Gorham 1957).

Gelöste Ionen	0,054— 0,439 Milliaeq./Liter
pH	4,0 — 5,8
Na	0,2 — 7,5 mg/kg
K	0,05 — 0,7 mg/kg
Ca	0,1 — 2,0 mg/kg
Mg	0,0 — 0,8 mg/kg
HCO_3	0,0 — 2,8 mg/kg
Cl	0,2 —12,6 mg/kg
SO_4	1,1 — 9,6 mg/kg
Ruß-Index	0,0 — 4,3

Rußfreie, d. h. durch industrielle und städtische Verunreinigungen nicht beeinflußte Regenfälle ergaben im Mittel sehr viel geringere Werte für Sulfat, höhere Gehalte an Karbonat, niedrigere Werte für Ca, K und ein etwas höheres pH als rußhaltiger Regen.

Minerale und Gesteine sind an der Erdoberfläche nicht nur den sehr verdünnten Elektrolytlösungen der Niederschläge ausgesetzt. Eine nicht unbedeutende Rolle bei der chemischen Zersetzung und dem daraus folgenden mechanischen Zerfall der Gesteine spielen Bakterien, Pilze und Flechten, die sich auf ihrer Oberfläche ansiedeln. Aus zahlreichen Untersuchungen, über die Krumbein (1972) zusammenfassend berichtete, geht hervor, daß die Lebenstätigkeit der Mikroflora zur Auflösung verschiedener Minerale führt. Besonders betroffen sind die Karbonate, aber auch Glimmer und Feldspat, ja selbst Quarz werden gelöst. Als wirksame Agentien wurden besonders bei Flechten eine große Anzahl organischer Säuren festgestellt.

In tieferen Teilen der Verwitterungsschicht enthalten die von den Niederschlagswässern gespeisten Bodenlösungen Stoffe, die aus der chemischen Zersetzung der Minerale und Gesteine, aus der Zersetzung organischer Substanz und der Tätigkeit von Bodenorganismen stammen. Es treten in diesen Lösungen höhere Gehalte von CO_2 auf. Außerdem kommen Schwefelsäure, Salpetersäure und verschiedene organische Säuren vor. Daher sind die Bodenlösungen meist sauer (bis pH 3). Seltener sind z. B. durch NH_3-Gehalte alkalisch reagierende Bodenlösungen (bis pH 11). Die Oxidationspotentiale der Bodenlösungen umfassen einen weiten Bereich von Eh $= +750$ mV bis -350 mV (Baas, Becking, Kaplan & Moore 1960). Es können in den Verwitterungsböden also sowohl oxidierende als auch reduzierende Bedingungen herrschen. Abb. 2-1 zeigt die in den wässerigen Lösungen der Erdoberfläche vorkommenden Oxidationspotentiale und Wasserstoffionenkonzentrationen. Als gestrichelte Linien sind die in Abb. 2-5 dargestellten Grenzen für die Existenzgebiete der Ionen des zwei- und dreiwertigen Eisens sowie von Hämatit und Magnetit eingetragen.

Welche Säuren bei der Verwitterung die Hauptrolle spielen, läßt sich am besten aus der Zusammensetzung der Wässer der Flüsse entnehmen, welche ja die nach den

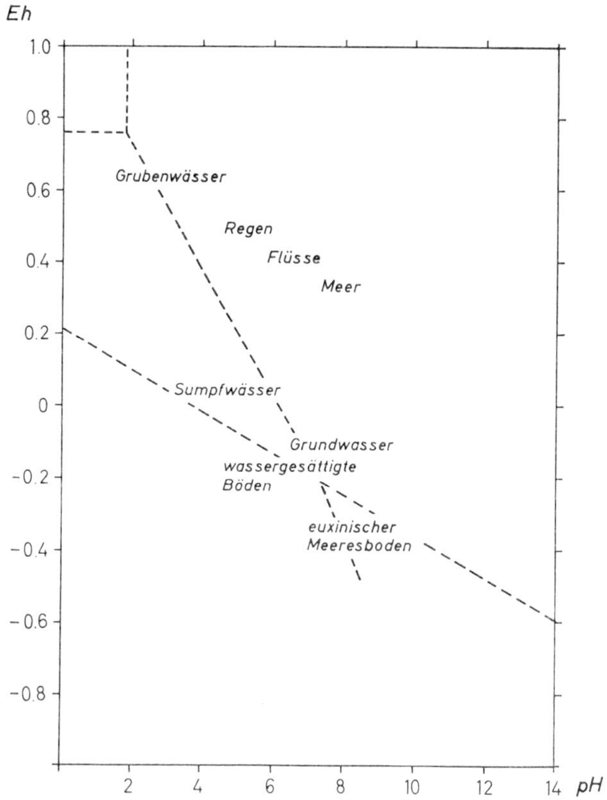

Abb. 2-1. Oxidationspotential (Eh) und Wasserstoffionenkonzentration (pH) in natürlichen Gewässern (BAAS, BECKING, KAPLAN & MOORE 1960).

chemischen Verwitterungsprozessen übrig bleibenden Lösungen enthalten. Tabelle 2-4 enthält die von LIVINGSTONE (1963) berechnete mittlere Zusammensetzung der Flußwässer der Welt.

Tabelle 2-4. Mittlere Zusammensetzung der Flußwässer der Welt (nach LIVINGSTONE 1963).

	mg/kg
HCO_3	58,4
SO_4	11,2
Cl	7,8
NO_3	1,0
Ca	15,0
Mg	4,1
Na	6,3
K	2,3
Fe	0,67
SiO_2	13,1
Summe	120,0

Aus diesen Zahlen geht die überragende Rolle der Kohlensäure hervor, die zu einem Teil aus der Atmosphäre, überwiegend jedoch aus der Tätigkeit von Organismen stammt. Auch Schwefelsäure spielt eine nicht unerhebliche Rolle. Sie stammt aus der anorganischen und bakteriellen Oxidation primärer Sulfide und von biogenem Eiweiß sowie aus den vom Menschen erzeugten Verbrennungsvorgängen. Das Chlorid stammt wohl überwiegend aus dem Chloridgehalt der Niederschläge.

Die chemischen Reaktionen, welche zwischen den durch die Verwitterungszone strömenden Lösungen und den Gasen (Atmosphäre, Bodenluft) einerseits sowie den festen Phasen andrerseits stattfinden, sind von zweierlei Art:

1. Minerale lösen sich auf, wenn die einwirkenden Lösungen in Bezug auf die betreffenden Phasen untersättigt sind.

2. Aus den so entstehenden Lösungen können sich neue Minerale auf den Wegen der Umbildung oder Neubildung bilden. Eine Umbildung findet statt, wenn Gitter teilweise zersetzter Minerale Komponenten aus der Lösung aufnehmen, eine Neubildung, wenn aus den gelösten Komponenten neue Minerale kristallisieren.

In den folgenden Abschnitten werden die Lösungsvorgänge, die für Lösung, Neu- und Umbildung wichtigen Gleichgewichtsbedingungen und die Um- und Neubildungen der Verwitterungszone besprochen. In einem besonderen Abschnitt werden die Böden behandelt, in denen die Prozesse der subaerischen Verwitterung ablaufen.

2.32 Lösungsvorgänge

In den sehr verdünnten Lösungen, die, von den Niederschlägen gespeist, den oberen Horizont der Verwitterungszone durchsetzen, ist jedes Mineral, wenn auch oft nur in sehr geringem Maße löslich. Das Verwitterungsgeschehen besteht hier im wesentlichen aus langsamen Lösungsprozessen, die im offenen System ablaufen. Ein thermodynamisches Gleichgewicht wird durch diese Vorgänge im allgemeinen nicht erreicht. Was mit einem bestimmten Mineral geschieht, hängt von der Kinetik, d. h. von Art und Geschwindigkeit des Lösungsvorganges ab. Da sich alle Minerale lösen, ist eine Reihenfolge der Minerale nach zunehmender Beständigkeit (Verwitterungsresistenz) nichts anderes als eine Reihenfolge abnehmender Auflösungsgeschwindigkeit. Für ein Verständnis der Verwitterung sind daher die Theorie der Auflösung von Kristallen im allgemeinen, sowie die Kenntnis der Auflösung der gesteinsbildenden Minerale in den Verwitterungslösungen im besonderen unerläßliche Vorbedingungen.

Nach der älteren Theorie der Auflösung von Kristallen von NERNST & BRUNNER (1904) bildet sich an der Kristalloberfläche eine ruhende Grenzschicht der Dicke δ, innerhalb derer die Konzentration von der Sättigung c_s zu der im Lösungsmittel herrschenden Konzentration c abfällt. Wenn man annimmt, daß die Gleichgewichtseinstellung an der Kristalloberfläche unendlich schnell erfolgt, ist die Auflösungsgeschwindigkeit L (bezogen auf 1 cm^2 der Kristallfläche) allein durch die Diffusionsgeschwindigkeit in der Grenzschicht gegeben, und man erhält:

$$L = \frac{D}{\delta} (c_s - c) \tag{2.7}$$

D ist der Diffusionskoeffizient der in Lösung gehenden Substanz.

Diese einfache Theorie bedarf einiger Ergänzungen. Wenn das Lösungsmittel nicht ruht, sondern am Kristall vorbeiströmt, gilt nach VIELSTICH (1953) für die Dicke der Grenzschicht:

$$\delta \simeq \nu^{n} \cdot D^{1/3} \qquad (2.8)$$

ν ist die kinematische Zähigkeit der Lösung und n eine Zahl, die bei laminarer Strömung etwa $^1/_6$, bei turbulenter $^1/_3$ bis $^1/_2$ ist.

Ferner ist nach Versuchen über die Auflösung von Kristallen die Annahme einer unendlich schnellen Einstellung des Gleichgewichts an der Kristalloberfläche nicht zutreffend. Die Kristallbausteine lösen sich vielmehr mit bestimmten endlichen Geschwindigkeiten aus dem Gitter, welche u. a. auch von der Orientierung der sich lösenden Kristallfläche abhängen (BERTHOUD 1912).

Unter solchen Umständen ergibt sich für die Geschwindigkeit der Auflösung einer mit konstanter Geschwindigkeit von reinem Lösungsmittel (c = 0) angeströmten Kristallfläche:

$$L = A \cdot \nu^{-n} \cdot D^{2/3} \cdot c_s \cdot p \qquad (2.9)$$

A ist eine von den Versuchsbedingungen abhängige Konstante. Die Lösungsgeschwindigkeit hängt nun von Viskosität, Diffusionskoeffizient, Sättigungskonzentration und dem Faktor p ab, der kleiner als 1 ist und der Tatsache Rechnung trägt, daß die Kristallbausteine nicht ungehemmt, sondern erst nach Überwindung einer Energieschwelle aus dem Gitter in die Lösung treten. p hängt für eine Kristallart von der Orientierung und außerdem wie jede Reaktionsgeschwindigkeit stark von der Temperatur ab.

Daß die Auflösungsgeschwindigkeit von Kristallen in bewegter Lösung unter sonst gleichen Bedingungen tatsächlich nicht einfach der Löslichkeit proportional ist, wie dies nach der einfachen Gl. (2.7) erwartet werden könnte, zeigen Versuche von W. MÜLLER (1965), die in Tabelle 2-5 wiedergegeben sind. Kaliumsulfat, Natriumnitrat und Natriumchlorid verhalten sich ähnlich, insofern für diese Salze der Quotient Auflösungsgeschwindigkeit/Löslichkeit zwischen 4 und 5 liegt. Dagegen lösen sich Alaun und erst recht Rohrzucker nach Maßgabe ihrer Löslichkeiten verhältnismäßig langsam. Dies ist besonders deutlich beim Rohrzucker, der etwa dieselbe molare

Tabelle 2-5. Relative Auflösungsgeschwindigkeit (L) von Kristallarten verschiedener Löslichkeit (l) (MÜLLER 1965).
L: von einer ebenen Kristalloberfläche (122,5 mm²) durch 100 ml eines Stromes von destilliertem Wasser in 45 sec unter gleichen Bedingungen abgelöste Menge in Mol.
l: Löslichkeit in Mol/100 g Wasser.
Temperatur: 20° C.

Kristall	l	L	$L/l \cdot 10^3$
K_2SO_4	0,0637	0,327	5,1
$NaNO_3$	1,03	4,12	4,0
NaCl	0,620	3,26	5,2
K-Alaun	0,0234	0,0592	2,5
Rohrzucker	0,597	0,175	0,29

Löslichkeit hat wie Natriumchlorid, sich aber 18mal langsamer löst. Hier spielt der Faktor p der Gl. (2.9) eine Rolle, der sich auf die Ablösung der Kristallbausteine aus dem Gitter bezieht. Diese Ablösung erfordert offenbar eine umso höhere Aktivierungsenergie und erfolgt deshalb umso langsamer, je komplizierter das Gitter gebaut ist. Daher lösen sich die komplexen Kristallgitter von Zucker und Alaun vergleichsweise langsamer als die der einfacher gebauten Salze.

Die Auflösungsgeschwindigkeit der Minerale in der Verwitterungszone wird daher in erster Linie von ihrer Löslichkeit in Wasser abhängen, außerdem aber auch noch von der Geschwindigkeit bestimmt sein, mit der die einzelnen Kristallarten mit dem Lösungsmittel reagieren. Der Verlauf dieser Auflösung kann entweder in der Natur beobachtet oder im Laboratorium experimentell untersucht werden.

An vielen Mineralen kann man die vollständige Auflösung durch die Niederschlagswässer direkt beobachten. Die Auflösung ist unmittelbar evident für die in Wasser verhältnismäßig leicht löslichen Minerale wie Steinsalz, Anhydrit, Gips, Calcit und Dolomit, deren Auflösung an der Erdoberfläche verhältnismäßig schnell erfolgt. Für die Auflösung der Karbonate ist der CO_2-Gehalt der einwirkenden Lösungen von besonderer Bedeutung. Im Kapitel 4 werden die Reaktionen und Gleichgewichte der Karbonate und Sulfate zusammenfassend behandelt.

Wie mikroskopische Beobachtungen in Bodenprofilen lehren, werden aber auch sehr viel schwerer lösliche Minerale im Strom der Niederschlagswässer im Prinzip nicht anders aufgelöst als die leichter löslichen. Man schließt auf Auflösungsprozesse aus dem Vergleich des Mineralgehalts im höheren Auslaugungshorizont (A-Horizont) mit dem des weniger beeinflußten Untergrundes (C-Horizont). Einen direkten Hinweis bieten aber die Mineralkörner selbst, die in ihrer Gestalt und Oberflächenbeschaffenheit die Kennzeichen sich auflösender Kristalle aufweisen. Als solche sind zu nennen: typische Lösungsformen, die dadurch entstehen, daß die Auflösung längs bestimmter Richtungen oder Flächen (Spaltflächen) schneller fortschreitet; die Ausbildung von Ätzgruben, welche manchmal polygonal-kristallographisch gestaltet oder nach Kristallrichtungen ausgerichtet sind; von Baufehlern, Zonen abweichender Zusammensetzung, Einschlüssen oder anderen Unregelmäßigkeiten ausgehende bevorzugte Auflösung bestimmter Teile des Kristalls, so daß unregelmäßig buchtige oder auch schlauchartige Vertiefungen und schließlich löcherige oder skelettartige Restgebilde entstehen.

In vielen Böden findet man Feldspatkörner im Zustand der Auflösung, welche meist deutlich bevorzugt längs der Hauptspaltebenen fortschreitet, aber auch unregelmäßig vom Rande her die Körner angreift. Es entstehen so typische, längs Spaltrissen eingekerbte oder lappig zerrissene Kornformen. Da größere Körner durch eine derartige Auflösung zu kleineren Körnern zerfallen, findet man in den oberen Bodenhorizonten häufig weniger und feiner körnigen Feldspat als im Ausgangsmaterial (v. Engelhardt 1937a, 1940b, Gadow 1965).

Auch die sogenannten Schwerminerale werden in durchlässigen Böden aufgelöst. An vielen Mineralen sind charakteristische Auflösungs- und Ätzungserscheinungen zu beobachten:

G r a n a t körner zeigen häufig an ihrer Oberfläche Ätzgruben, die meist unregelmäßig rundlich, manchmal aber auch polygonal begrenzt sind. Oft ist die Oberfläche auch von rundlichen Ätzhügeln besetzt. In fortgeschritteneren Stadien der Auflösung werden die Körner von tiefen Korrosionsnarben zersetzt, so daß schließlich unregelmäßig löcherige Skelette entstehen.

An Hornblendekörnern erzeugt die bevorzugt der Spaltbarkeit folgende Auflösung hahnenkammartige Begrenzungen mit feinen Spitzen parallel der Längsachse. Fortschreitende Auflösung zerlegt die Körner zu schmalen Fasern oder führt auch hier zu löcherigen Skeletten. Ähnliche Lösungsformen wurden an Augiten beobachtet.

Beim Epidot sind flache Ätzgruben oder unregelmäßig vom Rand her eingreifende Korrosion zu beobachten.

An Staurolithkörnern sind flache Ätzgruben oder kristallographisch orientierte Ätzrinnen und auch Ätzhügel zu finden. Stärkere Auflösung greift vom Rand her ein, erweitert die sonst nur undeutlichen Spaltrisse und erzeugt hahnenkammartige Begrenzungen und schließlich auch löcherige Skelettformen.

An dem im sauren Milieu verhältnismäßig leicht löslichen Apatit sind Lösungserscheinungen nicht so deutlich, da die Auflösung meist sehr gleichmäßig erfolgt. Aus den meist gestreckten Kristallen entstehen rundliche Körner. Gelegentlich sind auch am Apatit Ätzgruben zu beobachten.

Beschreibungen und Abbildungen der an den Schwermineralen zu beobachtenden Lösungserscheinungen finden sich z. B. in Arbeiten von Edelman & Doeglas (1932, 1934), Zöbelein (1940) und Grimm (1957).

Die einzelnen Schwerminerale zeigen gegenüber den Lösungen der Verwitterungszone eine sehr unterschiedliche Resistenz. Unter allen Bedingungen besonders resistent ist die Gruppe der stabilen Minerale Rutil, Zirkon, Turmalin und Titanit. In Böden, die langdauernder und intensiver Verwitterung ausgesetzt waren, sind sie angereichert, weil die übrigen Schwerminerale mehr oder weniger vollständig aufgelöst wurden. Beispiele bieten die tiefgründigen Lateritböden der Tropen und Subtropen und in Mitteleuropa die im Tertiär gebildeten kaolinitreichen Verwitterungsdecken.

Die Resistenz der weniger stabilen Schwerminerale hängt im einzelnen von den chemischen Eigenschaften der den Boden durchsetzenden Lösungen ab. Von besonderer Bedeutung dürfte das pH sein. Im gemäßigten Klima ist die Auflösung von Schwermineralen in den von sauren Lösungen durchströmten Podsolböden besonders intensiv. Weniger stark lösen sich die Schwerminerale in kalkhaltigen Verwitterungsböden. Die von verschiedenen Autoren aufgestellten Reihenfolgen der Verwitterungsresistenz der Schwerminerale stimmen nicht immer miteinander überein, weil diese besonderen Bedingungen nicht berücksichtigt wurden (Goldich 1938, Weyl 1950, 1952, van Andel 1952, 1959, Dryden & Dryden 1946). Übereinstimmend werden Olivin und Pyroxen als besonders wenig resistent bezeichnet. Amphibol, Granat und Epidot sind widerstandsfähiger, doch finden sich Unterschiede des Verhaltens, die von den lokalen Bedingungen abhängen. So ist z. B. in den der Verwitterung ausgesetzten kalkreichen Sanden der Oberen Süßwassermolasse (Obermiozän) der Granat besonders stark aufgelöst worden, wodurch sich Epidot und Hornblende anreicherten (Lemcke et al. 1953). Dagegen fand Weyl (1950) in den unter Podsolbedingungen verwitterten tertiären Sanden Schleswig-Holsteins die Hornblende besonders stark aufgelöst, Granat und Epidot angereichert und Granat stabiler als Epidot. Staurolith, Disthen, Sillimanit und Andalusit scheinen im allgemeinen resistenter zu sein als Hornblende, Granat und Epidot. Apatit verhält sich besonders empfindlich gegenüber dem pH der Lösungen: Wo Kalk vorhanden ist, wie z. B. in den süddeutschen Molassesanden, wird er kaum angegriffen, während er in kalkfreien Böden zu den am stärksten aufgelösten Mineralen gehört.

Während die bisher genannten Minerale, wie das Vorkommen typischer Lösungsformen zeigt, in der Verwitterungszone aufgelöst werden, ohne daß ein sichtbarer Rest übrig bleibt, gibt es auch Minerale, die sich anders verhalten. Zu ihnen gehören die Glimmer. In Böden und Sedimenten kommen verwitterte Glimmer der Muskovit- und der Biotitgruppe vor, welche dadurch entstanden sind, daß einzelne Bestandteile aus dem Gitter der primären Minerale herausgelöst und durch neue Komponenten ersetzt worden sind. Es entstehen so Pseudomorphosen mit veränderter Zusammensetzung, die auch ihrerseits allmählich der Auflösung anheimfallen. Dies geschieht jedoch mit einer sehr viel geringeren Geschwindigkeit. Rimsaite (1957) gab eine neuere Beschreibung derart zersetzter Glimmer (dort auch ältere Literatur).

Biotite verlieren bevorzugt Kalium, Magnesium und Eisen. Das Eisen wird entweder ganz abtransportiert oder nach Oxidation in den dreiwertigen Zustand als Oxidhydrat auf oder zwischen den Blättchen abgeschieden. Die Farbe der Biotitblättchen verändert sich dabei von dunkelbraunen oder grünen zu goldgelben, hellgelblichen bis hellgrünlichen Tönen; auch farblose oder undurchsichtig weiße Blättchen kommen vor. Licht- und Doppelbrechung nehmen kontinuierlich ab und die Röntgeninterferenzen werden zunehmend schwächer und breiter.

Ähnlich gibt es auch vom Muskovit an Kalium verarmte Verwitterungsprodukte mit reduzierter Licht- und Doppelbrechung.

Über diese Verwitterungsprodukte der Glimmer entstehen durch Umbildung alkalifreie bis alkaliarme Tonminerale, über welche im Abschnitt 2.332.2 ausführlich berichtet wird.

Man hat immer wieder versucht, die Art der Zersetzung der gesteinsbildenden Silikate durch Wasser und verdünnte Lösungen in Laboratoriumsversuchen aufzuklären. Daß z. B. Feldspäte von Wasser angegriffen werden, läßt sich einfach zeigen, indem man feines Mineralpulver in Wasser bringt. Das dabei schnell in Lösung gehende Alkali läßt sich leicht durch die alkalische Reaktion nachweisen.

Bei Untersuchungen verschiedener Autoren hat sich gezeigt, daß viele frisch zerkleinerte Silikate bei der Umsetzung mit einem begrenzten Volumen Lösungsmittel inkongruent in Lösung gehen, d. h. so, daß die Zusammensetzung des Gelösten nicht der Zusammensetzung des Minerals entspricht. Die Lösungen enthalten stets relativ mehr Alkalien, Erdalkalien oder Eisen als Aluminium und Kieselsäure, so daß sie deutlich alkalisch reagieren. Als Beispiel sind in Tabelle 2-6 die Ergebnisse von Keller, Balgord & Reesman (1963) wiedergegeben, die die beim Zerreiben verschiedener gesteinsbildender Minerale mit einer bestimmten Menge destilliertem Wasser entstehenden Lösungen analysierten.

Aus Lösungsversuchen dieser Art könnte man fälschlich schließen, daß die Silikate

Tabelle 2-6. Zersetzung gesteinsbildender Silikate beim Zerreiben mit destilliertem Wasser im geschlossenen System (nach KELLER, BALGORD & REESMAN 1963).

	Zusammensetzung des Minerals (Kationen)	Menge der gelösten Kationen mg/l	pH der Lösung	Zusammensetzung des Gelösten (Kationen)
Quarz	Si	3,5	6,5	Si
Mikroklin	0,725 K · 0,24 Na · 0,05 Ca · 1,05 Al · 2,95 Si	66,06	8,0	11 K · 8,6 Na · 0,4 Ca · 0,36 Al · 2,95 Si
Labradorit	0,53 Ca · 0,47 Na · 1,53 Al · 2,47 Si	28,96	8,0	0,68 Ca · 0,17 Na · 0,23 Al · 2,47 Si
Nephelin	0,82 Na · 0,18 K · 1,0 Al · 1,0 Si	114,86	8,8	7,0 Na · 0,57 K · 0,15 Al · 1,00 Si
Muskovit	1,7 K · 0,23 Na · 0,10 Ca · 0,25 Fe · 5,4 Al · · 6,1 Si	32,89	8,0	13 K · 4,4 Na · 0,22 Ca · 0,27 Fe · 0,57 Al · 6,1 Si
Biotit	1,9 K · 0,13 Na · 2,2 Fe^{2} · 1,6 Mg · 0,16 Ca · · 1,0 Fe^{3} · 2,98 Al · 5,3 Si	62,64	8,5	18 K · 3 Na · 5,3 Fe · 0,61 Mg · 0,53 Ca · · 0,36 Al · 5,3 Si
Enstatit	0,78 Mg · 0,073 Fe · 0,086 Ca · 0,005 Na · · 0,046 Al · 1,0 Si	37,46	8,6	0,83 Mg · 0,002 Fe · 0,063 Ca · 0,41 Na · · 0,001 Al · 1,0 Si
Diopsid	0,45 Ca · 0,46 Mg · 0,047 Fe · 0,19 Al · 1,84 Si	30,64	9,0	0,21 Ca · 0,013 Mg · 0,005 Fe · 0,004 Al · 1,84 Si
Augit	0,87 Ca · 0,07 Na · 0,34 Mg · 0,60 Fe^{2} · 0,01 Fe^{3} · · 0,08 Al · 1,99 Si	34,62	8,8	0,35 Ca · 1,1 Na · 0,30 Mg · 0,057 Fe · 0,002 Al · · 1,99 Si
Hornblende	0,45 K · 0,48 Na · 1,4 Ca · 1,7 Mg · 3,7 Fe · · 1,13 Al · 6,9 Si	24,31	8,9	5,7 K · 16 Na · 1,8 Ca · 2,9 Mg · 0,1 Fe · · 0,37 Al · 6,9 Si
Olivin	1,86 Mg · 0,14 Fe · 1,0 Si	20,55	8,8	2,2 Mg · 0,02 Fe · 1,0 Si

Tabelle 2-7. Auflösung von 1,5 g Kalifeldspatpulver (< 2 μ) durch eine schwach saure Lösung (pH = 3,0) im offenen System (nach Correns & v. Engelhardt 1938).

ml Gesamtmenge des Lösungsmittels	ml Analysierte Filtratmenge	Menge des Gelösten mg	mg/l	Millimole SiO_2	Millimole Al_2O_3	Millimole K_2O	Zusammensetzung des Gelösten $SiO_2 : Al_2O_3 : K_2O$	Zusammensetzung der Restschicht $SiO_2 : Al_2O_3$	Menge der Restschicht mg
1842	1842	84,0	45,5	0,263	0,233	0,473	0,56 : 0,49 : 1,00	10,7 : 1,00	179
4742	2900	79,7	27,5	0,762	0,190	0,166	4,59 : 1,14 : 1,00	13,0 : 1,00	190
9078	4336	47,2	10,9	0,516	0,0715	0,0940	5,49 : 0,76 : 1,00	12,0 : 1,00	196
	Insgesamt:	210,9	23,2	1,541	0,495	0,733	2,10 : 0,68 : 1,00		

von Wasser „hydrolytisch“ zersetzt werden, wobei sich einerseits Lösungen mit vorzugsweise Na, K, Mg, Ca und Fe, andrerseits feste Restbestände hydratisierter Al_2O_3—SiO_2-Gemenge bilden. Dem widersprechen aber die Beobachtungen an allen den Mineralen, die sich in den Bodenlösungen vollständig und ohne sichtbaren Rest lösen. Dieser Widerspruch erklärt sich daraus, daß die natürliche Verwitterung nicht im geschlossenen System geschieht.

Der vollständige Verlauf der Auflösung der Minerale in der Verwitterungszone kann deshalb nur durch Versuche im offenen System aufgeklärt werden, bei denen wie in der Natur immer erneuertes, frisches Lösungsmittel auf die Minerale einwirkt, so daß die Auflösung stetig weiter fortschreitet und nicht durch sich einstellende Gleichgewichte gehemmt wird. Untersuchungen dieser Art sind wegen der Langsamkeit der Vorgänge und der großen Mengen zu verarbeitender Lösungsmittelmengen recht langwierig. Daher liegen noch nicht viele Ergebnisse vor. Immerhin wurden einige wichtige gesteinsbildende Minerale untersucht, so daß doch schon allgemeine Schlußfolgerungen gezogen werden können (Correns 1940, 1961, 1963).

Die Versuche im offenen System wurden so ausgeführt, daß frisch hergestellte, vorher noch nicht mit Wasser in Berührung gekommene Pulver reiner Minerale von bestimmter Korngröße der Einwirkung eines Stromes frischen Lösungsmittels ausgesetzt wurden. Die durch das Pulver hindurchgetretene Lösung wurde von diesem durch eine Kollodium- oder Cellophanmembran getrennt und in einzelnen Portionen analysiert, so daß erkannt werden konnte, in welcher Weise sich die Menge und die Zusammensetzung des Gelösten während des Lösungsvorgangs änderten.

Zwei wichtigste Ergebnisse dieser Versuche seien vorweggenommen: Es zeigte sich erstens, daß alle Bestandteile der Silikate durch die Membranen hindurchtreten, also in ionarer oder doch molekular-disperser Form in Lösung gehen. Es ergab sich zweitens, daß sich Art und Geschwindigkeit der Auflösung mit der Zeit ändern, so daß es oft lange dauert, bis ein stationärer Zustand der Auflösung erreicht ist. Die Versuche im geschlossenen System erfassen jeweils nur einen Teil der instationären Anfangsreaktionen, während die natürliche Verwitterung durch die stationären Prozesse bestimmt wird.

Nach Art der Zersetzung und Auflösung ergeben sich charakteristische Unterschiede, so daß die Mineralgruppen im folgenden einzeln besprochen seien.

Q u a r z löst sich kongruent. Näheres über die Auflösung von Quarz und der amorphen Formen des SiO_2 in Abhängigkeit von Temperatur, pH und anderen Einflüssen wird in Abschnitt 2.331 mitgeteilt.

Von Mineralen der F e l d s p a t g r u p p e wurden K a l i f e l d s p a t (Correns & v. Engelhardt 1938) und A l b i t (Bieger 1952) im offenen System untersucht. Als ein typisches Beispiel sei die Zersetzung von Kalifeldspat durch eine schwach saure Lösung von $pH = 3$ (0,001 n H_2SO_4) näher beschrieben. Die Lösung strömte durch feines Feldspatpulver ($< 2\ \mu$), wurde durch ein Ultrafilter (Collodiummembran) abfiltriert und portionsweise eingedampft. Abb. 2-2 zeigt den Verlauf des Lösungsvorgangs. Man erkennt, wie die Auflösungsgeschwindigkeit zunächst hoch ist und dann auf einen schließlich etwa konstanten Wert absinkt. Das im Filtrat Gelöste wurde in 3 Abteilungen analysiert. Die Ergebnisse sind in der Tabelle 2-7 und der

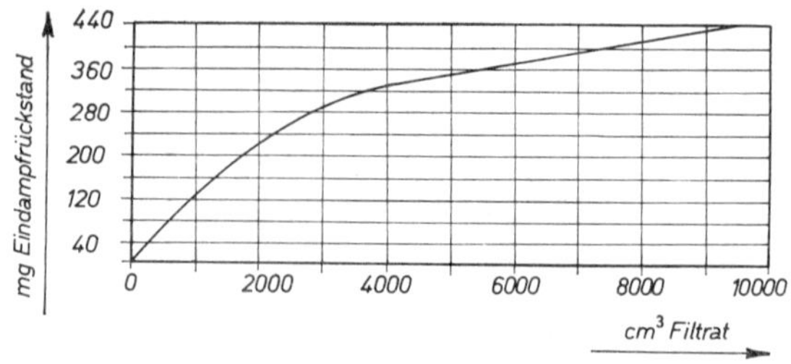

Abb. 2-2. Auflösung von Kalifeldspat in wässeriger Lösung bei pH = 3 (20°) (CORRENS & v. ENGELHARDT 1938).

Abb. 2-3 wiedergegeben. Die Zusammensetzung des Gelösten ändert sich mit der Zeit. Die zuerst bei hoher Auflösunggeschwindigkeit angefallene Lösung enthält einen starken K-Überschuß: die Auflösung erfolgte deutlich inkongruent. Später ändert sich dies, und die zuletzt gewonnene Lösung enthält die Komponenten schon recht angenähert in den Verhältnissen des Minerals ($6\,SiO_2 \cdot Al_2O_3 \cdot K_2O$). Es findet hier also ein allmählicher Übergang von inkongruenter zu kongruenter Auflösung statt bei gleichzeitiger Abnahme der Auflösungsgeschwindigkeit auf einen konstanten Wert.

Offenbar gehen während des ersten Angriffs des Lösungsmittels die Bestandteile mit verschiedener Geschwindigkeit in Lösung. K-Ionen werden bevorzugt gelöst, dann folgt Al, während SiO_2 am langsamsten in Lösung geht. Dies ist natürlich nur im Austausch gegen H-Ionen möglich, die die Plätze der aus dem Gitter gelösten K- und Al-Ionen einnehmen. So entsteht an der Oberfläche der Körner eine K-freie und an Al verarmte Restschicht, durch welche im weiteren Verlauf K und Al diffundieren müssen, um in die Lösung zu gelangen. Das $SiO_2 : Al_2O_3$-Verhältnis der Restschicht hängt davon ab, mit welchen relativen Geschwindigkeiten Al und Si in Lösung gehen. In der Lösung von pH 3 löst sich Al schneller als Si, so daß eine Restschicht entsteht, deren $SiO_2 : Al_2O_3$-Verhältnis höher als im Feldspat ist. Aus den Analysen

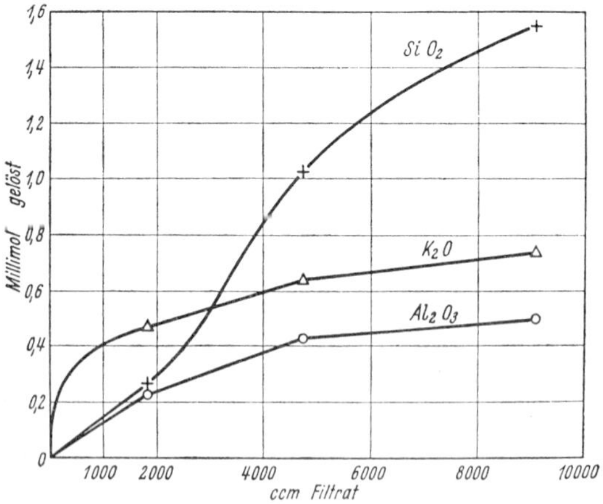

Abb. 2-3. Verhalten von Kieselsäure, Aluminium und Kalium bei der Auflösung von Kalifeldspat in wässeriger Lösung bei pH = 3 (20°) (CORRENS & v. ENGELHARDT 1938).

des Gelösten läßt sich sowohl die Zusammensetzung wie auch die Menge dieser Restschicht berechnen. Es zeigt sich, daß die Menge des Restbestandes einem konstanten Wert zustrebt, während gleichzeitig auch die Auflösungsgeschwindigkeit konstant wird und die Proportionen der in Lösung gehenden Komponenten sich den Verhältnissen im Mineral nähern. Offenbar sind dann die Teilchen von einer Restschicht umgeben, deren Dicke gerade so groß ist, daß die Auflösungsgeschwindigkeiten von K und auch von Al so weit gehemmt sind, daß die drei Komponenten K, Al und Si sich mit Geschwindigkeiten lösen, die ihrem Mengenverhältnis im Mineral entsprechen. Dann erfolgt die weitere Auflösung kongruent, und die Dicke der Restschicht bleibt konstant.

Derselbe Mechanismus der Auflösung wurde auch bei der Einwirkung anderer Lösungen im pH-Bereich zwischen pH 0 und pH 11 sowohl bei Kalifeldspat wie bei Albit gefunden. Dicke und Zusammensetzung der Restschicht hängen von verschiedenen Versuchsbedingungen, vor allem aber vom pH der Lösung ab. Als niedrigstes Verhältnis wurde für Lösungen in der Nähe des Neutralpunktes das Verhältnis $6\,SiO_2 : Al_2O_3$ beobachtet. Saure und alkalische Lösungen erzeugen Restschichten, die reicher an SiO_2 sind. Bei $pH = 0$ entsteht am Kalifeldspat eine aus reiner SiO_2 bestehende Restschicht. Für die Dicke der Restschichten ergeben Abschätzungen Werte zwischen 0,03 und 0,2 μ. Es ist bisher nicht gelungen, diese Schichten optisch sichtbar zu machen oder anders direkt nachzuweisen.

Die Auflösungsgeschwindigkeiten der Feldspäte hängen nach diesen Versuchen deutlich vom pH ab. Dies wird durch die in der Tabelle 2-8 zusammengefaßten Zahlen illustriert.

Tabelle 2-8. Durch 2000 ml Lösungsmittel aus 1,5 g Kalifeldspatpulver ($< 2\,\mu$) bei 25° C gelöste Substanz (offenes System) (Correns & v. Engelhardt 1938).

pH des Lösungsmittels	Gelöste Substanz: Gesamtmenge in % von 1,5 g	Oxide in % des Gehalts im Feldspatpulver: Al_2O_3	SiO_2	K_2O
3	5,9	9,4	2,0	18,2
6,6	3,8	0,8	1,4	9,6
11	5,5	4,3	3,9	14,2

Für Plagioklase liegen bisher noch keine Untersuchungen vor. Es dürfte aber anzunehmen sein, daß auch diese Feldspäte sich grundsätzlich ebenso wie die Alkalifeldspäte verhalten.

Die Ergebnisse der Verwitterungsversuche mit Feldspat sind in guter Übereinstimmung mit den Beobachtungen in den Auslaugungshorizonten der Böden: Die im geschlossenen System so stark in die Augen fallende inkongruente, hydrolytische Zersetzung ist eine Anfangsreaktion, die nach der Bildung der aus SiO_2 und Al_2O_3 bestehende Schutzschicht von der sehr viel langsamer ablaufenden kongruenten Auflösung abgelöst wird. In dieser Hauptphase der Verwitterung entstehen Lösungen, die die Bestandteile des Feldspats im selben Mengenverhältnis wie das Kristallgitter enthalten. Es hängt von der Korngröße des verwitternden Feldspats ab, wie groß die Menge des schließlich als letzte Restschicht übrigbleibenden Al_2O_3—SiO_2-Restes ist. Die Menge dieses Restes kann nur dann erheblich sein, wenn die einzelnen Feldspatkörner sehr klein sind.

Die Auflösung verläuft natürlich anders, wenn durch mechanische Einwirkung laufend frische Kristallflächen entstehen und die hemmende Restschicht immer wieder zerstört wird. Im Versuch kann man dies z. B. dadurch erreichen, daß man die Zersetzung in einer Kugelmühle ablaufen läßt. Man beobachtet dann keine Hemmung und eine Auflösung mit konstanter Geschwindigkeit.

Aus der Gruppe der Feldspatvertreter wurde die Zersetzung von Leuzit im offenen System untersucht (KRÜGER 1939). Auch hier ist in allen Lösungen zwischen pH = 0 und p = 11 zunächst inkongruente Auflösung zu beobachten: im Verhältnis zur gelösten SiO_2 werden wesentlich mehr K und auch mehr Al gelöst, als es der Zusammensetzung des Minerals entspricht. So entsteht auch hier durch den Angriff des Lösungsmittels eine das Mineral umgebende Restschicht, deren $Al_2O_3 : SiO_2$-Verhältnis vor allem vom pH abhängt. Bei pH = 0 entsteht wie beim Feldspat eine Restschicht aus reiner SiO_2. Mit höherem pH steigt der Al-Gehalt; in der Nähe des Neutralpunktes wurde eine Zusammensetzung von etwa $3\,SiO_2 \cdot Al_2O_3$ gefunden. Wegen des höheren K- und Al-Gehaltes des Leuzit ($K_2O \cdot Al_2O_3 \cdot 4\,SiO_2$) sind die K-freien Restschichten für K und Al sehr viel durchlässiger als beim Feldspat. Daher kann durch stark saure Lösungen von pH = 0 alles K und Al gelöst werden, während nur wenig SiO_2 in Lösung geht. Die bei pH = 0 behandelten Mineralkörner werden zu amorphen Pseudomorphosen aus reiner SiO_2. Auch im schwach sauren und neutralen Bereich ist die hemmende Wirkung der Restschichten geringer als beim Feldspat, so daß der Zustand konstanter Restschichtdicke und kongruenter Auflösung bei konstanter Geschwindigkeit in den Versuchen nicht erreicht wurde. Es wird also die inkongruente Auflösung beim Leuzit jedenfalls länger anhalten als beim Feldspat, kleine Körner mögen auch im schwach sauren Bereich zu SiO_2-reichen Pseudomorphosen abgebaut werden. Die Versuche bei pH 11 zeigten eine Annäherung an konstante Restschichtdicke und kongruente Auflösung.

Auch für den Leuzit ist die Auflösungsgeschwindigkeit in neutralen Lösungen geringer als in sauren oder alkalischen (etwa im gleichen Verhältnis wie bei Kalifeldspat).

Von den Glimmern wurden im offenen System Biotit in stark sauren Lösungen (MEHMEL 1937) und Muskovit im Bereich zwischen pH = 3 und pH = 11 (BÖHMEKE 1952) untersucht. Die Glimmer verhalten sich im ganzen pH-Bereich anders als die Feldspäte, insofern als die inkongruente Auflösung nicht durch hemmende Restschichten verhindert wird und daher bis zur Bildung K-armer oder K-freier Mineralreste anhält, wie sie ja auch, wie oben besprochen, in den Verwitterungszonen und Sedimenten vorkommen. Bei der Reaktion von Muskovit mit Wasser erscheinen in den Lösungen relativ zum Aluminium sehr viel mehr Kalium und etwas mehr SiO_2, als es der Zusammensetzung des Minerals entspricht. Der zurückbleibende K-freie Rest hat zwischen pH 3 und pH 11 eine annähernd konstante Zusammensetzung mit einem $SiO_2 : Al_2O_3$-Verhältnis zwischen 1,8 und 1,5. Der Anteil des Restes nimmt mit fortschreitender Auflösung ständig zu, und die Lösungsgeschwindigkeit erfährt kaum eine Verminderung, da der Austausch von K- gegen H-Ionen längs den (001)-Ebenen der Schichtstruktur recht ungehindert stattfinden kann.

Die Auflösungsgeschwindigkeit hängt stark vom pH ab; so wurde bei pH 3 etwa die doppelte, bei pH 11 etwa die vierfache Geschwindigkeit der Zersetzung wie bei pH 6 gefunden.

Die Zersetzung von Biotit wurde bisher nur bei pH 0 (1 normale H_2SO_4) (MEHMEL 1937) untersucht. In dieser stark sauren Lösung verliert das Mineral alle anderen Bestandteile und geht schließlich in eine Pseudomorphose von reiner SiO_2 über. Aus Beobachtungen in der Natur geht hervor, daß Biotit leichter zersetzt wird als Muskovit. Dies ist wegen der stärkeren Löslichkeit und daher stärkeren Lösungstendenz von Fe^2 und Mg im Vergleich zu Al im pH-Bereich zwischen 3 und 9 wohl verständlich (siehe Abb. 2-4).

Als Beispiel für Kettensilikate wurde im offenen System der Tremolit ($2\,CaO \cdot 5\,MgO \cdot 8\,SiO_2 \cdot H_2O$) untersucht (TUNN 1940). Auch dieses Mineral ist im pH-Bereich zwischen pH 0 und pH 11 einer stark inkongruenten Auflösung unterworfen. Die Restschicht besteht in stark saurer Lösung (pH = 0) aus reiner SiO_2, bei pH = 3 hat sie eine Zusammensetzung von etwa $2\,SiO_2 \cdot MgO$, bei pH = 5,8 von etwa $SiO_2 \cdot MgO$; bei pH = 11 ist die Restschicht frei von SiO_2 und enthält ein Verhältnis von CaO : MgO $\approx$ 1 : 8. Die bei der Tremolitzersetzung gebildeten Restschichten haben eine verhältnismäßig hohe Durchlässigkeit, daher nimmt die Auflösungsgeschwindigkeit nur langsam ab. Die Zersetzungsgeschwindigkeit hängt auch beim Tremolit deutlich vom pH des Lösungsmittels ab. Bei pH 3 und pH 11 ist die Auflösungsgeschwindigkeit fast doppelt so groß wie bei pH 6.

Von Inselsilikaten wurde ein eisenreicher Olivin im offenen System untersucht (HOPPE 1947). Die hier gebildeten Restschichten bestanden bei pH 3, pH 6 und pH 9 aus einem Gemenge von Mg- und Fe-Hydroxid, wobei das Verhältnis MgO : FeO in alkalischer Lösung am höchsten war. Die Restschichten sind verhältnismäßig durchlässig, so daß hohe Schichtdicken beobachtet wurden und stationäre Verhältnisse (konstante Schichtdicke, kongruenter Lösungsverlauf) in den Laborversuchen kaum erreicht werden konnten.

Für die Verwitterung natürlicher Gläser ist eine Untersuchung von HOPPE (1947) über die Zersetzung von Sideromelan im offenen System im pH-Bereich zwischen pH 3 und pH 11 von Interesse. Basaltische Gläser (SiO_2-Gehalt 52%) zersetzen sich nach diesen Versuchen deutlich inkongruent, so daß Restschichten entstehen, deren Zusammensetzung von der des Ausgangsmaterials verschieden ist. Alle Restschichten sind frei von Alkalien. Bei pH 3 sind SiO_2 und Al_2O_3 angereichert; bei pH 5,8 enthält die Restschicht mehr SiO_2, Al_2O_3 und Fe_2O_3 als die Ausgangssubstanz und bei pH 11 enthält die Restschicht einen Überschuß an Fe_2O_3 und MgO. Die gebildeten Restschichten sind bei allen pH so durchlässig, daß keine oder nur eine ganz geringfügige Verringerung der Lösungsgeschwindigkeit des Glases zu beobachten ist. Die Dicke der Restschichten nimmt kontinuierlich mit fast gleichbleibender Geschwindigkeit zu. Die Lösungsgeschwindigkeit ist am geringsten in der Nähe des Neutralpunktes und wurde bei pH 3 und pH 11 als etwa gleich gefunden.

Es ist also zu folgern, daß Gesteinsgläser vom Typ der basaltischen Gläser bei Berührung mit verdünnten Lösungen einerseits vollständig in Lösung gehen, andrerseits aber die beim jeweiligen pH schneller löslichen Bestandteile bevorzugt verlieren. Es können daher auch größere Stücke natürlicher Gläser durch die Verwitterung eine wesentliche Veränderung ihrer chemischen Zusammensetzung erfahren: durch die Einwirkung saurer Lösungen entstehen alkaliarme bis alkalifreie Gläser mit höherem SiO_2- und vermindertem Erdalkali- und hohem H_2O-Gehalt. Neutrale Lösungen erzeugen alkalifreie bis alkaliarme Produkte mit erhöhtem Al-, Fe^{3+} und SiO_2-Gehalt sowie verringertem Gehalt an Erdalkalien. Alkalische Lösungen bringen alkaliarme bis alkalifreie Gläser mit vermehrtem Gehalt an Fe^{3+} und Mg und verringerten Gehalten an Al und Ca hervor. Der in der Natur vorkommende Palagonit ist durch die Einwirkung schwach alkalischer Lösungen (Meerwasser) auf ein basaltisches Glas (Sideromelan) entstanden. Er enthält relativ weniger Alkalien, Erdalkalien, Al_2O_3 und SiO_2, dafür aber mehr Fe_2O_3 als der Sideromelan. Außerdem hat er einen hohen Wassergehalt.

Ob SiO_2-reichere Gläser in gleicher Weise mit verdünnten Lösungen reagieren, ist noch nicht untersucht. Wegen der Schwerlöslichkeit der SiO_2 sollte die Resistenz mit zunehmendem SiO_2-Gehalt ansteigen. Es ist möglich, daß sich bei SiO_2-reichen Gläsern, mindestens im sauren Milieu, weniger durchlässige Restschichten bilden, die ähnlich wie bei den Feldspäten eine schützende Wirkung ausüben.

Es ist bemerkenswert, daß nach den Versuchen im offenen System die Geschwindigkeit der inkongruenten Anfangsreaktion für Feldspat, Leuzit und Tremolit nahezu gleich ist. Daß die Auflösung in der Natur mit sehr verschiedenen Geschwindigkeiten abläuft (Feldspat ist jedenfalls sehr viel resistenter als Leuzit und Tremolit), rührt daher, daß für die natürliche Verwitterung die durch die Restschichten gehemmte Hauptphase der Zersetzung maßgeblich ist, welche in den Versuchen nur im ersten Beginn erfaßt wurde. Daher läßt sich aus den vorliegenden Versuchen noch kein quantitatives Maß für die Verwitterungsbeständigkeit der einzelnen Minerale ableiten.

Qualitativ kann man sagen, daß die Auflösungsgeschwindigkeit von Silikaten am kleinsten und damit ihre Beständigkeit am größten sein muß, je höher der SiO_2-Gehalt ist. Die Restschichten werden nämlich umso durchlässiger und wirken umso weniger hemmend, je kleiner der SiO_2-Gehalt des Minerals ist. Daher sind die Alkalifeldspäte beständiger als die Plagioklase und die Feldspäte überhaupt beständiger als die alkalireicheren Feldspatvertreter. Feldspäte sind beständiger als die Kettensilikate leicht löslicher Kationen und diese wieder beständiger als die Gruppen- und Inselsilikate löslicher Kationen. Eine besondere Gruppe bilden die Phyllosilikate. Sie werden leicht zersetzt, da aus strukturellen Gründen keine allseitig umhüllende Restschicht entsteht.

2.33 Bildung neuer Minerale

Anstelle der aufgelösten und zersetzten Minerale der Ausgangsgesteine können im Verwitterungsbereich neue Minerale gebildet werden. Einerseits handelt es sich um die Oxide und Oxidhydrate von Eisen und Aluminium sowie die Formen von SiO_2, andrerseits um die als Tonminerale bezeichneten Schichtsilikate. Die Oxide und Oxidhydrate entstehen als Neubildungen aus den Verwitterungslösungen. Die Tonminerale können entweder durch Umbildung aus primären Schichtsilikaten gebildet werden oder als Neubildungen aus den Verwitterungslösungen kristallisieren. In den folgenden Kapiteln werden diese verschiedenen Arten der Bildung neuer Minerale während der Verwitterung besprochen.

2.331 Oxide und Oxidhydrate

Die einfachsten Reaktionsprodukte, die sich aus den bei der Verwitterung entstehenden Lösungen abscheiden können, sind die Oxide und Oxidhydrate und Fe und Al sowie die Formen von SiO_2.

Oxide und Oxidhydrate des Aluminiums (GARRELS & CHRIST 1965):
Folgende Minerale kommen als Neubildungen der Verwitterungszone vor:

γ-$Al(OH)_3$ . . . . Hydrargillit
α-$AlO(OH)$ . . . . Böhmit
γ-$AlO(OH)$ . . . . Diaspor

Aluminiumhydroxid bildet mit Wasser einerseits Al^{3+}-Kationen, andrerseits AlO_2^--Anionen:

$$Al(OH)_3 + 3H^+ = Al^{3+} + 3H_2O \quad \text{I} \qquad (2.10)$$
$$Al(OH)_3 = H^+ + AlO_2^- + H_2O \quad \text{II} \qquad (2.11)$$

Für diese Reaktionen gelten die folgenden Gleichgewichtskonstanten (bei 25° C):

$$K_I = \frac{[Al^{3+}]}{[H^+]^3} = 10^{5,7} \qquad (2.12)$$

$$K_{II} = [H^+]\,[AlO_2^-] = 10^{-14,6} \qquad (2.13)$$

Daraus erhält man die folgenden Gleichungen für die Aktivitäten (bei kleinen Konzentrationen den Konzentrationen gleichzusetzen) der Ionen des Al:

$$\lg Al^{3+} = 5,7 - 3\,pH \qquad (2.14)$$
$$\lg AlO_2^- = pH - 14,6 \qquad (2.15)$$

In Abb. 2-4 ist die aus diesen Gleichungen sich ergebende Löslichkeit von Hydrargillit in reinen Lösungen in Abhängigkeit vom pH dargestellt. Unter pH 5,1 bilden sich vorwiegend Al^{3+}-Ionen, über pH 5,1 vorwiegend AlO_2^--Ionen. Bei pH 5,1 hat der Hydrargillit die kleinste Löslichkeit. Da Al^{3+} die Tendenz hat, mit verschiedenen Anionen Komplexe zu bilden, gilt das Diagramm nur für reine Lösungen.

Nach Maßgabe der freien Energie ist Diaspor stabiler als Böhmit. Der Unterschied ist jedoch sehr gering (0,1 kcal/Mol), so daß das Vorkommen beider Formen in der Natur verständlich ist. In Anwesenheit von freiem Wasser ist Hydrargillit stabiler als Diaspor. Die Differenz der freien Energie beträgt 6 kcal/Mol. Die Reaktionsgeschwindigkeit ist jedoch bei niederer Temperatur sehr gering. Es sollte sich also aus Lösungen zuerst Hydrargillit ausscheiden, der bei Austrocknung des Bodens in

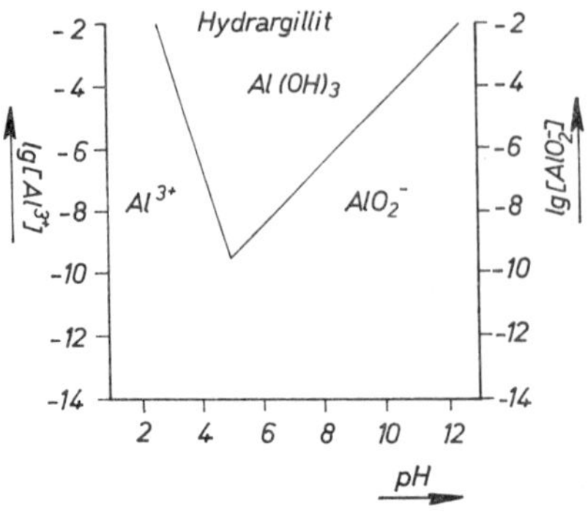

Abb. 2-4. Löslichkeit von $Al(OH)_3$ in wässerigen Lösungen (GARRELS & CHRIST 1965).

Diaspor oder Böhmit übergehen kann, welche ihrerseits wegen der Trägheit der Reaktionen darauf folgende feuchtere Perioden metastabil zu überdauern vermögen.

Oxide und Oxidhydrate des Eisens (GARRELS & CHRIST 1965):

Folgende Minerale kommen als Neubildungen der Verwitterungszone vor:

α-FeO(OH)	Goethit
γ-FeO(OH)	Lepidokrokit
Fe_2O_3	Hämatit
Fe_3O_4	Magnetit

Frisch gefälltes „Ferrihydroxid" ist auch in Gegenwart von Wasser instabil und wandelt sich immer in FeO(OH) oder Hämatit um. Ebenso ist in Abwesenheit von Sauerstoff gefälltes Ferrohydroxid instabil und wandelt sich in Magnetit um:

$$3\,Fe(OH)_2 \rightarrow Fe_3O_4 + H_2(Gas) + H_2O \tag{2.16}$$

Es wird sich deshalb bei normalem Druck Ferrohydroxid stets zu Magnetit umsetzen.

Die Stabilitätsgebiete der verschiedenen Fe-Minerale werden vom pH und vom Oxidationspotential der Lösung bestimmt. Da thermodynamische Daten für Goethit und Lepidokrokit nicht bekannt sind, werden im folgenden im Anschluß an die ausführliche Darstellung von GARRELS & CHRIST (1965) nur Hämatit und Magnetit als Bodenkörper betrachtet. Im Gebiet des Hämatit können auch die FeO(OH)-Minerale auftreten.

Für die Oxidation von Magnetit zu Hämatit gilt die Gleichung:

$$2\,Fe_3O_4 + H_2O = 3\,Fe_2O_3 + 2\,H^+ + 2\,e^- \tag{2.17}$$

Für das Gleichgewicht zwischen beiden Phasen errechnet sich aus den freien Energien der beteiligten Komponenten die folgende Beziehung zwischen Oxidationspotential Eh (Volt gegenüber Standard-Wasserstoffelektrode) und Wasserstoffionenkonzentration:

$$Eh = 0{,}221 - 0{,}059\,pH \tag{2.18}$$

Die damit gegebene Grenzlinie für die Existenzgebiete von Magnetit und Hämatit im Eh-pH-Feld ist in Abb. 2-5 dargestellt.

In den Lösungen, die mit Magnetit und/oderHämatit in Berührung stehen, kommen die folgenden Ionen vor:

Fe^{3+}, $Fe(OH)^{2+}$, $Fe(OH)_2{}^+$
Fe^{2+}, $Fe(OH)^+$, $HFeO_2{}^-$

Für die hier erstrebte Übersicht genügt es, allein die Ionen Fe^{3+} und Fe^{2+} zu berücksichtigen, da die übrigen Ionenarten nur in außerordentlich kleinen Konzentrationen vorkommen (genaue Zahlen bei GARRELS & CHRIST 1965). Es sind die folgenden Gleichgewichte zu betrachten:

$$Fe_2O_3 + 6\,H^+ = 2\,Fe^{3+} + 3\,H_2O \quad \ldots\ldots\ldots \quad \text{I} \qquad (2.19)$$
$$Fe_3O_4 + 8\,H^+ = 3\,Fe^{3+} + 4\,H_2O + e^- \quad \ldots\ldots \quad \text{II} \qquad (2.20)$$
$$2\,Fe^{2+} + 3\,H_2O = Fe_2O_3 + 6\,H^+ + 2\,e^- \quad \ldots\ldots \quad \text{III} \qquad (2.21)$$
$$3\,Fe^{2+} + 4\,H_2O = Fe_3O_4 + 8\,H^+ + 2\,e^- \quad \ldots\ldots \quad \text{IV} \qquad (2.22)$$

Für diese vier Gleichgewichte berechnen sich aus thermodynamischen Daten die folgenden Konstanten und Oxidationspotentiale:

$$\lg K_I = \lg \frac{[Fe^{3+}]^2}{[H^+]^6} = -1{,}45 \qquad (2.23)$$

$$Eh_{II} = 0{,}337 + 0{,}177 \lg [Fe^{3+}] + 0{,}472\,pH \qquad (2.24)$$
$$Eh_{III} = 0{,}728 + 0{,}059 \lg [Fe^{2+}] - 0{,}177\,pH \qquad (2.25)$$
$$Eh_{IV} = 0{,}980 + 0{,}0885 \lg [Fe^{2+}] - 0{,}236\,pH \qquad (2.26)$$

Daraus erhält man die folgende Abhängigkeit der Konzentrationen der Fe^{2+} und Fe^{3+}-Ionen im Gleichgewicht mit Hämatit und Magnetit:
Bodenkörper Hämatit:

$$\lg [Fe^{3+}] = -0{,}72 - 3\,pH \qquad (2.27)$$

$$\lg [Fe^{2+}] = \frac{1}{0{,}059} (Eh - 0{,}728 + 0{,}177\,pH) \qquad (2.28)$$

Bodenkörper Magnetit:

$$\lg [Fe^{3+}] = \frac{1}{0{,}177} (Eh - 0{,}337 - 0{,}472\,pH) \qquad (2.29)$$

$$\lg [Fe^{2+}] = \frac{1}{0{,}0885} (Eh - 0{,}980 + 0{,}236\,pH) \qquad (2.30)$$

In Abb. 2-5 sind nach diesen Gleichungen die Linien für einige Konzentrationen (10^{-8}, 10^{-6}, 10^{-4}, 10^{-2} Mol/l) von $[Fe^{3+}]$ und $[Fe^{2+}]$ eingetragen. Im schraffierten Gebiet ist die Konzentration der Fe^{3+}-Ionen höher als die der Fe^{2+}-Ionen. Man sieht, daß Fe in dreiwertiger Form in nennenswerter Menge nur in stark sauren Lösungen mit hohem Oxidationspotential transportiert werden kann. Im gesamten übrigen Gebiet kommt Fe im wesentlichen nur als zweiwertiges Ion vor.

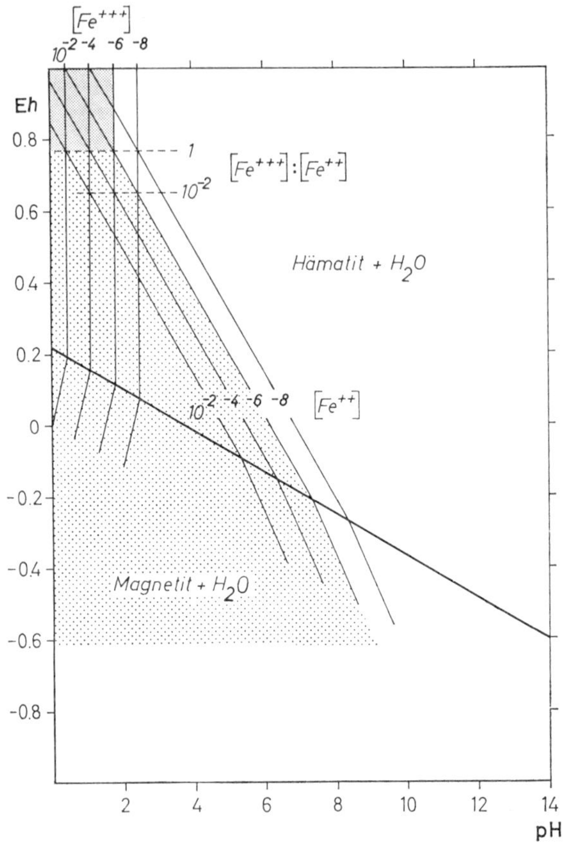

Abb. 2-5. Stabilitätsgebiet von Magnetit und Hämatit in wässerigen Lösungen in Abhängigkeit von Oxidationspotential (Eh) und Wasserstoffkonzentration (pH). Konzentration an Fe^{2+}- und Fe^{3+}-Ionen in den gesättigten Lösungen (GARRELS & CHRIST 1965).
Eng punktiert: $[Fe^{3+}] > [Fe^{2+}]$. Weit punktiert: $[Fe^{3+}] < [Fe^{2+}]$, $[Fe^{2+}] > 10^{-6}$.

Bei hohem Oxidationspotential erfolgt Ausfällung als Hämatit [resp. FeO(OH)] schon in relativ saurem Bereich (etwa ab pH 3). Bei verringertem Oxidationspotential ist in schwach sauren Lösungen zweiwertiges Fe mit Hämatit im Gleichgewicht. Erst wenn das Oxidationspotential unter die Hämatit/Magnetit-Grenze sinkt, tritt Magnetit als Bodenkörper auf.

Aus dem Vergleich des Diagramms Abb. 2-5 mit den in natürlichen Lösungen vorkommenden pH- und Eh-Werten (Abb. 2-1) kann man entnehmen, welche Fe-Ionen und -Minerale unter den verschiedenen Bedingungen zu erwarten sind. Allerdings ist zu bedenken, daß neue Phasen auftreten und andere Gleichgewichte herrschen, wenn Stoffe wie Schwefel und Kohlendioxid hinzukommen. Die dann möglichen Bodenkörper FeS_2 und $FeCO_3$ sind allerdings erst bei niederem Oxidationspotential (Eh < 0,1) und in der Nähe des Neutralpunktes stabil (siehe hierzu GARRELS & CHRIST 1965). Weitere Komplikationen können durch organische Stoffe verursacht werden, die mit Fe Komplexverbindungen bilden, die die Ausfällung als Oxid oder Oxidhydrat verhindern.

SiO_2 (KRAUSKOPF 1959, SIEVER 1962):

SiO_2 kommt in Böden und Sedimenten in Form verschiedener amorpher Arten (SIEVER 1957), als feinkristalliner Chalzedon und als grobkristalliner Quarz vor. Neubildung und Auflösung der verschiedenen Formen des SiO_2 sind dadurch gekennzeichnet, daß alle Reaktionen zwischen Lösungen und festem SiO_2 sehr langsam erfolgen.

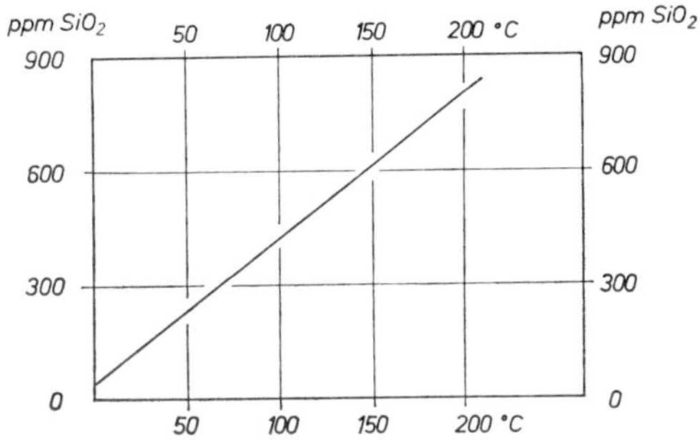

Abb. 2-6. Löslichkeit von amorphem SiO_2 in Wasser in Abhängigkeit von der Temperatur (KRAUSKOPF 1959).

Experimentelle Untersuchungen verschiedener Autoren (Zusammenfassung bei KRAUSKOPF 1959 und SIEVER 1962) im Temperaturbereich zwischen 0° und 200° C haben ergeben, daß amorphes SiO_2 eine definierte Löslichkeit in Wasser hat, die von der Art des amorphen SiO_2 kaum abhängt. Abb. 2-6 zeigt die Temperaturabhängigkeit der experimentell bestimmten Löslichkeit. Nach SIEVER (1962) lassen sich die Meßwerte durch die folgende Gleichung darstellen:

$$\log c = 4{,}829 - 1{,}132 \cdot \frac{1}{T} \cdot 10^3 \qquad (2.31)$$

c ist die Konzentration in ppm SiO_2, T ist die absolute Temperatur.

Die experimentell bestimmte Löslichkeit von amorphem SiO_2 in reinen Lösungen verschiedener Wasserstoffionenkonzentration ist in Abb. 2-7 dargestellt. Für pH Werte unter 8 ist die Löslichkeit vom pH nahezu unabhängig. Oberhalb pH 8 steigt sie mit zunehmendem pH. Dieser Verlauf der Löslichkeit entspricht der Tatsache, daß die Lösungen monomere H_4SiO_4 enthalten, die zu einem sehr kleinen Teil dissoziiert ist. Nach ROLLER & ERVIN (1940) beträgt die erste Dissoziationskonstante bei 30° C $10^{-9,8}$. Wenn die Konzentration der undissoziierten Säure im ganzen Bereich konstant ist, kann demnach die durch Dissoziation bedingte Zunahme der Löslichkeit mit steigendem pH erst etwa ab pH 8 beginnen merklich zu werden. Die experimentell gefundene Löslichkeitskurve entspricht einer konstanten Konzentration an undissoziierter Säure von etwa 120 ppm (ALEXANDER, HESTON & ILER 1954).

Nach Messungen von GREENBERG & PRICE (1957) wird die Löslichkeit von amorphem SiO_2 durch Salze nur wenig beeinflußt. In 1-normalen Lösungen von NaCl

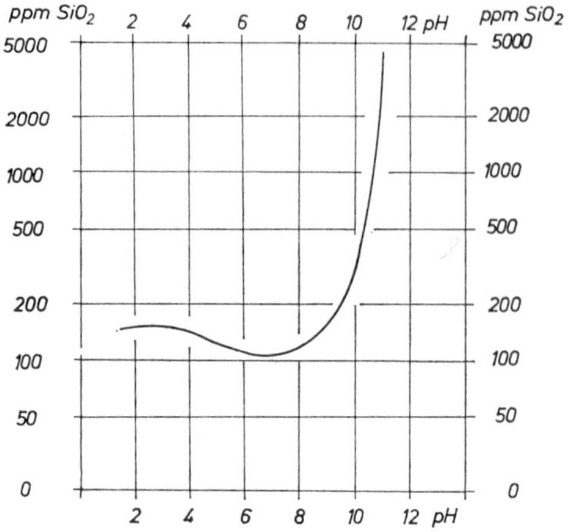

Abb. 2-7. Löslichkeit von amorphem SiO_2 in wässerigen Lösungen in Abhängigkeit vom pH (Krauskopf 1959).

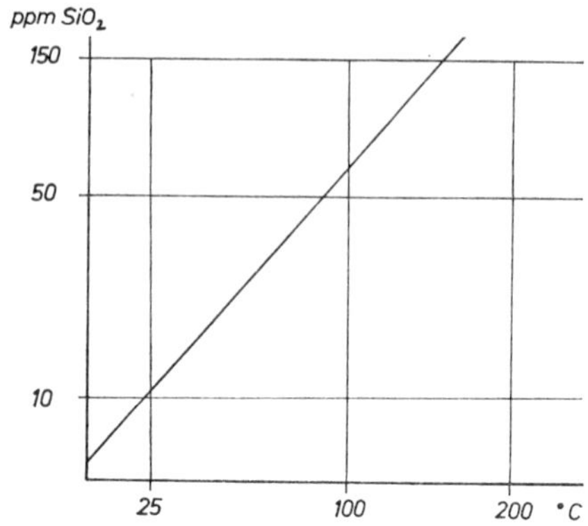

Abb. 2-8. Löslichkeit von Quarz in Wasser in Abhängigkeit von der Temperatur (nach Messungen verschiedener Autoren, Siever 1962).

beträgt die Verminderung der Löslichkeit etwas weniger als 10%. Dagegen erniedrigen Ionen, die schwerlösliche Silikate bilden, wie z. B. Al^{3+}, die Löslichkeit deutlich.

Die Löslichkeit von Quarz ist im Laboratorium schwer zu bestimmen, da die Lösungsgeschwindigkeit außerordentlich gering ist. Die sich aus Messungen verschiedener Autoren nach Siever (1962) ergebende Temperaturabhängigkeit ist in Abb. 2-8 dargestellt. Im Mittel beträgt die Löslichkeit von Quarz $^1/_{10}$ der von amorphem SiO_2. Mit steigender Temperatur nimmt der Unterschied der Löslichkeit ab. Es ist anzunehmen, daß die Abhängigkeit der Löslichkeit vom pH für Quarz denselben Verlauf hat wie für amorphes SiO_2.

Chalzedon hat nach Messungen von Pelto (1956) eine höhere Löslichkeit als Quarz (51 ppm nach 17 Stunden bei 95° C).

Für alle natürlichen Prozesse sind nicht nur die Löslichkeiten, sondern vor allem die Reaktionsgeschwindigkeiten wichtig, welche insgesamt langsam, für die verschiedenen Formen des SiO_2 aber unterschiedlich sind. Die Reaktionsgeschwindigkeit von Quarz ist so gering, daß sich die aus amorphem SiO_2 gebildeten, in Bezug auf Quarz stark übersättigten Lösungen lange Zeit halten können. Die Abscheidung von Quarz aus übersättigten Lösungen wird durch arteigene Oberflächen erleichtert, auf denen sich Quarz mit verringerter Keimbildungsarbeit niederschlagen kann. Harder & Flehmig (1967) fanden, daß Aluminium-, Eisen-, Mangan- und Magnesiumhydroxidniederschläge aus verdünnten SiO_2-Lösungen SiO_2 ausfällen, welches bei 20° in kurzer Zeit zu feinkristallinem Quarz altert.

Die Reaktionsgeschwindigkeit von amorphem SiO_2 ist sehr viel höher als die von Quarz, im einzelnen jedoch von verschiedenen Faktoren abhängig und daher für verschiedene Arten des amorphen SiO_2 verschieden. Große spezifische Oberfläche erhöht die Lösungsgeschwindigkeit. Organische Stoffe können die Geschwindigkeit stark herabsetzen.

Zusammenfassend ergibt sich, daß Temperaturerhöhung und oberhalb pH 8 eine Erhöhung des pH die Löslichkeit aller Formen von SiO_2 vermehrt. Die langsame Reaktionsgeschwindigkeit von Quarz ermöglicht die metastabile Existenz in bezug auf Quarz übersättigter Lösungen, die aus amorphen Formen des SiO_2 entstehen. Auf die Dauer wird in einem System, das nebeneinander Quarz, amorphes SiO_2 und Lösung enthällt, alles amorphe SiO_2 auf Kosten von Quarz verschwinden.

2.332 Tonminerale

2.332.1 Systematik der Tonminerale

In den Tabellen 2-9—12 ist die in diesem Buch verwendete Systematik und Benennung der Tonminerale zusammengestellt. Für alle Einzelheiten sei auf die speziellen Darstellungen von Brown und Mitarbeitern (1961) und Jasmund (1955) verwiesen. Im ersten Band dieses Werkes (Müller 1964) finden sich nähere Angaben zur Diagnose der verschiedenen Tonminerale.

Grundlage der Systematik bildet der Aufbau aus Sauerstoff-Tetraederschichten und Sauerstoff-Hydroxyl-Oktaederschichten:

Die Zweischicht-Minerale enthalten Zweierschichten, die aus je einer Tetraeder- und einer Oktaederschicht kondensiert sind.

Die Dreischicht-Minerale enthalten Dreierschichten, die aus einer Oktaeder- und zwei Tetraederschichten kondensiert sind.

Die Vierschicht-Minerale enthalten zwischen zwei Dreierschichten noch je eine selbständige Oktaederschicht.

Dioktaedrische Minerale enthalten in den zu $^2/_3$ besetzten Oktaederzentren ausschließlich oder doch vorwiegend Al. Trioktaedrische Minerale enthalten in den vollständig besetzten Oktaederzentren ausschließlich oder doch vorwiegend Mg und Fe^{2+}.

Eine Schichtladung (x) kommt dadurch zustande, daß Si der Tetraederzentren teilweise durch Al ersetzt wird.

Hydratisierte Minerale enthalten zwischen den Schichtpaketen eingelagertes Wasser.

Tabelle 2-9. Zweischichtsilikate (1 : 1-Typ).

	nicht hydratisiert		hydratisiert
O-Schicht: / T-Schicht:	Al dioktaedrisch	Mg trioktaedrisch	Al dioktaedrisch
Si	Kaolinit-Gruppe $Al_4(OH)_8Si_4O_{10}$ 7 Å	Serpentin-Gruppe $Mg_6(OH)_8Si_4O_{10}$ 7 Å	Halloysit-Gruppe H: $Al_4(OH)_8Si_4O_{10} \cdot 4\,H_2O$ 10 Å Meta-H.: $Al_4(OH)_8Si_4O_{10}$ 7 Å

Tabelle 2-10. Nicht-hydratisierte Dreischichtsilikate (2 : 1-Typ).

T-Schicht: \ O-Schicht:	vorwiegend Al dioktaedrisch	vorwiegend Mg, Fe^{2+} trioktaedrisch
Si x = 0	Pyrophyllit $Al_2(OH)_2Si_4O_{10}$ 9,3 Å	Talk $Mg_3(OH)_2Si_4O_{10}$ 9,4 Å
Si, Al $0 < x < 1$	Unvollständige dioktaedrische Glimmer diokt. Illit, Glaukonit 10 Å	Unvollständige trioktaedrische Glimmer triokt. Illit 10 Å
Si_3Al x = 1	dioktaedrische Glimmer Muskovit $K\,Al_2(OH)_2Si_3Al\,O_{10}$ 10 Å	trioktaedrische Glimmer Biotit $K\,Mg_3(OH)_2Si_3Al\,O_{10}$ 10 Å

x = Schichtladung

Tabelle 2-11. Hydratisierte Dreischichtsilikate (2 : 1-Typ).

T-Schicht: \ O-Schicht:	vorwiegend Al dioktaedrisch	vorwiegend Mg, Fe^{2+} trioktaedrisch
Si, Al $0 < x < 0{,}5$	Montmorillonit $(Al,Mg)_2(OH)_2(Si,Al)_4O_{10}$ $(Ca,Na\ldots)_x \cdot m\,H_2O$	Saponit $(Mg,Fe^{2+},Al)_3(OH)_2(Si,Al)_4O_{10}$ $(Ca,Na\ldots)_x \cdot m\,H_2O$
Si, Al $0{,}5 < x < 0{,}8$	dioktaedrischer Vermikulit $(Al,Mg)_2(OH)_2(Si,Al)_4O_{10}$ $(Ca,Na\ldots)_x \cdot m\,H_2O$ 14 Å	trioktaedrischer Vermikulit $(Mg,Fe^{2+},Al)_3(OH)_2(Si,Al)_4O_{10}$ $(Mg,Ca\ldots)_x \cdot m\,H_2O$ 14,4 Å

x = Schichtladung

Tabelle 2-12. Vierschichtsilikate (2 : 2-Typus).

O-Schicht:	Al dioktaedrisch	vorwiegend Mg, Fe^{2+} trioktaedrisch
	Sudoit $Al_2(OH)_2Si_4O_{10} \cdot Al_2(OH)_6$ 14 Å	Chlorite $(Mg,Fe,Al)_3(OH)_2(Si,Al)_4O_{10} \cdot$ $\cdot\,(Mg,Fe)_3(OH)_6$ 14 Å

Bemerkungen zu den Tabellen

Zur Kaolinitgruppe gehören die polytypen Formen:

Kaolinit	=	1 T Kaolinit
Dickit	=	2 M Kaolinit
Nakrit	=	4 M Kaolinit

welche sich durch die Zahl der Schichten pro Elementarzelle (1, 2, 4) und die Symmetrie (T: triklin, M: monoklin) unterscheiden. Der 1 T Kaolinit ist die in den Sedimenten vorkommende und bei niederen Temperaturen wohl stabilste Form. Es gibt außerdem bezüglich der Orientierung der übereinanderlagernden Schichten in der Basisebene ungeordnete Formen (Fireclay-Mineral).

Die Minerale der Serpentingruppe sind Antigorit (blättchenförmig) und Chrysotil (faserig). Die Chrysotilfasern bestehen wie die Einzelteilchen des Halloysit aus Röhrchen.

In den Tabellen nicht aufgeführt sind die Minerale der Berthierin-Cronstedtit-Gruppe. Sie sind trioktaedrische Minerale mit einem Basisabstand von 7 Å, welche sich vom Serpentin dadurch unterscheiden, daß sie in der Tetraederschicht größere Mengen von Al und Fe^3 enthalten. Alle trioktaedrischen Minerale der Zweischicht-Gruppe werden wegen ihrer chemischen Ähnlichkeit mit den Chloriten zusammenfassend als Septechlorite bezeichnet.

Dioktaedrische unvollständige Glimmer unterscheiden sich vom Muskovit dadurch, daß sie in den Tetraederpositionen weniger Al und außerdem in den Oktaederpositionen statt Al Fe^2 und Mg enthalten. Ihre Schichtladung ist kleiner als die des Muskovit und sie enthalten deshalb auch weniger K. Illit ist ein unvollständiger Glimmer mit vermindertem Al-Gehalt in den Tetraederpositionen, vorwiegend Al in der Oktaederschicht und erniedrigtem K-Gehalt (Hower & Mowatt 1966). Glaukonit ist ein unvollständiger Glimmer mit niedrigem Al-Gehalt der Tetraederschichten sowie viel Fe^3 neben Fe^2, Mg und Al in den Oktaederpositionen und erniedrigtem K-Gehalt.

Die trioktaedrischen Illite entsprechen den dioktaedrischen, sind aber sehr viel seltener als diese.

Hydratisierte Dreischichtsilikate quellen mit Wasser, indem sie ihren Schichtabstand durch Wassereinlagerung vergrößern. Montmorillonit und Saponit werden zur Montmorin- oder Smektitgruppe zusammengefaßt. Sie haben Schichten mit niedriger negativer Ladung, die z. T. durch Al in den Tetraederpositionen, z. T. durch die Art der Besetzung der Oktaederpositionen zustande kommt. Diese Ladung wird durch lockergebundene und daher austauschfähige Kationen zwischen den Schichten kompensiert.

Vermikulite unterscheiden sich von den Smektiten durch eine höhere Schichtladung. Daher ist ihr Quellvermögen auch geringer. Es besteht wahrscheinlich keine scharfe Grenze zwischen Vermikuliten und Smektiten. Die in der Tabelle angegebenen Basisabstände beziehen sich auf lufttrockenes Material.

Für Sudoit wurde in der Tabelle eine Idealformel angegeben, nach welcher das Mineral dieselbe Zusammensetzung wie Kaolinit hat. Die bisher bekannten Analysen (MÜLLER 1963) zeigen, daß das tetraedrische Si zum Teil durch Al ersetzt wird, außerdem findet man in den Oktaederpositionen einerseits zweiwertige Ionen (Mg), andrerseits eine stärkere, d. h. mehr als dioktaedrische Besetzung.

Wie der Sudoit dem Kaolinit, so entsprechen die Chlorite chemisch der Berthieringruppe.

2.332.2 Umbildung primärer Schichtsilikate zu Tonmineralen

Tonminerale können durch Umbildung aus primären Schichtsilikaten entstehen, wenn aus dem primären Gitter einzelne Komponenten herausgelöst und durch andere Bestandteile ersetzt werden, während ein Restbestand des alten Gitters als fester Rahmen erhalten bleibt.

Die besonders häufige Umbildung der Glimmer, welche darin besteht, daß Kalium fortgeführt und die Schichtladung verringert wird, bezeichnet man als Degradation (GRIFFITHS 1952, MILLOT 1964). Der entgegengesetzte Vorgang, die Aggradation, d. h. die K-Aufnahme und Ladungserhöhung unvollständiger Glimmer spielt bei der Ablagerung und Diagenese eine Rolle (siehe dort). Die Degradation beginnt am Rande jedes einzelnen Mineralblättchens und schreitet längs den Basisebenen nach innen zu fort. Dabei können heterogene Reaktionsprodukte entstehen, deren Erkennung und Klassifizierung erhebliche Schwierigkeiten bereitet. Die folgenden Typen heterogener Umbildungsminerale kann man unterscheiden:

In den Mineralen mit Wechsellagerungsstruktur (Interstratified minerals, mixed layer minerals, MACEWAN, RUIZ AMIL & BROWN 1961) wechseln Schichten verschiedener Zusammensetzung miteinander ab (z. B. Glimmerschichten mit Montmorillonitschichten). Die Wechsellagerung der bei der Verwitterung entstehenden Umbildungsprodukte dürfte meistens unregelmäßig sein (LUCAS 1962).

In den Mineralen mit Übergangsstruktur (intergrades, JACKSON 1963 a) kommen innerhalb derselben Schicht Inseln verschiedener Zusammensetzung vor (z. B. Chlorit-Inseln in einer Montmorillonitschicht).

Wechsellagerung und Übergangsstruktur können miteinander kombiniert vorkommen.

Die trioktaedrischen Glimmer (Biotite) verlieren bei der Verwitterung Kalium. Der Ladungsausgleich kann durch den Eintausch von Hydroxonium-Ionen, durch die Oxidation von zweiwertigem Fe und durch den Eintausch von Al der Tetraederschichten gegen Si erfolgen. So entstehen trioktaedrische Illite mit vermindertem K-Gehalt. Sie sind wesentlich instabiler als die dioktaedrischen Illite und daher sehr viel seltener als diese. Zum großen Teil handelt es sich um heterogene Minerale mit Wechsellagerungs- und Übergangsstrukturen. Glimmerschichten, die ihre Ladung zum größten Teil verloren haben, entsprechen den quellfähigen Schichten der Smektitgruppe. In manchen Verwitterungsböden des feuchten Klimas beobachtet man derartige Illit-Smektit-Wechsellagerungs- und Übergangsminerale als Produkte der Biotitverwitterung (WALKER 1950, GJEMS 1960, DROSTE, BHATTACHARYA & SUNDERMAN 1962).

In zahlreichen Verwitterungsböden und verwitterten Gesteinen kennt man Glieder einer Umwandlungsreihe, die vom Biotit über Wechsellagerungs- und Übergangsminerale zum Vermikulit führt (Beispiele: Französische Podsolböden: MILLOT & CAMEZ 1963; Deutschland: MATTHES 1950; Schottland: WALKER 1950; MITCHELL 1955, 1963; Sibirische Plattform: KOSSOVSKAYA, DRITS & ALEXANDROVA 1965; Nordamerika: BASSETT 1963). Die Umwandlung von Biotit zu Vermikulit geht mit einer nur geringen Verminderung der Schichtladung einher, bedeutet also eine weniger starke Veränderung als die Umwandlung in ein Smektitmineral. Da aber alle Übergänge zwischen trioktaedrischem Vermikulit und Saponit zu bestehen scheinen, ist die Entscheidung im Einzelfall schwierig (WALKER 1957). Nach der chemischen Zusammensetzung der Vermikulite verläuft die Umwandlung auf folgende Weise (FOSTER 1963): Erstens wird zweiwertiges Fe der Oktaederschichten zur dreiwertigen Stufe oxidiert und die entsprechende Menge K fortgeführt. Dieser Vorgang erfordert ein pH unter 7 und erzeugt einerseits freien Wasserstoff, andrerseits alkalische Reaktion. Zweitens wird K durch stark hydratisierte Mg-Ionen ersetzt, welche im Gegensatz zum Mg der Oktaederschicht austauschbar sind. Ihr vom Wasserdampfdruck abhängiger Hydratisierungsgrad bedingt die innerkristalline Quellung des Vermikulit. Die schwach sauren, Mg-haltigen Lösungen, welche für die Transformation von Biotit in Vermikulit erforderlich sind, kommen im feuchten Klima in Böden vor, die sich auf biotitreichen Gesteinen entwickeln.

Auch Minerale der Chloritgruppe können sich im feuchten Klima über Chlorit-Vermikulit-Wechsellagerungen in Vermikulit umbilden, indem die von Hydroxylionen oktaedrisch umgebenen Ionen der Zwischenschichten zunehmend durch hydratisierte Kationen (vor allem Mg) ersetzt werden (HARRISON & MURRAY 1959, DROSTE, BHATTACHARYA & SUNDERMAN 1962). Es können schließlich auch smektische Zwischenschichten gebildet werden. So entstehen stark quellfähige Minerale, die als unregelmäßige Wechsellagerungen von Chlorit und Saponit oder von Vermikulit und Saponit aufzufassen sind, und von verschiedenen Vorkommen als quellfähige Chlorite beschrieben werden (STEPHEN & MACEWAN 1951, MARTIN-VIVALDI & MACEWAN 1957, ROY & ROMO 1957, VENIALE & VAN DER MAREL 1963).

Die dioktaedrischen Glimmer erleiden bei der Verwitterung Umbildungen durch Fortführung von K und Erniedrigung der negativen Schichtladung. So entstehen die dioktaedrischen Illite. Eine neuere Zusammenstellung von Analysen sorgfältig gereinigter Illite aus verschiedenen Sedimenten vom Kambrium bis zum Eozän von HOWER & MOWATT (1966) ergibt die folgenden charakteristischen Unterschiede gegenüber Muskovit: Während im idealen Muskovit die tetraedrischen Positionen im Verhältnis 3 : 1 von Si und Al besetzt sind, liegt in den Illiten dieses Verhältnis zwischen 3,4 : 0,6 und 3,9 : 0,1. Die negative Ladung der Glimmerschicht ist also verringert und der Gehalt an K entsprechend herabgesetzt. Außerdem liegt ein erhöhter Gehalt von Wasser vor, das vermutlich zwischen den Schichten eingelagert ist. Viele K-arme Glieder dieser Gruppe erweisen sich bei der Untersuchung mit Röntgenstrahlen als Wechsellagerungen zwischen Illit und Montmorillonit (MACEWAN et al. 1961). Es gibt alle Übergänge vom Illit ohne quellfähige Schichten über Illit-Montmorillonit-Wechsellagerungen bis zum Montmorillonit. Da, wie schon erwähnt, die dioktaedrischen Illite sehr viel beständiger sind als die trioktaedrischen, findet man sie weitverbreitet in den Verwitterungsböden feuchter Klimate und in den aus ihnen abgeleiteten Sedimenten.

Der Bildung trioktaedrischer Mg-Vermikulite aus Biotit entspricht die in Verwitterungsböden des feuchten Klimas häufige Einlagerung von $Al(OH)_3$ in die Zwischenschichten K-armer oder -freier Derivate dioktaedrischer Glimmer (JACKSON 1963 a, b). Es entstehen so Minerale, die man als dioktaedrische Vermikulite bezeichnen kann und welche als Wechsellagerungen Montmorillonit/Sudoit oder als Übergangsstrukturen mit Inseln von Sudoit in Montmorillonitschichten auftreten können. In verschiedenen Böden wurden derartige Minerale gefunden (BROWN 1953, DIXON & JACKSON 1962, RICH & COOK 1963, GLENN & NASH 1964). Am Ende dieser Reihe steht der Sudoit, welcher im „idealen" Fall aus dioktaedrischen Dreierschichten ohne Ladung und dazwischen gelagerten $Al(OH)_3$-Schichten besteht. In mehreren Böden ist Sudoit gefunden worden (MÜLLER 1963, BRYDON, CLARKE & OSBORNE 1961, PAWLUCK 1963, KELLER 1964). Die Ausfällung von Al in den Zwischenschichten von Illiten oder Montmorillonit ist von JACKSON (1963 a, b) als „Anti-Gibbsit-Effekt" bezeichnet worden, da das bei der Auflösung von Feldspäten und anderen Mineralen freiwerdende Al durch diesen Vorgang abgefangen wird, so daß sich Hydrargillit nicht bilden kann, so lange noch Montmorillonitschichten zur Verfügung stehen.

Auch im Laboratorium ist es gelungen, Sudoit-ähnliche Substanzen durch die Fixierung von $Al(OH)_3$ in Montmorillonit herzustellen (LONGUET-ESCARD 1950, SLAUGHTER & MILNE 1960, BRYDON & KODOMA 1966).

WILSON (1966) fand in einem schottischen Boden auf Gabbro die Einlagerung inselartiger $Al(OH)_3$-Schichten in einem verwitterten trioktaedrischen Glimmer. Man wird also im Verwitterungsbereich auch mit Übergängen zwischen den reinen dioktaedrischen und trioktaedrischen Typen zu rechnen haben.

2.332.3 Neubildung von Tonmineralen

Tonminerale entstehen durch Neubildung, wenn sie sich in der Verwitterungszone aus den Lösungen bilden, welche bei der Zersetzung der primären Minerale anfallen.

Aus jüngeren geologischen Formationen (Kreide-Pleistozän) sind an vielen Stellen der Erde Bentonitvorkommen bekannt, welche hauptsächlich aus Montmorillonit bestehen und aus vulkanischen Glasaschen hervorgingen. Hierzu gehören z. B. die Bentonite von Wyoming (Kreide), Kalifornien (Tertiär), Neu-Seeland (Tertiär) und Nord-Afrika (Tertiär). Viele dieser Montmorillonite sind sicherlich nicht durch Verwitterung, sondern durch hydrothermale Wirkungen entstanden, manche haben sich durch die Einwirkung von See- oder Meerwasser auf die vulkanischen Aschen gebildet (GRIM 1953, MILLOT 1964). Doch entsteht Montmorillonit unter bestimmten Bedingungen sicherlich auch als Neubildung im Verwitterungsbereich. So entsteht auf den Basalten Hawaiis dort, wo die Niederschläge sehr hoch sind, eine tiefgründige lateritische Verwitterungsschicht mit Hydrargillit und Halloysit. Dagegen finden sich in trockenen Gebieten Böden mit Montmorillonit, von dem man annehmen kann, daß er als Neubildung aus den Bodenlösungen entstanden ist (BATES 1962). Von anderen Fällen der Neubildung von Montmorillonit aus Aschen im Verwitterungsbereich berichtet MILLOT (1964). In allen diesen Fällen entsteht Montmorillonit dann, wenn der Boden nicht zu stark von frischen Niederschlägen durchströmt wird, so daß höher konzentrierte Lösungen von neutralem bis alkalischem pH sich bilden können.

Daß Minerale der Smektitgruppe bei niederen Temperaturen entstehen können, wird durch die Synthese von kristallinen Produkten der Saponitgruppe bewiesen, welche bei niederen Temperaturen durch die Reaktion sehr verdünnter Lösungen von H_2SiO_4 und $MgCl_2$ gelungen ist. Das pH der Reaktionslösungen liegt im Bereich pH 8 bis 12 (HENIN & CAILLERE 1961, WEY & SIFFERT 1961).

Noch nicht geklärt ist die Frage, ob sich Minerale der Glimmergruppe im Verwitterungsbereich neu bilden können. Auf den ersten Blick könnte man meinen, daß die große Menge dioktaedrischer Illite und ihrer Wechsellagerungen, die in den Sedimenten vorkommen, aus primären Gesteinen nicht abgeleitet werden können, so daß eine Neubildung größerer Mengen von diokatedrischem Glimmer entweder in bestimmten Verwitterungszonen oder im Ablagerungsraum oder schließlich auch während der Diagenese angenommen werden muß. Es ist jedoch zu bedenken, daß die sedimentären Glimmer nicht nur aus magmatischen und metamorphen Gesteinen stammen, sondern auch aus aufgearbeiteten älteren Sedimenten. Ebenso wie der Quarz und die besonders resistenten Schwerminerale (Zirkon, Rutil, Turmalin) werden auch dioktaedrische Glimmer mehrere Verwitterungs- und Sedimentationszyklen zu überdauern vermögen und dabei wiederholte stoffliche Veränderungen erfahren, indem sie mehrfache Umbildungen auf den Wegen der Degradation und der Aggradation durchlaufen.

Minerale der Kaolinit- und Halloysitgruppe entstehen neu, wo größere Mengen frischer Niederschlagswässer bei schwach saurer Reaktion die Verwitterungszone durchströmen. Kaolinit oder Halloysit bildet sich, wenn die Niederschläge hoch genug sind, in den Verwitterungsschichten aller Klimazonen, besonders im tropischen und subtropischen Klima. In den lateritischen Verwitterungsböden der Tropen und Subtropen entstehen bei hohen Temperaturen und hohen Niederschlägen aus verschiedenen Ausgangsgsteinen Gemenge, die aus den Oxiden und Oxidhydraten von Eisen und Aluminium sowie Kaolinit bestehen. Aus tropischen Verwitterungsböden früherer geologischer Epochen stammen wohl die meisten großen Kaolinvorkommen, wie die der Böhmischen Masse in Deutschland und der Tschechoslowakei, die mesozoischen Kaolinvorkommen Rußlands (PETROV 1958) und die kretazischen Kaolinvorkommen im Südosten der Vereinigten Staaten (BATES 1964, JONAS 1964).

Im kühleren Klima ist die Neubildung von Kaolinit weniger umfangreich. Doch sind verschiedene Beispiele bekannt, wo in Bodenprofilen einerseits die Auflösung primärer Silikate, andrerseits die Neubildung von Kaolinit beobachtet wurde (Norddeutschland: v. ENGELHARDT 1940b; Alabama: GRANT 1963; BRYANT & DIXON 1964; Neusüdwales: BAYLISS & LOUGHNAN 1964).

In manchen Fällen wurde in Verwitterungsböden die Neubildung von Halloysit beobachtet, ohne daß es bis heute möglich ist, die besonderen Bedingungen anzugeben, die einmal die Bildung von Halloysit, das andere Mal die von Kaolinit herbeiführen. SUDO (1954) fand Halloysit zusammen mit amorphem Allophan als wichtigste Neubildung bei der Verwitterung saurer und intermediärer vulkanischer

Gläser auf den Japanischen Inseln. Große Mengen von Halloysit bilden sich unter Bedingungen der lateritischen Bodenbildung auf Hawaii (BATES 1962, PATTERSON 1964): An den Orten hoher Niederschläge entstehen tiefgründige Zersatzzonen vom lateritischen Typ, die nahe der Oberfläche hauptsächlich aus Hydrargillit und Goethit, in der Tiefe hauptsächlich aus Halloysit bestehen. Auch amorphe Gele von Aluminiumhydroxid und Allophan kommen vor. Wo sich die Niederschlagswässer stauen und nicht frei ablaufen können, bilden sich mächtige Lager von fast reinem Halloysit.

Auf der Grundlage einer Annahme über die freie Bildungsenergie des Kaolinit haben GARRELS & CHRIST (1965) das Stabilitätsgebiet des Kaolinit in Abhängigkeit von den Konzentrationen von Al (als Al^{3+}, resp. AlO_2^-) von H_4SiO_4 und vom pH berechnet und mit dem Stabilitätsgebiet von Hydrargillit (Abb. 2-4) verglichen. Es ergibt sich, daß Hydrargillit von Kaolinit abgelöst wird, wenn die SiO_2-Konzentration der Lösung höher als etwa 10^{-5} Mol/Liter (0,6 mg/l) ist. Für SiO_2-Gehalte über diesen Grenzwert hat das Feld des Kaolinit etwa dieselbe Ausdehnung wie das in Abb. 2-4 abgebildete Feld des Hydrargillit (der pH-Bereich ist sowohl nach der sauren wie nach der alkalischen Seite etwas breiter). Danach würde sich Kaolinit optimal aus Lösungen um pH 5 bilden, sofern der SiO_2-Gehalt ausreicht. Dies entspricht den Beobachtungen in der Natur.

Obwohl Kaolinit und Halloysit von allen Tonmineralen am häufigsten als Neubildungen in der Verwitterungszone vorkommen, hat es sich als außerordentlich schwierig erwiesen, diese Minerale bei niederen Temperaturen im Laboratorium herzustellen. BRINDLEY, DE KIMPE und GASTUCHE (BRINDLEY & DE KIMPE 1961, DE KIMPE, GASTUCHE & BRINDLEY 1961, 1966) ist es gelungen, durch die Einwirkung reiner verdünnter SiO_2-Lösungen auf Aluminiumhydroxid zwischen pH 4,5 und 5 bei 40° C sehr kleine Mengen einer kristallinen Substanz zu gewinnen, die elektronenoptisch als Kaolinit identifiziert wurde. Vorher hatten schon WEY & SIFFERT (1961) durch Reaktion verdünnter Lösungen von Na-Al-Oxalat und SiO_2 ein Produkt erhalten, das kaolinitähnliche Elektronen- und Röntgeninterferenzen ergab. Nach den Erfahrungen bei diesen Synthesen kommt es darauf an, daß Al in 6-Koordination erhalten bleibt und nicht zusammen mit Si in 4-er Koordination zum Sauerstoff tritt. Dies ist in Anwesenheit von SiO_2 nur bei schwach saurer Reaktion gewährleistet.

2.4 Böden

2.41 Allgemeines

Die aus lockerem Gesteinsmaterial bestehende Schicht, welche die durch die Einflüsse der Erdoberfläche unveränderten Gesteine bedeckt und Pflanzen und Tieren als Standort und Lebensraum dient, wird Boden genannt. Erweitert man diese Definition der Bodenkunde auf alle Oberflächenschichten, also auch auf solche, welche wie die der Wüsten und Polargebiete keine organischen Bestandteile enthalten, so umfaßt der Begriff Boden diejenige oberste Schicht der Erdrinde, in welcher alle in den vorangegangenen Kapiteln beschriebenen Verwitterungsvorgänge ablaufen. In diesem Sinne soll im folgenden von Böden gesprochen werden.

Durch die Verwitterung entstehen im Boden einerseits die Lockermassen, aus welchen sich Sedimente bilden, und andrerseits die Lösungen, die über die Flüsse und das Grundwasser in das Meer wandern. Dabei spielen Transportvorgänge eine Rolle, welche von der Erdoberfläche in die Tiefe, manchmal auch von unten nach oben gerichtet sind. Durch ihre Wirkung bilden sich in den meisten ungestörten Böden typische Profile aus, d. h. eine Aufeinanderfolge von Horizonten, die durch mehr oder minder scharfe, der Erdoberfläche parallele Grenzen voneinander getrennt sind. Man bezeichnet die oberste, meist humushaltige Schicht als A-Horizont (Oberboden), das unveränderte Gestein als C-Horizont. Meist ist festzustellen, daß im A-Horizont eine Zersetzung und Auflösung primärer Minerale stattgefunden hat. In vielen Böden liegt zwischen A und C ein B-Horizont (Unterboden), welcher dadurch gekennzeichnet ist, daß manche der im Oberboden mobilisierten Bestandteile des primären Gesteins in ihm abgeschieden und angereichert sind.

Weniger als alle anderen geologischen Gebilde kann man einen Boden als unveränderliches Erzeugnis abgeschlossener Vorgänge auffassen. Einerseits werden die obersten Bodenschichten mehr oder weniger schnell abgetragen und durch die Flüsse in die Senken transportiert, in welchen neue Sedimente entstehen. Andrerseits schreitet die Verwitterung immer weiter voran, führt zu immer stärkeren Veränderungen des primären Materials und erfaßt immer tiefere Lagen des Ausgangsgesteins. Jeder Boden ist in seinem augenblicklichen Zustand die vorübergehende Phase eines lange dauernden Prozesses. Änderungen des Klimas oder der Vegetation können die einmal begonnene Entwicklung von Verwitterung und Bodenbildung in neue Richtungen lenken. Deshalb ist es oft schwierig, die in einem Bodenprofil beobachteten Tendenzen der Bodenentwicklung und Verwitterung der Wirkung bestimmter äußerer Bedingungen zuzuschreiben.

Wie die Bodenkunde zeigt, ist es dennoch möglich, die Böden der Erde auf wenige Haupttypen zurückzuführen. Die Kenntnis dieser Typen und der Verwitterungsprozesse, die in ihnen ablaufen, ist für das Verständnis der Sedimente deshalb von Bedeutung, weil man nur dann aus dem Mineralbestand eines Sediments auf die klimatischen Bedingungen zur Zeit seiner Bildung schließen kann, wenn man weiß, wie Bodenbildung und Verwitterung von den klimatischen Faktoren abhängen.

Für eine ausführliche Beschreibung der Böden und ihrer Entwicklung muß auf die Lehrbücher der Bodenkunde verwiesen werden (z. B. SCHEFFER & SCHACHTSCHABEL 1966, dort auch weitere Literatur). Im folgenden werden die wichtigsten Bodentypen vornehmlich im Blick auf die in ihnen stattfindenden Prozesse der Mineralzerstörung und des Mineralaufbaus betrachtet, soweit dies heute schon möglich ist.

2.42 Faktoren der Bodenbildung

Verschiedene Faktoren bestimmen Art und Tempo von Bodenentwicklung und Verwitterung.

Der weitaus wichtigste Faktor ist das Klima, und zwar insbesondere die mittlere Jahrestemperatur und das Verhältnis von Niederschlägen zu Verdunstung. Dieses für die Bodenbildung besonders wirksame Verhältnis kann z. B. als N/S-Quotient oder als Durchfeuchtung gemessen werden. Der N/S-Quotient (Meyer, siehe Scheffer & Schachtschabel 1966, S. 333) ist das Verhältnis der mittleren Jahresniederschläge zum mittleren Sättigungsdefizit der Luft. Die Durchfeuchtung (Laatsch, siehe Scheffer & Schachtschabel 1966, S. 333) ist der Überschuß der Jahresniederschläge, nach Abzug der oberflächlich abfließenden Wassermengen, über die jährliche Verdunstung (in mm). Die überragende Bedeutung des Klimas geht daraus hervor, daß die Böden auf der Erdoberfläche nach großen Klimazonen verteilt sind. Dies kommt besonders deutlich auf den großen Kontinenten zum Ausdruck (Nordamerika, Eurasien). So folgen z. B. im europäischen Gebiet der UdSSR von Norden nach Süden die folgenden Bodentypen aufeinander: Arktische Rohböden, Tundraböden, Podsole, Parabraunerden, Schwarzerden, kastanienfarbene Böden. Dieselbe Zonengliederung wiederholt sich in den Gebirgen, indem die höheren Lagen den nördlichen Breiten entsprechen.

Hohe N/S-Quotienten, resp. hohe Durchfeuchtung charakterisieren die Böden der feuchten Klimazonen. Dort strömen ständig größere Mengen von frischem Niederschlagswasser von oben her durch den Boden. Im trockenen Klima ist die Durchflutung des Bodens herabgesetzt. Im ariden Klima kommt es nur bei seltenen Regengüssen zu einem Durchströmen des Bodens von oben nach unten; in den Trockenzeiten steigen Lösungen aus der Tiefe nach oben und verdunsten in den oberen Horizonten. Der Einfluß der verschieden starken Durchflutung des Bodens wird modifiziert durch den Einfluß der mittleren Jahrestemperatur, da die Geschwindigkeit aller chemischen Verwitterungsreaktionen mit der Temperatur sehr stark zunimmt.

Der Einfluß des *Ausgangsgesteins* macht sich am deutlichsten bei noch wenig fortgeschrittener Bodenentwicklung oder bei extremer chemischer Gesteinszusammensetzung bemerkbar. Ist die Verwitterung sehr intensiv, wie z. B. unter dem tropischen Regenwald, so entwickeln sich einheitliche Bodentypen auf den verschiedensten Gesteinen. Unter weniger extremen Bedingungen schreitet die Verwitterung auf Ca- und Mg-reichen Gesteinen, welche die Ausbildung stark saurer Bodenlösungen verhindern, langsamer voran als z. B. auf SiO_2-reichen Gesteinen. Besondere Bodentypen entwickeln sich auf Karbonatgesteinen. Solange die Karbonate noch nicht völlig aufgelöst sind, findet eine nur geringe Zersetzung der Silikatminerale statt.

Der eigentliche Boden liegt oberhalb des *Grundwasser*spiegels, d. h. oberhalb der Zone, in welcher der gesamte Porenraum ständig ganz mit Wasser gefüllt ist. Reicht die Oberkante des Grundwassers zu bestimmten Zeiten in das Bodenprofil hinein, so ist diese Zone durch bestimmte Abscheidungen und chemische Reaktionen gekennzeichnet. Böden solcher Art werden zu der Gruppe der *Hydromorphen Böden* zusammengefaßt.

Der Einfluß der in und auf dem Boden lebenden *Pflanzen* und *Tiere* ist sehr erheblich und kann hier nicht im einzelnen behandelt werden. Hervorgehoben sei die Rolle der Vegetation, welche vor allem darin besteht, daß je nach Pflanzenart und Klima verschiedene Humusformen erzeugt werden, die sich im Oberboden ansammeln. Aus dem Humus können saure Lösungen entstehen, welche die Zersetzung der primären Minerale beschleunigen, es können Komplexverbindungen zwischen anorganischen Bestandteilen (Al, Fe, SiO_2) und Humusstoffen gebildet werden, welche deren Transport erleichtern, und es wird schließlich durch die leicht oxidablen Humusstoffe ein niedriges Oxidationspotential erzeugt.

Das Relief der Oberfläche ist für Verwitterung und Bodenbildung insofern von Bedeutung, als einerseits in stark gegliedertem Gelände auf engem Raum nebeneinander verschiedene Kleinklimate herrschen, die verschiedene Bodenentwicklungen erzeugen können, während andrerseits das Ausmaß der Erosion, d. h. der Fortfuhr der jeweils obersten Bodenhorizonte stark von der Hangneigung abhängt. Ein Gebiet mit starkem Relief wird viel Lockermaterial liefern, das gegenüber dem Ausgangsgestein nur wenig verändert ist. Dagegen können sich auf einem flachen Kontinentalsockel, selbst wenn die Verwitterung langsam und wenig intensiv ist, tiefgründige Böden und Verwitterungshorizonte entwickeln, die aus sehr stark verändertem Material bestehen.

Ein wesentlicher Faktor der Bodenbildung ist die Zeit. Bei konstanten klimatischen Bedingungen durchläuft ein Boden nacheinander verschiedene Stadien einer Entwicklung, welche für das betreffende Klima typisch ist. Die Zeitspannen, welche für die Erreichung bestimmter Stadien erforderlich sind, hängen bei gleichem Klima sehr stark vom Ausgangsgestein und von der Vegetation ab.

2.43 Bodentypen

Podsol nennt man den extremen Typus der Bodenentwicklung im feucht-kühl bis -gemäßigten Klima. Böden dieses Typus sind verbreitet in den nördlichen Teilen des asiatischen und europäischen Rußland, im übrigen Nord- und nördlichen Mitteleuropa, auf dem kanadischen Schild und im Nordosten der Vereinigten Staaten. Unterhalb einer Rohhumusschicht folgt ein ausgebleichter Eluvialhorizont (A), darunter ein dunkelgefärbter Illuvialhorizont (B, Ortstein), der ohne scharfe Grenze in das unverwitterte Ausgangsgestein (C) übergeht. Der A-Horizont reicht bis zu einer Tiefe von 20 bis 60 cm, die Mächtigkeit des B-Horizonts beträgt etwa 10 bis 20 cm. Besonders leicht entwickelt sich der Podsolboden auf durchlässigen Gesteinen, die wenig Ca und Mg enthalten (Sande, Sandsteine, Granit, Gneise). Bestimmte Pflanzenarten, die einen sauren Rohhumus liefern, wie Nadelhölzer und Ericaceen fördern die Entwicklung dieses Bodentyps. Die reichlichen Niederschläge erzeugen einen abwärts gerichteten Lösungsstrom, welcher im Oberboden ein niedriges pH hat (etwa 3—4). In diesem Strom lösen sich primäre Minerale, wie vor allem die Feldspäte auf. Daher sind im A-Horizont typische Lösungsformen von Feldspatkörnern und eine Verarmung an Feldspat zu beobachten. Die Glimmer erfahren verschiedene Umformungen, welche zu Illiten, Illiten mit quellfähigen Lagen, Vermikuliten und bis zum Montmorillonit führen. An Neubildungen beobachtet man geringe Mengen von Kaolinit.

Aus dem Rohhumus ausgewaschene Humusstoffe bilden mit Al und Fe Komplexe, in welchen das Fe vornehmlich in zweiwertiger Form vorliegt. So können diese Stoffe weit fort transportiert werden. Auch SiO_2 dürfte unter dem Einfluß organischer Komponenten fortgeführt werden, da der beobachteten Auflösung der Feldspäte nur eine geringe Neubildung von Kaolinit gegenübersteht und die Transformation der Glimmerminerale auch nicht viel Si verbraucht.

Ein Teil der aus dem Oberboden entfernten Komponenten findet sich im B-Horizont angereichert. Für die Abscheidung ist vornehmlich die allmähliche Zunahme des pH verantwortlich, welche die Bodenlösungen beim Herabsickern erfahren. Mechanisch eingeschlämmt werden in diesen Horizont feinteilige Tonminerale, insbesondere die im Oberboden um- und neugebildeten. Die dunkle Farbe rührt wesentlich von organischen Stoffen her, die hier abgeschieden werden. Ein Teil des Al wird als Hydrargillit und des Fe als Goethit abgesetzt. Al wird außerdem auch in die von K befreiten Zwischenschichten der Illite eingebaut, so daß hier Sudoit, resp. Sudoithaltige Wechsellagerungen entstehen.

Unter milderen Bedingungen entwickeln sich im feucht-gemäßigten Klima die *Braunerden* (brown forest soil; brown earth; sol brun), wie sie in Mitteleuropa weitverbreitet sind. Der etwa 20 cm mächtige A-Horizont ist grau-braun und geht allmählich in einen braunen B-Horizont über, dessen Mächtigkeit zwischen 20 und 150 cm variieren kann. Der Übergang in den nicht braunen C-Horizont ist allmählich. Die Reaktion der Bodenlösungen ist deutlich sauer, wenn auch nicht so sauer wie im Podsol. Die Braunfärbung wird durch das aus aufgelösten Silikaten freigesetzte und zu Goethit oxidierte Fe hervorgerufen.

Als *Parabraunerde* (grey brown podzolic soil; sol brun lessivé) wird ein in den feucht-gemäßigten Klimagebieten Eurasiens und Amerikas sehr verbreiteter Bodentyp bezeichnet, der sich vom Braunerdeboden durch eine deutliche Differenzierung von A- und B-Horizont unterscheidet. Der in seinem unteren Teil hellere und an Ton verarmte A-Horizont kann bis zu 60 cm mächtig sein. Für den darunter folgenden, 40 bis 400 cm mächtigen B-Horizont ist eine Anreicherung von Ton charakteristisch.

Soweit dies bisher untersucht wurde, hat man auch in den Braunerde- und Parabraunerdeböden eine Auflösung der primären Minerale, insbesondere der Feldspäte beobachtet. Sofern das Ausgangsgestein Karbonate enthält, werden diese im Oberboden vollständig gelöst. Wie in den Podsolböden entstehen aus Glimmern Illite, Illite mit quellenden Schichten, Vermikulite und Sudoit, resp. Sudoithaltige Wechsellagerungen. Die Bildung von Kaolinit und Hydrargillit ist in den Böden dieses Typs höchstens untergeordnet.

Böden, die als vorherrschendes oder einziges Tonmineral *Montmorillonit* enthalten, sind selten. Sie bilden sich im feucht-gemäßigten und auch im wärmeren Klima aus besonderen Ausgangsgesteinen und unter speziellen Bedingungen. Vulkanische Gesteine, insbesondere glasreiche Lockerprodukte liefern Montmorillonit-reiche Böden. Außerdem ist es für die Erhaltung des Montmorillonit erforderlich, daß die Durchflutung des Bodens mit frischem Niederschlagswasser nicht zu stark ist. Dies kann durch eine geringe Permeabilität des Bodens oder durch das Relief bedingt sein (abflußlose Senke). Jedenfalls ist Montmorillonit auf die Dauer nur in neutralem oder schwach alkalischem Milieu stabil. Günstig ist eine höhere Konzentration von Ca und Mg.

Auf Karbonatgesteinen entwickelt sich im feucht-gemäßigten Klima der *Rendzina*-Boden, welcher aus einem dunklen humusreichen Oberboden (A) besteht, der ohne B-Horizont dem unverwitterten Gestein (C) aufliegt. Der Oberboden ist gegenüber dem Ausgangsgestein an Karbonat verarmt, enthält aber immer noch so viel Karbonat, daß die Reaktion der Bodenlösung alkalisch bis höchstens ganz schwach sauer ist. Abgesehen von der Karbonatauflösung sind die chemischen Umsetzungen nur gering. Die primären Silikate werden nur wenig gelöst, und neu- und umgebildete Minerale spielen eine geringe Rolle.

Weitverbreitet in den Grassteppen Eurasiens und Amerikas ist der Schwarzerde-Boden (Tschernosem). Ein bis über 100 cm mächtiger schwarzgefärbter humusreicher A-Horizont liegt direkt auf dem C-Horizont, in dessen oberen Lagen $CaCO_3$-Anreicherungen in Form von Konkretionen vorkommen. Die Schwarzerde bildet sich bevorzugt aus lockeren Sedimenten (Löss) mit fein verteiltem $CaCO_3$ unter Steppenvegetation, d. h. also in einem relativ trockenen Klima. Die Bodenlösung des Oberbodens zeigt schwach alkalische bis schwach saure Reaktion. Im Oberboden ist der $CaCO_3$-Gehalt ganz oder teilweise gelöst.

Die zeitweise hohem Grundwasserstand ausgesetzten hydromorphen Böden haben unter einem humushaltigen A-Horizont eine Zone des schwankenden Grundwasserstandes, in welchem durch Oxidation das im Grundwasser in zweiwertiger Form gelöste Fe als Goethit ausgeschieden wird. Dadurch entstehen entweder nur rostrote Flecken oder feste Krusten und Konkretionen (Raseneisenstein). Auch $CaCO_3$ kommt zur Ausscheidung (Wiesenkalk), wenn Ca-haltiges Grundwasser in dieser Zone CO_2 verliert.

In den feuchten Klimazonen der Tropen (zentrales Afrika und Südamerika, Indien, Indonesien, Inseln des Pazifik) werden die Bodenbildungen beherrscht von dem weitverbreiteten Typus der kaolinitisch-lateritischen Böden (vgl. hierzu Millot 1964). Unter dem Einfluß der hohen Niederschläge bei hoher mittlerer Jahrestemperatur findet eine intensivere Auflösung aller Minerale der primären Gesteine statt. Nur wenige Minerale, welche sich sämtlich als Neubildungen aus den Verwitterungslösungen abscheiden, bilden den Bestand der reifen lateritischen Böden. Dies sind: Hydrargillit, Böhmit, Diaspor, Goethit, Hämatit und Kaolinit. Die in den kühleren Klimazonen so verbreiteten Umbildungen der Dreischichtsilikate fehlen oder treten ganz zurück.

Für die lateritische Zersetzung der primären Gesteine ist es günstig, wenn das Relief flach und die Drainage gut ist, so daß die Niederschlagswässer tief in den Untergrund eindringen und leicht abfließen können. Unter günstigen Bedingungen bilden sich Zersetzungszonen von einer Mächtigkeit, wie sie im gemäßigten und kühlen Klima nicht vorkommen. So sind z. B. die lateritischen Zersetzungszonen unter dem Regenwald Äquatorialafrikas 10 bis 20 m dick.

Die Erscheinungsbilder lateritischer Böden und die Verteilung der Minerale im Profil sind sehr vielfältig. Die Menge der Niederschläge, die Art der Wasserbewegung im Profil, Menge und Art der organischen Stoffe, das Ausgangsgestein und andere Faktoren üben modifizierende Einflüsse aus, die noch nicht genügend untersucht sind.

Nach Millot (1964) spielt vor allem die Drainage eine wichtige Rolle: wird der Boden bei tiefliegendem Grundwasserspiegel schnell und vollständig durchströmt, so entstehen vorzugsweise Hydrargillit, Böhmit, Diaspor, Goethit und Hämatit. Ist die Drainage weniger gut und liegt der Grundwasserstand höher, so bildet sich Kaolinit. Da sich im Laufe der Geschichte eines Bodenprofiles oder auch schon im jahreszeitlichen Wechsel diese Bedingungen verändern können, findet man mannigfaltige Mengenverhältnisse und Verteilungen der einzelnen Minerale, die sich oft durch einen einzigen und einfachen Ablauf nicht erklären lassen. Ein gutes Beispiel für die Abhängigkeit von den Drainagebedingungen bietet die oben schon behandelte Bodenbildung auf Hawaii.

Die Verhältnisse werden weiter kompliziert, wenn innerhalb der lateritischen Zersetzungsprofile Grundwasserströmungen und Schwankungen des Grundwasserspiegels auftreten. In der Zone des Grundwasserspiegels kommt es zur Ausscheidung fester Konkretionen und Krusten aus Oxiden und Oxidhydraten von Al und auch von Fe, falls das Grundwasser in dieser Zone oxidiert wird. So entstehen harte, rot gefärbte Horizonte, welche nach späterer Erosion der darüberliegenden Schichten als lateritische „Panzer" in Erscheinung treten. Bauxite sind Fe-arme Al-Anreicherungen dieser Art.

Die in der Natur beobachteten Bedingungen der Hydrargillit- und Kaolinitbildung sind mit den oben erörterten Stabilitätsbedingungen dieser Minerale qualitativ im Einklang. Man muß annehmen, daß die Hydrargillitbildung dann erfolgt, wenn das frische Lösungsmittel so reichlich und so schnell zugeführt wird, daß sich in den Bodenlösungen nur verschwindend geringe SiO_2-Konzentrationen einstellen. Bei etwas langsamerer Drainage oder in tieferen Bodenhorizonten wird dann derjenige Grenzwert der SiO_2-Konzentration überschritten, welcher zur Bildung von Kaolinit anstelle von Hydrargillit führt. Es ist natürlich möglich, daß bei Veränderung der Bedingungen zuerst ausgeschiedener Hydrargillit in Kaolinit oder zuerst gebildeter Kaolinit in Hydrargillit überführt wird. Es sind deshalb in lateritischen Böden die verschiedensten zeitlichen Reihenfolgen der Mineralbildung beobachtet worden, z. B. Feldspat → Hydrargillit → Kaolinit in den Bauxiten von Arkansas (Gordon et al. 1958) und in lateritischen Böden von Nyasaland, Afrika (Stephen 1963) oder Feldspat → Halloysit → Hydrargillit auf Hawaii (Bates 1962).

Noch nicht geklärt ist die Frage, welche Bedingungen entscheiden, ob Hydrargillit, Diaspor oder Böhmit entsteht. Die Annahme verschiedener Autoren (Keller 1964), daß Hydrargillit oberhalb des Grundwassers, Diaspor im Grundwasser entsteht, ist mit den thermodynamischen Überlegungen nicht im Einklang. Da in manchen Bauxiten alle drei Minerale nebeneinander vorkommen, muß man annehmen, daß sich metastabile Zustände wegen der sehr langsamen Reaktionsgeschwindigkeiten dieser Verbindungen lange halten können.

Bewegung und Abscheidung des Fe in den lateritischen Böden werden von pH und Oxidationspotential bestimmt. Hohe Gehalte an organischen Substanzen und entsprechend niedriges Oxidationspotential ermöglichen die Fortführung des Fe in zweiwertigem Zustand. Unter den Bedingungen der lateritischen Verwitterung wird ein großer Teil des Fe durch Luftsauerstoff oxidiert und als Hämatit abgeschieden, welcher die intensiv rote Farbe dieser Böden hervorruft.

Auch wenn es nicht zur Bildung der extremen Lateritböden kommt, führt die Verwitterung in feuchten tropischen und subtropischen Gebieten zu Böden, die durch

Hämatit oder Goethit mehr oder weniger rot gefärbt sind. Auf silikatischen Gesteinen entsteht Rotlehm, auf Karbonatgesteinen die Terra Rossa.

Auch in tropischem und subtropischem Klima entstehen Montmorillonit-Böden, wenn die Durchflutung der Böden aus irgendwelchen Gründen gehemmt ist und auch die Art des Ausgangsgesteins (vulkanische Gesteine) die Bildung hochkonzentrierter Bodenlösungen neutraler oder alkalischer Reaktion begünstigt. Ein schönes Beispiel bietet Hawaii, wo in den trockeneren Gebieten Montmorillonit entsteht, anstatt der sonst verbreiteten lateritischen Bildungen (BATES 1962).

Die Böden der ariden Klimagebiete sind sehr arm an organischer Substanz. Es fehlen hier zwei wichtige Faktoren der Bodenbildung des feuchten Klimas: die durch die Humusentwicklung entstehenden organischen Säuren und das für den Transport des Fe wichtige niedrige Oxidationspotential. Außerdem kommt es nur selten zu einer von oben nach unten gerichteten Durchflutung des Bodens durch Niederschlagswasser. Eine ausgesprochene Horizontbildung fehlt daher meist. In warmen Gebieten bedingt die Oxidation des Fe rote Farben. Durch die Verdunstung von unten aufsteigenden Wassers oder des Grundwassers entstehen an der Oberfläche oder auch in tieferen Horizonten Krusten und Lagen, in denen leichtlösliche Minerale wie Gips oder Calcit angereichert sind. An der Oberfläche bilden sich aus verdunstenden Bodenlösungen braune bis schwarze Überzüge von Oxiden des Fe und Mn (Wüstenlack). Auch kann es an der Wüstenoberfläche zur Abscheidung von Quarz, Chalcedon oder Opal kommen, wenn die in einem Quarzsand zirkulierenden Lösungen verdunsten (MILLOT, LUCAS & WEYL 1963).

Die Böden der vegetationslosen Kältegebiete (Arktis, Antarktis, Hochgebirge) bestehen aus einem A-Horizont, welcher direkt dem C-Horizont aufliegt. Es gibt kaum chemische Veränderungen, und es überwiegt bei weitem der Zerfall des Ausgangsgesteins zu lockeren Massen. Der Löß ist der durch den Wind herausgeblasene feinere Anteil solcher Kälteböden.

Zusammenfassend ergibt sich, daß die subaerische Verwitterung in den einzelnen Klimazonen verschiedenen Endprodukten zustrebt:

In den feucht-kühlen und feucht-gemäßigten Klimaten führt die vollständige Verwitterung zu einem Material, das außer Quarz als schwerlöslichen Verwitterungsrest (nebst Zirkon, Rutil, Turmalin) vorwiegend dioktaedrische Dreischichtsilikate wie Illite, Vermikulite und Montmorillonite, ferner Sudoit und die entsprechenden Wechsellagerungen dieser Minerale neben etwas Kaolinit enthält.

Im feucht-tropischen und feucht-subtropischen Klima werden die primären Gesteine schneller und intensiver zerstört. Die Verwitterung ist durch eine stärkere Fortfuhr von SiO_2 gekennzeichnet und führt im Endzustand zu einem Material, das in wechselnden Mengenverhältnissen aus Kaolinit (oder Halloysit), Hydrargillit, Böhmit, Diaspor, Goethit und Hämatit besteht.

In den ariden und extrem kalten Gebieten entsteht Material, das im wesentlichen nur mechanisch zerkleinert ist und sich chemisch kaum vom Ausgangsgestein unterscheidet.

3. Transport und Ablagerung klastischer Bestandteile

3.1 Transport und Ablagerung in Wasser

3.11 Allgemeines

Das auf den Kontinenten durch die subaerische Verwitterung entstehende zerkleinerte, um- und neugebildete Material wird durch die Niederschlagswässer flächenhaft abgetragen und den Flüssen zugeführt. Die Verwitterungsschicht der festen Erdoberfläche schreitet daher an ihrer Unterlage ständig in die primären Gesteine hinein fort, während sie an der Oberfläche eine Verminderung erfährt, deren Ausmaß von verschiedenen örtlichen Bedingungen, wie jährliche Niederschlagsmenge und Verdunstung, Hangneigung, Beschaffenheit des Untergrundes usw., abhängt. Durch die Flüsse werden kleine und große Teilchen in die Sammelbecken der kontinentalen Senken und der Meere getragen. Dabei erfolgen Sortierungen nach Größe und Gestalt der Partikel, Veränderungen von Form und Größe sowie chemische Veränderungen durch Auflösung und Umbildung. In den kontinentalen und marinen Sammelbecken schließen sich im allgemeinen weitere Transportvorgänge an, bevor es schließlich zur Ablagerung und Sedimentbildung kommt. Besonders im Meer sind die transportierten Minerale und Gesteinspartikel auch weiteren chemischen Veränderungen ausgesetzt, bis sie am Ablagerungsort von neuen Sedimentschichten überdeckt und der direkten Einwirkung des Ablagerungsmilieus entzogen werden.

Das folgende Kapitel behandelt diese Vorgänge im einzelnen. In den ersten Abschnitten werden die Mechanismen des Transports in Flüssen und im Meer dargestellt. Weitere Abschnitte behandeln die Veränderungen, die das Material während des Transport und bis zur Abdeckung mit Sediment erfährt. Dabei wird zwischen der mechanischen Wirkung des Transports und der subaquatischen Verwitterung, d. h. der chemischen Einwirkung des Transport- und Ablagerungsmediums auf Mineral- und Gesteinspartikel unterschieden. Ein letzter Abschnitt betrachtet die als Ergebnis dieser Vorgänge in Flüssen, Deltas, Seen und Meeren gebildeten klastischen Sedimente nach Mineralgehalt und Korngrößenverteilung.

3.12 Laminares und turbulentes Fließen[1]

Bei langsamen Geschwindigkeiten strömt Wasser laminar. Dabei gleiten dünne Schichten übereinander, ohne sich zu vermischen. Dieser Vorgang sei durch ein ein-

[1] Für Einzelheiten vgl. die Lehrbücher der Strömungslehre und spezielle Darstellungen, z. B. PRANDTL (1965).

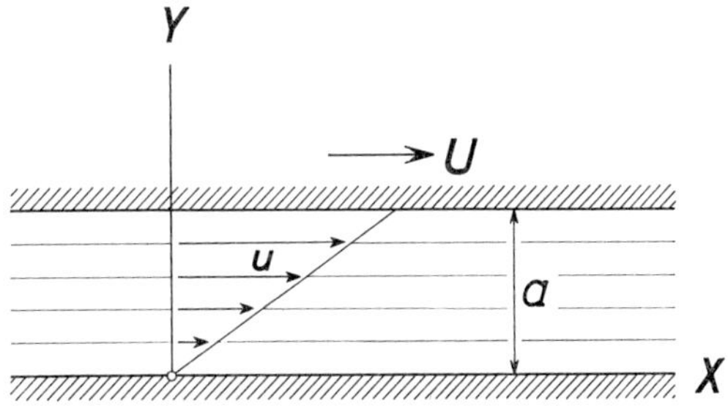

Abb. 3-1. Laminares Fließen (Erklärung im Text).

faches Beispiel erläutert (Abb. 3-1): Der Raum zwischen zwei parallelen Platten mit dem Abstand a ist mit einer Flüssigkeit gefüllt. Wird die obere Platte in ihrer Ebene mit der Geschwindigkeit U gegen die untere bewegt, so haben die unmittelbar an den Platten befindlichen Flüssigkeitsschichten dieselbe Geschwindigkeit wie die Platten (sie haften an den Platten), während die dazwischen liegenden Schichten mit Geschwindigkeiten u übereinandergleiten, welche dem Abstand y von der ruhenden Platte proportional sind:

$$u = U \frac{y}{a} \tag{3.1}$$

Zwischen den Platten herrscht also ein linearer Geschwindigkeitsgradient. Alle realen Flüssigkeiten besitzen eine gewisse Zähigkeit (Viskosität), die sich darin äußert, daß eine bestimmte Kraft erforderlich ist, um die obere Platte und damit auch die Flüssigkeit in Bewegung zu halten. Ist τ die für diese Bewegung erforderliche Schubspannung (Kraft : Flächeneinheit), so gilt:

$$\tau = \mu \frac{du}{dy} \tag{3.2}$$

Die Konstante μ ist die Viskosität. Sie wird in Poise = g $cm^{-1}sec^{-1}$ oder Centipoise = $^1/_{100}$ Poise gemessen. Tabelle 3-1 enthält Werte der Viskosität des Wassers für verschiedene Temperaturen.

Tabelle 3-1. Viskosität des Wassers bei verschiedenen Temperaturen.

Temperatur	Viskosität (Zentipoise)
0°	1,789
5°	1,516
10°	1,306
15°	1,141
20°	1,005
25°	0,894
30°	0,802

Als Modell für einen Fluß sei eine offene Rinne von halbkreisförmigem Querschnitt (Radius r_m) betrachtet, die in der Strömungsrichtung um den Winkel β gegen die Horizontale geneigt ist. Das Wasser soll in dieser Rinne durch seine eigene Schwere fließen. Dabei gleiten Wasserkörper von halbkreisförmigem Querschnitt aneinander vorbei. An der Zylinderoberfläche einer solchen Schicht vom Radius r wirkt die Schubspannung τ_r. (Da β in natürlichen Flüssen sehr klein ist, kann man statt $\sin\beta$ das Gefälle des Flusses, $\operatorname{tg}\beta$ einsetzen.):

$$\tau_r = 1/2\, r\, g\, \varrho_1 \operatorname{tg}\beta \qquad (3.3)$$

(g = Schwerebeschleunigung, ϱ_1 = spez. Gewicht des Wassers)

Andererseits gilt gemäß Gl. (3.2):

$$\frac{du}{dr} = \frac{\tau}{\mu}$$

Daraus ergibt sich durch Integration unter Berücksichtigung der Grenzbedingung, daß die Strömungsgeschwindigkeit u für $r = r_m$ verschwinden muß, für die Geschwindigkeit u_r einer zylinderförmigen Schicht im Abstand r von dem auf der Wasseroberfläche gelegenen Mittelpunkt:

$$u_r = \frac{1}{4\mu}\,(r_m^2 - r^2)\, g\, \varrho_1 \operatorname{tg}\beta \qquad (3.4)$$

Die Wasserteilchen in der Mittellinie ($r = 0$) haben die höchste Geschwindigkeit. Mit dem Quadrat des Abstandes von der Mittellinie nimmt die Geschwindigkeit ab. Am Boden geht sie gegen Null. Andererseits nimmt die Schubspannung von der Wasseroberfläche nach unten hin zu und erreicht am Boden den Maximalwert

$$\tau_0 = \frac{1}{2}\, r_m\, g\, \varrho_1 \operatorname{tg}\beta \qquad (3.5)$$

Für die Transportvorgänge in einem Fluß ist, wie sich weiterhin zeigen wird, diese am Strombett wirksame maximale Schubspannung von besonderer Bedeutung. Hat die Stromrinne keinen halbkreisförmigen Querschnitt, sondern irgendeine allgemeinere Form, so gilt für die Schubspannung am Boden eine Verallgemeinerung der Gl. (3.5):

$$\tau_0 = m\, g\, \varrho_1 \operatorname{tg}\beta \qquad (3.6)$$

m ist der hydraulische Radius, für welchen gilt:

m = Querschnitt/benetzter Umfang

Die freie Wasseroberfläche gehört nicht zum benetzten Umfang. Daher ist für die halbkreisförmige offene Rinne $m = 1/2\, \pi\, r_m^2 : \pi\, r_m = r_m/2$.

Als mittlere Geschwindigkeit U eines Flusses ist das Verhältnis der Wasserführung, d. h. der sekundlich beförderten Wassermenge durch den Querschnitt definiert:

U ≡ Mittlere Geschwindigkeit ≡ Wasserführung/Querschnitt

Die mittlere Geschwindigkeit ist umso größer, je größer Gefälle und hydraulischer Radius sind. Theoretisch ergibt sich eine Gleichung vom Typus:

$$U = C \sqrt{g\, m \operatorname{tg}\beta} \qquad (3.7)$$

C hängt im wesentlichen von der Rauhigkeit des Bettes, aber auch vom hydraulischen Radius ab.

Mit zunehmender Geschwindigkeit wird der laminare Fluß vom turbulenten abgelöst. Dies geschieht, wenn die Reynoldszahl

$$R = \frac{U \varrho_1 m}{\mu} \tag{3.8}$$

einen kritischen Wert überschreitet. Der kritische Grenzwert von R hängt sehr stark von der Beschaffenheit des benetzten Umfangs ab. Bei glatten Wänden ist er höher als bei rauhen. Es ist daher nicht möglich, für natürliche Flüsse und Strömungen einen genauen und allgemein gültigen Wert anzugeben. Er dürfte jedoch im Bereich

$$R_{krit} = 1500 \text{ bis } 500$$

liegen. Mit diesen Zahlen erhält man für eine halbkreisförmige Rinne von 10 m Radius kritische Geschwindigkeiten zwischen 0,3 und 0,1 mm/sec, für eine solche von 5 m Radius 0,6 bis 0,2 mm/sec. Man sieht aus diesen Zahlen, daß die Strömung in natürlichen Flüssen wohl immer turbulent sein wird.

Die turbulente Strömung ist durch unregelmäßig wirbelnde Mischbewegungen gekennzeichnet, welche der allgemeinen Fließbewegung aufgeprägt sind. Von diesen Wirbelbewegungen werden alle in der strömenden Flüssigkeit enthaltenen Energiegrößen oder Bestandteile wie Impuls, Wärmeinhalt, gelöste und suspendierte Beimengungen erfaßt. Wenn der Gehalt dieser Bestandteile oder der Betrag dieser Eigenschaften räumlich verschieden ist, so ergibt die turbulente Vermischung einen Transport von den Stellen höheren zu den Stellen niederen Gehaltes.

An jedem Ort der turbulenten Strömung herrschen nach Richtung und Betrag variable Fließgeschwindigkeiten. Wohl können jedem Ort zeitliche Mittelwerte der Geschwindigkeitskomponenten in den drei Raumrichtungen $\bar{u}$, $\bar{v}$, $\bar{w}$ zugeordnet werden. Für jeden Augenblick gelten aber Abweichungen u', v', w' und daher die wirklichen Geschwindigkeiten:

$$\begin{aligned} u &= \bar{u} + u' \\ v &= \bar{v} + v' \\ w &= w + w' \end{aligned} \tag{3.9}$$

Die turbulente Strömung möge in Richtung der x-Achse (Geschwindigkeitskomponente u) parallel zu einer Wand verlaufen. Senkrecht zur Wand verlaufe die y-Achse (Geschwindigkeitskomponente v). s sei eine Eigenschaft oder eine Beimengung in der Flüssigkeit (pro cm^3), welche durch die turbulenten Mischbewegungen quer zur Strömungsrichtung transportiert wird. Es gilt dann die einem Diffusionsvorgang entsprechende Austauschgleichung:

$$\frac{ds}{dt} = -A \frac{ds}{dy} \tag{3.10}$$

ds/dt mißt den Transport von s pro Flächeneinheit in der y-Richtung (d. h. senkrecht zur Wand), ds/dy die momentane Verteilung von s in der y-Richtung. A ist der Austauschkoeffizient, welcher mit steigender Geschwindigkeit zunimmt.

Ist s der in der y-Richtung transportierte Impuls $\varrho_1 u$, so hat ds/dt die Bedeutung einer Schubspannung τ, welche beim Fließen in der x-Richtung überwunden werden muß. Die Theorie ergibt, daß diese Schubspannung dem Mittel des Produktes der Geschwindigkeitsschwankungen proportional ist:

$$\tau = \varrho_1 \overline{u'v'} = -A\varrho_1 \frac{d\bar{u}}{dy} \tag{3.11}$$

Die Größe $A\varrho_1$ ist die „turbulente Viskosität". Sie tritt bei voll ausgebildeter Turbulenz an die Stelle der bei laminarem Fluß wirksamen Flüssigkeitsviskosität μ. Die turbulente Viskosität ist sehr viel höher als die normale Viskosität. Im Unterschied zu dieser ist sie keine Stoffkonstante, sondern von der mittleren Geschwindigkeit, von geometrischen Abmessungen und anderen Umständen abhängig, welche die turbulenten Mischbewegungen und damit den Austauschkoeffizienten beeinflussen.

Nach der Turbulenztheorie von Prandtl (1965) gilt für den Austauschkoeffizienten

$$A = l^2 \left| \frac{d\bar{u}}{dy} \right| \tag{3.12}$$

l ist der sogenannte Mischungsweg, d. h. diejenige Strecke, die die einheitlich bewegten Flüssigkeitsballen in der y-Richtung zurücklegen, bevor sie ihre Individualität verlieren. Man erhält dann aus (3.11):

$$\tau = \varrho_1 l^2 \left(\frac{d\bar{u}}{dy} \right)^2 \tag{3.13}$$

$$\sqrt{\frac{\tau}{\varrho_1}} = l \frac{d\bar{u}}{dy} \tag{3.14}$$

Der Wurzelausdruck hat die Dimension einer Geschwindigkeit. Man pflegt statt der mit dem Wandabstand variablen Schubspannung τ die maximale Schubspannung an der Wand τ_0 einzuführen und erhält:

$$u_\tau = \sqrt{\frac{\tau_0}{\varrho_1}} = l \frac{d\bar{u}}{dy} \sqrt{\frac{\tau_0}{\tau}} \tag{3.15}$$

Die Größe u_τ wird Schubspannungsgeschwindigkeit genannt.

Für den Mischungsweg l hat Kármán (1930) aufgrund einer Dimensionsbetrachtung die folgende Beziehung abgeleitet:

$$l = -K \frac{(d\bar{u}/dy)}{d^2\bar{u}/dy^2} \sqrt{\frac{\tau_0}{\tau}} \tag{3.16}$$

Nach Messungen in Rohren und in der Nähe von Wänden hat die in dieser Gleichung auftretende Konstante K den Wert 0,4, so daß sich aus (3.15) ergibt:

$$u_\tau = -0{,}4 \frac{(d\bar{u}/dy)^2}{d^2\bar{u}/dy^2} \cdot \frac{\tau_0}{\tau} \tag{3.17}$$

In der Nähe der Wand gilt $\tau_0 \simeq \tau$, so daß man für nicht allzu große Entfernungen von der Wand schreiben kann:

$$u_\tau = -0{,}4 \frac{(d\bar{u}/dy)^2}{d^2\bar{u}/dy^2} \tag{3.18}$$

Aus dieser Gleichung erhält man nach KÁRMÁN durch Integration den folgenden Ausdruck für die Geschwindigkeit einer turbulenten Strömung in der Nähe einer Wand in Abhängigkeit von der Wandentfernung y:

$$\bar{u}_y = \frac{u_\tau}{0{,}4} \ln \frac{y}{y_0} \tag{3.19}$$

oder nach Umformung in dekadische Logarithmen:

$$\bar{u}_y = 5{,}75\, u_\tau \lg \frac{y}{y_0} \tag{3.20}$$

Die durch diese Gleichung beschriebene Geschwindigkeitsverteilung der turbulenten Strömung in Wandnähe hat die bedeutsame Eigenschaft, daß die Strömungsgeschwindigkeit nicht erst an der Wand, wie bei der laminaren Strömung, sondern

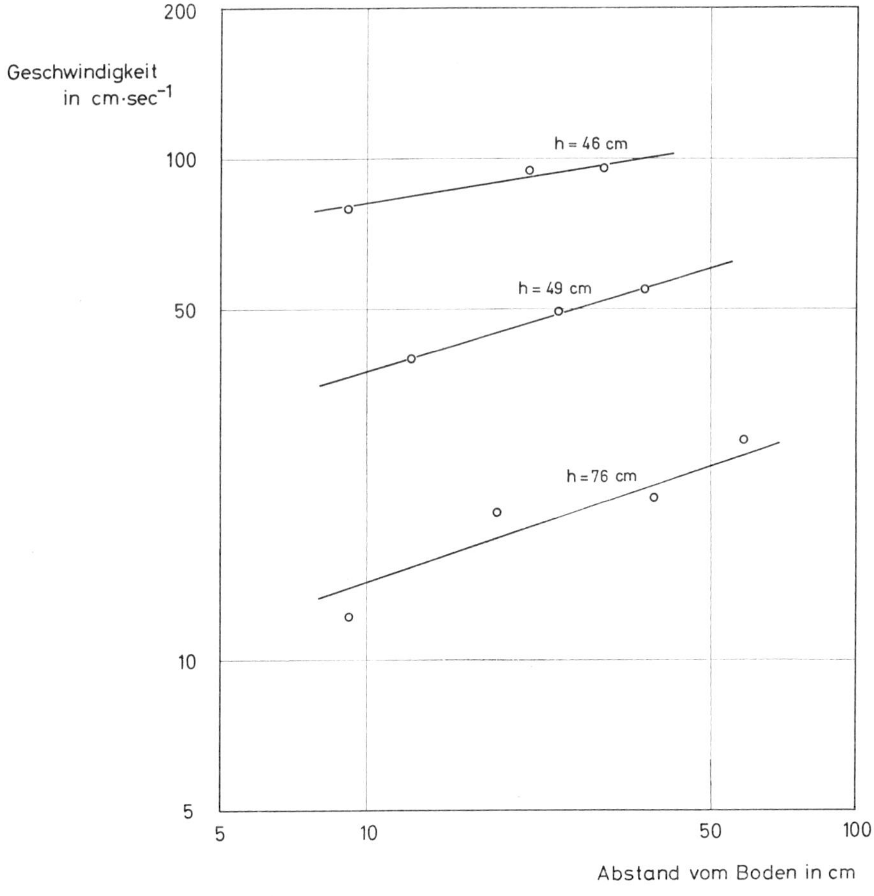

Abb. 3-2. Geschwindigkeitsverteilung der Strömung im Rio Grande. Messungen bei Bernalillo (Wassertiefe h = 49 cm) und Socorro (Wassertiefe h = 46 und 76 cm) (nach NORDIN & DEMPSTER 1963).

schon im Abstand y_0 von der Wand auf Null oder jedenfalls sehr kleine Werte zurückgeht. Dieser Abstand y_0 hängt von der Wandrauhigkeit ab. Durch Versuche an mit Sand bekleideten Wänden ergab sich $y_0 \backsimeq D/30$, wenn D der Durchmesser der größten Sandkörner ist (PRANDTL 1965, S. 190).

Der Wert K = 0,4 für die in die Gl. (3.20) eingehende Karmankonstante wurde aus Messungen in glatten Rohren gewonnen. In natürlichen Flüssen hat die Prüfung der Gl. (3.20) zu abweichenden Werten geführt. So fanden z. B. NORDIN & DEMPSTER (1963) im mittleren Rio Grande (New Mexico, USA) stark schwankende Werte von K zwischen 0,15 und 1,20. Es scheint, daß K mit zunehmender Konzentration an suspendiertem Material kleiner als 0,4 wird. Die Existenz von Sandbänken im Flußbett scheint K zu vergrößern. Auch der Wert von y_0 ist in natürlichen Flüssen weiten Schwankungen unterworfen und kann nicht einfach aus der Korngröße des am Boden liegenden Materials berechnet werden.

Aus diesen Gründen kann die numerische Anwendung der Gl. (3.20) bei natürlichen Flüssen nur zu angenäherten Werten für die Geschwindigkeitsverteilung über dem Boden führen. Dagegen ist die allgemeine Form der Geschwindigkeitsverteilung, d. h. die Zunahme der Geschwindigkeit mit dem Logarithmus der Höhe über dem Strombett in natürlichen Flüssen gut bestätigt worden. Dies ist in Abb. 3-2 für einige Messungen im Rio Grande dargestellt.

3.13 Transport in Suspension (Schwebfracht)

Als Suspension transportierte Mineralteilchen haben ein höheres spezifisches Gewicht (ϱ_2) als das Wasser (ϱ_1). Daher erfahren sie durch ihr Gewicht eine abwärts gerichtete Beschleunigung. Andererseits wirkt der Bewegung des Teilchens durch das Wasser eine Reibungskraft entgegen, welche mit der Geschwindigkeit ansteigt. Die entgegengesetzte Wirkung beider Kräfte ruft schließlich eine konstante Sinkgeschwindigkeit des Teilchens hervor, welche von seiner Größe und Masse abhängt.

Für die Reibungskraft oder den Widerstand gegen die Bewegung des Teilchens durch das Wasser kann man allgemein ansetzen:

$$W = \frac{1}{2} c \varrho_1 F v^2 \qquad (3.21)$$

F ist der Querschnitt des Teilchens senkrecht zur Bewegungsrichtung (für eine Kugel vom Radius r, $F = \pi r^2$), ϱ_1 ist das spez. Gewicht des Wassers und v die Relativgeschwindigkeit zwischen Teilchen und Wasser. c ist der dimensionslose Widerstandsbeiwert. Ist V das Volumen und ϱ_2 das spezifische Gewicht des Teilchens, so gilt für die auf das Teilchen wirkende Schwerkraft:

$$G = (\varrho_2 - \varrho_1) g V \qquad (3.22)$$

Das Teilchen wird eine solche Sinkgeschwindigkeit annehmen, daß sich Schwerkraft und Reibungskraft gerade die Waage halten:

$$\frac{1}{2} c \varrho_1 F v^2 = (\varrho_2 - \varrho_1) g V \qquad (3.23)$$

Ist der Widerstandsbeiwert bekannt, so ergibt sich aus dieser Beziehung die Sinkgeschwindigkeit für Teilchen bestimmter Form und Abmessung:

$$v^2 = \frac{2\,(\varrho_2 - \varrho_1)\,g\,V}{c\,\varrho_1\,F} \tag{3.24}$$

c kann man als Funktion der Reynoldszahl ausdrücken:

$$c = f\,(R) \tag{3.25}$$

mit

$$R = \frac{\varrho_1\,v\,D}{\mu} \tag{3.26}$$

D ist der Durchmesser des Teilchens.

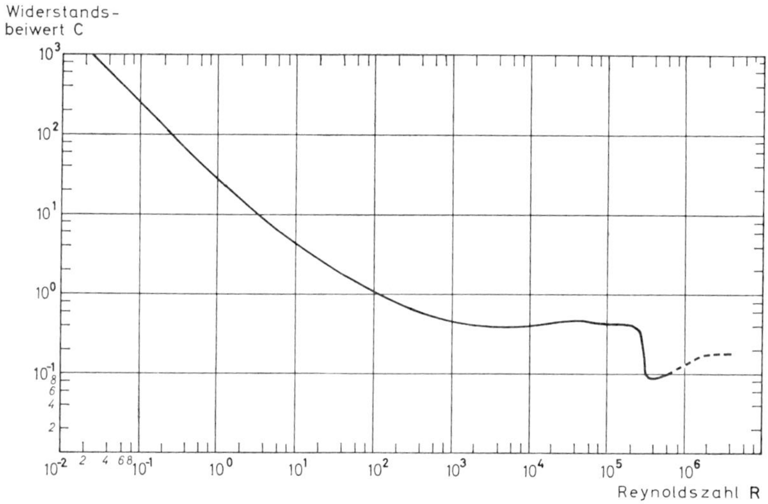

Abb. 3-3. Widerstandsbeiwerte für die Bewegung von Kugeln in einem zähen Medium in Abhängigkeit von der Reynoldszahl (SCHILLER 1932).

In Abb. 3-3 ist nach SCHILLER (1932) die empirisch ermittelte Abhängigkeit des Widerstandsbeiwertes von der Reynoldszahl für Kugeln dargestellt. Für Reynoldszahlen bis zu R = 1 gilt:

$$c = \frac{24}{R} \tag{3.27}$$

Aus (3.21) und (3.27) ergibt sich das von STOKES theoretisch abgeleitete Widerstandsgesetz für die laminare Strömung um eine Kugel:

$$W = 3\,\pi\mu\,D v \tag{3.28}$$

Gleichsetzung mit der auf die Kugel wirkenden Schwerkraft führt zu der stationären Sinkgeschwindigkeit

$$v_S = \frac{(\varrho_2 - \varrho_1)\,g D^2}{18\,\mu} \quad \text{(STOKES)} \tag{3.29 a}$$

Für den Durchmesser einer Kugel mit der Sinkgeschwindigkeit v gilt:

$$D_s = \sqrt{\frac{18\,\mu v}{(\varrho_2 - \varrho_1)\,g}} \quad \text{(Stokes)} \qquad (3.29\,b)$$

Für den Bereich $1 < R < 5$ hat Oseen (1927) eine Erweiterung der Stokesschen Gleichung berechnet:

$$c = \frac{24}{R}\left(1 + \frac{3}{16}R\right) \qquad (3.30)$$

$$W = 3\,\pi\mu\,Dv\left(1 + \frac{3\,D\,\varrho_1\,v}{16\,\mu}\right) \qquad (3.31)$$

Gleichsetzung mit der auf die Kugel wirkenden Schwerkraft ergibt für die Sinkgeschwindigkeit:

$$v_O = \frac{-8\,\pi}{3\,\varrho_1\,D} + \sqrt{\frac{8\,(\varrho_2 - \varrho_1)\,gD}{27\,\varrho_1} + \frac{64\,\mu^2}{9\,\varrho_1^2\,D^2}} \quad \text{(Oseen)} \qquad (3.32\,a)$$

Für den Durchmesser einer Kugel der Sinkgeschwindigkeit v gilt:

$$D_O = \frac{27}{16}\,\frac{\varrho_1\,v^2}{(\varrho_2 - \varrho_1)\,g} + \sqrt{\frac{18\,\mu\,v}{(\varrho_2 - \varrho_1)\,g} + \frac{729\,\varrho_1^2\,v^4}{256\,(\varrho_2 - \varrho_1)^2\,g^2}} \quad \text{(Oseen)} \qquad (3.32\,b)$$

Für hohe Reynoldszahlen ($R > 10^3$) nimmt der Widerstandsbeiwert schließlich einen von der Reynoldszahl nahezu unabhängigen Wert $c \simeq 0{,}4$ an (etwa horizontaler Verlauf der Kurve, Abb. 3-3). Hier herrscht Turbulenz und die Sinkgeschwindigkeit der Kugel hängt nicht mehr von der Viskosität ab. Für diesen Bereich gilt die zuerst von Newton angegebene Gleichung für den Widerstand

$$W = 0{,}05\,\pi\,\varrho_1\,D^2\,v^2 \qquad (3.33)$$

Gleichsetzung mit der Schwerkraft ergibt für die Sinkgeschwindigkeit:

$$v_N = \sqrt{\frac{10\,(\varrho_2 - \varrho_1)\,gD}{3\,\varrho_1}} \quad \text{(Newton)} \qquad (3.34\,a)$$

Für den Durchmesser einer Kugel der Sinkgeschwindigkeit v gilt:

$$D_N = \frac{3\,\varrho_1\,v^2}{10\,(\varrho_2 - \varrho_1)\,g} \quad \text{(Newton)} \qquad (3.34\,b)$$

Für beliebige Wertepaare von Widerstandsbeiwert und Reynoldszahl R der Kurve, Abb. 3-2 kann man die zugehörigen Kugeldurchmesser und Sinkgeschwindigkeiten nach den folgenden beiden Formeln berechnen, die sich aus den Gl. (3.24) und (3.26) ergeben:

$$D = \sqrt[3]{\frac{3\,c\,R^2\,\mu^2}{4\,(\varrho_2 - \varrho_1)\,\varrho_1\,g}} \qquad (3.35)$$

$$v = \sqrt[3]{\frac{4\,R\mu\,(\varrho_2 - \varrho_1)\,g}{3\,c\,\varrho_1^2}} \qquad (3.36)$$

Gemäß Gl. (3.35) berechnet man für Quarzkugeln ($\varrho_2 = 2{,}65$) in Wasser die in Tabelle 3-2 verzeichneten Grenzen für die Gültigkeit der drei Formeln für die Sinkgeschwindigkeit nach STOKES, OSEEN und NEWTON.

Tabelle 3-2. Gültigkeitsbereiche der verschiedenen Formeln für die Sinkgeschwindigkeit von kugelförmigen Quarzteilchen in Wasser.

Reynoldszahl	Durchmesser in cm	Gültigkeitsbereich
		STOKES
1	$1 \cdot 10^{-2}$	
		OSEEN
5	$2{,}4 \cdot 10^{-2}$	
		Übergangsbereich
1000	$2{,}6 \cdot 10^{-1}$	
		NEWTON

Für den Übergang zwischen den Bereichen der OSEEN- und der NEWTON-Formel kann man die zugehörigen Werte von Kugeldurchmesser und Sinkgeschwindigkeit unter Verwendung der empirischen Kurve Abb. 3-3 mit Hilfe der Gl. (3.35) und (3.36) ermitteln.

Abb. 3-4 zeigt die Sinkgeschwindigkeit kugeliger Quarzkörner in Wasser. Die bisher abgeleiteten Formeln gelten streng nur für einzelne Kugeln in einer unendlich ausgedehnten Flüssigkeit. Bei der Anwendung der Gleichungen auf natürliche Suspensionen hat man sowohl die Abweichung von der Kugelform wie auch die gegenseitige Beeinflussung mehrerer Teilchen in Betracht zu ziehen. In höher konzentrierten Suspensionen führt die Wirkung der Teilchen aufeinander zu einer Erhöhung des Widerstandsbeiwertes c und somit zu einer Verringerung der Sinkgeschwindigkeit. In Abb. 3-5 sind nach BAGNOLD (1957) die Widerstandsbeiwerte für Kugeln in Suspensionen verschiedener Volumenkonzentration C in Abhängigkeit von der Reynoldszahl dargestellt.

Die Abweichung von der Kugelform kann einen bedeutenden Einfluß auf die Sinkgeschwindigkeit haben. Von verschieden gestalteten Teilchen desselben Gewichtes fällt das kugelförmige Teilchen am schnellsten. Die Fallgeschwindigkeit ist umso stärker vermindert, je mehr die Teilchengestalt von der Kugel abweicht. Ebenso verringern rauhe Oberfläche oder scharfe Ecken und Kanten die Sinkgeschwindigkeit.[2]

Für die Bildung der Sedimentgesteine ist das Verhalten blättchenförmiger Partikel, wie sie als Glimmer- oder Tonmineralteilchen vorkommen, von besonderem Interesse.

Für den Widerstand einer unendlich dünnen Kreisscheibe vom Radius r gegen

[2] Eine experimentelle Untersuchung über den Einfluß der Kornform auf die Sinkgeschwindigkeit natürlicher Körner verschiedener Mineralien haben BRIGGS, MCCULLOCH & MOSER (1962) veröffentlicht.

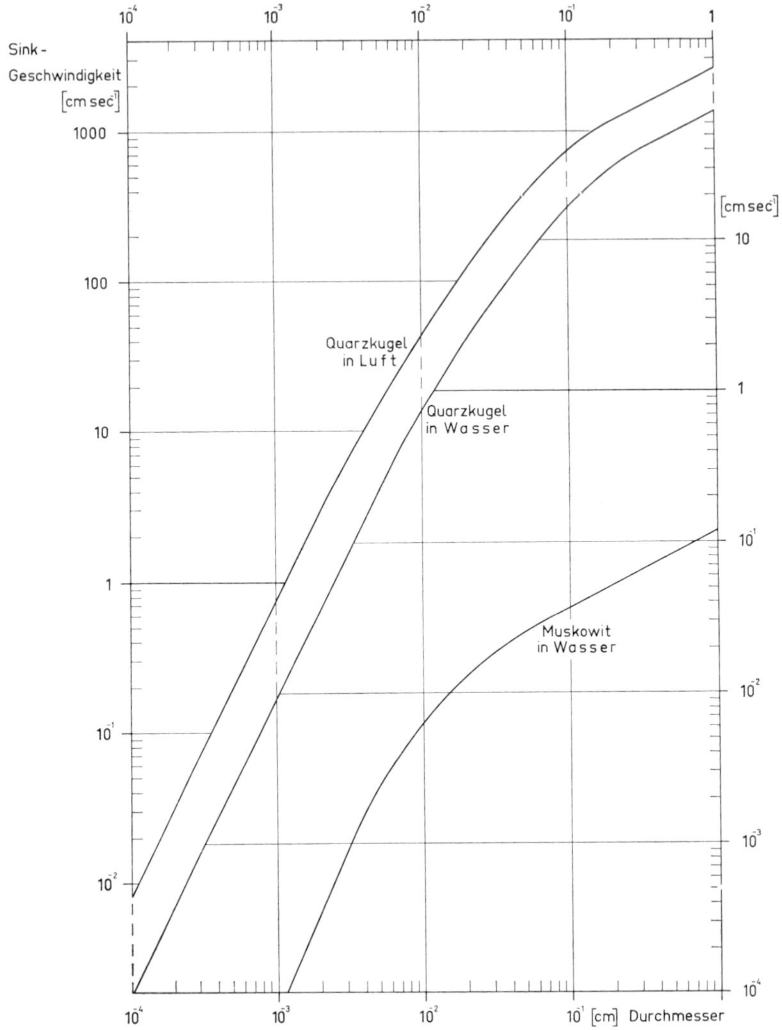

Abb. 3-4. Sinkgeschwindigkeit von Quarzkugeln in Wasser und Luft und von Muskovit blättchen in Wasser (20°).

eine senkrecht zur Scheibenfläche gerichtete Strömung gilt nach einer Berechnung von Oberbeck (nach Schiller 1932) bei kleinen Reynoldszahlen:

$$W_I = 16\,\mu\, r\, v \tag{3.37}$$

Ist d die Dicke der Kreisscheibe ($d << r$), so erhält man für die Bewegung senkrecht zur Scheibenfläche die folgende Sinkgeschwindigkeit:

$$v_I = \frac{\pi\,(\varrho_2 - \varrho_1)\, g d r^2}{16\,\mu} \quad \text{(Oberbeck)} \tag{3.38}$$

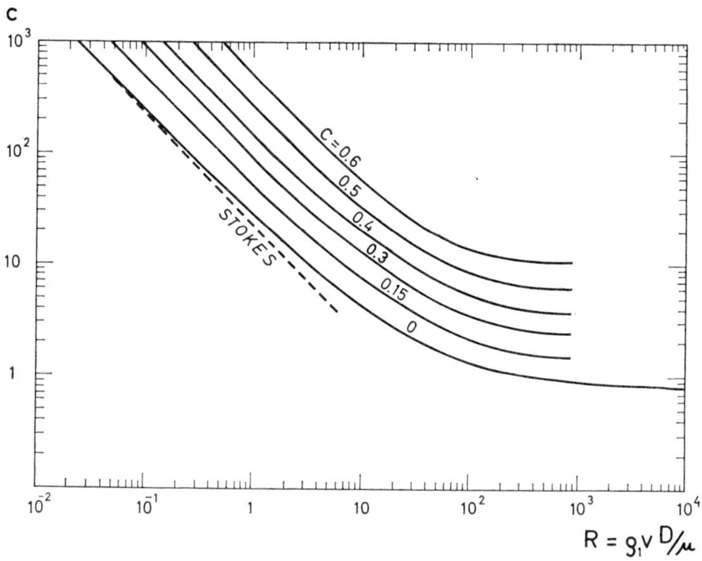

Abb. 3-5. Widerstandsbeiwerte für die Bewegung von Kugeln in Suspensionen verschiedener Konzentration (C = Volumenkonzentration) (BAGNOLD 1957).

Für die Bewegung parallel zur Scheibenfläche gilt nach OBERBECK:

$$W_{II} = 10{,}67\,\mu\,v\,r \tag{3.39}$$

$$v_{II} = \frac{\pi\,(\varrho_2 - \varrho_1)\,g d r^2}{10{,}67\,\mu} \quad \text{(OBERBECK)} \tag{3.40}$$

Diese Gleichungen gelten für Reynoldszahlen bis etwa 0,05. Für etwas höhere Reynoldszahlen hat OSEEN (1927) eine erweiterte Formel angegeben, die bis etwa R = 1 gilt:

$$W_I = 16\,\mu\pi\,rv\left(1 + \frac{\varrho_1\,rv}{\pi\mu}\right) \tag{3.41}$$

Daraus ergibt sich für die Sinkgeschwindigkeit:

$$v_I = \frac{-\mu\pi}{\varrho_1\,r} + \sqrt{\frac{\pi^2\,(\varrho_2 - \varrho_1)\,gc}{16\,\varrho_1} + \frac{\mu^2\,\pi^2}{4\,\varrho_1^2\,r^2}} \quad \text{(OSEEN)} \tag{3.42}$$

Fallversuche mit dünnen Scheiben haben diese Formeln bis R = 1 gut bestätigt (SCHMIEDEL, zit. nach SCHILLER 1932). Bei diesen kleinen Reynoldszahlen behielten die Scheiben ihre anfängliche Orientierung bei. Bei höheren Reynoldszahlen (bis R = 80) hatten sie das Bestreben, sich mit der Fläche senkrecht zur Fallrichtung zu stellen. Bei R zwischen 80 und 300 wurden Schwingungen um eine Achse in der Scheibenebene beobachtet. Dabei bewegte sich der Schwerpunkt nicht geradlinig nach unten, sondern pendelte in der Schwingungsebene hin und her.

Als ein Beispiel für den Einfluß der Korngestalt ist in Abb. 3-4 die Sinkgeschwindigkeit von Glimmerblättchen in Wasser dargestellt. Für das spezifische Gewicht von

Glimmer wurde $\varrho_2 = 2{,}80$ angenommen. Die Glimmerblättchen sollen kreisförmige Scheiben vom Radius r_M und der Dicke $d = 0{,}01\ r_M$ sein, von denen angenommen wird, daß sie sich senkrecht zur Fallrichtung einstellen. Man entnimmt der Abbildung, daß die Durchmesser der Glimmerblättchen etwa 10mal, ihre Volumina etwa 8—11-mal so groß sind wie die Durchmesser resp. die Volumina der gleich schnell sinkenden Kugeln aus Quarz.

Die Strecke, welche suspendierte Teilchen in laminarer Strömung transportiert werden können, hängt vom Verhältnis der mittleren Strömungsgeschwindigkeit zur Sinkgeschwindigkeit und von der Wassertiefe ab. Ist L die Länge des Transportweges, h die Wassertiefe, u die Strömungsgeschwindigkeit und v die Sinkgeschwindigkeit der Teilchen, so gilt:

$$L = \frac{hu}{v} \tag{3.43}$$

Die Tabelle 3-3 gibt einige Zahlen für die Transportweite langsam sinkender Teilchen bei einer mittleren Strömungsgeschwindigkeit von 1 mm/sec und verschiedenen Wassertiefen. Diese Zahlen zeigen, daß in laminarer Strömung ein Suspensionstransport über geologisch bedeutsame Entfernungen nur möglich ist, wenn die Sinkgeschwindigkeit der Teilchen sehr klein und die Wassertiefe erheblich ist. Solche Bedingungen können z. B. für die feinste Tontrübe in Meeresströmungen verwirklicht sein. Sobald jedoch die Strömung turbulent ist, kann auch gröberes Material weite Strecken als Suspension zurücklegen. Schmidt (1925) hat zuerst gezeigt, daß man den Suspensionstransport in turbulenter Strömung mit dem Begriff des Austauschkoeffizienten beschreiben und verstehen kann.

Tabelle 3-3. Transportweite von Teilchen verschiedener Sinkgeschwindigkeit v in laminarer Strömung der Geschwindigkeit u = 1 mm/sec bei verschiedener Wassertiefe h. Die Durchmesser (D) beziehen sich auf Quarz-Kugeln ($1\,\mu = 10^{-4}$ cm).

v =	10^{-2} cm/sec (D = 10 μ)	10^{-3} cm/sec (D = 4 μ)	10^{-4} cm/sec (D = 1 μ)
h = 1 m	10 m	10^2 m	10^3 m
h = 10 m	10^2 m	10^3 m	10^4 m
h = 100 m	10^3 m	10^4 m	10^5 m

Es sei n die Zahl der Partikel einer bestimmten Sinkgeschwindigkeit v, welche in 1 cm³ des strömenden Wassers vorhanden sind.n ist eine Funktion des Abstands vom Boden (y). Durch eine Fläche senkrecht zur y-Achse sinken pro Flächen- und Zeiteinheit n v Teilchen nach unten. Andererseits führt der turbulente Austausch $A\,\frac{dn}{dy}$ Teilchen nach oben. Im Gleichgewicht müssen sich beide Transporte die Waage halten:

$$A\,\frac{dn}{dy} + n\,v = 0 \tag{3.44}$$

Daraus ergibt sich für die Zahl der Teilchen n_y in der Höhe y, wenn n_a die Zahl der Teilchen in der Höhe $a < y$ ist:

$$\ln \frac{n_y}{n_a} = -v \int_a^y \frac{dy}{A} \tag{3.45}$$

Ist der Austausch über den ganzen Querschnitt der Strömung konstant, was man vielleicht für Meeresströmungen angenähert annehmen kann, so ergibt sich daraus:

$$n_y = n_a\, e^{-\frac{v}{A}(y-a)} \tag{3.45 a}$$

In diesem einfachen Fall nimmt die Konzentration der Teilchen mit der Höhe über dem Boden nach einer Exponentialfunktion ab, deren Steilheit umso geringer ist, je kleiner v/A, das Verhältnis von Sinkgeschwindigkeit zu Austausch ist. In Flüssen ist die Größe des Austauschs eine Funktion der Höhe über dem Boden. Um hier die Verteilung der Teilchen berechnen zu können, muß man wissen, wie sich der Austausch mit der Höhe über dem Boden ändert. Hierzu liegen einige experimentelle Untersuchungen vor.

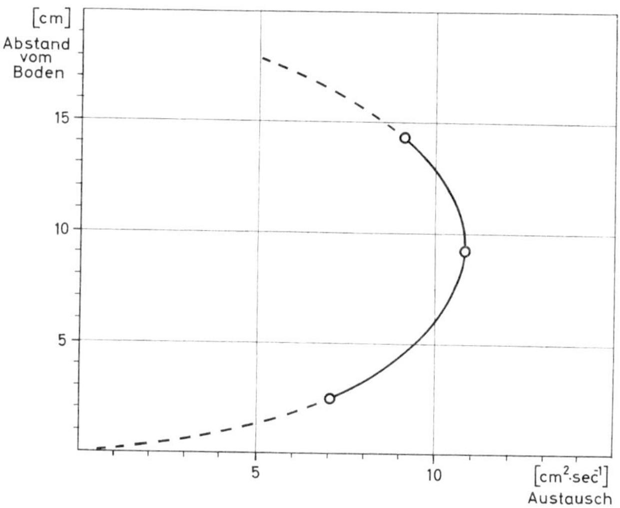

Abb. 3-6. Variation des Austauschkoeffizienten mit dem Abstand vom Boden für die Strömung von Wasser in einer rechteckigen, geneigten Rinne. Breite: 28,6 cm; Tiefe: 18,9 cm; tg β = 0,0041 (Kalinske 1943).

An einer künstlichen Rinne von 28,6 cm Breite, h = 18,9 cm Tiefe und einem Gefälle von tg β = 0,0041 hat Kalinske (1943) durch Diffusionsversuche die in Abb. 3-6 wiedergegebene Variation des Austauschkoeffizienten gemessen. Die in derselben Rinne beobachtete Verteilung von Sanden verschiedener Korngröße über den Querschnitt ist in Abb. 3-7 dargestellt. Die ausgezogenen Kurven wurden nach Gl. (3.45) berechnet aufgrund der gemessenen Funktion des Austauschkoeffizienten. Als Bezugspunkt diente jeweils die in h/10 über dem Boden gemessene Konzentration. Die Übereinstimmung ist recht gut und man erkennt die Abhängigkeit der Verteilung von der

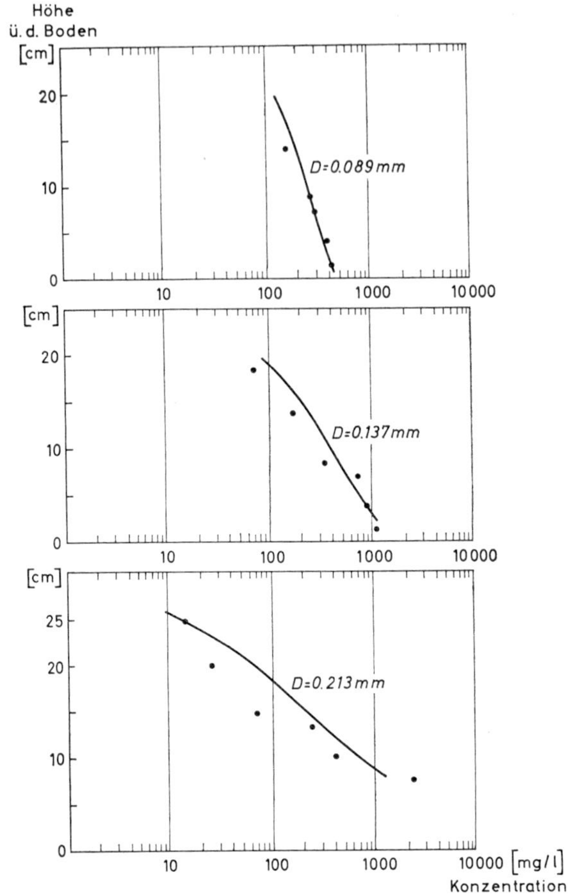

Abb. 3-7. Experimentell gefundene und nach Gl. (3.45) berechnete Verteilung (ausgezogene Kurven) von Sand verschiedener Korngröße über den Querschnitt der Strömung durch eine rechteckige Rinne (vgl. Abb. 3-6) (KALINSKE 1943).

Korngröße: Für den Sand von 0,089 mm Durchmesser stehen die Konzentrationen an der Oberfläche und am Boden im Verhältnis 1 : 4, für den Sand von 0,213 mm im Verhältnis 1 : 1000. Bemerkenswert ist das Maximum des Austauschwertes bei $y = h/2$ (Abb. 3-6). Ein ähnliches Maximum fand auch schon HJULSTRÖM (1934) bei Versuchen in einer Rinne.

Über die Austauschkoeffizienten in natürlichen Flüssen und insbesondere über die Abhängigkeit von der Wassertiefe liegen nicht viele Daten vor. In Ermangelung dessen bedient man sich einer theoretischen Ableitung von ROUSE (1937, zit. nach SCHEIDEGGER 1961, S. 142). Ausgangspunkt ist die Gl. (3.11):

$$\tau = -A\varrho_1 \frac{d\bar{u}}{dy} \qquad (3.11)$$

Die Schubspannung τ hat ihren maximalen Wert (τ_0) am Boden ($y = 0$) und verschwindet an der Wasseroberfläche ($y = h$). Es wird angenommen, daß τ nach oben hin linear abnimmt (h = Wassertiefe):

$$\tau = \tau_0 \left(1 - \frac{y}{h}\right) \tag{3.46}$$

Nach den Gl. (3.12—3.15) ergibt sich dann für den Austauschkoeffizienten:

$$A = \frac{\tau_0}{\varrho_1} \frac{(1 - y/h)}{d\bar{u}/dy} = u_\tau^2 \frac{(1 - y/h)}{d\bar{u}/dy} \tag{3.47}$$

Für die Abhängigkeit der Geschwindigkeit von der Wandentfernung sei die Formel nach Kármán Gl. (3.19) zugrunde gelegt:

$$\bar{u}_y = \frac{u_\tau}{0{,}4} \ln \frac{y}{y_0} \tag{3.48}$$

Dann ergibt sich

$$\frac{d\bar{u}}{dy} = \frac{1}{y} \cdot \frac{u_\tau}{0{,}4}$$

$$A = 0{,}4 \sqrt{\frac{\tau_0}{\varrho_1}} \left(1 - \frac{y}{h}\right) y \tag{3.49}$$

Durch Einsetzen in die Gl. (3.45) und Integration erhält man den folgenden Ausdruck für die Verteilung von Teilchen der Sinkgeschwindigkeit v in einer turbulenten Strömung in Abhängigkeit von der Entfernung vom Boden:

$$\left.\begin{aligned} \frac{n_y}{n_a} &= \left(\frac{a\,(h - y)}{y\,(h - a)}\right)^p \\ \text{mit} \quad p &= \frac{v}{0{,}4 \sqrt{\tau_0/\varrho_1}} \end{aligned}\right\} \tag{3.50 a}$$

n_y ist die Anzahl der Teilchen (pro cm^3) in der Höhe y über dem Boden, n_a die in der Höhe a.

Drückt man die Höhen y und a in Bruchteilen der Wassertiefe h aus, mit:

$$y = Y\,h \qquad \text{und} \qquad a = X\,h$$

so erhält man:

$$\frac{n_y}{n_a} = \left(\frac{X\,(1 - Y)}{Y\,(1 - X)}\right)^p \tag{3.50 b}$$

Bezieht man die Teilchenkonzentration in der beliebigen Höhe y über dem Boden auf die Teilchenkonzentration in der halben Wassertiefe $a = {}^1/_2\,h$ ($X = {}^1/_2$), so gilt die einfache Formel:

$$\frac{n_y}{n_{1/2}} = \left(\frac{1}{Y} - 1\right)^p = \left(\frac{h}{y} - 1\right)^p \tag{3.50 c}$$

Der Gl. (3.49) entnimmt man, daß der Austauschkoeffizient sowohl am Boden ($y = 0$) als auch an der Wasseroberfläche ($y = h$) gleich Null ist und bei $y = {}^1/_2\,h$ ein Maximum hat, wie dies auch in den erwähnten Versuchen von KALINSKE gefunden wurde. Dieser Maximalwert beträgt:

$$A_{max} = 0{,}1\,h\,\sqrt{\tau_0/\varrho_1} \tag{3.51}$$

Für die Rinne der Versuche von KALINSKE (1943) findet man einen hydraulischen Radius von $m = 8{,}15$ cm und gemäß Gl. (3.7) eine maximale Schubspannung von $\tau_0 = 32{,}38\ g\,cm^{-1}sec^{-2}$. Daraus errechnet man nach (3.51) einen maximalen Austauschkoeffizienten von $10{,}7\ cm^2sec^{-2}$ in ausgezeichneter Übereinstimmung mit dem experimentellen Wert von $A_{max} = 10{,}9$ (Abb. 3-6).

Abb. 3-8 gibt die Verteilung suspendierter Teilchen nach Gl. (3.50) für verschiedene Werte des Exponenten p wieder. Ist $p > 3$, so kann der Suspensionstransport nur von geringer Bedeutung sein; nur in einer dünnen Schicht nahe dem Boden kommen suspendierte Teilchen vor. Ist $p < 0{,}03$, so verteilen sich die Teilchen fast gleichmäßig über den ganzen Querschnitt der Strömung. Die den Suspensionstransport bestimmende Maßzahl p ist gegeben durch das Verhältnis der Sinkgeschwindigkeit der Teilchen (v) zur maximalen Schubspannung am Boden des Flusses (τ_0), welch letztere gemäß Gl. (3.7) bestimmt ist durch Gefälle $tg\,\beta$ und hydraulischen Radius (m) des Flusses.

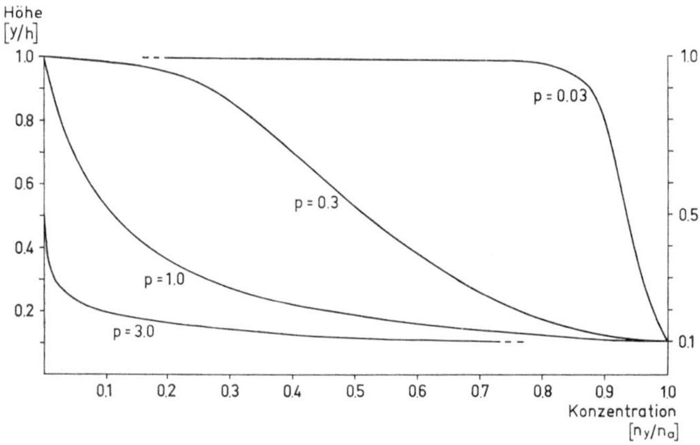

Abb. 3-8. Verteilung suspendierter Teilchen in einer turbulenten Strömung nach Gl. (3.50) (Erklärung im Text).

Aus (3.50) ergibt sich somit:

$$p = \frac{0{,}08\,v}{\sqrt{m\,tg\,\beta}} \tag{3.52}$$

Für einen Fluß von bestimmtem hydraulischen Radius und bestimmtem Gefälle kann man nach dieser Theorie die obere Grenze der Sinkgeschwindigkeit und damit der Größe der als Schwebfracht transportierten Teilchen angeben. Man hat zu erwarten:

Vollständiger Transport als Schwebfracht für $p \lesssim 0{,}03$, d. h. für Teilchen mit

$$v \lesssim 0{,}375 \sqrt{m \operatorname{tg} \beta} \tag{3.53}$$

Kein Transport als Schwebfracht für $p \gtrsim 3$, d. h. für Teilchen mit

$$v \gtrsim 38 \sqrt{m \operatorname{tg} \beta} \tag{3.54}$$

In Abb. 3-13 ist die obere Korngrößengrenze für vollständigen Transport in Suspension von Quarzteilchen gemäß Gl. (3.53) eingezeichnet.

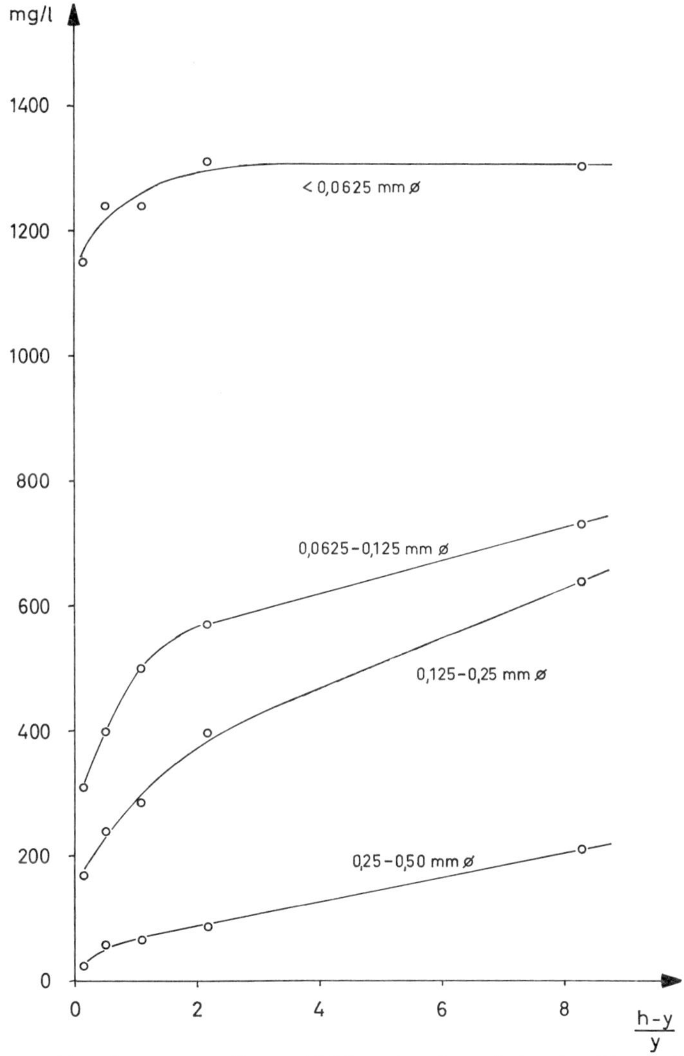

Abb. 3-9. Verteilung suspendierter Teilchen im Querschnitt des Flusses Rio Grande (nach Daten von NORDIN & DEMPSTER 1963).

Die Gl. (3.50—3.54) können für natürliche Flüsse nur ungefähre Werte ergeben. Dies liegt daran, daß die numerische Anwendung der Gl. (3.50) auf natürliche Strömungen durch dieselben Umstände erschwert ist, die auch schon der numerischen Auswertung der Gl. (3.20) auf die Verteilung der Fließgeschwindigkeiten im Wege standen. Man muß auch hier damit rechnen, daß die Karmankonstante einen von $K = 0{,}4$ abweichenden Wert hat. Jedoch haben Messungen in Flüssen bestätigt, daß die Form der Verteilungsfunktion suspendierter Partikel recht gut der Gl. (3.50) entspricht. Als ein Beispiel für eine solche Bestätigung ist in Abb. 3-9 die Verteilung von Teilchen im Rio Grande wiedergegeben, wie sie von NORDIN & DEMPSTER (1963) gemessen wurde. Gemäß Gl. (3.50) muß man eine Gerade erhalten, wenn man den Logarithmus der in der Höhe y gemessenen Teilchenkonzentration, $\lg n_y$, gegen $\lg (h - y) : y$ aufträgt. Die Neigung der Geraden ist gleich dem Koeffizienten p:

$$p = \frac{d(\lg n_y)}{d\left(\lg \frac{y}{h-y}\right)} \tag{3.50 d}$$

3.14 Transport am Boden (Bodenfracht)

Der am Boden von Strömungen, z. B. am Flußbett stattfindende Transport ist in der Natur schwer zu beobachten, da sowohl Menge und Art des bewegten Materials wie auch die am Boden herrschenden Strömungsverhältnisse nicht gemessen werden können, ohne die Vorgänge selbst störend zu beeinflussen. Man ist hier also auf die Ergebnisse von Versuchen in künstlichen Gerinnen angewiesen. Aus solchen Versuchen (vgl. z. B. GILBERT 1914, BAGNOLD 1954, 1957, LIU 1957, DILLO 1960 ergibt sich das folgende Bild:

Läßt man über eine Packung aus Sand einheitlicher Korngröße Wasser strömen, dessen Geschwindigkeit bei konstanter Wassertiefe allmählich gesteigert wird, so beginnen bei Überschreitung einer ersten kritischen Geschwindigkeit einzelne Sandkörner sich rollend in Bewegung zu setzen. Bei weiterer Geschwindigkeitssteigerung nimmt die Sandbewegung zu und es entsteht, wenn der Sand nicht zu grobkörnig ist, ein regelmäßiges System von Strömungsrippeln, deren Kämme senkrecht zur Strömungsrichtung liegen. Diese Rippeln haben einen flachen Luv- und einen steileren Leehang. Sandkörner werden von der Strömung am flachen Luvhang ab- und emporgetragen und am steilen Leehang abgelagert, indem sie dort herabrollen. Auf diese Weise wird die flachgeneigte Seite der Rippeln erodiert und die steile Seite durch Anlagerung aufgebaut, so daß das System der Rippeln stromabwärts wandert. Ihre Geschwindigkeit ist viel geringer als die Strömungsgeschwindigkeit und nimmt mit dieser zu. In künstlichen Gerinnen hat man empirische Beziehungen von der Form

$$v_R = C\, u_m^B \tag{3.55}$$

gefunden (LIU 1957, DILLO1960). v_R ist die Wanderungsgeschwindigkeit der Rippeln, u_m die mittlere Strömungsgeschwindigkeit des Wassers in der Rinne. In einer 60 cm breiten und 1 m tiefen Rinne fand DILLO (1960) für verschiedene Sande B = 6,4 und C mit der Korngröße zunehmend: $C = 2{,}86 \cdot 10^{-14}$ für einen mittleren Korndurchmesser von D = 0,075 mm; $C = 1{,}46 \cdot 10^{-13}$ für D = 0,185 mm und $C = 2{,}78 \cdot 10^{-13}$ für D = 0,28 mm. Doch dürften diese Zahlen auch von den Abmessungen der Rinne abhängen.

Die langsame Wanderung der Strömungsrippeln erzeugt einen langsamen stromabwärts gerichteten Sandtransport. Die Rippeln, deren Abstand und Höhe in den natürlichen Flüssen mit Wassertiefe und Strömungsgeschwindigkeit variieren, sind daher, solange sie sich bewegen, als Transportkörper aufzufassen. Die Geschwindigkeit des durch die Bewegung der Rippeln vermittelten Sandtransports ist wie die Wanderungsgeschwindigkeit der Rippeln einer Potenz der mittleren Strömungsgeschwindigkeit proportional und hängt von der Form, insbesondere der Höhe der Rippeln ab (KENNEDY 1964, FÜHRBÖTER 1967).

Ein sehr viel stärkerer Bodentransport setzt dann ein, wenn die Strömungsgeschwindigkeit über eine zweite kritische Geschwindigkeit hinaus gesteigert wird. Beim Überschreiten dieser Grenze verschwinden die Rippeln und die Sandoberfläche, über welche sich eine Wolke von springenden Sandkörnern (Bodensuspension) bewegt, wird wieder eben. Bei einer dritten kritischen Geschwindigkeit erscheinen schließlich symmetrisch gebaute, regressive Sandwellen, die stromaufwärts wandern. Ihre Höhen und Abstände sind größer als die der Strömungsrippeln. In den tieferen Teilen großer Flüsse finden sich Sedimentwellen von noch größeren Abmessungen, welche stromabwärts wandern.

Der ersten kritischen Geschwindigkeit, bei welcher sich die ersten Körner eines mit Sand bedeckten Untergrundes rollend in Bewegung setzen, entspricht eine erste kritische Schubspannung τ_{01} am Boden der Strömung. Man kann sich vorstellen, daß diese Schubspannung die oberste Schicht der festen Sandpackung des Untergrundes in einem bestimmten Maße scherend beanspruchen muß, wenn einzelne, besonders locker gebundene Körner aus dem Verband gelöst und rollend über die Oberfläche bewegt werden sollen. Ist P das Gewicht der obersten Sandschicht pro Flächeneinheit, so wird diese erste kritische Schubspannung einem bestimmten Bruchteil γP der diesem Gewicht entsprechenden Kraft pro Flächeneinheit gleichkommen:

$$\tau_{01} = \gamma P = \gamma (\varrho_2 - \varrho_1)\, g\, D\, C_0 = \Theta_1 (\varrho_2 - \varrho_1)\, g\, D \qquad (3.56)$$

C_0 ist die Volumenkonzentration der Sandkörner in der obersten Schicht. Nach den vorliegenden Experimenten ist Θ_1 von der Korngröße abhängig. In Abb. 3-10 sind von SHIELDS (nach BAGNOLD 1957, 1966) bestimmte Werte für Θ_1 im Bereich zwischen D = 0,2 und 2 mm dargestellt. Aus diesen Werten kann man die für die erste rollende Bewegung von Körnern bestimmten spezifischen Gewichtes dieses Größenbereichs erforderlichen Schubspannungen nach Gl. (3.56) berechnen. Abb. 3-11 stellt die Werte für kugelförmige Quarzkörner dar. Da die zugrundeliegenden Werte von Θ_1 aus nur wenigen Messungen stammen, handelt es sich um Zahlen, denen keine große Genauigkeit zukommt. Immerhin kann man, wenn man für τ_{01} gemäß Gl. (3.6) den hydraulischen Radius und das Gefälle eines Flusses einsetzt, den folgenden Ausdruck ableiten, aus welchem man abschätzen kann, wie groß die Körner ungefähr

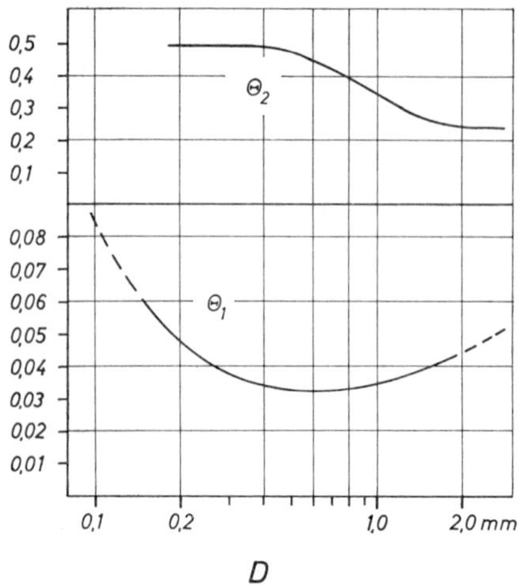

Abb. 3-10. Werte der Koeffizienten Θ_1 und Θ_2 für den rollenden Transport in Wasser (BAGNOLD 1957, 1966).

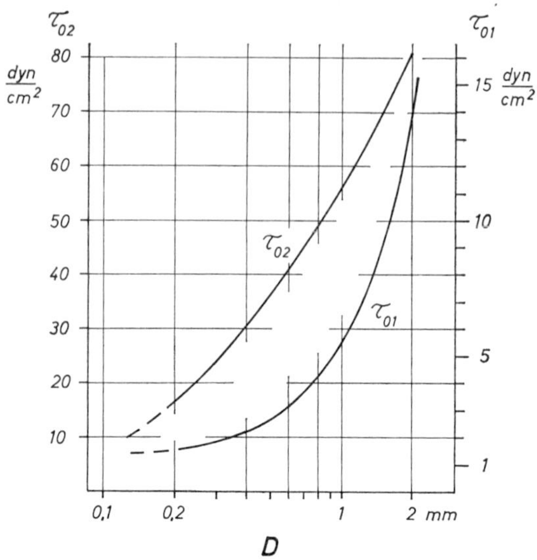

Abb. 3-11. Kritische Schubspannungen am Boden einer Strömung für rollenden (τ_{01}) und springenden (τ_{02}) Transport von Quarzkugeln in Wasser.

sind, die ein Fluß gegebener Transportkraft (d. h. von bestimmtem Gefälle und bestimmter Tiefe) gerade eben rollend bewegen kann:

$$D_1 = \frac{\varrho_1}{(\varrho_2 - \varrho_1)} \frac{1}{\Theta_1} \, m \operatorname{tg} \beta \qquad (3.57)$$

Einige Zahlenwerte finden sich in Tabelle 3-4. Nach Gl. (3.56) sollte, wenn Θ_1 ungefähr konstant ist, die erste kritische Schubspannung mit abnehmendem Korndurchmesser stetig kleiner werden. Tatsächlich steigt diese Schubspannung mit abnehmendem Korndurchmesser zuerst langsam und dann schneller an, sobald dieser kleiner wird als etwa 0,2 mm. Leider ist diese für Transport und Ablagerung außerordentlich wichtige Tatsache durch neuere und genaue Messungen offenbar nicht gut belegt. So ist man immer noch auf eine Zusammenstellung älterer Beobachtungen

Tabelle 3-4. Durchmesser der Körner eines Quarzsandes (-kieses), der am Boden eines Flusses mit dem hydraulischen Radius m = 5 m bei verschiedenem Gefälle sich gerade zu bewegen beginnt (D_1), resp. gerade vollständig erodiert wird (D_2).

Gefälle tg β	D_1 mm	D_2 mm
$3 \cdot 10^{-5}$	2,0	0,23
10^{-4}	6,5	0,75
$3 \cdot 10^{-4}$	20	3,6
10^{-3}	65	12

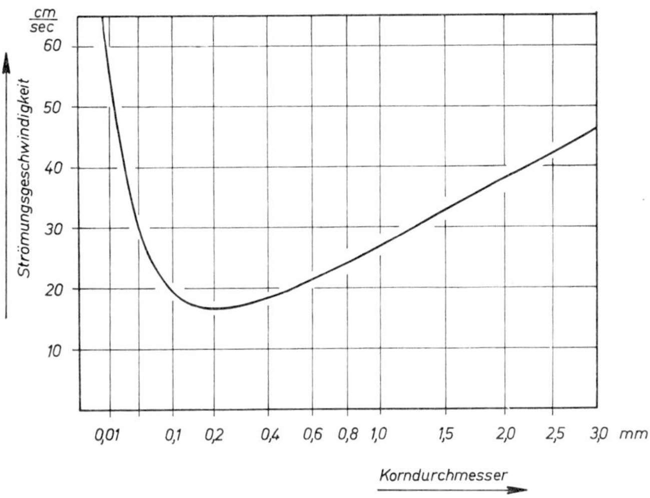

Abb. 3-12. Zur Erosion von Bodensedimenten erforderliche Strömungsgeschwindigkeit (HJULSTRÖM 1934).

angewiesen, die von HJULSTRÖM (1934) mitgeteilt wurde. Die seitdem in zahlreiche Lehrbücher übernommene Kurve ist in Abb. 3-12 wiedergegeben. Dargestellt ist nicht die kritische Schubspannung, die eigentlich interessant wäre, sondern die in verschiedenen Gerinnen beobachteten mittleren Geschwindigkeiten der Strömung, welche für den Beginn der ersten Sandbewegung am Boden erforderlich waren. Ein breites Minimum liegt im Korngrößenbereich zwischen 0,1 und 0,4 mm, dessen Mitte in der Gegend von 0,2 mm liegt. Für feinere Teilchen steigt die für die Mobilisierung erforderliche Geschwindigkeit, resp. Schubspannung mit abnehmender Korngröße steil an, weil eine springende Bewegung nicht mehr möglich ist, der hydrodynamische Auftrieb wegen der Kleinheit der Teilchen nicht mehr wirksam werden kann und die Adhäsion der Partikel aneinander mit der Zunahme ihrer spezifischen Oberfläche stark ansteigt.

Bei der Annäherung an die zweite kritische Geschwindigkeit, resp. an die ihr entsprechende zweite kritische Schubspannung am Boden, erheben sich immer mehr Körner von der Unterlage in die Flüssigkeit. Mit der Überschreitung dieser Geschwindigkeit wird das Springen die vorherrschende Bewegungsart der Sandkörner am Boden. Das springende Korn wird zunächst aufwärts quer zur Strömung beschleunigt, dann biegt seine Bahn in die Richtung der Strömung. Es wird von ihr ein Stück weit fortgetragen und fällt schließlich unter dem Einfluß der Schwere wieder zu Boden. Die anfängliche, aufwärts gerichtete Beschleunigung kommt wahrscheinlich vor allem durch eine hydrodynamische Auftriebskraft zustande, welche durch den Gradienten der Strömungsgeschwindigkeit in der Nähe des Bodens erzeugt wird. Außerdem kann ein Korn auch dadurch aufwärts beschleunigt werden, daß es an einer geneigten Kontaktfläche gegen ein Nachbarkorn gepreßt wird. Die beobachteten Sprunghöhen von ein bis zwei Korndurchmessern können gegen die Reibung des Wassers nur dann erreicht werden, wenn die Masse des Einzelkorns eine gewisse untere Grenze überschreitet. Nach den vorliegenden Beobachtungen (Bagnold 1957) liegt diese Grenze für Quarz in Wasser bei einem Durchmesser von etwa 0,2 mm. Es werden also nur Körner über etwa 0,2 mm Durchmesser als springende Bodenfracht bewegt.

Bei höheren Geschwindigkeiten wird die Zahl der springenden Körner so groß, daß sie vielfach zusammenstoßen. Dadurch entsteht eine dichte Suspension aus springenden Körnern, die sich am Boden der Strömung fortbewegt. Die Konzentration dieser von der Schwebfrachtsuspension zu unterscheidenden Bodenfrachtsuspension nimmt wie ihre Ausdehnung nach oben mit der Strömungsgeschwindigkeit zu.

Das Fließen solcher Suspensionen hat Bagnold (1954, 1957) experimentell und theoretisch in grundlegender Weise untersucht. Die folgende Darstellung schließt sich an die Arbeiten Bagnolds an.

Eine Suspension aus springenden, untereinander zusammenstoßenden Körnern kann man ebenso wie eine fließende Packung sich berührender Kugeln behandeln. Eine Kugelpackung kann nur fließen, wenn sie sich gegenüber der Ruhestellung aufweitet, weil anders die sich berührenden Kugeln nicht übereinander gleiten können. In einer zur Fließrichtung parallelen Ebene (Scherfläche) wirkt die Schubspannung τ und senkrecht dazu eine Normalkraft P, welche dem Druck gleich ist, den die über dieser Ebene befindlichen Partikel durch ihr Gewicht ausüben. Der Quotient $\tau/P = \alpha$ ist ein Reibungskoeffizient. Für eine dichte Kugelpackung ist er gleich dem Tangens des Böschungswinkels, der sich an einer Schüttung der betreffenden Kugeln einstellt. Für die meisten Sande ist dieser Winkel etwa 33°, woraus sich für eine dichte Packung ein mittlerer Wert von $\alpha = 0{,}63$ ergibt.

Auch für verdünnte Suspensionen aus springenden Körnern gilt ein Reibungskoeffizient, der den Widerstand der Suspension beim Fließen bestimmt. An die Stelle der unmittelbaren Kontakte in der dichten Packung treten hier die Zusammenstöße der springenden Sandkörner. Bagnold (1954, 1957, 1966) hat die Koeffizienten an Suspensionen verschiedener Korngröße und Konzentration gemessen und gefunden, daß α von der Korngröße und auch von der Schubspannung abhängig ist. Ein oberer Grenzwert von 0,75 gilt für kleine Körner, geringe Schubspannungen und kleine Konzentrationen. Ein unterer Grenzwert von $\alpha = 0{,}375$ gilt bei großen Körnern, hohen Schubspanungen und großen Konzentrationen.

Die Bildung einer Suspension aus springenden Sandkörnern wird dann beginnen, wenn die Schubspannung am Boden in der Lage ist, die erste kompakte Schicht von Sandkörnern des Untergrundes aufzuheben und als dichte Wolke aus springenden Körnern zu tragen. Diese Schubspannung ergibt sich als Produkt aus der Gewichtskraft der obersten dichten Kornlage pro Flächeneinheit und dem für die Bewegung der Suspension gültigen Reibungskoeffizienten:

$$\tau_{02} = \alpha\, P = \alpha\, (\varrho_2 - \varrho_1)\, g\, D\, C_0 \tag{3.58}$$

Für die Volumenkonzentration C_0 der Sandkörner im Untergrund kann man 0,65 (entsprechend einer Porosität von 35 %) als einen mitttleren Wert annehmen. Durch Vereinigung der konstanten Größen erhält man für die zweite kritische Schubspannung

$$\tau_{02} = \Theta_2\, (\varrho_2 - \varrho_1)\, g\, D \tag{3.59}$$

mit $\Theta_2 = 0{,}65\ \alpha$. Die von BAGNOLD an dichten Suspensionen ($C_0 = 0{,}60$) gemessenen Werte von α sind in der Tabelle 3-5 für verschiedene Korngrößen zusammengestellt. Daraus ergeben sich die in Abb. 3-10 dargestellten Werte für Θ_2 in Abhängigkeit von der Korngröße.

Tabelle 3-5. Reibungskoeffizient α konzentrierter Suspensionen ($C_0 = 0{,}60$) und zweite kritische Schubspannung Θ_2 für den Bodentransport von Kugeln verschiedenen Durchmessers (nach Messungen von BAGNOLD).

D [mm]	α	Θ_2
> 2,0	0,375	0,25
1,5	0,42	0,27
1,2	0,47	0,30
1,0	0,53	0,34
0,8	0,60	0,39
0,7	0,64	0,42
0,6	0,68	0,44
0,5	0,72	0,47
0,4	0,75	0,49
< 0,2	0,75	0,49

Gemäß Gl. (3.59) kann man daraus die für das Beginnen des Springens von Körnern bestimmten spezifischen Gewichtes erforderlichen Schubspannungen τ_{02} berechnen. Abb. 3-11 stellt diese Werte für Quarzkörner zwischen 0,2 und 2 mm Durchmesser dar. Auch hier handelt es sich nur um angenäherte Werte.

Für die Korngröße eines Sandes, der von einem Fluß bestimmter Transportkraft gerade eben springend bewegt werden kann, erhält man:

$$D_2 = \frac{\varrho_1}{(\varrho_2 - \varrho_1)} \cdot \frac{1}{\Theta_2}\ m \operatorname{tg} \beta \qquad (3.60)$$

Eine Berechnung kann unter Benutzung der Werte für α in Tabelle 3-5 durchgeführt werden. Da α vom Korndurchmesser abhängt, kommt man u. U. erst in mehreren Schritten zum Ziel. Tabelle 3-4 enthält die auf diese Weise berechneten Grenzkorngrößen D_2 von Quarzkugeln am Boden eines Flusses mit einem hydraulischen Radius von 5 m bei verschiedenem Gefälle.

Wie Tabelle 3-5 zeigt, hat der Reibungskoeffizient der aus springenden Körnern bestehenden Bodensuspension je nach der Korngröße Werte zwischen $\alpha = 0{,}375$ (große Körner) und 0,75 (kleine Körner). Der für eine dichte Kornpackung gültige Wert $\alpha = 0{,}63$ liegt in der Mitte und wird von Suspensionen aus Körnern von 0,7 bis 0,8 mm Durchmesser erreicht. Von einem Sand aus kleineren Körnern kann daher die oberste Sandlage abgeschert werden, ohne daß die Strömung in der Lage ist, eine dichte Suspension dieser Körner am Boden zu transportieren, da für den ersten Vorgang ein Reibungskoeffizient $\alpha = 0{,}63$, für den zweiten aber ein größerer gilt. In diesem Fall wird daher die ebene Sandoberfläche instabil. Es bilden sich Strömungsrippeln, welche vermöge des Neigungswinkels des langen Luvhanges der Strömung einen höheren Widerstand bieten als die ebene Oberfläche. Nach dieser Theorie sollten sich Strömungsrippeln in Wasser nur in Sanden mit Korngrößen unter ca. 0,8 mm Durchmesser bilden. Nach BAGNOLD (l. c.) entspricht dies den Beobachtungen in künstlichen Gerinnen.

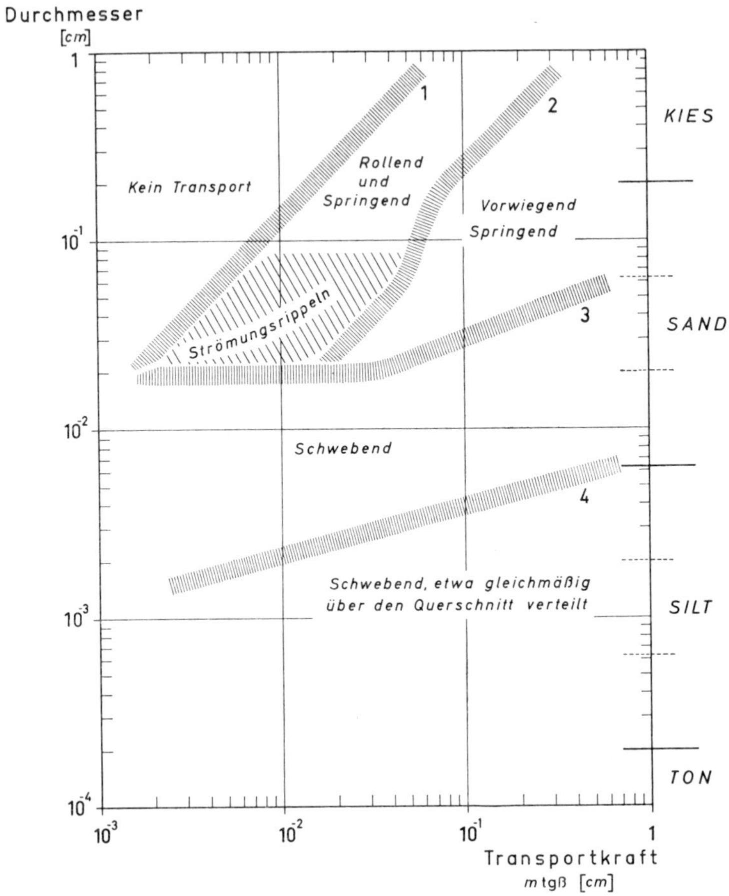

Abb. 3-13. Transportarten von Quarzkugeln in Wasserströmungen in Abhängigkeit von der Transportkraft der Strömung (Erklärung im Text).

Insgesamt ergibt sich die in Abb. 3-13 zusammenfassend dargestellte Übersicht über die Transportarten von Quarzkugeln in Wasser. Als Maß für die Transportkraft der Strömung dient m tg β, das Produkt aus hydraulischem Radius (m) und Gefälle (tg β). Das Gefälle natürlicher Flüsse liegt meist zwischen $1 \cdot 10^{-4}$ und $2 \cdot 10^{-3}$. Für breite Flüsse (Tiefe $<<$ $^1/_2$ Breite) ist der hydraulische Radius etwa der Tiefe gleichzusetzen. Für den Bodentransport gelten zwei Grenzen (1) und (2), welche den kritischen Schubspannungen τ_{01} und τ_{02} entsprechen. Oberhalb der Grenze (1) wird das Material von der Strömung nicht bewegt. Zwischen den Grenzen (1) und (2) wird langsam, vorwiegend rollend, z. T. auch schon springend transportiert. Dabei bilden sich für die Korngrößen unter ca. 0,8 mm Strömungsrippeln als Transportkörper. Rechts der Grenze (2) bewegen sich die Körner vorwiegend springend als eine dichte Bodensuspension. Körner unter der nach Gl. (3.52) für $p = 1$ berechneten Grenze (3) verteilen sich schon zu einem erheblichen Anteil als Schwebfracht über den Querschnitt der Strömung (s. Abb. 3-8). Für Korngrößen unter etwa 0,2 mm hört — unabhängig von der Transportkraft — der Bodentransport auf, eine wesentliche Rolle zu spielen. Unterhalb der nach Gl. (3.53) für $p = 0{,}03$ berechneten Grenze (4) verteilen sich die Teilchen fast gleichmäßig über den Querschnitt (s. Abb. 3-8).

3.15 Transportkapazität der Flüsse

Für das Verständnis der sedimentbildenden Vorgänge ist es neben der Einsicht in den Mechanismus des Transports sedimentärer Partikel wichtig zu wissen, welche Mengen ein bestimmter Fluß als Schweb- und Bodenfracht zu transportieren vermag. In künstlichen Gerinnen und an natürlichen Flüssen sind in diesem Jahrhundert sehr viele Beobachtungen gemacht worden über den Zusammenhang zwischen der Menge des transportierten Materials und verschiedenen Fließgrößen. Die zahlreichen daraus entwickelten empirischen Formeln und halbempirischen Theorien lassen sich nicht zu einer einheitlichen Theorie verknüpfen. Ihre Darstellung würde deshalb den Rahmen dieses Buches bei weitem überschreiten.

Stattdessen soll im folgenden Entwurf einer umfassenden Theorie der Transportkraft von Flüssen wiedergegeben werden, den Bagnold (1966) versucht hat. Diese Theorie hat den Vorteil, daß sie auf allgemeinen und einfachen physikalischen Voraussetzungen aufbaut und sich von vornherein empirischer „Gesetze“ enthält.

Die gesamte Energie, welche pro Zeiteinheit frei wird, wenn die in einem Fluß strömende Wassermenge die Einheit der Wegstrecke zurücklegt, beträgt:

$$\Omega = \varrho_1 \, g \, Q \, \mathrm{tg}\, \beta \tag{3.61}$$

Q ist die durch den Querschnitt des Flusses strömende Wassermenge in $cm^3 sec^{-1}$. Die Energie, welche pro Sekunde für die über einer Flächeneinheit des Flußbettes befindliche Wassersäule zur Verfügung steht, beträgt demnach:

$$\omega = \frac{\Omega}{b} = \varrho_1 \, g \, h \, U \, \mathrm{tg}\, \beta = \tau_0 \, U \tag{3.62}$$

b ist die Breite des Flusses, für welchen ein rechteckiger Querschnitt angenommen sei, h seine Tiefe. $U = Q/bh$ ist die mittlere Strömungsgeschwindigkeit und τ_0 die maximale Schubspannung am Boden. Für breite Flüsse kann man auch schreiben

$$\omega = \varrho_1 \, g \, m \, \mathrm{tg}\, \beta \, U \tag{3.63}$$

Ist q_s das Volumen der über 1 cm^2 des Flußbettes als Schwebfracht suspendierten Teilchen (spez. Gewicht ϱ_2), so gilt für das Gewicht der Schwebfracht in dyn, die pro Sekunde über die Einheit des Flußbettes transportiert wird,

$$i_s = (\varrho_2 - \varrho_1) g \, q_s \, U \; [\mathrm{dyn\ cm\ sec^{-1}}] \tag{3.64}$$

wenn man annimmt, daß sich die suspendierten Teilchen ebenso schnell bewegen wie das strömende Wasser.

Ist q_b das Volumen der Bodenfracht pro Einheit des Flußbetts, so gilt für das Gewicht der pro Sekunde über die Einheit des Flußbetts transportierten Bodenfracht:

$$i_b = (\varrho_2 - \varrho_1) g\, q_b\, U_b \text{ [dyn cm sec}^{-1}] \tag{3.65}$$

U_b ist die Transportgeschwindigkeit der Bodenfracht. Ist α der oben definierte Reibungskoeffizient für den Bodentransport, so gilt für die Arbeit des Bodentransports pro Flächeneinheit und Sekunde:

$$a_b = \alpha\,(\varrho_2 - \varrho_1) g\, q_b\, U_b \tag{3.66}$$

Ist v die Sinkgeschwindigkeit der suspendierten Teilchen, so leistet die turbulente Strömung Arbeit am suspendierten Material, indem sie dasselbe pro Zeiteinheit um die Strecke v anhebt. Demnach beträgt die Arbeit für den Suspensionstransport pro Flächeneinheit und Sekunde:

$$a_s = \frac{i_s v}{U} = (\varrho_2 - \varrho_1) g\, q_s\, v \tag{3.67}$$

Für den Bodentransport wird ein bestimmter Teil der insgesamt zur Verfügung stehenden Energie ω verwendet, welcher durch die Zahl $e_b (e_b < 1)$ gekennzeichnet sei:

$$a_b = \frac{e_b}{\alpha}\,\omega \tag{3.68}$$

Für den Suspensionstransport wird ein anderer Bruchteil e_s der dann noch zur Verfügung stehenden Energie $(1 - e_b)$ verwendet:

$$a_s = e_s\,(1 - e_b)\,\frac{U}{v}\,\omega \tag{3.69}$$

Insgesamt erhält man für die Transportarbeit pro Sekunde bezogen auf die Einheit des Flußbettes

$$a = a_b + a_s = \omega\left(\frac{e_b}{\alpha} + e_s\,(1 - e_b)\,\frac{U}{v}\right) \tag{3.70}$$

Nach einer theoretischen Untersuchung von Bagnold (1966), auf die hier verwiesen sei, variiert e_b in den Grenzen:

$e_b = 0{,}11$ bis $0{,}14$ (Mittel 0,13)

Diese Zahlen gelten für Quarzkörner zwischen 1,0 und 0,3 mm Durchmesser (kleine Werte bei hohen Geschwindigkeiten und großem Durchmesser). α hängt von der Korngröße ab und kann der Tabelle 3-5 entnommen werden. Für Quarzkörner unter 0,5 mm Durchmesser gilt $e_b/\alpha = 0{,}17$. Für den Suspensionstransport kann man nach Bagnold abschätzen:

$$e_s\,(1 - e_b) = 0{,}01$$

Somit bekommt man für die ganze Transportarbeit

$$a = \omega\left(\frac{0{,}13}{\alpha} + 0{,}01\,\frac{U}{v}\right) \tag{3.71}$$

Die über den gesamten Querschnitt des Flusses pro Sekunde und 1 cm Flußlänge geleistete Arbeit erhält man durch Multiplikation beider Seiten der Gl. (3.71) mit der Breite des Flusses b:

$$A = (\varrho_2 - \varrho_1)\, g q_b b U_b + (\varrho_2 - \varrho_1)\, g q_s b U = \Omega \left(\frac{0{,}13}{\alpha} + 0{,}01 \frac{U}{v} \right) \quad (3.72)$$

Die pro Sekunde durch den Querschnitt des Flusses transportierten Gewichte von Bodenfracht M_b und Schwebfracht M_s (Transportkapazitäten) sind:

$$M_b = \varrho_2 q_b b U_b = \frac{\varrho_1 \varrho_2}{(\varrho_2 - \varrho_1)} Q \operatorname{tg} \beta \frac{0{,}13}{\alpha} \quad (3.73)$$

$$M_s = \varrho_2 q_s b U = \frac{\varrho_1 \varrho_2}{(\varrho_2 - \varrho_1)} Q \operatorname{tg} \beta \frac{0{,}01\, U}{v} \quad (3.74)$$

$M_s/Q = C_s$ ist die mittlere Konzentration der Schwebfracht im Flußwasser. Mit einem spez. Gewicht $\varrho_2 = 2{,}65$ (Quarz) erhält man für die Konzentration der Schwebfracht eines Flusses:

$$C_s = \frac{M_s}{Q} = 0{,}016 \operatorname{tg} \beta \frac{U}{v} \quad (3.75)$$

Danach sollte die Schwebfrachtkonzentration eines Flusses von seinem Gefälle und dem Verhältnis der mittleren Strömungsgeschwindigkeit zur Sinkgeschwindigkeit der suspendierten Teilchen abhängen. Besteht das suspendierte Material, wie es gewöhnlich der Fall ist, aus Teilchen verschiedener Fallgeschwindigkeiten, so ist eine mittlere Sinkgeschwindigkeit als arithmetisches Mittel aller Fallgeschwindigkeiten zu berechnen (Bagnold 1966):

$$\bar{v} = \frac{1}{100} \Sigma (p v_p) \quad (3.76)$$

p ist der Gewichtsprozentanteil der Teilchen mit der Fallgeschwindigkeit v_p.

Durch die Gl. (3.73—3.75) werden die maximalen Mengen von Bodenfracht und Suspensionsfracht bezeichnet, welche ein bestimmter Fluß zu transportieren vermag. Die tatsächlich transportierte Menge kann auch geringer sein, wenn nicht genug Material angeliefert wird.

Aus Gl. (3.73 und (3.74) ergibt sich für das Verhältnis von Schwebfracht zu Bodenfracht

$$\frac{M_s}{M_b} = 0{,}077\, \alpha \frac{U}{v} \quad (3.77)$$

Für Quarzteilchen unter 0,5 mm Durchmesser gilt $\alpha = 0{,}75$ (s. Tabelle 3-5) und demnach

$$\frac{M_s}{M_b} = 0{,}06 \frac{U}{v} \quad (3.78)$$

Dieses Verhältnis sollte also mit abnehmender Korngröße des suspendierten Materials zunehmen, wie dies ja auch unmittelbar einleuchtet. Es sollte auch mit zunehmender Strömungsgeschwindigkeit ansteigen. Doch wird dies unter Umständen dadurch kompensiert, daß dann gröbere Teilchen in die Suspension geraten, wodurch die mittlere Sinkgeschwindigkeit $\bar{v}$ ansteigt.

Für Quarzkörner von 0,04 mm Durchmesser ($v = 0{,}13$ cm sec^{-1}) ist die Menge des in Schwebe transportierten Materials in einem Fluß mit der mittleren Strömungsgeschwindigkeit $U = 1$ m sec^{-1} nach Gl. (3.78) um den Faktor 46 größer als die Bodenfracht. Erst für Teilchen mit einer Sinkgeschwindigkeit von 6 cm sec^{-1} (Quarzkörner mit 0,4 mm Durchmesser) wäre im selben Fluß die Menge der Bodenfracht gleich der der Schwebfracht.

An natürlichen Flüssen kann die Aussage der Theorie nur bezüglich der Schwebfracht geprüft werden, da Messungen über die Bodenfracht nicht vorliegen. Für eine größere Zahl von Messungen in Flüssen Nordamerikas fand BAGNOLD (1966) eine in Anbetracht der Verallgemeinerung der Theorie und der Unsicherheiten in der Messung von Schwebfracht und Strömungsgeschwindigkeit der Flüsse relativ gute Übereinstimmung zwischen Beobachtung und Theorie. Von 146 Bestimmungen der Schwebfracht sind 49 nicht mehr als 50% niedriger oder höher als der theoretische Wert, 65 sind um höchstens 100% zu hoch oder zu niedrig. Als Beispiel sind in Tabelle 3-6 die Messungen und Berechnungen für den Rio Grande bei Bernalillo (New Mexico) wiedergegeben.

Tabelle 3-6. Schwebfracht im Rio Grande bei Bernalillo (BAGNOLD 1966). Beobachtete und nach Gl. (3.75) berechnete Werte.

Nr.	Gefälle $tg\,\beta$	Mittl. Geschwindigkeit U ($cm\ sec^{-1}$)	Mittl. Sinkgeschwindigkeit $\bar{v}$ ($cm\ sec^{-1}$)	Schwebfracht Konzentration Beobachtet	Schwebfracht Konzentration Berechnet nach Gl. (3.75)
1	$9{,}3 \cdot 10^{-4}$	67,1	0,5	$1{,}94 \cdot 10^{-3}$	$2{,}00 \cdot 10^{-3}$
2	$9{,}6 \cdot 10^{-4}$	84,4	0,58	$2{,}74 \cdot 10^{-3}$	$2{,}24 \cdot 10^{-3}$
3	$10 \cdot 10^{-4}$	94,8	1,35	$0{,}946 \cdot 10^{-3}$	$1{,}12 \cdot 10^{-3}$
4	$10{,}3 \cdot 10^{-4}$	113,4	0,84	$2{,}82 \cdot 10^{-3}$	$2{,}22 \cdot 10^{-3}$
5	$7{,}9 \cdot 10^{-4}$	114,0	1,86	$0{,}942 \cdot 10^{-3}$	$0{,}77 \cdot 10^{-3}$
6	$9{,}0 \cdot 10^{-4}$	126,2	0,72	$3{,}32 \cdot 10^{-3}$	$2{,}52 \cdot 10^{-3}$
7	$8{,}4 \cdot 10^{-4}$	153,6	1,7	$1{,}66 \cdot 10^{-3}$	$1{,}21 \cdot 10^{-3}$
8	$11{,}4 \cdot 10^{-4}$	154,2	1,67	$5{,}98 \cdot 10^{-3}$	$1{,}68 \cdot 10^{-3}$
9	$8{,}8 \cdot 10^{-4}$	164,6	0,94	$2{,}84 \cdot 10^{-3}$	$2{,}46 \cdot 10^{-3}$
10	$8{,}6 \cdot 10^{-4}$	165,5	1,77	$1{,}57 \cdot 10^{-3}$	$1{,}29 \cdot 10^{-3}$
11	$7{,}5 \cdot 10^{-4}$	174,7	1,45	$1{,}75 \cdot 10^{-3}$	$1{,}44 \cdot 10^{-3}$
12	$8{,}6 \cdot 10^{-4}$	181,4	2,21	$2{,}36 \cdot 10^{-3}$	$1{,}13 \cdot 10^{-3}$
13	$11{,}5 \cdot 10^{-4}$	185,9	1,53	$2{,}08 \cdot 10^{-3}$	$2{,}23 \cdot 10^{-3}$
14	$12 \cdot 10^{-4}$	191,1	2,87	$3{,}48 \cdot 10^{-3}$	$1{,}28 \cdot 10^{-3}$
15	$12 \cdot 10^{-4}$	198,1	2,77	$5{,}41 \cdot 10^{-3}$	$1{,}37 \cdot 10^{-3}$
16	$9{,}6 \cdot 10^{-4}$	198,7	1,38	$3{,}71 \cdot 10^{-3}$	$2{,}21 \cdot 10^{-3}$
17	$12{,}7 \cdot 10^{-4}$	209,7	1,21	$4{,}74 \cdot 10^{-3}$	$3{,}52 \cdot 10^{-3}$
18	$12{,}7 \cdot 10^{-4}$	210,6	1,16	$4{,}42 \cdot 10^{-3}$	$3{,}69 \cdot 10^{-3}$
19	$11{,}5 \cdot 10^{-4}$	210,9	1,64	$2{,}58 \cdot 10^{-3}$	$2{,}37 \cdot 10^{-3}$
20	$12 \cdot 10^{-4}$	235,0	1,39	$3{,}04 \cdot 10^{-3}$	$3{,}25 \cdot 10^{-3}$

Aus Beobachtungen über die Schwebfracht von Flüssen hat man ein empirisches Gesetz der Form

$$C_s = a\,U^b \tag{3.79}$$

abgeleitet, welches der Gl. (3.75) zu widersprechen scheint. Der Faktor a soll von der Anlieferung von Material, also im wesentlichen von klimatischen Einflüssen und anderen Faktoren der Verwitterungsintensität abhängen, während b im wesentlichen vom Gefälle abhängt, für einen bestimmten Fluß also konstant sein sollte.

Ein Vergleich der Gl. (3.75) und (3.79) ist schwierig, da in letzterer nur die mittlere Strömungsgeschwindigkeit vorkommt, in ersterer außerdem auch noch das Gefälle des Flusses und die Sinkgeschwindigkeit, d. h. die Korngröße der suspendierten Partikel. Nun ist es sicher, daß die Korngröße einen Einfluß auf die Menge der Schwebfracht hat: von grobkörnigem Material wird unter sonst vergleichbaren Bedingungen weniger in Schwebe transportiert werden als von feinkörnigem. Andererseits ist das Gefälle einer Potenz der Strömungsgeschwindigkeit proportional (vgl. Gl. 3.8), so daß aus diesem Grunde auch gemäß Gl. (3.75) die Konzentration der Schwebfracht mehr als linear mit der Strömungsgeschwindigkeit ansteigt.

3.16 Transportvorgänge im Meer

3.161 Allgemeines

Das von den Flüssen in das Meer getragene Material kommt dort nicht unmittelbar zur Ruhe, sondern wird durch marine Transportvorgänge weitergetragen, sortiert und unter Umständen auch mechanisch verändert. Die Agentien sind Wind- und Gezeitenwellen sowie Meeresströmungen. Außerdem kommt es am Kontinentalhang unter dem Einfluß der Schwere zu subaquatischen Rutschungen und Suspensionsströmen. Diese verschiedenen Arten des marinen Transports werden in den folgenden Kapiteln behandelt.

3.162 Transport durch Meeresströmungen

Meeresströmungen können Suspensionsfracht in das freie Meer hinaustransportieren. Gemäß den oben behandelten Prinzipien bestimmen Geschwindigkeit und Turbulenz der Strömung, Tiefe des Wassers und Sinkgeschwindigkeit der Partikel die Reichweite des Transportes. In den großen Meeresströmungen werden gewaltige Wassermassen bewegt, die viele hundertmal größer sind als die der großen Ströme der Kontinente. So fließen z. B. im Floridastrom, dem Beginn des Golfstroms, längs der Küste von Florida $26 \cdot 10^6\,m^3sec^{-1}$. Nach dem Zufluß weiterer Teilströme hat der etwa 50 km breite Golfstrom südlich der Neufundlandbank eine Wasserführung von etwa $55 \cdot 10^6\,m^3sec^{-1}$. Als riesiger „Fluß im Meere" wendet er sich von dort nach Osten, zerteilt sich in mehrere Zweige und erreicht mit immer noch $10 \cdot 10^6\,m^3sec^{-1}$ die europäischen Gewässer. In dem nach den Seiten scharf begrenzten Golfstrom wurden hohe Geschwindigkeiten festgestellt, die weit in die Tiefe reichen. So wurden z. B.

in der Höhe der Chesapeake Bay in 100 m Tiefe bis zu 2 m sec^{-1} gemessen, in 500 m etwa 1 m sec^{-1}, in 700 m etwa 0,5 m sec^{-1} und in 1000 m immer noch etwa 0,1 m sec^{-1} (DIETRICH & KALLE 1957). Das Blake Plateau vor der Küste Floridas und Georgias, das zwischen 750 und 1000 m unter der Meeresoberfläche liegt, wird vom Golfstrom von allem feinen Material freigefegt. Meeresströmungen dieser Art wären in der Lage, feine Tonteilchen mit geringen Sinkgeschwindigkeiten weit fortzutragen, zumal diese Strömungen ja außerordentlich weit reichen und wie der Golfstrom oder die großen Strömungen im Nord- und Südpazifik die ganzen Ozeane von Kontinent zu Kontinent durchmessen. Bemerkenswerterweise wird jedoch tatsächlich von den Meeresströmungen nur außerordentlich wenig Material transportiert. Dies folgt aus der geringen Menge suspendierter Trübe mineralischer Art, die man im Wasser der freien Ozeane antrifft (z. B. im Nordpazifik im Mittel nur $23 \cdot 10^{-6}$ g/l, ARRHENIUS 1963) und aus der sehr langsamen Sedimentationsrate in der Tiefsee ($5 \cdot 10^{-5}$ bis $5 \cdot 10^{-4}$ cm/Jahr, ARRHENIUS 1963). Ein Grund für die geringe Suspensionsfracht der Meeresströmungen ist wahrscheinlich die Ausflockung der terrigenen Tontrübe durch die Ionen des Meerwassers, die im Bereich der Flachsee stattfindet. Dort können sich durch Koagulation der feinsten Teilchen gröbere Partikel bilden, deren Sinkgeschwindigkeit so groß ist, daß sie von der Turbulenz der Strömungen nicht mehr getragen werden und zu Boden sinken.

Daß Meeresströmungen in der Tiefsee auch Bodenfracht bewegen können, muß aus dem Vorkommen von Sand mit Rippelmarken geschlossen werden, den man auch in großen Tiefen bis zu 2000 m angetroffen hat (SHEPARD 1963b).

3.163 Transport durch Wellen

Im Bereich der Flachsee wird sedimentäres Material durch die Wirkung von Wellen transportiert, sortiert und mechanisch beeinflußt. Diese Vorgänge sind von großer Bedeutung für alle Sedimente, die sich nicht weit von der Strandlinie bilden. Für ihr Verständnis muß auf die Mechanik der Wasserwellen und insbesondere auf das Verhalten der Wellen in flachem Wasser eingegangen werden (vgl. hierzu: DIETRICH & KALLE 1957, STOKER 1957, SCHULEIKIN 1959, SCHEIDEGGER 1961, INMAN 1963, BAGNOLD 1963).

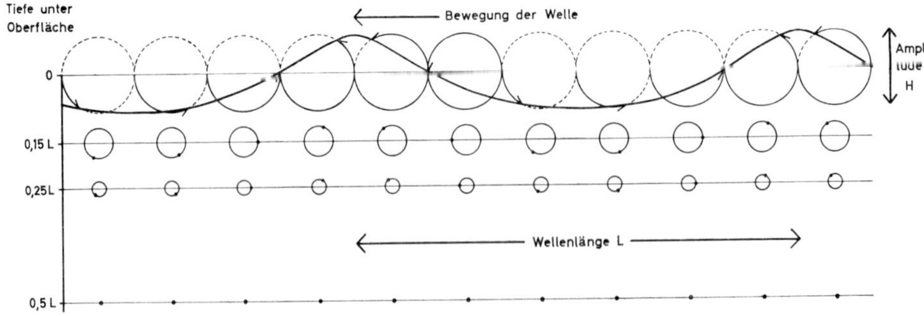

Abb. 3-14. Form einer Wasserwelle und Orbitalbahnen der Wasserteilchen in Abhängigkeit von der Tiefe unter der Oberfläche (Erklärung im Text).

Abb. 3-14 zeigt die idealisierte Form einer Wasserwelle, auf deren Zustandekommen durch die Orbitalbahnen der Wasserteilchen im folgenden noch näher eingegangen werden soll. Zunächst interessieren die wichtigsten Bestimmungsstücke: Die Wellenlänge L ist der Abstand zwischen zwei Wellenbergen oder -tälern. Die Wellenhöhe oder Amplitude H ist die Höhe des Wellenberges über dem Wellental. Die Wellenperiode T ist die Zeit eines vollen Wellendurchganges (z. B. von Berg zu Berg) an einem festen Ort. Die Wellengeschwindigkeit (Phasengeschwindigkeit) C ergibt sich dann zu

$$C = L/T \qquad (3.80)$$

Wellen entstehen, wenn Wind über eine Wasserfläche weht. Dabei bildet sich ein ganzes Spektrum von verschiedenen Perioden, resp. Wellenlängen, die einander überlagern, so daß komplizierte und unregelmäßige Formen erscheinen. Breiten sich solche Wellen von den Entstehungsgebieten her über den freien Ozean hin aus, ohne weiterhin vom Wind beeinflußt zu sein, so verlieren sich die kurzen und unregelmäßigen Wellen, das Spektrum wird schmaler, indem eine bestimmte Frequenz deutlich hervortritt. So entstehen die recht regelmäßigen Wellen, wie man sie an den Küsten beobachtet.

Unter der Voraussetzung, daß die Amplituden der Wellen nicht zu groß sind, führt die Anwendung der Prinzipien der Hydrodynamik zu folgender Beziehung zwischen Wellengeschwindigkeit (C), Wellenlänge (L) und Wassertiefe (h)

$$C = \sqrt{\frac{gL}{2\pi} \tanh \frac{2\pi h}{L}} \qquad (3.81)$$

g ist die Schwerebeschleunigung. Im tiefen Wasser, fern von der Küste ist h/L groß, es gilt $\tanh \frac{2\pi h}{L} \simeq 1$ und daher:

$$\text{tiefes Wasser:} \quad C_t = \sqrt{\frac{gL}{2\pi}} = \frac{gT}{2\pi} = 156\ T\ [\text{cm sec}^{-1}] \qquad (3.82)$$

$$L_t = \frac{gT^2}{2\pi} = 156\ T^2\ [\text{cm}] \qquad (3.83)$$

Im tiefen Wasser liegen somit für eine bestimmte Wellenperiode Phasengeschwindigkeit und Wellenlänge fest. Je länger die Periode, desto größer sind Geschwindigkeit und Wellenlänge. Lange Wellen laufen schneller als kurze. Diese Zusammenhänge sind in Abb. 3-15 dargestellt.

Bei der Annäherung an eine Küste wird die Wassertiefe (h) geringer. Damit nimmt nach Gl. (3.81) die Geschwindigkeit ab. Da die Wellenperiode T erhalten bleibt, muß gemäß Gl. (3.80) auch die Wellenlänge mit abnehmender Wassertiefe geringer werden. Außerdem vergrößert sich die Amplitude der Wellen. Zur Berechnung der Wellenlänge bei beliebiger Wassertiefe h kann man nach Eckart (1952) die folgende Annäherung benutzen (L_t = Wellenlänge in tiefem Wasser):

$$L = L_t \sqrt{\tanh \frac{2\pi}{L_t} h} \qquad (3.84)$$

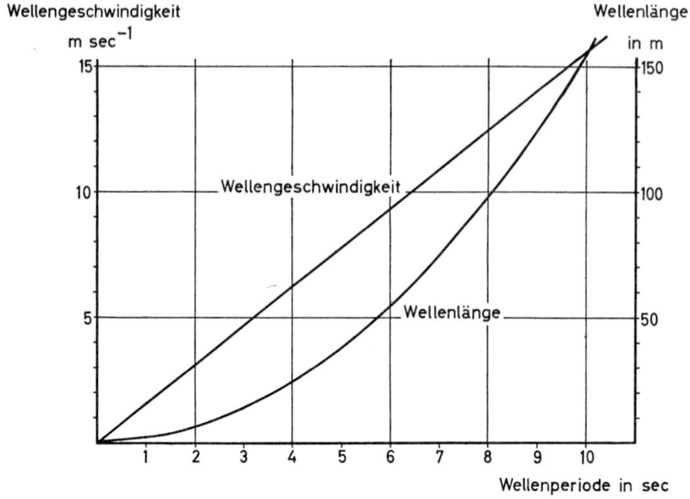

Abb. 3-15. Geschwindigkeit und Länge von Wellen in tiefem Wasser.

Diese Beziehung ist für einige Perioden in Abb. 3-16 dargestellt. Man kann ihr die Wellenlängen für bestimmte Wassertiefen entnehmen. Außerdem kann man auch die Wellengeschwindigkeiten gemäß Gl. (3.80) ablesen.

Ist die Wassertiefe sehr gering, so geht $\tanh \frac{2\pi h}{L}$ gegen $\frac{2\pi h}{L}$ und man erhält eine andere Vereinfachung der Gleichungen für Wellengeschwindigkeit und Wellenlänge:

Flaches Wasser: $$C_f = \sqrt{gh} \qquad (3.85)$$

$$L_f = T\sqrt{gh} \qquad (3.86)$$

Ganz in Strandnähe ist also die Wellengeschwindigkeit nur noch von der Wassertiefe abhängig, die Wellenlänge wird durch Periode und Wassertiefe bestimmt. Die Anfangsäste der Kurven in Abb. 3-15 (bis zu einer Wassertiefe von $h = 0{,}05\,L$) entsprechen der Gl. (3.86). In Abb. 3-17 ist Gl. (3.85), d. h. die Abhängigkeit der Wellengeschwindigkeit von der Tiefe in flachem Wasser dargestellt. Die zugehörigen Wellenlängen erhält man durch Multiplikation der abzulesenden Geschwindigkeiten mit der Wellenperiode.

Läßt man eine Abweichung der berechneten von den wahren Werten um 5% zu, so erhält man die folgenden Grenzen für die Anwendung der Gl. (3.82—3.86) (Inman 1963):

$$\left.\begin{matrix} h > 0{,}25\,L \\ h > 39\,T^2 \end{matrix}\right\} \ldots \text{Tiefes Wasser} \ldots C_t = 156\,T \ldots L_t = 156\,T^2$$

$$\left.\begin{matrix} 0{,}25\,L > h > 0{,}05\,L \\ 39\,T^2 > h > 2{,}5\,T^2 \end{matrix}\right\} \ldots \text{Zwischengebiet} \ldots L = L_t \sqrt{\tanh \frac{6{,}28\,h}{L_t}}$$

$$\left.\begin{matrix} h < 0{,}05\,L \\ h < 2{,}5\,T^2 \end{matrix}\right\} \ldots \text{Flaches Wasser} \ldots C_f = \sqrt{981\,h} \ldots L_f = T\sqrt{981\,h}$$

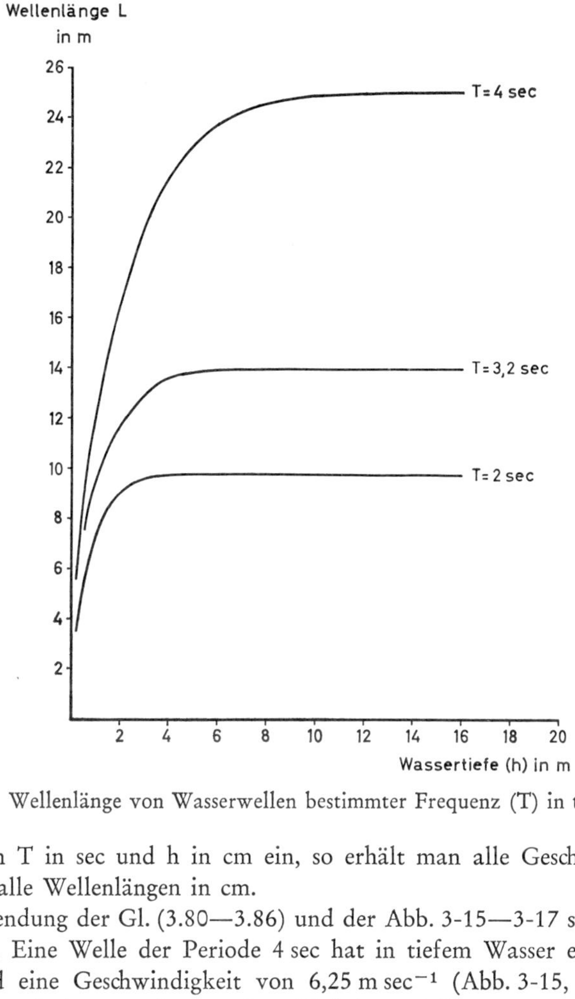

Abb. 3-16. Wellenlänge von Wasserwellen bestimmter Frequenz (T) in tiefem Wasser.

Setzt man T in sec und h in cm ein, so erhält man alle Geschwindigkeiten in cm sec^{-1} und alle Wellenlängen in cm.

Die Anwendung der Gl. (3.80—3.86) und der Abb. 3-15—3-17 sei an einem Beispiel erläutert. Eine Welle der Periode 4 sec hat in tiefem Wasser eine Wellenlänge von 25 m und eine Geschwindigkeit von 6,25 m sec^{-1} (Abb. 3-15, Gl. 3.82, 3.83). Wird das Wasser flacher, so tritt von einer Tiefe $h = 39\ T^2 = 6{,}2$ m an eine merkliche Verringerung von Wellenlänge und Geschwindigkeit ein, die in Abb. 3-16 dargestellt ist. Bei einer Wassertiefe von 2 m ist die Wellenlänge nur noch 16,5 m und die Geschwindigkeit 4,1 m sec^{-1} (Abb. 3-16, Gl. 3.84). Das flache Wasser beginnt bei einer Tiefe $h = 2{,}5\ T^2 = 40$ cm. Bei dieser Wassertiefe beträgt die Wellengeschwindigkeit 2 m sec^{-1} und die Wellenlänge 8 m (Abb. 3-17, Gl. 3.85, 3.86).

Die Veränderung von Wellenlänge, Wellengeschwindigkeit und Wellenamplitude bei Annäherung an die Küste wird durch die Wechselwirkung der bewegten Wassermassen mit dem Untergrund hervorgerufen. Daraus ist zu schließen, daß eine stärkere Beeinflussung des Untergrundes und somit auch der hier interessierende Transport durch Wasserwellen im wesentlichen nur in den oben definierten Zonen des Zwischengebietes und des flachen Wassers, d. h. in Wassertiefen, für welche etwa gilt $h < 0{,}25$ L

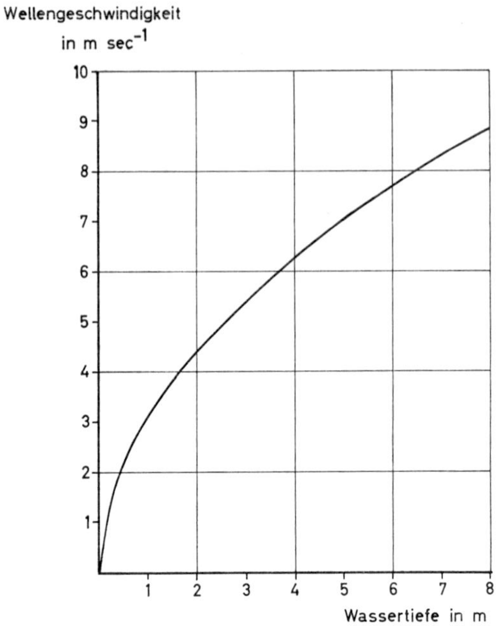

Abb. 3-17. Geschwindigkeit von Wellen in flachem Wasser.

oder $h < 39\,T^2$ zu erwarten ist. In dieser Zone werden sich die wichtigsten Prozesse des Transportes und der mechanischen Einwirkung abspielen.

Um diese Einwirkung der Wasserwellen auf den Untergrund zu erfassen, ist die Bewegung des Wassers in der Welle genauer zu betrachten. Die Wellenbewegung kommt dadurch zustande, daß die einzelnen Wasserteilchen Bahnen, sogenannte Orbitalbahnen beschreiben, welche bei nicht zu großer Amplitude und in tiefem Wasser geschlossene Kreise sind. Das Strömungsbild für einen ruhenden Beobachter ist in Abb. 3-14 dargestellt. Gezeichnet sind die Orbitalbahnen von Wasserteilchen an der Oberfläche und in tieferen Zonen, sowie die Form der Oberfläche. An der Oberfläche bewegt sich das Wasser auf dem Wellenberg in Richtung der Welle, im Wellental in der entgegengesetzten Richtung. Der Durchmesser der Orbitalbahnen ist an der Oberfläche, wie aus Abb. 3-14 ersichtlich, gleich der Amplitude H. Nach unten nimmt die Amplitude stark ab, gemäß der Gleichung:

$$d = H \frac{\cosh \frac{2\pi z}{L}}{\sinh \frac{2\pi h}{L}} \qquad (3.87)$$

In tiefem Wasser sind sowohl h als auch z groß. Dann kann der Ausdruck Gl. 3.87 durch eine Exponentialfunktion ersetzt werden, die bequemer zu handhaben ist:

$$\text{Tiefes Wasser:} \quad d = H\,e^{-\frac{2\pi}{L}(h-z)} \qquad (3.88)$$

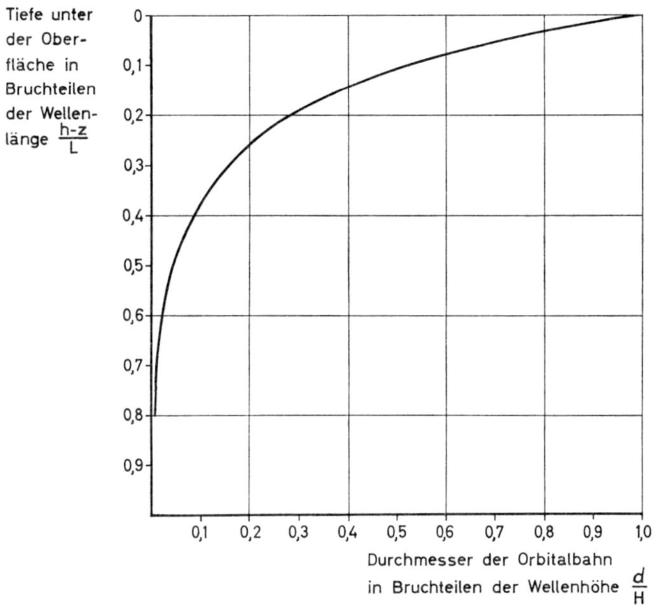

Abb. 3-18. Durchmesser der Orbitalbahnen in einer Welle in tiefem Wasser in Abhängigkeit von der Tiefe unter der Oberfläche.

Die nach dieser Formel errechneten Durchmesser der Orbitalbahnen in tiefem Wasser sind in Abb. 3-18 dargestellt. Man erkennt, daß die Orbitalbahnen sehr stark mit der Entfernung von der Wasseroberfläche abnehmen. In einer Tiefe, welche einer halben Wellenlänge entspricht, beträgt der Durchmesser der Orbitalbahn nur noch 4% der Wellenamplitude.

Eine Wirkung auf das Sedimentmaterial am Boden ist nur zu erwarten, wenn der Durchmesser der Orbitalbahn dort noch einen endlichen Wert hat. Durch Einsetzen von $z = O$ in Gl. (3.87) bekommt man für den Durchmesser der Orbitalbahn am Boden den Ausdruck:

$$d_0 = \frac{H}{\sinh \frac{2\pi h}{L}} \tag{3.89}$$

Der Umfang der Orbitalbahn am Boden beträgt πd_0. Für die maximale Strömungsgeschwindigkeit des am Boden hin- und herschwingenden Wassers erhält man sonach:

$$u_0 = \frac{\pi d_0}{T} = \frac{\pi H}{T \sinh \frac{2\pi h}{L}} \tag{3.90}$$

Die nach den Gl. (3.89) und (3.90) berechneten Werte für die Durchmesser der Orbitalbahnen und die maximalen Strömungsgeschwindigkeiten am Grunde sind in

Abb. 3-19 für verschiedene Verhältnisse Wassertiefe/Wellenlänge, Amplituden und Wellenperioden dargestellt.

Kommen die Wellen in flaches Wasser im oben definierten Sinne, so ergeben sich Vereinfachungen für die Gl. (3.89) und (3.90). Der sinh $\frac{2\pi h}{L}$ geht für kleine Werte von h/L gegen 2πh/L und man erhält für den Durchmesser der Orbitalbahn d_0 und für die maximale Strömungsgeschwindigkeit u_0 am Boden:

Flaches Wasser $(h < 0{,}05\,L)$

$$d_0 = \frac{HL}{2\pi h} = \frac{HT}{2\pi}\sqrt{g/h} \qquad (3.91)$$

$$u_0 = \frac{HL}{2hT} = \frac{HC_f}{2h} = \frac{H}{2}\sqrt{g/h} \qquad (3.92)$$

Es haben also sowohl der Durchmesser der Orbitalbahnen als auch die maximale Strömungsgeschwindigkeit im flachen Wasser von der Oberfläche bis zum Boden die gleichen Werte.

Die Wirkung der Wellenbewegung auf das lose Material am Boden wird nach den Gl. (3.89—3.92) durch die Wellenlänge und die Höhe der Wellen bestimmt. Für die Wellenwirkung ist daher die oben erwähnte Vergrößerung der Wellenamplitude von Bedeutung, die neben der Verringerung der Wellenlänge eintritt, wenn die Wellen sich der Strandlinie nähern und in zunehmend flacheres Wasser kommen. Daß die Wellenhöhe beim Übergang in flacheres Wasser zunehmen muß, kann man qualitativ aus energetischen Überlegungen ableiten. Die Energie einer im tiefen Wasser voranschreitenden Welle ist zur Hälfte potentielle, zur Hälfte kinetische Energie. Die potentielle Energie drückt sich in der Wellenhöhe, die kinetische in der Orbitalbewegung der Wasserteilchen aus. Das Fortschreiten der Welle entspricht einem Energietransport. Da die Wellengeschwindigkeit mit der Wassertiefe abnimmt, wird pro Zeiteinheit in eine auf die Strandlinie voranschreitende und daher verzögerte Welle vom freien Ozean her pro Zeiteinheit mehr Energie angeliefert als in Richtung der Fortbewegung abgeführt wird. Die Folge ist ein Ansteigen der Wellenhöhe. Quantitativ ist dieser Vorgang schwer zu fassen, zumal die Theorie der Wasserwellen in der hier vorgeführten Form auf der Voraussetzung beruht, daß die Amplituden nicht zu hoch sind und somit auf die großen Wellenhöhen der Brandungszone nicht angewendet werden kann[3]. Von verschiedenen Formeln, welche Inman (1963) angibt, sei hier nur die von Munk (1949) berechnete Gleichung zitiert, welche die Wellenhöhe in der Brecherzone (H_b) in Beziehung setzt zur Wellenhöhe (H_t) und Wellenlänge (L_t) derselben Welle in tiefem Wasser:

$$\frac{H_b}{H_t} = 0{,}30\left(\frac{L_t}{H_t}\right)^{1/3} \qquad (3.93)$$

Nach dieser Gleichung nimmt die Wellenhöhe der im tiefen Wasser schon hohen Wellen weniger stark zu als die der im tiefen Wasser kleineren.

[3] In flachem Wasser und insbesondere im Bereich der Brecherzone können die Wellen mit dem Modell der sogenannten "solitary waves" beschrieben werden, das sind Wellen, die aus isolierten hohen Wellenbergen bestehen, die durch relativ flache Tröge voneinander getrennt sind. Vgl. hierzu Inman (1963).

Aus Gl. (3.92) ergibt sich, daß die Strömungsgeschwindigkeit des Wassers schließlich der Wellengeschwindigkeit gleich wird, wenn die Amplitude der Welle die doppelte Wassertiefe erreicht hat. In dieser Wassertiefe bricht die Welle zusammen. Erfahrungsgemäß ist in der Brecherzone die Amplitude etwa gleich der Wassertiefe. Durch jeden Brecher wird eine Wassermasse als Schwall auf den Strand geworfen, welche dann, der Schwere folgend, als Sog wieder zurückläuft.[4]

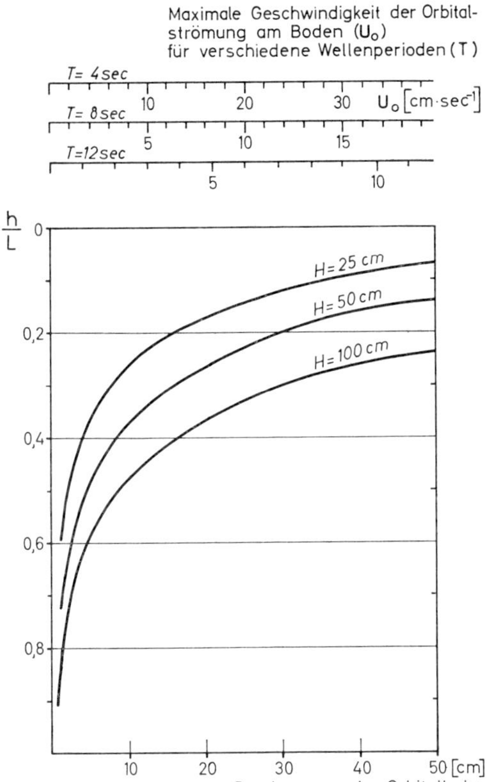

Abb. 3-19. Durchmesser der Orbitalbahnen am Boden (d_0) und maximale Geschwindigkeit der Orbitalströmung am Boden (u_0) in Abhängigkeit von der Wassertiefe (h) und Wellenlänge (L) für verschiedene Wellenperioden (T) und Amplituden (H).

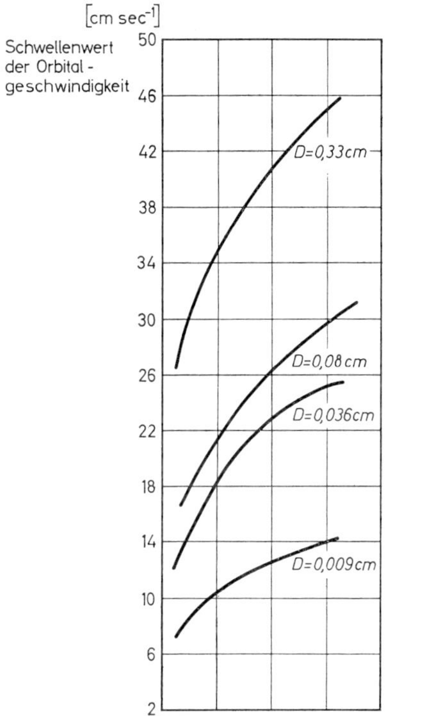

Abb. 3-20. Schwellenwert der Orbitalgeschwindigkeit am Boden, der für die Bewegung von Quarzkörnern verschiedenen Durchmessers (D) erforderlich ist, in Abhängigkeit vom Durchmesser der Orbitalbahnen (BAGNOLD 1963).

[4] Der Eindruck, daß in der brechenden Welle unter der Oberfläche eine Sogströmung existiert, die seewärts gerichtet ist, beruht auf einer Täuschung. Innerhalb der brechenden Welle bewegt sich alles auf den Strand zu. In dem auf den Brecher folgenden Wellental schwingt das Wasser wieder seewärts, dem nächsten Brecher entgegen. Über die starken seewärts gerichteten „Rip-Strömungen" der Brandungszone vgl. weiter unten.

Für die Transportvorgänge in Küstennähe muß man die Flachsee außerhalb der Brecherzone und den schmalen Streifen zwischen Brechern und Strandlinie unterscheiden. Außerhalb der Brecherzone wirken die Wellen, zwischen Brecher und Strand wirken Schwall und Sog. Im Wirkungsbereich der Wellen kann kein Transport von Wasser und somit auch kein oder nahezu kein Sedimenttransport stattfinden, wenn die Orbitalbahnen der Wasserteilchen in sich geschlossene Kreise oder Ellipsen sind. Dies kann man ohne großen Fehler annehmen, solange das Verhältnis H/L = Amplitude/Wellenlänge klein ist. Wenn eine solche Wellenbewegung bis auf den Boden reicht, werden lose Partikel dort nur hin- und herbewegt, aber nicht transportiert. Die Oszillationsströmung unterscheidet sich darin von der einfachen Strömung, daß sich wegen der kurzzeitigen Richtungsänderung die volle Turbulenz nicht ausbilden kann. Die an einfacher Strömung festgestellten Gesetzmäßigkeiten können daher nicht einfach übertragen werden. Doch gibt es auch hier für bestimmte Sandkorngrößen Schwellenwerte für den Beginn der Bewegung. Maßgeblich ist nicht allein der Maximalwert der Orbitalgeschwindigkeit am Boden, sondern auch die Beschleunigung am Umkehrpunkt der Bewegung. Gehen Wellen über Sand mit Rippeln, so sieht man, wie sich jeweils am Ende der Hin- und Herbewegung des Wassers von den Kämmen der Rippeln kleine Sandwolken erheben. Da die Beschleunigung bei konstanter Orbitalgeschwindigkeit mit zunehmendem Orbitaldurchmesser abnimmt, sind zur Bewegung von Körnern bestimmten Gewichtes bei zunehmendem Orbitaldurchmesser größere Geschwindigkeiten erforderlich. Abb. 3-20 zeigt die Ergebnisse einiger Experimente mit Quarzkörnern von Bagnold (1963).

Abb. 3-20 kann in Verbindung mit Abb. 3-19 dazu benutzt werden, um die Wirkung bestimmter Wellen auf sandigen Untergrund abzuschätzen. Dies sei an einem Beispiel erläutert: Gegeben sei eine Wellenbewegung der Periode T = 4 sec, die Wellenhöhe betrage 50 cm. Aus Abb. 3-15 oder Gl. (3.83) ergibt sich die Wellenlänge zu 25 m. In einer Tiefe von h = 0,3 L = 7,50 m beträgt der Durchmesser der Orbitalbahn am Boden nach Abb. 3-19 d_0 = 16 cm und die Orbitalgeschwindigkeit u_0 = 12,5 cm sec^{-1}. Man entnimmt Abb. 3-20, daß durch diese Wellenbewegung in 7,50 m Tiefe Sandkörner von etwa 0,01 cm Durchmesser gerade noch bewegt werden würden. In etwas größerer Tiefe h = 0,4 L = 10 m können diese Sandkörner nach Abb. 3-20 nicht mehr bewegt werden, denn hier ist nach Abb. 3-19 der Durchmesser der Orbitalbahn 8 cm und die Orbitalgeschwindigkeit nur 6,5 cm sec^{-1}. Erhöht sich jedoch die Wellenhöhe von H = 50 cm auf H = 100 cm, so wäre in 7,50 m Tiefe nach Abb. 3-19 d_0 = 30 cm, u_0 = 23,5 cm sec^{-1}. Nun könnten in dieser Tiefe nach Abb. 3-20 sogar Quarzkörner von 0,08 cm Durchmesser bewegt werden.

Durch das in geschlossenen Orbitalbahnen schwingende Wasser entstehen auf sandigem Untergrund Oszillationsrippeln, sobald der Schwellenwert für die Bewegung der Sandkörner überschritten ist. Wird die Orbitalgeschwindigkeit zu groß, so verschwinden die Rippeln und der Untergrund wird wieder eben, ähnlich wie im Falle der Strömungsrippeln. Im Unterschied zu diesen sind die Oszillationsrippeln symmetrisch gebaut. Der Abstand von Kamm zu Kamm entspricht bis zu einer maximalen Rippelweite dem Durchmesser der Orbitalbahn am Boden (Inman & Bagnold 1963).

Die maximale Rippelweite hängt von der Korngröße ab; für feinen Sand wurden maximal 15 cm, für groben Sand maximal 125 cm beobachtet. Von einer Wassertiefe an, welche derjenigen Tiefe entspricht, bis zu welcher die Amplituden der Oberflächenwellen bis auf den Boden wirken können, erstreckt sich an sandigen Küsten bis hin zur Brandungszone ein Gebiet mit Oszillationsrippeln. Nach INMAN & BAGNOLD (1963) haben Taucher solche Rippeln bis in Tiefen über 52 m beobachtet. In der Brandungszone hören die Rippeln auf, der Untergrund wird wieder glatt, da die Geschwindigkeit des Wassers am Boden zu groß ist.

Die Annahme, daß die Orbitalbahnen geschlossen sind, ist eine zulässige Näherung, solange die Amplituden der Welle klein sind. Mit Annäherung an die Brandungszone wachsen die Amplituden durch die Wechselwirkung mit dem Untergrund und die für sehr kleine Amplituden gültige Näherung kann nicht mehr verwendet werden. Für Wellen mit größerer Amplitude ergibt die Theorie, daß die Orbitalbahnen offene Kurven sind, so daß die schwingenden Wasserteilchen mit jeder Welle ein Stück in der Fortpflanzungsrichtung der Wellenbewegung voranschreiten. Mit jeder Welle ist also ein Wassertransport verbunden, welcher umso merkbarer ist, je höher die Amplitude ist. Für Wellen in tieferem Wasser ergibt die Theorie den folgenden Ausdruck für das von einer Welle der Amplitude H und der Periode T pro Längeneinheit des Wellenkammes in der Zeiteinheit transportierte Wasservolumen:

$$q = \frac{\pi H^2}{4T} \qquad (3.94)$$

Diese Gleichung ist nur für Wassertiefen brauchbar die 1/4 der Wellenlänge übersteigen. In flacherem Wasser hat die Wellenströmung an der Oberfläche und am Boden dieselbe Richtung wie die Welle, in einer mittleren Zone strömt das Wasser in entgegengesetzter Richtung (LONGUET-HIGGINS 1953). Für die für den Sedimenttransport wichtige Wellenströmung am Boden gilt nach LONGUET-HIGGINS (1953):

$$u_{0s} = \frac{5\,u_0^2}{4C} \qquad (3.95)$$

u_0, die Orbitalgeschwindigkeit am Boden kann aus Gl. (3.92) oder aus Abb. 3-19 entnommen werden. C, die Phasengeschwindigkeit ergibt sich aus Gl. (3.82) oder Abb. 3-15. An einem Beispiel sei die Berechnung der Wellenströmung am Boden nach Gl. (3.95) vorgeführt:

Annahmen:	Wellenperiode	$T =$	4 sec
	Wassertiefe	$h =$	500 cm
	Wellenamplitude	$H =$	50 cm
Aus Abb. 3-15:	Wellenlänge	$L =$	2500 cm
	Wellengeschwindigkeit	$C =$	630 cm sec^{-1}
Aus Abb. 3-19:		$u_0 =$	23,5 cm sec^{-1}
Berechnung nach Gl. (3.95):		$u_{0s} =$	1,1 cm sec^{-1}

Die gesamte Wasserbewegung am Boden der Flachsee außerhalb der Brecher besteht aus einer Überlagerung der zuletzt behandelten Wellenströmung (Geschwindigkeit u_{0s}) über die oszillatorische Hin- und Herbewegung (Amplitude d_0, Geschwindigkeit u_0). Der Materialtransport am Boden dieser Zone kommt dadurch zustande, daß das durch die oszillatorische Bewegung des Wassers bereits suspendierte Material von der Wellenströmung ergriffen und ohne weitere Arbeitsleistung vorangetragen wird. Die Fortpflanzungsrichtung der Wellen ist daher immer zugleich auch eine Richtung des Sedimenttransports. Sofern genügend grobe Partikel (Sand, Kies) vorliegen, werden diese von den auf die Küste zulaufenden Wellen am Boden in Richtung auf die Küste transportiert, während das feinere Material immer wieder ausgewaschen und suspendiert wird. Es kann erst in größeren Wassertiefen sedimentiert werden, wo die Wellenbewegungen nicht mehr hinreichen. Die zum Strand hin bewegten gröberen Materialien bauen den nach der See zu abfallenden Flachseeboden auf.

Für den Materialtransport im Küstenbereich sind Änderungen der Wellenrichtung von Bedeutung, welche durch Reflexion, Beugung und Brechung entstehen. Wasserwellen werden wie optische Wellen reflektiert, gebeugt und gebrochen, wenn sie sich vom freien Ozean her den Küsten nähern.

Für die Reflexion der Wellen an der Küste ist der Einfallswinkel gleich dem Reflexionswinkel und der Anteil der Wellenenergie, welcher reflektiert wird, nimmt mit dem Neigungswinkel des Untergrundes zu. Am vollständigsten reflektiert eine vertikale Wand. An Hindernissen (Inseln, Felsen) oder auch, wo schmale Öffnungen breitere Becken (z. B. Haffs) mit dem freien Meer verbinden, werden die Wellen gebeugt.

Die Brechung von Wellen kommt dadurch zustande, daß im flachen Wasser die Wellengeschwindigkeit mit abnehmender Wassertiefe abnimmt. Laufen also Wellen auf eine Küste zu, deren Kämme anfänglich einen Winkel zu den Tiefenlinien bilden, so wird ihre Richtung durch Brechung verändert: der in flacherem Wasser verlaufende Teil der Wellen wird gegenüber dem im tiefen Wasser verlaufenden verzögert, so daß die Wellenkämme in der Weise umschwenken, daß sich der Winkel zu den Tiefenlinien verringert. Ist α_t der Winkel zwischen Wellennormale und Normale auf der Tiefenlinie und C_t die Phasengeschwindigkeit der Wellen in tiefem Wasser, α und C die entsprechenden Werte für irgendeine Tiefe vor der Brecherzone, so gilt, analog dem Brechungsgesetz für Lichtstrahlen:

$$\sin\alpha : \sin\alpha_t = C : C_t \tag{3.96}$$

Der Sedimenttransport in der Zone zwischen Brechern und Strandlinie wird durch Schwall und Sog bestimmt. In der brechenden Welle hat die Strömungsgeschwindigkeit des Wasesrs ihren maximalen Wert erreicht, welche gemäß Gl. (3.92) durch Wassertiefe und Amplitude bestimmt ist. Da andererseits die Welle dort bricht, wo die Wassertiefe etwa gleich der Amplitude ist, ergibt sich für die Strömungsgeschwindigkeit in der Welle unmittelbar vor ihrem Zusammenbruch:

$$u_B \simeq \sqrt{g\,H/4} \tag{3.97}$$

Mit dieser hohen Anfangsgeschwindigkeit (für eine Amplitude $H = 1$ m ergibt sich z. B. $u_B \simeq 1{,}6\ \mathrm{m\,sec^{-1}}$) wird das Wasser der brechenden Welle gegen die Strandlinie geworfen. Dieser Schwall hat die Richtung der auflaufenden Wellen, wird also im allgemeinen nicht genau senkrecht auf die Strandlinie treffen. Andererseits läuft das Wasser als Sog der Schwere nach den Strandhang herab, entfernt sich also in einer Richtung senkrecht zur Strandlinie. So entsteht durch den Richtungsunterschied von Schwall und Sog eine parallel zur Küste verlaufende Strömung, welche für den Transport der Strandsedimente von großer Bedeutung ist. Ihre Richtung ist durch die herrschende Windrichtung bestimmt. Das gegen die Strandlinie aufgestaute Wasser pflegt an einzelnen Stellen in einer konzentrierten Brandungsrückströmung (rip current) durch die Brandungszone zu brechen. In diesen Strömungskanälen können z. T. hohe Geschwindigkeiten auftreten, welche u. U. mehrere hundert Meter in das Meer hinausreichen.

Gezeiten sind Wellen mit Perioden von etwa 24 Stunden, resp. etwa 12,5 Stunden, die sich wie Wellen in flachem Wasser verhalten. Die Orbitalgeschwindigkeit des Wassers sollte also von der Oberfläche bis zum Grund dieselbe sein. Tatsächlich erfährt das Wasser eine Reibung und damit eine Verringerung von Orbitaldurchmesser und -geschwindigkeit am Grunde. Diese Wechselwirkung führt auch hier zu einer Mobilisierung des am Grunde liegenden losen Materials. Die Strömungsgeschwindigkeit des Wassers ist gleich Null im Augenblick des Niedrigwassers und des Hochwassers, d. h. im Wellenberg und im Wellental. Maximale Strömungsgeschwindigkeiten treten zwischen Wellenberg und Wellental in dem Augenblick auf, wenn sich der Wasserstand am schnellsten ändert. Wären beide Geschwindigkeiten gleich groß, so würde das Sedimentmaterial nicht transportiert, sondern nur hin- und herbewegt. Tatsächlich ist die Geschwindigkeit des Flutstromes im allgemeinen deutlich höher als die des Ebbstromes (Seibold 1964, S. 294). Daher kann durch die Gezeitenwellen Material küstenwärts transportiert werden. Dies ist besonders wirksam in schmalen Buchten, Flußmündungen, Fjorden und dgl., da in solchen Engen der Tidenhub sehr stark ansteigt.

3.164 Subaquatische Rutschungen und Suspensionsströme

Wird das von Flüssen, Strömungen und Wellenbewegung als Schweb- und Bodenfracht transportierte Material in marinen und kontinentalen Becken auf horizontalem Boden abgelagert, so kommt es dort endgültig als Sediment zur Ruhe. Wenn jedoch Lockermassen auf geneigter Unterlage abgesetzt werden, so können sie später durch ihr Gewicht erneut in Bewegung geraten. Dies kann in Seen, vor allem aber im Meer geschehen. Das die Kontinente umgebende Schelfgebiet ist im Mittel zwar nur um 7′ geneigt. Am Rande des recht verschieden breiten Schelfgürtels (im Mittel 68 km, vor Gebirgsländern wie der kalifornischen Küste $<$ 15 km) bricht aber der Kontinentalhang mit durchschnittlich 4° Neigung zum flacheren Kontinentalfuß ab, der allmählich in den ebenen Tiefseeboden übergeht. Im Kontinentalhang kommen örtlich sehr viel steilere Neigungen vor, so z. B. vor der Küste von Georgia und Florida 45°. Vor allem aber sind in den Kontinentalhang die steilen Schluchten der submarinen Canyons eingeschnitten (über die Morphologie des Meeresbodens vgl. z. B.: Shepard 1963a, 1963b, Heezen & Menard 1963, Guilcher 1963, Seibold 1964, Menard 1964).

Auf schräger Unterlage können unverfestigte Sedimente in Bewegung geraten, wenn die Komponente der Schwerkraft die Reibung oder die plastische Fließgrenze übertrifft. Es kommt dann zu subaquatischen Rutschungen, die das Sediment den Hang hinab transportieren. Dabei können die primären Strukturen mehr oder weniger deformiert oder sogar ganz zerstört und aufgelöst werden. Es kann schließlich, wenn die Hangneigung und die in Bewegung geratenen Massen genügend groß sind, zur Entstehung sogenannter Suspensionsströme (turbidity currents) kommen, welche alle Komponenten der primären Sedimente gemischt enthalten und unterhalb ruhender Wasserschichten am Ozeanboden bis weit in die Ebenen der Tiefsee vorstoßen.

Die genauere Erforschung der Kontinentalhänge und Tiefseeböden hat zu der Erkenntnis geführt, daß subaquatische Rutschungen und Suspensionsströme zu den wichtigen Prozessen der marinen Sedimentbildung gehören. Erscheinungen, wie die am Boden der küstenfernen Tiefsee vorkommenden Sande und Organismenreste, welche aus der Flachsee oder gar von den Kontinenten stammen, die großen Sedimentfächer an der Mündung der submarinen Canyons und die nur durch Aufschüttung zu erklärende ebene Oberfläche der den Schelfen benachbarten Tiefseeböden und -gräben sind nur durch die Tätigkeit von Suspensionsströmen zu deuten. Aus der geologischen Vergangenheit bezeugen die mächtigen tonig-sandigen Geosynklinalsedimente vom Flyschtypus, wie sie aus vielen Formationen bekannt sind, die sedimentbildende Wirkung der subaquatischen Rutschungen und Suspensionsströme. (Vgl. hierzu KUENEN & MIGLIORINI 1950 und KUENEN 1951 sowie neuere Übersichten wie HEEZEN 1963, BOUMA & BROUVER 1964, darin insbesondere den Artikel von KUENEN 1964 und die Literaturzusammenstellung von KUENEN & HUMBERT 1964).

Da subaquatische Rutschungen und Suspensionsströme sich nur in größeren Wassertiefen und zudem verhältnismäßig selten ereignen, ist ihre direkte Beobachtung noch mehr erschwert als die der anderen Arten des Sedimenttransportes im Wasser. Weil auch Laboratoriumsversuche hier besonders schwierig sind, kann die Theorie heute nicht mehr bieten als einen sehr allgemeinen und vorläufigen Überblick über die Mechanismen der subaquatischen Rutschungen und Suspensionsströme.

Es ist zunächst zu fragen, unter welchen Umständen auf schrägem Hang lagernde, unverfestigte Sedimente plötzlich mobilisiert werden können, nachdem sie sich vorher lange Zeit in Ruhe befanden. Dazu sind die rheologischen Eigenschaften unverfestigter Sedimente zu betrachten. Zwei Grenzfälle sind zu unterscheiden, welche einerseits von einem groben Sand, andererseits von einem Schlamm aus feinkörnigen Tonteilchen dargestellt werden. Soll eine Sandpackung der Dicke s über eine ruhende Sandpackung derselben Art hinwegbewegt werden, so ist dazu eine bestimmte Schubspannung erforderlich, welche dem Druck P proportional ist, der vom Gewicht der bewegten Sandschicht auf die Unterlage ausgeübt wird. Der Quotient aus Schubspannung τ und Druck P ist der schon bei der Behandlung des Bodentransportes von Sand benutzte Reibungskoeffizient α:

$$\alpha = \frac{\tau}{P} \tag{3.98}$$

Für eine dichte Packung von Sandkörnern ist $\alpha = 0{,}65$. Dementsprechend stellt sich an einem Haufen von Sandkörnern ein Böschungswinkel von rund 33° ein (tg 33° = 0,65).

Dagegen verhält sich ein Tonschlamm unter dem Einfluß einer Schubspannung wie ein plastischer Körper. Dies ist in Abb. 3-21 veranschaulicht. Dargestellt ist die Abhängigkeit des in einer fließenden Substanz sich einstellenden Gradienten der Geschwindigkeit von der erzeugenden Schubspannung. Gemäß der Skizze Abb. 3-21 ruft in normalen Flüssigkeiten (Newtonsche Flüssigkeiten) jede, auch die kleinste Schubspannung, Fließen, d. h. einen bestimmten Geschwindigkeitsgradienten hervor. Die Fließkurve ist eine Gerade, deren Steigung $d\tau/d(dv/dx) = \mu$ Viskosität genannt wird. Plastische Stoffe verhalten sich hingegen für Schubspannungen unterhalb eines bestimmten Schwellenwertes — der Fließgrenze ϑ — wie feste Körper. Sie beginnen erst bei Schubspannungen $\tau > \vartheta$ zu fließen. Die Steigung der Fließkurve $d\tau/d(dv/dx) = \mu'$ wird plastische Viskosität genannt. Das Fließverhalten von Suspensionen kleiner Teilchen wird weiterhin dadurch kompliziert, daß für viele solche Systeme die Fließgrenze der bewegten Suspension sehr viel kleiner als die der ruhenden ist. Die Abhängigkeit der Fließgrenze von Bewegungszustand und Zeit wird als Thixotropie bezeichnet. In Ruhe verfestigte thixotrope Suspensionen können durch geringe Erschütterungen „verflüssigt" werden.

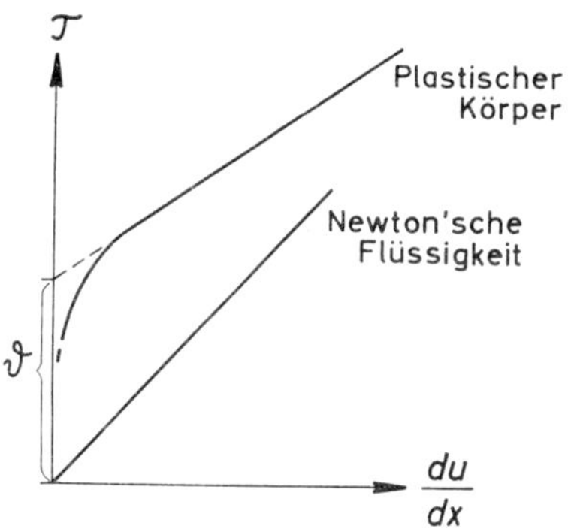

Abb. 3-21. Beziehung zwischen Schubspannung (τ) und Geschwindigkeitsgefälle (du/dx) für Newtonsche Flüssigkeiten und plastische Körper.

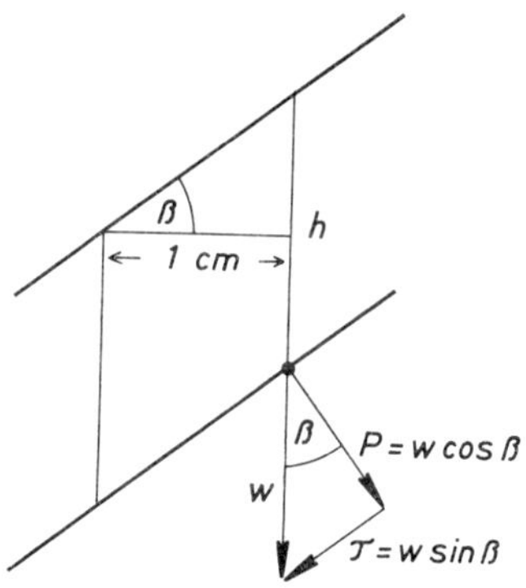

Abb. 3-22. Zum Gleichgewicht eines plastischen Sediments auf schräger Unterlage (Erklärung im Text).

Die Kräfte, welche in einem auf schrägem Hang abgelagerten Sediment wirken, sind in Abb. 3-22 dargestellt. Das Gewicht eines schrägen Prismas der Höhe h (Schichtdicke $s = h \cdot \cos\beta$) und der Breite = Tiefe = 1 cm $\left(\text{Grundfläche} = \frac{1}{\cos\beta}\right)$ beträgt im Wasser $w = (\sigma - \varrho_1) g \cdot h$, wenn σ das Raumgewicht des Sediments und ϱ_1 das spez. Gewicht des Wassers ist. Auf die Grundfläche des Prismas wirken ein Normaldruck P und eine Schubspannung τ:

$$\left.\begin{aligned} P &= w \cos\beta \\ \tau &= w \sin\beta \end{aligned}\right\} \qquad (3.99)$$

Der Bewegung hangabwärts entgegen wirken eine Reibungskraft $R = \alpha P$ und die auf die Unterfläche des Prismas bezogene Fließgrenze $T = \vartheta / \cos\beta$. Im Gleichgewicht muß gelten:

$$\begin{aligned} \tau &= R + T \\ w \sin\beta &= \vartheta/\cos\beta + \alpha w \cos\beta \end{aligned} \qquad (3.100)$$

Für den Neigungswinkel β und die Schichtdicke s bekommt man:

$$\operatorname{tg}\beta = \alpha + \frac{\vartheta}{\cos^2\beta(\sigma - \varrho_1)gh} \qquad (3.101)$$

$$s = h \cdot \cos\beta = \frac{\vartheta}{\cos\beta(\sigma - \varrho_1)(\operatorname{tg}\beta - \alpha)g} \qquad (3.102)$$

Für den Grenzfall des groben Sandes verschwindet die Fließgrenze, dann ist $\operatorname{tg}\beta = \alpha$. Die Gl. (3.102) verliert ihren Sinn: Solange die Hangneigung kleiner als der Reibungskoeffizient ist, sind beliebig dicke Sandschichten stabil. Ist die Neigung größer als der Reibungskoeffizient, kann sich überhaupt kein Sand ablagern.

Ist das Sediment jedoch plastisch und der Reibungskoeffizient sehr klein, so kann, wenn die Fließgrenze bekannt ist, für jede Hangneigung nach Gl. (3.102) die maximale Schichtdicke berechnet werden. Ein plastisches Sediment kann sich also zunächst einmal auf einem schrägen Hang ablagern. Überschreitet aber die Schichtdicke den kritischen Wert, so wird eine Lage dieser Dicke abrutschen.

Natürliche Sedimente werden zwischen den Grenzfällen von grobem Sand und Ton stehen, d. h. es wird in ihnen je nach der Korngröße ihrer Bestandteile ein Reibungskoeffizient oder eine Fließgrenze die überwiegende Wirkung haben. Dementsprechend wird ihr Verhalten entweder besser durch das Modell des groben Sandes oder eher durch das des Tones darzustellen sein. Für das Zustandekommen subaquatischer Rutschungen und die Entstehung von Suspensionsströmen dürfte plastisches Verhalten, d. h. ein bestimmter Gehalt feinkörniger Komponenten die Vorbedingung sein.

Die Fließgrenze eines Tonschlammes ist umso höher je kleiner die Teilchen sind und je geringer der Wassergehalt ist. Sie ist besonders hoch für Montmorillonittone (Bentonite). An rezenten tonhaltigen Meeressedimenten wurden Fließgrenzen in einem weiten Bereich zwischen einigen g/cm^2 und etwa 50 g/cm^2 (1 bis $50 \cdot 10^3$ dyn/cm^2) gemessen (Einsele 1967). Die für diese Werte bei verschiedenen Hangneigungen nach Gl. (3.102) zu berechnenden maximalen Sedimentdicken sind in Abb. 3-23 dargestellt. Dabei wurde für die Dichtedifferenz $(\sigma - \varrho_1) = 1{,}0$ angenommen und der Reibungskoeffizient vernachlässigt ($\alpha = 0$). Hat der Reibungskoeffizient einen von Null merklich verschiedenen Wert, so wird die maximale Sedimentdicke größer, besonders für kleine Neigungswinkel.

Auf einem Kontinentalhang abgelagerte plastische Sedimente werden also in Bewegung geraten und hangabwärts rutschen, wenn die kritische Dicke überschritten wird. Das Anwachsen der Sedimentdicke durch Zufuhr von neuem Material muß freilich so rasch erfolgen, daß keine starke diagenetische Verfestigung stattfinden kann.

Schnelle Sedimentation feinkörnigen Materials auf einem Hang nicht zu geringer Neigung wird daher die Vorbedingung subaquatischer Rutschung sein. Da unverfestigte feinkörnige Sedimente mehr oder minder thixotrop sind, kann auch schon

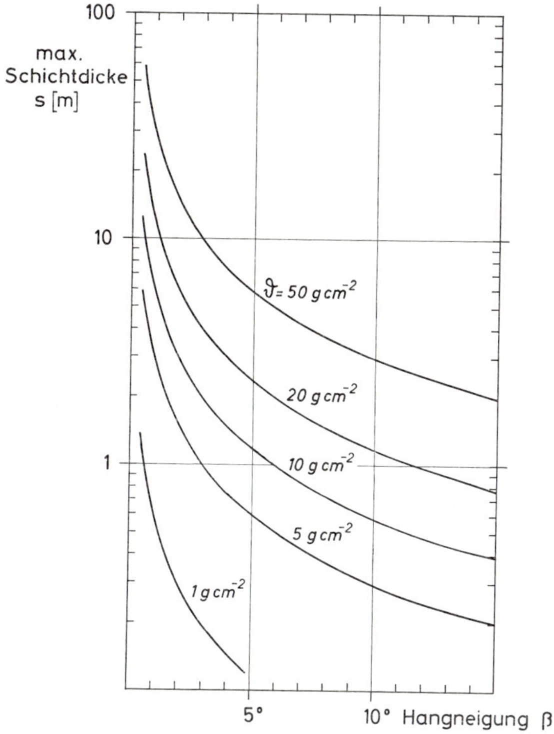

Abb. 3-23. Maximale Schichtdicken plastischer Sedimente mit verschiedenen Fließgrenzen (ϑ) auf Hängen verschiedener Neigung.

vor dem Erreichen der für die Fließgrenze im Ruhestand geltenden kritischen Schichtdicke eine Rutschung stattfinden, wenn die Erschütterung durch ein Erdbeben die Fließgrenze plötzlich herabsetzt und das Sediment auf diese Weise „verflüssigt". Tatsächlich sind im Anschluß an Erdbeben verschiedene submarine Rutschungen von zum Teil beträchtlichem Ausmaß beobachtet worden. Sie sind in Tabelle 3-7 nach einer Zusammenstellung von MORGENSTERN (1967) verzeichnet.

Tabelle 3-7. Durch Erdbeben ausgelöste submarine Rutschungen (nach MORGENSTERN 1967).

Lokation	Hangneigung	Literatur
Grand Banks 1929	3,5°	HEEZEN & EWING 1952
Orléansville 1954	4°—20°	HEEZEN & EWING 1955
Straße v. Messina 1908	4°	RYAN & HEEZEN 1965
Suva (Fidji-Inseln) 1953	3°	HOUTZ 1962
Chile 1922	6°	GUTENBERG 1939
Valdez, Alaska 1964	6°	COULTER & MIGLIACCIO 1966
Ägäisches Meer, 9. 7. 1956	10°	AMBRASEYS 1960

Die im Anschluß an das Beben im Bereich der Grand Banks südlich von Newfoundland im Jahre 1929 beobachteten Kabelbrüche (HEEZEN & EWING 1952) wurden ebenso wie die Kabelzerstörungen vor der afrikanischen Küste nach dem Beben von

Orléansville im Jahre 1954 (HEEZEN & EWING 1955) auf Suspensionsströme zurückgeführt, welche sich aus großen Rutschungen entwickelten. Es wird angenommen, daß sich aus Rutschungen größeren Ausmaßes und solchen, die sich an steilen und langen Hängen ereignen, Suspensionsströme bilden, welche unter der Masse des ruhenden Ozeanwassers den Kontinentalhang hinabgleiten und sich weithin auf dem Tiefseeboden ausbreiten. Nach Ausweis der Beschaffenheit der solchen Strömen zugeschriebenen Sedimente (Turbidite) tritt dabei eine turbulente Vermischung des durch die auslösende Rutschung in Bewegung geratenen Materials ein. Mangels aller näheren Daten über derartige Suspensionsströme gibt es noch keine vollständige Theorie dieser Erscheinungen. Insbesondere ist es schwierig zu verstehen, auf welche Weise und über welche Strecken hin ein Suspensionsstrom unter ruhendem Wasser zu fließen vermag, ohne seine Energie in das umgebende Wasser zu zerstreuen und ohne seine scharfe Begrenzung zu verlieren.

Jedenfalls muß sich der Transportvorgang in Suspensionsströmen wesentlich vom normalen Schwebstofftransport in Flüssen und Strömungen unterscheiden. In normalen Flüssen und Strömungen ist nämlich die Menge des Schwebstoffes so gering, daß die Dichte der strömenden Suspension praktisch gleich der Dichte des Wassers ist. Unter dieser Voraussetzung ist die Menge, die eine bestimmte Strömung zu tragen vermag, begrenzt und so wurde im Abschnitt 3.15 die maximale Schwebstofffracht von Flüssen berechnet. Die subaquatischen Suspensionsströme fließen jedoch dadurch, daß ihr Raumgewicht deutlich höher ist als das des umgebenden und überlagernden Wassers. Hier also strömt nicht Wasser, das eine gewisse Menge Material in Suspension zu tragen vermag, sondern es ist die Konzentration der suspendierten Partikel so hoch, daß ihre Masse einen wesentlichen Teil der strömenden Suspension ausmacht und damit selbst die Tragkraft der Strömung konstituiert. BAGNOLD (1962) hat gezeigt, daß dieser Fall eintreten kann, wenn die Geschwindigkeit des Suspensionsstromes, die Hangneigung und die mittlere Sinkgeschwindigkeit der suspendierten Teilchen in einem bestimmten Verhältnis zueinander stehen. In diesem Fall kann, wie die folgende Überlegung zeigt, der Feststoffgehalt ohne Grenze ansteigen. Darin besteht der wesentliche Unterschied zwischen Suspensionsströmen und normalen mit Schwebstoff beladenen Flüssen.

Eine Suspension enthalte Teilchen der Sinkgeschwindigkeit v und des spez. Gewichtes ϱ_2, ihre Volumkonzentration betrage C. Dann gilt für die Arbeit, welche pro Zeit- und Volumeneinheit von den Wirbeln der turbulenten Strömung zu leisten ist, um diese Teilchen in Schwebe zu halten:

$$A_1 = (\varrho_2 - \varrho_1) C g v \qquad (3.103)$$

Diese Arbeit muß von der strömenden Suspension geleistet werden, welche aus Wasser und den darin suspendierten Teilchen besteht. Für normale Flüsse konnte von dem Energieanteil abgesehen werden, welcher auf die Masse der suspendierten Teilchen zurückgeht. Im Falle der Suspensionsströme überwiegt jedoch der vom suspendierten Schlamm hervorgebrachte Arbeitsbetrag. Für den letzteren gilt (wieder pro Zeit- und Volumeneinheit):

$$A_2 = (\varrho_2 - \varrho_1) C g U \sin\beta \qquad (3.104)$$

U ist die mittlere Geschwindigkeit des Stromes (es wird angenommen, daß keine Geschwindigkeitsdifferenz zwischen Teilchen und Wasser besteht), β ist die Hangneigung. Für die Differenz beider Energiebeträge erhält man

$$\Delta A = A_1 - A_2 = (\varrho_2 - \varrho_1) C g U \left(\frac{v}{U} - \sin\beta \right) \tag{3.105}$$

Ist ΔA positiv, so muß zur Aufrechterhaltung der Suspension Energie aus dem Energievorrat des strömenden Wassers entnommen werden. Dann ist, wie im Fall der normalen Flüsse die Menge der suspendierten Teilchen begrenzt. Ist aber ΔA null oder negativ, so liegt der Fall der Suspensionsströme vor: Aus der Energie der fließenden Partikel (A_2) steht ebensoviel oder mehr Energie zur Verfügung als für die Aufrechterhaltung der Suspension gebraucht wird. Es kann dann die Konzentration an suspendiertem Feststoff ohne Grenze ansteigen und es entsteht ein sich selbst tragender Suspensionsstrom hoher Energie. Die Bedingung für das Zustandekommen eines Suspensionsstromes lautet demnach:

$$U \geq \frac{v}{\sin\beta} \tag{3.106}$$

Ein Suspensionsstrom aus Teilchen einer bestimmten Sinkgeschwindigkeit v kann sich also nur dann bilden, wenn eine Strömungsgeschwindigkeit U vorgegeben ist, welche gemäß dieser Gleichung umso höher sein muß, je geringer die Hangneigung ist. Andererseits ist für eine bestimmte Hangneigung die erforderliche Strömungsgeschwindigkeit umso höher je größer die Sinkgeschwindigkeit, resp. Partikelgröße ist. Einige Zahlen sind in Tabelle 3-8 verzeichnet.

Tabelle 3-8. Mindestgeschwindigkeiten (U) von Suspensionsströmen, welche Teilchen bestimmter Sinkgeschwindigkeit (v) enthalten, auf Hängen verschiedener Neigung (β). Berechnung nach Gl. (3.106).

β	$v = 0{,}1\ cm\ sec^{-1}$ U [$cm\ sec^{-1}$]	$v = 0{,}001\ cm\ sec^{-1}$ U [$cm\ sec^{-1}$]
0,5°	11,5	0,11
1°	5,7	0,057
2°	2,87	0,029
4°	1,43	0,014
8°	0,72	0,007

Ein Suspensionsstrom kann also nur zustandekommen, wenn dafür gesorgt ist, daß eine Suspension auf eine bestimmte Mindest-Fließgeschwindigkeit gebracht wird. Bei den marinen Suspensionsströmen geschieht dies offenbar dadurch, daß feinkörnige auf dem Kontinentalhang abgelagerte Sedimentschichten durch die Erschütterung durch Erdbeben oder wegen Überschreitung der Mindestschichtdicke zusammenbrechen und beim Abgleiten über die Steilstufe des Kontinentalhanges und in den Rinnen der submarinen Canyons die erforderliche Beschleunigung und turbulente Durchmischung erfahren.

Über die tatsächlichen Geschwindigkeiten, Dichten und Abmessungen der auf den Kontinentalhängen vorkommenden Suspensionsströme ist nichts Sicheres bekannt. Die hohen Geschwindigkeiten von 6 bis 20 m sec^{-1}, welche HEEZEN & EWING (1952) nach der Aufeinanderfolge von Kabelbrüchen bei dem Ereignis südlich von Newfoundland (1929) berechnet haben, sind vielfach bezweifelt worden. Eine von PLAPP & MITCHELL (1960) vorgelegte Theorie kommt durch Anwendung der hydrodynamischen Turbulenztheorie zwar zu ähnlich hohen Geschwindigkeiten, doch enthält diese Theorie eine Reihe von willkürlichen Annahmen.

In Laboratoriumsexperimenten haben KUENEN und Mitarbeiter (KUENEN & MIGLIORINI 1950, KUENEN 1951, KUENEN & MENARD 1952) Suspensionsströme erzeugt und in einer 30 m langen Rinne untersucht. Mit sandhaltigen Tonsuspensionen von Dichten zwischen 1,5 und 1,8 wurden Anfangsgeschwindigkeiten von ca. 80 cm sec^{-1} erreicht, die in dem 24 m langen horizontalen Teil der Rinne allmählich auf etwa 10 cm sec^{-1} abklangen. Dabei wurden sowohl vertikal als auch horizontal gradierte Sedimente abgelagert, die natürlichen Turbiditen ähnlich waren.

3.17 Veränderungen während Transport und Ablagerung

3.171 Mechanische Wirkungen des Wassertransports

3.171.1 Allgemeines

Die durch den Zerfall der primären Gesteine im Verlaufe der Verwitterung entstandenen Partikel erfahren während des Transportes weitere Veränderungen ihrer Gestalt, sofern sie auf dem Transportweg untereinander oder mit dem Untergrund stoßend und reibend in Wechselwirkung treten. In Schwebe transportierte Teilchen werden nur selten und dann nur mit geringer mechanischer Wirkung zusammenstoßen. Daher wird im wesentlichen nur Größe und Gestalt des am Boden transportierten Materials verändert. Gemäß Abb. 3-12 werden Teilchen vom spezifischen Gewicht des Quarzes von den Wasserströmungen im wesentlichen schwebend getragen, wenn ihr Äquivalentdurchmesser kleiner als 0,2 mm ist. Die in diesem Kapitel zu behandelnden Erscheinungen der mechanischen Wirkung des Transportes sind deshalb vor allem an Partikeln von über 0,2 mm Durchmesser zu erwarten.

Die Abnützung am Boden bewegter Teilchen führt erstens zu einer Verringerung der Größe und zweitens zu einer Veränderung der geometrischen Beschaffenheit der Partikel. Dabei ist zwischen zwei geometrischen Aspekten zu unterscheiden: der Form (shape) des Teilchens und der Beschaffenheit der Oberfläche. Auf der Oberfläche ist insbesondere die Verteilung der Krümmungsradien von Bedeutung, welche durch die Rundung (roundness) gemessen wird. Der Rundungsgrad ist hoch, wenn, wie auf der Kugel, der Krümmungsradius auf der gesamten Oberfläche gleich oder nahezu gleich ist. Der Rundungsgrad ist gering, wenn Oberflächenbereiche mit besonders kleinen Krümmungsradien (Ecken, Kanten) vorkommen. Außerdem kann die Mikrostruktur der Oberfläche von Bedeutung sein, so kann man z. B. glatte, matte oder rauhe Oberflächen unterscheiden. Bevor die mechanischen Wirkungen des Transportes im einzelnen behandelt werden, seien im nächsten Abschnitt die Definitionen der Maßzahlen betrachtet, mit deren Hilfe Form und Rundung sedimentärer Partikel bisher gemessen wurden. (Vgl. hierzu auch Teil I dieses Werkes, S. 104—107 und S. 16 f.)

3.171.2 Zur Definition von Form und Rundung[5]

Die Methoden zur Beschreibung der geometrischen Figur der Teilchen beruhen auf der Messung der drei aufeinander senkrecht stehenden Hauptdurchmesser ($a > b > c$). Zur Beschreibung der Form kann man zwei der aus diesen drei Größen zu bildenden Verhältnisse wählen, z. B. die Verhältnisse des mittleren Durchmessers zum größten und des kleinsten zum mittleren:

$$\alpha = b/a \qquad\qquad \gamma = c/b$$

Diese beiden Verhältnisse können alle Werte zwischen 0 und 1 annehmen. Alle Teilchenfiguren, soweit sie durch die Hauptdurchmesser allein erfaßt werden können, sind dann in einem quadratischen Feld mi den Seiten α und γ enthalten, wie es in Abb. 3.24 dargestellt ist. In dieses Feld sind die von ZINGG (1935) definierten Klassen der geometrischen Form eingetragen (Tabelle 3-9).

Tabelle 3-9. Klassen der Form sedimentärer Teilchen nach ZINGG (1935).

	$\alpha = b/a$	$\gamma = c/b$
Flach	$> 0{,}67$	$< 0{,}67$
Kugelig	$> 0{,}67$	$> 0{,}67$
Stengelig	$< 0{,}67$	$> 0{,}67$
Flachstengelig	$< 0{,}67$	$< 0{,}67$

Natürlich kann man statt b/a und c/b auch zwei andere, aus den Hauptdurchmessern gebildete Verhältnisse bilden, um die Form eines Teilchens zu beschreiben. So schlugen SNEED & FOLK (1958) die Verhältnisse c/a und $(a - b)/(a - c)$ vor, mit deren Hilfe die in Tabelle 3-10 bezeichneten Klassen unterschieden wurden.

Tabelle 3-10. Klassen der Form sedimentärer Teilchen nach SNEED & FOLK (1958).

	c/a	(a—b) / (a—c)
Compact	0,7—1	0 —1
Compact-platy	0,7—0,5	0 —0,33
Compact-bladed	0,7—0,5	0,33—0,67
Compact-elongated	0,7—0,5	0,67—1
Platy	0,3—0,5	0 —0,33
Bladed	0,3—0,5	0,33—0,67
Elongated	0,3—0,5	0,67—1
Very platy	0 —0,3	0 —0,33
Very bladed	0 —0,3	0,33—0,67
Very elongated	0 —0,3	0,67—1

[5] Vgl. hierzu auch zusammenfassende Darstellungen bei PETTIJOHN (1957) und KÖSTER (1964).

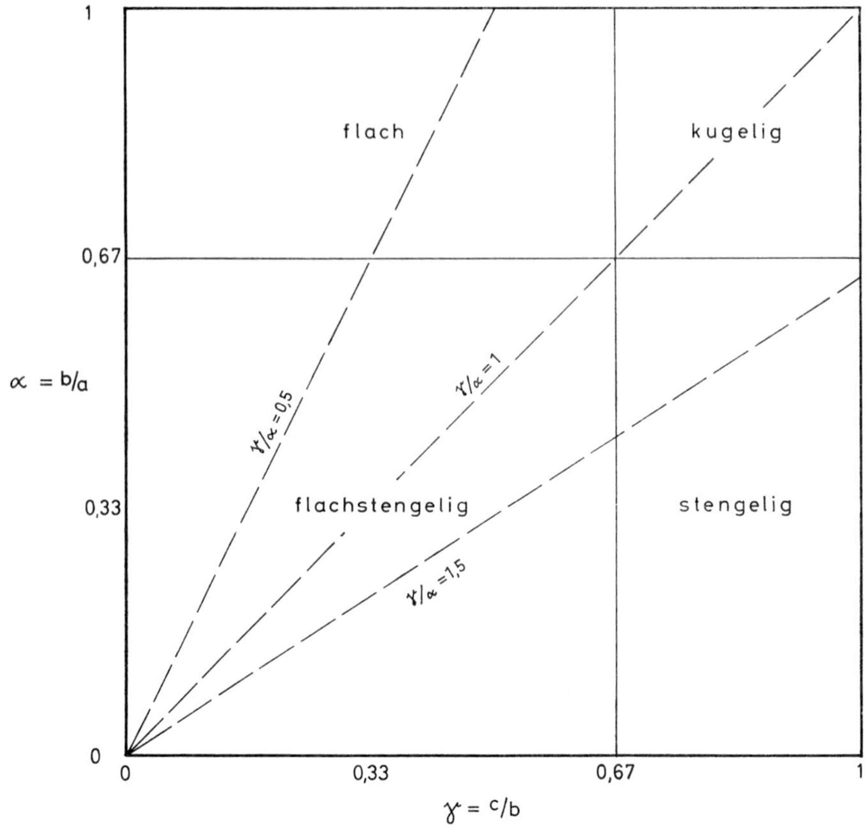

Abb. 3-24. Formen sedimentärer Körper nach ZINGG (1935).

Während von größeren Geröllen alle drei Hauptdurchmesser bestimmt werden können, ist dies bei Sandkörnern nicht möglich. Hier wird man sich im allgemeinen mit der Messung jener beiden Durchmesser begnügen müssens, welche im Querschnitt erscheinen, den das Korn im mikroskopischen Bild darbietet. Dieser Querschnitt liefert einen größeren (a′) und einen kleineren Durchmesser (c′). Lose Sandkörner ordnen sich auf ebener Unterlage meist so an, daß der größte Kornquerschnitt der Unterlage parallel ist. Für Streupräparate wird daher a′ etwa a und c′ etwa b entsprechen. Für die Kennzeichnung der geometrischen Form solcher Sandkörner kann man dann das Verhältnis c′/a′ benutzen, das etwa dem Quotienten α entspricht. Besondere Probleme ergeben sich in Dünnschliffen, da die an den Kornschnitten meßbaren größten und kleinsten Durchmesser jedenfalls nicht Hauptdurchmesser der Körner sind (SCHNEIDERHÖHN 1954).

Um einen einzigen Parameter zur Kennzeichnung der Partikelform zu gewinnen, sind verschiedene Vorschläge gemacht worden. Bei allen diesen Maßzahlen ist zu beachten, daß die geometrische Figur eines Teilchens durch einen einzigen Parameter niemals vollständig beschrieben werden kann. Aus den Quotienten α und γ kann man den Formfaktor F (ZINGG 1935) bilden:

$$F = \gamma/\alpha = a \cdot c/b^2 \qquad (3.107)$$

In der Abb. 3-24 sind Linien gleichen Formfaktors eingetragen. Man erkennt, daß sehr verschieden gestaltete Teilchen den gleichen Formfaktor haben können.

Die Kugeligkeit (sphericity) wurde als eine Maßzahl eingeführt, um die Abweichung der Teilchenfigur von einer Kugel zu bezeichnen. Dabei war wohl die Vorstellung wirksam, daß die Formen transportierter Partikel letzten Endes der Kugelgestalt zustreben, eine, wie sich zeigen wird, nicht allgemein gültige Annahme. Nach der ursprünglichen Definition von WADELL (1932) ist die Kugeligkeit als das Verhältnis der Oberfläche einer volumengleichen Kugel (s) zur tatsächlichen Oberfläche des Teilchens S definiert:

$$\Psi = s/S \qquad (3.108)$$

Oberfläche und Volumen des Teilchens sind schwer zu messen. Deshalb hat KRUMBEIN (1941 a) eine modifizierte Definition der Kugeligkeit vorgeschlagen, welche davon ausgeht, daß die Gestalt und das Volumen des Teilchens durch ein dreiachsiges Ellipsoid mit den Achsen a, b und c wiedergegeben werden kann:

$$\Phi = \sqrt[3]{\frac{\text{Volumen des Ellipsoids}}{\text{Volumen der umschriebenen Kugel}}} = \sqrt[3]{\frac{a\,b\,c}{a^3}} = \sqrt[3]{\frac{b\,c}{a^2}} \qquad (3.109)$$

Führt man die zur Beschreibung der Teilchengestalt benutzten Parameter α und γ ein, so ergibt sich:

$$\Phi = \sqrt[3]{\alpha^2\gamma} \qquad (3.110)$$

Eine weitere Definition der Kugeligkeit wurde von ASCHENBRENNER (1956) vorgeschlagen, der als Modell für die Geröllgestalt ein verzerrtes Kubooktaeder, also einen 14-Flächner einführte.

Von CAILLEUX (1952) wurde die Abplattung (aplatissement) eingeführt:

$$A = {}^1/_2\left(\frac{a+b}{c}\right) = {}^1/_2\left(\frac{1}{\alpha\gamma} + \frac{1}{\gamma}\right) \qquad (3.111)$$

Da Sandkörner wegen ihrer Kleinheit nur im Querschnitt betrachtet werden können (mikroskopisches Präparat), muß an die Stelle des Vergleichs mit der Kugel der Vergleich mit dem flächengleichen Kreis treten. Nach WADELL (1935) definiert man die projizierte Kugeligkeit (twodimensional sphericity, projection sphericity) als das Verhältnis des Durchmessers des dem Korndurchschnitt flächengleichen Kreises (d) zum Durchmesser des umschriebenen Kreises (D):

$$\Phi' = \frac{d}{D} = 2\,\frac{\sqrt{A/\pi}}{a'} \qquad (3.112)$$

A ist der planimetrisch zu bestimmende Flächeninhalt des Kornquerschnitts und a′ der längste Durchmesser. Ist der Teilchenquerschnitt eine Ellipse mit den Durchmessern a' und c', so besteht eine eindeutige Beziehung zwischen dem die Gestalt bestimmenden Verhältnis c'/a' und der projizierten Kugeligkeit:

$$\Phi' = \sqrt{c'/a'} \qquad (3.113)$$

Eine Zusammenstellung anderer Definitionen der projizierten Kugeligkeit bringt Riley (1941).

Als Maß für die Rundung eines Teilchens führte Wentworth (1922) zuerst das Verhältnis

$$\text{Rundungsindex} = r_1/R \qquad (3.114)$$

ein. r_1 ist der kleinste am Teilchen vorkommende Krümmungsradius, R ist der mittlere Radius des Teilchens, also annähernd gleich $1/6\,(a + b + c)$. Das von Cailleux (1952) definierte Rundungsmaß

$$\text{Zurundungsindex} = 2r_1/a \qquad (3.115)$$

ist eine Modifikation der Definition von Wentworth. Statt eines mittleren Radius wird der größte Teilchendurchmesser a verwendet. Um nicht nur die schärfsten Ecken oder Kanten, sondern die gesamte Oberfläche zu berücksichtigen, schlug Wadell (1932) vor, die Krümmungsradien (r) aller nach außen gebogenen Bereiche der Peripherie eines Partikelquerschnittes zu messen und auf den Radius des größten einbeschriebenen Kreises (R) zu beziehen.

Die Rundung (P) eines Teilchens ergibt sich als Mittel aus N Messungen:

$$P = 1/N\, \Sigma r/R \qquad (3.116)$$

Diese Rundung wird also an einem Querschnitt des Teilchens bestimmt. Zur Charakterisierung des Teilchens müßte eigentlich über mehrere verschieden orientierte Schnitte gemittelt werden. Man begnügt sich jedoch aus praktischen Gründen mit einem einzigen Schnitt. Aus diesem Grunde kann die Rundung P auch an den Kornquerschnitten eines Dünnschliffs bestimmt werden.

Um die mühsame Ermittlung der Krümmungsradien am Umfang jedes Korns zu ersparen, haben verschiedene Autoren Bilder von Teilchenquerschnitten veröffentlicht, welche bestimmten Rundungsgraden nach Wadell entsprechen: Russell & Taylor 1937, Krumbein 1941 a, Powers 1953, Pettijohn 1949, 1957, Schneiderhöhn 1954. Die Bestimmung der Rundung bestimmter Partikel kann dann durch visuellen Vergleich mit diesen Bildern erfolgen. Die einzelnen Skalen unterscheiden sich durch die Breite der Intervalle:

Russell & Taylor:	0 — 0,15 — 0,30 — 0,50 — 0,70 — 1
Krumbein:	0 — 0,1 — 0,2 — 0,3 — 0,4 — 0,5 — 0,6 — 0,7 — 0,8 — 0,9 — 1
Powers:	0 — 0,12 — 0,17 — 0,25 — 0,35 — 0,49 — 0,70 — 1
Pettijohn:	0 — 0,15 — 0,25 — 0,40 — 0,60 — 1
Schneiderhöhn:	wie Pettijohn

Eine von Szadeczky-Kardoss (1933) angegebene Methode bezieht sich ebenfalls auf die ganze Oberfläche des Teilchens: Es werden die ebenen (P), die nach innen gekrümmten (C) und die nach außen gekrümmten (V) Anteile der Peripherie eines Teilchenquerschnittes gemessen und auf Prozente umgerechnet. Ein sogenannter Abrollungsgrad wird durch die drei Zahlen P, C, V, resp. zwei von ihnen (da die Summe 100 ist) bezeichnet und kann durch einen Punkt in einem Dreieck mit den Eckpunkten P, C, V dargestellt werden. Auch diese Methode kann bei Dünnschliffen angewendet werden.

Für die Beurteilung experimenteller Befunde und der Beobachtungen in der Natur ist zu beachten, daß die nach verschiedenen Methoden ermittelten Rundungsgrade nicht ohne weiteres miteinander verglichen werden können. Die Abrundung nach WENTWORTH und CAILLEUX erfaßt nur die am wenigsten gerundeten Stellen am Partikel, es überwiegen daher geringe Rundungsgrade. Die Methoden von WADELL und SZADECZKY-KARDOSS berücksichtigen beide die ganze Oberfläche jedoch auf eine verschiedene Weise, indem die erstere auf eine einzige Zahl, die zweite auf zwei Maßzahlen führt. (Für einen Vergleich der Methoden vgl. SCHNEIDERHÖHN 1954.)

3.171.3 Experimente über die mechanische Wirkung des Wassertransports

Obwohl es schwierig ist, die natürlichen Bedingungen zu reproduzieren, haben experimentelle Untersuchungen über die mechanische Wirkung des Transportes besondere Bedeutung, da die in einem Flußlauf oder an der Küste beobachtete Veränderung von Größe und Gestalt sedimentärer Partikel nicht immer allein auf Abnutzung während des Transportes zurückgeführt werden kann. Transportselektion und Zufuhr von Material durch Nebenflüsse können die Verhältnisse störend beeinflussen. Nur im Experiment kann die Abnutzung während des Transportes rein untersucht werden.

Erste Versuche dieser Art hat schon DAUBRÉE (1879) veröffentlicht. Seine einfache experimentelle Anordnung ist für viele spätere Untersuchungen beispielhaft gewesen. Er ließ in einem horizontalen Zylinder Wasser mit Gesteins- und Mineralbruchstücken rotieren und bestimmte nach bestimmten Zeiten, resp. Wegstrecken die Größe und Form der eingebrachten Probekörper. Nach demselben Schema haben später WENTWORTH (1919), MARSHAL (1927), SCHOKLITSCH (1933), KRUMBEIN (1941 b), RAYLEIGH (1943, 1944) sowie BERTHOIS & PORTIER (1956, 1957 a) das Verhalten von größeren Gesteins- und Mineralbruchstücken untersucht. Die Geschwindigkeit der Probekörper in diesen Versuchen lag bei etwa 0,5 bis 1 m sec^{-1}. ERDMANN (1894) hat statt der rotierenden Trommel eine Strömungsrinne verwendet, um die natürlichen Bedingungen in einem Fluß besser zu simulieren. Aus demselben Grund ließ KUENEN (1956) Gerölle am Boden eines zylindrischen Gefäßes durch eine kreisende Wasserströmung rotieren. Die Ergebnisse dieser Versuche kann man wie folgt zusammenfassen:

Besteht das Material aus Gesteins- und Mineralstücken einheitlicher Größe, so nimmt deren mittlerer Durchmesser mit dem zurückgelegten Weg zuerst schneller und allmählich immer langsamer ab. Die Kugeligkeit der Gerölle nimmt ebenso wie ihre Rundung mit dem zurückgelegten Weg zu. Die Zunahme dieser Größen pro Einheit der Wegstrecke verringert sich allmählich, und es stellen sich schließlich etwa konstante Endwerte von Kugeligkeit und Rundung ein, obwohl die mittlere Partikelgröße weiterhin abnimmt. In Abb. 3-25 sind charakteristische Ergebnisse wiedergegeben, die KRUMBEIN (1941 b) mit Kalksteinstücken von anfänglich etwa 5 cm Durchmesser in

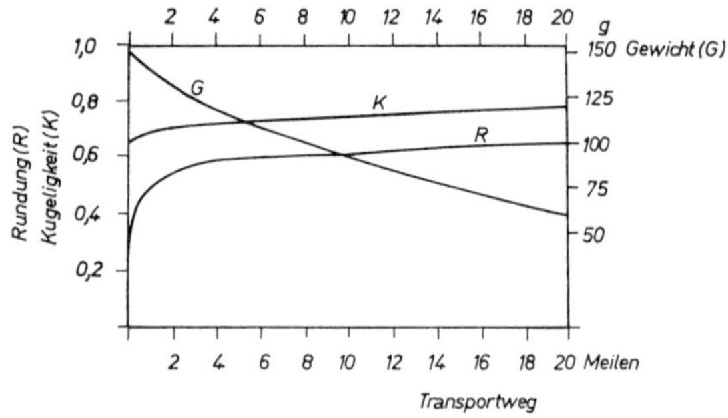

Abb. 3-25. Versuche von Krumbein (1941) zur mechanischen Wirkung des Wassertransports auf Kalkgerölle.

einer rotierenden Trommel erhielt. Nur zu Anfang, solange die Gerölle noch scharfe Ecken und Kanten haben, werden größere Stücke abgebrochen. Später werden von den gerundeten Partikeln nur kleine und kleinste Teilchen abgetrennt. Daher ist die Gewichtsabnahme der Partikel zu Anfang wesentlich größer als später und daher bilden sich nach einer gewissen Transportstrecke glatte Oberflächen mit einem recht einheitlichen Krümmungsradius heraus.

Es hat nicht an Versuchen gefehlt, die experimentell festgestellte Abnahme von Größe oder Gewicht der Teilchen durch eine mathematische Funktion zu erfassen. Immer wieder zitiert wird das sogenannte Sternbergsche Gesetz (Sternberg 1875), welches auf der einfachen Annahme beruht, daß eine kleine Abnahme von Gewicht (W) oder Durchmesser (D) der Gerölle auf einer kleinen Wegstrecke (s) dem Gewicht, resp. dem Durchmesser proportional ist:

$$dW = -c \cdot W \cdot ds, \qquad dD = -k \cdot D \cdot ds \tag{3.117}$$

Daraus folgt dann durch Integration für das Gewicht, resp. den Durchmesser der über eine bestimmte Strecke transportierten Teilchen:

$$W = W_0 e^{-cs}, \qquad D = D_0 e^{-ks} \tag{3.118}$$

W_0 und D_0 sind Gewicht und Durchmesser zu Anfang.

Krumbein (1941 b) fand, daß sich für seine Versuche mit Kalksteingeröllen etwa eine Gerade ergibt, wenn man den Logarithmus des Gewichtes oder des Durchmessers der Gerölle gegen die zurückgelegte Wegstrecke aufträgt. Nur für den ersten Teil des Transportweges ist die Kurve etwas gekrümmt. Krumbein schloß daraus, daß die Verkleinerung der Gerölle den Gl. (3.118) gemäß erfolgt.

Wird ein Körper auf rauher Unterlage oder mittels eines Schleifmittels geschliffen, so ergeben Versuche, daß das pro Einheit des Weges abgeschliffene Volumen proportional P/F ist, wenn P die Kraft ist, mit welcher der Körper auf die Unterlage drückt und F die Schliffläche bedeutet (siehe z. B. v. Engelhardt & Haussühl 1965). Bei nicht zu großen Unterschieden der Schleifgeschwindigkeit hat diese keinen Einfluß auf die abgeschliffene Menge. Die durch das Sternbergsche Gesetz ausgedrückte Proportionalität zwischen Gewichtsverlust und Gewicht entspricht dem Schleifprozeß, wenn man als wirkende Kraft das Gewicht des Gerölls und eine von der Geröllgröße unabhängige Schliffläche annimmt. Das letztere ist aber unwahrscheinlich. Man sollte vielmehr vermuten, daß die Schliffläche mit abnehmender Geröllgröße kleiner wird und jeweils dem Quadrat des Gerölldurchmessers proportional ist. Dann ergibt sich für den Gewichtsverlust dW auf der kleinen Wegstrecke ds:

$$dW = -\text{const.} \frac{D^3}{D^2} ds = -\text{const.}\, D \cdot ds \tag{3.119}$$

und für die Verringerung des Durchmessers dD:

$$dD = -\text{const.} \frac{1}{D} ds \tag{3.120}$$

Gewicht und Durchmesser des Gerölls würden sich also langsamer mit der zurückgelegten Transportstrecke ändern, als es der Ansatz von STERNBERG vorschreibt. Durch Integration erhält man statt Gl. (3.118) für den Durchmesser in Abhängigkeit von der Wegstrecke

$$D = \sqrt{D_0^2 - \text{const.}\, s} \tag{3.121}$$

Welcher der beiden Ansätze, Gl. (3.118) oder Gl. (3.121) die Verhältnisse zutreffender wiedergibt, ob also der Gerölldurchmesser nach einer parabolischen Funktion oder exponentiell mit dem Transportweg abnimmt, läßt sich nach den vorliegenden Experimenten nicht sicher entscheiden. Wenn man von der anfänglich schnellen Abnutzung absieht, können die Versuchsergebnisse von KRUMBEIN (1941 b) sowohl durch eine exponentielle wie auch durch eine parabolische Funktion wiedergegeben werden.

Versuche von KUENEN (1956) haben etwas andere Beziehungen zwischen Geröllgröße und Transportweg ergeben. Er ließ würfelförmige Körper aus verschiedenen Gesteinen am Boden eines Zylinders durch eine kreisende Wasserströmung herumtreiben und bestimmte die Veränderung von Form und Größe, wobei besonders der Einfluß der Geschwindigkeit untersucht wurde. Der nach einem Weg bestimmter Länge bei verschiedenen Strömungsgeschwindigkeiten (v) erzielte Gewichtsverlust ließ sich nach folgender Gleichung darstellen:

$$(W_0 - W)_s = c\, D_0 + l\, v^2 \tag{3.122}$$

W_0 ist das Anfangsgewicht, c und l sind Konstanten. KUENEN deutete diesen Befund durch die Annahme von zwei Abnutzungsprozessen: der eine ist ein Schleifvorgang und verläuft proportional zum Teilchendurchmesser, der andere kommt durch Stöße zustande und ist dem Quadrat der Geschwindigkeit proportional. Bei kleinen Partikeln fand KUENEN ein Überwiegen des zweiten, bei großen ein Überwiegen des ersten Vorganges.

Der von KUENEN so genannte Schleifprozeß entspricht nicht exakt der nach Gl. (3.119) zu erwartenden Beziehung

$$\left(W_0 - \frac{D_0}{D} W\right)_s = c\, D_0 \tag{3.123}$$

Der Gewichtsverlust für eine bestimmte Wegstrecke sollte also etwas kleiner sein als er sich aus dem ersten Anteil der Formel von KUENEN ergibt. Immerhin kommt der von der Geschwindigkeit unabhängige Anteil der von KUENEN beobachteten Abnützung dem Mechanismus des Abschleifens näher als der Ansatz von STERNBERG.

Das pro Einheit der Wegstrecke abgeschliffene Volumen hängt bei gleicher Geröllgröße natürlich auch vom Material ab. In den Arbeiten von SCHOKLITSCH (1933) und KUENEN (1956) finden sich Angaben über den realtiven Abnutzungswiderstand verschiedener Gesteine. Feuerstein und Quarzit nutzen sich am langsamsten ab, lockere Sandsteine am schnellsten. Andere Gesteine wie Kalke, kristalline Schiefer und magmatische Gesteine zeigen ein breites Spektrum dazwischen liegender Festigkeiten, welche nicht nur von der mineralogischen Zusammensetzung, sondern wesentlich vom Gefüge der Gesteine abhängen, so daß keine allgemein gültige Skala angegeben werden kann.

Genauere Werte lassen sich für die Abnutzbarkeit reiner Minerale angeben. Tabelle 3-11 enthält Werte für die Schleiffestigkeit von Mineralen nach Messungen von ROSIVAL (nach TERTSCH 1949) und v. ENGELHARDT & HAUSSÜHL (1965). In beiden Fällen wurde der Volumverlust bestimmt, den das Mineral auf ebener Unterlage mit einem Schleifmittel (Korundpulver) erleidet (bei v. ENGELHARDT & HAUSSÜHL in Xylol). ROSIVAL setzte Zeit (8 Minuten) und Abschliffläche (4 cm^2) fest. v. ENGELHARDT & HAUSSÜHL bestimmten den Abschliff für eine bestimmte Wegstrecke und einen bestimmten Druck. Die Schleiffestigkeit ist dem reziproken Volumverlust proportional, der für Quarz gleich 1000 gesetzt wurde.

Tabelle 3-11. Relative Schleiffestigkeiten von Mineralen.

Mineral	nach ROSIVAL (TERTSCH 1949)	nach v. ENGELHARDT & HAUSSÜHL (1965)
Beryll (0001)	—	2300
Topas (001)	1210	860
Quarz (0001)	1000	1000
Kalifeldspat	257 (010)	240 (110)
Flußspat (111)	28,3	96
Calcit (10$\bar{1}$1)	19,1	25
Dolomit (10$\bar{1}$1)	—	71
Apatit (0001)	5,30	—
Gips (010)	3,6	—
Talk (dicht)	5,9	—

Über die Veränderung der Gestalt der Gerölle während des Transportes läßt sich aus all denjenigen Versuchen nicht viel folgern, bei denen nur die Indizes für Kugeligkeit und Rundung bestimmt wurden, welche über die eigentliche Gestalt nicht sehr viel aussagen. In den Versuchen von KRUMBEIN (1941 b) und KUENEN (1956) wurde festgestellt, daß sich Kugeligkeit und Rundung zuerst schnell und später sehr langsam ändern, so daß es den Anschein hat, daß sich asymptotische Endwerte einstellen. Wenn die Kalkgerölle in den Versuchen von Krumbein auf $^1/_3$ ihres ursprünglichen Volumens reduziert sind, haben die Indizes von Kugeligkeit und Rundung die Werte 0,77 und 0,64 (ursprünglich 0,65 und 0,13). Bei weiterem Transport würden sich diese Werte kaum noch erhöhen und es könnten niemals kugelförmige Gerölle entstehen, weil die Gerölle vorher schon vollständig aufgebraucht wären.

Als einziger hat Rayleigh (1943, 1944) genauere Beobachtungen über die Formänderung von Geröllen während der Beanspruchung in einem rotierenden Gefäß gemacht. Er fand, daß abgeflachte und verlängerte Ellipsoide aus Kreide durch die Abnutzung wohl eine allmähliche Angleichung ihrer Hauptdurchmesser erfuhren, doch wurde vor dem Verschwinden des Gerölls niemals die Kugelgestalt erreicht. Ursprüngliche Kugeln zeigten eine allmähliche Abplattung an zwei Polen. Marmorprismen nahmen mit zunehmender Abnutzung nacheinander folgende Formen an: Prisma → Zylinder mit abgerundeten Ecken → etwa kugelige Form → abgeflachte Form → Scheibe mit abgeflachten Kanten. Mit anderen Ausgangsformen aus Marmor entstanden nach einer bestimmten Transportstrecke Körper, die abgeflachten oder verlängerten Ellipsoiden ähnlich waren. Der Hauptschnitt (durch die größte und kleinste Achse) dieser Geröllformen weicht aber immer in charakteristischer Weise von einer Ellipse ab: die Kontur des Geröllschnittes liegt immer außerhalb der Ellipse mit den gleichen Achsen. Dies bedeutet, daß die Krümmung dort, wo die Hauptachsen ausstechen, stets geringer als bei einer Ellipse ist. Die Versuche Rayleighs lassen also vermuten, daß die Kugelgestalt nicht die Endform der Abnutzung eines Gerölls ist, sondern daß sich bevorzugt flachere Formen bilden, deren Rundung und Kugeligkeit kleiner als 1 sind.

Die Korngrößenverteilung von Teilchen, die bei der Rotation von Quarz- und Orthoklasgeröllen in Polyäthylenflaschen entstehen, untersuchte Schubert (1964). Er fand eine arithmetische Normalverteilung mit einem kleinen Überschuß von feinem Material (< 0,3 mm). Die bei diesem Prozeß hauptsächlich erzeugte Korngröße hat Durchmesser um 0,78 mm.

Sandkörner werden beim Transport nur dann abgenutzt, wenn sie am Boden rollend bewegt werden. Kleine Körner erleiden daher sehr viel geringere Veränderungen von Größe und Form. Mit zunehmender Strömungsgeschwindigkeit verschiebt sich die Korngrößengrenze, unterhalb derer die Abnutzung praktisch aufhört, zu größeren Durchmessern. Bei seinen Versuchen in einer rotierenden Trommel fand Daubrée (1879) bei einer Geschwindigkeit von 1 m sec^{-1} keine Abnutzung von Sandkörnern unter 0,1 mm Durchmesser, während Körner über 0,5 mm pro Kilometer 0,01% ihres Gewichtes verloren. Verschiedene spätere Untersuchungen haben es bestätigt, daß die Abnutzung von Körnern unter 1 mm Durchmesser sehr gering ist. Berthois & Portier (1957b) fanden bei Versuchen mit Quarzbruchstücken zwischen 1,5 und 2 mm in einer rotierenden Trommel nach 11 km Transportweg noch keine sichtbaren Zeichen der Abnutzung. Erst nach 1125 km waren 22% und nach 2040 km 65% der Körner sichtbar abgenutzt (usé). Die Geschwindigkeit betrug 0,4 m sec^{-1}. Schubert (1964) ließ in gesonderten Versuchen Quarz- und Orthoklasbruchstücke von Sandkorngröße (0,2—1,6 mm, Median bei 1,0 mm) in Polyäthylenflaschen mit destilliertem Wasser rotieren. Nach 912 Stunden, entsprechend einem Weg von 1160 km, war die Summenkurve der Korngrößenverteilung nicht verändert. Es hatte also überhaupt keine meßbare Abnutzung stattgefunden. Mit seiner oben beschriebenen Anordnung, in welcher Sandkörner auf dem Boden eines Zylinders rotierend herumgetrieben wurden, fand KUENEN (1958, 1959) die Abnutzung kleiner Würfel aus Kalkstein und Quarz sowie von Feldspatkörnern für Größen unter 0,4 mm unmerkbar gering. An Teilchen über 1 mm konnte eine besonders zu Anfang deutlich erkennbare Zunahme der Rundung und ein entsprechender Gewichtsverlust festgestellt werden. Die Abnutzung von Feldspat war etwa doppelt, die von Kalkstein 5 bis 20 mal größer als die von Quarz. Die Zunahme der Rundung und die Abnahme des Gewichtes pro Kilometer Transportweg war nur während der ersten Kilometer erheblich und nahm dann stark ab. Der Gewichtsverlust von Quarzteilchen war sehr viel geringer als der von Kalksteinstücken. Einige Zahlen sind in Tabelle 3-12 wiedergegeben.

Tabelle 3-12. Gewichtsverlust von Würfeln aus Kalkstein und Quarz beim Transport am Boden nach Versuchen von KUENEN (1958).

Größe mm	Geschwindigkeit cm sec^{-1}	Transportweg km	Gewichtsverlust in % Kalkstein	Quarz
2,5	35	32	4,05	0,13
1,0	40	64	1,85	0,17

Körner verschiedener Minerale untersuchte THIEL (1940) auf die Veränderung von Größe und Kugeligkeit (projizierte K. nach WADELL). Die Versuche wurden in einer rotierenden Trommel bei einer Geschwindigkeit von 0,8 m sec^{-1} angestellt. Die an Körnern von 1—2 mm Durchmesser nach einer Wegstrecke von 8 000 km erzielten Ergebnisse sind in Tabelle 3-13 zusammengestellt.

Tabelle 3-13. Gewichtsverlust und Veränderung der Form von Mineralkörnern (1—2 mm Durchmesser) nach einem Transportweg von 8000 km in einer rotierenden Trommel (nach THIEL 1940).

	Gewichtsverlust %	Kugeligkeit zu Anfang	nach dem Versuch
Quarz	24,2	0,72	0,79
Granat	41,7	0,77	0,80
Hornblende	82,2	0,65	0,78
Apatit	84,3	0,74	0,91
Mikroklin	—	0,67	0,76
Turmalin	—	0,74	0,79

3.171.4 Beobachtungen über die mechanische Wirkung des Wassertransports[6]

Die zuerst von STERNBERG (1875) angegebene Regel, daß man etwa eine Gerade erhält, wenn man den Logarithmus des mittleren Durchmessers (D) oder des mittleren Gewichtes (W) der in einem Flußlauf vorkommenden Gerölle gegen die Entfernung

[6] Vgl. hierzu FÜCHTBAUER in Band II dieses Werkes (S. 43 ff.).

vom Ursprung des Flusses aufträgt, ist von verschiedenen Autoren bestätigt worden (vgl. z. B. BARREL 1925, KRUMBEIN 1942, BLISSENBACH 1952). Danach stehen Geröllgewicht und flußabwärts gemessene Entfernung in der oben schon erwähnten Beziehung, die als STERNBERGsches Gesetz bezeichnet wird:

$$D = D_0 e^{-cs} \qquad W = W_0 e^{-ks} \qquad (3.118)$$

D_0 und W_0 sind Durchmesser und Gewicht am Ursprung, s die von dort gemessene Entfernung, c und k Konstanten. Da der Gradient eines Flusses flußabwärts abnimmt, und zwar häufig auch in etwa exponentieller Form, ist es nicht gewiß, ob eine beobachtete Abnahme der Geröllgröße auf die Abnutzung während des Transportes zurückzuführen ist oder lediglich die Abnahme der Transportkraft des Flusses abbildet. Man muß also die Wirkungen von Transportselektion und Abnutzung gegeneinander abwägen. In einer Untersuchung der Gerölle der Terrassen von drei Flüssen in South Dakota hat PLUMLEY (1948) eine solche Abschätzung versucht. Auf einer Strecke von 47 km wurde dort eine Verringerung der Geröllgröße von durchschnittlich 24 mm auf 5 mm beobachtet und gleichzeitig eine auf selektive Abnutzung zurückzuführende Anreicherung der widerstandsfähigen Gesteine: von anfänglich 40% auf 90% am Ende. Nach PLUMLEYS Abschätzung sind 80 bis 85% der in den untersuchten Flußkiesen festgestellten Verringerung der Geröllgröße auf die flußabwärts geringer werdende Transportkraft infolge der Abnahme des Gefälles zurückzuführen. Man darf also das sogenannte STERNBERGsche Gesetz auch nach den Beobachtungen in der Natur nicht als eine Formel für den Verlauf der Abnutzung auf dem Transportweg ansehen.

Aufschlußreicher als die Geröllgröße sind für die Beurteilung der mechanischen Wirkung des Transportes Gestalt und Oberflächenbeschaffenheit. Wie oben dargelegt, ist für die Beschreibung der Gestalt die Kenntnis von drei Hauptdurchmessern erforderlich. Derart vollständige Geröllbeschreibungen sind in der Literatur nicht häufig zu finden. Die meisten Autoren haben sich darauf beschränkt, zur Kennzeichnung der Gestalt einen einzigen Index anzugeben (Kugeligkeit, Abplattung).

Aufgrund der Messung von drei Hauptdurchmessern hat ZINGG (1935) die Verteilung der Geröllformen in Schottern eines alpinen Flusses nach seinem in Abb. 3-24 wiedergegebenen Schema bestimmt. Es ergab sich eine deutliche Abhängigkeit von der Größe: Mit zunehmender Größe nimmt der Anteil der flachen Geröllformen gegenüber dem der kugeligen zu. Bei Körnern von einigen mm überwiegen kugelige Formen, oberhalb 20 mm die flachen. Flach- und rundstengelige Formen zeigen keine deutliche Größenabhängigkeit. Die Abhängigkeit der Form von der Gesteinsart ist bei den von ZINGG untersuchten Schottern gering: Kristalline Gesteine zeigen eher eine Tendenz zur kugeligen Form, die meisten flachen Formen gehören den Kalken an. Auch SNEED & FOLK (1958) fanden, daß im Colorado River (Texas) die drei dort häufigsten Gesteine: Granit, Kalkstein und Chert die Tendenz haben, bevorzugt flache Gerölle (platy, vgl. Tabelle 3-10) zu bilden. Quarzgerölle haben eher verlängerte Formen (elongate). Auch an der Küste des Lake Michigan fand LANDON (1930) in Richtung der Küstenströmung eine allmähliche Zunahme der flachen Geröllformen: Aus einem Geschiebemergelkliff ausgespülte Gerölle werden während des Küstentransportes zunächst weniger eckig und zunehmend kugelähnlich, danach aber flacher, so daß schließlich (36 km vom Ursprung) scheibenförmige Gerölle mit scharfer Kante vorwiegen. Am Meeresstrand von New Jersey überwiegen bei Geröllen über 10 mm die nach der Klassifikation von SNEED & FOLK (1958) platy und bladed genannten Formen (BLATT 1959). Am Strande von Seen und Meeren spielt jedoch neben spezifischer Abnutzung auch eine Auslese nach der Gestalt eine wichtige Rolle. So fanden VAN ANDEL, WIGGERS & MAARLEVELD (1954) auf einem Strandwall an der Nordsee eine Konzentration der flachen Gerölle, während sich am Fuß die kugeligen anreicherten. Hier bleiben also beim Transport an der Küste flache Gerölle bevorzugt in den Strandablagerungen liegen.

Daß die Form der Gerölle auch von der Gesteinsart bestimmt wird, zeigen Messungen von VALETON (1955 a) an Schottern des Main: Kieselschiefer bildet dort annähernd kugelige Gerölle, Grauwacke leicht abgeplattete Walzen und Tonschiefer flache Formen.

Die besonders an großen Geröllen beobachtete Bevorzugung flacher Formen mag zum Teil dadurch entstehen, daß große Gerölle seltener rollen als kleine und daher relativ lange am Boden ruhen. Während dieser Ruhezeit werden sie von dem feineren Material abgeschliffen, das über sie hinwegbewegt wird. Außerdem ist aber an die Untersuchungen von RAYLEIGH (1943, 1944) zu erinnern. Er stellte fest, daß in einer rotierenden Trommel bevorzugt flache Formen gebildet werden und fand, daß auch natürliche Feuersteingerölle, die kugelig oder ellipsoidisch erscheinen, in Wirklichkeit abgeplattete „Enden" haben.

Die nach WADELL bestimmte Kugeligkeit ist nach den vorliegenden Beobachtungen nicht besonders gut dazu geeignet, um die Veränderung der Geröllgestalt während des Transportes zu erfassen. So fand KRUMBEIN (1940, 1942) in den Kiesen des San Gabriel Canyon (Californien) auf einer Transportstrecke von 10 km eine geringe Zunahme der mittleren Kugeligkeit von 0,66 auf 0,71, in den Kiesen eines anderen Canyons (Arroyo Seco, Calif.) auf 16 km hingegen überhaupt keine Veränderung der Kugeligkeit. Die von PLUMLEY (1948) untersuchten Kiese aus Terrassen von Flüssen in South Dakota zeigten auf 48 km so gut wie keine Änderung der Kugeligkeit der Gerölle.

Die Rundung von Flußgeröllen ändert sich während des Transportes in einer charakteristischen Weise, die durchaus den Ergebnissen der Laborversuche entspricht (KRUMBEIN 1940, 1942, PLUMLEY 1948, SNEED & FOLK 1958). In einer ersten Transportstrecke nimmt die Rundung primär eckiger Gerölle sehr schnell zu. Danach ändert sich die Rundung nur noch langsam und es hat den Anschein, daß sich die Form asymptotisch einem Endwert nähert. Dieser Endwert und die Wegstrecke der anfänglichen schnellen Abrundung hängen unter sonst gleichen Bedingungen von der Gesteinsart ab. In den von PLUMLEY (1948) untersuchten Flußablagerungen steigt die Rundung von Kalkgeröllen von anfänglich etwa 0,2 innerhalb der ersten 15 km schnell auf 0,5 bis 0,6 und verändert sich danach nur noch langsam, so daß nach einer Strecke von ca. 50 km die Rundung etwa 0,65 beträgt. Im Colorado River (Texas) fanden SNEED & FOLK (1958) über etwa 400 km stets denselben Rundungswert von 0,60 bis 0,65 für Kalksteingerölle. Offenbar umfaßte der untersuchte Teil des Flußlaufs nicht den Anfangsbereich, in dem die Kalksteingerölle den Endwert ihrer Abrundung erwerben. Dagegen erreichten Quarzgerölle in diesem Fluß erst nach etwa 150 km einen Wert von fast 0,65, der sich beim weiteren Transport kaum noch ändert, während die Rundung von Chertgeröllen nach 400 km erst den Wert von 0,55 erreicht hat und dann immer noch deutlich ansteigt. Es scheint, daß in diesem Fluß alle Gerölle schließlich auf einen Endwert der Rundung von 0,65 kommen, bei Kalkstein geschieht dies schon nach wenigen Kilometern, für Quarz sind 150 km und für Chert mehrere hundert Kilometer erforderlich, um diesen Endwert zu erreichen.

Der Endwert der Rundung hängt wohl auch vom Gefälle und sonstigen Besonderheiten der Strömung ab. An den Geröllen in zwei californischen Canyons, die von einer einzigen Flut abgelagert wurden, fand KRUMBEIN (1940, 1942) zwar auch eine Zunahme der Rundung in der Transportrichtung (11 bzw. 18 km), doch betrug der Endwert nur etwa 0,4. INNERBRITZEN (1959) fand in den rezenten Ablagerungen des Alameda Creek in Californien auf etwa 30 km eine unregelmäßige Zunahme der Rundung von etwa 0,2 auf rund 0,5. Diese Endwerte sind deutlich geringer als die in größeren Flüssen beobachteten Werte.

Wie in Flüssen nimmt auch beim Küstentransport die Rundung zuerst schnell und dann langsamer zu. So fanden VAN ANDEL, WIGGERS & MAARLEVELD (1954) an den aus verschiedenen Gesteinen bestehenden Kiesen einer Nehrung an einer Nordseeinsel eine schnelle Zunahme der Rundung von 0,3 auf etwa 0,5 auf dem ersten Kilometer und dann auf weiteren ca. 2 Kilometern eine Zunahme bis auf etwa 0,6. Auch Beobachtungen von GROGAN (1945) über die Rundung von Rhyolithgeröllen am Lake Superior zeigen, daß Küstentransport auf kürzeren Strecken stärker gerundete Gerölle hervorbringt als Transport in Flüssen: hier nimmt die Rundung auf einer Strecke von 700 m von etwa 0,25 auf etwa 0,60 zu.

Während die bisher besprochenen Rundungswerte von Geröllen aufgrund der Skala von KRUMBEIN (1941 a) durch visuellen Vergleich ermittelt wurden, liegen weitere Messungen nach dem Rundungsmaß von CAILLEUX (Zurundungsindex) vor. Als Ergebnis von Einzeluntersuchungen gab CAILLEUX (1952) die in Tabelle 3-14 wiedergegebenen Mittelwerte für Kalksteingerölle an.

Tabelle 3-14. Zurundungsindex von Kalksteingeröllen nach CAILLEUX (1952).

	$2 r_1/a$
Flüsse im gemäßigt-warmen Klima (Appenin, Alpen)	0,100—0,540
Flüsse im periglazialen Klima	0,100—0,200
Fluvioglazial	0,240—0,300
Seestrand (Genfer See)	0,300—0,370
Meeresstrand	0,170—0,610

Auch CAILLEUX (1952) fand, daß Küstentransport am Meeresstrand im allgemeinen schneller abrundend wirkt als Transport in Flüssen. Nach CAILLEUXS Methode haben POSER & HÖVERMANN (1952) die Rundung fluviatiler Kiese aus dem Harz und den Alpen untersucht. Dabei ergaben sich Werte zwischen 0,100 und 0,300 und eine deutliche Zunahme flußabwärts. VALETON (1955) fand an Kiesen des Main, die aus Tonschiefer, Grauwacke und Kieselschiefer bestehen, Zurundungsindizes zwischen 0,2 und 0,3, wobei die Kieselschiefer am schlechtesten und die Tonschiefer am besten gerundet sind.

Wie man nach den Ergebnissen der Laborversuche erwarten muß, und entsprechend der Tatsache, daß die Abnutzung der Gerölle mit kleiner werdendem Durchmesser abnimmt, erfahren die in Flüssen transportierten Sandkörner nur geringe Veränderungen von Größe und Form. Im Flußbett des 80 km langen Tessin (Alpen) fand BURRI (1929) gröbere Sande an Stellen steileren Gefälles. Daher sind die Flußbettsande im Oberlauf im Durchschnitt gröber als nahe der Mündung in den Lago Maggiore. Außerdem finden sich gröbere Sande bevorzugt dort, wo Nebenflüsse münden und frisches Material zuführen. Der Sortierungsgrad nimmt im Mittel flußabwärts zu. Anzeichen der Rundung konnten in diesem Fluß nicht festgestellt werden. Der Gehalt der Sande an grüner Hornblende nimmt flußabwärts ab, wobei sich gleichzeitig die mittlere Korngröße dieses Minerals verringert. Da Hornblende aus Gesteinen stammt, die nur am Oberlauf des Flusses vorkommen, muß man schließen, daß hier einerseits die Verdünnung durch Hornblende-freies Material und andererseits wohl auch eine Zerkleinerung während des Transportes eine Rolle spielen.

Untersuchungen von Sanden aus dem Laufe des Mississippi von Cairo bis zur Mündung (1730 km) ergaben (RUSSELL & TAYLOR 1937, RUSSELL 1937), daß Rundung und Kugeligkeit mit abnehmender Korngröße abnehmen, so daß Körner unter etwa 0,2 mm kaum noch Zeichen der Abnutzung erkennen lassen. Eine Zunahme der Rundung der Sandkörner in der Transportrichtung ist nicht zu erkennen. Die Rundung der Körner zwischen 0,6 und 0,2 mm Durchmesser scheint sogar flußabwärts etwas abzunehmen, so daß die Autoren annehmen, daß diese Körner während des Transportes zerbrechen. Die Veränderung der Mineralzusammensetzung im Verlauf des Flusses ist nur gering. Der Feldspatgehalt nimmt von ca. 25% bei Cairo auf ca. 20% nahe der Mündung ab. Auch die Menge an Pyroxen verringert sich etwas, während die Gehalte von Hornblende, Zirkon, Titanit, Rutil und Monazit etwa konstant bleiben. Die Gesamtmenge an Schwermineralen schwankt und scheint in Transportrichtung ein wenig zuzunehmen. Aus diesen Beobachtungen folgt, daß selektive Abnutzung der Minerale in diesem Fluß eine nur geringe Rolle spielt.

Eine ausführliche Untersuchung der Flußbettsande aus dem South Canadian River in Mexiko, Texas und Oklahoma durch POLLACK (1961) ist deswegen von besonderem Interesse, weil dieser Fluß auf der untersuchten Strecke von rund 1000 km kaum Nebenflüsse aufnimmt. Auf dieser ganzen Strecke ändern sich Median und Sortierung der Sande nicht. Auch der Schiefekoeffizient der Korngrößenverteilung bleibt konstant. Nur die Kurtosis[7] nimmt von rund 0,9 am Oberlauf auf etwa 1,1 an der Mündung zu. Der Schwermineralgehalt ist in feineren Korngrößenklassen

[7] Die hier verwendete Kurtosis ist definiert als $(Q_3 - Q_1) : 2\,(P_{90} - P_{10})$. Q_1 und Q_3 sind erstes und drittes Quartil der Verteilung, P_{90} und P_{10} die Korndurchmesser, bei denen alles Gröbere 90% bzw. 10% der Gesamtmenge beträgt.

höher als in den gröberen. Die Gehalte schwanken unregelmäßig und lassen keine systematische Änderung im Verlauf des Transportes erkennen. Auch bezüglich der Mengenverteilung der verschiedenen Schwerminerale ist keine systematische Änderung festzustellen. Das Verhältnis Quarz/Feldspat der Gesamtsande ändert sich nicht. Der Feldspatgehalt der gröberen Fraktionen nimmt jedoch vom Oberlauf bis zur Mündung ab. Dies deutet darauf hin, daß einige Feldspatkörner während des Transportes vermöge ihrer Spaltbarkeit zerbrechen. Die visuell nach KRUMBEIN (1941 a) geschätzte Rundung ist bei Zirkon, Titanit, Pyroxen, Hornblende und Feldspat für große Korndurchmesser höher als für kleine. Die Rundung einiger Schwerminerale (Titanit, Ilmenit, Hämatit, Pyroxen, Hornblende, Turmalin) und der kleinen Feldspatkörner nimmt flußabwärts etwas zu (von Werten unter 0,6 auf Werte zwischen 0,6 und 0,7). Dagegen nimmt die Rundung der gröberen Quarz- (über 0,5 mm) und Feldspatkörner (über 0,25 mm) flußabwärts von Werten zwischen 0,5 und 0,6 zu Werten um und unter 0,4 ab. Diese Beobachtung bestätigt die Befunde an den Sanden des Mississippi und muß wohl so interpretiert werden, daß von den Sandkörnern während des Transportes nicht nur feinestes Material abgerieben sondern auch größere Stücke abgebrochen werden. Die Kugeligkeit (nach ASCHENBRENNER 1956) kleiner Körner von Pyroxen, Hornblende, Quarz und Feldspat ist größer als die der gröberen. Nur bei Turmalin haben die größeren Körner eine höhere Kugeligkeit als die kleinen. Die Kugeligkeit von Hämatit und Magnetit nimmt von unter 80 flußabwärts auf einen Wert zwischen 80 und 90 zu. Der Formfaktor nach ZINGG (1935) ist für alle untersuchten Minerale für kleine Körner höher als für die großen. Flußabwärts nimmt der Formfaktor der gröberen Körner von Feldspat und Quarz etwas zu, der von groben Körnern von Pyroxen und Hornblende dagegen ab. Die fehlende oder nur geringfügige Änderung von Größe, Rundung und Gestalt der Sandkörner des South Canadian River über die lange Strecke von 1000 km zeigt sehr eindrucksvoll, wie gering die mechanische Wirkung ist, welche Sandkörner beim fluviatilen Transport erfahren.

Beim Transport von Sand längs der Küsten von Seen und Meer wurde verschiedentlich eine Abnahme der mittleren Korngröße und auch eine Abnahme der Rundung in der Transportrichtung festgestellt (Atlantische Küste zwischen Delaware und Chesapeke Bay: MACCARTHY 1933; zwischen Long Island und Georgetown: MACCARTHY 1933; Lake Erie: PETTIJOHN & LUNDAHL 1943). Diese Erscheinung beruht vielleicht auf einer Transportauslese beim Suspensionstransport, insofern eckige und kleinere Körner durch die Brandung ausgelesen und weiter transportiert werden als große und gut gerundete.

Eine statistische Untersuchung der Form von Quarzkörnern verschiedener Sande durch SCHUMANN (1941) ergab, daß dieselben in manchen Sanden bevorzugt nach einer Richtung verlängert sind, welche um 40—70° gegen die c-Achse geneigt ist. In einem alpinen Sand waren die Körner bevorzugt nach c verlängert. Während die letztere Erscheinung auf die primäre Form der nach c stengeligen Quarzkörner zurückzuführen ist, hielt SCHUMANN die Verlängerung nach einer um 40—70° geneigten Achse für eine Folge der Anisotropie der Schleiffestigkeit des Quarzes. Nach vorliegenden Experimenten sollte diese nämlich parallel zum Rhomboeder ($10\bar{1}1$) ein Minimum haben.

3.171.5 Zusammenfassung

Zusammenfassend ergibt sich aus Experiment und Beobachtung das folgende Bild über die mechanische Wirkung des Transportes in Wasser:

Die Wirkung auf die am Boden transportierten Teilchen nimmt mit abnehmender Größe stark ab. Daher findet man deutliche und starke Wirkungen eigentlich nur an Geröllen, während Sandkörner sehr wenig, resp. sehr langsam verändert werden.

Die Veränderung von Größe, Form und Rundung der Gerölle klingt im Verlauf des Transportes schnell ab. Sie ist daher im ersten Teil des Weges sehr viel stärker als später. Die Abnutzbarkeit hängt von der Gesteinsart ab: Kalkgerölle werden durch fluviatilen Transport sehr schnell gerundet. Dagegen brauchen gut gerundete Quarzgerölle oder solche aus harten Kieselgesteinen in Flüssen wohl immer mehrere hundert Kilometer, um den Endwert der Rundung zu erreichen. Unabhängig von der Gesteinsart besteht, besonders bei größeren Geröllen, eine Tendenz zur Bildung abgeflachter Formen.

Beim Transport längs der Küsten von Seen oder Meer erfolgt eine vergleichsweise schnellere und stärkere Abnutzung als in Flüssen, weil die Gerölle von Brandung und Sog hin- und herbewegt werden und deshalb eine viel größere Strecke zurücklegen als der parallel zum Strand gemessene Weg.

Quarzkörner unter 1 mm Durchmesser erfahren durch Flußtransport über viele hundert Kilometer kaum eine merkliche Rundung. Die Herkunft gut gerundeter Sandkörner, wie sie in manchen Sanden und Sandsteinen vorkommen, ist deshalb nicht leicht zu verstehen. Z. T. mögen sie an der Küste oder durch Windwirkung entstehen. Fluviatiler Transport kann sie nur unter besonderen Bedingungen hervorbringen (langer Transportweg und nicht zu hohe Geschwindigkeit). In vielen Fällen werden gut gerundete Sandkörner die Relikte von mehrfachen Zyklen sedimentärer Aufarbeitung sein.

Da die Rundung der am Boden bewegten Gerölle und großen Sandkörner während des Transportes in der Regel zunimmt, ist das Material, das von den bewegten Körnern abgeschliffen wird, von sehr viel kleinerer Korngröße als diese Körper selbst. Es dürfte in der Hauptsache dem Silt- und Tonbereich angehören. Durch die mechanische Wirkung des Transportes wird also die Menge der Teilchen, welche größer sind als etwa 1 mm verringert und es entsteht dabei nicht Sand, sondern Silt und Ton. Die immer wieder festgestellte relative Seltenheit von Material im Feinsand-Grobsiltbereich mag z. T. darin begründet sein, daß die mechanische Wirkung des Transportes im wesentlichen nur solches Material liefert, dessen Korngröße unter diesem Bereich liegt (Rogers, Krueger & Krog 1963; Schubert 1964).

3.172 Chemische Veränderungen während Transport und Ablagerung: Subaquatische Verwitterung

3.172.1 Allgemeines

Das im Wasser transportierte und abgelagerte Material erleidet, bevor es im entstehenden Sediment begraben wird, chemische Veränderungen, welche den Prozessen der Verwitterung in den Böden analog sind. Auch hier handelt es sich um

Lösungsvorgänge, um die Umwandlung primärer und um die Bildung neuer Minerale. Je nach der chemischen Zusammensetzung des Transport- und Ablagerungsmediums können diese Prozesse entweder die Fortsetzung der Verwitterung im Boden sein oder in anderer Richtung verlaufen. Im Unterschied zur subaerischen Bodenverwitterung geschehen diese Veränderungen ganz unter Wasser und ohne direkte Berührung mit der Atmosphäre. Alle chemischen Prozesse während des Transportes und der Ablagerung unter Wasser kann man unter dem Begriff der *subaquatischen Verwitterung* (Niggli 1952) zusammenfassen.

Eine Unterteilung der subaquatischen Verwitterung ergibt sich nach den chemischen Bedingungen: die *subfluviale Verwitterung* bei Transport und Ablagerung im elektrolytarmen Flußwasser führt zu anderen Produkten als die *submarine Verwitterung* (Correns 1939) im Meerwasser. Für die letztere ist auch der Name Halmyrolyse (Hummel 1922) im Gebrauch. Da im Meer nicht nur Lösungsvorgänge stattfinden, sondern zum überwiegenden Teil Um- und Neubildungen, ist die allgemeinere Bezeichnung submarine Verwitterung vorzuziehen. Schließlich kann auch noch die *sublakustre Verwitterung* unterschieden werden (Correns 1939; Thololyse nach Wetzel 1923), welche je nach den besonderen Eigenschaften der Seen weiterhin unterteilt werden kann (eutrophe und oligotrophe Seen, Sodaseen, Sulfatseen usw.). So ergibt sich das folgende Schema:

Chemische Vorgänge der Verwitterung

Subaerische Verwitterung im Boden | Subaquatische Verwitterung während Transport (Bewegung im Wasser) und Ablagerung (Ruhe am Boden eines Wasserkörpers)

Subaquatische Verwitterung:

Subfluviale Verwitterung | Sublakustre Verwitterung | Submarine Verwitterung

Die subaquatische Verwitterung muß deutlich von der Diagenese unterschieden werden, welche alle Vorgänge im Inneren des Sediments umfaßt. Besonders im Falle der submarinen Verwitterung wird die Grenze zwischen diagenetischen und praediagenetischen Vorgängen von verschiedenen Autoren recht unterschiedlich definiert.

Aus der Art der Reaktionen zwischen dem Wasser und den festen Phasen läßt sich begrifflich eine Grenze zwischen subaquatischer Verwitterung, die nur die Oberfläche des Sediments betrifft und der Diagenese ableiten, welchletztere sich im Innern abspielt: Alle Prozesse der Verwitterung und so auch die der subaquatischen Verwitterung laufen in offenen Systemen ab, d. h. in ungehindertem Stoffaustausch zwischen den festen Phasen und einer praktisch unbegrenzten Lösungsmenge. Der Ablauf der Reaktionen (Auflösung, Umbildung, Neubildung) wird nicht dadurch gehemmt, daß die Zusammensetzung der Lösungen durch die Reaktionen geändert wird, da entweder, wie im Boden, immer neues Lösungsmittel (Niederschläge) zugeführt wird, oder weil, wie im Meer, der Vorrat an Lösunsgmittel unendlich groß ist.

Alle Prozesse der Diagenese sind dagegen Reaktionen im mehr oder weniger geschlossenen System, da sie zwischen Mineralen und einer bestimmten Porenlösung stattfinden, deren Menge begrenzt ist und die nur verhältnismäßig langsam nachgeliefert werden kann. Diagenetische Vorgänge verändern deshalb merklich Menge und Zusammensetzung der Porenlösung. Sie können im allgemeinen nicht beliebig lange in ein und derselben Richtung ablaufen.

3.172.2 Subfluviale Verwitterung

Bei der subfluvialen Verwitterung sind die chemischen Bedingungen von denen der Verwitterung im Boden nicht wesentlich verschieden. Fast alle Flußwässer sind im Vergleich zum Meerwasser arm an gelösten Salzen. Die Wasserstoffionenkonzentration der Flußwässer liegt nach Alekin (1962) zwischen 6,0 und 9,0. Eine Zusammenstellung neuerer Messungen in 20 größeren Flüssen (die meisten auf dem nordamerikanischen Kontinent) ergibt einen Schwankungsbereich zwischen 5,9 und 8,0 (Durum, Heidel & Tison 1960). Die Wasserstoffionenkonzentration der Flußwässer ist also im Durchschnitt geringer als die der meisten Böden. Da sie wesentlich vom CO_2-Gehalt abhängig ist, pflegen die Flußwässer im Winter saurer als im Sommer zu sein.

Die in den Böden begonnene Auflösung der Feldspäte und anderer primärer Minerale wird in den Flüssen weiter fortschreiten. Da die Wasserstoffionenkonzentration meist nahe dem Neutralpunkt liegt, erfolgt die Auflösung langsamer als in den Böden. Andererseits wird, sofern der Transport in der Bodenfracht stattfindet, die Auflösung dadurch beschleunigt, daß die schützende Oberflächenschicht aus den schwerer löslichen Komponenten immer wieder abgerieben wird. Auch die in Suspension transportierten Phyllosilikate werden während des Flußtransportes in ähnlicher Weise wie in den Böden verändert werden. Bei dem recht hohen pH dürften jedoch Degradationsprozesse nur langsam voranschreiten. Mit zunehmendem pH ist mit Aggradationsvorgängen zu rechnen.

Die Sauerstoffgehalte der Flußwässer sind sehr verschieden. Sie hängen von der Temperatur, von biologischen Vorgängen und von der Wassertiefe ab. Im allgemeinen ist das Oxidationspotential der Flußwässer höher als das der Böden.

Außer vom Chemismus der Flußwässer hängt die Wirksamkeit der subfluvialen Verwitterung von der Art und Schnelligkeit des Transportes ab. Material, das bei geringem Gefälle langsam talabwärts wandert und auch öftere Phasen der Ablagerung durchmacht, wird auf dem Wege bis in das Meer stärkere Veränderungen erfahren als der Detritus, der bei steilem Gefälle schnell und ohne Aufenthalt in das Meer gespült wird.

Untersuchungen über die subfluviale Verwitterung scheinen bisher noch nicht vorzuliegen. Wegen der Zumischung von neuem Material dürfte es auch schwierig sein, die chemischen Veränderungen der Fracht eines Flusses in seinem Lauf einwandfrei zu bestimmen. Wegen der geringen Wasserstoffionenkonzentration der meisten Flußwässer ist die subfluviale Verwitterung sicherlich nicht sehr intensiv. Die Flüsse transportieren das in den Böden veränderte Material ohne große chemische Veränderung in die Ablagerungsbecken.

3.172.3 Submarine Verwitterung

Ob die submarine Verwitterung des abgelagerten Materials und der am Boden des Meeres anstehenden primären Gesteine überhaupt eine nennenswerte Rolle spielt, ist vielfach in Zweifel gezogen worden. Verschiedene Tatsachen sprechen dafür, daß die submarine Verwitterung deutlich langsamer verläuft als die subaerische Verwitterung in den Böden (Correns 1939): So werden wegen des hohen pH und der hohen Salzkonzentration des Meerwassers die Auflösungsgeschwindigkeiten der Minerale jedenfalls geringer sein als in sauren Bodenlösungen. Ebenso verlangsamt das Fehlen zerkleinernder Prozesse und die Abwesenheit der in den Böden wirksamen Humusstoffe alle Zerfallsreaktionen.

Die Untersuchung der rezenten Meeresböden kann nur dort zur sicheren Entdeckung von Produkten der submarinen Verwitterung führen, wo wenig Material abgelagert wird, so daß die Oberfläche lange Zeit mit dem Meerwasser in Berührung stand und Verwitterungsprodukte nicht allzu sehr durch klastisches Material verdünnt wurden. Daher ist die Wirkung der submarinen Verwitterung in der Tiefsee besonders evident und auch nie bezweifelt worden.

Anders ist es in den Meeresbecken nächst den Kontinenten, wo etwaige Produkte der submarinen Verwitterung mit sehr viel größeren Mengen der aus den Flüssen gelieferten Tone vermischt werden und daher nur schwer erkennbar sind. Während manche Autoren aus der Verteilung von Tonmineralen am Meeresboden Schlüsse auf ihre Umwandlung und Neubildung zogen, haben andere (vgl. vor allem Weaver 1958) die Meinung vertreten, daß alle Tonminerale, so wie man sie am Meeresboden antrifft, von der Verwitterung auf den Kontinenten herstammen und auf dem Meeresboden nur höchstens sehr geringfügige Veränderungen erfahren.

Daß submarine Verwitterungsprozesse stattfinden, ergibt mit Sicherheit ein Vergleich der chemischen Zusammensetzung von Fluß- und Meerwasser (Tabelle 3-15). Aus dem Gehalt fossiler und rezenter Brachiopodenschalen an ^{18}O, Sr und Mg kann man schließen, daß sich die Zusammensetzung des Meerwassers seit dem späten Paläozoikum (250—200 Mill. Jahre) nicht merkbar geändert hat (Lowenstam 1961). Wenn also einerseits die Zusammensetzung der Flußwässer von der des Meerwassers verschieden ist, andererseits aber die Zusammensetzung des Meerwassers auf lange Zeit hin konstant blieb, obwohl große Mengen von Flußwasser zugeführt wurden, müssen ständig chemische Umsetzungen stattfinden, die das Gleichgewicht aufrecht erhalten. Es kann sich dabei einerseits um Abscheidungen aus dem Meerwasser, andererseits um Umsetzungen mit dem abgelagerten Material handeln.

Das wichtigste Anion der Flußwässer ist das Bikarbonat. Das Meer würde daher den Charakter eines Sodasees annehmen, wenn es nur von den Flüssen genährt würde und keine chemischen Reaktionen stattfänden (Mackenzie & Garrels 1966). Für die Aufrechterhaltung des Gleichgewichtes sind neben der Reduktion eines Teils des ge-

Tabelle 3-15. Mittlere Zusammensetzung der in Fluß- und Meerwasser gelösten Stoffe.

	Flüsse der Erde (LIVINGSTONE 1963)	Meer (CULKIN 1965)	
	ppm	ppm	
HCO_3	58,3	142	
SO_4	11,2	2712	
Cl	7,8	19353	
NO_3	1,0	0,0043—3,5*	
Ca	15	413	
Mg	4,1	1294	
Na	6,3	10760	
K	2,3	387	
Fe	0,67	0,02**	
SiO_2	13,1	1,1—4,3	Oberfläche ***
		5,4—10,8	Tiefenwässer ***

* RANKAMA & SAHAMA 1950
** RÖSLER & LANGE 1965
*** WEDEPOHL 1967

lösten Sulfats zu unlöslichem Sulfid und der Abscheidung von $MgCO_3$, $CaCO_3$ und NaCl Reaktionen erforderlich, welche den überwiegenden Teil des von den Flüssen zugeführten Bikarbonats und der SiO_2 aus der Lösung entfernen. Außerdem muß es Reaktionen geben, welche das Verhältnis Na : K von 2,75 im Flußwasser auf 28 im Meer, also um den Faktor 10 erhöhen. Das letztere kann durch die Aggradation degradierter Phyllosilikate geschehen, die durch K-Aufnahme zu Glimmern, durch Aufnahme Na, Mg und Ca zu Montmorinmineralien werden. Dabei werden Wasserstoffionen frei, welche sich mit dem Bikarbonat zu entweichendem CO_2 und Wasser verbinden. MACKENZIE & GARRELS (1966) nehmen an, daß bei diesem Vorgang auch SiO_2 gebunden und verbraucht wird, indem aus mehr oder weniger „amorphen" Phasen von kaolinitischer Zusammensetzung Tonminerale vom 3-Schichttyp (Glimmer, Montmorin) werden. Daß SiO_2 auch auf anderem Wege entfernt werden kann, zeigen die später zu erwähnenden Experimente HARDERS (1965).

Experimentelle Untersuchungen über die Auflösung von Feldspäten oder anderen primären Mineralen in Meerwasser liegen noch nicht vor. Es ist nicht daran zu zweifeln, daß sie nach denselben Prinzipien erfolgt, wie in verdünnten Lösungen des Bodens. Der hohe Elektrolytgehalt wird die Geschwindigkeit der Auflösung voraussichtlich verzögern. Nach den Versuchen in reinen Lösungen dürfte die Auflösung von Feldspat und ähnlichen Silikaten beim pH des Meerwassers (8,2) etwas schneller erfolgen als in neutraler Lösung. Daß Feldspäte im Meer ähnlich wie in einer Bodenlösung aufgelöst werden, wenn sie nur lange genug mit dem Meerwasser in Berührung stehen, zeigen Beobachtungen am Granodiorit, der an den Wänden submariner Canyons vor der kalifornischen Küste ansteht (Carmel und Monterey Canyons): Der Kalifeldspat dieses Gesteins ist von Neubildungen durchsetzt (Muskovit, Kaolinit, Halloysit), welche sich auf Kosten des aufgelösten Feldspats gebildet haben (REX & MARTIN 1966).

Tonminerale reagieren mit Meerwasser normaler Zusammensetzung nur sehr wenig und langsam. Bei der Behandlung von Montmorillonit, Illit, Kaolinit, Halloysit und einem Wechsellagerungsmineral aus Montmorillonit und Glimmer mit Meerwasser fanden CARROL & STARKEY (1959), daß SiO_2 und weniger Al_2O_3 in Lösung gingen. MACKENZIE, GARRELS und Mitarbeiter (1965, 1967) behandelten Kaolinit, Chlorit, Illit, Muskovit und Montmorillonit mit Meerwasser, das weniger SiO_2 und solchem, das mehr SiO_2 enthielt als das normale Ozeanwasser. In SiO_2-armen Lösungen (0,03 ppm SiO_2) lösten sich diese Minerale inkongruent, indem SiO_2 in der Lösung erschien. Dagegen wurde in den Lösungen mit höherem SiO_2-Gehalt (25 ppm SiO_2) eine Aufnahme von SiO_2 aus der Lösung durch die Tonminerale beobachtet, was die Autoren auf die Bildung noch nicht näher definierter SiO_2-reicher Silikate zurückführen. Sowohl die Auflösung der Tonminerale als auch die Aufnahme von SiO_2 durch dieselben sind langsame Vorgänge. Im geschlossenen System waren sie auch nach mehreren Monaten noch nicht ganz beendet. Die Auflösungsgeschwindigkeit ist für Montmorillonit am größten, es folgen dann die Glimmerminerale, am stabilsten sind die Minerale der Kaolingruppe. Da die bei den Auflösungsversuchen sich einstellende SiO_2-Konzentration etwa der des Ozeanwassers entspricht (6 ppm SiO_2), dürfte das Meerwasser gerade der maximalen Stabilität der Tonminerale entsprechen: bei niedrigeren SiO_2-Gehalten lösen sie sich unter Bildung eines Aluminium-reichen Rückstandes auf, bei höheren SiO_2-Gehalten entstehen SiO_2-reichere Phasen.

Die ersten Umbildungen, welche Tonminerale erfahren, wenn sie aus dem Süßwassermilieu der Flüsse in das Salzwasser der Meere gelangen, sind Veränderungen der Austauschkapazität und der Zusammensetzung der austauschfähigen Kationen. Entsprechend der Zusammensetzung der Flußwässer enthalten die in den Flüssen transportierten Tonminerale vorwiegend Calcium als austauschfähiges Kation. Nach Versuchen von CARROL & STARKEY (1959) mit Montmorillonit, Illit, Halloysit, Kaolinit und einem Wechsellagerungsmineral Montmorillonit-Glimmer sowie von POTTS (nach KELLER 1963) mit einem hauptsächlich aus Montmorillonit bestehenden Ton des Missouriflusses wird durch die Behandlung mit Meerwasser das austauschfähige Calcium zu einem großen Teil durch Magnesium und in nur sehr geringen Mengen durch Natrium und Kalium ersetzt. Ein solches Verhalten ist zu erwarten, da Magnesium im Meerwasser in viel höherer Konzentration als Calcium vorkommt, und weil außerdem die Bindungsenergie des Magnesiums an Tonen höher als die des Calciums und erst recht höher als die der einwertigen Kationen ist (vgl. hierzu GRIM 1953, MARSHALL 1954).

Außer einem Umtausch von Magnesium gegen Calcium bewirkt das Meerwasser nach den zitierten Versuchen eine geringe Vergrößerung der Austauschkapazität der Zweischichtminerale und eine Verringerung der Austauschkapazität der Dreischichtminerale. Die Verringerung der Anzahl austauschfähiger Kationen kann nur durch den Einbau von Ionen erklärt werden, die feste Positionen im Gitter einnehmen. Es ist bekannt, daß bei Illit und Montmorillonit K-Ionen besonders leicht auf solche Weise fixiert werden. Vermutlich beruht mindestens ein Teil der durch das Meerwasser hervorgerufenen Herabsetzung der Austauschkapazität von Dreischichtmineralen auf der Fixierung von Kaliumionen. Offenbar handelt es sich hier um die nach der geochemischen Bilanz zwischen Fluß- und Meerwasser geforderte Bindung von Kalium im abgelagerten Sediment. Die submarine Verwitterung wirkt hier als Aggradationsvorgang, der zu mehr oder minder vollständigen Glimmermineralen führt, und somit der vornehmlich degradierend wirkenden subaerischen Verwitterung entgegengerichtet ist, welche aus Glimmern unvollständige Glimmer und Dreischichtminerale mit quellfähigen Schichten erzeugt.

Es wird immer schwierig sein, die auf diese Weise aggradierten Glimmer in marinen Sedimenten wiederzuerkennen, d. h. vom unveränderten detritischen Glimmer zu unterscheiden. Immerhin sind mehr oder minder vollständige Glimmer in den Sedimenten vieler Meeresbecken die vorherrschenden Tonminerale und viele Autoren haben die Verteilung von Glimmer-, Montmorin- und Wechsellagerungsmineralen am Boden verschiedener Becken durch die Aggradation unvollständiger Glimmer und Montmorinmineralen durch das Meerwasser erklärt (vgl. hierzu MILLOT 1964, S. 211 ff. und 367 ff.).

Die experimentell nachgewiesene Aufnahme von Magnesium aus dem Meerwasser durch Tonminerale führt nicht nur zu einer Veränderung der Population der austauschfähigen Kationen, sondern durch Einlagerung von $Mg(OH)_2$-Schichten in alkalifreie Dreischichtminerale zur Bildung von Chloriten. So fanden GRIM & JOHNS (1954) an der Mündung des Guadeloupe-Flusses in den Golf von Mexico die folgenden Verhältnisse: Der Fluß bringt einen Calcium-Montmorillonit in das Meer. Die frischen Sedimente im Golf enthalten mit zunehmender Entfernung von der Mündung abnehmende Gehalte von Montmorillonit und zunehmende Gehalte von Illit und Chlorit, die offenbar durch die Reaktion des Meerwassers mit dem Montmorillonit entstehen. Aus Übergangsgliedern zwischen Montmorillonit und Chlorit kann man schließen, daß die Umbildung in Chlorit so vor sich geht, daß zunächst in einigen Zwischenlagen einzelne Inseln von $Mg(OH)_2$ eingelagert werden, die allmählich zusammenwachsen und alle Zwischenschichten ausfüllen. Es bilden sich also zuerst Übergangs- und Wechsellagerungsstrukturen zwischen Chlorit und Montmorillonit (vgl. Abschnitt 2.332). Gemäß dem dioktaedrischen Charakter des Montmorillonits haben diese Chlorite trotz ihrer Brucit-Schichten den für dioktaedrische Phyllosilikate charakteristischen b-Parameter. Für die Richtigkeit dieser Deutung spricht die Feststellung von JOHNS (1963), daß beim Übergang vom Süßwasser in das marine Milieu gleichzeitig mit dem Chloritgehalt dieser Sedimente auch der Gehalt an unlöslichem Chlorid deutlich zunimmt. Chlorid wird offenbar zu einem Teil an Stelle von Hydroxyl in die Brucitschichten aufgenommen, wenn diese in die Tonminerale eingelagert werden.

Weniger deutliche Anzeichen für die Umbildung von Montmorillonit in Chlorit fanden JOHNS & GRIM (1958) auch am Mississippidelta. POWERS (1954, 1957) beobachtete im Bereich der Chesapeake Bay an der nordamerikanischen Atlantikküste die allmähliche Umwandlung eines verwitterten Illits durch Reaktion mit dem Meerwasser in ein Chloritmineral. Auch hier treten Übergangsstadien auf, die der Autor als Wechsellagerungsstrukturen Illit-Vermikulit-Chlorit bezeichnet.

Glaukonit genannte grüne Körner sind eine weitverbreitete Bildung der submarinen Verwitterung. In vielen heutigen Meeren entsteht Glaukonit im Bereich der

Schelfzone und des oberen Kontinentalhanges, vor allem dort, wo die Sedimentation gering ist.

Da der Glaukonit, wie die Beobachtung lehrt, so gut wie ausschließlich im marinen Milieu entsteht, gilt er als ein Kennzeichen für den marinen Ursprung von Sedimenten. Daher hat dieses Mineral ein besonderes Interesse der Geologen gefunden, so daß eine umfangreiche Literatur vorliegt. (Eine vollständige Literaturübersicht bis zum Jahre 1958 findet man bei VALETON 1958, spätere Literatur in den unten zitierten Arbeiten von BURST 1958, BELL & GOODELL [1967], EHLMANN & SAND [1959], sowie bei MILLOT 1964.) Die Benutzung der älteren Literatur ist dadurch erschwert, daß unter dem Namen Glaukonit verschiedene, äußerlich ähnliche Substanzen zusammengefaßt werden, die nur durch die Anwendung besonderer Methoden, insbesondere durch Rötgenuntersuchungen, voneinander unterschieden werden können.

Nach BURST (1958) und HOWER (1961) kann man die folgenden Arten von „Glaukonit“ unterscheiden:

(1) Glaukonit i. e.S. = dioktaedrischer Eisen-Illit, geordnet, mit hohem Kalium-Gehalt
(2) Ungeordneter Glaukonit mit niedrigem Kalium-Gehalt
(3) Glaukonit-Montmorillonit-Wechsellagerungsminerale
(4) Gemische aus zwei oder mehr Mineralen

Außerdem kommen grüne aus Chamosit bestehende Körner vor, die ohne röntgenographische Untersuchung von Glaukonit nicht unterschieden werden können.

Der Glaukonit im engeren Sinne ist ein Illit, in dem etwa die Hälfte der Oktaederpositionen durch Eisen eingenommen wird. Man kann den Glaukonit daher als einen Eisen-Illit vom gewöhnlichen Aluminium-Illit unterscheiden, in welch letzterem nur etwa ein Fünftel der Oktaederpositionen durch Eisen besetzt wird. Das Verhältnis $Fe^3 : Fe^2$ schwankt bei den von BURST (1958) analysierten geordneten und ungeordneten Glaukoniten zwischen 1,7 und 7,4. Zur Veranschaulichung des chemischen Unterschiedes seien die Zusammensetzungen eines typischen wohlgeordneten Glaukonits und eines Illits gegenübergestellt:

Geordneter Glaukonit[8]:	$K_{1,58}Ca_{0,10}(Al_{0,70}Fe^3_{2,11}Fe^2_{0,49}Mg_{0,82})$
(Fe-Illit)	$(Si_{7,22}Al_{0,78})O_{20}(OH)_4$
Illit[9]:	$K_{1,16}(Al_{2,76}Fe^3_{0,74}Fe^2_{0,08}Mg_{0,68})$
(Al-Illit)	$(Si_{6,82}Al_{1,18})O_{20}(OH)_4$

Die Typen (1) bis (3) bilden offenbar eine kontinuierliche Reihe, die beim Montmorillonit endet. In dieser Reihe nimmt der K-Gehalt kontinuierlich ab: Die Glaukonite enthalten umso weniger Kalium, je ungeordneter sie sind und je mehr quellfähige Lagen sie enthalten (HOWER 1961).

Die neueren Beobachter rezenter Glaukonitvorkommen stimmen darin überein, daß der Glaukonit auf dem Meeresboden durch einen Umbildungsprozeß aus detritischen Dreischichtmineralen entsteht (BURST 1958, HOWER 1961, EHLMANN, HULINGS &

[8] Bonne Terre Missouri, Kambrium nach BURST (1958).
[9] Mittl. Zusammensetzung von 5 Illiten nach JASMUND (1955, S. 162).

Glover 1963, Bell & Goodell 1967). Da das Ursprungsmaterial dioktaedrisch und daher Aluminium-reich ist und wenig Kalium enthält, muß Aluminium in den Oktaederschichten durch teils zwei- teils dreiwertiges Eisen ersetzt und Kalium aufgenommen werden. Für den letzteren Vorgang ist außerdem ein Ersatz von Silizium in den Tetraederschichten durch Aluminium notwendig. Die erforderlichen Mengen von Eisen und Kalium werden dem Ozeanwasser entnommen. Da das Mineral sowohl zwei- wie auch dreiwertiges Eisen enthält, kann die Bildung nur in einem solchen Milieu erfolgen, dessen Oxidations-Reduktionspotential die Anwesenheit beider Arten von Eisenionen erlaubt. Solche Bedingungen scheinen dort zu herrschen, wo organische Reste oder Exkremente am Meeresboden liegen. Daher findet man Glaukonit besonders häufig in den leeren Schalen von Foraminiferen (Hower 1961, Bell & Goodwell 1967) und als Pseudomorphose nach Kotpillen.

Bell & Goodwell (1967) untersuchten sechs rezente Vorkommen von Glaukonit. Auf dem Scotia-Ridge östlich von den Falkland Inseln (Wassertiefen zwischen 880 und 3260 m), und auf dem südöstlichen Schelf des Atlantik vor der nordamerikanischen Küste (Wassertiefen zwischen 365 und 274 m) spricht die Übereinstimmung der mineralogischen Zusammensetzung der detritischen Tone mit der in ihnen vorkommenden Glaukonitkörner dafür, daß der Glaukonit durch Aggradation der detritischen Tonminerale entstanden ist. In Sedimenten vor der kalifornischen Küste und vor Marokko besteht keine solche Übereinstimmung, so daß der hier vorkommende Glaukonit wahrscheinlich detritischer Natur ist. Sedimente aus dem Pazifik östlich von Neuseeland und aus dem Atlantik vor der Küste von Guinea enthalten Glaukonit, der wahrscheinlich z. T. detritisch ist und z. T. neugebildet wurde.

Neubildungen sind auf dem Ozeanboden besonders dort zu beobachten, wo die Sedimentationsrate gering ist, d. h. also vorzugsweise in der Tiefsee. Solche Neubildungen entstehen entweder aus der Wechselwirkung zwischen Meerwasser und detritischem Material oder direkt aus dem Meerwasser.

Aus dem Unterschied zwischen den SiO_2-Konzentrationen in Fluß- und Meerwasser (Tabelle 3.15) folgt, daß es irgendwo im marinen Bereich zur Bindung von SiO_2 an das Sediment kommen muß. Ein Teil des SiO_2 wird dem Meerwasser durch Lebewesen entzogen, welche ein SiO_2-Gerüst aufbauen (Diatomeen, Radiolarien, Silicoflagellaten, Kieselschwämme). Die Überreste dieser Lebewesen werden in die Sedimente eingelagert und es können so sehr SiO_2-reiche Gesteine entstehen (Radiolarite, Kieselschiefer).

Harder (1965) konnte zeigen, daß SiO_2 aus sehr verdünnten Lösungen (3 ppm SiO_2) auch auf anorganischem Wege quantitativ abgeschieden werden kann, wenn aus diesen Lösungen Hydroxide von Aluminium, Eisen, Mangan, Magnesium etc. ausgefällt werden. SiO_2 wird an dem ausfallenden Hydroxid adsorbiert und es entstehen röntgenamorphe Niederschläge, deren SiO_2-Gehalt von verschiedenen Bedingungen, insbesondere vom Mengenverhältnis zwischen SiO_2 und dem Hydroxid abhängt. So bilden sich bei etwa gleichen Anteilen von SiO_2 und Al_2O_3 in der Ausgangslösung Niederschläge mit etwa 43% SiO_2. Ist SiO_2 im Überschuß vorhanden, so wird ein Niederschlag mit etwa 80% SiO_2 erzeugt. Es ist deshalb anzunehmen, daß die Erhöhung des pH beim Übergang des Flußwassers in das Meer eine Ausfällung von Hydroxiden der Sesquioxide erzeugt, die den größten Teil der im Flußwasser gelösten SiO_2 an sich binden. Die so entstehenden feinsten, zunächst noch röntgenamorphen Teilchen werden weit in das Meer hinausgetragen und schließlich irgendwo abgelagert. Während dieser Zeit können sich verschiedene Alterungsprozesse abspielen: In SiO_2-haltigen Fe- und Mn-Hydroxidniederschlägen fanden HARDER & FLEHMIG (1967) sowie HARDER & MENSCHEL (1967) schon nach einem Monat Quarz und Cristobalit. Aus SiO_2-haltigen Al-Hydroxidniederschlägen bilden sich Quarz und ein nicht näher definiertes Tonmineral. Alterung dieses Niederschlages bei 60° ergab neben Quarz Kaolinit, Chlorit, Illit und Feldspat.

Es ist anzunehmen, daß auf diesem Wege sowohl Quarz als auch Tonminerale im Meer und am Meeresboden gebildet werden, wenn es auch schwierig sein wird, diese Neubildungen als solche nachzuweisen. Das Vorkommen von bis zu 30 μ großen idiomorphen Quarzkristallen in Manganknollen der Tiefsee führen HARDER & MENSCHEL (1967) auf diesen Prozeß zurück.

Von den Verwitterungsböden der tropischen Kontinente wird neben Diaspor und Böhmit Hydrargillit zusammen mit Kaolinit in die Meeresbecken geliefert. Daher finden sich hohe Gehalte von Aluminiumoxidhydraten in den Sedimenten des Atlantik östlich der brasilianischen Küste, westlich von Zentralafrika sowie südlich und östlich von Madagaskar (BISCAYE 1965). Da auf der anderen Seite Hydrargillit, Böhmit oder Diaspor in fossilen marinen Sedimenten fehlen und sich nur als kontinentale Bildungen (Bauxite) erhalten haben, muß man annehmen, daß diese Minerale unter den Bedingungen der marinen Ablagerung oder der Diagenese instabil sind und verschwinden. In der Tat ist nach den thermodynamischen Überlegungen von GARRELS & CHRIST (1965, S. 361) Hydrargillit in Lösungen nicht mehr stabil, die mehr als ca. 10^{-5} Mol/l SiO_2 enthalten. Der geringe SiO_2-Gehalt des Meereswassers von 10^{-4} Mol/l liegt also schon über der Stabilitätsgrenze des Hydrargillit. Dementsprechend haben SWINDALE & FAN (1967) in den Sedimenten der Waimea Bay vor der Insel Kanai der Hawaii-Gruppe beobachtet, daß die von den Flüssen gelieferten Hydrargillitteilchen durch die Einwirkung des Meerwassers in Pseudomorphosen eines Phyllosilikates umgewandelt werden, welches nach den optischen Eigenschaften (anomale Interferenzfarben, $n_\beta = 1{,}58 \ldots 1{,}60$, Pleochroismus zwischen farblos oder grün und dunkelbraun) von den Autoren als Chlorit bezeichnet wird. Da das neugebildete Mineral schon an der Mündung eines aus dem Inneren der Insel kommenden Flusses gefunden wurde, sind hier die Auflösung des Hydrargillit und die Bildung des Chlorit offensichtlich schnell ablaufende Prozesse. Da dieser Chlorit im wesentlichen auf Kosten des Hydrargillit entsteht, dürfte es sich um ein dioktaedrisches Mineral, also um einen Sudoit handeln. Doch fehlen bisher röntgenographische Untersuchungen.

Über die Bildung eines eisenreicheren Chlorits berichteten BONATTI & ARRHENIUS (1965). In Sedimentkernen vom Boden des Pazifik in der Nähe der Guadeloupe-Insel vor der mexikanischen Küste (Wassertiefe 3530 m) wurden Quarzkörner mit einem dichten Überzug von kleinen blaßgrünen Kristallblättchen eines 14 Å-Chlorits von wahrscheinlich intermediärem Eisengehalt gefunden. Die Quarzkörner der rezenten Wüstensande des benachbarten Festlandes sind mit Schichten aus Fe- und Al-Hydroxiden bedeckt. Die Autoren vermuten, daß solche Körner durch den Wind in das

Meer gebracht wurden und daß der Chlorit durch eine Reaktion des Meerwassers mit den Hydroxidschichten entstand. Da diese Quarze aus einer Schicht etwa 5 m unter der heutigen Sedimentoberfläche stammen, ist es allerdings möglich, daß die Chloritbildung bereits zu den frühdiagenetischen Prozessen gerechnet werden muß.

Neuerdings wurde Chamosit, d. h. ein trioktaedrisches Zweischichtmineral mit einem Basisabstand von 7 Å, also ein Glied der Berthieringruppe oder der Septechlorite, als Neubildung in rezenten Meeressedimenten nachgewiesen: v. GAERTNER & SCHELLMANN (1965) fanden in Sanden vor der Küste von Guinea Körner aus einem schwarz bis dunkelgrün gefärbten Aggregat von Goethit und einem eisenreichen 7 Å-Schichtsilikat. Die Autoren nehmen an, daß dieses Mineral durch die Reaktion des Meerwassers mit dem aus der lateritischen Verwitterung stammenden Goethit entstand. PORRENGA (1967) fand Chamosit in Form von Kotpillen und als Schalenfüllung in Schelfsedimenten vor der Mündung des Orinoco und des Niger, sowie vor der Küste von Sarawak, NW-Borneo. GIRESSE (1965) fand Chamosit vor der Küste von Gabon. Alle diese Vorkommen liegen in den Tropen. Das für die Bildung des Chamosit erforderliche Eisen dürfte ebenso wie das Aluminium für die submarine Bildung der Aluminium-reichen Chlorite aus der tropischen Lateritverwitterung stammen.

Die Chamositbildung scheint vorzugsweise im flachsten Bereich der Schelfzone stattzufinden. So kommt auf dem Schelf vor dem Niger-Delta und vor Borneo Chamosit bis zu einer Wassertiefe von etwa 60 m, vor dem Orinoco-Delta bis herunter zu etwa 150 m vor. Im Unterschied dazu findet sich der neugebildete Glaukonit in größeren Tiefen (vor dem Niger-Delta zwischen 100 und 400 m). Glaukonit- und Chamositkörner sehen sehr ähnlich aus und können nur röntgenographisch unterschieden werden. In älteren Beschreibungen mögen sie daher oft verwechselt worden sein. So bestehen z. B. die grünen Körner in Flachwassersedimenten des Golfes von Paria, die VAN ANDEL & POSTMA (1954) und KOLDEWIJN (1958) als vermutlich zum Glaukonit gehörig beschrieben, aus Chamosit (PORRENGA 1967).

Am Meeresboden neugebildete Minerale finden sich in besonders hoher Konzentration dort, wo die Sedimentation von detritischem Material gering ist. Solche Bildungen sind daher wesentliche Bestandteile der pelagischen Sedimente (ARRHENIUS 1963). Zu ihnen gehören in erster Linie Manganknollen und Zeolithe.

Die Manganknollen der Tiefsee sind Konkretionen, die in der Hauptsache aus Oxiden und Oxidhydraten von Eisen und Mangan bestehen, denen detritisches Material und andere Neubildungen, wie Titandioxide, Baryt, Nontronit, Quarz und Opal beigemengt sind. Das Eisen liegt im wesentlichen als Goethit vor, Mangan in der Form von mindestens drei verschiedenen Oxiden der vierwertigen Stufe (BUSER & GRÜTTER 1956). Die Manganknollen enthalten eine Reihe von Schwermetallen, besonders auffallend sind recht hohe Gehalte (1—2%) von Cu, Co und Ni.

Der konzentrisch-schalige Bau der Knollen zeigt, daß sie langsam auf dem Tiefseeboden wachsen. Daß dies gerade in der Tiefsee geschieht, ist mit dem hohen Oxidationspotential des sauerstoffreichen Tiefenwassers im Einklang. Eine noch nicht endgültig geklärte Frage ist die Herkunft des Eisens und des Mangans und der anderen in den Knollen angereicherten Stoffe. WEDEPOHL (1960) zeigte, daß ein

Zusammenhang zwischen dem Chemismus der Tiefseetone und der Zusammensetzung der Manganknollen besteht: Im Vergleich zu den Tonen der Flachsee sind in den Tiefseetonen eine Reihe von Elementen angereichert, zu denen neben Mn und Fe die Elemente Zn, Ni, Pb, Cu, Co und Mo gehören. Auch Berechnungen der geochemischen Bilanz für das Element Mn führten zu einem Überschuß in den Bildungen der Tiefsee (RUBEY 1951, HORN & ADAMS 1966). Diese Unterschiede sind nicht zu erklären, wenn man annimmt, daß das Material der Flachsee- und Tiefseetone ausschließlich aus der Verwitterung auf den Kontinenten stammt. Es muß vielmehr angenommen werden, daß es im Ozean selbst Quellen für diese Überschußelemente, insbesondere für den Stoffbestand der Manganknollen gibt. Die älteste Erklärung leitete Mangan und Eisen der Knollen aus der submarinen Verwitterung von Basalten ab (MURRAY & RENARD 1891). Für die Bildung der Knollen müßten jedoch sehr große Mengen von Basalt verwittert sein, was mit der sehr langsamen Zersetzung submariner Basalte und Laven im Widerspruch steht. WEDEPOHL (1960) vermutet eine Zufuhr von Mn, Fe und den anderen oben genannten Elementen aus vulkanischen Exhalationen. BOSTRÖM (1967, hier auch die frühere Literatur) nimmt die Wirkung aufsteigender Lösungen an, die aus vulkanischen oder metamorphen Quellen stammen. Zufolge ihres reduzierenden Charakters sollen diese Lösungen Mn und Fe in zweiwertiger Stufe aus den durchströmten Gesteinen und Sedimenten aufnehmen und nach oben transportieren. In der obersten Sedimentlage oder auf dem Meeresboden kommt es dann durch das dort herrschende hohe Oxidationspotential zu einer Ausscheidung von Fe und Mn in dreiwertiger, resp. vierwertiger Stufe.

Phillipsit und Glieder der Phillipsit-Harmotom-Reihe sind in pelagischen Sedimenten weitverbreitet (ARRHENIUS 1963). Diese Zeolithe kommen in idiomorphen Kristallen vor, die andere Mineralkörner umschließen, so daß an ihrer Neubildung nicht zu zweifeln ist. Nicht selten machen sie bis über 50% des gesamten Sediments aus. Vermutlich liefert die submarine Zersetzung basaltischer Laven und Gläser mindestens einen Teil der Stoffe für die Zeolithbildung. Im Golf von Neapel hat MÜLLER (1961) die Neubildung von Analcim, Quarz und Tonmineralen bei gleichzeitiger submariner Verwitterung vulkanischer Gläser festgestellt.

3.18 Ablagerung in Wasser

3.181 Korngrößenverteilungen

Wenn das in Suspension oder am Boden transportierte Material abgelagert wird, kommt es zu Sortierungen nach der Sinkgeschwindigkeit oder nach dem Widerstand gegen Bodentransport. Die durch Ablagerung entstandenen Sedimente sind daher Populationen verschiedener durch spezifisches Gewicht, Größe und Form gekennzeichneter Teilchenarten, deren Häufigkeit durch Verteilungsfunktionen beschrieben werden kann. Zur Vorbereitung der Behandlung der wichtigsten Ablagerungsarten klastischer Sedimente in Wasser seien im folgenden die Grundbegriffe zur Charakterisierung und Darstellung solcher Verteilungsfunktionen zusammengestellt. Bezüglich weiterer Einzelheiten und der Literatur sei auf die Behandlung der Korngrößenanalyse im ersten Teil dieses Werkes (Müller 1964), der mathematischen Grundlagen bei Marsal (1967) sowie auf zusammenfassende Darstellungen von Pettijohn (1957), Inman (1952) und Friedman (1962, 1967) hingewiesen.

Betrachtet man vorerst nur kugelförmige Körner vom gleichen spezifischen Gewicht, so handelt es sich um Verteilungsfunktionen der Durchmesser. Solche Verteilungen lassen sich nach den im ersten Teil dieses Werkes beschriebenen Methoden an unverfestigten Sedimenten bestimmen. Nur wenn die Teilchen größer sind als einige Mikron, geben die so bestimmten Korngrößenverteilungen eine unmittelbare Auskunft über den Zustand des sedimentären Materials während des Transportes und der Ablagerung. Für die Größenbestimmung von Tonteilchen müssen erstens besondere Verfahren (wie z. B. Ultrazentrifuge) angewendet werden, die nicht immer einfach zu interpretierende Ergebnisse liefern. Außerdem ist es sehr fraglich, ob man durch die Aufarbeitung eines Tones im Laboratorium diejenige Größenverteilung reproduziert, welche bei der Ablagerung wirksam war. Die Teilchengröße in Tonsuspensionen hängt vom Grad der Zusammenballung (Flockung) zu Sekundärteilchen ab, welcher stark vom Elektrolytgehalt beeinflußt wird.

Zur graphischen Darstellung der Korngrößenverteilung eines Sediments trägt man die Häufigkeiten (Gewichtsprozente) der einzelnen Korngrößenklassen so gegen die Korngröße auf, daß die Fläche über jedem Korngrößenintervall der Häufigkeit dieser Kornklasse proportional ist (vgl. Abb. 3-29). Durch Verkleinerung der Klassenintervalle geht man vom stufenförmigen Histogramm zur Korngrößenverteilungskurve über. Seit der Untersuchung von Udden (1914) hat es sich immer wieder bestätigt, daß die Korngrößenverteilungskurven sehr vieler Sedimente des Silt-Sand- und Kiesbereichs glockenförmige und annähernd symmetrische Kurven ergeben, wenn man die Korngröße in geometrischer Progression darstellt, d. h. eine logarithmische Skala benutzt. Da die Logarithmen der Basis 10 unbequeme große Stufen ergeben, haben sich die Logarithmen der Basis 2 bewährt, welche man als Φ-Skala bezeichnet. Φ ist der negative Logarithmus zur Basis 2 des in mm gemessenen Durchmessers D:

$$\Phi = -\log_2 D \qquad (3.124)$$

Für $D = 1$ mm ist also $\Phi = 0$, Durchmesser über 1 mm geben negative, solche unter 1 mm positive Φ-Werte. Eine Tabelle zur Umrechnung von D in Φ findet sich im Anhang zum ersten Teil dieses Werkes (Müller 1964).

Neben der Verteilungskurve verwendet man auch die Summenkurve zur Darstellung der Korngrößen eines Sediments (vgl. Abb. 3-30). Sie hat gegenüber der ersteren den Nachteil der geringeren Anschaulichkeit, auf der anderen Seite jedoch den Vorteil, daß gewisse Größen zur Kennzeichnung der Korngrößenverteilung aus ihr direkt abgelesen werden können. In der Summenkurve wird die Summenhäufigkeit F als Funktion der Korngröße dargestellt. Die einer bestimmten Korngröße zugehörige Summenhäufigkeit ist die relative Menge (Gewichtsprozente) aller kleineren Körner.

Zur Kennzeichnung von Korngrößenverteilungen sind die in der Tabelle 3-16 aufgeführten Größen in Gebrauch, die sich alle aus den graphischen Darstellungen entnehmen lassen. Perzentile, Quartile, Median und Modalwert werden, wenn nichts anderes gesagt ist, in normalem Maß (mm, auch cm) angegeben. Der Modalwert erscheint in der Verteilungskurve als Maximum, in der Summenkurve als Wendepunkt. Für Verteilungsfunktionen, die in logarithmischem Korngrößenmaßstab symmetrisch sind, gilt $Sk = 1$. Überwiegen feinere Bestandteile, so ist Sk kleiner als 1, überwiegen gröbere Teilchen, so ist Sk größer als 1. Die Größe So ist umso kleiner je besser die Sortierung ist.

Tabelle 3-16. Aus Verteilungs- und Summenkurve abgeleitete Größen zur Kennzeichnung von Korngrößenverteilungen (F = Summenhäufigkeit).

Benennung	Bezeichnung und Definition
Perzentil	P_n, diejenige Korngröße, für welche $F = n\%$
Quartile	$Q_1 = P_{25}$; $Q_2 = P_{50}$; $Q_3 = P_{75}$
Median	$Md = Q_2$
Modal	M, Durchmesser der am häufigsten vorkommenden Kornart
Sortierung	$So = \sqrt{Q_3/Q_1}$
Schiefe	$Sk = \frac{Q_1 \cdot Q_3}{(Md)^2}$

Exakter werden Korngrößenverteilungen durch die in der mathematischen Statistik gebräuchlichen Größen charakterisiert, welche in der linken Spalte der Tabelle 3-17 zusammengestellt sind. Als Maß für die Korngröße sind nicht die Durchmesser D wie in Tabelle 3-16, sondern die entsprechenden Φ-Werte ($\log_2$ D) zugrundegelegt. f_n ist die Häufigkeit (Gewichtsprozente) der Korngrößenklasse Φ_n. Die mittlere Korngröße in Φ-Maß erhält man als das arithmetische Mittel aus den einzelnen Korngrößenklassen und ihren Häufigkeiten. Als Maß für die Sortierung erscheint die in üblicher Weise berechnete Streuung σ. Die Asymmetrie eingipfeliger Verteilungskurven wird durch die Schiefe α oder das sogenannte 2. Moment gemessen. Für eine symmetrische Verteilung ist α gleich Null. Beim Überwiegen grober Partikel ist α negativ, beim Überwiegen feiner positiv (man beachte den Unterschied gegenüber der aus Quartilen und Median berechneten Schiefe). Die Steilheit des Gipfels einer eingipfeligen Verteilungskurve wird durch die Kurtosis β oder das 4. Moment gemessen. Sie ist umso größer, je steiler der Gipfel ist.

Beispiele für Korngrößenverteilungen und Summenkurven und die aus ihnen abgeleiteten Parametern nach Tabelle 3-16 und 3-17 sind in Abb. 3-29 und 3-30 dargestellt.

Die Korngrößenverteilung vieler Sedimente entspricht, wenn man eine logarithmische Skala für die Durchmesser wählt, annähernd einer Normalverteilung (Gaussverteilung), d. h. einer besonderen Form der eingipfeligen und symmetrischen Verteilungsfunktionen, für welche Median, Modal und Mittelwert zusammenfallen. Es ist kein theoretischer Grund dafür bekannt, weshalb die Verteilungskurven von Sedimenten nur mit logarithmischem und nicht mit arithmetischem Größenmaßstab gerade Normalverteilungen entsprechen sollen. Da aber Verteilungen dieses Typs in der Natur weit verbreitet sind und ihre Behandlung gut bekannt ist, erscheint es wohl

Tabelle 3-17. Statistische Größen zur Kennzeichnung von Korngrößenverteilungen nach der Φ-Skala.

Benennung	Statistische Maße	Vorschlag nach INMAN (1952)
Median	— — —	$Md_{\varphi} = \Phi_{50}$
Mittlere Korngröße	$\overline{\Phi} = \frac{1}{100} \sum_n f_n \Phi_n$	$\overline{\Phi}^* = {}^1/_2\ (\Phi_{16} + \Phi_{84})$
Streuung (Sortierung)	$\sigma = \left\{ \frac{1}{100} \sum_n f_n (\Phi_n - \overline{\Phi}) \right\}^{1/2}$	$\sigma^* = {}^1/_2\ (\Phi_{84} - \Phi_{16})$
Schiefe	$\alpha = \frac{1}{100}\ \sigma^{-3} \sum_n f_n (\Phi_n - \overline{\Phi})^3$	$\alpha^* = \frac{\overline{\Phi}^* - \Phi_{50}}{\sigma^*}$
Kurtosis	$\beta = \frac{1}{100}\ \sigma^{-4} \sum_n f_n (\Phi_n - \overline{\Phi})^4$	$\beta^* = \frac{{}^1/_2\ (\Phi_{95} - \Phi_5) - \sigma^*}{\sigma^*}$

f_n: Häufigkeit (Gewichtsprozent) der Kornklasse mit dem mittleren Durchmesser Φ_n

Φ_5, Φ_{16}, Φ_{50}, Φ_{84}: Φ-Werte, die zu den Summenhäufigkeiten F = 5%, 16%, 50%, 84% gehören (Perzentile im Φ-Maßstab)

zweckmäßig, Korngrößenverteilungen der Sedimente durch Maßzahlen zu beschreiben, welche aus der Normalverteilung abgeleitet sind und die Abweichungen gegenüber diesem Idealmodell messen.

Die Normalverteilung für Korngrößen im Φ-Maß entspricht der folgenden Funktion:

$$f = \frac{1}{\sigma \sqrt{2\pi}}\ e^{-\frac{(\Phi - \overline{\Phi})^2}{2\sigma^2}} \qquad (3.125)$$

f (Ordinate) ist die zur Korngröße Φ (Abszisse) gehörige Häufigkeit (Gewichtsprozent). Jede bestimmte Normalverteilung ist durch die beiden Parameter $\overline{\Phi}$ (mittlere Korngröße in Φ-Maß) und σ (Streuung oder Sortierung) definiert, welche gemäß der linken Spalte von Tabelle 3-17 zu bestimmen sind. Die Schiefe α ist für eine Normalverteilung gleich Null. Jede von Null abweichende Schiefe einer wirklichen Verteilung ist ein erstes Maß für die Abweichung der realen Verteilung vom idealen Modell. Als zweites solches Maß kann die Kurtosis dienen, welche für eine Normalverteilung den Wert 3,0 hat. Kurtosiswerte über 3 zeigen spitzere, solche unter 3 flachere Gipfel an.

Die Normalverteilung hat weiterhin die Eigenschaft, daß zu Φ-Werten, welche in bestimmten Abständen vom Mittelwert $\overline{\Phi}$ stehen, bestimmte Summenhäufigkeiten gehören, welche in Tabelle 3-18 verzeichnet sind. Daher finden sich z. B. in einer Normalverteilung zwischen den Korngrößen ($\overline{\Phi}$ − σ) und ($\overline{\Phi}$ + σ) 84,135 − 15,86 = 68,27% der gesamten Körnermasse. Diese Gesetzmäßigkeiten kann man benutzen, um an Verteilungen, welche Normalverteilungen ähnlich sind, die Maße für Streuung (Sortierung), Schiefe und Kurtosis zu bestimmen, wobei man an Stelle der mühsamen Berechnung der exakten statistischen Maße von der graphischen Summenkurve ausgeht. Solche Maße sind nach einem Vorschlag von INMAN (1952) in der rechten Spalte der Tabelle 3-17 verzeichnet. Man erhält also z. B. die mittlere Korngröße $\overline{\Phi}$ als

Mittel zwischen den Φ-Werten mit den Summenhäufigkeiten 16 und 84% (Φ_{16} und Φ_{84}), da deren Abstand für eine Normalverteilung gerade $-\sigma$ resp. $+\sigma$ vom Mittelwert beträgt. Entsprechend kann man Streuung, Schiefe und Kurtosis aus den Daten bestimmen, die sich unmittelbar aus der Summenkurve ablesen lassen. Der Unterschied gegenüber den ebenfalls aus der Summenkurve abgeleiteten Maßzahlen, die aus den Quartilen berechnet werden (Tabelle 3-16) besteht darin, daß hier ein breiterer Bereich der Verteilungskurve berücksichtigt wird und statt der statistisch nicht besonders ausgezeichneten Quartile solche Perzentile Verwendung finden, denen in der statistischen Theorie eine besondere Bedeutung zukommt.

Die Berechnung der Maße für Streuung, Schiefe und Kurtosis nach dem Vorschlag von INMAN (1952) berücksichtigt von der Summenkurve nur den Teil zwischen Φ_{16} und Φ_{84}. Eine andere Berechnungsart, welche den Bereich von Φ_5 bis zu Φ_{95} erfaßt, wurde von FOLK & WARD (1957) vorgeschlagen. Sie hat den Vorteil, Abweichungen von der lognormalen Verteilung am feinen und groben Ende besser gerecht zu werden, erfordert jedoch eine größere Rechenarbeit.

Ob eine gegebene Korngrößenverteilung einer Normalverteilung entspricht, prüft man am einfachsten, indem man die Summenkurve auf Wahrscheinlichkeitspapier aufträgt. Der Ordinatenmaßstab dieses Papiers ist so eingeteilt, daß Normalverteilungen als Gerade erscheinen. Die Neigung der Geraden ist der Streuung σ, d. h. der Sortierung proportional: die Geraden sind umso steiler, je besser sortiert das Sediment ist.

Tabelle 3-18. Summenhäufigkeiten einer lognormalen Verteilung.

Φ	$\bar{\Phi}-3\sigma$	$\bar{\Phi}-2\sigma$	$\bar{\Phi}-\sigma$	$\bar{\Phi}$	$\bar{\Phi}+\sigma$	$\bar{\Phi}+2\sigma$	$\bar{\Phi}+3\sigma$
F in %	0,135	2,275	15,865	50	84,135	97,275	99,865

In der bisherigen Erörterung war davon ausgegangen worden, daß die Korngrößenverteilung nur einen einzigen Gipfel hat. Es kommen jedoch nicht selten zwei- und mehrgipfelige Korngrößenverteilungen vor. Man kann sie meistens als eine Kombination mehrerer lognormaler Verteilungen beschreiben. Auf Wahrscheinlichkeitspapier erscheinen solche Verteilungen als Überlagerung mehrerer geradliniger Kurvenstücke.

Haben die Körner nicht dasselbe spezifische Gewicht, so werden verschieden große Körner zusammen transportiert und abgelagert. Die Größenverhältnisse der äquivalenten Körner verschiedenen spezifischen Gewichtes sind bei Suspensions- und Bodentransport im allgemeinen verschieden.

In der Bodenfracht verhalten sich solche Körner gleich, welche die gleiche Schubspannung erfordern, um rollend oder springend bewegt zu werden. Für das Verhältnis der Durchmesser D_{ar} und D_{br} kugelförmiger, hinsichtlich des Bodentransportes äquivalenter Teilchen der spezifischen Gewichte ϱ_a und ϱ_b erhält man unter Berücksichtigung der Gleichungen 3.57 und 3.60:

$$D_{ar} : D_{br} = \Theta_b(\varrho_b - 1) : \Theta_a(\varrho_a - 1) \qquad (3.126)$$

Θ_a und Θ_b sind für rollenden oder springenden Transport gültige Konstanten, welche von der Korngröße nicht unabhängig sind. Für Korngrößen oberhalb des

Hjulström-Minimums (d. h. für Sande über etwa 0,2 mm Durchmesser) dürfte es berechtigt sein, die Größenabhängigkeit der Konstanten zu vernachlässigen. Man erhält dann als Annäherung:

$$D_{ar} : D_{br} = (\varrho_b - 1) : (\varrho_a - 1) \tag{3.127}$$

Bei Transport und Sedimentation aus der Schwebfracht verhalten sich solche Körner gleich, die ebenso schnell sinken. Für Reynoldszahlen unter 1 (Quarzkörner unter 0,2 mm) kann man die STOKES-Formel anwenden. Dann gilt für das Verhältnis der Durchmesser (D_{as}, D_{bs}) kugelförmiger, gleich schnell sinkender Körner von verschiedenem spezifischen Gewicht (ϱ_a, ϱ_b):

$$D_{as} : D_{bs} = \sqrt{(\varrho_b - 1) : (\varrho_a - 1)} \quad \text{(STOKES)} \tag{3.128}$$

Für größere Reynoldszahlen, d. h. größere Körner ist die Sinkgeschwindigkeit nach der Formel von OSEEN oder nach einem anderen Näherungsverfahren zu berechnen. Einen allgemeinen Ausdruck für das Größenverhältnis gleich schnell sinkender Körner kann man in diesem Übergangsbereich nicht formulieren. Jedenfalls ändert sich das Verhältnis mit wachsendem Korndurchmesser in dem Sinne, daß sich der Unterschied von D_{as} und D_{bs} vergrößert, bis schließlich im Gültigkeitsbereich der NEWTON-Formel, d. h. bei Reynoldszahlen über 1000 (Quarzdurchmesser über 2,6 mm) für das Verhältnis gleich schnell sinkender Körner dieselbe Beziehung gilt, wie sie für den Bodentransport abgeleitet wurde:

$$D_{as} : D_{bs} = (\varrho_b - 1) : (\varrho_a - 1) \quad \text{(NEWTON)} \tag{3.129}$$

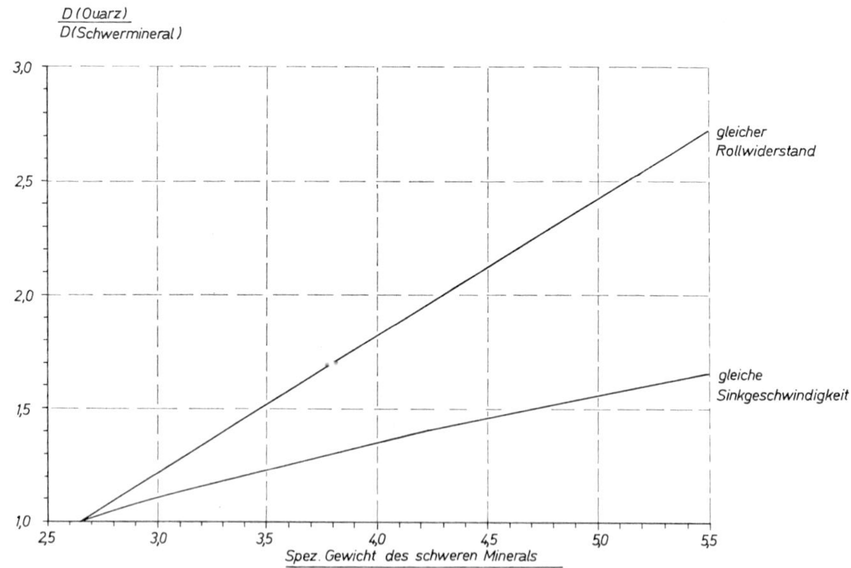

Abb. 3-26. Verhältnis der Durchmesser von kugelförmigen Quarz- und Schwermineralkörnern gleicher Sinkgeschwindigkeit bzw. gleichen Rollwiderstandes in Wasser.

Für die größten Körner ist also die Äquivalenzbeziehung für Bodentransport und Suspensionstransport identisch, während bei kleinen Körnern der Größenunterschied äquivalenter Partikel von verschiedenem spezifischem Gewicht beim Bodentransport größer ist als beim Transport in Suspension.

In Abb. 3-26 sind die Beziehungen Gl. (3.127) und Gl. (3.128) für verschiedene spezifische Gewichte dargestellt. Die in Sanden, welche in Wasser transportiert und abgelagert wurden, festgestellten Größenunterschiede der leichten und schweren Gemengteile liegen in der Tat zwischen den durch die obigen Gleichungen festgelegten Verhältnissen (v. Engelhardt 1940 a, Rittenhouse 1943, Walger 1966).

3.182 Flüsse[10]

In den meisten Flüssen, welche sedimentäres Material in Seen oder in das Meer transportieren, nimmt die Wasserführung (m^3/sec), d. h. die sekundlich durch den Querschnitt fließende Wassermenge vom Quellgebiet zur Mündung hin zu. Die sogenannte mittlere Geschwindigkeit des Flusses (cm/sec), erhält man, indem man die Wasserführung durch den jeweiligen Querschnitt dividiert. Obwohl der Querschnitt sich in der Regel zur Mündung hin vergrößert, nimmt die mittlere Geschwindigkeit der Flüsse, soweit dies bisher untersucht wurde, wie die Wasserführung flußabwärts zu (Leopold 1953). Für Transport und Ablagerung in einem Fluß ist jedoch nicht diese mittlere Geschwindigkeit, sondern die Schubkraft am Boden des Flusses maßgeblich, welche dem Produkt aus Gefälle (tg β) und hydraulischem Radius (m) oder Flußtiefe (h) proportional ist (vgl. Abschnitt 3.12):

$$\tau_0 = m\,g\,\mathrm{tg}\,\beta \simeq h\,g\,\mathrm{tg}\,\beta \tag{3.130}$$

Wie sich die für Transport und Ablagerung wichtigen Größen im Laufe eines Flusses ändern ist in Abb. 3-27 an einem Beispiel dargestellt, welches aus Untersuchungen von Leopold & Maddock (1953) an zahlreichen Flüssen im mittleren Westen der Vereinigten Staaten stammt. Die aufgezeichneten Beziehungen zwischen Gefälle, Tiefe, mittlerer Geschwindigkeit und Transportkraft ($h \cdot \mathrm{tg}\,\beta$) auf der einen und der Wasserführung auf der anderen Seite sind aus den Beobachtungen an vielen einzelnen Flüssen gemittelt worden und stellen die Verhältnisse in einem typischen Modellfluß dar. Zunehmende Wasserführung entspricht einem Fortschreiten vom Quellgebiet zur Mündung. In derselben Richtung nimmt das Gefälle ab, gleichzeitig aber die Tiefe zu. Da die Abnahme des Gefälles stärker ist als die Zunahme der Tiefe, nimmt die Transportkraft von Flüssen, welche diesem Modell entsprechen, in Richtung auf die Mündung ab, obwohl die mittlere Geschwindigkeit zunimmt.

Der Abnahme der Transportkraft oder der Schubspannung an der Sohle des Flusses muß eine Ablagerung von transportiertem Material entsprechen, falls der Fluß solches Material in der passenden Korngröße mit sich führt. Diese Ablagerung erfolgt für die Boden- und Schwebfracht in verschiedener Weise.

Wie im Abschnitt 3.14 dargelegt, kann man für den Bodentransport zwei kritische Schubspannungen unterscheiden. Die erste kritische Schubspannung τ_{01} bezeichnet den

---

[10] Vgl. hierzu Leopold, Wolman & Miller (1964), dort auch weitere Literatur.

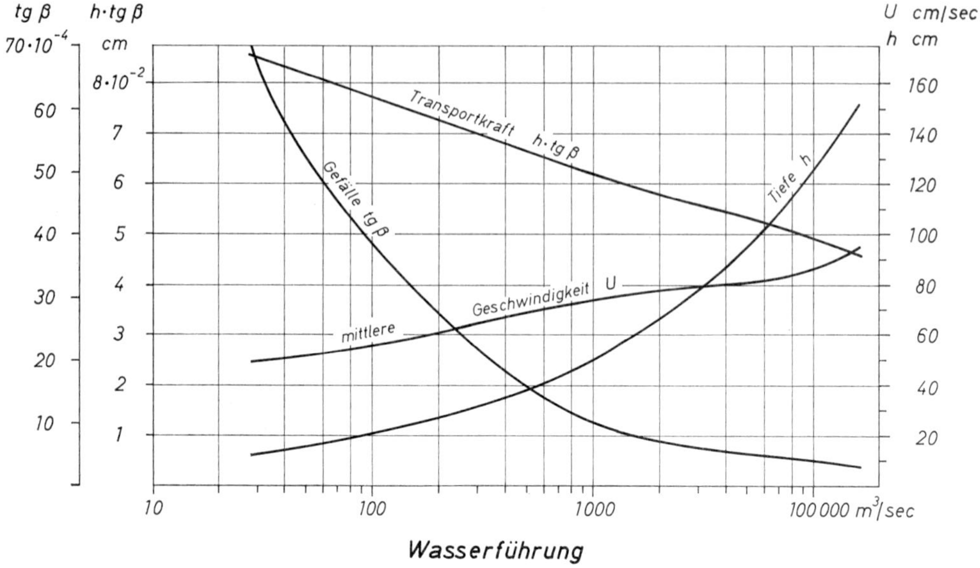

Abb. 3-27. Mittelwerte für Gefälle, Geschwindigkeit, Transportkraft und Tiefe von Flüssen im mittleren Westen der Vereinigten Staaten in Abhängigkeit der von der Quelle zur Mündung zunehmenden Wasserführung (nach LEOPOLD & MADDOCK 1953).

Beginn der rollenden Bewegung eines Kornes, die zweite kritische Schubspannung den Beginn des Springens. Die in Abschnitt 3.14 abgeleiteten Formeln seien hier noch einmal wiederholt:

$$\tau_{01} = \Theta_1 (\varrho_2 - 1) g D \quad \text{(rollender Transport)} \qquad (3.131)$$

$$\tau_{02} = \Theta_2 (\varrho_2 - 1) g D \quad \text{(springender Transport)} \qquad (3.132)$$

Θ_1 und Θ_2 sind Funktionen des Durchmessers, ϱ_2 ist das spezifische Gewicht des Korns. Alle nicht schwebenden Körner, für welche die wirksame Schubspannung am Boden eines Flusses größer ist als die Grenzwerte für rollenden resp. springenden Transport, werden als Bodenfracht bewegt. Die Bodenfracht besteht aus Körnern, für welche das Produkt $(\varrho_2 - 1)$ D von einem Maximalwert bis zu kleinen Werten hin variiert. Die untere Grenze ist durch die Tragfähigkeit der betreffenden Strömung für Suspensionsfracht bestimmt. Körner, für welche $(\varrho_2 - 1)$ D zwischen den Maximalwerten für rollenden und springenden Transport liegt, bilden am Boden des Flusses Strömungsrippeln als Transportkörper aus.

Ablagerung von Bodenfracht setzt dann ein, wenn die Transportkraft des Flusses abnimmt, so daß am Boden eine verminderte Schubspannung herrscht. Dann werden bestimmte Körner, die vorher noch springend bewegt wurden, nicht mehr springen können, sondern höchstens nur noch rollend am Boden bewegt werden, und andere, die vorher noch gerollt wurden, werden überhaupt liegen bleiben. Das in Strömungsrippeln rollende Material bewegt sich nur sehr langsam voran und kann insofern schon zum Sediment gerechnet werden. Der Korngrößenbereich des abgelagerten Materials wird umso schmaler sein, je geringer der Betrag ist, um welchen sich die Schubspannung verringert hat.

Von besonderer Bedeutung ist das im Abschnitt 3.14 näher besprochene Minimum der kritischen Schubspannung für Bodentransport (Abb. 3-11), welches für Quarzkörner in der Nähe von Korndurchmessern um 0,2 mm liegt. Die Schubspannung, welche diese Körner gerade zu mobilisieren vermag, ist die kleinste Schubspannung, bei welcher überhaupt noch Bodentransport erfolgt. Für kleinere Körner steigt die Schubspannung mit abnehmendem Durchmesser, für größere mit zunehmendem. Die Existenz des Minimums ist wahrscheinlich der Grund dafür, daß Sande mit Korngrößen um 0,2 mm häufig besonders gut sortiert sind (INMAN 1949): Bei einer Schubspannung, die etwas über dem Minimum liegt, besteht die Bodenfracht aus gröberen Körnern bis herunter zu etwa 0,2 mm (Feineres wird in Suspension transportiert). Nimmt die Transportkraft ab, so werden die gröberen Körner allmählich aussortiert, bis als letztes allein diejenigen Körner übrig bleiben, welche dem Minimum der Schubspannung entsprechen, d. h. recht genau solche von 0,2 mm (Quarz) ohne Beimischung von feineren oder gröberen Komponenten.

In Suspension kann feines Material nur deshalb über weite Strecken transportiert werden, weil alle natürlichen Wasserströmungen turbulent sind (Abschnitt 3.12). Die mit bestimmter Geschwindigkeit absinkenden Teilchen werden durch die turbulenten Mischbewegungen wieder angehoben. Solange keine Ablagerung stattfindet, bleibt die Menge der suspendierten Teilchen konstant, d. h. es muß dafür gesorgt sein, daß sich der stationäre Zustand einstellt: in jeder Höhe über dem Boden ist in der Zeiteinheit die Anzahl der pro cm^2 Bodenfläche absinkenden Teilchen gleich der Zahl der durch dieselbe Fläche wegen der Turbulenz aufsteigenden. Wie oben entwickelt, ergeben sich für diesen stationären Zustand über den Querschnitt der Strömung exponentielle Teilchenverteilungen, wenn der Austausch konstant ist, und kompliziertere Verteilungsfunktionen, wenn der Austausch sich mit der Entfernung vom Boden ändert, wie dies in Flüssen der Fall ist.

Ablagerung erfolgt, wenn dieser stationäre Zustand gestört wird. Störungen können auf verschiedene Weise zustande kommen. In Flüssen ist der stationäre Zustand an die Bedingung gebunden, daß alles aus der untersten Schicht auf den Boden ausfallende Material sogleich wieder vollständig mobilisiert und der Suspension zugeführt wird. Ist dies nicht der Fall und wird der Strömung laufend suspendiertes Material entzogen, so kann sich keine stationäre Verteilung der Teilchen einstellen. Solange am Boden gröberes Material als Bodenfracht transportiert wird, dürften die Bedingungen günstig dafür sein, daß der größte Teil der ausfallenden Suspensionsfracht wieder mobilisiert wird, da die Bewegung der Körnersuspension am Boden das feinere Material aufwirbeln wird. Sinkt aber die Schubspannung am Boden, so daß ein Teil der Bodenfracht liegen bleibt oder langsam wandernde Rippeln bildet, dann besteht die Möglichkeit, daß auf den Boden fallende Teilchen der Suspensionsfracht zwischen die gröberen Körner eingebettet werden, so daß sie nicht mehr in die Strömung kommen können. Es entsteht dann ein Bodenfrachtsediment mit einer kleinen Beimengung Schwebfracht. Sinkt die Schubspannung am Boden bis unter den minimalen Wert, welcher der Bewegung von Quarzkörnern von 0,2 mm Durchmesser entspricht, so kommt der Bodentransport ganz zur Ruhe. Dann kann das aus der Suspension auf den Boden ausfallende Material nicht mehr mobilisiert werden, es findet laufend eine Ablagerung von Suspensionsfracht statt.

Vollständig oder fast vollständig stationärer Suspensionstransport ist also nur möglich, wenn die Schubspannung am Boden höher als der Wert des Minimums ist, der bei etwa 15 dyn/cm^2 liegt und für Quarz einer Transportkraft von $m \operatorname{tg} \beta = 1{,}5 \cdot 10^{-2}$ cm entspricht. Bei kleineren Schubspannungen wird aus einem Fluß mit Suspensionsfracht laufend Material aus der untersten Schicht auf den Boden fallen und dort liegen bleiben.

Die Verteilung der in Schwebe befindlichen Partikel über den Querschnitt der Strömung hängt von dem Verhältnis der Sinkgeschwindigkeit der Teilchen zu einem Integral des Austauschs über den ganzen Querschnitt der Strömung ab (Gl. 3.50). Eine Annäherung führt darauf, daß der Quotient $p = v : 0{,}4 \sqrt{\tau_0}$ die Verteilung suspendierter Teilchen in einem Fluß bestimmt (Abschnitt 3.12). v ist die Sinkgeschwindigkeit der Teilchen und τ_0 ist die Schubspannung am Boden. Deshalb ist die Schubspannung am Boden des Flusses auch für Transport und Ablagerung der Schwebfracht maßgeblich. Verringert sich die Schubspannung, so wird der Quotient p kleiner. Alle schwebend transportierten Teilchenarten erfahren eine Verschiebung derart, daß sie sich mehr in den untersten Schichten der Strömung anreichern, wobei diese Anreicherung für die am schnellsten sinkenden Teilchen am stärksten ist. Das aus der Strömung ausfallende Material entspricht in seiner Korngrößenverteilung etwa der Suspensionsfracht der bodennächsten Schichten. Im Unterschied zu dem Sediment aus der Bodenfracht enthält das Sediment aus der Schwebfracht alle Korngrößen, allerdings mit starker Bevorzugung der schnell sinkenden. Die Sedimentation aus der Suspensionsfracht vermag daher im Unterschied zu der Sedimentation aus der Bodenfracht keine gute Sortierung hervorzubringen.

Ganz anders als die wegen der Abnahme des Gefälles stromabwärts abnehmende Transportkraft verhält sich die maximale Transportkapazität des Flusses, d. h. die Menge an Material, die pro Sekunde durch den Querschnitt transportiert werden kann. Gemäß Gl. 3.73 und 3.74 nimmt die maximale Transportkapazität des in Abb. 3-27 dargestellten Modellflusses sowohl für Schwebfracht als auch für Bodenfracht in der Fließrichtung zu. Ein solcher Fluß wäre also in der Lage, trotz abnehmender Transportkraft mit der Fließrichtung zunehmende Mengen an Bodenfracht und Schwebfracht sekundlich durch den Querschnitt zu befördern, wenn auch zur Mündung hin immer feiner werdendes Material. Eine Voraussetzung ist natürlich, daß genügende Mengen von Teilchen geliefert werden, die bei der zur Verfügung stehenden Transportkraft am Boden oder in Suspension bewegt werden können.

Sedimente der Flußtäler lassen sich in zwei genetische Gruppen: Strombettsedimente und Überflutungssedimente einteilen (Doeglas 1950).

Strombettsedimente bestehen hauptsächlich aus Bodenfracht. Sie entstehen in der eigentlichen Flußrinne dort, wo eine Abnahme der Transportkraft erfolgt, so daß vorher noch rollend und springend bewegte Körner liegen bleiben. Am Boden der Stromrinne von Flüssen findet man daher vom Ursprung zur Mündung hin Sedimente zunehmender Feinheit. Abb. 3-28 zeigt dies am Beispiel des Mississippi

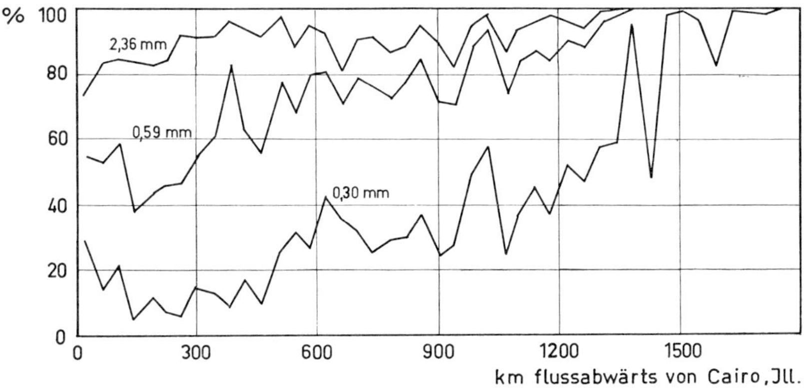

Abb. 3-28. Korngrößenverteilung von Strombettsanden des Mississippi zwischen Cairo (Illinois) und der Mündung (nach LEOPOLD, WOLMAN & MILLER 1964).

zwischen Cairo, Illinois und dem Golf von Mexiko. Während die mittlere Korngröße zwar stetig, aber doch nur um einen geringen Betrag abnimmt, ist das Verschwinden von Kies und grobem Sand aus der Bodenfracht sehr deutlich.

Die Ablagerung von Sand und Kies in der Flußrinne geschieht in der Form von Sand- oder Kiesbänken. Solche Bänke aus grobem Material wechseln in der Stromrinne von Flüssen mit Bodenfracht mit tieferen Stellen ab, in denen feineres Sediment liegt. Mäandrierende Flüsse lagern Bodenfracht an den Sandbänken ab, die sich an dem nach außen gebogenen Ufer bilden. In besonders großem Umfang kommt es zur Ablagerung von Strombettsedimenten dort, wo eine plötzliche Erweiterung des Strombettes oder eine plötzliche Verflachung (Gefälleknick) eine starke Herabsetzung der Transportkraft verursacht. An solchen Stellen entstehen deltaähnliche Anhäufungen von Sandbänken, zwischen denen sich der Fluß in mehrere oft wechselnde Arme zerteilt (verwilderter Fluß).

Strombettsedimente werden immer aus mehr oder weniger starker Strömung abgelagert. Die entstehenden Sedimentgefüge lassen dies im allgemeinen deutlich erkennen: Schrägschichtung bildet die Transportkörper der Strömungsrippeln und Sandbänke ab. Die örtlich meist schnell wechselnden Strömungsverhältnisse bringen eine Feinschichtung aus Lagen verschiedener Korngröße hervor. Jede einzelne Schicht zeugt von dem Regime einer bestimmten Transportkraft. Da die Schichten unter Umständen sehr dünn sind, bestehen Schwierigkeiten bei der Probenahme. Die an einer ohne besondere Vorsicht entnommenen Probe gemessene Korngrößenverteilung kann häufig aus einem Gemisch mehrerer individueller Verteilungen bestehen, welche einzelnen Schichten entsprechen. Besitzen die Sande der einzelnen Schichten je lognormale Verteilungen, so setzt sich die Summenkurve einer solchen Mischung, wenn man sie auf Wahrscheinlichkeitspapier aufzeichnet, aus mehreren geraden Stücken zusammen (WALGER 1961).

Zwischen der mittleren Korngröße von Sanden und der Dicke der einheitlichen Schichten scheint eine Beziehung zu bestehen, nach welcher die Dicke der Schicht mit der mittleren Korngröße zunimmt (SCHEIDEGGER & POTTER 1967). Wahrscheinlich hängt dies damit zusammen, daß die Amplitude der Rippeln und Sandwellen mit zunehmender Transportkraft zunimmt und die Dicke der am Leehang dieser Strukturen abgelagerten Schichten mit der Amplitude wächst.

Die Sortierung der Sande und Kiese aus Strombetten ist im allgemeinen verhältnismäßig gut. Für eine große Anzahl von Flußsanden fand FRIEDMAN (1967) Streuungen im Φ-Maß zwischen $\sigma = 0{,}50$ und $1{,}50$. In vielen Fällen zeigen Flußsande eine charakteristische Beimengung von feinerem Material, welche größer ist, als es einer lognormalen Verteilung entspricht. Daher findet man oft einen positiven Wert der Schiefe (α bzw. α^*). Von 180 Flußsanden, die FRIEDMAN (1967) untersuchte, haben 134 positive Schiefewerte bis zu $\alpha = +2{,}3$ (die meisten Werte zwischen 0 und $+1{,}5$). Vermutlich ist hier Ton- und Siltmaterial beigemengt, das aus der Suspensionsfracht ausgefallen ist und zwischen die gröberen Körner eingelagert wurde, so daß es nicht mehr mobilisiert werden konnte.

Überflutungssedimente bilden sich dann, wenn der Fluß über die Ufer der engeren Rinne tritt und mehr oder minder große Bereiche des Talbodens überflutet. Im überfluteten Gebiet kommt es wegen der plötzlichen Verringerung von Tiefe und Gefälle zu einer bedeutenden Herabsetzung der Transportkraft. Alles Material, welches die Flutwässer mitbrachten, d. h. vor allem die feine Schwebfracht, wird mit einem Mal sedimentiert. Die Ablagerungen enthalten alle Korngrößen mit einer starken Beteiligung der feinen Komponenten. Die Sortierung ist daher extrem schlecht, und es fehlen die Anzeichen von Strömung wie Fein- und Kreuzschichtung. Die entstehenden Schichtpakete sind entweder homogen oder sie enthalten ein gradiertes Gefüge, in welchem die groben Komponenten in den unteren Lagen angereichert sind und der Anteil an Feinem nach oben hin zunimmt.

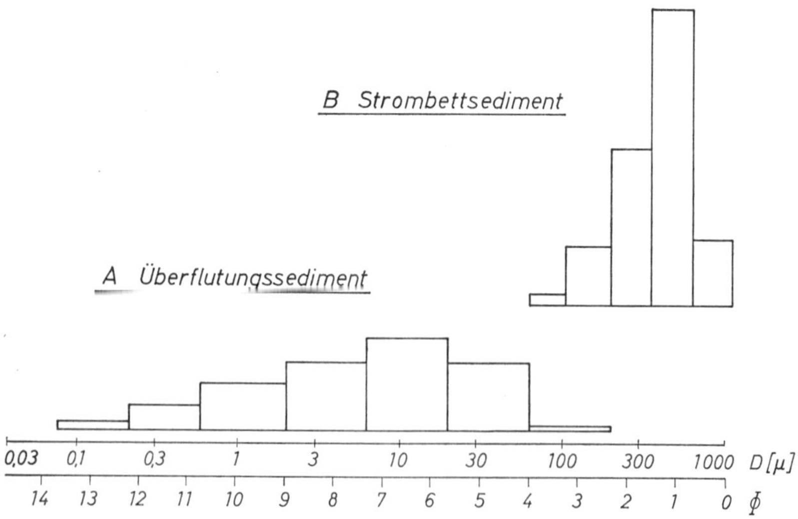

Abb. 3-29. Korngrößenverteilung eines Überflutungssediments (A) und eines Strombettsediments (B) des oberen Euphrat (nach SCHNEIDERHÖHN 1957).

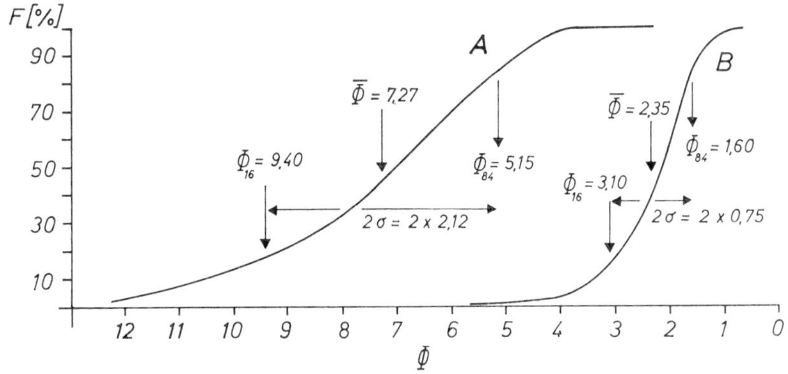

Abb. 3-30. Summenkurven der in Abb. 3-29 dargestellten Sedimente. Es ergeben sich die folgenden Kennzahlen:

	A	B
Md = Φ_{50}	0,008 mm	0,22 mm
Q_1	0,0024 mm	0,15 mm
Q_3	0,020 mm	0,30 mm
So	2,86 mm	1,44 mm
Sk	0,75 mm	0,88 mm
$\bar{\Phi}$*	7,27 mm	2,35 mm
σ*	2,12 mm	0,75 mm
α*	+0,127 mm	+0,267 mm

Als ein Beispiel für den verschiedenen Charakter von Strombettsanden und Überflutungssedimenten desselben Flusses sind in Abb. 3-29 und 3-30 Summenkurven sowie die Korngrößenverteilung und statistischen Maße von zwei Sedimenten des oberen Euphrat dargestellt (Schneiderhöhn 1957). Das Sediment A ist ein typisches Überflutungssediment aus der Talaue des Flusses mit einer sehr schlechten Sortierung. Das Sediment B stammt von einer um wenige Meter höheren Terrasse. Es ist ein aus der Strömung abgelagertes Bodenfrachtsediment, dessen mittlere Korngröße etwa dem Minimum der Schubspannung für Bodentransport entspricht. Dieses Sediment ist sehr viel besser sortiert, hat aber eine geringe positive Schiefe, also gegenüber der Normalverteilung einen geringen Überschuß an feinem Material.

Die Ablagerungen in einem Flußtal sind einer steten Umlagerung unterworfen, weil die Wasserführung jedes Flusses mehr oder minder stark schwankt. An einem bestimmten Ort des Flußbettes variiert die Transportkraft in weiten Grenzen. Bei niedrigem Wasserstand werden in der Rinne Sedimente gebildet, die bei höherem Wasserstand und vermehrter Transportkraft wieder mobilisiert werden. Steigt das Wasser so hoch, daß der Fluß über seine Ufer tritt, so wird auf dem überschwemmten Talboden vornehmlich suspendiertes Material abgesetzt. Aber auch diese Sedimente kommen dort nicht endgültig zur Ruhe. Der in seinem Tal mäandrierende Fluß wird die im Talboden früher abgelagerten Sedimente später einmal wieder erodieren, mobilisieren und aufs neue talabwärts transportieren. Zeugnisse der Erosion feinkörniger Überflutungssedimente sind die Tongerölle, die sich häufig in Strombettsanden finden. In Flußtälern abgelagerte Sedimente sind daher zum großen Teil temporäre Bildungen, d. h. Depots, die vorübergehend von Material besetzt sind, welches sich auf einer immer wieder unterbrochenen und daher langsamen Wanderung befindet, die vom Abtragungsgebiet zur Mündung hin führt. Wahrscheinlich ist für alle größeren Flüsse die Zeit, während welcher ein Sedimentteilchen in Ruhe im Depot liegt, sehr viel länger als die Zeit der wirklichen Bewegung. Das in der Talaue abgelagerte Korn bleibt sehr lange liegen, bis der mäandrierende Fluß die früher niedergelegten Ablagerungen einmal wieder aufarbeitet. Während dieser Zeit ist das Teilchen den Prozessen der chemischen Verwitterung ausgesetzt, und es erhellt, daß in der ganzen Zeit des Transportes vom Abtragungsgebiet bis zur Mündung das sedimentäre Material sehr viel länger chemischen Einflüssen ausgesetzt ist als der mechanischen Transportabnutzung.

Ob im Flußtal letzten Endes eine Akkumulation von Sediment stattfindet, ob das Flußtal bei völligem Gleichgewicht zwischen Ablagerung und Transport nur eine Transportrinne darstellt oder ob schließlich die Abtragung überwiegt und der Fluß sich in den Untergrund einschneidet, hängt von großräumigen Krustenbewegungen ab.

3.183 Deltas

Wo große Flüsse in das Meer oder in Seebecken münden, nehmen Transportkraft und Transportkapazität plötzlich ab, und es kommt zu einer schnellen Ablagerung des transportierten Materials. So bilden sich Deltas als Akkumulationen von klastischen Sedimenten, wie sie rezent von vielen großen Flüssen bekannt sind (Nil, Niger, Mississippi, Rhone, Rhein, Donau, Orinoco, Mecong, Yangtse u. a. vgl. Shirley & Rabsdale 1966). Mächtige Deltaablagerungen können vor allem da gebildet werden, wo eine stetige Absenkung die Ansammlung großer Sedimentmengen ermöglicht. Es entstehen so Ablagerungskörper von der Form eines Keils, dessen dickeres Ende sich dem Kontinent anlegt.

Im allgemeinen nimmt im Verlauf eines Flusses, wie oben dargelegt, die mittlere Strömungsgeschwindigkeit zwar zu, die Transportkraft aber ab. Daher verringern sich Korngröße und mittlere Sinkgeschwindigkeit der suspendierten Partikel. Gemäß Gl. (3.78) wird dann das Verhältnis der Menge der Suspensionsfracht zu der der Bodenfracht zunehmen. Die Deltasedimente bestehen deshalb vorwiegend aus feinen Sedimenten (Silt und Ton). Ihnen ein- und aufgelagert sind geringere Mengen von Sanden. Diese Sande werden in den zahlreichen Stromrinnen abgelagert, welche die Plattform des Deltas zerschneiden und in denen das Wasser des Flusses durch seine eigenen Ablagerungen den Weg zum Meer sucht.

Die Stromrinnensande der Deltaablagerungen sind meist verhältnismäßig feinkörnig. Im Mississippidelta liegt z. B. der Median der Stromrinnensande zwischen 0,1 und 0,2 mm, höchstens bei 0,3 mm. Sie zeigen die für fluviatile Sande typische Beimengung feiner Bestandteile, d. h. eine positive Schiefe im Φ-Maßstab (Fisk, McFarlan, Kolb & Wilbert 1954). Auch die Stromrinnensande des Rhonedeltas sind recht feinkörnig (der Median der gröbsten Sedimente liegt bei 0,2 mm) und enthalten mehr feine Bestandteile, als es der Normalverteilung entspricht (Kruit 1955).

Die Stromrinnen werden von Uferdämmen begleitet, welche aus feinerem Material (Silt und Ton) bestehen, das sich bei höherem Wasserstand absetzt. Die zwischen den Stromrinnen liegenden Bereiche des Deltas werden nur zeitweise überflutet, wobei sich wie in den Talauen schlecht sortierte Suspensionsfracht als Überflutungssediment ablagert, dessen Korngröße vom feinsten Sand bis zum Ton reicht. Abb. 3-31 zeigt einige Beispiele typischer Sedimente des Rhonedeltas nach KRUIT (1955).

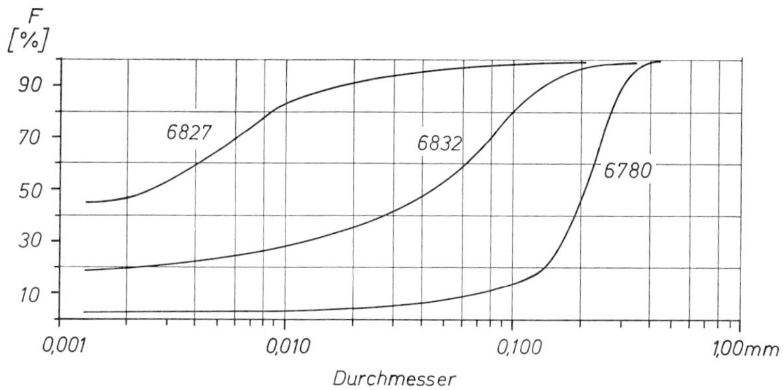

Abb. 3-31. Beispiele typischer Sedimente aus dem Delta der Rhone (nach KRUIT 1955)
6780: Feinsand aus einer Stromrinne mit Beimengung von Silt und Ton. Md = 0,21 mm
6852, 6827: Schlecht sortierte Silt-Tonablagerungen vom Typus der Überflutungssedimente. Md = 0,046 und 0,0026 mm.

Die Stromrinnen reichen oft über das eigentliche Delta weit in das Meer hinaus, da die die Strömung seitlich begrenzenden Uferbänke sich immer weiter hinausbauen. So erstrecken sich am Mississippidelta diese Flußarme 25 bis 30 km in das Meer hinein und bilden das sogenannte „Bird-Foot-Delta". An der Mündung der Flußarme entstehen Schüttungskegel aus Boden- und Suspensionsfracht. Nächst der Mündung werden vorzugsweise Sande abgelagert, die sich mit dem Fortschreiten der Rinnen mit ihren Dämmen fingerförmig in das Becken hineinschieben. Am Mississippidelta beobachtet man feinkörnige Sande bis in Wassertiefen von ca. 15 m. In größere Wassertiefen gelangen nur noch Silt und Ton als suspendiertes Material. Von Suspensionsfracht sichtbar getrübtes Wasser hat man bis zu 100 km vor der Mississippimündung beobachtet (FISK 1955). Auch an der Rhonemündung findet an der Front des Deltas eine schnelle Ablagerung des in den Rinnen der Flußarme herangebrachten Materials statt: Vor der Mündung des Hauptflusses beträgt in 3 m Wassertiefe der Median des rezenten Sediments noch 0,21 mm, in 8 m Tiefe 0,05 mm und in 30 m Tiefe nur noch 0,01 m (KRUIT 1955).

Am Außenrand der Deltaschüttung außerhalb der Mündungen der jeweils aktiven Stromrinnen findet eine Aufarbeitung des abgelagerten Materials durch die auflaufenden Wellen statt. Hier kann es zu küstenparallelem Materialtransport und zu allen für den flachen Meeresstrand typischen Sortierungsvorgängen durch Wind und Wasser kommen. In der Außenzone der meisten Deltas kommen deshalb Ablagerungen mariner Küstensande und Dünenbildungen vor, die sich im Charakter ihrer Korngrößenverteilungen von den primären Deltaablagerungen unterscheiden.

3.184 Meeresküsten

An einer Küste mit geringem Gezeiteneinfluß werden Transport und Ablagerung allein durch die Wirkung des Seeganges bestimmt. Wie im Abschnitt 3.163 näher beschrieben, treten die vom freien Ozean her auf die Küste zulaufenden Windwellen von einer bestimmten Wassertiefe an mit dem Untergrund in Wechselwirkung, derzufolge sie ihre Form verändern, in der Brandungszone zusammenbrechen und innerhalb eines küstenparallelen Streifens loses Material am Boden bewegen. In dieser Zone, in welcher die Wellenbewegung bis auf den Grund reicht, können sich Silt und Ton nicht auf die Dauer halten und ablagern. Die am Boden rollend und springend bewegten Sande werden von allem Material befreit, welches von der Wellenströmung in Suspension getragen werden kann. Auch im strandfernsten Bereich dieses Küstenstreifens, wo es nur zur Ausbildung von Oszillationsrippeln kommt, die Bodenfracht also im wesentlichen stationär ist, und nur hin- und hergerollt wird, werden die feinen Teilchen laufend ausgewaschen. Die an offenen Küsten in genügender Entfernung von Flußmündungen oder anderen Quellen feinen Materials vorkommenden Sande enthalten deshalb meist keine Körner unter etwa 0,15 mm Durchmesser (Ingle 1966, S. 174).

Da der Tiefgang der Wellenbewegung von der Wellenlänge und die Intensität der Orbitalbewegung am Boden außerdem auch von der Wellenhöhe abhängt (vgl. Abschnitt 3.163), ist die Breite des Sandstreifens vor einer flachen Küste stark von den örtlichen hydrographischen und klimatischen Bedingungen abhängig. Einige Beispiele: An der deutschen Nordseeküste wird z. B. von den ostfriesischen Inseln bis zur Elbmündung der Meeresboden bis zu einer Wassertiefe von etwa 20 m von Feinsand (gröber als 0,18 mm) eingenommen (Reineck 1963). Auch an der Ostseeküste zwischen Kiel und Mecklenburg kommen Sande mit Oszillationsrippeln bis in Wassertiefen von rund 20 m vor, in der Danziger Bucht reichen Sande sogar bis in Wassertiefen von 70 bis 80 m (Seibold 1964). Vor der Mündung des Orinoco kommen in Wassertiefen über 20 m nur Sedimente vor, die feiner als 0,05 mm sind (Nota 1958).

Seewärts von der Brandungszone ist der durch die Windwellen bedingte Bodentransport, abgesehen von der Ripströmung, auf die Küste zu gerichtet. In der Zone der Brecher erfolgt eine besonders intensive Einwirkung auf den Boden und eine sehr starke Aufwirbelung des lockeren Materials. Zwischen den Brechern und der Strandlinie wird das sedimentäre Material von der auflaufenden Strömung (Schwall) auf die Küste zubewegt, von der ablaufenden Strömung (Sog) aber wieder seewärts transportiert. Bei stationärer Küstenlinie findet hier keine Akkumulation und keine Abtragung statt, vielmehr stellt sich ein dynamisches Gleichgewicht ein, indem Zufuhr und Abfuhr von Material sich gerade die Waage halten: Auf einem bestimmten Abschnitt des seewärtigen Strandhanges leisten Schwall und Sog je eine bestimmte Arbeit, indem Sand einmal küstenwärts und einmal seewärts transportiert wird. Wegen verschiedener Energieverluste ist die Energie des ablaufenden Wassers immer geringer als die des auflaufenden. Daher wird auf horizontaler Unterlage der Schwall zunächst mehr Material ablagern, als der Sog wieder fortführen kann. So entsteht ein seewärts geneigter Strandhang, dessen Böschung sich so einstellt, daß an jeder Stelle ebensoviel Material vom Sog abgeführt wird, wie der Schwall zubringt. Die Böschung wird also umso steiler sein, je größer der Energieverlust ist, den die Sogströmung gegenüber der Schwallströmung erleidet. Ein wesentlicher Grund für diesen Energieverlust ist die Versickerung des Wassers im Untergrund. Diese ist umso größer, je größer die Durchlässigkeit, d. h. je gröber der Sand ist. Deshalb ist die Böschung eines aus gröberen Bestandteilen bestehenden Strandhanges steiler als die eines Strandes aus feinem Sand. Da der feine Sand vom Schwall am weitesten küstenwärts transportiert wird, findet man in der Regel eine Sortierung des Sandes auf dem Strandhang: die mittlere Korngröße nimmt von der Strandlinie seewärts zu. Entsprechend ändert sich auch die Neigung des Strandhanges: die Böschung ist an der Strandlinie am flachsten und nimmt zum Meer hin zu, bis sie mit einem Knick in den flacheren Untergrund übergeht. Zur quantitativen Berechnung der Neigung des Strandhanges sei auf Formeln und Beispiele verwiesen, die INMAN & BAGNOLD (1963) angegeben haben.

Auf dem Streifen zwischen Brecherzone und Strandlinie findet ein küstenparalleler Sandtransport statt, da die Wellen im allgemeinen mit einem gewissen Winkel auf die Küste treffen, und weil außerdem oft küstenparallele Strömungen vorkommen. Ripströmungen, welche die Brandung durchbrechen, tragen das küstenparallel bewegte Material immer wieder in die offene See hinaus. Feine Suspensionsfracht kann erst weit draußen abgelagert werden, die gröberen Bestandteile werden aber als Bodenfracht wieder küstenwärts und im ganzen schließlich in einer Richtung parallel zur Küste fortbewegt, welche der herrschenden Windrichtung und/oder der Küstenströmung entspricht. Dabei kommt es zur Ausbildung von langgestreckten Sandriffen oder Sandbänken, welche durch Stromrinnen unterbrochen werden, durch welche die Ripströmungen das von der Brandung auf den Strand geworfene Wasser wieder seewärts transportieren.

Bewegt sich die Küstenlinie in langsamer Transgression allmählich landeinwärts, so können alle in der Strandzone sich bildenden Sandkörper erhalten bleiben und eine weitausgedehnte, wenn auch zu verschiedenen Zeiten gebildete Sandschicht bilden, weil sie von den nachrückenden Silt- und Tonsedimenten der tieferen Flachsee zugedeckt werden.

Ist jedoch die Küstenlinie stabil, so führen die Vorgänge an einer nicht durch Buchten zerteilten Meeresküste höchstens zur temporären Ansammlung sandiger Sedimente, welche sich in einer ständigen Bewegung entlang der Küste befinden. Unterbricht dann irgendwo eine Bucht den glatten Verlauf der Küstenlinie, so muß dort, wo die Küste plötzlich landeinwärts zurückbiegt, der Sand liegen bleiben. Es bildet sich eine Nehrung, welche die Richtung des Küstenverlaufs fortsetzt und die Tendenz hat, die Bucht abzuschließen, so daß schließlich ein Haff oder eine Lagune entsteht.

Alle im Strandbereich gebildeten Ablagerungen aus dem Wasser zeigen die für Bodentransport typischen Erscheinungen wie Feinschichtung, Schrägschichtung und Strömungsrippeln, zu denen die durch die Wellen erzeugten symmetrischen Oszillationsrippeln hinzukommen.

Durch den langen, immer wiederholten Weg zwischen Brandungszone und Strandlinie werden die längs der Küste bewegten Gerölle und Sandkörner, bevor sie endgültig zur Ablagerung kommen, stärker mechanisch beansprucht als bei irgendeiner anderen Art des Transportes in Wasser. Daher sind, wie oben schon berichtet, Sandkörner und Gerölle von Strandablagerungen im allgemeinen besser gerundet als solche aus dem fluviatilen Milieu.

Außerdem hat der lange und intensive Transport an der Küste einen stark sortierenden Einfluß. Dies wirkt sich sowohl in Sortierungen nach der Größe als auch nach dem spezifischen Gewicht aus.

Bei einem Vergleich von Kiesen verschiedenen Ursprungs fand EMERY (1955) die in der Tabelle 3-19 verzeichneten Werte. Offenbar wird an den Küsten von Meer und Seen die beste Sortierung erreicht.

Tabelle 3-19. Vergleich verschiedener Kiese nach EMERY (1955).

Herkunft	Anzahl	Median (mm) Mittel	Median (mm) (Bereich)	Sortierung $(Q_1 : Q_3)^{1/2}$ Mittel	Sortierung $(Q_1 : Q_3)^{1/2}$ (Bereich)
Meeresküste	32	56,0	(10,8—750)	1,25	(1,13—2,14)
Seeküsten	37	47,0	(13,0—125)	1,15	(1,09—1,21)
Flüsse	35	19,0	(10,4—355)	3,18	(1,34—5,49)
Schuttfächer	58	16,5	(10,0—64,0)	5,33	(2,50—8,95)

Strandsande sind im Durchschnitt besser sortiert als Flußsande. Für eine größere Anzahl von Strandsanden fand FRIEDMAN (1967) Streuungen von höchstens etwa 0,8 Φ, während für Flußsande Werte zwischen 0,5 und 1,5 Φ festgestellt wurden. Die für Flußsande so typische Beimengung feinen Materials, welche eine positive Schiefe im Φ-Maßstab bedingt, kommt bei Strandsanden seltener vor. So fand FRIEDMAN (1967) unter 155 Strandsanden nur 54 mit positiver Schiefe. Bei den meisten Strandsanden hat die Wellenbewegung dafür gesorgt, daß alle Beimengungen von feiner Suspensionsfracht ausgewaschen wurden.

Häufig beobachtet man auf dem durch die Wechselwirkung von Schwall und Sog gebildeten Strandhang die Entstehung meistens verhältnismäßig ephemerer Schwermineralseifen. Zu ihrer Bildung dürfte niemals eine einfache Sortierung nach Rollwiderstand (Bodenfracht) oder Sinkgeschwindigkeit (Suspensionsfracht) genügen, weil in beiden Fällen die Schwermineralkörner durch eine große Menge gleichschnell sinkender oder am Boden gleich beweglicher Quarzkörner verdünnt werden und von ihnen nicht getrennt werden können. Es kann aber eine Kombination beider Sortierungsvorgänge eine solche Auslese hervorbringen: Werden durch den auflaufenden Schwall an einer bestimmten Stelle des Strandhanges Körner der gleichen Sinkgeschwindigkeit abgelagert, die bis dorthin in Suspension transportiert wurden, so gilt, falls das Gesetz von STOKES anzuwenden ist, gemäß Gl. (3.128) für die Durchmesser von spezifisch leichten (spez. Gewicht ϱ_a, Durchmesser D_a) und spezifisch schweren Mineralkörnern (spez. Gewicht ϱ_b, Durchmesser D_{bs}):

$$D_{bs} = D_a \sqrt{\frac{\varrho_a - 1}{\varrho_b - 1}} \qquad (3.133)$$

Quarzkörner (spez. Gewicht 2,65) von 0,200 mm Durchmesser würden z. B. nach dieser Formel mit Granatkörnern (spez. Gewicht 4,00) von 0,148 mm Durchmesser abgelagert. Hat der ablaufende Sog an derselben Stelle eine solche Geschwindigkeit, daß er gerade eben die leichteren Körner fortrollen kann, so würden die mit diesen dort abgelagerten Schwermineralkörner gleicher Sinkgeschwindigkeit liegen bleiben, da für ihre Bewegung eine größere Kraft erforderlich wäre. Es gilt nämlich nach Gl. (3.127) für den Durchmesser D_{br} derjenigen Schwermineralkörner, die von der gleichen Schubspannung bewegt werden wie die leichten Körner des Durchmessers D_a angenähert:

$$D_{br} = D_a \frac{\varrho_a - 1}{\varrho_b - 1} \tag{3.134}$$

D_{br} ist also kleiner als D_{bs}. Diejenigen Granatkörner, welche denselben Widerstand gegen Bewegung am Boden bieten wie die 0,200 mm großen Quarzkörner, hätten einen Durchmesser von 0,108 mm. Kann also der Sog die Quarzkörner gerade eben fortbewegen, so werden die gleichschnell sinkenden Granatkörner von 0,148 mm Durchmesser liegen bleiben.

In Schwermineralseifen, die auf diese Weise gebildet wurden, sollten die Durchmesser der in ihnen vorkommenden Mineralkörner verschiedenen spezifischen Gewichtes in Verhältnissen zueinander stehen, wie sie sich aus Gl. (3.134) ergeben. Dies wurde für eine Seife vom Strand der Ostsee bei Warnemünde bestätigt, die im wesentlichen aus Quarz, Granat und Erz (Magnetit und Ilmenit) bestand (v. Engelhardt 1937b). Die folgenden Maxima der Korngrößenverteilungen wurden festgestellt: Quarz 0,480 mm, Granat 0,256 mm, Erz 0,224 mm. Mit den spezifischen Gewichten 4,0 für Granat und 5,0 für Erz entsprechen nach Gl. (3.134) dem Quarzdurchmesser 0,480 mm, Granatdurchmesser von 0,264 und Erzdurchmesser von 0,200 mm.

Bezüglich weiterer Einzelheiten der Bildung von Strandseifen, insbesondere hinsichtlich des Einflusses von Seegang und Küstenverlauf sei auf die Untersuchungen von Bülow (1951) sowie von Ludwig & Vollbrecht (1957) hingewiesen.

Die Gl. (3.133) gilt streng nur für kugelförmige Quarzteilchen unter 0,100 mm Durchmesser. Die Sinkgeschwindigkeit größerer Quarzkörner muß nach Oseen oder nach einem anderen Näherungsverfahren berechnet werden. Dann tritt wie in Abschnitt 3.13 ausgeführt an die Stelle von $\sqrt{(\varrho_a - 1) : (\varrho_b - 1)}$ ein kleinerer Faktor, d. h. der Größenunterschied zwischen Quarzkorn und gleichschnell sinkendem Schwermineralkorn wird größer als nach Stokes berechnet. Schließlich wird im Gültigkeitsbereich der Newton-Formel (für Quarz bei Körnern über 2,6 mm) das Verhältnis der Durchmesser der gleichschnell sinkenden Körner gleich dem der Gl. (3.134). Dann ist der hier beschriebene Mechanismus der Seifenbildung nicht mehr möglich. Es ist also aus dieser Überlegung zu schließen, daß Strandseifen dieser Art am ehesten im Feinsandbereich entstehen werden und daß ihre Bildung zunehmend unmöglich wird, wenn die Quarzkörner größer als 1 mm sind.

Während an einer flachen Küste ohne stärkeren Gezeiteneinfluß sandige Sedimente am Strande und feinere Ablagerungen weiter seewärts zu finden sind, verhält es sich an Küsten mit starkem Gezeiteneinfluß gerade umgekehrt. Im Niveau des Niedrigwassers sind die Wirkungen von Wellen und Strömungen am stärksten. Dort herrschen Bedingungen, die denen der Küsten ohne Gezeiteneinfluß ähnlich sind: Feinkörniges Material kann nicht abgelagert werden, es kommt dort zur Bildung reiner Sande. Die Flutwelle trägt dagegen vorwiegend Suspensionsfracht landwärts, welches zwischen Niedrigwasser- und Hochwasserlinie abgelagert und vom abziehenden Ebbstrom nur teilweise wieder seewärts transportiert wird. So entsteht ein mehr oder minder breiter, zur Ebbezeit trocken fallender Marschstreifen, der von einem System von Stromrinnen des Ebbstroms durchschnitten wird. Die Marschsedimente sind außerordentlich vielgestaltig. Es wiegen feine Ton- und Siltablagerungen vor, schlechtsortierte Sedimente, die aus der Suspensionsfracht der Flutwelle stammen und daher den Überflutungssedimenten der Flußtäler und Deltas entsprechen. Dazwischen geschaltet sind in vielfachem Wechsel Sande mit Feinschichtung, Schrägschichtung und Rippeln, die bei stärkerer Strömung, z. B. in den Ebbstromrinnen gebildet wurden. Beispiele solcher Sedimente und Sedimentgefüge wurden von Reineck von der deutschen Nordseeküste beschrieben (Reineck 1963, 1967).

3.185 Seen und Meer

Tritt ein Fluß in ein See- oder Meeresbecken, so sind die Bedingungen für stationären Suspensionstransport nicht mehr länger gegeben. Die plötzlich einsetzende Verringerung der Strömungsgeschwindigkeit bedingt eine Herabsetzung von Turbulenz und Austausch. Die Verteilung der Teilchen in der Strömung verändert sich entsprechend und es muß zu einer Sedimentation von Suspensionsfracht kommen, wobei nächst der Mündung bevorzugt die gröberen Bestandteile abgelagert werden, die jedoch stets von bestimmten Anteilen feiner Teilchen begleitet sind. Auch abgesehen von der Verminderung der Tragfähigkeit der Strömung durch die Abnahme des Austausches wird nach dem Eintritt des Flusses in das Becken in verstärktem Maße Suspensionsfracht sedimentiert, weil wegen der fehlenden Bewegung am Boden des Beckens, anders als im Fluß, der aus der Strömung ständig ausfallende Anteil der Schwebfracht nicht wieder mobilisiert werden kann.

Die sich durch diese Vorgänge ergebende räumliche Verteilung von Sedimenten verschiedener Korngröße im Becken hängt von den speziellen Strömungsverhältnissen ab. Ein Beispiel für die Sedimentation in einem Seebecken bietet der von Müller (1966) untersuchte Bodensee. Das Material wird vom Rhein geliefert. Er bildet am Ostende des Sees ein Delta, auf dessen seewärtigem Hang Sedimente liegen, die etwa 60% Silt, 30% Sand und 10% Ton enthalten. Auf dem Seeboden vor dem Delta kommen nur Silt und Ton vor, welche gemäß der sich durch den See fortsetzenden Strömung verteilt sind: In den Gebieten größerer Strömungsgeschwindigkeit und demnach höherer Turbulenz längs dem Nordufer des Sees bleiben die Tonkomponenten weitgehend in Schwebe und es wird Silt abgelagert. In den Stillwassergebieten abseits der Hauptströmung bestehen die Bodensedimente aus Ton.

Ändert sich die Wasserführung und damit die Transportkraft der das Sediment liefernden Strömung in einem jahreszeitlichen Wechsel (z. B. Gletscherabflüsse, die im Sommer wasserreicher sind als im Winter), so bilden sich in Seebecken regelmäßig gebänderte Sedimentfolgen, wie man sie z. B. als glaziale Bändertone kennt: tonig-sandige Schichten wechseln mit rein tonigen Lagen. Die ersteren enthalten die Suspensionsfracht der Strömung mit höherer Transportkraft, die anderen die der weniger tragfähigen Strömung.

Das Schicksal der durch die Flüsse in das Meer gebrachten Suspensionsfracht läßt sich nicht einfach aus der Verteilung der Sedimente ableiten, die man heute auf dem Schelfsaum der Kontinente antrifft. Infolge der starken Veränderungen des Meeresspiegelniveaus in der jüngsten geologischen Vergangenheit sind diese Sedimente zum großen Teil Relikte, die unter Bedingungen abgelagert wurden, die von den heute herrschenden abweichen. Nach einer Schätzung von EMERY (1968) werden etwa 70% des heutigen Schelfes von derartigen Reliktbildungen eingenommen. Das einfache Schema einer regelmäßigen Abnahme der mittleren Korngröße der Sedimente mit zunehmender Entfernung von der Küste ist deshalb selten verwirklicht. An zahlreichen Stellen kommen auf dem küstenfernen Schelf, insbesondere nahe dem Schelfrand grobkörnige Sedimente vor, die auf das niedere Meeresniveau zur Zeit der letzten Vereisungen zurückgeführt werden. (Ein gutes Beispiel beschreibt NOTA [1958] vom Schelf vor der Orinoco-Mündung. Weiteres siehe bei KUENEN [1950] und GUILCHER [1963]). Nur ein meist verhältnismäßig schmaler Streifen vor der Küste der Kontinente enthält feinkörnige rezente Sedimente.

Verschiedene Beobachtungen lassen erkennen, daß der größte Teil der von den Flüssen in das Meer gebrachten Suspensionsfracht, sofern sie nicht schon im Deltabereich abgelagert wurde, sehr nahe der Küste sedimentiert wird. Dies folgt z. B. schon daraus, daß die sichtbare Trübung des Wassers vor der Mündung großer Flüsse nicht sehr weit in das Meer hinausreicht. Vor der Mündung des Niger und des Orinoco hat z. B. die Zone sichtbarer Trübung in einer Richtung senkrecht zur Küste eine Ausdehnung von 30 bis 50 km, während sie in einem schmalen Streifen parallel zur Küste viele hundert km weit reicht (PORRENGA 1967). Die Tontrübe vermag sich also im bewegten Wasser der Strömung recht lange zu halten, verschwindet aber schnell im tieferen Wasser. Auf die geringen Schwebstoffgehalte des freien Ozeanwassers und die geringe Sedimentationsrate in der küstenfernen Tiefsee wurde bereits hingewiesen. Die Strömungen des offenen Meeres tragen trotz hoher Geschwindigkeiten und nicht unerheblicher Turbulenz nur sehr geringe Mengen Schwebfracht in die ferneren Meeresbecken.

Die küstennahe Sedimentation der Schwebfracht der Flüsse im Meer wird wie in den Becken der Seen durch die Abnahme von Geschwindigkeit, Turbulenz und Austausch der Strömung verursacht. Im Meer wirkt darüber hinaus die Flockung feiner Tonteilchen durch die Ionen des Meerwassers. Tonteilchen einer Suspension tragen eine vorwiegend negative Oberflächenladung, welche von einer Wolke positiver Ionen, der sogenannten diffusen Doppelschicht kompensiert wird. Deren Ausdehnung ist umso größer, je weniger Ionen die Lösung enthält. Da die Doppelschichten sich elektronisch abstoßen, können sich die Tonteilchen umso mehr einander nähern, je geringer die Ausdehnung der Ionenwolke ist, in elektrolytreicher Lösung also mehr als in elektrolytarmer. Eine genügende Annäherung führt zur Flockung, d. h. zur Bildung größerer Aggregate, weil die Teilchen aufeinander Anziehungskräfte kurzer Reichweite ausüben. In elektrolytarmen Lösungen können sich daher Suspensionen aus langsam sinkenden Einzelteilchen halten, während ein Zusatz von Salz flockend wirkt, indem größere und schneller sinkende Aggregate entstehen. Diese von allen Tonsuspensionen wohlbekannte Erscheinung sollte auch beim Eintritt des mit Suspensionsfracht beladenen Flußwassers in das Meer eine Rolle spielen. Bei der Vermischung von Flußwasser mit Salzwasser müßte Flockung eintreten, es sollten sich größere Aggregate bilden, welche schnell sedimentieren.

Die für vollständige Flockung erforderliche Salzkonzentration ist bei konstanter Tonkonzentration umso höher, je kleiner die Einzelteilchen sind und je größer ihre spezifische Oberflächenladung ist. Ein qualitatives Maß für die letztere ist die Austauschkapazität, d. h. die Menge der austauschfähigen Kationen. Da sich die einzelnen Tonminerale hinsichtlich der Teilchengröße und der Austauschkapazität sowohl spezifisch als auch nach Vorkommen und Herkunft nicht unerheblich unterscheiden, ist es wahrscheinlich, daß der flockende Effekt bestimmter Salzlösungen von der Art der Tonmineralteilchen abhängt. Whitehouse, Jeferey & Debbrecht (1960) untersuchten die Wirkung von Meerwasser verschiedenen Verdünnungsgrades auf die Sinkgeschwindigkeit der Teilchen in Suspensionen von Illit, Kaolinit und Montmorillonit. In allen Suspensionen entstanden durch die Flockung monodisperse Systeme, d. h. Teilchen einer einzigen bestimmten Sinkgeschwindigkeit oder Größe. Illit und Kaolinit wurden schon in Lösungen von 0,5 ‰ Chlorid vollständig geflockt, so daß die Sinkgeschwindigkeit der Kaolinitteilchen nur noch von 80 auf 81 cm/min, die der Illitteilchen von 89 auf 110 cm/min anstieg, wenn die Konzentration bis zu reinem Meerwasser (18 ‰ Chlorid) erhöht wurde. Montmorillonitsuspensionen waren dagegen viel stabiler. Von 0,5 bis zu 18 ‰ Chloridgehalt stieg die Sinkgeschwindigkeit allmählich von 0,2 bis auf 8,8 cm/min. Diese Beobachtungen entsprechen der theoretischen Erwartung, da die Teilchen von Montmorillonit im allgemeinen besonders klein sind und auch, wie man aus dem hohen Austauschvermögen schließen kann, eine höhere Oberflächenladung tragen als andere Tonminerale. Es sei auch an allbekannte Erfahrungen in der technischen Verwendung von Tonsuspensionen erinnert: Braucht man, wie z. B. bei Tiefbohrspülungen Tonsuspensionen, welche bei Salzzusatz möglichst wenig flocken, so verwendet man montmorillonitreiche Tone.

Vor den Mündungen einiger großer Flüsse bestehen die Tone nahe der Mündung vorwiegend aus Illit und Kaolinit, während auf dem weiter entfernten Meeresboden Montmorillonit vorherrscht (Porrenga 1967). So nimmt vor der Mündung des Niger der Montmorillonitgehalt recht regelmäßig mit der Wassertiefe, d. h. mit der Entfernung vom Delta zu. Ähnlich enthalten auch die Sedimente unmittelbar vor der Mündung des Orinoco weniger Montmorillonit und mehr Kaolinit und Illit als die Sedimente des tieferen Wassers. Diese Beobachtungen können vielleicht ebenso wie ähnliche im Golf von Paria (van Andel & Postma 1954) durch eine differentielle Flockung der verschiedenen Tonminerale erklärt werden. Daß jedoch diese Befunde nicht verallgemeinert werden dürfen, zeigen z. B. die Sedimente im Golf von Mexiko, wo sich die von den Flüssen gelieferte Tonmineralgesellschaft von vorwiegend Montmorillonit mit Kaolinit verhältnismäßig gleichmäßig in den Bodensedimenten verteilt (Johns & Grim 1958, Griffin 1962). — Im übrigen ist es bisher noch nicht gelungen, die Ausflockung der von Flüssen in das Meer gebrachten Trübe und die Ionen des Meerwassers direkt zu beobachten. So ergaben Untersuchungen über Salzgehalt und

Menge des suspendierten Materials in verschiedenen Flußmündungen an der nordamerikanischen Atlantikküste keinen Hinweis auf eine erhöhte Ausflockung an der Stelle, wo sich Süß- und Salzwasser treffen (MEADE 1968 a).

Auf geneigtem Untergrund abgelagerte Sedimente können, wie in Abschnitt 3.164 dargelegt, abrutschen und zu Suspensionsströmen Anlaß geben, die zur Bildung besonderer Ablagerungen, den Turbiditen führen. Der Suspensionsstrom ist eine turbulent strömende Masse von Wasser und Partikeln verschiedener Größe. Die Verteilung der letzteren in der Strömung ist ebenso durch Turbulenz und Sinkgeschwindigkeit bestimmt, wie dies für verdünntere Suspensionen abgeleitet wurde. Jede bestimmte Korngröße verteilt sich etwa nach einer Exponentialfunktion über den Querschnitt, wobei die Konzentration der kleinsten Teilchen nur wenig mit der Entfernung vom Boden abnimmt, während die gröberen Teilchen nächst dem Boden angereichert sind. Der Suspensionsstrom führt zur Ablagerung eines Turbidits, wenn die Geschwindigkeit und damit Turbulenz und Austausch abnehmen. Die Vorgänge sind dieselben, wie sie bei der Bildung von Überflutungssedimenten aus einer verlangsamten Flußströmung geschildert wurden. Der Unterschied besteht in der höheren Konzentration der Suspension und in der größeren Spannweite der in ihr enthaltenen Korngrößen. Faßt man einen bestimmten Punkt der Bahn des Suspensionsstromes ins Auge, so wird bei abnehmender Geschwindigkeit dort zunächst bevorzugt das gröbste Material, vermischt mit allen feineren Komponenten abgelagert. Später folgen Sedimente, deren gröbste Korngröße zunehmend feiner wird, bis schließlich, wenn die Strömung ganz zum Stillstand gekommen ist, als letztes der allerfeinste Ton abgelagert wird. Das Ergebnis ist also ein Paket der sogenannten gradierten Schichtung: Jede Lage besteht aus einem schlecht sortierten Sediment, das durch eine bestimmte obere Korngrößengrenze charakterisiert ist, aber stets auch alle feineren enthält. Die obere Korngrößengrenze nimmt von der Basis nach oben hin kontinuierlich ab, so daß die ganze gradierte Schicht aus einer kontinuierlichen Folge von schlecht sortierten Sanden an der Basis bis zu feinen Tonen an der Oberkante reicht. Da der Suspensionsstrom im Verlauf seiner stetig verzögerten Fortbewegung immer mehr an groben Bestandteilen verarmt, ist eine entsprechende gradierte Abfolge auch in seiner Fließrichtung zu erwarten (neben der in Abschnitt 3.164 genannten Literatur vgl. zum Ablagerungsmechanismus KUENEN & MENARD 1952, DOTT 1963).

Ausgehend von einem einfachen Modell für den Zerfall der Turbulenz eines allmählich langsamer werdenden Suspensionsstromes hat SCHEIDEGGER (1965) versucht, die vertikale Verteilung der Korngrößen im resultierenden Sediment zu berechnen. Es ergibt sich eine kontinuierliche Verteilung von der qualitativ geschilderten Art; die mittlere Korngröße nimmt allmählich von der Basis nach oben hin ab. Der Verlauf dieser Funktion, ob also die mittlere (oder modale) Korngröße mit der Höhe über der Basis linear, konvex oder konkav gebogen abnimmt, wird von der primären Korngrößenverteilung des im Strom suspendierten Materials bestimmt. Von vielen fossilen Turbiditen ist eine positive Korrelation zwischen der Dicke einer gradierten Schicht und der Korngröße bekannt: Die Schichten sind im Mittel umso dicker, je gröber die maximal in ihnen vorkommende Korngröße ist. Nach POTTER & SCHEIDEGGER (1966) ist diese Korrelation so zu erklären, daß ein Suspensionsstrom umso mehr und auch umso gröberes Material transportieren kann, je höher seine Turbulenz ist. Je größer aber die Turbulenz ist, desto längere Zeit ist auch bis zu ihrem vollständigen Zerfall erforderlich. Wird vom Ursprung des Stromes her genügend Material derselben Größenverteilung nachgeliefert, so wird aus einem Strom hoher Turbulenz an einem bestimmten Ort mehr und gröberes Material abgelagert werden als aus einem weniger turbulenten.

In denjenigen Tiefseebecken, welche von den Kontinenten genügend weit entfernt oder durch Gräben und Schwellen abgeschirmt sind, so daß sie von Suspensionsströmen nicht erreicht werden können, lagern sich pelagische Sedimente ab, die sich in mancher Hinsicht von den bisher behandelten Ablagerungen unterscheiden (vgl. hierzu ARRHENIUS 1963). Im Vergleich zu den Sedimentationsprozessen auf den Kontinenten und im Schelfsaum verläuft die Ablagerung in der Tiefsee außerordentlich langsam. Nach den bisher vorliegenden Daten beträgt der Zuwachs durch terrigenes Material in der echten Tiefsee nur $5 \cdot 10^{-5}$ bis $5 \cdot 10^{-4}$ cm/Jahr (ARRHENIUS 1963).

Die geringe Ablagerungsgeschwindigkeit bestimmt alle besonderen Züge der pelagischen Sedimente. Der als verdünnte Suspension sehr kleiner Teilchen durch die Meeresströmungen herangebrachte Ton bildet oft sicherlich nicht den größten Teil des detritischen Anteils dieser Sedimente. Nicht unerhebliche Mengen werden als feinster Staub durch Winde transportiert (äolischer Staub), ein anderer Anteil stammt aus der Tätigkeit von Vulkanen (pyroklastische Bestandteile). Da diese klastischen Bestandteile nur sehr langsam angeliefert werden, fallen Komponenten anderer Herkunft in pelagischen Sedimenten stärker ins Gewicht als in den schneller sich bildenden Ablagerungen der Flachsee. Dazu gehören insbesondere die am Boden des Meeres entstehenden Neubildungen wie Anreicherungen von Manganoxiden, Phosphorit, Sulfate, Zeolithe und Glaukonit. Ferner finden sich in pelagischen Sedimenten silikatische und metallische Kügelchen von meteoritischem Ursprung in höherer Konzentration als in normalen Sedimenten.

Die Strukturen pelagischer Sedimente sind häufig durch die Wühltätigkeit benthonischer Lebewesen besonders stark beeinflußt, welche eine Durchmischung der Ablagerungen erzeugen.

Wo die Bedingungen eine Erhaltung des Kalkes ermöglichen, kann es am Boden der Tiefsee zu hohen Anreicherungen der Kalkschalen von planktonischen Foraminiferen und Coccolithophoriden kommen (pelagische Kalksedimente).

3.2 Transport und Ablagerung in Luft

3.21 Allgemeines

Feste Teilchen werden in Luftströmungen nach denselben Prinzipien transportiert wie in strömendem Wasser. Die für den Wassertransport entwickelten Grundbegriffe können daher auch hier Anwendung finden. Die gleichwohl bestehenden großen Unterschiede zwischen Wind- und Wassertransport sind einerseits durch die geringere Dichte und Viskosität der Luft und andererseits dadurch bedingt, daß es bei Luftströmungen weder nach den Seiten noch nach oben hin scharfe Begrenzungen gibt.

Tabelle 3-20 enthält Daten über das spezifische Gewicht und die Viskosität der Luft bei verschiedenen Temperaturen. Der Quotient spez. Gewicht/Viskosität (ϱ/μ) beträgt für Luft etwa 7, für Wasser dagegen 100. Die beim Überschreiten einer kritischen Reynoldszahl ($R = u \varrho m/\mu$) auftretende Turbulenz setzt daher bei sonst gleichen Abmessungen in einer Luftströmung bei höheren Geschwindigkeiten ein als in einer Wasserströmung. So beträgt z. B. für eine kritische Reynoldszahl R = 1500 bei einer Strömung von 10 m Dicke die kritische Geschwindigkeit in Luft etwa 2 mm sec^{-1}, in Wasser etwa 0,15 mm sec^{-1}. Wie dieses Beispiel zeigt, kann man dennoch alle in Betracht kommenden Winde als turbulente Strömungen ansehen.

Tabelle 3-20. Spez. Gewicht (ϱ) und Viskosität (μ) der trockenen Luft bei 1 at und verschiedenen Temperaturen.

Temperatur in °C	ϱ	μ in Centipoise
0	0,001293	0,0171
10	0,001247	0,0176
20	0,001205	0,0181
30	0,001165	0,0186

Wie im Wasser ist auch in der Luft Suspensionstransport und Bodentransport zu unterscheiden. Die Schwebfracht umfaßt die feinsten Teilchen, welche von den Wirbeln der turbulenten Strömung in Suspension gehalten werden. Die Bodenfracht besteht aus Körnern, welche sich kaum oder gar nicht von der Unterlage entfernen, sowie aus anderen, die sich springend über den Erdboden erheben, aber doch immer wieder zurückfallen.

Die zwei Arten des Windtransportes sind in der Natur leicht zu unterscheiden: Schwebstofftransport erfolgt in den Staubstürmen, die sich als dichte Wolken km-hoch erheben und die Sonne verdunkeln können. Bodentransport stellt sich dagegen in Form der Sandstürme dar, wie sie vornehmlich in Wüsten als dicht über den Boden dahintreibende Schichten springender Sandkörner vorkommen, die nach oben hin scharf begrenzt und im allgemeinen nicht über 2 m hoch sind. Da die Luft oberhalb dieser Schicht, anders als im Fall der Staubstürme, klar ist, sieht man Köpfe und Schultern von Personen oft über die bodennahe Sandsturmwolke herausragen (BAGNOLD 1965).

3.22 Transport in Suspension (Schwebfracht)

Für die Abhängigkeit der Windgeschwindigkeit $\bar{u}_y$ von der Entfernung y vom Boden gilt, sofern der Wind keine Bodenfracht transportiert, die in Abschnitt 3.13 abgeleitete für alle turbulenten Strömungen gültige Gl. (3.20):

$$\bar{u}_y = 5{,}75\, u_\tau \lg \frac{y}{y_0} \qquad (3.135)$$

Danach hängt die Windgeschwindigkeit nicht nur von der Höhe über dem Boden, sondern darüber hinaus sehr wesentlich von y_0 ab, welche Größe durch die Rauhigkeit des Untergrundes bestimmt ist. Besteht derselbe aus einem Sand vom Durchmesser D, so ist $y_0 = D/30$. Sind aber andere Unebenheiten, wie kleine Steine oder Sandrippeln vorhanden, so gilt ein entsprechend höheres y_0. Ein bestimmter Wind ist hinsichtlich seiner Transportkraft nur dann vollständig bestimmt, wenn Schubspannungsgeschwindigkeit u_τ und die Rauhigkeitsziffer y_0 bekannt sind. Die Angabe einer „Windgeschwindigkeit" sagt wenig aus, besonders dann, wenn nicht einmal die Höhe über dem Boden angegeben wird, in der sie gemessen wurde.

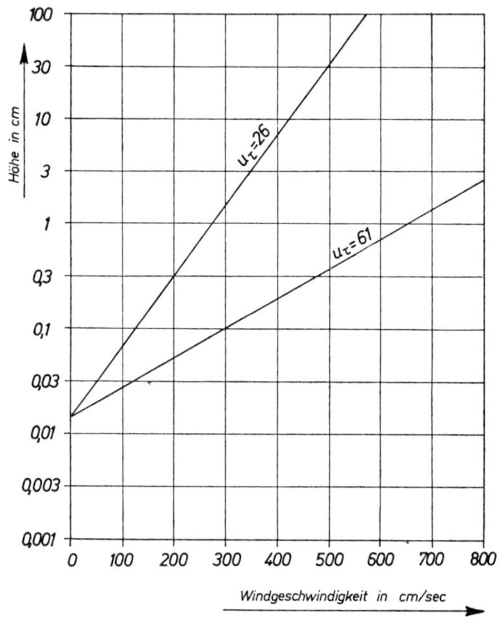

Abb. 3-32. Geschwindigkeitsverteilung in Luftströmungen nach Messungen im Windkanal (nach Bagnold 1965).

Abb. 3-32 zeigt einige Messungen von Bagnold (1965) über die Geschwindigkeitsverteilung künstlicher Luftströmungen im Windkanal. Gemäß Gl. (3.20) erhält man Geraden, wenn man die in verschiedenen Höhen über dem Boden (y) gemessenen Geschwindigkeiten ($\bar{u}$) gegen den Logarithmus der Höhe abträgt. Die Schubspannungsgeschwindigkeit u_τ ist durch die Steigung dieser Geraden gegeben:

$$u_\tau = 0{,}174 \frac{d\bar{u}}{d \lg y} \qquad (3.136)$$

Die Sinkgeschwindigkeit von Teilchen in Luft kann nach den in Abschnitt 3.13 abgeleiteten Formeln berechnet werden. Die Fallgeschwindigkeit eines Teilchens ist in Luft etwa 100 mal größer als in Wasser. Deshalb liegen die Grenzen für die Gültigkeit der Formeln nach STOKES, OSEEN und NEWTON in Luft bei kleineren Durchmessern als in Wasser. Tabelle 3-21 enthält diese Grenzen für Kugeln aus Quarz. Die Sinkgeschwindigkeiten kugeliger Quarzkörner in Luft sind in Abb. 3-4 dargestellt.

Tabelle 3-21. Gültigkeitsbereiche der verschiedenen Formeln für die Sinkgeschwindigkeit von kugelförmigen Quarzteilchen in Luft (20°).

Reynoldszahl	Durchmesser in cm	
< 1	$< 6 \cdot 10^{-3}$	STOKES
1	$6 \cdot 10^{-3}$	OSEEN
5	$1 \cdot 10^{-2}$	Übergangsgebiet
1000	$1{,}4 \cdot 10^{-1}$	NEWTON
> 1000	$> 1{,}4 \cdot 10^{-1}$	

Feine Teilchen können vom Wind als Schwebfracht transportiert werden, wenn der turbulente Austausch in der Lage ist, die Teilchen gegen ihre Sinkgeschwindigkeit in der Schwebe zu halten. Für die Höhenverteilung der im Wind suspendierten Teilchen gilt die in Abschnitt 3.13 abgeleitete Gl. (3.50):

$$\frac{n_y}{n_a} = \left(\frac{a(h-y)}{y(h-a)}\right)^p \qquad (3.137)$$

$$p = 2{,}50\, v/u_\tau$$

n_y und n_a sind die Anzahlen der Teilchen pro cm^3 in den Höhen y und a über dem Boden, h ist die Dicke der strömenden Schicht, im Falle eines Staubsturmes also die Höhe, in der gerade keine Teilchen mehr schweben. v ist die Sinkgeschwindigkeit. Ist h sehr groß im Verhältnis zu y und a, so vereinfacht sich die Gleichung zu folgender Form:

$$\frac{n_y}{n_a} = \left(\frac{a}{y}\right)^p \qquad (3.138)$$

Wie dies in Abb. 3-7 gezeigt ist, hängt die Art der Teilchenverteilung von dem Wert des Exponenten p ab. Ob Teilchen einer bestimmten Größe noch als schwebender Staub von einem Wind transportiert werden können, ist also durch das Verhältnis der Sinkgeschwindigkeit der Teilchen zur Schubspannungsgeschwindigkeit des Windes bestimmt. Vollständiger Transport in Schwebe, d. h. fast gleichmäßige Verteilung über die ganze Höhe der Luftströmung ist zu erwarten wenn $p \leqq 0{,}03$, d. h. wenn $v \leqq 0{,}01\, u_\tau$. Praktisch kein Transport in Schwebe findet statt, wenn $p \geqq 3$, d. h. wenn $v \geqq u_\tau$. In Abb. 3-33 sind diese Grenzen der Transportarten kugeliger Quarzkörner für verschiedene Windstärken dargestellt. Die Winde sind durch die Schubspannungsgeschwindigkeit sowie durch die Geschwindigkeit 1 Meter über dem Boden gekennzeichnet. Die letztere wurde nach Gl. (3.135) mit $y_0 = 1$ cm berechnet. Ist die Rauhigkeit des Bodens geringer, so herrschen 1 m über dem Boden höhere Geschwindigkeiten.

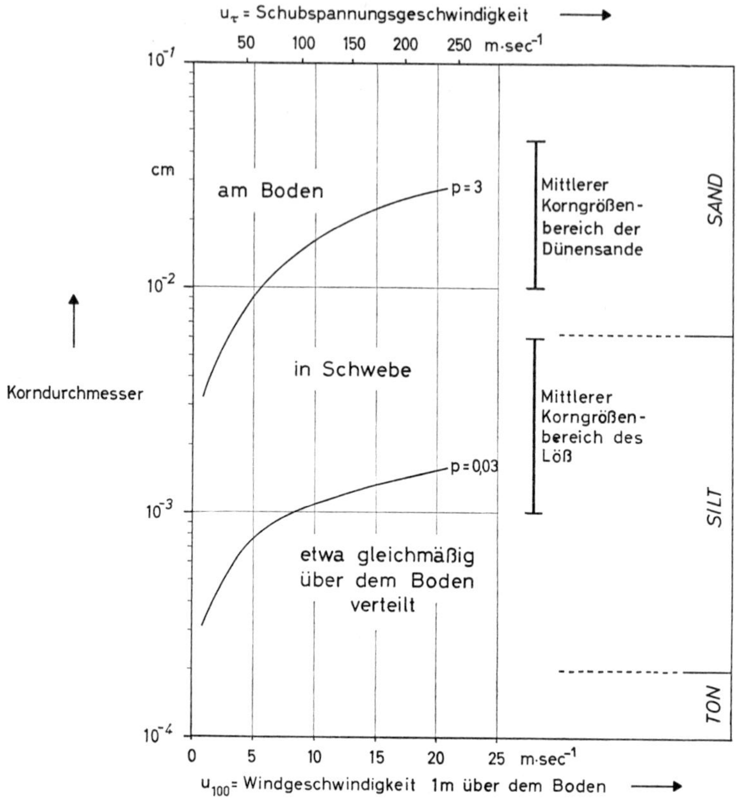

Abb. 3-33. Transportarten von Quarzkugeln bei verschiedenen Windstärken.

3.23 Transport am Boden (Bodenfracht)

Die von einem strömenden Medium auf die ebene Oberfläche eines Sandes wirkende Kraft ist durch die Schubspannung τ_0 am Boden gegeben. Für die Wasserströmung in Flüssen kann man τ_0 aus hydraulischem Radius und Gefälle ableiten. Im Falle des Windes ist τ_0 aus dem gemessenen Geschwindigkeitsgefälle über dem Boden, resp. aus der Schubspannungsgeschwindigkeit u_τ gemäß der Beziehung abzuleiten, die allgemein für turbulente Strömungen gilt:

$$\tau_0 = \varrho_1 u_\tau^2 = 0{,}0303\, \varrho_1 \left(\frac{d\bar{u}}{d \lg y}\right)^2 \tag{3.139}$$

Im Falle der Luft gilt (20°):

$$\tau_0 = 3{,}63 \cdot 10^{-5} \left(\frac{d\bar{u}}{d \lg y}\right)^2 \tag{3.140}$$

Läßt man eine Luftströmung steigender Geschwindigkeit auf die ebene Oberfläche eines Sandes einheitlicher Korngröße wirken, so beginnt die Bewegung der Sandkörner bei der Überschreitung einer bestimmten kritischen Schubspannungsgeschwindigkeit. Wie bei der Behandlung des Wassertransportes ist es zweckmäßig, diese kritische Schubspannung auf das in Krafteinheiten ausgedrückte Gewicht der obersten Sandkornlage zu beziehen, welches dem Ausdruck $(\varrho_2 - \varrho_1)\, g D$ proportional ist (vgl. Abschnitt 3.14). Sandkörner mit dem Durchmesser D werden sich zu bewegen beginnnen, wenn die Schubspannung einen bestimmten Bruchteil des Gewichtes der obersten Kornlage ausmacht. So erhält man ein dimensionsloses Maß für die kritische Schubspannung

$$\Theta = \frac{\tau_0}{(\varrho_2 - \varrho_1)\, g D} \tag{3.141}$$

Versuche im Windkanal haben für den Fall voll ausgebildeter Turbulenz den Wert

$$\Theta \simeq 0{,}01 \tag{3.142}$$

ergeben, also eine niedrigere Zahl, als wie man ihn in Wasser gemessen hat ($\Theta \simeq 0{,}046$) (Bagnold 1965). Daraus ergibt sich für die kritische Schubspannungsgeschwindigkeit:

$$u_\tau^* = 0{,}1 \sqrt{\frac{\varrho_2 - \varrho_1}{\varrho_1}\, g D} \tag{3.143}$$

für Quarzkugeln in Luft gilt:

$$u_\tau^* = 147 \sqrt{D} \tag{3.144}$$

Gemäß Gl. (3.135) erhält man daraus unter der Annahme $y_0 = D/30$ für diejenige in der Höhe y gemessene Geschwindigkeit, welche die Körner vom Durchmesser D am Boden gerade zu bewegen vermag:

$$\bar{u}_y^* = 0{,}575 \sqrt{\frac{\varrho_2 - \varrho_1}{\varrho_1}\, g D}\ \lg \frac{30\, y}{D} \tag{3.145}$$

Für Quarzkugeln gilt:

$$\bar{u}_y^* = 846 \sqrt{D}\, \lg \frac{30\, y}{D} \tag{3.146}$$

Ist die Sandoberfläche aus irgendeinem Grunde rauher als es der Korngröße des Sandes entspricht (Vorkommen größerer unbewegter Körner oder Steine, Sandrippeln), so muß statt D im Logarithmus ein entsprechend höherer Wert eingesetzt werden. In Abb. 3-34 sind die nach Gl. (3.146) berechneten kritischen Windgeschwindigkeiten in 1 m und in 10 cm Höhe dargestellt.

Wie im Falle der Wasserströmung gelten die Beziehungen (3.142—3.146) nur für Sandkörner oberhalb einer bestimmten Korngrenze, welche in Luft bei ca. 0,01 cm, also bei einem etwas kleineren Durchmesser liegt als in Wasser (0,02 cm). Für kleinere Körner steigt die kritische Schubspannung stark mit abnehmendem Korndurchmesser an, wie dies in Abb. 3-35 nach Bagnold (1965) dargestellt ist. Dieses Bild ist mit der entsprechenden Darstellung für den Bodentransport in Wasser Abb. 3-11 zu vergleichen.

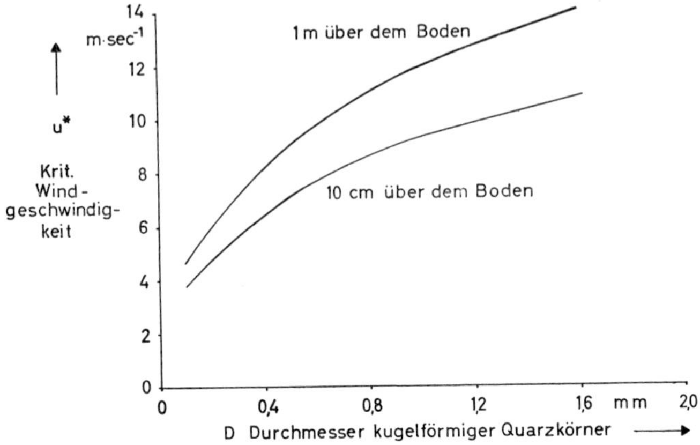

Abb. 3-34. Kritische Windgeschwindigkeiten (gemessen in 10 cm und 1 m Höhe über dem Boden) für den Bodentransport von Quarzkugeln.

Die beim Überschreiten einer kritischen Windgeschwindigkeit einsetzende Bewegung der Körner am Boden besteht einerseits aus einem Springen der Körner, andererseits aus einem Kriechen der obersten Bodenschicht. Das Springen kommt nach den Untersuchungen von BAGNOLD (1965) auf ganz andere Weise zustande als das Springen von Sandkörnern am Boden von Wasserströmungen. Im Windkanal kann man beobachten, daß die zum Boden zurückkehrenden Körner mit so hoher Geschwindigkeit auftreffen, daß sie entweder selbst elastisch reflektiert werden oder im losen Sand kleine Krater erzeugen, aus denen je ein oder zwei neue Körner in die Höhe geschleudert werden. Dabei werden Sprunghöhen erreicht, die größenordnungsmäßig das tausendfache des Korndurchmessers betragen. Dagegen müssen im Wasser die Körner

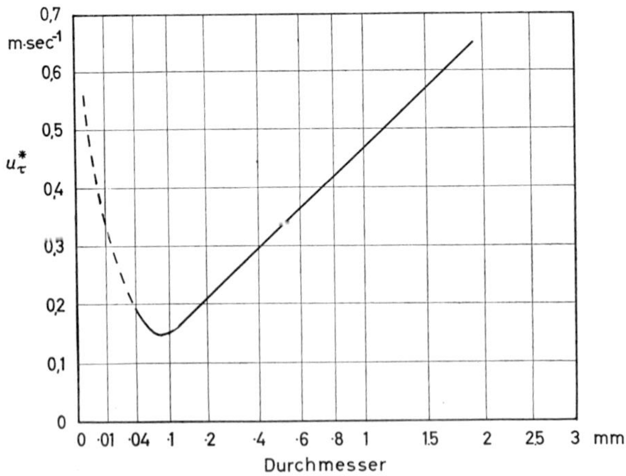

Abb. 3-35. Kritische Schubspannung am Boden für den Bodentransport von Quarzkörnern in Luft (BAGNOLD 1965).

durch die Wasserströmung selbst vom Boden gehoben werden, die Sprunghöhen betragen nur wenige Korndurchmesser, und die mit kleiner Geschwindigkeit den Boden erreichenden Körner können dort nur eine sehr geringe mechanische Wirkung ausüben. Ursachen dieser Unterschiede sind die niedrigere Viskosität und das geringere spezifische Gewicht der Luft: Ein durch die Luft fliegendes Sandkorn hat eine sehr viel höhere Energie als ein in Wasser bewegtes Korn und die einmal erworbene Geschwindigkeit wird in Luft sehr viel langsamer durch Reibung verbraucht als in Wasser. Daher können im Wind springende Sandkörner große Höhen erreichen, wo die Strömungsgeschwindigkeit sehr viel höher als am Boden ist. Sie vermögen beim Herabfallen diese hohe Horizontalgeschwindigkeit zu bewahren, so daß sie beim Auftreffen dem Boden einen hohen Impuls erteilen, durch welchen neue Körner emporgeworfen werden können. In der Luft vermitteln die springenden Sandkörner den Transport von Impuls aus den Zonen hoher Windgeschwindigkeit zum Boden, während im Wasser die unmittelbar über den Boden strömende Flüssigkeit die Bodenfracht mobilisieren muß. Im Wasser beginnt der Bodentransport beim ersten Schwellenwert Θ_1, steigert sich allmählich mit ansteigender Strömungsgeschwindigkeit und kommt voll entwickelt erst dann zustande, wenn die Schubspannung am Boden den zweiten Schwellenwert Θ_2 übersteigt, d. h. sobald sie in der Lage ist, den Reibungswiderstand der dichten, nah am Boden sich bewegenden Suspension aus springenden Körnern zu überwinden. Im Winde setzt dagegen der vollentwickelte Bodentransport nahezu unmittelbar ein, sobald der Schwellenwert Θ überschritten ist.

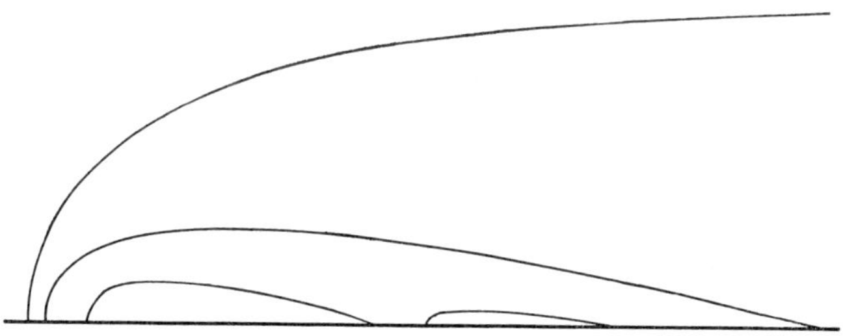

Abb. 3-36. Bahnen springender Sandkörner im Wind (nach BAGNOLD 1965).

In Abb. 3-36 sind typische Bahnen springender Sandkörner abgebildet von der Art, wie sie BAGNOLD (1965) im Windkanal photographisch registrierte. Die einzelnen Bahnen unterscheiden sich durch Richtung und Stärke des Moments, welches das springende Korn durch den Stoß des auftreffenden erhielt. Das mobilisierte Korn steigt mit einer vertikalen Anfangsgeschwindigkeit v_0 aufwärts und würde im leeren Raum die die Höhe $h = v_0^2/2\,g$ erreichen. Tatsächlich erfährt das Korn eine zusätzliche Verzögerung durch die Reibung der Luft und kann daher nur eine geringere Höhe erreichen. Außerdem wird seine Bahn immer mehr in die Windrichtung gelenkt, da es in Windschichten zunehmender Geschwindigkeit gerät. Im höchsten Punkt der Bahn ist die Vertikalgeschwindigkeit gleich Null und das Korn bewegt sich mit der dort herrschenden Windgeschwindigkeit u. Dann beginnt das Korn zu fallen, wobei es aber die am höchsten Punkt der Bahn gewonnene Horizontalkomponente im wesentlichen beibehält. Wenn die Steighöhe hoch genug war, ist im Augenblick des Auftreffens die Vertikalkomponente der Korngeschwindigkeit gleich der Sinkgeschwindigkeit v, während die Horizontalkomponente im wesentlichen der Windgeschwindigkeit u am Gipfelpunkt der Bahn gleicht. Der Auftreffwinkel γ ist durch das Verhältnis beider Geschwindigkeiten gegeben:

$$\operatorname{tg}\gamma = v/u \tag{3.147}$$

Nach den Beobachtungen Bagnolds ist der absteigende Ast der Kornbahn immer recht flach, was den Eindruck hervorruft, daß die Körner eines Sandsturms fast horizontal fliegen. Die Winkel γ liegen nach Bagnold im Bereich zwischen 10° und 16°. Dies bedeutet, daß Vertikal- und Horizontalkomponenten der Korngeschwindigkeiten meist in einem Verhältnis stehen, das zwischen 0,18 und 0,29 variiert. Daß sich dieses Verhältnis in so engen Grenzen bewegt, hat seinen Grund wohl darin, daß bei Verringerung der Steighöhe und damit der Horizontalgeschwindigkeit auch die Vertikalkomponente verringert wird, weil dann die Fallstrecke für die Erreichung der stationären Sinkgeschwindigkeit zu kurz ist.

Die Sprunghöhe der Sandkörner variiert auch bei konstanten Bedingungen und einheitlicher Korngröße in weiten Grenzen. In einem Sandsturm ist die maximale Sprunghöhe als obere Begrenzung der dahintreibenden Sandwolke sichtbar. Die mittlere oder durchschnittliche Sprunghöhe der Körner ist aber sehr viel geringer. Sie beträgt nur etwa 1/10 der maximalen. Es erfolgt also der größte Teil des Bodentransportes durch springende Sandkörner in einer bodennahen Schicht.

Die Sprunghöhe der Sandkörner hängt bei gleicher Windstärke von der Art des Untergrundes ab (Bagnold 1965). Je mehr gröbere Körner der Untergrund enthält,

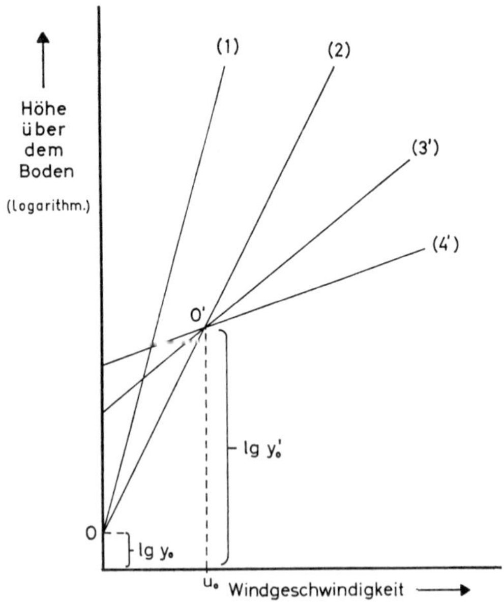

Abb. 3-37. Zum Bodentransport im Wind (Erklärung im Text).

desto weniger Energie geht dadurch verloren, daß die Körner des Untergrundes gegeneinander bewegt werden, und desto höher werden die springenden Körner zurückgeworfen. Über einem Untergrund aus grobem Kies oder festem Fels springen die Körner wesentlich höher und weiter als über einem Untergrund aus Sand.

Da die springenden Körner dem Wind Impuls entziehen, wird die Windgeschwindigkeit über dem Boden verringert und das Geschwindigkeitsprofil verändert, sobald der Bodentransport einsetzt. Dies sei an Hand der schematischen Abb. 3-37 nach den Untersuchungen von BAGNOLD (1965) erläutert.

Die Gerade (1) entspricht einer Schubspannungsgeschwindigkeit, welche unter dem kritischen Wert für Bodentransport liegt. Es gilt hier also die einfache Gl. (3.135). Die Gerade (2) möge gerade dem Schwellenwert für Bodentransport entsprechen. Setzt der Bodentransport ein, so ist das Geschwindigkeitsprofil durch Geraden wie (3′) und (4′) gegeben, welche sich darstellen lassen durch eine Gleichung der Form

$$\bar{u}_y = 5{,}75\, u_\tau \lg \frac{y}{y_0'} + u_0 \qquad (3.148)$$

Alle diese Geraden gehen statt durch 0 durch den Punkt 0′, d. h. in dem mit Sand beladenen Wind herrscht in einer bestimmten Höhe y_0' über dem Boden unabhängig von der Windstärke stets dieselbe Windgeschwindigkeit u_0. Nach den Beobachtungen BAGNOLDS (1965) im Windkanal und in der Wüste ist y_0' etwa gleich der Höhe der Rippeln, die sich nach dem Einsetzen des Bodentransportes bilden.

In Abb. 3-38 sind BAGNOLDS (1965) Ergebnisse von Messungen in Sandstürmen der libyschen Wüste wiedergegeben. Für einen Sand der mittleren Korngröße D = $3{,}2 \cdot 10^{-2}$ cm ergab sich eine kritische Schubspannungsgeschwindigkeit von 23 cm sec^{-1} (26 cm sec^{-1} nach Gl. 3.144), sowie $y_0' = 1$ cm und $u_0 = 4$ m sec^{-1}.

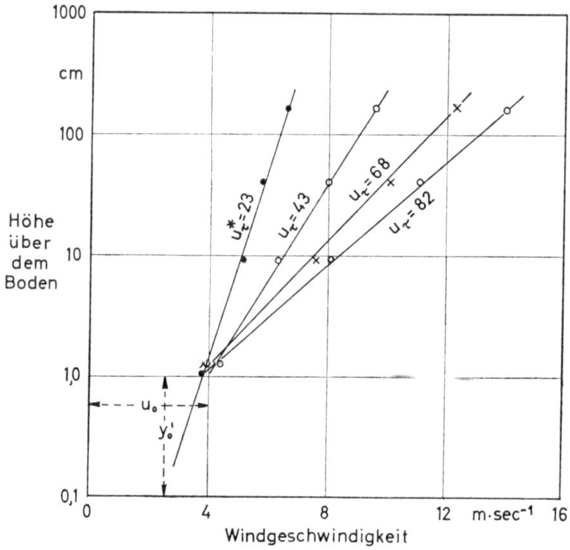

Abb. 3-38. Windgeschwindigkeiten in Sandstürmen der libyschen Wüste (nach BAGNOLD 1965).

Die springenden Körner bilden zwar den größten Teil, aber doch nicht die Gesamtmasse der Bodenfracht des Windes. Die auf den Boden zurückkehrenden springenden Körner verbrauchen einen Teil ihrer Energie dafür, daß Körner der Oberfläche gegeneinander bewegt werden. Diese Durchbewegung führt insgesamt zu einem langsamen Kriechen einer oberflächlichen Körnerschicht in der Richtung des Windes, wobei die Energie für diesen Transport nicht direkt vom Wind, sondern vom Stoß der springenden Körner geliefert wird.

Nach den Beobachtungen von Bagnold (1965) ist die kriechend bewegte Sandmenge etwa ein Viertel des gesamten Bodentransportes. Partikel, die viel zu groß sind, um direkt vom Wind bewegt zu werden, können durch das Bombardement der mit hohen Impulsen auftreffenden Sandkörner kriechend transportiert werden. In einem Sand, der aus verschiedenen Korngrößen besteht, werden die kriechend bewegten Körner im Mittel gröber sein als die springend transportierten. Da der kriechende Transport sehr viel langsamer erfolgt (nach Bagnold 1965: Kriechen mit Bruchteilen von cm sec^{-1}, Springen mit ein bis mehreren cm sec^{-1}), kann es auf diese Weise zu einer Sortierung des Materials kommen.

Sobald der kriechende und springende Bodentransport eingesetzt hat, beginnen sich auf sandigem Untergrund Rippeln zu bilden, deren Kämme senkrecht zur Windrichtung verlaufen. Sie wandern langsam in der Windrichtung. Bei Überschreitung einer bestimmten Windgeschwindigkeit verschwinden sie und es bildet sich wieder eine flache Oberfläche.

Windrippeln sind flacher als in Wasser gebildete Strömungsrippeln. Wie Bagnold (1965) zeigte, bilden sie sich auf andere Weise als Wasserrippeln: Sobald Bodentransport durch springende Körner stattfindet, ist eine ebene Sandoberfläche nicht mehr stabil. Eine Sandoberfläche möge zufällig eine flache Vertiefung enthalten. Dann wird der windabgeneigte Leehang von den unter kleinen Winkeln einfallenden Körnern weniger dicht getroffen werden als der der Windrichtung zugekehrte Luvhang. Auf dem Luvhang werden deshalb mehr Körner in der Windrichtung in Bewegung gesetzt. Dadurch vertieft sich das Loch und es bildet sich aus den kriechenden Körnern eine Sandanhäufung mit einem neuen Leehang, an dessen Fuß eine neue Vertiefung entsteht. Die Mehrzahl der vom Luvhang startenden springenden Körner gelangt gerade so weit, wie es der mittleren Sprungweite entspricht. Dadurch entsteht windabwärts eine Sandakkumulation mit einem Luvhang, von dem seinerseits wieder besonders viele springende Körner starten. Aus unregelmäßig verteilten Unebenheiten entsteht auf diese Weise allmählich ein System senkrecht zur Windrichtung verlaufender Rippeln, deren Abstand, wie Bagnold (1965) zeigte, der mittleren Sprungweite der Körner gleich ist.

Die Fortbewegung der Rippeln kommt dadurch zustande, daß die Sandkörner der Luvseite z. T. als springende Körner, z. T. als kriechende Oberflächenschicht mobilisiert und abgebaut werden, während am Kamm der den Hang hinaufkriechende Sand den Leehang herabrollt und dort angelagert wird. Das Emporwachsen der Scheitel der Rippeln wird durch die Wirkung der dort höheren Windgeschwindigkeit begrenzt. Besteht der Sand aus Körnern verschiedener Größe, so reichern sich an den

Scheiteln die gröbsten Körner an, die der Fortbewegung den größten Widerstand entgegensetzen. Entsprechend findet sich in den Tälern mehr feines Material.

Da mittlere Sprunghöhe und Sprungweite mit der Windgeschwindigkeit zunehmen, wächst der Abstand der Rippeln mit der Stärke des Windes. Entsprechend sollte der Rippelabstand bei gleichbleibender Windstärke umso kleiner sein, je größer die mittlere Korngröße ist.

3.24 Transportkapazität von Winden

Zur Ableitung einer Beziehung für die Transportkapazität der Winde kann auf die Überlegungen zur Berechnung der Transportkapazität von Flüssen (Abschnitt 3.15) zurückgegriffen werden. Entsprechend Gl. (3.62) gilt für die gesamte Energie eines Windes pro sec und Flächeneinheit des Untergrundes:

$$\omega = \tau_0 U = \varrho_1 u_\tau^2 U \tag{3.149}$$

wenn τ_0 die Schubspannung am Boden, u_τ die Schubspannungsgeschwindigkeit, U eine mittlere Windgeschwindigkeit ist, die aus der gesamten pro sec bewegten Luftmasse zu berechnen wäre ($cm^3 cm^{-2} sec^{-1} = cm\,sec^{-1}$), und ϱ_1 das spez. Gewicht der Luft bedeutet. Die Geschwindigkeit U ist jedenfalls der Schubspannungsgeschwindigkeit proportional, so daß man erhält:

$$\omega = \text{const.}\; u_\tau^3 \tag{3.150}$$

Für den Bodentransport wird ein Bruchteil dieser Energie zur Verfügung stehen, so daß man für das Gewicht m_B der pro cm^2 und sec springend und kriechend bewegten Körner erhält:

$$m_B = K_B \cdot u_\tau^3 \tag{3.151}$$

Die Konstante K_B hängt von Korngröße und spezifischem Gewicht der bewegten Körner und außerdem von der Beschaffenheit des Untergrundes ab. Für Sande zwischen 0,1 und 1 mm Durchmesser nimmt nach BAGNOLD (1965) K_B etwa mit der Quadratwurzel aus dem Durchmesser zu. An Quarzsanden fand BAGNOLD experimentell die folgenden Werte:

	K_B
Nahezu gleichkörniger Sand	$1{,}2 \cdot 10^{-6} \sqrt{D}$
Dünensand	$1{,}4 \cdot 10^{-6} \sqrt{D}$
Sand mit sehr breiter Korngrößenverteilung	$2{,}2 \cdot 10^{-6} \sqrt{D}$

K_B ist umso höher, je weiter die Körner springen, für einen Untergrund aus Kies oder festem Gestein also größer als für Sandboden. Die obigen Zahlen beziehen sich auf sandigen Untergrund.

Für den Suspensionstransport m_S in g pro cm^2 und sec ergibt sich:

$$m_S \sim \omega U/v = K_s u_\tau^4/v \tag{3.152}$$

v ist die Sinkgeschwindigkeit der Körner und K_s eine Konstante. Gemäß Gl. (3.148) gilt:

$$u_\tau = \frac{(\bar{u}_y - u_0)}{5{,}75 \lg y/y_0'} \quad (3.153)$$

Für die meisten praktischen Fälle kann man $y_0' \backsimeq 1$ cm annehmen. Mißt man die Windgeschwindigkeit in 1 m über dem Boden (u_{100}), so gilt:

$$u_\tau = 0{,}087\,(u_{100} - u_0) \quad (3.154)$$

Dann ergeben sich statt der Gl. (3.151) und (3.152) die folgenden auf die Windgeschwindigkeit in 1 m über dem Boden bezogenen Formeln:

$$m_B = 6{,}58 \cdot 10^{-4}\,K_B\,(u_{100} - u_0)^3 \quad (3.155)$$

$$m_S = 5{,}72 \cdot 10^{-5}\,K_S\,(u_{100} - u_0)^4/v \quad (3.156)$$

Die Transportkraft des Windes ändert sich also sehr stark mit der Windgeschwindigkeit. Die Menge des am Boden (Sandsturm), resp. in Schwebe (Staubsturm) bewegten Materials nimmt bei gleichbleibender Korngröße mit der dritten, resp. der vierten Potenz der um u_0 verminderten Windgeschwindigkeit zu. Dabei ist vorausgesetzt, daß sich die Bodenbeschaffenheit nicht ändert und daß genügend Material nachgeliefert wird. Den Wert von u_0 kann man aus Gl. (3.135) abschätzen, wenn man für u_τ die kritische Schubspannungsgeschwindigkeit, für y den Wert y_0' und für y_0 den Wert D/30 einsetzt. Die Berechnung absoluter Zahlen für m_S und m_B ist allerdings noch nicht möglich, da die Konstanten K_B und K_S nicht oder nur ungenau bekannt sind.

3.25 Mechanische Wirkungen des Lufttransports

Wie in Wasser können auch in Luft mechanische Wirkungen nur von den als Bodenfracht bewegten Partikeln ausgeübt werden. Die vom Wind bewegte Bodenfracht besteht aus den am Boden kriechenden und aus den springenden Sandkörnern. Während die springenden Körner sich im Wasser nur um wenige Korndurchmesser vom Boden erheben und mit geringer Geschwindigkeit auf den Untergrund zurückfallen, springen die Körner in Luft sehr viel höher, so daß sie mit einer sehr viel größeren kinetischen Energie auf Hindernisse oder auf den Boden auftreffen. Es ist daher zu erwarten, daß die mechanische Wirkung der springenden Körner in Luft stärker als in Wasser ist.

Felsen, Steine und andere Hindernisse werden von den springenden Körnern der Sandstürme, welche in flachem Winkel zur Oberfläche dahinfliegen (Abb. 3-25) sehr stark und in der Art eines Sandstrahlgebläses angegriffen. Es entstehen die aus Wüsten und ariden Gebieten bekannten Windkanter und charakteristische Erosionsformen, auf die hier nicht näher eingegangen sei. Auch die Sandkörner selbst werden, wenn sie auf solche Hindernisse stoßen, abgenutzt. Ebenso erleiden und bewirken die auf den Boden zurückkehrenden Körner Stöße hoher Energie, wenn sie auf die am Boden liegenden Körner treffen. Zu einem Teil mag diese Energie in elastischen Stößen ausgetauscht werden, so daß keine mechanische Wirkung zurückbleibt. Zu einem anderen

Teil wird die Stoßenergie Form und Oberfläche der Sandkörner während des Bodentransportes verändern.

Es ist schon lange bekannt, daß die Körner von Dünensanden, insbesondere aus Wüsten, stumpf und undurchsichtig aussehen, während die Körner vieler Fluß- und Küstensande glänzend und wie glatt poliert erscheinen. Bei Einbettung in eine Flüssigkeit mit einer Lichtbrechung ähnlich der des Quarzes werden die vorher trübe erscheinenden Körner klar durchsichtig, ein Beweis dafür, daß die Erscheinung durch eine aufgerauhte Oberfläche hervorgerufen wird.

Derart mattierte Oberflächen von Sandkörnern führen CAILLEUX und Mitarbeiter (CAILLEUX 1942, CAILLEUX & TRICART 1959) auf die Abrasion zurück, welche die Körner beim Windtransport erleiden. Die feine Zertrümmerung der Oberfläche soll durch die Stöße der Körner entstehen, wie sie beim Windtransport vorkommen, während die Abrasion beim Wassertransport durch eine mehr schleifende Beanspruchung zustande kommt und deshalb eher zu glatten Oberflächen führt. Mattierte Oberflächen von Quarzkörnern sollen daher ein Kriterium für äolischen Sandtransport sein.

Ganz eindeutig ist dieses Kriterium sicher nicht, da mattierte Oberflächen auch durch andere Ursachen entstehen können (KUENEN & PERDOK 1962), z. B. durch Anätzung durch quarzlösende Lösungen oder auch durch den umgekehrten Vorgang, das Aufwachsen kleiner, orientierter Quarzkriställchen. Beide Vorgänge können sich gerade in Wüsten ereignen, wo SiO_2 in den gelegentlich auftretenden Lösungen beweglich ist, wie die in manchen Wüstenböden nahe der Oberfläche vorkommenden Quarz- und Opalausscheidungen zeigen.

Die Abnutzung von Quarz, Kalkstein und Feldspat im Windkanal hat KUENEN (1960) experimentell untersucht. Die Abnutzung nimmt mit der Größe der Partikel, mit der Rauhigkeit der Kornoberflächen und mit der Windgeschwindigkeit zu. Die untere Grenze für die Abnutzbarkeit von Quarzkörnern im Windkanal lag bei diesen Versuchen bei 0,05 mm. Kleinere Körner wurden nicht mehr abgenutzt. Unter sonst gleichen Bedingungen ist die Abnutzbarkeit von Quarzkörnern in Luft um den Faktor 100 bis 1000 größer als auf der gleichen Strecke in Wasser. Der mechanische Angriff erfaßt bei unrunden Körnern zuerst die Ecken und Kanten und schreitet dann zu den Flächen vor, bis das Korn eine gerundete Form erreicht hat. Daher nimmt in den Experimenten der Verlust pro Einheit der Wegstrecke mit zunehmender Rundung ab.

3.26 Ablagerung in Luft

Die durch den Wind transportierten Teilchen werden abgelagert, wenn die Geschwindigkeit und damit die Transportkraft des Windes abnimmt. Aus der Bodenfracht, wie sie von Sandstürmen transportiert wird, gehen sandige Ablagerungen hervor, während aus der von Staubstürmen getragenen Suspensionfracht Sedimente im Korngrößenbereich des Silt entstehen.

Nach den Bildungsbedingungen kann man zwei Arten der aus Bodenfracht stammenden Sandakkumulationen unterscheiden: Sandwehen und Dünen.

Lokale Sandwehen entstehen an allen Hindernissen (z. B. Büsche, Steine oder Klippen), welche die Geschwindigkeit des Windes herabsetzen. Sie spielen geologisch eine nur geringe Rolle. Näheres über ihre Bildung findet man bei BAGNOLD (1965).

Dünen bilden sich nahezu unabhängig vom Relief des Untergrundes und am vollkommensten auf ganz flachem Boden. Sie sind größere Anhäufungen von Sand, die sich zu einzelnen Kämmen oder Gipfeln erheben, und kommen entweder als Einzelgebilde oder in Gruppen und Ketten vor. Auch Dünen sind Hindernisse für den Wind, jedoch solche, die durch den Wind deformierbar sind. Daher können sie unter dem Einfluß der Winde wandern, wachsen, sich teilen oder auch ganz abgebaut werden. Sie sind einerseits mehr oder minder vergängliche Transportkörper der von den Winden am Boden bewegten Sande, auf der anderen Seite große Sandansammlungen, welche aus der geologischen Vergangenheit gelegentlich als Sandsteine erhalten sind.

Wie in Abschnitt 3.22 gezeigt, wird die Geschwindigkeitsverteilung von Winden in Bodennähe sehr stark von der Rauhigkeit des Untergrundes beeinflußt. Ein Wechsel in der Struktur des Untergrundes kann daher die Transportkraft des bodennahen Windes sehr stark verändern. Bei einer plötzlichen Abnahme der Transportkraft kann es zu lokalen Ablagerungen aus der Bodenfracht des Windes kommen, welche sich unter bestimmten Bedingungen zu größeren Dünen auswachsen. Die Prinzipien, nach denen solche Sandanreicherungen entstehen, seien im Anschluß an BAGNOLD (1965) durch zwei einfache Beispiele erläutert. In beiden Fällen wird ein Kiesboden vorgegeben, auf dem sich bereits ein Streifen Sand befinden soll, dessen Oberfläche sehr viel weniger rauh als der Kies ist, solange sie keine Rippeln hat. Im ersten Modell soll der Sandstreifen senkrecht, im zweiten Modell parallel zur herrschenden Windrichtung verlaufen. Es wird sich zeigen, daß unter bestimmten Umständen aus beiden Unregelmäßigkeiten Dünen entstehen. Die Kämme dieser Dünen liegen im ersten Fall (Querdünen) senkrecht und im zweiten Fall (Längsdünen) parallel zur Windrichtung.

Im ersten Modell trifft der vom Kiesuntergrund her kommende Wind auf den senkrecht zu seiner Richtung verlaufenden Sandstreifen. Die Windgeschwindigkeiten über dem Kies sind durch Geraden wie PA, PB, PC in Abb. 3-39 gegeben. Der Abstand OP entspricht der Rauhigkeit des Kiesbodens. Ein durch das Geschwindigkeitsprofil PA gekennzeichneter, sehr schwacher Wind nimmt über dem Sandstreifen das Profil OA′ an. OA′ ist parallel PA, weil die Schubspannungsgeschwindigkeit gleich bleiben muß, und verläuft nahezu durch den O-Punkt, weil die Rauhigkeit des Sanduntergrundes sehr gering ist. Über dem unbewegten Sand ist die Windgeschwindigkeit also in jeder Höhe größer als über dem Kiesboden. Beim Verlassen des Sandstreifens nimmt die Geschwindigkeit wieder ab, entsprechend einer Verschiebung des Profils von OA′ zu PA.

Ein etwas stärkerer, aber immer noch schwacher Wind habe über dem Kiesuntergrund das Profil PB. Über dem Sandboden würde dieser Wind zunächst ein Geschwindigkeitsprofil ergeben, das etwa durch O geht und PB parallel ist. Ein solcher Wind wird aber die Körner an der Oberfläche des Sandes mobilisieren, es werden sich Rippeln bilden. Dann muß das Geschwindigkeitsprofil über dem Sand durch den Punkt O′ verlaufen, so daß sich das Profil O′B′ ergibt. In allen Höhen über dem Sand herrschen wieder größere Windgeschwindigkeiten als über dem Kies.

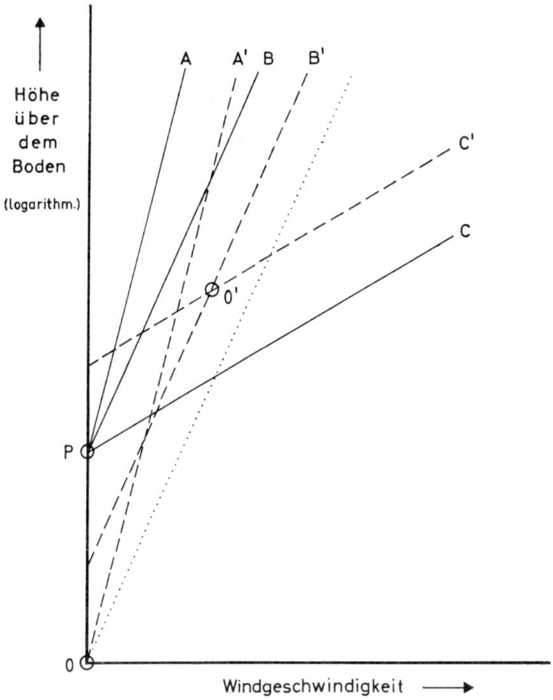

Abb. 3-39. Zur Bildung von Dünen (Erklärung im Text).

Beim Verlassen des Sandstreifens verschiebt sich die Geschwindigkeitsverteilung wieder von O'B' nach PB und die Geschwindigkeiten werden geringer. Dementsprechend findet auf dem sandfreien Untergrund hinter dem Sandstreifen eine Ablagerung der von der Sandoberfläche mobilisierten Körner statt. Ein solcher Wind erzeugt also eine Wanderung des Sandes in der Windrichtung.

Ein starker Wind sei durch die Geschwindigkeitsverteilung PC über dem Kies gegeben. Über dem Sanduntergrund stellt sich die Verteilung O'C' ein, die einer Verringerung der Geschwindigkeit in allen Höhen entspricht. Bringt dieser Wind Sand mit, so wird sich am Beginn des Sandstreifens Sand ansammeln und es kann auf diese Weise eine Düne entstehen. Beim Verlassen des Sandstreifens wird die Windgeschwindigkeit wieder zunehmen, entsprechend einer Verschiebung des Profils von O'C' nach PC. Die auf dem Sandstreifen mobilisierten Körner, die sich dann noch in der Bodenfracht des Windes befinden, können auf dem Kiesboden hinter dem Sandstreifen nicht abgelagert werden, sie werden weiter fortgetragen.

Beim zweiten Modell verläuft der Sandstreifen parallel zur Windrichtung. Ein schwacher Wind, der die Sandkörner nicht bewegt, hat über dem Sandstreifen eine höhere Geschwindigkeit als über dem Untergrund daneben. An der Grenze zwischen Sandstreifen und Umgebung werden dann wegen der Veränderung der Windgeschwindigkeit Wirbel entstehen, die so gerichtet sind, daß sie die Tendenz haben, den Sand des Streifens seitwärts auf den umgebenden Untergrund zu verteilen. Ein starker Wind, der mit den Körnern des Sandstreifens in Wechselwirkung tritt, hat die entgegengesetzte Wirkung, da seine Geschwindigkeit über dem Sandstreifen geringer ist als über der Umgebung. Die an der Grenze beider Strömungen entstehenden Wirbel sind dann so gerichtet, daß der über die Umgebung dahintreibende Sand zum Sandstreifen hin gelenkt wird, wo er in der dort langsameren Windströmung zum Teil sedimentiert wird. So können parallel zur Windrichtung verlaufende Dünen entstehen.

Der Querschnitt voll ausgebildeter Querdünen zeigt einen flacheren (5—12°), dem Winde zugewandten Luv- und einen steileren (30—34°) Leehang, der dem Winde abgewendet ist. Die Geschwindigkeit des Windes und damit die auf die Dünenoberfläche wirkende Schubspannung nimmt auf der Luvseite bis zu einem Punkt unterhalb des Dünenkammes zu und von dort über die Leeseite wieder ab. Bezüglich ihrer Wirkung muß man wieder zwischen „schwachen" und „starken" Winden unterscheiden. Die Geschwindigkeit eines schwachen Windes ist über der Dünenoberfläche höher als über dem umgebenden rauhen Boden. Auf dem Luvhang der Düne wird Sand mobilisiert, der auf dem Leehang wieder abgelagert wird. Ein starker Wind erzeugt auf der Dünenoberfläche eine so starke Sandbewegung, daß die Geschwindigkeit über der Düne geringer ist als über der Umgebung. Bringt ein solcher Wind keinen Sand mit, so wird auf der Luvseite Sand abgetragen, der auf der Leeseite zum Teil wieder abgelagert wird. Eine solche Düne wandert in der Windrichtung, wird dabei aber ständig kleiner, da der beim Übertritt auf den Untergrund hinter der Düne wieder schneller werdende Wind einen Teil des Sandes forträgt. Bringt der Wind jedoch Sand mit, so erfolgt Ablagerung am Fuß des Luvhanges, wo sich die Geschwindigkeit des Windes verlangsamt. Eine solche Düne kann wandern, indem sie ihr Volumen vermehrt, wenn nämlich die Ablagerung an der Luvseite die auf der Leeseite forgetragene Menge übertrifft.

Die Sandablagerung auf dem Leehang erzeugt dort Schrägschichtung als Anlagerungsgefüge und führt zu einer allmählichen Zunahme der Steilheit des Leehanges. Ist der Schüttungswinkel (ca. 34°) des Sandes erreicht, so kommt es zum plötzlichen Abrutschen angelagerten Sandes längs einer etwas weniger steil geneigten Scherfläche. Danach setzt erneut Anlagerung der über den Dünenkamm getriebenen Sandkörner ein, bis der kritische Böschungswinkel wiederum überschritten ist und eine neue Rutschung erfolgt. Im Inneren einer Querdüne findet man einerseits Schrägschichtung, welche durch die Anlagerung am Leehang entstanden ist, und andererseits chaotische Gefüge, die aus den Abrutschungen hervorgegangen sind. Die Schrägschichtung findet man in der Regel bevorzugt in den höheren Teilen der Dünen, da die Rutschungen, welche die Schrägschichtung zerstören, nicht schon am Dünenkamm, sondern erst etwas tiefer einzusetzen pflegen.

Querdünen haben im allgemeinen keine große Ausdehnung senkrecht zur Windrichtung. Sie treten meist als isolierte Körper auf. Besonders charakteristisch sind die Barchane oder Sicheldünen, deren sichelähnliche Form dadurch zustande kommt, daß die niedrigeren Flanken der Düne schneller wandern als die Hauptmasse. Barchane kommen immer in Scharen vor.

Auf den Längsdünen werden Sedimentation und Abtragung nicht so sehr von den Winden der vorherrschenden Windrichtung kontrolliert als vielmehr von gelegentlichen „Querwinden", deren Richtung senkrecht zur herrschenden Windrichtung ist. Je nach der Richtung der Querwinde wechselt der Leehang von der einen zur anderen Seite. Ablagerung auf dem Leehang führt auch hier zu einer Versteilung des Hanges, bis ein Abrutschen erfolgt. So zeigt auch die Längsdüne im Inneren sowohl Schrägschichtung als auch verhältnismäßig strukturlose Partien, die auf die Rutschungen zurückgehen.

Die Höhe der Längsdünen kann sehr erheblich sein. BAGNOLD (1965) berichtet von 210 m hohen Dünen dieser Art in Süd-Iran und von bis zu 100 m hohen Dünen in Ägypten. Längs des Kammes beobachtet man die Wiederholung einzelner Gipfel, deren Abstand zwischen 20 und 500 m variiert. Die Ketten der Längsdünen erstrecken sich sehr gerade über beträchtliche Entfernungen. Die längsten und höchsten Längsdünen kommen auf ganz ebenem und strukturlosem Untergrund vor. Sie können ohne Unterbrechung über 60 bis 100 km verfolgt werden.

Die Dimensionen von Barchanen variieren in weiten Grenzen. Während die maximale Höhe etwa 30 m beträgt, liegt die maximale Länge und Breite solcher Dünen bei etwa 400 m.

Ablagerungen aus der Suspensionsfracht von Staubstürmen werden Löß genannt. Man kann periglazialen und Wüsten-Löß unterscheiden. Der periglaziale Löß entsteht durch die Einwirkung des Windes auf vegetationslose Böden der Arktis und auf Gletschermoränen, besonders solche der Eiszeit. Der Wüsten-Löß besteht aus dem feinen Material, das aus Wüstengebieten ausgeweht wird.

Die mittlere Korngröße der Lösse liegt zwischen 0,01 und 0,06 mm, also im Siltbereich. Wie aus Abb. 3-24 hervorgeht, sind Siltkörner kleiner als diejenige Korngröße (0,08 mm), welche durch die geringste Windgeschwindigkeit mobilisiert werden kann. Im Siltbereich nimmt im Gegensatz zum Sand die zur Aufhebung eines am Boden liegenden Kornes erforderliche Windgeschwindigkeit mit abnehmendem Korndurchmesser zu. Ein einmal abgelagertes Lößteilchen wird umso schwieriger wieder mobilisiert, je kleiner es ist.

Siltteilchen werden durch die mahlende Wirkung der Gletscher erzeugt und zusammen mit dem gröberen Detritus in den Moränen, besonders in der Grundmoräne abgelagert. Sind diese Moränen ohne Vegetation der Wirkung starker Stürme ausgesetzt, so werden Sand- und Siltteilchen mobilisiert. Wie der Abb. 3-22 zu entnehmen ist, entspricht der Korngrößenbereich der Lösse denjenigen Korngrößen, die bei allen Windgeschwindigkeiten als Suspension, d. h. als Staubsturm, transportiert werden, während die Dünensande vorwiegend am Boden, d. h. als Sandsturm aus springenden Körnern fortbewegt werden. Wo der Wind schwächer wird, lagert er Bodenfracht und Schwebfracht zusammen ab. Zu einer Akkumulation des Silt kann es nicht kommen, solange die springenden Sandkörner die Bodenablagerungen immer wieder aufwirbeln. Daher sind die Sanddünen recht frei von feineren Komponenten. Die Ablagerung von Silt als Löß ist erst dann möglich, wenn der Wind soweit abgeschwächt ist, daß der Sandstransport ganz aufgehört hat. Dann entsteht in der Richtung der herrschenden Winde hinter der Dünenzone eine oft sehr weit ausgedehnte Lößdecke, die gegen erneute Erosion durch den Wind sehr stabil ist. Die Dicke der Decke, d. h. die in einer bestimmten Zeit abgelagerte Lößmenge nimmt ebenso wie die Korngröße in der Windrichtung ab: im zentralen Illinois verringert sich z. B. auf einer Strecke von etwa 100 km die Dicke des Löß sehr gleichmäßig von über 20 m auf etwa 5 m. Gleichzeitig sinkt die mittlere Korngröße von über 0,03 mm regelmäßig auf etwa 0,015 mm ab (Smith, nach Krumbein & Sloss 1963).

3.3 Zur Unterscheidung äolischer und aquatischer klastischer Sedimente

Die Transportmechanismen in Winden und Wasserströmungen sind wegen der unterschiedlichen Dichte und Viskosität so verschieden, daß es wohl möglich sein sollte, einem klastischen Sediment anzusehen, ob es seine Sortierung und die Formung seiner Bestandteile durch den Transport in Wasser oder in Luft erhalten hat.

Die aus der Schwebfracht von Wasserströmungen entstandenen Sedimente bestehen aus Partikeln, die etwa gleichmäßig über den Querschnitt der Strömung verteilt waren ($<$ 0,05 mm, Tone und feinerer Silt) neben Körnern, die mehr in der Nähe des Bodens angereichert transportiert wurden (0,05—0,2 mm, gröberer Silt, Feinsand) — vgl. Abb. 3-12. Als Bildungen der aquatischen Schwebfracht sind Tone ($<$ 0,002 mm) besonders verbreitet. Dagegen sind als selbständige Sedimente aus äolischer Schwebfracht nur die gröberkörnigen Lösse bekannt, die hauptsächlich aus Körnern zwischen 0,06 und 0,01 mm bestehen. Nach Abb. 3-22 sind dies Körner, die schwebend, aber in Bodennähe transportiert wurden. Die meisten Lösse enthalten auch Körner unter 0,01 mm, und zwar umso mehr, je weiter vom Ursprung entfernt sie zur Ablagerung kamen. Doch fehlen rein äolische Sedimente, die aus gleichmäßig über die Luftströmung verteilten Körnern bestehen: Es gibt keine äolischen Tone.

Tondünen, wie sie z. B. in Australien, Texas, Algerien und an der Wolgamündung vorkommen, sind keine Ablagerungen aus dem Schwebstoff von Staubstürmen. Sie entstehen vielmehr so, daß dünne Tonkrusten, die sich bei der Austrocknung von Salzseen und salinaren Lagunen bilden, zu kleinen Teilchen von Sandkorngröße zerbrechen, welche vom Winde erfaßt und zu Dünen zusammengeweht werden. In den Dünen verschmelzen die Teilchen zu einer mehr oder minder homogenen und porösen Tonmasse, die vom Winde nicht mehr weiter bewegt werden kann (Price 1963).

Daß es abgesehen von sehr feinkörnigen Ablagerungen vulkanischer Tuffe nicht zur Bildung äolischer Tone kommt, liegt daran, daß das feinste Material der Staubstürme in sehr große Höhen gehoben und dann über weite Flächen verteilt wird, da es im „Luftmeer“ an eng begrenzten „Becken“ fehlt, in denen die Turbulenz plötzlich zum Stillstand kommt und weil auch keine Ausflockung erfolgt, welche bei der Bildung der marinen Tone im Schelfgebiet eine wichtige Rolle spielt. So bilden die feinsten Anteile des äolischen Schwebtransportes keine selbständigen Ablagerungen, sondern geraten als mengenmäßig meist untergeordnete Beimengung in die verschiedenen aquatischen Sedimente.

Bodentransport setzt in Wasser bei Korngrößen über 0,2 bis 0,5 mm, in Luft bei Korngrößen über 0,05 bis 0,3 mm ein. Dementsprechend sind Dünensande im Mittel etwas feinkörniger (0,1—0,5 mm) als aquatische Sande (> 0,2 mm). Die Korngrößenbereiche äolischer und aquatischer Sande überdecken sich aber, so daß aus der Korngröße allein nicht auf Wind- oder Wassertransport geschlossen werden kann.

Dagegen ergeben sich unter Umständen aus der Gestalt der Korngrößenverteilungskurve Schlüsse auf den Transportmechanismus. FRIEDMAN (1961) hat die Korngrößenverteilungen von 267 Sanden von Dünen, Flüssen, See- und Meeresküsten untersucht. Dabei ergab sich, daß die Schiefe der Korngrößenverteilung bei Dünen- und Flußsanden im Phi-Maßstab stets positiv (Überwiegen von Feinerem), die von Küstensanden dagegen negativ (Überwiegen von Gröberem) ist. Diese Unterschiede beruhen darauf, daß in Luft- und Wasserströmungen dem Sediment der Bodenfracht meist auch noch etwas feineres Material aus der Schwebfracht beigemengt wird, welches nach der Einlagerung in die Zwischenräume der größeren Körner nicht wieder mobilisiert werden kann. Durch die Wellen an der Küste wird dagegen das feinere Material herausgewaschen, so daß eine symmetrische Verteilung oder auch ein Überwiegen gröberer Komponenten zustande kommt.

Auf diese Weise ist unter Umständen eine Unterscheidung von Dünen- und Küstensanden möglich. Eine sichere Unterscheidung aller aquatischer und äolischer Sedimente kann jedoch aus der Gestalt der Korngrößenverteilung nicht abgeleitet werden.

Dagegen ergeben sich solche Möglichkeiten aus der Korngrößenverteilung der leichten und schweren Komponenten der Sande. Im Abschnitt (3.181) wurden die Beziehungen abgeleitet, welche zwischen spezifischem Gewicht und Größe verschieden schwerer Mineralkörner bestehen, die sich bei der Ablagerung gleich verhalten, d. h. zusammen sedimentiert werden. Für die Ablagerung aus der Bodenfracht gilt:

$$D_{ar} : D_{br} = (\varrho_b - \varrho_0) : (\varrho_a - \varrho_0) \qquad (3.157)$$

D_{ar} und D_{br} sind die Durchmesser der Körner mit den spez. Gewichten ϱ_a und ϱ_b. ϱ_0 ist die Dichte des Mediums (Luft oder Wasser). Für Körner, die zusammen aus der Schwebfracht sedimentiert werden, gilt im Gültigkeitsbereich des STOKES-Formel:

$$D_{as} : D_{bs} = \sqrt{(\varrho_b - \varrho_0) : (\varrho_a - \varrho_0)} \qquad (3.158)$$

Mit wachsendem Korndurchmesser ändert sich dies Verhältnis, bis schließlich bei Quarzkörnern über 2,6 mm dieselbe Beziehung gilt wie für den Bodentransport.

Da in den obigen Formeln das spezifische Gewicht der Luft vernachlässigt werden kann, während bei Wassertransport $\varrho_0 = 1$ gilt, haben die betreffenden Verhältnisse bei aquatischem und äolischem Transport verschiedene Werte. Aus den Korngrößenverteilungen der leichten und schweren Minerale eines Sandes sollte sich also ableiten lassen, ob er in Luft oder in Wasser gebildet wurde, vorausgesetzt, daß im angelieferten Material Schwerminerale der entsprechenden Korngrößenklassen in ausreichender Menge vorhanden waren, so daß bei der Sedimentation eine richtige Auswahl getroffen werden konnte.

Es hat sich gezeigt, daß die Korngrößenverteilungen der leichten und schweren Bestandteile von Sanden in vielen Fällen tatsächlich etwa den abgeleiteten Beziehungen entsprechen (v. ENGELHARDT 1940a, RITTENHOUSE 1943, WALGER 1966). In Tabelle

3-22 sind die Größenverhältnisse verschiedener Minerale nach den Formeln (3.157) und (3.158) angegeben.

Die Größenunterschiede zwischen zusammen sedimentierten Quarz- und Schwermineralkörnern sollten daher in aquatischen Sedimenten durchwegs größer sein als in äolischen.

Tabelle 3-22. Größenverhältnisse von Mineralen verschiedenen spez. Gewichtes in aquatischen und äolischen Sanden.

Schwermineral	spez. Gewicht	$D_{Quarz} : D_{Schwermineral}$ äolisches Sediment		aquatisches Sediment	
		Bodentransport	Schwebtransport im STOKES-bereich	Bodentransport	Schwebtransport im STOKES-bereich
Magnetit	5,2	1,96	1,40	2,55	1,60
Pyrit	5,0	1,89	1,38	2,43	1,56
Granat	4,2	1,59	1,26	1,94	1,39
Zirkon	4,6	1,74	1,32	2,18	1,48
Rutil	4,25	1,61	1,27	1,97	1,40
Turmalin	3,15	1,19	1,09	1,30	1,14

Schlüsse aus der Form und Oberflächenbeschaffenheit der Bestandteile eines Sediments auf das Transportmedium sind im allgemeinen nicht eindeutig. Wie oben gezeigt, ist die mechanische Wirkung im Sandsturm fliegender Sandkörner sehr viel größer als die der am Boden von Wasserströmungen bewegten. Windkanter sind daher immer ein deutliches Indiz für äolisches Milieu. Äolische Sande haben oft eine mattierte Oberfläche der Körner. Doch ist die Mattierung, wie oben gezeigt (Abschnitt 3.25), nicht immer ein eindeutiges Kennzeichen äolischer Sedimente. Dünensande sind in der Regel sehr gut und meist besser als aquatische Sande gerundet. Es bilden sich aber auch an den Küsten sehr gut gerundete Sandkörner, so daß durch die Rundung allein zwischen äolischen und aquatischen Sanden nicht unterschieden werden kann.

3.4 Transport und Ablagerung durch Eis

Das Fließen der Gletscher ist ein komplizierter Vorgang, der sowohl auf der Translationsfähigkeit, also der Plastizität der Eiskristalle, als auch auf der Verschiebung größerer Eiskörper längs Gleitebenen beruht. Beim letzteren Vorgang spielt das teilweise Schmelzen des Eises unter dem Einfluß des Druckes eine Rolle. Würde das Fließen des Gletschers allein durch die Plastizität des Eises bedingt sein, so wäre die Beziehung zwischen Geschwindigkeitsgradient und wirkender Schubspannung dieselbe wie in Abb. 3-20. Wie bei allen plastischen Körpern müßte eine gewisse Mindestspannung, die sogenannte Fließgrenze, überschritten werden, bevor Fließen eintritt.

Ohne Rücksichtnahme auf eine Fließgrenze, d. h. unter der Voraussetzung, daß das Eis wie eine normale Flüssigkeit fließt, wurden von verschiedenen Autoren im

Temperaturbereich zwischen 0° und −30° aus der Fließgeschwindigkeit des Eises bei bestimmten Schubspannungen Viskositäten zwischen 10^{10} und 10^{15} Poise abgeleitet (DRYGALSKI & MACHATSCHEK 1942, S. 76). Die Gründe für den großen Schwankungsbereich sind nicht näher bekannt. Jedenfalls ist die scheinbare Viskosität des Eises um viele Größenordnungen höher als die von Wasser und Luft; daher können Steine und feste Teilchen aller Art im Eis nur sehr langsam zu Boden sinken. Feste Bestandteile unterhalb einer bestimmten Masse sollten im Eis überhaupt nicht mehr sinken können, solange nämlich die erzeugten Schubspannungen kleiner sind als die Fließgrenze des Eises.

Wegen der Viskosität und der Fließgrenze ist der Transportmechanismus im Eis ganz anders als in Luft und Wasser. Alles von einem Gletscher transportierte Material befindet sich im wesentlichen entweder am Grunde des Gletschers (Grundmoräne) oder an seiner Oberfläche (Obermoräne).

Die Obermoräne besteht aus Schutt, der durch Bergstürze, Rutschungen, Muren, Steinfall oder Lawinen, gegebenenfalls auch durch Wildbäche von höherem Gelände auf die Oberfläche des Gletschers geraten ist. Da das Material der Obermoräne nicht in das Gletschereis einsinken kann, nimmt die Menge des auf der Oberfläche des Gletschers transportierten Schuttes gletscherabwärts zu, wenn von den Seitenhängen laufend Geröll geliefert wird. Die Bestandteile der Obermoräne erfahren während des Transportes keine mechanische Bearbeitung oder Sortierung, falls sie nicht gelegentlich durch Schmelzwasser ausgewaschen werden. Sehr große Blöcke liegen daher neben feinem Material, und alle Stücke oder Körner bewahren im wesentlichen dieselbe Gestalt, in der sie zuerst auf den Gletscher kamen. Es findet keine Glättung oder Schrammung der Oberfläche und keine Rundung statt.

Die Grundmoräne bildet eine mehr oder weniger von Eis durchsetzte Schuttmasse im Grenzbereich zwischen Felsuntergrund und reinem Gletschereis. Sie besteht aus allen Korngrößenklassen von feinstem Ton bis zu sehr großen Blöcken. Riesenblöcke, wie sie in der Obermoräne vorkommen, scheinen in der Grundmoräne meistens zu fehlen. Dafür ist die Grundmoräne reicher an feinstem Material, das bei der langsamen Bewegung des Gletschers neu entsteht. Die Bestandteile der Grundmoräne sind den unter Umständen recht hohen Drucken am Grunde des Gletschers (20 bis 40 kg/cm^2 in Alpengletschern, 70 bis 80 kg/cm^2 in grönländischen Gletschern) ausgesetzt. Außerdem wirken die durch die Bewegung des Gletschers entstehenden Scherkräfte. Minder widerstandsfähige Bestandteile werden zu feinem Sand oder Ton zerrieben. Härtere Gesteine werden gerundet, abgeschliffen oder geschrammt, wobei das feinere Material als Schleifmittel wirkt. Charakteristisch sind die geschrammten oder geritzten Geschiebe, welche auf diese Weise in der Grundmoräne entstehen. Die abradierende Wirkung der bewegten Grundmoräne macht sich auch am Felsuntergrund bemerkbar. Es entsteht eine geschliffene und geglättete Unterlage mit zahlreichen Schrammen und gröberen Rillen, wie sie als Gletscherschliff für die glaziale Erosion besonders typisch ist.

Mit der Größe und Förderweite der Gletscher nimmt die Menge feinkörnigen Materials in der Grundmoräne zu, gleichzeitig werden die weniger widerstandsfähigen Gesteine allmählich ausgeschieden, und es findet eine Abnahme der durchschnittlichen Geschiebegröße statt. Dies ist aber nur in den Moränenablagerungen der sehr weitreichenden Eiszeitgletscher zu erkennen.

Beim Nachlassen der Fließgeschwindigkeit kann der Gletscher den Schutt der Grundmoräne nicht mehr im selben Maße fortschaffen wie er angeliefert wird. Wo sich das Gefälle verringert, häuft sich der Schutt am Gletschergrund, und das Gletscherbett erhöht sich entsprechend; der Gletscher schwimmt gleichsam auf seinem eigenen Schutt. So können sehr mächtige Ablagerungen von Grundmoräne entstehen.

Sobald ein Gletscher ein Gebiet verläßt, das er eine Zeit lang bedeckt hat, bleibt der von ihm mitgeführte Schutt zurück. In diesem zurückgelassenen Material sollten die eckigen Bestandteile der Obermoräne über den mechanisch stärker beanspruchten Bestandteilen der Grundmoräne liegen. Häufig sind jedoch beide Komponenten wirr miteinander gemischt. Sofern keine spätere Einwirkung von strömendem Wasser stattfand, gibt es im Moränensediment weder Schichtung noch Sortierung. Große Blöcke und feinster Schlamm liegen unmittelbar nebeneinander.

Für den wichtigsten Eistransport am Boden des Gletschers ist es charakteristisch, daß durch schleifende und schrammende Beanspruchung viel feines Material der Ton- und Siltkorngröße erzeugt wird. Dasselbe bildet die feine Trübe der Gletscherbäche (Gletschermilch), die in den limnischen Bändertonen oder den marinen Warventonen abgelagert wird. Auch der periglaziale Löß stammt aus dem feinen Material, das durch die Wirkung des Eises erzeugt wird.

4. Bildung chemischer Sedimente

4.1 Allgemeines

Die bei den chemischen Prozessen der Verwitterung freigesetzten und nicht in Neu- oder Umbildungen im Boden und in den frisch abgelagerten klastischen Sedimenten fixierten Stoffe werden durch die Flüsse in gelöstem Zustand transportiert. Sie sammeln sich zum geringeren Teil in kontinentalen Seen und zum überwiegenden Teil im Ozean. Neben den durch die Verwitterung gelieferten leichtlöslichen Stoffen enthalten die Lösungen der Seen und des Ozeans auch leichtlösliche und leichtflüchtige Komponenten, die aus der Entgasung der Erde und aus der Atmosphäre stammen. Außerdem sind im Meerwasser noch Bestandteile der Uratmosphäre der Erde vorhanden.

Konzentrationserhöhung dieser Lösungen durch Eindunstung oder anders bedingte Überschreitungen der entsprechenden Löslichkeitsprodukte führen zur chemischen Abscheidung von Mineralen, die man als Bildung chemischer Sedimente zusammenfassen kann, unabhängig davon, ob diese Ausscheidungen anorganisch oder durch die Mitwirkung von Organismen stattgefunden haben.

Die Arten der chemischen Sedimente, ihre Bildungsräume und ihre Vorkommen werden im zweiten Teil dieses Werkes beschrieben. Die folgende Darstellung soll sich auf Gleichgewichte und Bildungsprozesse derjenigen Minerale beschränken, aus welchen die Hauptmenge der chemischen Sedimente besteht. Die Gleichgewichte einiger weiterer Phasen in wässeriger Lösung wurden bereits in Abschnitt 2.33 besprochen (Al- und Fe-Oxide und Hydroxide, SiO_2 und Phyllosilikate).

Die mengenmäßig vorherrschenden chemischen Sedimente müssen aus denjenigen Stoffen bestehen, die laufend aus den Verwitterungslösungen zugeführt werden. Die Anionen der Flußwässer sind vorwiegend Karbonat und Sulfat, das vorherrschende Kation ist das Calcium (Tabelle 2-4). Deshalb bilden schwerlösliche Karbonate und Sulfate des Calcium: Calcit, Aragonit, Dolomit, Gips und Anhydrit, die Hauptmenge der chemischen Sedimente. Daher soll die Bildung dieser Minerale aus wässeriger Lösung in den folgenden Abschnitten eingehend betrachtet werden. Da Bildung und Auflösung dieser Kristallarten auch im Boden und vor allem bei der Diagenese eine Rolle spielen, ergeben sich wichtige Anwendungen auch für diese Bereiche.

Weil die Hauptmenge der chemischen Sedimente aus dem großen Sammelbecken des Ozeans stammt, sind die Bedingungen der Ausscheidung aus Meerwasser besonders wichtig. Wie sich im folgenden zeigen wird, ist das Meerwasser gesättigt oder nahezu gesättigt an Calciumkarbonat und an Dolomit. Zur Abscheidung von Calciumkarbonat bedarf es daher keiner starken Erhöhung der Konzentration durch Eindampfung, sondern es genügen kleine Veränderungen von Temperatur und CO_2-Tension. Die Bildung von Dolomit ist aus reaktionskinetischen Gründen gehemmt. Er entsteht daher nicht als direkte Fällung, sondern kann sich erst durch die Einwirkung mehr oder weniger konzentrierten Meerwassers auf frisch gebildete Calciumkarbonatsedimente bilden.

Alle anderen Ausscheidungen, die aus den Hauptkomponenten des Meerwassers bestehen, können erst stattfinden, wenn die Konzentration durch Eindunstung sehr stark erhöht worden ist. Die Zusammensetzung des Meerwassers beim Beginn der Ausscheidung von Gips, Steinsalz und K-Mg-Salzen ist in der Tabelle 4-1 nach Braitsch (1962, S. 66) verzeichnet.

Als erstes kommt Calciumsulfat als Gips (bei 25° C) zur Abscheidung, wenn die Menge des Wassers durch die Eindunstung um den Faktor 3,4 abgenommen hat. Die Ausscheidung von Steinsalz setzt ein, wenn der Wassergehalt der Meerwasserlösung um den Faktor 11 kleiner geworden ist. Erst wenn der Wassergehalt auf etwa $^1/_{60}$

Tabelle 4-1. Zusammensetzung des Meerwassers bei isothermer Eindampfung (25° C) zu Beginn der Ausscheidung von Gips, Steinsalz und K-Mg-Salzen (nach Braitsch 1962). (Mole / x Mol H_2O)

Meerwasser		Beginn der Ausscheidung von		
		Gips	Steinsalz	K-Mg-Salze
H_2O (x)	70700	21100	6450	1170
K_2	6,4	6,4	6,4	6,4
Mg	69,0	69,0	69,0	69,0
SO_4	24,6	24,6	24,6	24,6
Na_2Cl_2	303	303	303	26
$CaCO_3$	1,5	—	—	—
$CaSO_4$	11,7	11,7	1,8	—
Gewicht der Lösungen	1000 g	322,4 g	121,3 g	24,46 g

der ursprünglichen Menge abgenommen hat, beginnt die Abscheidung der leichtlöslichen K-Mg-Salze. Es bedarf also recht extremer Bedingungen, damit marine Salzgesteine entstehen. Solche Bedingungen sind nur selten und nur innerhalb eng begrenzter Beckenteile verwirklicht, so daß die Evaporatsedimente einen nur geringen Anteil der marinen Sedimente bilden.

Die Ausscheidungsfolge der leichtlöslichen Meerwassersalze ist wegen der vielen möglichen Phasen in komplizierter Weise von den Bedingungen abhängig. Für eine Darstellung der hier geltenden Gleichgewichte und ihre Anwendung auf die Eindampfung von Meerwasser unter natürlichen Bedingungen sei auf das Buch von Braitsch (1962) verwiesen, wo auch die umfangreiche ältere Literatur zitiert wird. Hier seien nur einige allgemeine Bemerkungen angefügt.

Die in der Natur vorgefundenen Salzfolgen weichen aus verschiedenen Gründen von der Abfolge ab, die man im Laboratorium bei der isothermen Eindampfung von Meerwasser erhält. Folgende Gründe können dabei eine Rolle spielen:

Erstens sind die meisten natürlichen Salzfolgen nicht das Produkt einer Verdampfung normalen Meerwassers, sondern es hat, wie das Fehlen oder die geringe Menge der zu erwartenden Magnesiumsalze in vielen Fällen anzeigt, die Abscheidung der Salzminerale aus einem an Magnesium verarmten Meerwasser stattgefunden. Der Grund für dieses Magnesiumdefizit ist die frühdiagenetische Bildung von Dolomit durch die Reaktion von Meerwasser mit frisch gebildetem Calciumkarbonatsediment.

Zweitens sind die natürlichen Salzfolgen aus der Eindampfung einer Lösung entstanden, deren Zusammensetzung und Konzentration durch mehrfache Zuflüsse frischen Meerwassers laufend verändert wurde.

Drittens braucht die Eindampfung nicht bei konstanter Temperatur stattgefunden zu haben.

Viertens haben die sich ausscheidenden Salze nicht immer Gelegenheit gehabt, sich bei fortschreitender Eindampfung mit den konzentrierten Lösungen umzusetzen, und es haben sich außerdem nicht immer die stabilen Phasen, sondern metastabile Kristallarten ausgeschieden.

Fünftens haben sich schließlich die zuerst ausgeschiedenen Salze durch diagenetische oder metamorphe Umwandlungen unter Mitwirkung hinzutretender Lösungen stark verändert.

4.2 Kalk

An den Gleichgewichten zwischen festem Calciumkarbonat und wässerigen Lösungen in Gegenwart einer Gasphase sind die Ionen Ca^{++}, CO_3^{--}, HCO_3^-, H^+, OH^- und der Partialdruck des CO_2 beteiligt, welches sich als H_2CO_3 im Wasser löst. Für die Konzentration der Ionen und der Kohlensäure gelten nach dem Massenwirkungsgesetz die folgenden Bedingungsgleichungen:

$$[Ca^{++}] \cdot [CO_3^-] = K_a \tag{4.1}$$

$$\frac{[H^+]\ [HCO_3^-]}{[H_2CO_3]} = K_b \tag{4.2}$$

$$\frac{[H^+]\,[CO_3^{--}]}{[HCO_3^-]} = K_c \tag{4.3}$$

$$[H^+]\,[OH^-] = K_d = 10^{-14} \tag{4.4}$$

$$\frac{[H_2CO_3]}{P_{CO_2}} = K_e \tag{4.5}$$

P_{CO_2} ist der Partialdruck des CO_2 in der Gasphase, mit welcher die Lösung im Gleichgewicht ist.

Die obigen Gleichungen gelten streng nur für die Aktivitäten a_{Ca}, a_{CO_3} etc. der Stoffe. Die Aktivität der Wasserstoffionen wird durch die pH-Messung erfaßt. Die analytisch bestimmbaren Konzentrationen der anderen Ionen m_{Ca}, m_{CO_3} etc. sind nur in sehr verdünnten Lösungen den Aktivitäten gleichzusetzen. In konzentrierten Lösungen sind die analytischen Konzentrationen höher als die Aktivitäten. Allgemein gilt:

$$a_i = \gamma_i m_i \tag{4.6}$$

Die Aktivitätskoeffizienten γ_i sind in unendlich verdünnter Lösung gleich 1 und kleiner als 1, wenn Ionen gelöst sind. Als Maß für den Elektrolytgehalt einer Lösung dient die sogenannte Ionenstärke, welche nach der folgenden Formel berechnet wird:

$$I = {}^1/_2 \, \Sigma \, m_i z_i^2$$

m_i ist die Konzentration der Ionenart (i) in Mol/l und z_i deren Wertigkeit. Es ist über alle positiven und negativen Ionen zu summieren, die in der Lösung vorhanden sind. In Abb. 4-1 sind die Aktivitätskoeffizenten der für das Calciumkarbonatgleichgewicht wichtigen Bestandteile in Abhängigkeit von der Ionenstärke dargestellt.

Die Konstanten K_a, K_b, K_c und K_e hängen von der Temperatur ab. Die Werte für Temperaturen zwischen 0° und 80° sind in Tabelle 4-1 verzeichnet.

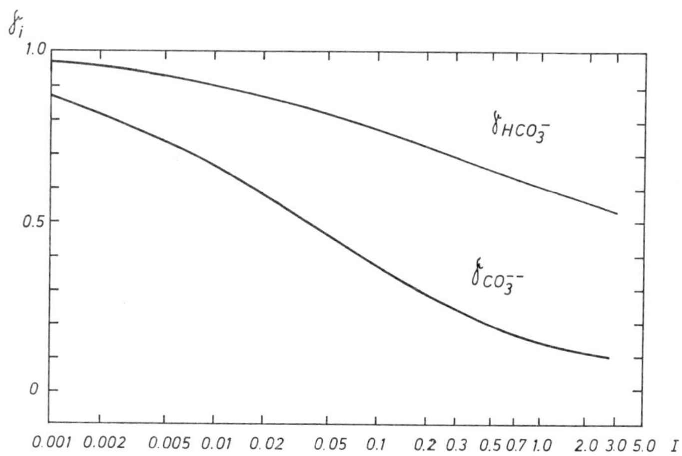

Abb. 4-1 a. Aktivitätskoeffizienten (γ) von HCO_3^- und CO_3^{--} in Abhängigkeit von der Ionenstärke (I) der Lösung (GARRELS & CHRIST 1965).

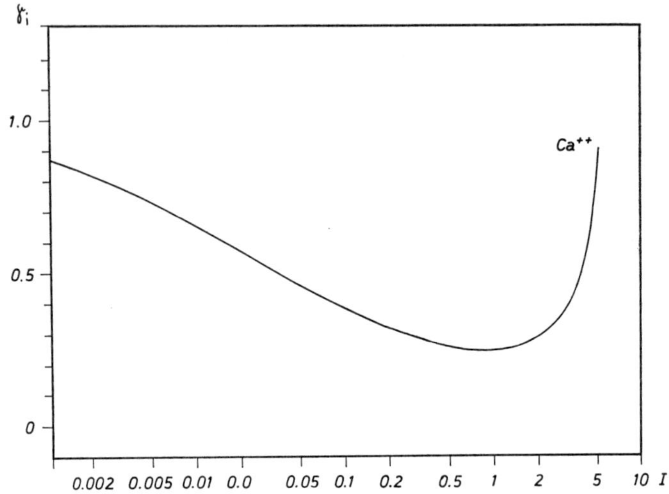

Abb. 4-1 b. Aktivitätskoeffizient (γ) von Ca^{2+} in Abhängigkeit von der Ionenstärke (I) der Lösung (GARRELS & CHRIST 1965).

Im einfachsten Fall ist keine Gasphase vorhanden. Calcit löst sich in reinem Wasser. Dann entfällt die obige Gl. (4.5). Zur Berechnung der Aktivitäten von 6 Ionen stehen die vier Gl. (4.1—4.4) zur Verfügung. Dazu ergeben sich zwei weitere aus den Bedingungen, daß die Summe der positiven Ladungen gleich der der negativen ist und daß alle in Lösung befindlichen Karbonatbestandteile aus der Auflösung von Calcit stammen:

$$2\, m_{Ca^{++}} + m_{H^+} = 2\, m_{CO_3^{--}} + m_{HCO_2^-} + m_{OH^-} \qquad (4.7)$$

$$m_{Ca^{++}} = m_{CO_3^{--}} + m_{HCO_2^-} + m_{H_2CO_3} \qquad (4.8)$$

Setzt man Aktivitäten gleich Konzentrationen, was in diesem Fall einer sehr verdünnten Lösung erlaubt ist, so erhält man mit den Zahlenwerten der Konstanten aus Tabelle 4-2 für 25° durch Auflösung der Gl. (4.1—4.4), (4.7) und (4.8) die folgenden Konzentrationen:

Tabelle 4-2. Gleichgewichtskonstanten des Systems $CaCO_3$—CO_2—H_2O (aus GARRELS & CHRIST 1965, nach Messungen verschiedener Autoren).

Temperatur °C	$-\lg K_a$	$-\lg K_b$	$-\lg K_c$	$-\lg K_e$
0	8,02	6,58	10,62	1,12
5	8,09	6,52	10,56	
10	8,15	6,47	10,49	
15	8,22	6,42	10,42	
20	8,28	6,38	10,38	
25	8,34	6,35	10,33	1,47
30	8,40	6,33	10,29	
40	8,52	6,30	10,22	1,64
50	8,63	6,29	10,17	
80	8,98	(6,32)	(10,12)	

Calcit im Gleichgewicht mit reinem Wasser, $P_{CO_2} = 0$, (25° C):

$$m_{Ca^{++}} = 10^{-3,9}$$
$$m_{CO_3^{--}} = 10^{-4,4}$$
$$m_{HCO_2^-} = 10^{-4,05}$$
$$m_{H_2CO_3} = 10^{-7,6}$$
$$m_{H^+} = 10^{-9,95}; \quad pH = 9,95$$

In reinem Wasser ohne CO_2 sind bei 25° C im Gleichgewicht nur $1,3 \cdot 10^{-4}$ Mole = 13 mg/l $CaCO_3$ gelöst.

Wenn eine Gasphase vorhanden ist, in welcher ein bestimmter CO_2-Partialdruck herrscht, ist die Menge des im Gleichgewicht gelösten $CaCO_3$ größer. Die Aktivitäten der in Lösung befindlichen Ionen lassen sich durch Auflösung der Gl. (4.1—4.5) und (4.7) bestimmen. Man erhält durch Substitution die folgende Beziehung zwischen CO_2-Partialdruck und Wasserstoffionenkonzentration:

$$P^2_{CO_2} + \frac{10^{-14}[H^+] - [H^+]^3 P_{CO_2}}{2K_bK_cK_e + K_bK_e[H^+]} - \frac{2K_a[H^+]^4}{K_bK_cK_e(2K_bK_cK_e + K_bK_e[H^+])} = 0 \quad (4.9)$$

oder:

$$P_{CO_2} = -\frac{A}{2} + \sqrt{C + \frac{A^2}{4}} \quad (4.10)$$

mit den Abkürzungen:

$$A = \frac{L}{2M + N[H^+]}; \qquad C = \frac{O[H^+]^4}{M(2M + N[H^+])}$$

$$L = 10^{-14}[H^+] - [H^+]^3; \; M = K_bK_cK_e; \; N = K_bK_e; \; O = 2K_a.$$

Durch diese Gleichungen ist die Aktivität der Wasserstoffionen bestimmt, die in einer an $CaCO_3$ gesättigten Lösung herrscht, welche mit einer Gasphase mit einem bestimmten CO_2-Partialdruck im Gleichgewicht ist. Diese Beziehung zwischen CO_2-Druck in der Gasphase und der Aktivität der Wasserstoffionen in der Lösung ist in Abb. 4-2 dargestellt.

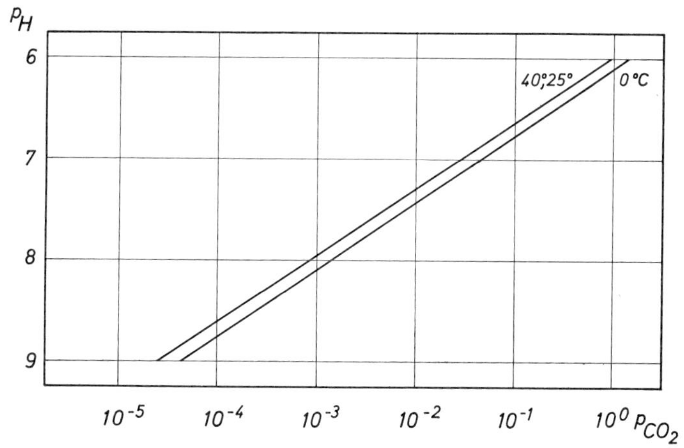

Abb. 4-2. pH in $CaCO_3$-Lösungen in Abhängigkeit vom Partialdruck des CO_2 in der Gasphase.

Durch Einsetzen der zu einem bestimmten Partialdruck gehörigen Aktivität der Wasserstoffionen und der dazugehörigen Konzentration an gelöster H_2CO_3 in die Gl. (4.1—4.3) kann man die Aktivitäten der Ionen Ca^{++}, CO_3^{--} und HCO_2^{-} in der gesättigten Lösung in Abhängigkeit vom CO_2-Partialdruck berechnen. Besonders interessiert die Aktivität des gelösten Ca (resp. $CaCO_3$). In Abb. 4-3 ist die auf diese Weise berechnete Aktivität von Ca in den gesättigten Lösungen in Abhängigkeit vom pH bei Partialdrucken des CO_2 im Bereich zwischen weniger als 10^{-4} bis 1 für 0°, 25° und 40° dargestellt.

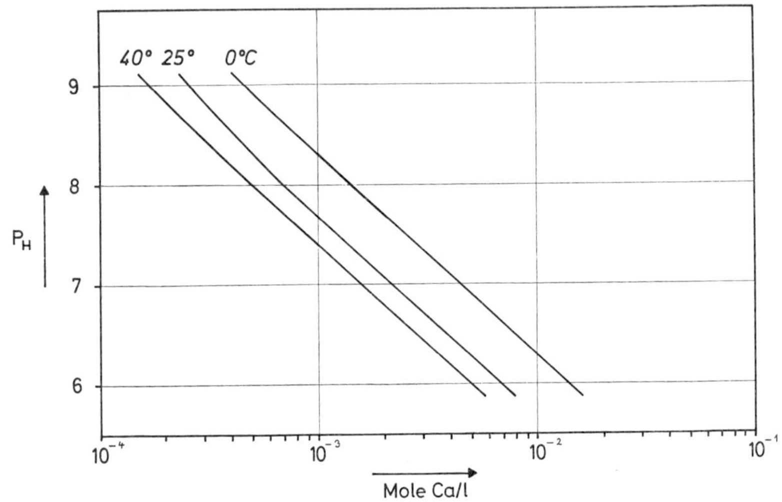

Abb. 4-3. Aktivität (Mole/l) der Ca^{2+}-Ionen in $CaCO_3$-Lösungen in Abhängigkeit vom pH.

Für die Aktivität der Ca-Ionen folgt aus den obigen Gleichungen:

$$[Ca^{++}] = \frac{K_a[H^+]^2}{M P_{CO_2}} \tag{4.11}$$

Die langwierige Rechnung erfährt für CO_2-Partialdrucke über 10^{-3} eine wesentliche Vereinfachung dadurch, daß einzelne Glieder so klein werden, daß sie ohne Fehler vernachlässigt werden können. Es gilt:

Für $P_{CO_2} > 10^{-3}$:

$$C = \frac{O[H^+]^3}{MN}; \qquad P_{CO_2} = \sqrt{C}.$$

Daraus folgt eine einfache Gleichung für die Aktivität der Ca-Ionen:

$$[Ca^{++}] = \left(\frac{K_a K_b K_e P_{CO_2}}{4 K_c}\right)^{1/3} \tag{4.12}$$

und für die Aktivität der Wasserstoffionen:

$$[H^+] = \left(\frac{K_b^2 K_c K_e^2 P_{CO_2}^2}{2 K_a}\right)^{1/3} \tag{4.13}$$

Sind die Aktivitäten von Ca^{++} und H^+ aus diesen Gleichungen bestimmt, so errechnen sich die Aktivitäten der Karbonatbestandteile durch Einsetzen in die Gl. (4.2—4.5). Ein Beispiel möge dies erläutern:

Gefragt ist nach der Zusammensetzung einer gesättigten Lösung im Gleichgewicht mit einer Gasphase, in welcher $P_{CO_2} = 10^{-2,00}$ herrscht. Die Temperatur sei 25°. Dann gilt für die Konstanten:

$$K_a = 10^{-8,34}, \quad K_b = 10^{-6,35}, \quad K_c = 10^{-10,33}, \quad K_e = 10^{-1,47}.$$

Nach Gl. (4.12) und (4.13) erhält man:

$$[Ca^{++}] = 10^{-2,41}$$
$$[H^+] \quad = 10^{-7,11}$$

Einsetzen in die Gl. (4.2, 4.3, 4.5) ergibt:

$$[CO_3^{--}] = 10^{-5,93}; \; [HCO_2^-] = 10^{-2,71}; \; [H_2CO_3] = 10^{-3,47}.$$

Die Aktivitäten der Karbonatbestandteile können natürlich auch direkt aus den Konstanten errechnet werden, wenn der CO_2-Partialdruck gegeben ist. Es gelten dann die Gleichungen (für $P_{CO_2} > 10^{-3}$):

$$[CO_3^{--}] = \left(\frac{4\,K_a{}^2 K_c}{K_b K_e P_{CO_2}} \right)^{1/3} \tag{4.14}$$

$$[HCO_2^-] = \left(\frac{2\,K_a K_b K_e P_{CO_2}}{K_c} \right)^{1/3} \tag{4.15}$$

$$[H_2CO_3] = K_e P_{CO_2} \tag{4.16}$$

Bei CO_2-Partialdrucken unter 10^{-2}, d. h. für Lösungen, die weniger als etwa $1{,}5 \cdot 10^{-3}$ Mol/l = 150 mg $CaCO_3$/l enthalten, können die Aktivitäten den Konzentrationen gleichgesetzt werden. In diesem Bereich gibt Abb. 4-3 direkt die Löslichkeit von $CaCO_3$ bei verschiedenem pH wieder.

Für die Sedimentbildung ist die Löslichkeit beim CO_2-Druck der normalen Atmosphäre besonders wichtig ($P_{CO_2} = 10^{-3,5} = 0{,}0003$). Der Abb. 4-3 sind die folgenden Werte zu entnehmen:

Calcit im Gleichgewicht mit reinem Wasser und normaler Atmosphäre ($P_{CO_2} = 10^{-3,5}$):

		0°	25°	40°
m_{CaCO_3}	Mol/l	$8{,}8 \cdot 10^{-4}$	$5{,}0 \cdot 10^{-4}$	$3{,}6 \cdot 10^{-4}$
	mg/l	88	50	36

Bei CO_2-Partialdrucken über 10^{-2} (pH < 7,3) wird die Konzentration der Lösungen so hoch, daß die Aktivitätskoeffizienten merklich kleiner als 1 sind, so daß die Menge des tatsächlich gelösten $CaCO_3$ größer ist als die in Abb. 4-3 dargestellte und nach den obigen Gleichungen berechnete Aktivität. Setzt man die Aktivitätskoeffizienten der einzelnen Bestandteile gemäß Gl. (4.6) in die obigen Gleichungen ein, so erhält man die folgenden Formeln für die Berechnung der in den Lösungen analytisch festestellbaren Konzentrationen (für $P_{CO_2} > 10^{-3}$):

$$m_{Ca} = \left(\frac{K_a K_b K_e P_{CO_2}}{4\,K_c} \cdot \frac{1}{\gamma_{Ca}\,\gamma_{HCO_3}{}^2} \right)^{1/3} \tag{4.17}$$

$$m_{CO_3} = \left(\frac{4\,K_a{}^2 K_c}{K_b K_e P_{CO_2}} \; \frac{\gamma_{HCO_2}}{\gamma_{Ca}{}^2\,\gamma_{CO_3}{}^3} \right)^{1/3} \tag{4.18}$$

$$m_{H_2CO_3} = K_e P_{CO_2} \cdot \frac{1}{\gamma_{H_2CO_3}} \tag{4.19}$$

Sollen nach diesen Gleichungen Konzentrationen berechnet werden, so müssen die Aktivitätskoeffizienten berechnet oder abgeschätzt werden. Dazu muß die Ionenstärke der Lösung bekannt sein, die sich erst aus den zu berechnenden Konzentrationen ergibt. Die Berechnung muß daher in schrittweiser Annäherung vollzogen werden.

Die von verschiedenen Autoren bei 25° empirisch festgestellte Löslichkeit von Calcit bei verschiedenen CO_2-Partialdrucken ist in der Abb. 4-4 dargestellt (nach GMELIN). Mit wachsendem CO_2-Druck wird die Löslichkeit zunehmend größer als die Aktivität. Im Gleichgewicht mit einer reinen CO_2-Atmosphäre ($P_{CO_2} = 1$) ist die analytisch in der Lösung feststellbare $CaCO_3$-Menge um den Faktor 1,4 größer als die aus den Gleichgewichten berechnete Aktivität.

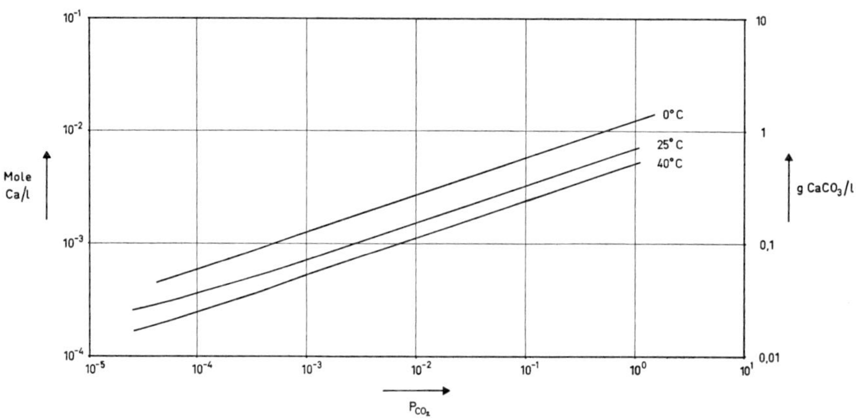

Abb. 4-4. Analytisch festgestellte Löslichkeit von Calcit in reinem Wasser in Abhängigkeit vom Partialdruck des CO_2 (GMELIN 1961).

Für diagenetische Prozesse kann die Löslichkeit von Calciumkarbonat bei höheren Temperaturen und CO_2-Drucken von Bedeutung sein. Abb. 4-5 enthält die Ergebnisse der Bestimmung der Löslichkeit von Calcit bei Temperaturen zwischen 100° und 300° C und CO_2-Drucken zwischen 1 und 62 at durch ELLIS (1959).

Für die Abscheidung und Auflösung von Kalk an der Erdoberfläche und unter den Bedingungen der Diagenese ist vor allem die Abhängigkeit der Löslichkeit des

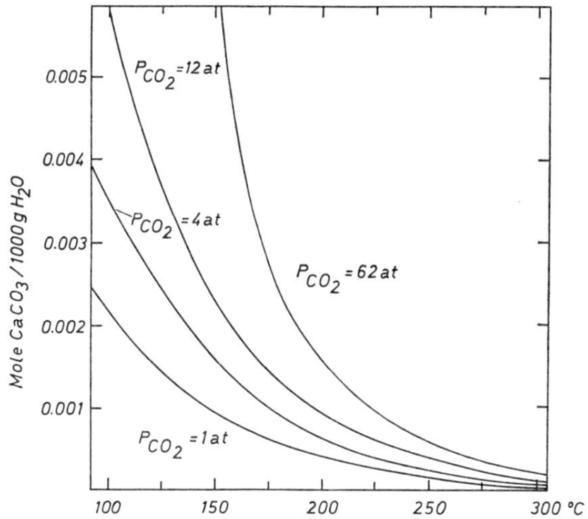

Abb. 4-5. Löslichkeit von Calcit in Wasser bei höheren Temperaturen und verschiedenen CO_2-Drucken (ELLIS 1959).

$CaCO_3$ von CO_2-Partialdruck und Temperatur wichtig. Dieselbe kann der Abb. 4-3 resp. den obigen Gleichungen entnommen werden.

Bei konstanter Temperatur hängt die Löslichkeit vom CO_2-Partialdruck ab. Nach Gl. (4.12) steigt sie mit der dritten Wurzel aus dem Partialdruck, wenn dieser größer als 10^{-3} ist. Daher ergibt in diesem Bereich die doppeltlogarithmische Darstellung der Abb. 4-3 eine Gerade. Eine Steigerung des CO_2-Partialdruckes von 0,0003, dem Wert der normalen Atmosphäre, auf 0,003 vermehrt die Löslichkeit um den Faktor 2,15, d. h. bei 25° von 50 mg/l auf 107 mg/l.

Der Einfluß der Temperatur folgt aus der Temperaturabhängigkeit der Konstanten K_a, K_b, K_c und K_e. Wie die Tabelle 4-2 zeigt, verändern sich diese Konstanten mit steigender Temperatur in verschiedenem Sinne und in verschiedenem Grade: K_a wird mit steigender Temperatur kleiner. K_b und K_c nehmen mit der Temperatur zu, d. h. die Dissoziation der Kohlensäure wird größer. K_e wird geringer, d. h. die Menge der bei einem bestimmten CO_2-Druck im Wasser gelösten Kohlensäure nimmt mit steigender Temperatur ab. Für die Löslichkeit des $CaCO_3$ kommt es nach Gl. (4.12) auf den Ausdruck $K_aK_bK_e/K_c$ an, welcher mit steigender Temperatur kleiner wird, so daß die Löslichkeit des $CaCO_3$ mit der Temperatur abnimmt. Für diesen Effekt ist die Abnahme der in Wasser gelösten Kohlensäure mit steigender Temperatur (K_e) durchaus nicht überwiegend verantwortlich. Die Temperaturabhängigkeit der anderen Konstanten hat einen größeren Einfluß. Wie man der Abbildung entnimmt, ist beim gleichen CO_2-Druck bei 0° C 2,4 mal mehr $CaCO_3$ gelöst als bei 40°.

Aus einer an $CaCO_3$ gesättigten Lösung wird sich also Kalk ausscheiden, wenn der CO_2-Partialdruck in der Gasphase abfällt oder wenn die Temperatur zunimmt oder wenn beide Einflüsse wirken. Umgekehrt wird sich Kalk auflösen, wenn die Temperatur abnimmt und/oder der CO_2-Druck ansteigt. So erzeugt der CO_2-Entzug durch assimilierende Pflanzen die Abscheidung von Kalk und an Quellaustritten kommt es zur Bildung von Kalksinter infolge der Erwärmung des Quellwassers und durch das Entweichen von gelöster Kohlensäure.

Für manche Vorgänge ist der folgende Fall von Interesse: Eine Lösung ist mit einer Gasphase und mit festem $CaCO_3$ im Gleichgewicht und enthält eine Substanz, welche eine bestimmte Wasserstoffionenkonzentration erzeugt. Dann sind P_{CO_2} und $[H^+]$ gegeben. Für die Konzentrationen der in Lösung befindlichen Ionenarten gilt bei CO_2-Partialdrucken über 10^{-3}:

$$[Ca^{++}] = \frac{K_a}{K_b K_c K_e} \frac{[H^+]^2}{P_{CO_2}} \tag{4.20}$$

$$[CO_3^{--}] = K_b K_c K_e \frac{P_{CO_2}}{[H^+]^2} \tag{4.21}$$

$$[HCO_3^-] = K_b K_e \frac{P_{CO_2}}{[H^+]} \tag{4.22}$$

Es ergibt sich, daß bei festem Partialdruck des CO_2 die Löslichkeit von $CaCO_3$ mit zunehmender Wasserstoffionenkonzentration zu, mit abnehmender abnimmt. Andererseits wirkt eine Erhöhung des CO_2-Druckes löslichkeitserniedrigend, wenn gleichzeitig die Wasserstoffionenkonzentration etwa durch die Wirkung eines Puffers festgehalten wird. Eine solche Wirkung könnten zum Beispiel chemisch sich zersetzende Silikate (Feldspatverwitterung) ausüben.

Die Abscheidung von Kalkgesteinen erfolgt ganz überwiegend in flachen Meeren. Der Vorrat des Ozeanwassers an gelöstem Calciumkarbonat wird durch die Zufuhr der Flüsse laufend nachgeliefert. Eine geochemische Überschlagsrechnung ergibt das folgende Bild:

Volumen des Ozeans	$1{,}35 \cdot 10^{21}$ l
Gesamtmenge des im Ozean gelösten Ca (0,41 g/l)	$5{,}50 \cdot 10^{20}$ g
Wasserzufuhr der Flüsse in den Ozean	$3{,}23 \cdot 10^{16}$ l/Jahr
Mittlerer Ca-Gehalt der Flußwässer	$1{,}5 \cdot 10^{-2}$ g/l
Zufuhr von Ca in den Ozean	$4{,}85 \cdot 10^{14}$ g/Jahr
(alle Daten nach Turekian 1969)	

Es folgt aus diesen Zahlen, daß die gesamte heute im Ozean gelöste Calciummenge in $5{,}50 \cdot 10^{20} : 4{,}85 \cdot 10^{14} = 1{,}16 \cdot 10^6$ Jahren, d. h. in einer geologisch kurzen Zeit, durch die Flüsse zugeführt wurde. Die rezente Abscheidung von Kalk aus den Meeren muß also der Zufuhr durch die Flüsse die Waage halten.

Tabelle 4-3 enthält die Mengenverhältnisse der im Meerwasser gelösten Ionen. Wegen der hohen Konzentration und der großen Anzahl der gelösten Komponenten können die Gl. (4.1—4.5) nicht ohne weiteres auf das Calciumkarbonat-Kohlensäure-Gleichgewicht im Meer angewendet werden. Die Calcium- und Karbonationen treten in verschiedene Wechselwirkungen mit den anderen Ionen des Meerwassers, so daß sie nicht frei für die Gleichgewichte zur Verfügung stehen. Die Folge ist, daß das aus den analytisch festgestellten Gehalten an Calcium ($m_{Ca^{++}}$) und Karbonat ($m_{CO_3^{--}}$) berechnete Produkt K'_a höher ist als die Gleichgewichtskonstante K_a.

Tabelle 4-3. Mittlere Zusammensetzung der im oberflächennahen Meerwasser gelösten Ionen. $Cl^- = 19$ ‰, 25°, pH = 8,15 (nach GARRELS & CHRIST).

	Mol/l
Na^+	0,48
Mg^{++}	0,054
Ca^{++}	0,010
K^+	0,010
Cl^-	0,56
SO_4^{--}	0,028
HCO_3^-	0,0024
CO_3^{--}	0,00027

In sehr verdünnten Lösungen gilt gemäß Gl. (4.1):

$$K_a = m_{Ca^{++}} \cdot m_{CO_3^{--}} = 4,6 \cdot 10^{-9}$$

Mit den Ca^{++}- und CO_3^{--}-Gehalten des oberflächennahen Meerwassers bei 25° errechnet sich ein Produkt von

$$K'_a = m_{Ca^{++}} \cdot m_{CO_3^{--}} = 2,7 \cdot 10^{-6} \qquad (4.23)$$

Dieser Wert ist um den Faktor 6000 höher als das Löslichkeitsprodukt in unendlich verdünnter Lösung. Um das wahre Löslichkeitsprodukt im Meerwasser zu erhalten, müssen die analytisch festgestellten Konzentrationen $m_{Ca^{++}}$ und $m_{CO_3^{--}}$ mit Aktivitätskoeffizienten multipliziert werden, die der Tatsache Rechnung tragen, daß wegen elektrostatischer Wechselwirkung, Ionenpaar- und Komplexbildung nur ein kleiner Teil der Ca^{++}- und Karbonationen frei an den Gleichgewichten beteiligt sind. Die Schwierigkeit besteht darin, die Größe dieser Aktivitätskoeffizienten zu bestimmen.

Für mäßig konzentrierte Lösungen kann man nach der Theorie von DEBYE & HÜCKEL die Aktivitäten der Ionen berechnen, wie sie sich aufgrund der elektrostatischen Wechselwirkungen ergeben. Die auf diese Weise für die Ionenstärke des Meerwassers (0,7) berechneten Aktivitäten sind aber immer noch zu groß, weil das Löslichkeitsprodukt trotz dieser Korrektur zu hoch ausfällt. GARRELS, THOMPSON & SIEVER (1961) konnten zeigen, daß die Aktivität der CO_3^{--}-Ionen in Lösungen, welche NaCl und $MgCl_2$ enthalten, sehr viel geringer ist als in Lösungen anderer Salze von gleicher Ionenstärke. Der Grund ist die Bildung wenig dissoziierter $MgCO_3$-Komplexe, welche die Aktivität der CO_3^{--}-Ionen spezifisch verringern. Für das Meerwasser entwickelten GARRELS & THOMPSON (1962) daraufhin ein Modell der gelösten Ionenarten und Komplexe, aus welchem sich die folgenden Aktivitätskoeffizienten ergeben (für 25°):

Aktivitätskoeffizienten im Meerwasser (nach GARRELS & THOMPSON):

Ca^{++}	0,25
HCO_3^-	0,47
CO_3^{--}	0,018

Der $MgCO_3$-Komplex ist sehr viel fester gebunden als der $NaCO_3^-$-Komplex (die Dissoziationskonstanten sind nach GARRELS & THOMPSON für den ersteren $10^{-3,4}$, für den zweiten $10^{-1,87}$). Daher ist die Aktivität der CO_3^{--}-Ionen in Lösungen variabler Zusammensetzung umso geringer, je höher das Verhältnis Mg : Na ist. Im Meerwasser ist dieses Verhältnis konstant. Aus einem an $CaCO_3$ gesättigten Meerwasser muß also $CaCO_3$ ausfallen, wenn ihm Mg-Ionen entzogen werden.

BERNER (1965) hat eine Methode entwickelt, durch Messung des pH von Meerwasserproben bei bestimmten Werten des CO_2-Partialdruckes die Aktivität der CO_3^{--}-Ionen und durch Bestimmung der Titrationsalkalinität $A = m_{HCO_3^-} + m_{CO_3^{--}}$ von Meerwasser, das bei bestimmten CO_2-Partialdrucken mit festem $CaCO_3$ ins Gleichgewicht gebracht wurde, die Aktivität der Ca^{++}-Ionen zu bestimmen. Die so ermittelten Werte stimmen mit den von GARRELS & THOMPSON angegebenen recht gut überein (25°):

Aktivitätskoeffizienten in Meerwasser (nach BERNER):

Ca^{++}	0,22
HCO_3^-	0,56
CO_3^{--}	0,024

Mit diesen Werten erhält man für das Löslichkeitsprodukt im Meerwasser (25°):

$$K'_a = m_{Ca^{++}}\gamma_{Ca^{++}} \cdot m_{CO_3^{--}}\gamma_{CO_3^{--}} = 12{,}5 \cdot 10^{-9} \qquad (4.24)$$

Da dieser Wert um den Faktor 2,7 größer ist als die Gleichgewichtskonstante K_a, folgt, daß das Meerwasser an der Oberfläche des Ozeans an $CaCO_3$ deutlich übersättigt ist, wie dies schon früher von WATTENBERG (WATTENBERG & TIMMERMANN 1936, WATTENBERG 1936, 1937) angenommen wurde.

Daß im Meerwasser bezüglich des festen $CaCO_3$ kein thermodynamisches Gleichgewicht herrscht, sondern eine Übersättigung an $CaCO_3$ vorliegt, geht auch daraus hervor, daß die Karbonatsedimente der rezenten Flachsee überwiegend aus Aragonit und Mg-reichem Calcit bestehen und nur untergeordnete Mengen des an der Erdoberfläche allein stabilen Mg-armen Calcit enthalten (vgl. Bd. II dieses Werkes, FRIEDMAN 1964). Auch im Laboratorium fällt aus Meerwasser bei CO_2-Entzug (GEE 1932) oder bei Fällung durch Na_2CO_3 Aragonit aus (MONAGHAN & LYTLE 1956). Die metastabilen Phasen Aragonit und Mg-reicher Calcit müssen eine höhere Löslichkeit als der reine Calcit haben. Zu ihrer Bildung ist also eine gewisse Übersättigung erforderlich.

Aragonit ist bei 25° erst im Druckbereich über 4000 at stabil (JAMIESON 1953), befindet sich also an der Erdoberfläche und im Bereich der Diagenese immer außerhalb seines stabilen Existenzfeldes. Der Unterschied der freien Energien beträgt nach Angaben bei GARRELS & CHRIST (1965) $\triangle F = 250$ cal/Mol. Für die Löslichkeitsprodukte von Calcit (K_{aCa}) und Aragonit (K_{aAr}) gilt daher:

$$\triangle F = RT \ln K_{aAr}/K_{aCa}$$
$$250 = 1364 \ln K_{aAr}/K_{aCa}$$
$$K_{aAr} = 1{,}2 \cdot K_{aCa} = 1{,}2 \cdot 4{,}6 \cdot 10^{-9} = 5{,}5 \cdot 10^{-9} \qquad (4.25a)$$

Mit einem anderen Wert für den Unterschied der freien Energien berechnete BERNER (1965):

$$K_{aAr} = 7{,}1 \cdot 10^{-9} \qquad (4.25b)$$

Aragonit muß also im Meerwasser eine um 20 bis 50% höhere Löslichkeit haben als Calcit. Unterschiede der Löslichkeiten in dieser Größenordnung sind in der Tat von verschiedenen Beobachtern festgestellt worden. Da das im Meerwasser tatsächlich vorliegende Produkt der Aktivitäten $12 \cdot 10^{-9}$ beträgt, ist das Oberflächenwasser des Ozeans sowohl für Calcit als auch für Aragonit übersättigt.

Der Faktor, welcher trotz dieser Übersättigung die Ausscheidung der stabilen Phase Calcit erschwert oder verhindert, muß auf die Kinetik der Keimbildung und des Kristallwachstums wirken. Keime energiereicherer Kristallarten können nur entstehen und wachsen, wenn Keimbildung und Wachstum der stabilen Kristallart gehemmt werden.

Bereits LEITMEIER (1910) hat hervorgehoben, daß die Anwesenheit von Mg-Salzen die Bildung von Aragonit hervorruft. MONAGHAN & LYTLE (1956) untersuchten die Fällungen, die aus $CaCO_3$-Lösungen durch Na_2CO_3 in Anwesenheit verschiedener Bestandteile des Meerwassers hervorgebracht werden. Aus reinen Lösungen fällt ebenso wie aus Lösungen mit Zusätzen von NaCl, KCl und Sulfat stets Calcit, während ein Zusatz von $MgCl_2$ in einer dem Meerwasser entsprechenden Konzentration die Bildung von Aragonit neben $CaCO_3 \cdot H_2O$ erzeugt. LIPPMANN (1960b) fällte $CaCO_3$ aus $CaSO_4$-Lösungen durch KOCN, welches in wässeriger Lösung langsam zerfällt und CO_3^{--}-Ionen liefert. Die Fällung besteht in Lösungen, die nur Ca-Ionen enthalten, bei Zimmertemperatur aus Calcit. Ein Zusatz von $MgSO_4$ ruft die Bildung von Aragonit neben Calcit hervor, wenn das Mol-Verhältnis Mg : Ca größer als 1 und kleiner als 3 ist. Bei Mol-Verhältnissen über 3 entsteht ein reiner Aragonit-Niederschlag. Versuche mit Na_2SO_4-Zusätzen zeigten, daß für diese Wirkung das SO_4^{--}-Ion nicht verantwortlich ist. Auch BISCHOFF & FYFE (1968) haben die Kristallisation von Calcit und Aragonit in Anwesenheit verschiedener Lösungsgenossen untersucht. In Lösungen mit Zusätzen von NaCl, KCl, $CaCl_2$, (OH) und CO_2 wurde das Wachstum von Calcit beobachtet. Dagegen üben bereits geringe Gehalte von $MgCl_2$ eine stark hemmende Wirkung auf die Keimbildung und das Wachstum von Calcit aus.

Die Behinderung des Wachstums von Calcitkristallen durch Mg^{++}-Ionen ist somit als Ursache der Aragonitbildung aus dem Meerwasser anzusehen. Nach LIPPMANN (1960b) kommt diese Behinderung dadurch zustande, daß Mg^{++}-Ionen wegen der Isomorphie von Calcit und Magnesit bevorzugt an den Calcitflächen adsorbiert werden. Die kleinen Mg^{++}-Ionen sind stark hydratisiert und tragen nach außen hin eine feste Hülle von Wasserdipolen, die entfernt werden müßten, damit der Kristall mit Calcitstruktur weiterwachsen kann. Da hierfür eine hohe Aktivierungsenergie erforderlich ist, bleiben die mit Mg^{++}-Ionen „vergifteten" Calcitkristalle im Keimstadium stecken, während die nicht durch Magnesium beeinflußten Aragonitkeime weiterwachsen können.

Der gegenüber reinem Calcit bei niedriger Temperatur metastabile Mg-reiche Calcit findet sich als Bestandteil der Skelette vieler rezenter Flachmeerorganismen (CHAVE 1954, GOLDSMITH, GRAF & JOENSUU 1955). Es mag sich hier um biochemische Einflüsse auf die Kinetik der Phasenbildung handeln. Das Vorkommen von anscheinend anorganisch ausgeschiedenem feinkörnigem Mg-Calcit in verschiedenen rezenten und subrezenten Kalksedimenten der Flachsee (vgl. hierzu FÜCHTBAUER im zweiten Teil dieses Werkes, S. 355 und 357) zeigt jedoch, daß unter noch nicht bekannten Umständen auch ohne die Mitwirkung von Organismen die Bildung von Aragonit unterbleibt und die Adsorption von Mg-Ionen zu einem Einbau in das wachsende Calcitgitter führen kann.

Sicherlich biochemisch beeinflußt ist die Abscheidung von Skeletten und Schalen aus Calcit im Meerwasser. Während die Bildung von Hartteilen aus Aragonit der anorganischen Fällung aus dem Meerwasser entspricht, müssen bei der Abscheidung von Calcit-Hartteilen organogene Einflüsse wirksam sein, welche die die Calcitbildung hemmenden Mg^{++}-Ionen abschirmen. In dieser Weise könnten z. B. organische Membranen wirken, die für Mg-Ionen nicht durchlässig sind.

Will man die Übersättigung des Meerwassers in $mgCaCO_3/l$ ausdrücken, so muß man die Fälle des geschlossenen und des offenen Systems unterscheiden. Im geschlossenen System findet kein Ausgleich mit einer CO_2-haltigen Atmosphäre statt, d. h. Änderungen der Konzentration der Karbonatbestandteile (H_2CO_3, HCO_3^-, CO_3^{--}) erfolgen nur durch Auflösung oder Fällung von $CaCO_3$. Im offenen System stellt sich ein Gleichgewicht mit dem CO_2-Gehalt der Atmosphäre ein, wenn $CaCO_3$ gefällt oder aufgelöst wird. BERNER (1965 b) hat die folgenden Formeln berechnet, in denen das überschüssig gelöste $CaCO_3$ als Funktion der Titrationsalkalinität $A = m_{HCO_3^-} + 2\, m_{CO_3^{--}}$ und der Wasserstoffionenaktivität a_H erscheint:

$$\left.\begin{aligned} &\text{geschlossenes System:} && \triangle_{\text{geschl.}} = \frac{10^5 A\,(Ka/Ka' - 1)}{2 + 1/B}\ [\text{mg/l}] \\ &\text{offenes System:} && \triangle_{\text{offen}} = \triangle_{\text{geschl.}} + \frac{10^5 A\,(\sqrt{Ka/Ka'} - 1)}{2 + 4B}\ [\text{mg/l}] \end{aligned}\right\} \quad (4.26)$$

$$B = \frac{K_b \gamma_{HCO_3^-}}{a_H + \gamma_{CO_3^{--}}}$$

K'_a ist das im übersättigten Meerwasser tatsächlich bestehende Produkt $\gamma_{Ca^{++}} m_{Ca^{++}} \cdot \gamma_{CO_3^{--}} m_{CO_3^{--}}$, K_a ist die Gleichgewichtskonstante für den Fall der Sättigung. Mit diesen Formeln kann man ausrechnen, wieviel $CaCO_3$ maximal aus Meerwasser unter bestimmten Bedingungen ausfallen kann. Ist ein Austausch mit der Atmosphäre gegeben (offenes System), kann mehr $CaCO_3$ ausfallen als dann, wenn ein solcher unterbunden ist (geschlossenes System). Für ein Flachseewasser niederer Breite, das im Gleichgewicht mit der Atmosphäre steht, ergibt sich z. B. bei 25° eine Übersättigung von

$$\triangle = 52\ \text{mg/l}$$

Erniedrigung der Wasserstoffionenkonzentration, Erhöhung der Temperatur und Erniedrigung des CO_2-Partialdruckes (bzw. der Menge des im Wasser gelösten CO_2) vermehren, wie oben dargelegt, die Übersättigung und begünstigen die Ausscheidung von $CaCO_3$. Kalkabscheidung findet daher vornehmlich im warmen Flachmeer statt. Eine örtliche Erhöhung des pH durch biologische Prozesse oder durch die Zersetzung organischer Substanz können Kalkabscheidungen hervorrufen.

Mit der Tiefe nehmen im Meer Druck und Wasserstoffionenkonzentration zu, während die Temperatur abnimmt. Die Aktivitätskoeffizienten der Ionen ändern sich nicht wesentlich mit Druck und Temperatur (BERNER 1965 b). Dagegen ist das Löslichkeitsprodukt K_a von Druck und Temperatur abhängig. Die Temperaturabhängigkeit ist bekannt und in Tabelle 4-2 dargestellt: K_a nimmt mit abnehmender Temperatur zu. Mit wachsendem Druck muß K_a ebenfalls zunehmen, da die Molvolumina von Ca^{++} und CO_3^{--} in der Lösung größer sind als im festen Zustand. Da im Meer der Druck mit der Tiefe zunimmt und die Temperatur abnimmt, muß die Löslichkeit des $CaCO_3$ mit wachsender Tiefe zunehmen. Die genaue Bestimmung des in verschiedenen Meerestiefen gültigen Löslichkeitsproduktes K_a ist noch nicht möglich, weil experimentelle Daten über die Druckabhängigkeit von K_a fehlen. Aus thermodynamischen Daten hat BERNER (1965 b) K_a für verschiedene Tiefen eines Ozeanmodells berechnet. Die Ergebnisse sind in der Tabelle 4-4 und in Abb. 4-6 wiedergegeben. Danach nimmt das Löslichkeitsprodukt von $4{,}9 \cdot 10^{-9}$ an der Oberfläche (20°) auf $21{,}2 \cdot 10^{-9}$ in 5000 m Tiefe zu. Zur Beurteilung des Sättigungszustandes der tieferen Partien des Ozeanwassers müssen diese Löslichkeitsprodukte mit dem tatsächlich im Wasser der verschiedenen Tiefen herrschenden Konzentrationsprodukt $K'_a = \gamma_{Ca^{++}} m_{Ca^{++}} \cdot \gamma_{CO_3^{--}} m_{CO_3^{--}}$ verglichen werden. Unter der Annahme, daß der Gesamtsalzgehalt und die Titrationsalkalinität A über den ganzen Querschnitt konstant sind, kann man das im Meerwasser herrschende Produkt K'_a in Abhängigkeit vom pH durch die folgende Formel darstellen:

$$K'_a = \gamma_{Ca^{++}} m_{Ca^{++}} \cdot \gamma_{CO_3^{--}} m_{CO_3^{--}} = \frac{A \gamma_{Ca^{++}} m_{Ca^{++}}}{pH/K_c \gamma_{HCO_3^-} + 2/\gamma_{CO_3^{--}}} \qquad (4.27)$$

Die von BERNER auf diese Weise für Normalprofile durch den nördlichen Pazifik (MOORE et al. 1962) und den äquatorialen Atlantik berechneten Werte sind in der Tabelle 4-4 und in Abb. 4-6 dargestellt. Die thermodynamische Berechnung der Löslichkeitsprodukte ist hinreichend genau, um die Feststellung zu rechtfertigen, daß nur in einer obersten Schicht von wenigen hundert Metern Übersättigung besteht. Die darunter liegende Hauptmenge des Ozeanwassers ist an $CaCO_3$ untersättigt. Damit wird das bereits von WATTENBERG (1937) entwickelte Bild von der $CaCO_3$-Sättigung des Meerwassers bestätigt.

Tabelle 4-4. Zur Sättigung des Ozeanwassers an $CaCO_3$. $Cl^- = 19$ ‰, $A = 2{,}3 \cdot 10^{-3}$ Mol/l, $m_{Ca^{++}} = 0{,}103$ (nach BERNER 1965).

Tiefe m	Druck at	Temperatur °C	$K_a \cdot 10^9$	Pazifik (MOORE et al. 1962) pH	K'_a 10^9	Atlantik (HARVEY 1955) pH	K'_a 10^9
0	0	20	4,9	8,2	12,8	8,2	12,8
500	50	13	6,2	7,8	5,5	7,6	3,6
1000	100	6	7,4	7,6	3,2	7,7	4,0
2000	200	5	9,7	7,6	3,7	7,9	6,8
3000	300	4	12,8	7,6	4,2	7,8	6,3
5000	500	3	21,2	7,6	5,3	7,8	7,9

$K_a = \gamma_{Ca} m_{Ca} \cdot \gamma_{CO_3} m_{CO_3}$ für Sättigung an $CaCO_3$ (Calcit) (Löslichkeitsprodukt)
$K'_a = \gamma_{Ca} m_{Ca} \cdot \gamma_{CO_3} m_{CO_3}$ im Meerwasser

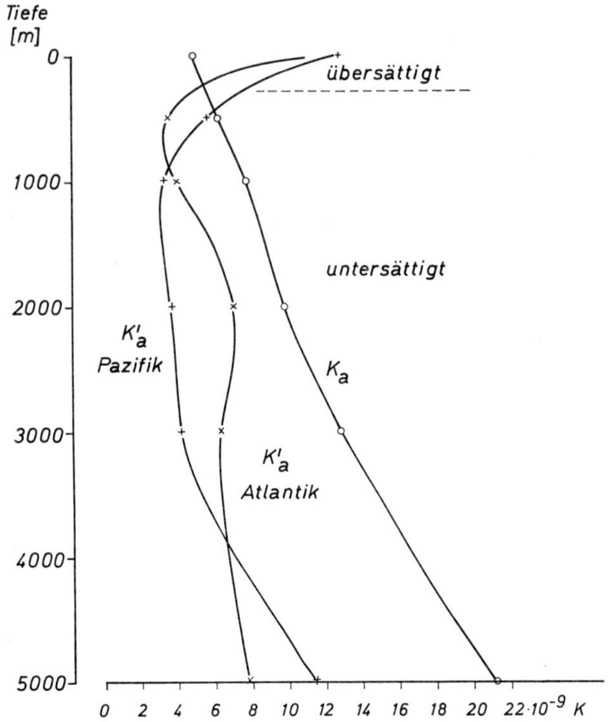

Abb. 4-6. Zur Sättigung des Meerwassers an $CaCO_3$ (nach Berner 1965).
K_a' = aus der analytisch bestimmten Konzentration berechnetes Löslichkeitsprodukt.
K_a = thermodynamisch berechnetes Löslichkeitsprodukt.

Die Sättigung des Meerwassers an $CaCO_3$ bestimmt Bildung und Verteilung mariner Karbonatsedimente. Marine Kalke werden vornehmlich in der Flachsee niederer Breiten gebildet, wo die Übersättigung groß ist. Die Kalksedimente der tieferen Becken stammen aus den Kalkgerüsten planktonischer Lebewesen, vornehmlich Foraminiferen (Calcit), Coccolithophoriden (Calcit) und Pteropoden (Aragonit). Die Kalkschalen dieser Organismen unterliegen der lösenden Wirkung des untersättigten Tiefenwassers. Die heute anzutreffende Verteilung kalkiger Sedimente auf dem Tiefseeboden wird durch verschiedene modifizierende Faktoren beeinflußt: So ist z. B. im Atlantik die Auflösung besonders intensiv im Brasilianischen Becken, wo eine starke Strömung kaltes Wasser aus der Antarktis herbeiführt (Wattenberg 1933, 1937; Correns 1939). Eine vollständige Auflösung des planktonischen Kalkes führt zu den kalkfreien Tiefseetonen. Wo die Zufuhr die Auflösungsgeschwindigkeit übertrifft, kann es auch in der Tiefsee zu kalkreichen Ablagerungen kommen. Da die Auflösungsgeschwindigkeit der metastabilen Phasen Aragonit und Mg-Calcit größer ist als die des Calcits, erzeugt die teilweise Auflösung eine Auslese der Kristallarten: während Flachseekalke vorwiegend aus Aragonit und Mg-reichem Calcit bestehen, kommen in rezenten Kalksedimenten der Tiefsee nur untergeordnete Mengen der metastabilen Phasen vor. Daß Aragonit bevorzugt aufgelöst wurde, beweist das Vorkommen von Abdrücken herausgelöster Pteropoden (FRIEDMAN 1964, 1965).

4.3 Dolomit

Der genaue Wert des Löslichkeitsproduktes von Dolomit in Wasser ist bei niedrigen Temperaturen sehr schwer zu bestimmen, da alle Reaktionen zwischen Dolomit und wässerigen Lösungen außerordentlich langsam verlaufen. Nach dem augenblicklichen Stand der Kenntnis gilt bei 25°:

$$[Ca^{++}] \cdot [Mg^{++}] \cdot [CO_3^{--}]^2 \approx 10^{-17} \tag{4.28}$$

Dieser Wert entspricht älteren Angaben von HALLA & RITTER (1935), der Berechnung von KRAMER (1959), neueren Messungen im Laboratorium von LANGMUIR (1964) und BERNER (1967), sowie der Zusammensetzung von Höhlenwässern (HOLLAND, KIRSIPU, HUEBNER & OXBURGH 1964) und Grundwässern (HSU 1963) in Dolomit-Kalkgesteinen.

Wie das Löslichkeitsprodukt des Calcit nimmt auch das des Dolomit mit steigender Temperatur ab. Für die Gleichgewichte in CO_2-haltigen Lösungen müssen die Gl. (4.2—4.5) berücksichtigt werden. Daher nimmt die Löslichkeit des Dolomit wie die des Calcit mit steigendem CO_2-Druck und mit fallender Temperatur zu. Temperaturerhöhung und Verringerung des CO_2-Druckes können zur Abscheidung von Dolomit führen.

Da in der Natur Dolomit meist in engem Verband mit Calcit vorkommt, sind die Gleichgewichte in Lösungen, die zugleich an Calcit und Dolomit gesättigt sind, von besonderem Interesse. In solchen Lösungen besteht Gleichgewicht bezüglich der Reaktion:

$$2\,CaCO_3\,(\text{fest}) + Mg^{++} \leftrightharpoons CaMg(CO_3)_2\,(\text{fest}) + Ca^{++} \tag{4.29}$$

Für diese Reaktion gilt die aus den Löslichkeitsprodukten von Calcit und Dolomit zu berechnende Gleichgewichtskonstante (bei 25°):

$$K_{Cal \cdot Dol} = \frac{[Ca^{++}]}{[Mg^{++}]} = \frac{K_{Cal}^2}{K_{Dol}} = 10^{0,32} \tag{4.30}$$

Obwohl diese Gleichung streng nur für die Aktivitäten der Ionen gilt, können auch für konzentrierte Lösungen direkt die Konzentrationen eingesetzt werden, solange man annehmen darf, daß die Aktivitätskoeffizienten von Ca und Mg nicht wesentlich voneinander abweichen.

In Lösungen, die zugleich an Calcit und Dolomit gesättigt sind, ist also bei 25° C die molare Konzentration an Ca^{++} etwa doppelt so hoch als die von Mg^{++}. Aus Lösungen mit $[Ca^{++}] : [Mg^{++}] > 2$ sollte Calcit, aus solchen mit $[Ca^{++}] : [Mg^{++}] < 2$ Dolomit ausfallen. Für Temperaturen zwischen 50° und 180° liegen Bestimmungen der molaren Ca : Mg-Verhältnisse für gleichzeitige Sättigung an Dolomit und Calcit von USDOWSKI (1967) vor und für den Temperaturbereich zwischen 275° und 420° solche von ROSENBERG & HOLLAND (1964). Die Ergebnisse dieser Autoren sind in Abb. 4-7 zusammengefaßt. Danach wird die Gleichgewichtslösung mit steigender Temperatur immer reicher an Calcium. Offenbar nimmt das Löslichkeitsprodukt des Dolomit (K_{Dol}) mit steigender Temperatur stärker ab, als das des Calcit (K_{Cal}). Eine bestimmte Lösung, welche bei tiefer Temperatur mit Calcit im Gleichgewicht ist, könnte bei höherer Temperatur mit Dolomit im Gleichgewicht sein. Diese Tatsache kann bei der spätdiagenetischen Dolomitisierung primärer Kalkgesteine eine Rolle spielen.

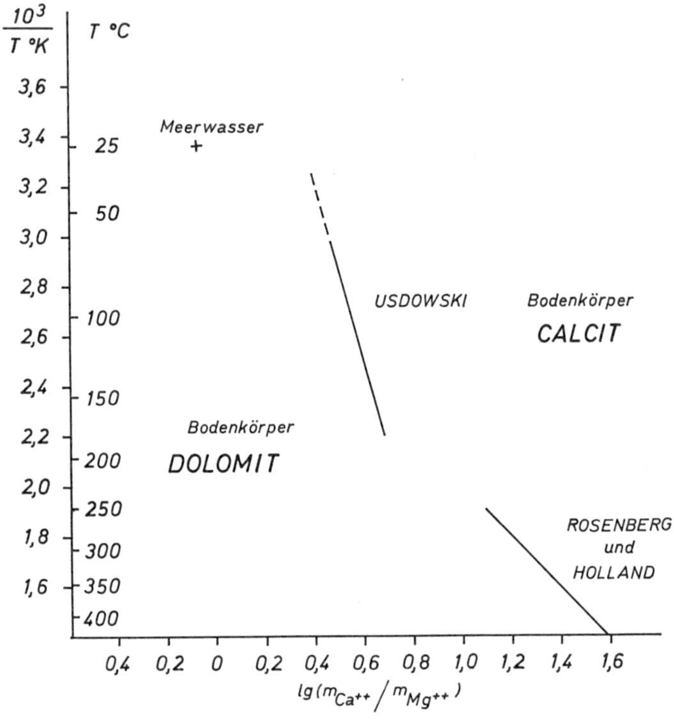

Abb. 4-7. Ca : Mg-Verhältnis in wässerigen Lösungen für Sättigung an Dolomit und Calcit in Abhängigkeit von der Temperatur (Usdowski 1967, Rosenberg & Holland 1964).

Ein Teil des bei der Verwitterung der primären Mg-Minerale freiwerdenden Mg wird zwar bei der Neu- und Umbildung von Phyllosilikaten im Laufe der subaerischen Verwitterung gebunden. Der Mg-Gehalt der Flußwässer zeigt aber, daß Mg auch in gelöster Form in die Ozeane transportiert wird. Eine Überschlagsrechnung ergibt das folgende Bild:

Volumen des Ozeans	$1{,}35 \cdot 10^{21}$ l
Gesamtmenge des im Ozean gelösten Mg (1,29 g/l)	$1{,}74 \cdot 10^{21}$ g
Wasserzufuhr der Flüsse in den Ozean	$3{,}23 \cdot 10^{16}$ l/Jahr
Mittlerer Mg-Gehalt der Flußwässer	$4{,}1 \cdot 10^{-3}$ g/l
Zufuhr von Mg in den Ozean	$1{,}32 \cdot 10^{14}$ g/Jahr

(alle Daten nach Turekian 1969)

Es folgt aus diesen Zahlen, daß die heute im Ozean gelöste Magnesiummenge in $1{,}74 \cdot 10^{21} : 1{,}32 \cdot 10^{14} = 1{,}3 \cdot 10^{7}$ Jahren durch die Flüsse zugeführt wurde. Im Laufe der geologischen Vergangenheit muß also Mg dem Meerwasser entzogen worden sein. Die Bindung von Mg durch Chloritbildung am Meeresboden spielt eine mengenmäßig schwer abzuschätzende Rolle. Eine große Menge Mg wird vorübergehend in Mg-Calcit eingebaut. Die Hauptmenge des dem Meerwasser entzogenen Mg findet sich in den Dolomitgesteinen, wie sie in den marinen Karbonatserien aller geologischen Formationen vorkommen.

Für die Ionen Ca^{++}, Mg^{++} und CO_3^{--} gelten im Meerwasser die folgenden Aktivitäten (GARRELS & CHRIST 1965):

	a
Ca^{++}	$2{,}5 \cdot 10^{-3}$
Mg^{++}	$1{,}94 \cdot 10^{-2}$
CO_3^{--}	$4{,}9 \cdot 10^{-6}$

Daraus ergibt sich das Produkt

$$a_{Ca} \cdot a_{Mg} \cdot a_{CO_3} = 1{,}2 \cdot 10^{-15} \tag{4.31}$$

Dieser Wert ist um den Faktor 100 größer als das Löslichkeitsprodukt des Dolomit ($K_{Dol} = 10^{-17}$). Das Ozeanwasser ist also in Bezug auf Dolomit stark übersättigt. Auch das Molverhältnis $m_{Ca} : m_{Mg} = 0{,}19$ im Meerwasser ist so niedrig, daß man die Abscheidung von Dolomit, nicht die von Calcit erwarten sollte (s. Abb. 4-7).

Trotz der hohen Übersättigung ist aber in der Natur die direkte Ausfällung nennenswerter Dolomitmengen aus dem Meerwasser niemals beobachtet worden, noch auch ist es im Laboratorium gelungen, bei niederen Temperaturen Dolomit aus dem Meerwasser zu kristallisieren. Das Vorkommen einzelner Dolomitkristalle in Tiefseetonen zeigt, daß selten und mengenmäßig untergeordnet Dolomit aus dem Meerwasser gebildet werden kann, wie es den thermodynamischen Gleichgewichtsbedingungen entspricht. Dies ist aber wohl nur auf dem Tiefseeboden möglich, wo die Sedimentation von klastischem Material so gering ist, daß ein einmal gebildeter Keim genügend Zeit hat, um sehr langsam zu einem makroskopischen Kristall heranzuwachsen.

Die Bildung von Dolomit kann ebenso wenig wie die Abscheidung von $CaCO_3$ allein aus den thermodynamischen Gleichgewichten verstanden werden. Aus den Löslichkeitsprodukten kann man wohl ableiten, welche Phasen unter gegebenen Bedingungen entstehen müßten, wenn das thermodynamische Gleichgewicht erreicht wird. Ob aber dieses Gleichgewicht je erreicht wird und auf welchen Wegen es dazu kommt, ist eine Frage der Reaktionskinetik.

Es liegt nahe, für die kinetische Hemmung der Kristallisation von Dolomit aus dem Meerwasser die gleiche Ursache anzunehmen, die auch die Abscheidung der $CaCO_3$-Phasen aus dem Meerwasser beeinflußt. Auch im Falle des Dolomit dürfte die bei tiefer Temperatur starke Hydratation der Mg-Ionen hemmend auf die Wachstumsgeschwindigkeit der Keime zu Kristallen wirken, weil die zur Dehydratation der Mg-Ionen erforderliche Energie groß ist, gemessen an der bei tiefen Temperaturen zur Verfügung stehenden thermischen Energie und dem bei der Anlagerung eines Mg-Ions an den wachsenden Dolomitkristall freiwerdenden Energiebetrag. Aus demselben

Grunde ist es auch nicht möglich, Magnesit aus wässerigen Lösungen zu kristallisieren (vgl. hierzu LIPPMANN 1973).

In der Diskrepanz, welche zwischen der auf den Gleichgewichten aufbauenden Theorie und den Beobachtungen, welche einerseits die primäre Dolomitbildung aus dem Meerwasser ausschließen, andererseits aber die weite Verbreitung von Dolomitgesteinen in marinen Karbonatserien der geologischen Formationen feststellen, besteht das sogenannte Dolomitproblem, welches Geologen und Petrographen seit langer Zeit beschäftigt hat.

Aus dem Gefüge und dem geologischen Verband älterer Dolomitgesteine ergibt sich ebenso wie aus den neuerdings bekanntgewordenen Beobachtungen über rezente Dolomitbildung in verschiedenen Küsten- und Flachmeergebieten, daß Dolomitgesteine stets durch die Einwirkung Mg-haltiger Lösungen auf primär gebildete Kalke entstehen und entstanden sind. Dolomitgesteine sind daher Bildungen der frühen oder späten Diagenese, die in einem späteren Abschnitt im Zusammenhang der Diagenese von Kalken behandelt wird.

4.4 Gips und Anhydrit

Calciumsulfat kommt in den Sedimentgesteinen in der Form von Gips ($CaSO_4 \cdot 2\,H_2O$) und Anhydrit ($CaSO_4$) vor. Das Vorkommen des unter allen Bedingungen gegenüber Gips oder Anhydrit instabilen Halbhydrats (Bassanit, $CaSO_4 \cdot {}^1\!/_2\,H_2O$) in Salzlagerstätten ist unsicher.

Für das Gleichgewicht zwischen Gips und Anhydrit in Gegenwart von Wasser gilt:

$$CaSO_4 \cdot 2\,H_2O\,(\text{fest}) \rightleftarrows CaSO_4\,(\text{fest}) + 2\,H_2O\,(\text{flüssig})$$

Für die Gleichgewichtskonstante dieser Reaktion kann man daher schreiben:

$$(K_{G-A})_{P,T} = \frac{a_{Anh.} \cdot a_{H_2O}{}^2}{a_{Gips}} = a_{H_2O}{}^2 \qquad (4.32)$$

Da die Aktivitäten der festen Phasen gleich eins gesetzt werden können, hängt das Gleichgewicht allein von der Aktivität des Wassers in dem betreffenden System ab. Oder anders ausgedrückt: bei einer bestimmten Temperatur und einem bestimmten Druck sind Gips und Anhydrit bei einem bestimmten Wert der Aktivität des Wassers nebeneinander stabil. Umgekehrt gilt für jedes Wertepaar von Druck und Temperatur eine bestimmte Aktivität des Wassers, bei der die beiden Minerale nebeneinander existieren können. Bei Wasseraktivitäten über diesem kritischen Wert ist Gips die stabile Phase, bei niedrigeren Aktivitäten Anhydrit.

Im hier betrachteten Druck-Temperaturbereich kann Wasserdampf als ideales Gas betrachtet werden. Die Aktivität des Wassers in einer bestimmten Lösung kann durch den Wasserdampfdruck über dieser Lösung gemessen werden:

$$a_{H_2O} = P_{H_2O} : P_{H_2O}{}^\circ \qquad (4.33)$$

P_{H_2O} ist der Partialdruck des Wassers über der betreffenden Lösung bei bestimmten Werten von Gesamtdruck und Temperatur, $P_{H_2O}{}^\circ$ ist der Dampfdruck über reinem

Wasser bei denselben Werten von Druck und Temperatur. Die Aktivität von reinem Wasser ist gleich eins, die Aktivität von Lösungen ist immer kleiner als eins, da gelöste Stoffe den Wasserdampfdruck herabsetzen.

Ob aus einer bestimmten Lösung bei Überschreitung der Löslichkeit Gips oder Anhydrit als stabile Phase ausfällt, hängt also allein vom Partialdruck des Wassers über dieser Lösung, nicht aber von der Art der gelösten Komponenten ab. Aus der Kenntnis der kritischen Wasserdampfdrucke für die Koexistenz beider Phasen läßt sich für alle Arten wässeriger Lösungen ableiten, ob Gips oder Anhydrit in ihnen stabil ist, wenn nur der Wasserdampfdruck der betreffenden Lösung bekannt ist.

HARDIE (1967) hat mit H_2SO_4- und Na_2SO_4-Lösungen bekannten Wasserdampfdruckes bei einer Atmosphäre Gesamtdruck die Temperaturabhängigkeit der Aktivität des Wassers a_{H_2O} festgestellt, bei welcher Gips und Anhydrit nebeneinander stabil sind. Er fand die Werte:

°C	a_{H_2O}
55	0,960
39	0,845
23	0,770

Daraus ergibt sich die in Abb. 4-8 wiedergegebene Kurve für Aktivitäten zwischen 0,725 und 1,00 (reines Wasser) und Temperaturen zwischen 10° und 60°.

Als Gleichgewichtstemperatur in reinem Wasser ergibt sich 58°: Aus reinem Wasser sollte sich unterhalb 58° Gips, oberhalb dieser Temperatur Anhydrit ausscheiden. (Wegen der geringen Löslichkeit von $CaSO_4$ können an $CaSO_4$ gesättigte Lösungen wie reines Wasser behandelt werden.) Diese Temperatur ist deutlich höher als die aus Löslichkeitskurven abgeleitete und bisher anerkannte Gleichgewichtstemperatur von etwa 42° (siehe unten). HARDIE arbeitete mit Versuchsdauern bis zu einem Jahr und erreichte das Gleichgewicht sowohl von der Gips- als auch von der Anhydritseite her, während bei Löslichkeitsbestimmungen immer von ungesättigten Lösungen aus-

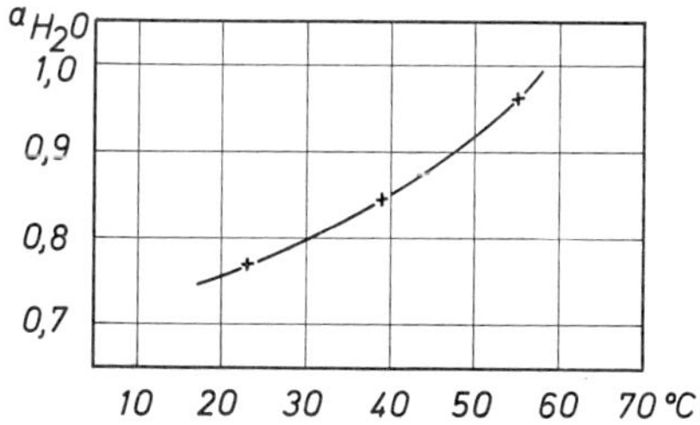

Abb. 4-8. Aktivität des Wassers in Lösungen, die gleichzeitig mit Gips und Anhydrit im Gleichgewicht sind, in Abhängigkeit von der Temperatur (HARDIE 1967).

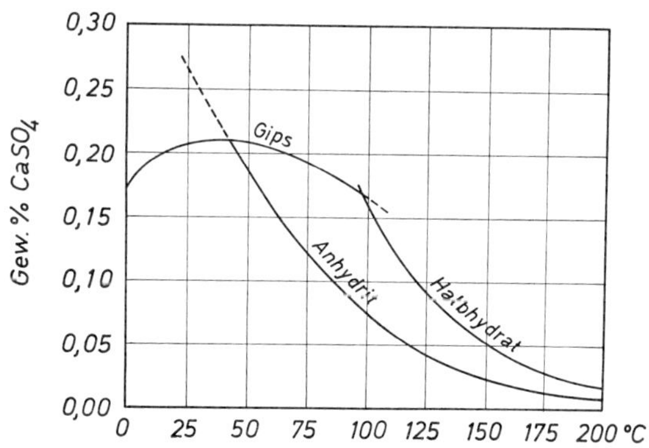

Abb. 4-9. Löslichkeit von Gips, Anhydrit und Halbhydrat (POSNJAK 1940).

gegangen wurde. Es ist daher möglich, daß bei letzteren wegen der Trägheit des Lösungsvorganges die wahre Sättigungskonzentration nicht erreicht wurde. Wären die Löslichkeiten von Gips und Anhydrit etwas höher als in Abb. 4-9 angegeben, so würde sich die aus den Löslichkeiten abgeleitete Gleichgewichtstemperatur zu höheren Werten verschieben.

Abb. 4-9 zeigt die Löslichkeit von Anhydrit, Gips und Halbhydrat in reinem Wasser bei 1 at Druck in Abhängigkeit von der Temperatur. Die neueren Messungen von Hardy deuten, wie gesagt, darauf hin, daß die wahren Löslichkeiten etwas höher sind. Die Löslichkeit des Gipses ändert sich nur wenig mit der Temperatur und durchläuft ein schwaches Maximum bei etwa 40° C. Die Löslichkeit von Anhydrit fällt mit steigender Temperatur ab. Die für diagenetische Vorgänge wichtige sehr starke Abnahme der Löslichkeit bei höheren Temperaturen ist in Abb. 4-10 dargestellt. Druckerhöhung vermehrt die Löslichkeit, doch ist der Effekt nur gering (Dickson, Blount & Tunel 1963).

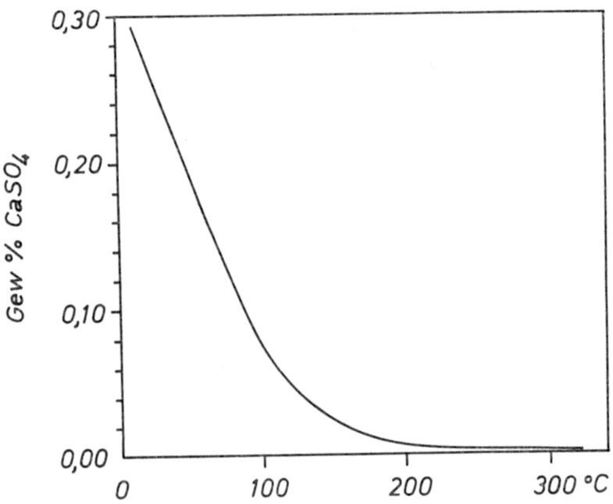

Abb. 4-10. Löslichkeit von Anhydrit bei höherer Temperatur (Dickson et al. 1963).

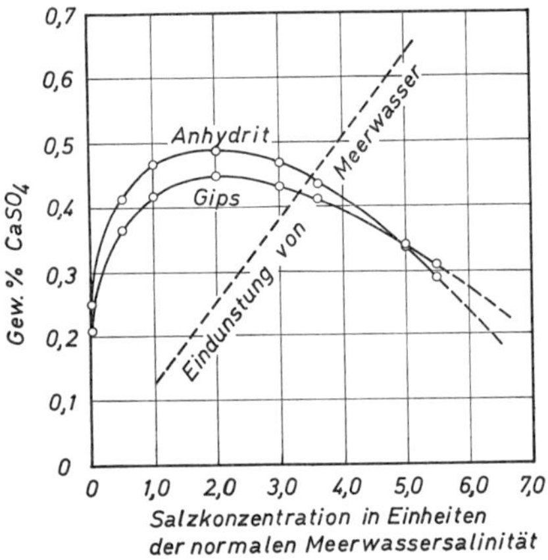

Abb. 4-11. Löslichkeit von Gips und Anhydrit in Meerwasser bei 30° (Posnjak 1940).

Durch zusätzliche Ionen wird die Löslichkeit der Calciumsulfate beeinflußt. Im allgemeinen erhöhen fremde Ionen die Löslichkeit, während Ca^{++} und SO_4^{--} die Löslichkeit herabsetzen. In Abb. 4-11 sind Löslichkeitskurven für Anhydrit und Gips in Meerwasser verschiedener Konzentration bei 30° C dargetsellt. Im Meerwasser wirkt sich der Gehalt an Fremdionen zunächst löslichkeitssteigernd aus, bei höheren Konzentrationen überwiegt der löslichkeitsmindernde Einfluß von SO_4^{++} und Ca^{--}. Die Löslichkeitskurven durchlaufen daher ein Maximum.

Durch den Pfeil in Abb. 4—11 ist der Verlauf der Konzentrationsänderung beim Eindunsten von Meerwasser angezeigt. Die Ausscheidung von Calciumsulfat beginnt, sobald dieser Pfeil die entsprechende Löslichkeitsisotherme trifft. Bei 30° würde dies nach der Löslichkeitskurve von Posnjak (1940) bei 3,4facher Konzentrierung des

Meerwassers geschehen. Dann sollte sich Gips ausscheiden, während die Zusammensetzung der Lösung sich längs der Löslichkeitskurve verändert. Bei etwa 5facher Konzentration wäre bei 30° der Schnittpunkt der Löslichkeitskurven von Gips und Anhydrit erreicht. Es sollte sich nun bei weiterem isothermen Eindampfen Anhydrit abscheiden.

Im Widerspruch zu diesen Folgerungen aus den Löslichkeitskurven haben zahlreiche Kristallisationsversuche aus Meerwasser immer nur Gips (bei höheren Temperaturen Halbhydrat) ergeben. Primär bildet sich aus Meerwasser auch im Stabilitätsgebiet des Anhydrit Gips, da Keimbildung und Wachstumsgeschwindigkeit des letzteren größer sind. Auch im Falle des Calciumsulfates ist also für die Art der Primärausscheidung die Kinetik der Reaktion entscheidender als das Gleichgewicht.

Obwohl in manchen Gebieten rezenter Calciumsulfatabscheidung aus dem Meerwasser Bedingungen herrschen, unter denen sich Anhydrit bilden sollte, findet man in Übereinstimmung mit den Laborversuchen als primäre Bildung fast ausschließlich Gips. Eine Ausnahme bildet ein Vorkommen am Persischen Golf (Trucial Coast, Curtis et al. 1963). Auch hier ist es aber nicht klar, ob der Anhydrit primär entstand oder erst auf dem Weg über Gips.

Im allgemeinen dürfte auch bei höheren Temperaturen in der Natur die primäre Ausscheidung bei der Eindunstung von Meerwasser stets Gips ein. Anhydrit bildet sich erst sekundär, sei es in einem frühen Stadium der Diagenese (wenn Temperatur und Salzgehalt hoch genug sind), sei es bei der Versenkung in Bereiche höherer Temperatur.

5. Diagenese

5.1 Allgemeines

Der Begriff Diagenese ist in verschiedenen Zeiten und von verschiedenen Autoren unterschiedlich definiert worden. Übereinstimmend werden diagenetisch alle Vorgänge genannt, welche ein Sediment nach seiner Ablagerung und bis zum Beginn der Metamorphose verändern. Schwierigkeiten bereitet die Abgrenzung der Diagenese gegen prä- und postdiagenetische Vorgänge, insbesondere die subaquatische Verwitterung einerseits und die Metamorphose andererseits, weil es sich in beiden Fällen um allmähliche Übergänge handelt. Es können hier nur künstliche Grenzen gezogen werden und dies sollte allein nach Zweckmäßigkeitsgründen und gemäß einer klaren Definition geschehen.

Alle wichtigen Prozesse der Diagenese spielen sich in porösen Sedimenten und Sedimentgesteinen ab. An den Vorgängen sind sowohl die festen Mineralpartikel als auch die Flüssigkeiten und Gase beteiligt, welche den Porenraum erfüllen. Charakteristisch für die Diagenese ist also erstens das Vorhandensein eines Porenraumes. Die Metamorphose beginnt, wenn der Porenraum geschlossen ist. Prozesse der Metamorphose sind im wesentlichen Reaktionen im festen Zustand, die auf dem Wege der Festkörperdiffusion oder der Diffusion längs Korngrenzen (Grenzflächendiffusion) erfolgen.

Das zweite Charakteristikum der Diagenese besteht darin, daß sich die im Porenraum enthaltenen Flüssigkeiten und Gase sehr langsam bewegen. Für die diagenetischen Reaktionen stehen daher nur begrenzte Mengen von Lösungen zur Verfügung, deren Zusammensetzung und Konzentration durch die diagenetischen Prozesse verändert werden. Hierin unterscheidet sich die Diagenese von der subaerischen und subaquatischen Verwitterung, wo die Mineralpartikel im offenen System mit praktisch unbegrenzten Lösungsmittelmengen reagieren. Im Sinne dieses Unterschiedes ist der Beginn der Diagenese durch den Zeitpunkt bestimmt, in dem durch Überdeckung mit frischen Ablagerungen der freie Austausch zwischen der Lösung des Ablagerungsraumes und der Porenfüllung des Sediments ganz unterbunden oder doch sehr wesentlich gehemmt ist.

Die Diagenese sei daher als die Summe aller Vorgänge definiert, die ein Sediment vom Zeitpunkt der abdichtenden Überdeckung durch neue Ablagerungen bis zum Verschwinden des Porenraumes erfährt.

In den folgenden Abschnitten werden zunächst die Eigenschaften des Porenraums der Sedimente und Sedimentgesteine sowie die Prinzipien des Fließens von Lösungen und Gasen in den Poren behandelt. Zusammensetzung und diagenetische Veränderungen der Formationswässer, welche den Porenraum erfüllen, werden in einem folgenden Kapitel beschrieben und gedeutet. Weitere Abschnitte behandeln sodann die Diagenese der Haupttypen der Sedimentgesteine (Sande, Tone, Karbonate).

5.2 Porenraum der Sedimente und Sedimentgesteine

5.21 Allgemeines

Abgesehen von denjenigen chemischen Sedimenten, die sich wie viele Evaporite als kompakte Massen abscheiden, erfolgt die Bildung eines Sediments in der Weise, daß sich Einzelkörner zu mehr oder weniger lockeren Massen akkumulieren, die erst im Laufe der Zeit durch die verschiedenen Prozesse der Diagenese zu festen Gesteinen werden. Ein unverfestigtes Gestein besteht daher aus zwei Volumanteilen: den festen Partikeln und dem Porenraum, welcher zunächst vom Ablagerungsmedium — Luft oder wässeriger Lösung — erfüllt ist. Die Diagenese erzeugt eine Verringerung des Porenraumes durch Vorgänge, an denen die festen Bestandteile des Sediments ebenso beteiligt sind wie die porenfüllenden Flüssigkeiten und Gase. Dabei spielen einerseits chemische Reaktionen eine Rolle und andererseits Strömungen der im festen Rahmen des Sediments beweglichen Phasen. Eine Theorie der Diagenese hat darum nicht nur die festen Bestandteile, sondern auch den Porenraum und die ihn füllenden Flüssigkeiten und Gase zu betrachten.

In den folgenden Kapiteln sollen der Porenraum und das Verhalten der Flüssigkeiten und Gase in ihm behandelt werden.

5.22 Porosität

Das Gesamtvolumen eines Gesteins (V_g) setzt sich aus dem Volumen der festen Bestandteile (V_f) und dem Volumen der Hohlräume oder Poren (V_p) zusammen:

$$V_g = V_f + V_p \tag{5.1}$$

Als Porosität (ε) ist der Porenraum in Teilen des Gesamtvolumens einer Gesteinsprobe definiert:

$$\varepsilon = \frac{V_p}{V_g} = \frac{V_g - V_f}{V_g} \tag{5.2}$$

Statt der Porosität benutzt man auch den relativen Porenraum (E), das Verhältnis von Porenvolumen zu Festvolumen:

$$E = \frac{V_p}{V_f} \tag{5.3}$$

Beide Größen stehen im folgenden Zusammenhang:

$$\varepsilon = \frac{E}{1+E}; \qquad E = \frac{\varepsilon}{1-\varepsilon} \tag{5.4}$$

Ist ϱ_f das spezifische Gewicht der festen Bestandteile und ϱ_g das des gesamten Gesteins, dessen Poren mit Luft gefüllt sind, so gilt:

$$\varepsilon = 1 - \frac{\varrho_g}{\varrho_f} \qquad E = \frac{\varrho_f}{\varrho_g} - 1 \tag{5.5}$$

Die so definierte Porosität ε (resp. der relative Porenraum E) umfaßt alle Hohlräume des Gesteins. Man spricht deshalb von der totalen Porosität. Von ihr zu unterscheiden ist die effektive Porosität oder Nutzporosität. Sie mißt nur denjenigen Porenraum, der aus allen miteinander in Verbindung stehenden Hohlräumen besteht. Zwar ist es denkbar, daß während der Verfestigung allseitig abgeschlossene Hohlräume entstehen, doch hat die Erfahrung gezeigt, daß der Porenraum der Sedimente in der Regel zusammenhängend ist. Im folgenden soll daher von Porosität immer im Sinne der effektiven oder Nutzporosität die Rede sein.

Die verschiedenen Methoden der Messung der Porosität beruhen auf der Bestimmung von je zwei der in Gl. (5.1) genannten Volumina. Sie werden im ersten Band dieses Werkes beschrieben und sollen hier nicht behandelt werden.

Unter den klastischen Sedimenten kann man zwei Haupttypen unterscheiden, welche sich hinsichtlich der Geometrie des Porenraums und der Art seiner Verringerung während der Diagenese grundsätzlich unterscheiden. Der erste Typ umfaßt die gröberkörnigen Sedimente und wird durch die Sande repräsentiert. Der zweite Typ wird durch die Tone dargestellt. Beide Typen grenzen mit einer Übergangszone aneinander, deren Schwerpunkt bei einer Korngröße von etwa 0,02 mm liegt.

Einen Sand aus gleichgroßen Körnern kann man in erster Näherung mit einer homogenen Kugelpackung vergleichen, d. h. einer Packung, in welcher alle Kugeln geometrisch gleichwertige Lagen einnehmen und von der gleichen Anzahl (Koordinationszahl) von Nachbarkugeln berührt werden. Die dichteste homogene Kugelpackung hat die Koordinationszahl 12 und eine Porosität von 0,26. Würde die

Ablagerung von Sanden nur nach dem Prinzip der dichtesten Lagerung erfolgen, so sollten homodisperse Sande aus etwa kugelförmigen Körnern eine Porosität von etwa 0,26 haben.

Tatsächlich liegen die Porositäten natürlicher unverfestigter und homodisperser Sande zwischen 0,40 und 0,45. Auch künstlich kann man durch Einrüttelung von Sandkörnern oder kugelförmigen Partikeln die Porosität der dichtesten Kugelpackung nicht erreichen. Derartige künstliche Sand- oder Kugelpackungen haben Porositäten, die nicht kleiner sind als 0,35 bis 0,45 (Näheres siehe bei v. Engelhardt 1960). Die dichteste Packung, welche im Schwerefeld den Zustand kleinster potentieller Energie darstellt, wird weder in der Natur noch im Experiment erreicht, da die Reibung an den Berührungsstellen der einzelnen Körner so groß ist, daß die zur Herstellung der dichtesten Packung notwendigen Bewegungen der Körner gegeneinander nicht möglich sind.

Natürliche Sande sind niemals homodispers. Ihre Korngrößenverteilungskurve zeigt meist ein mehr oder minder breites Maximum. Gut sortierte Sande mit einem schmalen Maximum haben die höchste Porosität. Mit abnehmender Sortierung wird die Porosität geringer, da die jeweils kleineren Körner ganz oder zum Teil im Raum zwischen den großen Körnern verschwinden. Eine besonders geringe Porosität ist bei stark unsymmetrischen Verteilungskurven zu erwarten.

Neben der Korngrößenverteilung hat die Form der Sandkörner einen Einfluß auf die Porosität. Sande mit nicht-kugeligen Partikeln haben höhere Porositäten als solche aus kugeligen Körnern. So erhöht z. B. die Beimengung von Glimmerblättchen zu einem Sand mit sonst kugelähnlichen Körnern die Porosität.

Die Porosität einer homogenen Kugelpackung hängt nicht von der absoluten Größe der Kugeln ab. Dementsprechend ist die primäre Porosität frisch sedimentierter Sande bis in den Feinsandbereich hinein von der Korngröße kaum abhängig. An 200 Sandproben vom Brandungsstrand, vom Sandwatt und aus der Flachsee der südlichen Nordsee mit Mediandurchmessern zwischen 0,1 und 0,3 mm fanden Füchtbauer & Reineck (1963) vom Median unabhängige Porositäten zwischen 0,37 und 0,42. Abb. 5-1 zeigt Ergebnisse von Hamilton & Menard (1956) an rezenten Sedimenten vor der kalifornischen Küste. Die von Tauchern gesammelten Proben stammen aus 3 bis

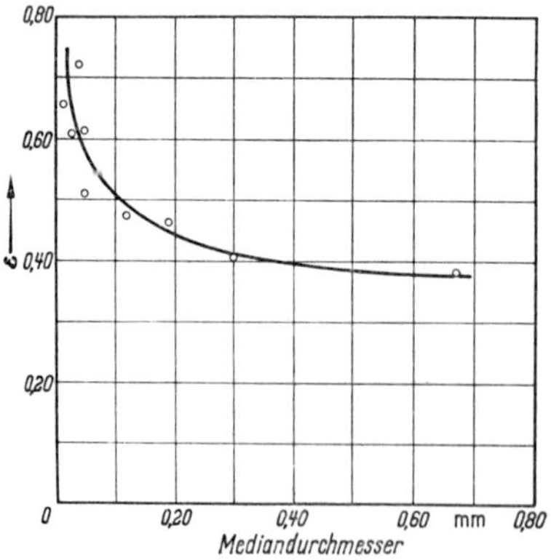

Abb. 5-1. Porosität rezenter Sedimente vor der Küste Kaliforniens (Hamilton & Menard 1956).

30 m Wassertiefe. Bis herunter zu Mediandurchmessern von etwa 0,2 mm ist die Porosität auch dieser Sande von der Korngröße unabhängig und liegt bei etwa 0,40. Dagegen erfolgt ein starker Anstieg der Porosität, wenn die mittlere Korngröße kleiner wird als 0,1 mm.

Die Zunahme der Porosität beim Übergang in den Feinsandbereich zeigt, daß für die feinerkörnigen Sedimente die einfache Modellvorstellung der Kugelpackung nicht mehr zutrifft. Bei kleineren Körnern wird zunehmend die Reibungskraft wirksam, die der Kornoberfläche, also dem Quadrat des Korndurchmessers proportional ist, während die verdichtend wirkende Schwerkraft mit dem Kornvolumen geht. Das Verhältnis Reibungskraft : Schwerkraft nimmt also mit abnehmender Korngröße zu (bei Kugeln umgekehrt proportional dem Kugelradius). Wie die Korngrößenabhängigkeit der Porosität zeigt, macht sich der Einfluß der Reibung bei der Ablagerung von Sanden vom Korndurchmesser 0,2 mm an bemerkbar.

Die mit abnehmendem Korndurchmesser zunehmende Porosität der Feinsande leitet über den Siltbereich zu den Tonen, deren Porosität im frisch abgelagerten Zustand sehr viel höher als die der Sande ist. Nach den vorliegenden Bestimmungen kann man annehmen, daß die primäre Porosität frisch abgelagerter Tone im Bereich zwischen 0,7 und 0,9 liegt (v. ENGELHARDT 1960, S. 33). Die hohe Porosität der Tone ist durch die besondere Art der Tonpartikel zu erklären. Die im wesentlichen aus Phyllosilikaten bestehenden Tonteilchen haben die Gestalt von sehr dünnen Blättchen. Rein geometrisch könnten sich Blättchen zu einem kompakten Sediment ohne Porenraum zusammenlagern. Die Porosität der Tone könnte wesentlich geringer sein als die der Sande, deren kugelähnliche Teilchen auch bei dichtester Lagerung immer einen Porenraum bilden. Das Verhalten der Tonteilchen bei der Bildung des Sediments ist jedoch nicht mehr rein geometrisch zu verstehen, es machen sich hier die schon im Feinsandbereich wirksamen Oberflächenkräfte besonders deutlich bemerkbar. Für die blättchenförmigen Tonteilchen ist das Verhältnis von Oberfläche zu Volumen so groß, daß alle von der Oberfläche ausgehenden Kräfte die Volumenkraft weit überwiegen. Daher spielt für die Anordnung der Teilchen bei der Ablagerung das Teilchengewicht gegenüber den Wechselwirkungskräften der Oberflächen eine nur geringe Rolle, und es bilden sich sehr voluminöse Tonschlämme, deren Porosität auch der Überdeckung durch einige Meter Sediment im wesentlichen standhält. So fanden EMERY & RITTENBERG (1952), daß die Porosität rezenter Meerestone vor der kalifornischen Küste (Santa Barbara Basin, 530 m Meerestiefe) von 0,82 an der Oberfläche auf nur 0,73 in 5 m Tiefe unter der Oberfläche abnimmt.

Die Porosität frisch abgelagerter Tone sollte vom Elektrolytgehalt des Wassers abhängen, aus welchem sich der Ton abgeschieden hat. Theoretisch ist zu erwarten, daß sich aus Salzwasser porösere Tonschlämme absetzen als aus Süßwasser. Dies ist aus der Theorie der Wechselwirkung von Tonpartikeln aufeinander und deren Beeinflussung durch Ionen zu schließen: Die Wirkung zweier Tonteilchen aufeinander rührt einerseits von Anziehungskräften, andererseits von Abstoßungskräften her. Anziehungskräfte sind erstens van der Waalskräfte zwischen den Partikeln, zweitens elektrostatische Kräfte zwischen den positiv geladenen Kanten und den negativ geladenen Basisflächen der Phyllosilikate. Elektrostatische Abstoßungskräfte kommen durch die Ansammlung von Kationen um die Tonteilchen zustande, welche als elektrische Doppelschicht die vorwiegend negative Oberflächenladung kompensieren. Die Ausdehnung der elektrischen Doppelschicht ist umso größer, je geringer die Elektrolytkonzentration ist. Da die Anziehungskräfte mit dem Abstand schneller abfallen als die Abstoßungskräfte, gibt es bei nicht zu hohen Elektrolytkonzentrationen in einem bestimmten Abstand ein Maximum der Abstoßung, welches die Teilchen daran hindert, sich so weit zu nähern, daß sie sich anziehen und koagulieren. Mit steigender Elektrolytkonzentration, d. h. mit abnehmender Ausdehnung der Doppelschicht, wird das Abstoßungsmaximum niedriger und verschiebt sich gleichzeitig zu kleineren Abständen. Wenn bei genügend hoher Elektrolytkonzentration die Abstoßungsbarriere ganz verschwunden oder genügend erniedrigt worden ist, können sich die Teilchen so weit nähern, daß sie sich anziehen. Dann kommt es zur Flockung, d. h. zur Bildung von Komplexen aus mehreren Teilchen, die verhältnismäßig voluminös sind, wenn die Einzelteilchen in ihnen so zusammenhängen, daß sich positive Kanten mit negativen Basisflächen berühren. In höher konzentrierten Salzlösungen wie dem Meerwasser sollten Tone derartige Koagulate bilden. Daher ist es zu erwarten, daß in Meerwasser abgelagerter Ton ein voluminöseres Sediment bildet als ein Ton, der sich in Süßwasser absetzt, wo mehr Einzelteilchen sedimentieren.

Verschiedene Experimente und Beobachtungen an natürlichen Sedimenten bestätigen diese Erwartungen. So fand ROSENQUIST (1962) bei der Sedimentation von Illit aus NaCl-Lösungen (0,002—0,5 n), daß das Volumen des Sediments mit zunehmender Salzkonzentration zunahm. Dasselbe fanden HSI & CLIFTON (1962) bei der Sedimentation von Kaolinit und Metahalloysit aus Lösungen verschiedener Salze von Na, Ca, Fe und Al. Auch MEADE (1964) stellte an Illit-Kaolinitmischungen eine Zunahme der Porosität der Sedimente mit zunehmender Elektrolytkonzentration fest. Aus der Porosität verschieden tief abgesenkter tertiärer Tone aus Illit, Kaolinit und Chlorit des Rheintalgrabens konnte HELING (1969) ableiten, daß ihre anfängliche Porosität bei gleichem Mineralgehalt und gleicher Korngröße umso höher war, je höhere Salinität im Ablagerungsraum herrschte.

Alle diese Beobachtungen beziehen sich auf Tone aus Illit, Kaolinit oder Chlorit. Nach Experimenten von HOFMANN & HAUSDORF (1945) scheint sich Montmorillonit anders zu verhalten: An Montmorillonitsuspensionen wurde eine Abnahme des Sedimentationsvolumens mit zunehmender Konzentration von NaCl und KCl festgestellt, während $CaCl_2$ und $MgCl_2$ ohne Einfluß auf das Sedimentvolumen waren. Offenbar führt die Flockung beim Montmorillonit nicht immer zu einem besonders lockeren Sediment.

5.23 Homogene Fließvorgänge

Gase oder Flüssigkeiten, welche die miteinander in Verbindung stehenden Poren eines Sediments erfüllen, können durch den Porenraum fließen, wenn ein Druckgefälle wirksam ist. Geschwindigkeit und Richtung der Strömungen hängen einerseits von den Eigenschaften des strömenden Mediums (Dichte, Viskosität, Kompressibilität) und andererseits von der Permeabilität (Durchlässigkeit) des Gesteins ab.

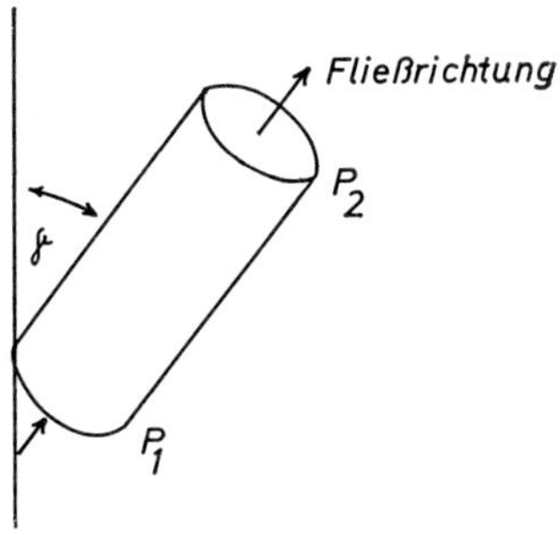

Abb. 5-2. Zur Definition der Permeabilität (Erklärung im Text).

Zur Definition der Permeabilität (vgl. hierzu v. ENGELHARDT 1960, SCHEIDEGGER 1960) sei die Strömung einer inkompressiblen Flüssigkeit durch einen Gesteinszylinder betrachtet, der gegen die Vertikale um den Winkel γ geneigt ist (Abb. 5-2) und dessen Querschnitt F cm^2 beträgt. Damit die im Porenraum befindliche Flüssigkeit durch den Zylinder strömt, muß in der Richtung der Zylinderachse x ein Druckgefälle herrschen (Druckabnahme, d. h. negativer Wert von dp/dx in der Fließrichtung). Die an einer bestimmten Stelle des Zylinders pro Sekunde durch den Querschnitt tretende Flüssigkeitsmenge hängt von der Viskosität μ, dem Druckgefälle dp/dx an dieser Stelle, der Dichte ϱ der Flüssigkeit und dem Neigungswinkel γ des Zylinders ab. Neigungswinkel und Dichte gehen deshalb ein, weil nur derjenige Anteil des Druckgefälles die Strömung verursacht, der nicht vom Gewicht der Flüssigkeit stammt. Es gilt die sogenannte Darcy-Gleichung:

$$q = \frac{Q}{F} = -\frac{k}{\mu}\left(\frac{dp}{dx} - g\varrho\cos\gamma\right) \tag{5.6}$$

Der Proportionalitätsfaktor k heißt Permeabilität.

Bei Messungen im Laboratorium ist das Druckgefälle groß gegenüber der durch das Gewicht der Flüssigkeit erzeugten Druckdifferenz. Ist außerdem das Druckgefälle über die betrachtete Strecke konstant, so kann man die folgende vereinfachte Gleichung benutzen:

$$q = \frac{Q}{F} = \frac{k}{\mu}\frac{\triangle p}{l} \tag{5.7}$$

($\triangle p = p_2 - p_1$). p_1 und p_2 sind die Drucke am Austritt und am Eintritt der Strömung, l die Länge des Zylinders zwischen diesen Stellen. Im natürlichen Gesteinsverband, wo längere Strömungsstrecken und größere Höhenunterschiede zwischen Eintritts- und Austrittsstelle betrachtet werden, gilt die Gl. (5.7) nur dann, wenn die Strömung horizontal erfolgt, d. h. wenn $\gamma = 90°$ ist.

Aus Gl. (5.6) ergibt sich als Dimension der Permeabilität cm^2, wenn man alle Größen in Einheiten des cm-g-sec-Systems mißt. Mißt man den in Klammern stehenden Ausdruck in Gl. (5.6) resp. das Druckgefälle in Gl. (5.7) in at/cm, die Viskosität in Centipoise und die Fließgeschwindigkeit in cm/sec, so erhält man die Permeabilität in einer Einheit, die nach einem Vorschlag von WYCKOFF, BOTSET, MUSKAT & REED (1934) Darcy genannt wird. Es gelten die folgenden Umrechnungsfaktoren:

$1\ \mathrm{cm}^2 = 9{,}81 \cdot 10^7$ Darcy (p in techn. at $= 9{,}81 \cdot 10^5\ \mathrm{dyncm}^{-2}$)
$1\ \mathrm{cm}^2 = 1{,}013 \cdot 10^8$ Darcy (p in phys. at $= 760$ mm Hg)

Für alle praktischen Zwecke genügt die Umrechnung:

1 Darcy $= 10^{-8}\ \mathrm{cm}^2$

Man pflegt das Darcy auch noch zu unterteilen:

1 Darcy = 1000 Millidarcy (md)

Beim Strömen von Gasen durch den Porenraum ist zu berücksichtigen, daß die Gasdichte vom Druck abhängig ist. Infolgedessen wird das fließende Volumen in dem Maße größer wie der Druck in der Fließrichtung abnimmt. An Stelle der Gl. (5.7) gilt dann der folgende Ausdruck:

$$q_1 = \frac{Q_1}{F} = \frac{k}{\mu} \frac{1}{p_1} \frac{p_2{}^2 - p_1{}^2}{2\,l} \qquad (5.8)$$

Q_1 ist das am Austrittsende des Zylinders beim Druck p_1 gemessene Gasvolumen/sec, p_1 und p_2 sind die Drucke beim Eintritt und Austritt.

Mit $\bar{p} = 1/2\,(p_1 + p_2)$ und $\triangle p = p_2 - p_1$ kann man schreiben:

$$\frac{Q_1}{F} = \frac{k}{\mu} \frac{\bar{p}}{p_1} \frac{\triangle p}{l} \qquad (5.9)$$

Die Methoden zur Messung der Permeabilität von Gesteinen im Laboratorium sind in Band I dieses Werkes beschrieben.

Die Gültigkeit der Darcy-Gleichungen für den Fluß von Gasen und Flüssigkeiten durch poröse Medien unterliegt gewissen Beschränkungen, die zu bedenken sind, wenn man sie auf den Fluß durch Gesteine anwenden will. Höhere Fließwiderstände sind zu erwarten, wenn die Strömungsgeschwindigkeit über einen gewissen kritischen Wert ansteigt. Nach den vorliegenden Beobachtungen kommen jedoch so hohe Geschwindigkeiten bei natürlichen Strömungen in Sedimenten nicht vor (vgl. hierzu v. ENGELHARDT 1960, S. 64).

Andere Abweichungen vom Fluß nach der Darcy-Gleichung ereignen sich beim Strömen von Gasen durch feinkörnige Sedimente und beim Fließen von wässerigen Lösungen durch Tone und tonhaltige Sande und Sandsteine.

Während Flüssigkeiten in einer äußersten Schicht fest an der Wandung einer durchströmten Kapillare haften, gleiten Gase an der Wandung. Daher überlagert sich bei Gasen der durch die Darcy-Gleichung beschriebenen viskosen Strömung eine Gleitung, deren Anteil am Gesamtfluß mit abnehmendem Kapillarenradius zunimmt (vgl. hierzu CARMAN 1956, SCHEIDEGGER 1960, v. ENGELHARDT 1960). Eine merkliche Erhöhung der Fließgeschwindigkeit von Gasen durch Gleitung ist dann zu erwarten, wenn der Porenradius etwa das 100fache der mittleren freien Weglänge der Gasmoleküle beträgt. Bei einem Druck von 1 at liegt diese bei 0° in der Größenordnung von $5 \cdot 10^{-6}$ cm. Abweichungen von der Darcy-Gleichung im Sinne eines stärkeren Transportes wird man beim Strömen von Gasen durch solche Gesteine erwarten dürfen, deren Poren kleiner als etwa 10^{-3} cm sind. Bei höheren Drucken verschiebt sich diese Grenze zu kleineren Porendurchmessern. Sind die Gesteinsporen schließlich kleiner als die mittlere freie Weglänge, so verliert der Begriff der Viskosität seinen

Sinn, und das Gas strömt in einer Diffusionsströmung in Richtung des Druckgefälles. Dieser sogenannte Knudsenfluß wird in Gesteinen mit 10^{-5} cm weiten Poren einsetzen. Gleitung und Knudsenfluß bewirken einen stärkeren Transport der Gase als die viskose Strömung nach der Darcy-Gleichung. Es ergibt sich daraus, daß Gase durch feinkörnige Sande und Sandsteine und vor allem durch Tone schneller strömen, als es der Darcy-Gleichung entspricht. Dabei ist zu bedenken, daß Gleitung und Knudsenfluß vom Molekulargewicht der Gase abhängen. Schwere Gasmoleküle strömen langsamer als leichte. Durch einen solchen Gastransport könnte also auf langen Wanderungen eine Trennung von Gasgemischen in ihre Komponenten erfolgen.

Versuche im Laboratorium und Erfahrungen beim Einpressen von Wasser in Erdöllagerstätten haben gezeigt, daß das Fließen von Wasser in tonhaltigen Sanden und Sandsteinen nicht der Darcy-Gleichung gemäß erfolgt (vgl. hierzu v. ENGELHARDT 1960, S. 69; SWARTZENDRUBER 1962). Wässerige Lösungen weichen in zweierlei Hinsicht von Gasen und „normalen" Flüssigkeiten, wie unpolaren Kohlenwasserstoffen oder CCl_4 ab: Erstens ergibt sich für wässerige Lösungen in tonhaltigen Gesteinen eine geringere Durchflußmenge als diejenige, welche man aus der Viskosität des Wassers und der mit Gasen oder unpolaren Flüssigkeiten bestimmten Permeabilität nach der Darcy-Gleichung errechnet. Die betreffenden Gesteine haben gegenüber wässerigen Lösungen eine scheinbar geringere Permeabilität, oder die Viskosität des Wassers scheint in ihnen erhöht zu sein. Zweitens besteht für wässerige Lösungen in tonhaltigen Gesteinen keine lineare Proportionalität zwischen Druckgefälle und Fließgeschwindigkeit, wie es die Darcy-Gleichung verlangt. Die Fließgeschwindigkeit wässeriger Lösungen nimmt in solchen Gesteinen stärker als linear mit dem Druckgradienten zu. Beide Effekte sind vom Elektrolytgehalt der Lösung abhängig. Sie sind am stärksten für reines Wasser und nehmen mit steigendem Salzgehalt ab. Konzentrierte Salzlösungen verhalten sich kaum noch anders als unpolare Flüssigkeiten oder Gase.

Die Ursache dieser Erscheinung ist noch nicht geklärt. Es handelt sich zweifellos um eine Folge der Wechselwirkung zwischen den Oberflächen der Tonminerale in den Gesteinsporen und den Wassermolekülen, derzufolge das Wasser im Porenraum andere Eigenschaften hat als im freien Zustand. Die Elektrolytkonzentration spielt insofern eine Rolle, als gelöste Salze die Aktivität des Wassers herabsetzen und die Zahl der für die Wechselwirkung mit den Tonoberflächen zur Verfügung stehenden freien Wassermoleküle verringern.

Zur Definition der Permeabilität wurde das Fließen durch zylindrisch begrenzte poröse Körper betrachtet. Die für diesen einfachen Fall gültige Form der Darcy-Gleichung kann in der Natur nur dann angewendet werden, wenn die Fließlinien parallel zueinander verlaufen, nicht etwa konvergieren oder divergieren, und wenn die Permeabilität im gesamten Gesteinsraum dieselbe ist. In solchen Fällen müssen aus der Darcy-Gleichung Feldgleichungen entwickelt werden, aus denen sich räumliche Fließvorgänge ableiten lassen. Für die Behandlung solcher Probleme sei auf die Literatur verwiesen (MUSKAT 1946, SCHEIDEGGER 1960, v. ENGELHARDT 1960). Hier sollen die für die Diagenese besonders wichtigen Fälle einer im Gesteinsraum veränderlichen Permeabilität behandelt werden.

Der Gesteinsraum ist isopermeabel, wenn die Permeabilität überall einen konstanten Wert hat. In einem heteropermeablen Gesteinsraum ändert sich die Permeabilität mit dem Ort. Außerdem kann die Permeabilität am betrachteten Ort von der Fließrichtung unabhängig sein oder sich am selben Ort mit der Fließrichtung ändern: Die Gesteine sind hinsichtlich der Permeabilität entweder isotrop oder anisotrop.

Ein Gesteinskomplex, der aus parallelen Schichten feineren und gröberen Materials besteht, ist als Ganzes heteropermeabel. Trifft eine Strömung so auf einen solchen Komplex, daß die Fließrichtung genau senkrecht oder parallel zu den Schichtgrenzen verläuft, so tritt keine Veränderung der Fließrichtung ein. Die für die Durchströmung des Schichtpakets gültige mittlere Permeabilität ist aber in beiden Fällen verschieden. Sind $k_1, k_2 \ldots k_n$ die Permeabilitäten der einzelnen Schichten, $l_1, l_2 \ldots l_n$ deren relativer Anteil am betrachteten Profil, so gilt für die mittlere Permeabilität bei senkrechtem Einfall:

$$\bar{k}_{\perp} = \frac{1}{l_1/k_1 + l_2/k_2 \ldots + l_n/k_n} \tag{5.10}$$

Verläuft dagegen die Strömung parallel zu den Schichten, so ist die mittlere Permeabilität:

$$\bar{k}_{\parallel} = l_1 k_1 + l_2 k_2 \ldots + l_n k_n \tag{5.11}$$

Bei parallelem Einfall wirken die hochpermeablen Lagen stärker, und die mittlere Permeabilität ist höher als beim senkrechten Einfall. Dies sei durch ein Beispiel erläutert: Ein Schichtpaket bestehe je zu einem Viertel ($l_1 = l_2 = l_3 = l_4 = 0{,}25$) aus Schichten mit den Permeabilitäten $k_1 = 0{,}2$ Darcy, $k_2 = 0{,}1$ Darcy, $k_3 = 0{,}05$ Darcy, $k_4 = 0{,}025$ Darcy. Für die schichtparallele Durchströmung ergibt sich $\bar{k}_{\parallel} = 0{,}095$ Darcy, und für den Fluß senkrecht zu den Schichten: $\bar{k}_{\perp} = 0{,}053$ Darcy.

Trifft eine Strömung schief auf die Grenze zwischen zwei Schichten mit verschiedenen Permeabilitäten, so wird die Fließrichtung verändert, ähnlich wie ein Lichtstrahl bei schrägem Einfall an der Grenze zwischen zwei optisch verschiedenen Medien gebrochen wird. Sind k_1 und k_2 die Permeabilitäten aneinandergrenzender Schichten, α_1 und α_2 die Winkel, welche die Fließrichtungen in der Schicht 1 und 2 mit der Normalen auf die Grenze bilden, so gilt für die Fließrichtungen das folgende Brechungsgesetz (Abb. 5-3):

$$k_1 : k_2 = \operatorname{tg} \alpha_1 : \operatorname{tg} \alpha_2 \tag{5.12}$$

Wie man in Abb. 5-3 sieht, verläuft die Fließrichtung in einer durchlässigen Lage stärker zur Schichtnormale geneigt, d. h. mehr schichtparallel als in undurchlässigen Schichten (zur Begründung der Formel vgl. v. ENGELHARDT 1960).

Das Brechungsgesetz der Fließrichtungen ist von großer Bedeutung bei der Durchströmung eines Pakets verschieden durchlässiger Schichten. Sind die Permeabilitäten sehr verschieden, so verläuft der Fluß, auch wenn die Fließrichtung einen nur kleinen Winkel mit der Normalen zur Schichtgrenze bildet, bevorzugt in den hochdurchlässigen Schichten. Dies sei an einem Beispiel verdeutlicht:

In einen Ton sei eine Sandschicht eingelagert. Die Permeabilität des Tones sei $k_1 = 10^{-6}$ Darcy, die des Sandes $k_2 = 10^{-1}$ Darcy. Die Strömung möge aus dem Ton auf die Grenze gegen den Sand mit einem Winkel auftreffen, der nur um

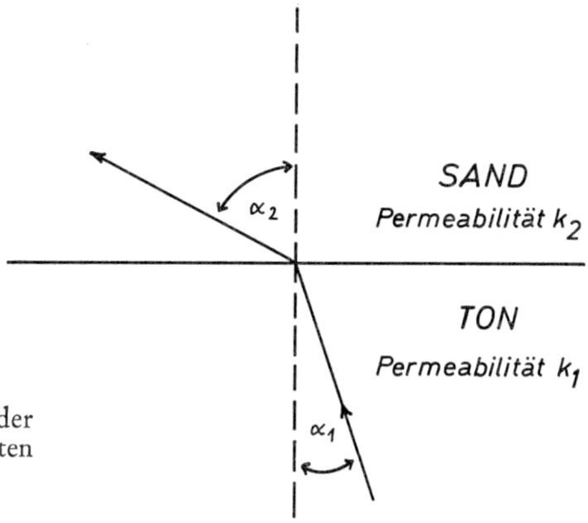

Abb. 5-3. Brechung der Fließlinien an der Grenze zweier Medien mit den Permeabilitäten $k_1 < k_2$.

$\alpha_1 = 10'$ gegen die Normale geneigt ist. Dann ergibt sich nach Gl. (5.12) für die Richtung der Strömung im Sand $\alpha_2 = 89° 48'$, d. h. die Strömung wird beim Übertritt in den Sand um fast 90° gebrochen und verläuft in diesem fast schichtparallel. Beträgt die Dicke der Sandschicht 10 m, so würde eine einzelne Fließlinie für 3000 m im Sand verlaufen, bevor sie die Oberkante desselben erreicht. Beim Eintritt in den darüberliegenden Ton würde sie wieder in die ursprüngliche Richtung, fast senkrecht zur Schichtfläche umgelenkt werden. Bei der Durchströmung eines heterogenen Schichtpaketes wird daher der gesamte Fließweg stark verlängert und die hochpermeablen Lagen werden stärker durchflutet als die undurchlässigen.

Die meisten Sedimente sind hinsichtlich der Permeabilität anisotrop, d. h. es hängt die Permeabilität am selben Ort von der Richtung des Flusses, resp. des Druckgradienten ab. Im allgemeinen gilt für die Fließrichtung senkrecht zur Schichtung die kleinste Permeabilität. In der Schichtebene herrschen die größten Permeabilitäten. Es sind auch schon in der Schichtfläche Unterschiede der Permeabilität festgestellt worden (vgl. z. B. POTTER & MAST 1963). Die Permeabilität eines in dieser Weise anisotropen Sedimentgesteins läßt sich durch drei Hauptpermeabilitäten kennzeichnen: k_1 ist die kleinste Permeabilität für den Fluß senkrecht zur Schichtung. Die mittlere Permeabilität k_2 und die größte k_3 gelten für zwei zueinander senkrechte Richtungen in der Ebene der Schichtung. In den meisten Fällen kann man annehmen, daß in der Schichtebene in allen Richtungen dieselbe Permeabilität gilt, d. h. $k_2 = k_3$.

Nur für den Fluß in den Richtungen der drei Hauptpermeabilitäten, d. h. wenn der Fluß in der Schichtebene oder senkrecht zu ihr verläuft, erfolgt das Strömen in derselben Richtung wie die treibende Kraft wirkt. In allen anderen Richtungen bilden Fließrichtung und treibende Kraft einen Winkel miteinander. Die Permeabilität für beliebige Fließrichtungen und die Beziehung zwischen Fließrichtung und Kraftrichtung ergeben sich aus einer einfachen Konstruktion, die sich aus den Regeln der Tensorrechnung ergibt. Dazu sei die Darcy-Gleichung in vektorieller Form geschrieben:

$$\vec{q} = \frac{k}{\mu} \vec{\Phi} \tag{5.13}$$

$\vec{q}$ ist der Fluß pro Einheit des Querschnitts nach Betrag und Richtung (Fließvektor). Der Kraftvektor Φ ist die Differenz zwischen dem Vektor des Druckgefälles und dem Vektor der senkrecht nach unten wirkenden Schwerkraft g:

$$\vec{\Phi} = -\left(\frac{d\vec{p}}{dx} - \varrho\vec{g}\right) \tag{5.14}$$

Die durch ihre drei Hauptwerte k_1, k_2, k_3 gekennzeichnete Permeabilität ist als die Verknüpfung zweier Vektoren ein Tensor zweiter Stufe. Dieser Permeabilitätstensor läßt sich auf zwei Arten als ein dreiachsiges Ellipsoid darstellen, wie dies in Abb. 5-4 in einem zweidimensionalen Schnitt durch die Richtungen von k_1 und k_2 wiedergegeben ist. Das eine Ellipsoid hat in den Richtungen der Hauptpermeabilitäten die Halbachsen k_1, k_2 und k_3. Das zweite Elliposid hat in denselben Richtungen die Halbachsen $1/\sqrt{k_1}$, $1/\sqrt{k_2}$, $1/\sqrt{k_3}$. Es sei OP die Richtung der die Strömung erzeugenden Kraft Φ. Dann erhält man die zugehörige Richtung des Flusses, indem man in P die Tangente an das Ellipsoid mit den Halbachsen $1/\sqrt{k_1}$, $1/\sqrt{k_2}$, $1/\sqrt{k_3}$ legt und die zu der Tangente senkrechte Richtung konstruiert. Die so gefundene Fließrichtung trifft im Punkte E das Ellipsoid mit den Halbachsen k_1, k_2, k_3. Die Strecke OR ist gleich der in dieser Richtung gültigen Permeabilität. Man erkennt aus dieser Konstruktion, daß Fließ- und Kraftrichtung nur in den Richtungen der Hauptpermeabilitäten zusammenfallen und daß der Winkel zwischen beiden umso größer ist, je größer die Unterschiede der Hauptpermeabilitäten sind.

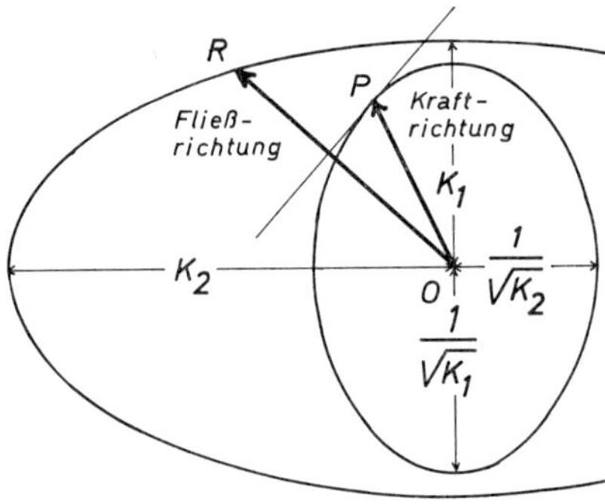

Abb. 5-4. Permeabilitätstensor (Erklärung im Text).

Die Permeabilitätsanisotropie hat auf die Richtung des Flusses durch Sedimentgesteine übrigens eine ganz ähnliche Wirkung wie die Brechung der Fließlinien in einer Wechsellagerung von Schichten verschiedener Permeabilität: Verläuft die Richtung des Druckgefälles etwas schräg gegen die Schichtebene, so wird die Strömungsrichtung von der Druckrichtung gegen die Schichtebene hin abgelenkt.

Zwischen der Porosität eines Sediments und seiner Permeabiltät kann kein einfacher Zusammenhang bestehen. Sedimente mit ähnlicher Porosität können sehr verschiedene Permeabilitäten haben, da die Porosität den gesamten Porenraum mißt, die

Permeabilität aber von der Gestalt der einzelnen Fließkanäle abhängt. Sehr feinkörnige Gesteine haben eine geringere Permeabilität als grobkörnige gleicher Porosität.

Für unverfestigte Sande führt eine Modellbetrachtung zu einer für Abschätzungen brauchbaren Formel für den Zusammenhang zwischen Porosität, Korngrößenverteilung und Permeabilität.

Für den Fluß durch eine kreisförmige Kapillare gilt die Beziehung von HAGEN-POISEUILLE:

$$q' = \frac{r^2}{8\mu} \cdot \frac{\triangle p}{l_e} \tag{5.15}$$

q' bedeutet den Volumenfluß pro Einheit des Querschnitts der Kapillare, r ist der Kapillarenradius, $\triangle p$ die Druckdifferenz, l_e die Länge der Kapillare. Um auch andere als kreisförmige Querschnitte zu erfassen, wird der hydraulische Radius m eingeführt:

$$m = \frac{\text{Volumen der Kapillare}}{\text{Oberfläche der Kapillare}}$$

Man erhält dann eine allgemeine Form der HAGEN-POISEUILLE-Gleichung für beliebige Querschnitte:

$$q' = \frac{m^2}{c_0} \cdot \frac{1}{\mu} \cdot \frac{\triangle p}{l_e} \tag{5.16}$$

Die Zahl c_0 hat für verschiedene Querschnittsformen verschiedene Werte. Nach Versuchen liegt c_0 für kreisförmige, elliptische und rechteckige Kapillaren zwischen 2,00 und 2,65. Der Fluß durch die einzelnen Kapillaren setzt sich zu der gesamten Strömung durch die Sandpackung zusammen. Um den Volumenfluß q durch den gesamten Querschnitt zu erhalten, muß man q' mit der Porosität ε multiplizieren, da die Porosität die Summe der Kapillarenquerschnitte bezeichnet. Ist l die Dicke der gesamten Packung, so ist zweitens zu berücksichtigen, daß die Länge der Kapillaren l_e größer sein wird als die Dicke l. Daher ist $\varepsilon q'$ noch mit dem Faktor l/l_e zu multiplizieren. So erhält man für den Volumenfluß durch die Querschnittseinheit der Sandpackung:

$$q = q' \cdot \varepsilon \cdot \frac{l}{l_e} = \frac{m^2 \varepsilon}{c_0} \left(\frac{l}{l_e}\right)^2 \cdot \frac{1}{\mu} \cdot \frac{\triangle p}{l} \tag{5.17}$$

Nun kann der hydraulische Radius der Kapillaren durch den Quotienten aus dem gesamten Volumen der Kapillaren, der gleich der Porosität ist, und der gesamten Oberfläche der Kapillaren ausgedrückt werden:

$$m = \frac{\varepsilon}{S} = \frac{\varepsilon}{(1-\varepsilon) S_0} \tag{5.18}$$

S ist die in der Volumeneinheit der Packung enthaltene innere Oberfläche, die man durch S_0, die spezifische Oberfläche der festen Substanz der Packung ausdrücken kann:

$$S = S_0 (1 - \varepsilon)$$

so erhält man die von KOZENY (1927) und CARMAN (1937, 1948, 1956) abgeleitete Gleichung:

$$q = \frac{\varepsilon^3}{(1-\varepsilon)^2} \cdot \frac{1}{S_0^2} \cdot \frac{l^2}{c_0 l_e^2} \cdot \frac{1}{\mu} \cdot \frac{\triangle p}{l} \tag{5.19}$$

Die KOZENY-CARMAN-Gleichung ist von verschiedenen Autoren an Packungen aus Teilchen verschiedener Form geprüft worden. Dabei ergab sich bei Kugelpackungen für die Größe $c_0 l_e^2/l^2 \approx 5$. Für unverfestigte Sande aus kugelförmigen Körnern ergibt sich somit die Beziehung

$$q = \frac{\varepsilon^3}{5(1-\varepsilon)^2 S_0^2} \cdot \frac{1}{\mu} \cdot \frac{\Delta p}{l} \tag{5.20}$$

Wie ein Vergleich mit Gl. (5.7) zeigt, sollte also für die Permeabilität gelten:

$$k = \frac{\varepsilon^3}{5(1-\varepsilon)^2 S_0^2} \tag{5.21}$$

Einen Wert für die innere Oberfläche S_0 kann man für unverfestigte Sande auf folgende Weise aus der Korngrößenverteilung berechnen: Ist n_e die Zahl der in 1 cm^3 fester Substanz des Sandes enthaltenen kugelförmigen Körner vom Radius r_e, so gilt für den volumenmäßigen oder gewichtsmäßigen Anteil G_e dieser Korngrößenklasse am gesamten Sand:

$$G_e = \frac{4}{3} \pi r_e^3 n_e \tag{5.22}$$

Für die gesamte Oberfläche S_0 aller in 1 cm^3 der festen Substanz enthaltenen Körner mit den Radien $r_1, r_2 \ldots r_e$ gilt:

$$S_0 = 4\pi (n_1 r_1^2 + n_2 r_2^2 \ldots + n_e r_e^2) \tag{5.23}$$

Dafür kann man schreiben:

$$S_0 = w \left(\frac{G_1}{r_1} + \frac{G_2}{r_2} \ldots + \frac{G_e}{r_e} \right) \tag{5.24}$$

mit $w \geqq 3{,}0$. Sind die Körner Kugeln, so gilt $w = 3{,}0$, weicht die Gestalt von der Kugelform ab, so ist w größer als 3. Für natürliche Quarzsande dürfte ein Wert von 3,5 etwa zutreffen. Die Tabelle 5-1 zeigt nach den Formeln (5.21) und (5.24) aufgrund der Korngrößenverteilung und der Porosität berechnete Permeabilitäten von Mischungen aus Siebfraktionen eines natürlichen Sandes und die an denselben Proben gemessenen Durchlässigkeiten (v. ENGELHARDT & PITTER 1951). Für die Abschätzung der Permeabilität unverfestigter Sande bekannter Korngrößenverteilung und Porosität sind die Formeln (5.21) und (5.24) jedenfalls brauchbar.

Auf verfestigte Gesteine ist die KOZENY-CARMAN-Gleichung nicht ohne weiteres anwendbar, da weder die innere Oberfläche, noch der Tortuosität genannte Faktor l_e^2/l^2 bekannt sind. Es wären unabhängige Messungen notwendig, um diese beiden Größen zu messen, was jedoch auf Schwierigkeiten stößt. (Über die Möglichkeit, die Tortuosität l_e^2/l^2 aus elektrischen Widerstandsmessungen des mit einer Salzlösung getränkten Gesteins zu bestimmen, vgl. v. ENGELHARDT 1960, S. 88.)

Die Permeabilitäten der verschiedenen Sedimentgesteine variieren in weiten Grenzen. Bei klastischen Sedimenten nimmt die Permeabilität sehr stark mit dem Durchmesser der Einzelteilchen ab. Außerdem hängt sie vom Grade der Sortierung und besonders stark vom Ausmaß der diagenetischen Ausfüllung des Porenraumes (Zementation, Verfestigung) ab. In Tabelle 5-2 sind einige Beispiele zusammengestellt.

Tabelle 5-1. Zur Berechnung der Permeabilität loser Sande (nach v. ENGELHARDT & PITTER 1951).

Nr.		S_0[2]) [cm^{-1}]	Permeabilität [Darcy] bei $\varepsilon = 0{,}40$ berechnet[3])	gemessen
	Monodisperse Sande[1]) Mittlerer Durchmesser [cm]			
1	0,0200	175	118	72
2	0,0138	255	55	55
3	0,0113	311	37	37
4	0,00875	399	23	26
5	0,00625	560	11	10
6	0,00437	802	5,6	5,4
7	0,00337	1040	3,3	2,5
	Sandgemische[1])			
8	50% 1, 50% 2	215	78	60
9	50% 5, 50% 6	679	7,8	10
10	Je 25% 1, 2, 5, 6	448	18	20
11	75% 1, 25% 6	331	33	42

[1]) Siebfraktionen eines diluvialen Sandes und Mischungen aus denselben.
[2]) Berechnet aus der Korngröße nach Gl. (5.24) mit $w = 3{,}5$.
[3]) Berechnet aus S_0 nach Gl. (5.21).

Besonders hohe Permeabilitäten finden sich in wenig verfestigten und gut sortierten Sandsteinen (Nr. 1 bis 9 der Tabelle 5-3). Der Einfluß der Korngröße tritt bei einem Vergleich der Gesteine Nr. 2, 3, 5, 9 der Tabelle hervor. Stärkere Zementation verringert die Permeabilität ebenso wie schlechte Sortierung, insbesondere die Beimengung von tonigem Material. Kalkhaltige Sandsteine haben nur dann eine geringere Permeabilität als kalkarme, wenn der Kalk als Porenzement vorliegt (Nr. 10 und 15 der Tabelle 5-3). Detritische Kalkbestandteile haben keinen Einfluß auf die Permeabilität (Nr. 9 der Tabelle).

Die Permeabilität von Karbonatgesteinen ist sehr verschieden. Detrituskalke haben ebenso wie gröbere Fossilkalke Permeabilitäten wie die entsprechend gekörnten Sandsteine, solange sie nicht stark verfestigt sind (Nr. 18, 19, 20 der Tabelle). Verfestigte und dichte Kalksteine gehören zu den undurchlässigsten Sedimentgesteinen. Doch enthalten dichte Kalke und Dolomite oft feine Kluftsysteme, die eine merkliche Permeabilität hervorrufen (Nr. 21 der Tabelle).

Die Permeabilität toniger Sedimente ist sehr gering. Für mäßig komprimierte Tone dürfte sie etwa 10^{-3} md betragen.

5.24 Heterogene Fließvorgänge und Gleichgewichte im Porenraum[1]

Im Porenraum der Sedimente und Böden finden sich häufig nicht mischbare Flüssigkeiten und Gase nebeneinander. Das Fließen derartiger Gemische nicht mischbarer Phasen durch ein poröses Medium kann mittels einer Erweiterung der Darcy-

[1] Vgl. hierzu v. ENGELHARDT (1960), SCHEIDEGGER (1960).

Tabelle 5-2. Porosität (ε) und Permeabilität (k) einiger Sedimentgesteine aus Tiefbohrungen in der Bundesrepublik Deutschland. Die Permeabilitäten sind Mittel der an mehreren Proben in der Schichtebene und senkrecht dazu gemessenen Werte (v. ENGELHARDT 1960).

	ε	K (md)	Median (mm)	Karbonat %	< 20 μ %	Tiefe (m)
Grobkörnige Sandsteine, wenig verfestigt						
1. Ampfinger Sandstein, Unt. Oligozän, Ampfing	0,199	4900	0,7	14,6	2,1	1820
2. Mittl. Kimmeridge, Ostenwalde	0,262	9900	0,50	0	1,3	1535
3. Bentheimer Sandstein, Valendis, Scheerhorn	0,245	5700	0,35	0	1,1	1105
4. Mittl. Rhät, Abbensen	0,185	1360	0,31	4	2,3	325
5. Unt. Pechelbronner Sandstein, Oligozän, Stockstadt	0,246	3200	0,25	0	2,5	1610
6. Ob. Valendis, Barenburg	0,251	3100	0,25	4	1,5	810
7. Bentheimer Sandstein, Valendis, Rühlermoor	0,295	7500	0,25	0	0,8	785
8. Dogger β, Hankensbüttel	0,278	3250	0,21	1	1,6	1535
9. Bausteinschichten, Ob. Oligozän, Schwabmünchen	0,285	2380	0,2	60	10	1300
Feinerkörnige und diagenetisch stärker verfestigte Sandsteine						
10. Dogger ε, Kronsberg (Kalkzement)	0,247	105	0,35	49	6,5	650
11. Lias α 2, Eldingen	0,269	1570	0,16	0	2	1485
12. Bentheimer Sandstein, Valendis, Scheerhorn	0,274	400	0,11	0	9,5	1120
13. Dogger β, Hankensbüttel	0,228	615	0,09	2	2,6	1605
14. Dogger β, Meerdorf	0,190	100	0,09	3	3,1	1733
15. Wealden, Scheerhorn (Kalkzement)	0,272	180	0,10	26	7,5	1160
16. Ob. Pechelbronner Sandstein, Oligozän, Stockstadt	0,102	7	0,04	30	15	1550
17. Lias α 1—2, Eldingen	0,245	35	0,04	2	10	1520
Karbonatgesteine						
18. Korallenoolith, Oxford, Hohenassel	0,195	2700	—	—	—	520
19. Schalenkalk, Wealden, Lingen	0,236	260	—	—	—	900
20. Schalenkalk-Oolith, Portland, Ostenwalde	0,198	65	—	—	—	1495
21. Hauptdolomit, Zechstein, Itterbeck	0,130	3	—	—	—	1610

Gleichung beschrieben werden, indem man für jede Phase eine besondere Darcy-Gleichung aufstellt. So bekommt man z. B. für den gleichzeitigen Fluß von Öl und Wasser anstelle von Gl. (5.6) die folgenden Gleichungen:

$$\left.\begin{aligned} q_w &= -k \frac{k_w}{\mu_w} \left(\frac{dp_w}{dx} - g \varrho_o \cos\gamma \right) \\ q_o &= -k \frac{k_o}{\mu_o} \left(\frac{dp_o}{dx} - g \varrho_w \cos\gamma \right) \end{aligned}\right\} \qquad (5.25)$$

μ_w, μ_o sind die Viskositäten, ϱ_w, ϱ_o die Dichten von Wasser und Öl. q_w und q_o sind die Fließgeschwindigkeiten von Wasser und Öl. k_w und k_o sind die sogenannten relativen Permeabilitäten. Da Öl und Wasser nebeneinander strömen und sich gegenseitig behindern, sind k_w und k_o kleiner als Eins. p_w und p_o sind die in Wasser und Öl gemessenen Drucke. Die relativen Permeabilitäten k_w und k_o hängen erstens von der pauschalen Sättigung des Porenraums mit Öl und Wasser, zweitens aber vor allem von der Verteilung der beiden Phasen im Porenraum ab. Befindet sich das Wasser vorzugsweise in den kleinen, das Öl in den größeren Poren, so wird das Verhältnis $k_o : k_w$ größer sein als dann, wenn das Wasser bei gleicher pauschaler Sättigung die großen, das Öl die kleinen Poren einnimmt.

Wie sich nichtmischbare Phasen in einem System verschieden großer Kapillarräume verteilen, hängt von ihrem Benetzungsverhalten ab. Im Gleichgewicht sammelt sich die besser benetzende Phase in den engen, die schlechter benetzende in den größeren Hohlräumen. Ein Maß der Benetzung ist der Randwinkel, der sich dort bildet, wo die Grenze zweier Phasen die feste Wand trifft (Abb. 5-5). Der Randwinkel ist in der besser benetzenden Phase kleiner. Im Grenzfall ist der Randwinkel in der benetzenden Phase gleich 0° und in der nicht benetzenden gleich 180°. Man spricht dann von vollkommener Benetzung, resp. Nicht-Benetzung. Für Sedimente

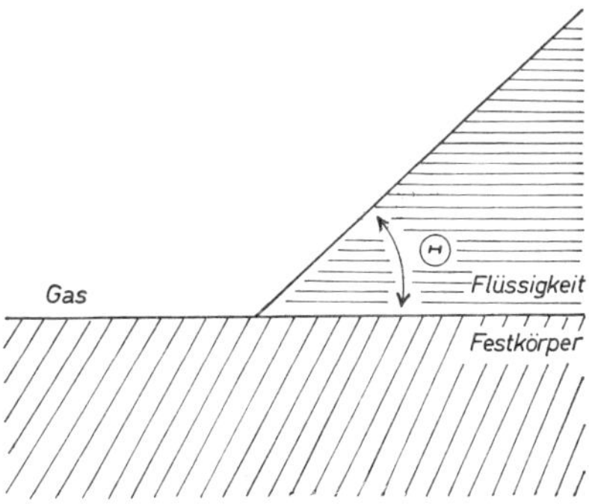

Abb. 5-5. Zur Definition des Randwinkels.

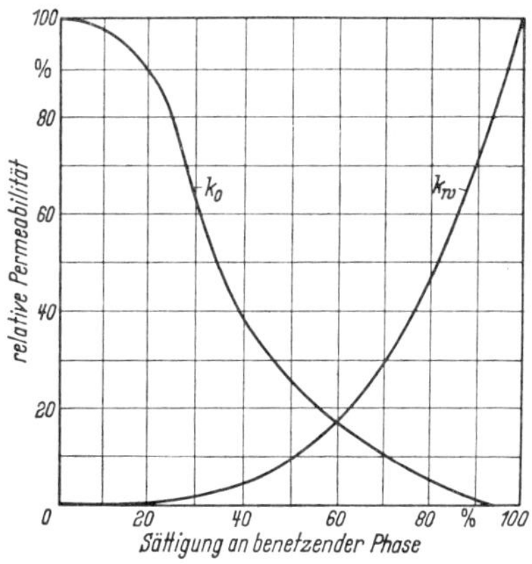

Abb. 5-6. Relative Permeabilitäten einer benetzenden (k_W) und einer nicht-benetzenden Phase (k_O) in Abhängigkeit vom Mengenverhältnis beider Phasen im Porenraum.

und Böden ist im Normalfall Wasser gegenüber Öl oder Gas die benetzende Phase. Kommen Öl und Gas ohne Wasser nebeneinander vor, so ist Öl die benetzende, Gas die nichtbenetzende Phase.

Abb. 5-6 zeigt ein typisches Beispiel für die Abhängigkeit der relativen Permeabilitäten einer benetzenden und einer nichtbenetzenden Phase von ihrem Mengenverhältnis im Porenraum eines Gesteins. Man erkennt folgendes: Erstens ist die Summe der relativen Permeabilitäten wegen der gegenseitigen Behinderung immer kleiner als 1. Zweitens ist, da die nichtbenetzende Phase bevorzugt die großen Kanäle besetzt, ihr Gehalt im fließenden Gemisch immer relativ höher als es ihrem prozentualen Anteil an der Füllung des Porenraumes entspricht. So ist z. B. bei einer je 50%igen Sättigung des Porenraumes mit benetzender und nichtbenetzender Phase die relative Permeabilität der nicht benetzenden Phase mehr als doppelt so groß als die der benetzenden.

Mit zunehmender Konzentration an nichtbenetzender Phase nimmt die relative Permeabilität der benetzenden Phase schnell ab, da dieselbe immer mehr in die kleinsten Hohlräume des Porenraumes verdrängt wird. Bei einer bestimmten Sättigung an benetzender Phase, die bei Sandsteinen zwischen 5 und 35% des Porenraumes liegt, wird die Permeabilität dieser Phase schließlich unmeßbar klein. Diese Flüssigkeitsmenge kann sich trotz eines äußeren Druckgefälles nicht bewegen. Man spricht daher von irreduzibler Sättigung oder von Haftwasser. Derartiges Haftwasser kommt in fast allen Lagerstätten flüssiger und gasförmiger Kohlenwasserstoffe vor. Der Haftwassergehalt ist umso größer, je größer die innere Oberfläche des Gesteins ist, d. h. je kleiner die Korngröße ist.

Begegnen sich benetzende und nichtbenetzende Phase in einer kreisförmigen Kapillare vom Radius r, ist Θ der Randwinkel und γ die Grenzflächenspannung zwischen den beweglichen Phasen, so bildet sich zwischen beiden Phasen eine gekrümmte Grenzfläche (Meniskus) aus (Abb. 5-7). Zwischen benetzender und nichtbenetzender Phase herrscht der Kapillardruck p_c:

$$p_c = \frac{2\gamma \cos \Theta}{r} \tag{5.26}$$

Für nicht kreisförmige Kapillaren kann man an Stelle von r/2 den hydraulischen Radius $m = r/2$ einführen:

$$p_c = \frac{\gamma \cos \Theta}{m} \tag{5.27}$$

Da der höhere Druck in der schlechter benetzenden Phase herrscht, ist der Kapillardruck aufzuwenden, um aus einer Kapillare die benetzende Phase durch eine nichtbenetzende zu verdrängen. Jedes Gestein enthält Poren mit verschieden großen Querschnitten. Die Verdrängung der benetzenden durch eine nichtbenetzende Phase kann erst bei der Überschreitung eines bestimmten kritischen Verdrängungsdruckes beginnen, der dem hydraulischen Radius der größten Poren entspricht. Damit die Verdrängung fortschreitet, muß der Druck so lange erhöht werden, bis der bewegliche Anteil der benetzenden Phase auch aus den kleinsten Poren entfernt ist. Der Verlauf einer solchen Verdrängung wird durch die sogenannte Kapillardruckkurve

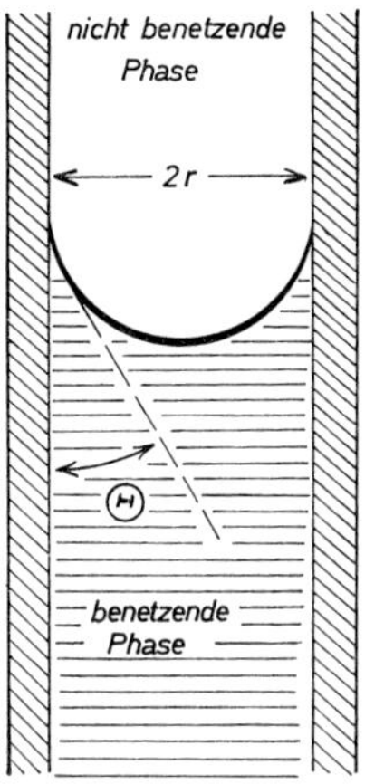

Abb. 5-7. Zur Definition des Kapillardrucks (Erklärung im Text).

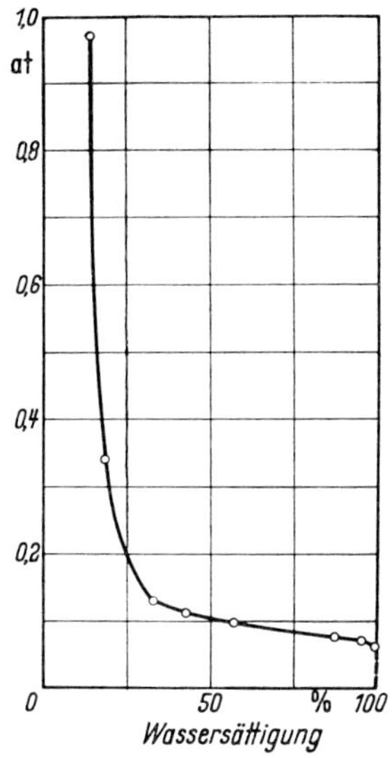

Abb. 5-8. Kapillardruckkurve eines feinkörnigen Sandsteins.

wiedergegeben, welche ein Abbild der in dem betreffenden Gestein vorkommenden Porendurchmesser ist. Kapillardruckkurven eines grobkörnigen Sandsteins und eines tonigen Feinsandsteins sind in Abb. 5-8 dargestellt. Die Hauptmenge der benetzenden Phase wird bei einem mittleren Kapillardruck verdrängt, der einem mittleren Porenradius entspricht. Nimmt man an, daß die mittleren Porenradien unverfestigter Sedimente von der Größenordnung der Kornradien sind, so errechnen sich die in der Tabelle 5-3 angegebenen Kapillardrucke für die Verdrängung von Wasser durch Öl (p_{co}) und von Wasser durch Gas (p_{cg}). Dabei wurde angenommen, daß der Randwinkel im Wasser jeweils 0° (vollständige Benetzung) und die Grenzflächenspannungen Wasser/Öl = 25 dyn/cm und Wasser/Gas = 70 dyn/cm betragen.

Tabelle 5-3. Kapillardrucke für die Verdrängung von Wasser durch Öl (p_{CO}) und von Wasser durch Gas (p_{CG}) in Sedimenten verschiedener Korngröße [Gl. (5.26)]. r = mittlerer Porenradius.

Sediment	r	p_{CO}	p_{CG}
	[cm]	[at]	[at]
Ton	10^{-5}	5	14
Silt	10^{-4}	0,5	1,4
Sand	10^{-3}	0,05	0,14

Diese Zahlen sind für das Verständnis der Bewegung von Gasblasen und Öltröpfchen im wassergefüllten Porenraum verschiedenkörniger Sedimente von Bedeutung. Befindet sich z. B. ein Öltröpfchen gerade an der Grenze zwischen Ton und Sand, so wird es eine Kapillarkraft erfahren, die es aus den engen Poren des Tons in die weiteren Porenräume des Sandes treibt. Der wirkende Druck ergibt sich aus der Differenz zwischen den Kapillardrucken in Sand und Ton. Auf Gaströpfchen wirkt also ein Druck von etwa 14 at, auf Öltröpfchen ein solcher von etwa 5 at. Sind die schlechter benetzenden Phasen Öl und Gas einmal in grobporigen Gesteinen gefangen, so wirken Tone als praktisch impermeable Barrieren, da die zur Überwindung des Kapillardruckes erforderlichen hohen Drucke im allgemeinen nicht zur Verfügung stehen. Daß man Öl und Gas in den Sedimenten immer in grobkörnigen Gesteinen angereichert und in feinkörnigen Tonen höchstens nur spurenhaft antrifft, obwohl gerade die tonigen Gesteine die größten Mengen organischer Substanz enthalten haben, aus denen die Kohlenwasserstoffe entstanden sind, hat seinen Grund in Wanderungsvorgängen, deren Richtung durch die Benetzungsverhältnisse und Kapillardrucke bestimmt ist.

Befinden sich Öl, Gas und Wasser in einem homogenen Gestein, so ordnen sich die nichtmischbaren Phasen nach Maßgabe ihrer Dichten. Die Grenzen zwischen den einzelnen Phasen verlaufen, wenn keine Bewegung herrscht, stets horizontal, d. h. senkrecht zur Richtung der Schwerkraft. Eine geneigte Grenzfläche zwischen Phasen verschiedener Dichte weist immer auf eine Bewegung hin. Der Winkel α, den die Grenzfläche zwischen zwei verschieden schweren Phasen mit der Horizontalen bildet, ist durch die Dichten, Viskositäten und Strömungsgeschwindigkeiten der beiden Phasen gegeben. Es gilt die folgende Beziehung (vgl. v. ENGELHARDT 1960, S. 120):

$$\sin\alpha = \frac{1}{gk\,(\varrho_2 - \varrho_1)}\,(\mu_1 q_1 - \mu_2 q_2) \tag{5.28}$$

ϱ_1 und ϱ_2, μ_1 und μ_2 sind Dichten und Viskositäten der beiden Medien, q_1 und q_2 sind die Komponenten ihrer Strömungsgeschwindigkeiten parallel zur Grenzfläche. Der Index 1 bezieht sich auf die leichte, der Index 2 auf die schwere Phase. Im stastischen Fall ist $q_1 = q_2 = 0$ und die Grenzfläche liegt horizontal.

Es ruhe nun die schwere Phase (2) und es ströme die obere leichte Phase (1). Dann gilt:

$$\sin\alpha = \frac{1}{gk\,(\varrho_2 - \varrho_1)}\,\mu_1 q_1 \tag{5.29}$$

$\sin\alpha$ ist positiv, d. h. die Grenzfläche steigt in der Strömungsrichtung an und die Neigung nimmt mit Strömungsgeschwindigkeit und Viskosität zu. Umgekehrt ist $\sin\alpha$ negativ, die Grenzfläche also in der Richtung der Bewegung abwärts geneigt, wenn die schwere Phase strömt und die leichte darüber ruht:

$$\sin\alpha = \frac{-1}{gk\,(\varrho_2 - \varrho_1)}\,\mu_2 q_2 \tag{5.30}$$

Strömen beide Phasen, so ergibt sich eine resultierende Neigung der Grenzfläche gemäß Gl. (5.28). Es ist zu beachten, daß die Grenzfläche nicht nur im Falle absoluter Ruhe, sondern auch dann horizontal liegt, wenn sich die gleichgerichteten Strömungsgeschwindigkeiten gerade umgekehrt wie die Viskositäten verhalten.

Strömen beide Medien mit gleicher Geschwindigkeit, so wird die Grenzfläche immer geneigt sein, wenn die Viskositäten verschieden sind. Handelt es sich z. B. um

Wasser und darüber liegendes leichteres aber höher viskoses Öl, so ist die Grenzfläche in der Strömungsrichtung geneigt.

Die Grenze zwischen den wasser- und gasgefüllten Bereichen eines Porenraums wird sich nur in einem sehr grobkörnigen Sand einigermaßen scharf ausbilden. In feinerkörnigen Sedimenten entsteht wegen der Kapillarkräfte eine mehr oder weniger breite Übergangszone, in welcher die verschiedenen Phasen nebeneinander vorkommen. Die Verteilung der Phasen in einer solchen Übergangszone läßt sich mit Hilfe der Kapillardruckkurve übersehen:

Die Übergangszone zwischen einer schweren (Wasser) und einer leichten Phase (Öl oder Gas) verschwindet, wenn die Porenquerschnitte sehr groß sind, der Kapillardruck also praktisch gleich Null ist. Die sich in einem solchen Gestein einstellende Höhe der Grenzlinie sei als Bezugsniveau gewählt ($p_c = 0$; $z = 0$). Enthält das Gestein kleinere Kapillaren, so herrscht in ihnen ein von Null verschiedener Kapillardruck, welcher angibt, um wieviel der Druck in der leichteren und schlechter benetzenden Phase höher ist als im Wasser. Das Wasser wird in diesem Fall in den Kapillaren so weit über das Bezugsniveau emporgehoben, daß das Produkt aus Dichtedifferenz, Schwerebeschleunigung und Höhe z über dem Bezugsniveau gleich dem Kapillardruck ist:

$$g z (\varrho_2 - \varrho_1) = p_c \tag{5.31}$$

Durch Kombination mit Gl. (5.26) erhält man für die Höhe z der Grenze zwischen Wasser und leichter Phase in Kapillaren vom Radius r:

$$z = \frac{2 \gamma \cos \Theta}{r (\varrho_2 - \varrho_1) g} \tag{5.32}$$

Nun enthält aber jedes Sediment Poren verschiedener Größe. In den kleinen Hohlräumen wird das Wasser höher, in den großen weniger hoch über dem Bezugsniveau stehen. Die relative Sättigung an Wasser und leichter Phase innerhalb der auf diese Weise entstehenden Übergangszone hängt von der Verteilung der Porenquerschnitte in dem betreffenden Gestein ab, welche in der Kapillardruckkurve zum Ausdruck kommt. Die Kapillardruckkurve gibt die Beziehung zwischen Kapillardruck und Sättigung an nicht benetzender (leichter) Phase wieder. Da aber der Kapillardruck gemäß der Dichtedifferenz nach Gl. (5.31) innerhalb der Übergangszone linear mit der Höhe über dem Bezugsniveau ansteigt, bildet die Kapillardruckkurve die Sättigung an der leichteren Phase in Abhängigkeit von der Höhe über dem Bezugsniveau ab. Kapillardruckkurven wie die in Abb. 5-8 dargestellten geben direkt das Bild der Sättigungsverteilung mit zunehmender Höhe über dem Bezugsniveau wieder, wenn man den auf der Abszisse abgetragenen Wert für p_c (in dyn/cm^2) durch $(\varrho_2 - \varrho_1) g$ dividiert. Der Maßstab der Abszisse ergibt dann die Höhe in cm.

Zusammenfassend gilt folgendes über die Beschaffenheit der Übergangszonen zwischen Wasser und leichteren, schlechter benetzenden Phasen (Öl, Gas, auch Luft in Böden): Sedimente mit geringer Variationsbreite der Porendurchmesser (gut sortierte Sande) ergeben Übergangszonen von geringer Dicke. In tonigen Gesteinen, die sehr verschieden große Hohlräume enthalten, kann die Übergangszone sehr erhebliche Ausmaße erreichen. Im gleichen Sediment ist die Dicke einer Übergangszone vom

Unterschied der Dichten abhängig und umso ausgedehnter, je geringer dieser Unterschied ist. Zwischen Öl und Wasser ist die Übergangszone immer breiter als zwischen Wasser und Gas.

5.3 Formationswässer[2]

5.31 Allgemeines

Sande enthalten bei der Ablagerung etwa 40 Vol%, Tone bis zu 90 Vol% Wasser. Werden frische Ablagerungen von weiteren Sedimenten bedeckt und abgesenkt, so verringert sich unter dem Gewicht der Auflast der Porenraum, und die eingeschlossenen Lösungen müssen entweichen. Während der diagenetischen Verdichtung durchsetzen daher Ströme von Porenlösungen die Sedimente. Dabei reagieren sie mit den Mineralen, und es finden chemische Vorgänge statt, welche zusammen mit der mechanischen Umordnung und Verdichtung des Gefüges aus der lockeren Ablagerung einzelner Partikel ein festes Sedimentgestein entstehen lassen. Die Kenntnis der die porösen Sedimente erfüllenden Porenlösungen und ihrer Bewegungen ist daher für das Verständnis der Diagenese ebenso wichtig wie das Studium der diagenetischen Veränderungen von Gefüge und Mineralbestand.

Während Sedimentgesteine in verschiedenen Stadien der Diagenese aus Tagesaufschlüssen und Bohrungen reichlich zur Verfügung stehen, sind Informationen über die Zusammensetzung der Porenlösungen sehr viel schwerer zu erhalten. An der Erdoberfläche sind die porösen Sedimentgesteine ausgetrocknet, d. h. mit den Gasen der Atmosphäre gefüllt oder mit salzarmem Grundwasser getränkt. Erst in größerer Tiefe kommen Porenlösungen vor, die an den Prozessen der chemischen Diagenese beteiligt sind oder waren. Solche Lösungen können nur in Tiefbohrungen oder im Bergbau gewonnen werden.

Seit auf der Suche nach Erdöl und Erdgas in fast allen Sedimentbecken der Erde Tiefbohrungen niedergebracht wurden, weiß man, daß poröse Sedimentgesteine unterhalb des meist salzarmen Grundwassers bis in Tiefen von mehreren tausend Metern vornehmlich mit Elektrolytlösungen, an vereinzelten Stellen auch mit Erdöl und Erdgas gefüllt sind. Eine sehr große Anzahl von Analysen der aus Tiefbohrungen gewonnenen Formationswässer stehen zur Verfügung. Außerdem bieten elektrische Bohrlochanalysen zusätzliche Informationen. Aus ihnen können Angaben über die Konzentration der Porenlösung in durchlässigen Schichten gewonnen werden.

Bei der Auswertung chemischer Analysen von Wasserproben aus Tiefbohrungen sind verschiedene Fehlerquellen zu beachten: da die Bohrungen mit einer Wasserspülung niedergebracht werden, die verschiedene chemische Zusätze enthält, und weil diese Spülung in durchlässige Schichten eindringt, ist eine Verunreinigung des geförderten Formationswassers möglich. Es ist ferner technisch oft schwierig, den För-

[2] Vgl. hierzu folgende Zusammenfassungen: Chebotarev (1955), Schoeller (1956), Chave (1960), v. Engelhardt (1960, 1961, 1967), White (1957, 1965), Degens & Chilingar (1967).

derhorizont so abzuschließen, daß ein Wasserzutritt aus anderen Schichten ganz verhindert wird. Schließlich kann Formationswasser nur aus relativ durchlässigen Schichten gewonnen werden. Alle Wasseranalysen beziehen sich daher auf die in den durchlässigen Schichten enthaltenen Lösungen. Über den Chemismus der Porenlösungen in Tonen und schlechtdurchlässigen Kalken ist noch kaum etwas bekannt.

Die im Porenraum einer Sedimentschicht enthaltene Lösung ist nicht mehr „connate water" im engeren Sinne, d. h. nicht unverändertes fossiles Wasser des Ablagerungsraumes (z. B. fossiles Meerwasser). Sie enthält zwar noch Bestandteile des bei der Ablagerung eingeschlossenen Wassers. Doch haben diagenetische Reaktionen die Mengenverhältnisse verändert und andere Stoffe hinzugefügt. Solche Reaktionen sind Umsetzungen mit den Mineralen, Auflösungen und Neubildungen, Basenaustausch sowie Ionenfiltration beim Durchtritt durch tonige Schichten. Wegen der mit der Tiefe zunehmenden Verdichtung fließt in einem absinkenden Sedimentpaket ein langsamer Strom von Porenlösung nach oben, wobei die durchlässigen Schichten als Sammelbehälter und Leitungsbahnen dienen. Die in einer durchlässigen Schicht vorgefundene Porenlösung stammt daher zu einem großen Teil aus der Verdichtung anderer Schichten, vor allem der Tone, und ist nicht mehr diejenige Lösung, welche ursprünglich die Poren des porösen Sediments füllte. Außerdem können auch Oberflächenwässer auf durchlässigen Lagen in die Tiefe dringen und sich mit den aus den Sedimenten stammenden Lösungen mischen. Unter Umständen ist mit der Zufuhr juveniler Lösungen aus dem tieferen Untergrund zu rechnen.

So haben die in älteren Sedimentgesteinen gewonnenen Formationswässer immer schon eine lange Geschichte hinter sich, die in jedem einzelnen Becken von der besonderen geologischen Entwicklung, vom tektonischen Bau und den hydrologischen Verhältnissen (Druckverteilung und Strömungsrichtungen) abhängt. Trotz aller Unterschiede im einzelnen lassen sich jedoch aus den vielen Wasseranalysen einige allgemein gültige Regeln für den Ablauf der Porenwasserdiagenese ableiten, die im folgenden an Hand einiger ausgewählter Beispiele entwickelt werden sollen.

5.32 Zusammensetzung der Formationswässer

Als Beispiel für die Menge und mittlere Zusammensetzung der in einem Sedimentbecken gespeicherten Porenlösung sei das in dieser Hinsicht gut untersuchte Bekken West-Kanadas betrachtet (Hitchon 1968). Zwischen der Grenze gegen die Vereinigten Staaten im Süden, dem 60. Breitengrad im Norden, den Rocky Mountains im Westen und dem Präkambrischen Schild im Osten umfaßt das Gebiet des Beckens eine Oberfläche von 1 260 772 km² (Abb. 5-9). Das Becken ist mit Sedimenten vom Mittleren Kambrium bis zum Tertiär gefüllt, die im Mittel eine Mächtigkeit von 1778 m haben und eine Masse von 2 242 074 km³ bilden. Tabelle 5-4 zeigt die von Hitchon (1968) berechneten Volumina der in den einzelnen Formationen enthaltenen Sandsteine, Tonschiefer, Karbonat- und Evaporitgesteine sowie deren mittlere Porositäten. Das Becken enthält insgesamt 11% Evaporitgesteine. Die Karbonate bestehen aus 44% Dolomit und 56% Kalk. Tabelle 5-5 gibt eine Übersicht über den Poren-

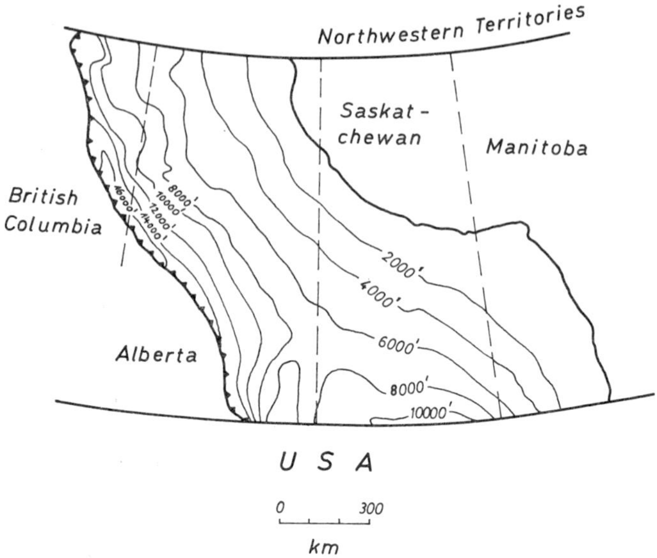

Abb. 5-9. Sedimentbecken des westlichen Kanada (HITCHON 1968). Tiefenlinien des Beckenuntergrundes in feet.

raum. Die gemittelte Porosität des ganzen Beckens beträgt 12%, d. h. es sind in diesem Sedimentpaket heute noch 265 000 km^3 Porenraum vorhanden, der im wesentlichen von wässerigen Lösungen erfüllt ist.

Das Volumen der Porenlösung, welche während der diagenetischen Verdichtung der Gesteine aus dem Becken entfernt wurde, kann man aus wahrscheinlichen Werten der ursprünglichen Porosität der frischen Ablagerungen abschätzen. Das Ergebnis zeigt Tabelle 5-6. Es wurden für die Sande 40%, für die Tone 70% und für die Kalke 50% ursprünglicher Porenraum angenommen. Das Volumen der während der Diagenese aus dem Becken abgepreßten Porenlösung ist mehr als 10mal so groß als die heute noch in den Sedimenten enthaltene Lösungsmenge und etwas größer als das Gesamtvolumen der heutigen Beckenfüllung.

Da die Gesteine des Beckens überwiegend marine Bildungen sind, waren die frischen Sedimente ursprünglich mit Meerwasser gefüllt. Es ist daher sinnvoll, Konzentration und Zusammensetzung der Porenlösung mit dem heutigen Meerwasser zu vergleichen, wenn man annimmt, daß der Chemismus des Ozeanwassers sich seit dem Kambrium nicht wesentlich geändert hat. Tabelle 5-7 zeigt die mittlere Zusammensetzung der in den Beckengesteinen enthaltenen Porenlösungen. Sie wurde von BILLINGS, HITCHON & SHAW (1969) aus zahlreichen Analysen der in Tiefbohrungen aus den einzelnen Formationen gewonnenen Wasserproben unter Berücksichtigung des Volumens und der Porosität der einzelnen Schichten berechnet. Die Zusammensetzung der heute den Porenraum füllenden Lösungen entspricht nicht mehr der des Meerwassers (Tabelle 5-8). Es ist während der Diagenese nicht nur die Menge der Porenlösung auf etwa 1/10 verringert worden, es haben sich außerdem Veränderungen

Tabelle 5-4. Volumina und Porositäten der Gesteine im Sedimentbecken von West-Kanada (HITCHON 1968).

Formation	Sandsteine km³	Sandsteine %	Sandsteine ε	Tonschiefer km³	Tonschiefer %	Tonschiefer ε	Karbonatgesteine km³	Karbonatgesteine %	Karbonatgesteine ε	Evaporite km³	Evaporite %	Summe km³	% des gesamten Beckens
Tertiär	7 597	25,0	30	22 789	75,0	25	--	—	—	—	—	30 386	1,3
Obere Kreide (Post-Colorado)	22 558	7,8	30	267 029	92,2	25	—	—	—	—	—	289 587	12,9
Obere Kreide (Second Specks — First Specks)	7 824	5,2	12	143 045	94,8	15	—	—	—	—	—	150 870	6,8
Obere Kreide (Fish scales — Second specks)	14 732	8,7	10	155 476	91,3	15	—	—	—	—	—	170 208	7,6
Untere Kreide (Unter Colorado)	8 877	6,9	15	118 888	93,1	15	—	—	—	—	—	127 749	5,7
Untere Kreide (Mannville)	74 558	40,8	20	108 012	59,2	15	—	—	—	—	—	182 570	8,1
Jura	13 968	26,3	15	30 721	57,7	15	8 157	15,3	10	362	0,7	53 209	2,0
Obere Trias	2 371	18,7	10	6 215	49,2	15	3 403	26,9	10	654	5,2	12 644	0,6
Mittel — Untere Trias	4 337	13,6	10	27 438	86,3	15	13	0,1	10	—	—	31 787	1,4
Perm	5 891	58,6	10	1 543	15,3	10	2 630	26,1	10	—	—	10 065	0,4
Karbon	2 129	1,0	10	71 222	35,5	10	126 076	62,8	10	1 344	0,7	200 770	9,0
Oberes Devon, Wabamun	—	—	—	17 007	19,5	10	62 402	70,6	10	8 637	9,9	87 298	3,9
Oberes Devon, Winterburn	—	—	—	9 012	81,6	10	42 649	81,6	5	633	1,2	52 295	2,3
Oberes Devon, Woodbend	—	—	—	118 668	55,1	5	89 541	41,6	7	7 043	3,3	215 251	9,6
Oberes Devon, Beaverhill Lake	—	—	—	35 279	25,3	5	91 558	65,6	7	12 640	9,1	139 477	6,2
Mittleres Devon	9 350	4,7	10	31 581	15,7	5	68 128	33,8	10	92 083	45,8	201 142	9,0
Silur	—	—	—	1 487	5,0	5	27 899	93,8	7	358	1,2	29 744	1,3
Ordovizium	5 869	8,1	10	10 960	15,0	5	52 991	72,6	7	3 118	4,3	72 938	3,3
Kambrium	67 645	36,8	10	99 628	54,1	5	16 682	9,1	7	—	—	183 956	8,6
Ganzes Becken	247 690	11,0		1 276 002	56,9		591 379	26,4		126 874	5,7	2 241 946	100,0

Tabelle 5-5. Porenraum in den Gesteinen des Beckens von West-Kanada (HITCHON 1968).

	Sandsteine			Tonschiefer			Karbonatgesteine			Gesamter Porenraum		
	mittl. Porosität	km³	% des Porenraumes d. Beckens	mittl. Porosität	km³	% des Porenraumes d. Beckens	mittl. Porosität	km³	% des Porenraumes d. Beckens	mittl. Porosität	km³	% des Porenraumes d. Beckens
Känozoikum	30,0	2 280	0,9	25,0	5 698	2,1	—	—	—	26,3	7 978	3,0
Mesozoikum	18,4	27 421	10,4	17,1	147 214	55,5	10,0	1 159	0,4	17,3	175 794	66,3
Paläozoikum	10,0	9 086	3,4	6,2	24 762	9,4	8,2	47 494	17,9	6,8	81 343	30,7
Gesamtes Becken	15,7	38 787	14,7	13,9	177 674	67,0	8,2	48 653	18,3	11,8	265 114	100,0

Tabelle 5-6. Während der Diagenese aus den Sedimenten des Beckens von West-Kanada entfernte Porenlösung.

	heute vorhandener Porenraum km^3	Porenraum bei der Ablagerung km^3	während der Diagenese entfernte Porenlösung km^3
Sandsteine	38 787	139 267	100 480
Tonschiefer	177 673	2 562 781	2 385 108
Karbonatgesteine	48 653	542 726	494 073
Summe:	265 114	3 244 775	2 979 661

Tabelle 5-7. Mittlere Zusammensetzung der in den Sedimenten des Beckens von West-Kanada enthaltenen Porenlösung (Billings, Hitchon & Shaw 1969).

	mg/l	Standard-Abweichung	Schwankungsbereich mg/l	Mol/l	Äqu.%	Konz. i. Lösung / Konz. i. Meerwasser
Gelöste Substanz	46 438	94 654	1 004 — 328 889	. . .	. . .	1,4
Cl	26 917	57 813	6 — 190 594	0,759	96,173	1,4
SO_4	350	789	2 — 4 777	0,0036	0,912	0,13
HCO_3	1 496	1 219	18 — 7 749	0,023	2,914	10,7
Na	14 342	26 040	132 — 132 597	0,624	82,438 (Na + K)	1,3
K	561	2 711	2 — 8 800	0,0144		1,5
Ca	2 212	9 815	3 — 38 682	0,055	14,205	5,5
Mg	317	1 193	2 — 3 994	0,013	3,357	0,25
Br	114	300	< 1 — 1 121	. . .	. . .	1,8
J	9	9	< 1 — 39	. . .	. . .	180
Sr	108	361	< 1 — 1 320	. . .	. . .	13,5
Rb	0,88	4,55	0,01 — 18,80	. . .	. . .	4,4
Li	10,7	27,5	0,1 — 100,0	. . .	. . .	56,3
Zn	0,30	3,14	0,03 — 27,50	. . .	. . .	30,0
Cu	0,12	0,01	0,02 — 0,49	. . .	. . .	40,0
Fe	7,49	16,35	0,01 — 87,00	. . .	. . .	749,0
Mn	0,32	5,76	0,02 — 52,00	. . .	. . .	160,0

Tabelle 5-8. Mittlere Zusammensetzung des Meerwassers (Culkin 1965).

	mg/l	% des Gelösten	Mol/l	Äqu. % Anionen	Äqu. % Kationen
Cl	19 353	55,07	0,546	90,35	
SO_4	2 712	7,72	0,028	9,27	
HCO_3	142	0,40	0,0023	0,38	
Na	10 760	30,62	0,4680		78,72
Ca	413	1,18	0,0103		1,78
Mg	1 294	3,68	0,053		17,83
K	387	1,10	0,0099		1,67
Sonstige	80	0,23			
Gelöste Substanz	35 141				

sowohl der Gesamtmenge des Gelösten als auch der Mengenverhältnisse der gelösten Komponenten ereignet. Gegenüber dem Meerwasser sind folgende Unterschiede festzustellen:

1. Die Konzentration der Porenlösung ist höher als die des Meerwassers.
2. Die Mengenverhältnisse der einzelnen Komponenten sind im Vergleich zum Meerwasser verschoben:
   a) Relativ vermehrt erscheinen Calcium, Bikarbonat und die untersuchten Spurenelemente.
   b) Relativ verringert erscheinen Magnesium und Sulfat.
   c) Relativ unverändert sind Natrium und Chlorid.

Ähnliche Unterschiede zum Chemismus des Meerwassers finden sich in vielen Formationswässern. Dies zeigen z. B. die Ergebnisse (Tab. 5-9) einer statistischen Bearbeitung von 1860 Formationswasseranalysen aus Tiefbohrungen in Oklahoma, Kansas, Mississippi, Alabama, Arkansas und Louisiana durch Kramer (1969). Im Unterschied zu den kanadischen Wässern ist hier der Bikarbonatgehalt niedriger als im Meerwasser.

Tabelle 5-9. Vergleich der mittleren Zusammensetzung von 1860 Formationswässern aus Tiefbohrungen in Oklahoma, Kansas, Mississippi, Alabama, Arkansas und Louisiana mit der des heutigen Meerwassers (Kramer 1969).
(Der Schwankungsbereich entspricht einer Standardabweichung um den Mittelwert.)

	Molprozente	
	Formationswässer	Meerwasser
Cl	51 — 54	49
SO_4	0,08 — 1,2	3,4
HCO_3	0,07 — 0,06	0,2
Na	36 — 45	42
Ca	3,6 — 7,8	0,9
Mg	0,9 — 2,4	4,8

In allen Formationswässern sind die wichtigsten Kationen Natrium, Calcium und Magnesium, die wichtigsten Anionen Chlorid, Bikarbonat und Sulfat. Sulfat- und Magnesiumgehalte pflegen in den meisten Formationswässern gering zu sein. Die übrigen Komponenten kommen in den einzelnen Wässern in wechselnden Mengenverhältnissen vor. Hinsichtlich der Anionen kann man Bikarbonatwässer und solche mit überwiegendem Chlorid, hinsichtlich der Kationen natriumreiche und calciumreiche Wässer unterscheiden. Da die Hauptbestandteile aller Formationswässer drei Kationen — Na, Ca, Mg — und drei Anionen — Cl, HCO_3, SO_4 — sind, bietet sich die Darstellung in zwei Konzentrationsdreiecken an. Dazu sind die Konzentrationsangaben (g oder mg/l) in Moläquivalent/l (Moläquivalent = Mol × Wertigkeit) umzurechnen. Weil die Nebenbestandteile nicht ins Gewicht fallen und die Formationswässer weder stark sauer noch stark alkalisch sind, gleicht, wenn die Analyse richtig ist, die Zahl der Kationenäquivalente/l recht genau der Zahl der Anionenäquivalente/l. Die Summe der Äquivalentzahlen der Kationen und der Anionen werden dann je gleich 100 gesetzt und daraus die Äquivalentprozente der Kationen und der Anionen berechnet. Gemäß diesen Prozentzahlen findet jedes Formationswasser je einen darstellenden Punkt in den Konzentrationsdreiecken Na—Ca—Mg und Cl—HCO_3—SO_4.

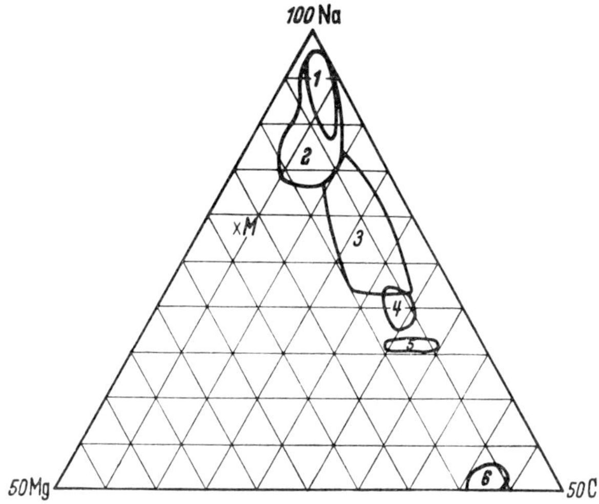

Abb. 5-10. Kationengehalte (Äquivalentprozente) von Formationswässern aus Ölfeldern der Vereinigten Staaten (DE SITTER 1947). 1: Woodbine Sand (Kreide), Texas; 2: Tertiär, Kalifornien; 3: Paläozoikum, Kansas und Oklahoma; 4: Mississippian, Appalachen; 5: Oberdevon, Appalachen; 6: Smackover Kalk (Jura), Arkansas. M: Meerwasser.

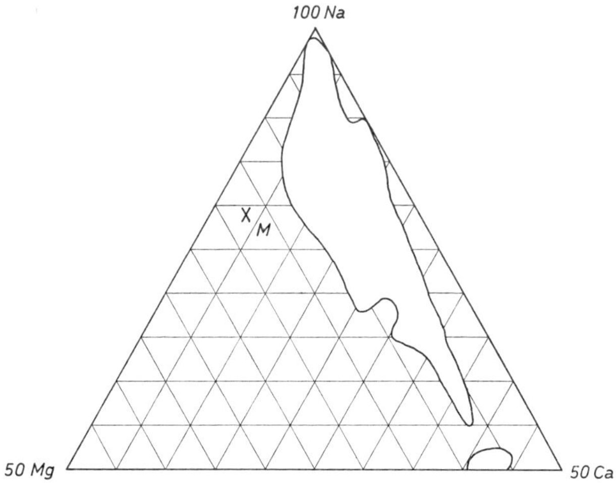

Abb. 5-11. Kationengehalte (Äquivalentprozente) von 406 Wässern aus den folgenden Formationen: Paläozoikum der Vereinigten Staaten (250, DE SITTER 1947); Paläozoikum von Illinois (30, MEENTS et al. 1956); Perm bis Kreide, Nordwestdeutschland (42, v. ENGELHARDT 1960); Tertiär des Rheintals (23, v. ENGELHARDT 1960); Tertiär des Beckens von Wien (35, KREJCI-GRAF et al. 1957); Tertiär des Po-Beckens (26, v. ENGELHARDT 1960).

Die Kationengehalte von 250 Formationswässern aus Ölfeldern der Vereinigten Staaten sind in Abb. 5-10 nach einer Zusammenstellung von De Sitter (1947) dargestellt. Abb. 5-11 faßt die Ergebnisse von 406 Formationswasseranalysen aus Europa und Nordamerika zusammen. Die Kationen aller dieser Formationswässer enthalten nicht mehr als 10 Äquivalent% Magnesium, während das Mengenverhältnis von Natrium zu Calcium in weiten Grenzen schwankt. Meistens enthalten die Wässer weniger als 50 Äquivalent% Calcium. Gelegentlich kommen auch calciumreichere Formationswässer vor. Als Beispiel sind in Abb. 5-12 die Kationengehalte der Wässer

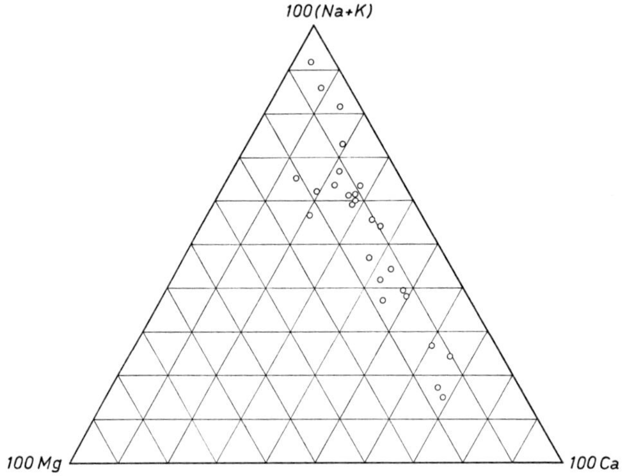

Abb. 5-12. Kationengehalte (Äquivalentprozente) von Formationswässern des Beckens von Michigan (Silur, Ordovizium, Devon, Mississippian (nach Graf et al. 1966).

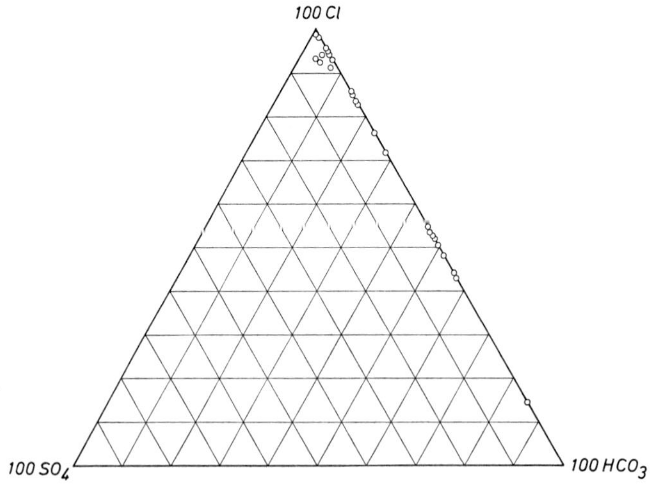

Abb. 5-13. Anionengehalte (Äquivalentprozente) in Formationswässern tertiärer Schichten (Pannon, Sarmat, Torton) der Struktur Gösting im Becken von Wien (nach Friedl 1956).

aus paläozoischen Schichten (Kalke und Sandsteine des Silur, Ordovizium, Devon, Mississippian) des Beckens von Michigan dargestellt. Es handelt sich um Chloridwässer mit nur geringen Gehalten an Bikarbonat und Sulfat.

In den meisten Formationswässern bildet Chlorid mehr als 90 Äquivalentprozent der Anionen, doch kommen, besonders in flachen Tiefen und jungen Formationen, auch Wässer mit hohem Bikarbonat- und entsprechend geringerem Chloridgehalt vor. Als Beispiel sind in Abb. 5-13 die Anionenzusammensetzungen verhältnismäßig karbonatreicher Formationswässer tertiärer Schichten des Wiener Beckens dargestellt.

Die Gesamtmenge des in Formationswässern Gelösten variiert in weiten Grenzen. Es kommen Konzentrationen bis über 200 g/l vor. In vielen durch Tiefbohrungen erschlossenen Sedimentbecken pflegt nach Ausweis elektrischer Bohrlochmessungen und Wasseranalysen der Salzgehalt der Formationswässer im Mittel mit der Tiefe anzusteigen (vgl. z. B. v. ENGELHARDT 1960, 1961; DICKEY 1969, dort weitere Literatur).

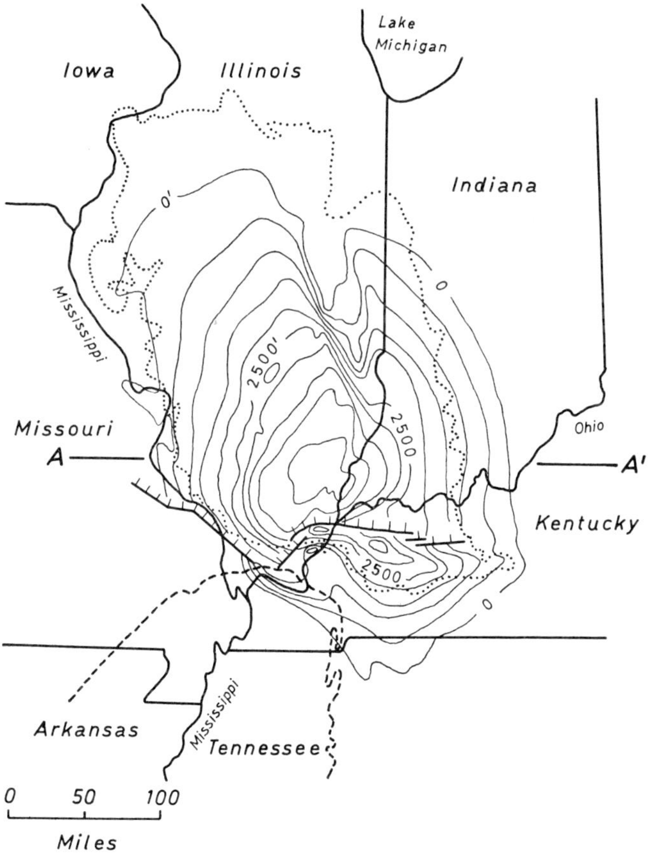

Abb. 5-14. Struktur des Beckens von Illinois. Dargestellt ist die Tiefenlage der Basis des Mississippian (in feet). Gestrichelt: Ausstreichen des Pennsylvanian. A — A′ Schnitt der Abb. 5-18.

Nach einer summarischen Zusammenstellung von DICKEY (1969) ist in verschiedenen Formationen in Oklahoma, Arkansas, Louisiana und Texas der Anstieg der Konzentration mit der Tiefe zunächst etwa linear. Der Gradient liegt meist zwischen 80 mg/l/m und 250 mg/l/m. In tieferen Horizonten nimmt die Konzentration oft langsamer mit der Tiefe zu, manchmal findet man auch eine Abnahme. So steigt z. B. in den Sedimenten der Golfküste die Menge des Gelösten bis 1200 m Tiefe im Mittel etwa linear bis auf ca. 80 g/l an. Zwischen 1200 und 2000 m Tiefe bleibt die Konzentration etwa konstant und nimmt darunter bis 3000 m auf ca. 40 g/l ab.

Als ein Beispiel für die Konzentration der Formationswässer in einem großen, relativ abgeschlossenen Sedimentbecken sei das durch viele Tiefbohrungen erschlossene Becken von Illinois näher betrachtet. Aus den Schichten dieses Beckens liegen viele Wasseranalysen vor (MEENTS et al. 1956, BREDEHOEFT et al. 1963, GRAF et al. 1966). Die Sedimentation begann auf dem präkambrischen Untergrund im späten Kam-

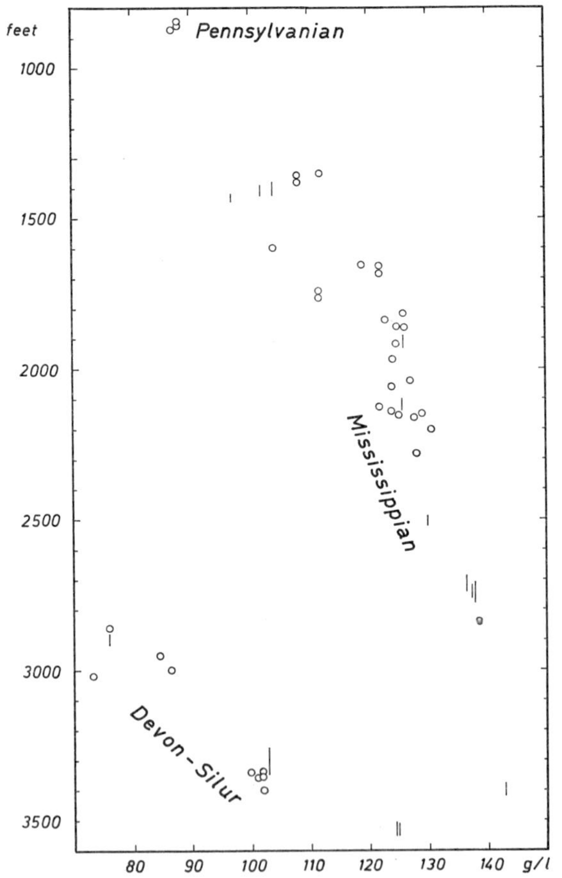

Abb. 5-15. Salzgehalte der Formationswässer aus Tiefbohrungen im zentralen Teil des Beckens von Illinois (Marion County) (nach MEENTS et al. 1956).

brium. Über dem Kambrium folgen Schichten des Ordovizium, Silur, Devon, des Unteren und Oberen Mississippian und des Pennsylvanian. Die gesamte Sedimentfolge ist in den tiefsten Beckenteilen mehr als 4000 m dick. Die altpaläozoischen Schichten streichen rings um das Becken 300 bis 400 m über der heutigen Oberfläche des Beckeninneren aus. Nur im äußersten Süden werden die altpaläozoischen Schichten von jüngeren Sedimenten bedeckt. Die Struktur des Beckens ist in Abb. 5-14 dargestellt.

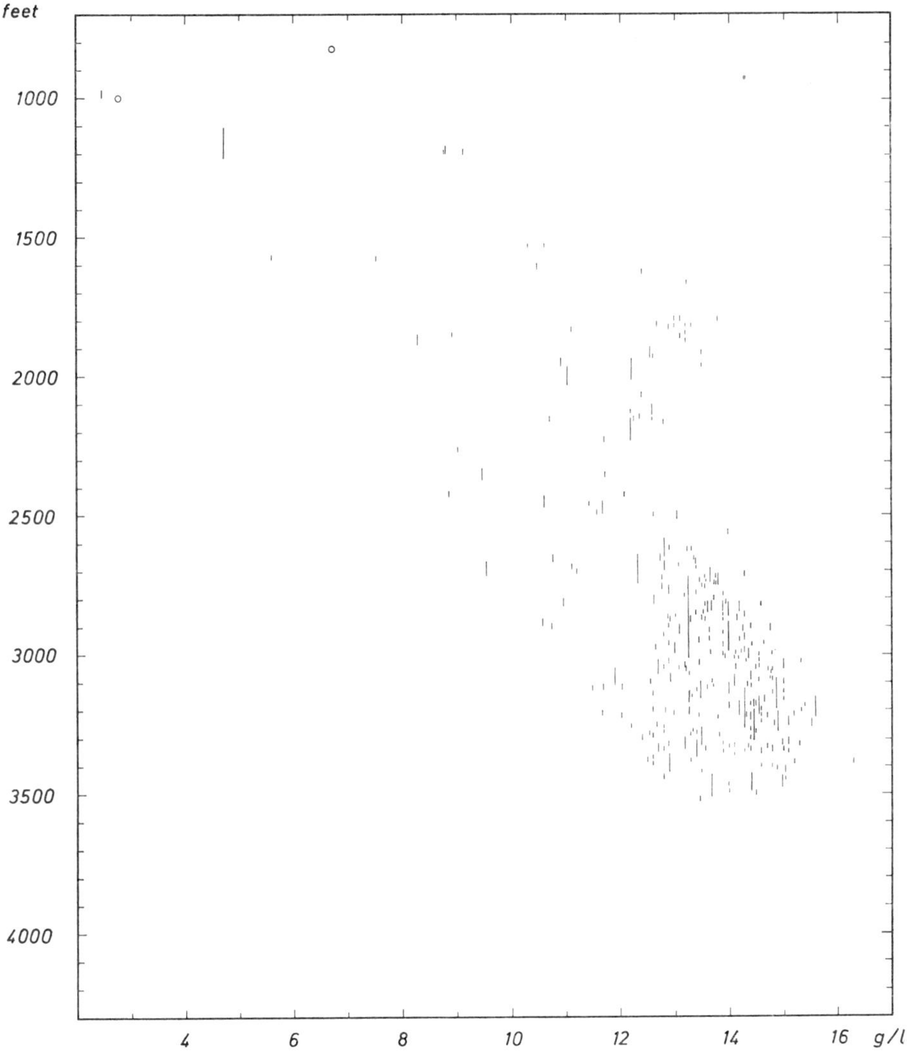

Abb. 5-16. Salzgehalte der Formationswässer aus dem Genevieve Kalk (Unteres Mississippian) des Beckens von Illinois (nach MEENTS et al. 1956).

Der Salzgehalt der aus Tiefbohrungen in dem nächst dem Beckenzentrum gelegenen Marion-County aus den einzelnen Formationen gewonnenen Wässer ist in Abb. 5-15 dargestellt. Vom Pennsylvanian bis zum tieferen Mississippian nimmt die Konzentration recht regelmäßig mit der Tiefe zu. Alle Salzgehalte liegen über dem des Meerwassers (35 g/l). Der niedrigste Salzgehalt wurde im Pennsylvanian mit 88 g/l, der höchste im unteren Mississippian mit 143 g/l gefunden. Dies entspricht einem mittleren Gradienten von 70 mg/l/m. Auch die Gesteine des Devon und Silur enthalten Salzlösungen, die höher konzentriert sind als Meerwasser. Offenbar besteht jedoch in diesem Teil des Beckens kein unmittelbarer Austausch zwischen den Formationswässern von Devon und Silur und denen der höheren Schichten: denn in den silurisch-devonischen Gesteinen ist der Salzgehalt mit 75 g/l niedriger als im darüber liegenden Mississippian. Er steigt dann mit einem Gradienten von 128 mg/l/m bis auf etwa 280 g/l.

Abb. 5-16 zeigt die Zunahme des Salzgehaltes mit der Tiefe in einer einzigen Formation, dem St. Genevieve-Kalk des Unteren Mississippian. Verwertet sind alle Wasseranalysen für diese Formation aus dem gesamten Illinois-Becken nach Meents und Mitarbeitern (1956) und Graf und Mitarbeitern (1966). Die Werte zeigen eine breite Streuung, doch ist eine zuerst etwas steilere in größeren Tiefen abgeflachte

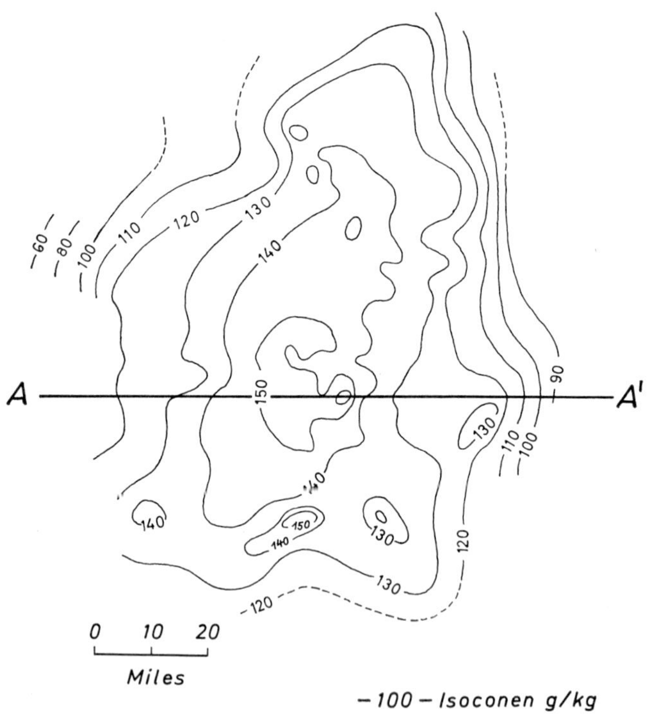

Abb. 5-17. Isokonen (Linien gleichen Salzgehaltes) der Formationswässer des Genevieve Kalkes im Becken von Illinois. A — A' Schnitt der Abb. 5-18 (nach Meents et al. 1956).

Steigerung der Konzentration bis auf Werte um 150 g/l, d. h. bis auf etwa 5fache Meerwasserkonzentration deutlich erkennbar. Die von MEENTS und Mitarbeitern entworfenen Isokonen (Linien gleicher Konzentration der Formationswässer dieses Kalkes, Abb. 5-17) bilden daher etwa die Struktur des Beckens ab.

Tabelle 5-10. Mittlere Zusammenensetzung von Formationswässern aus Tiefbohrungen im Becken von Illinois. 35 Analysen von Wässern aus dem Pennsylvanian und Mississippian (GRAF et al. 1966). 15 Analysen aus Devon und Silur des zentralen Beckens (MEENTS et al. 1956).

Pennsylvanian und Mississippian:

	mg/l	Mol/l	Äqu.%
Cl	52 205	1,472	98,94
SO_4	589	0,0061	0,83
HCO_3	216	0,0035	0,23
Na [1]	27 338	1,189	81,35
Ca	3 485	0,0870	11,90
Mg	1 199	0,0493	6,75
Gelöste Substanz	85 011	. . .	. . .

Silur und Devon:

	mg/l	Mol/l	Äqu.%
Cl	50 612	1,428	99,42
SO_4	243	0,00252	0,35
HCO_3	200	0,00328	0,23
Na [1]	26 080	1,134	79,08
Ca	3 748	0,0935	13,04
Mg	1 373	0,0565	7,88
Gelöste Substanz	84 029	. . .	. . .

[1]) Einschließlich einer geringen Menge K.

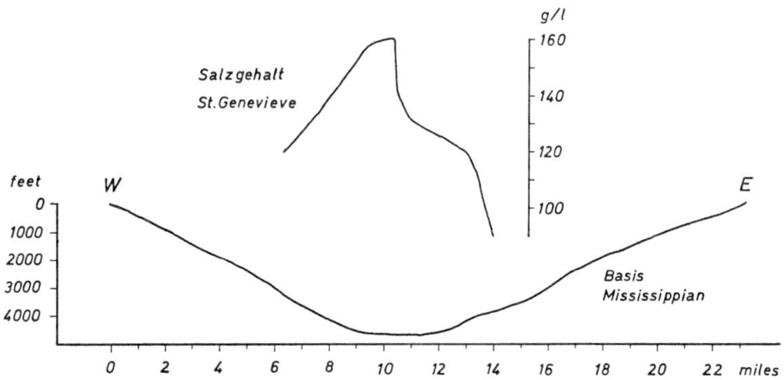

Abb. 5-18. Salzgehalt der Formationswässer des Genevieve Kalkes und Tiefenlage des Mississippian auf einem O—W-Schnitt (vgl. Abb. 5-17 und 5-14) durch den zentralen Teil des Beckens von Illinois (nach MEENTS et al. 1956).

Abb. 5-18 zeigt auf einem Ost—West-Schnitt die Höhenlage der Basis des Mississippian und die Konzentration des Formationswassers im St. Genevieve-Kalk längs dieses Schnittes. Die höchstkonzentrierten Wässer finden sich im Beckentiefsten. Nach Westen und Osten fällt die Konzentration, wenn auch mit verschiedenen Gradienten, umso weiter ab, je mehr sich der Kalk der Oberfläche nähert.

Die Zusammensetzung der Formationswässer im Illinois-Becken ist ähnlich der der Wässer aus dem West-Kanada-Becken (Tabelle 5-7). Auch hier überwiegt bei den Anionen weitgehend das Chlorid. Unter den Kationen hat Natrium die Vormacht, es folgen Calcium und Magnesium.

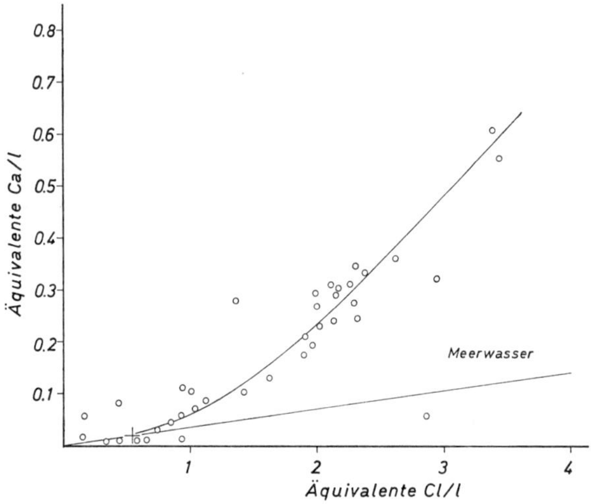

Abb. 5-19. Gehalte an Ca und Cl in Formationswässern des Beckens von Illinois. + = Meerwasser. Der geraden Linie entsprechen Lösungen, die durch den Entzug von Wasser aus Meerwasser entstehen.

Daß diese Wässer nicht durch eine einfache Konzentrierung von Meerwasser entstanden sein können, zeigt die Abhängigkeit des Calcium- und Magnesiumgehaltes vom Chloridgehalt, die in den Abb. 5-19 und 5-20 dargestellt ist. Im Meerwasser ist das Äquivalentverhältnis Ca : Cl = 0,037. In den Formationswässern ist dieses Verhältnis höher und steigt mit zunehmendem Chloridgehalt, d. h. mit zunehmender Konzentration, an. Umgekehrt verhält sich das Magnesium: Im Meerwasser beträgt das Äquivalentverhältnis Mg : Cl = 0,197. In den Formationswässern ist das Verhältnis niedriger und fällt mit zunehmender Konzentration ab. Da die Konzentration mit der Tiefe zunimmt und tiefer gelegene Wässer fortgeschrittenere Zustände der Porenwasserdiagenese repräsentieren, ist zu schließen, daß die Diagenese eine fortschreitende Erniedrigung der relativen Konzentration von Magnesium und eine relative Anreicherung von Calcium erzeugt hat.

Clayton und Mitarbeiter (1966) haben den Gehalt der Porenwässer des Illinoisbeckens an den Isotopen Deuterium (D) und schwerem Sauerstoff (O^{18}) bestimmt.

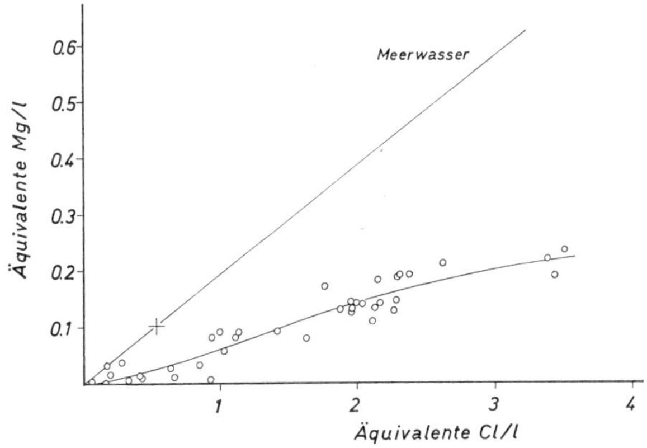

Abb. 5-20. Gehalte an Mg und Cl in Formationswässern des Beckens von Illinois. + = Meerwasser. Der geraden Linie entsprechen Lösungen, die durch den Entzug von Wasser aus Meerwasser entstehen.

Unter Zugrundelegung der Gehalte im heutigen Meerwasser wurden relative Differenzen bestimmt:

$$\delta D(\%) = \frac{(D/H)_{\text{Probe}} - (D/H)_{\text{Meerwasser}}}{(D/H)_{\text{Meerwasser}}} \times 100$$

$$\delta O^{18}(\%) = \frac{(O^{18}/O^{16})_{\text{Probe}} - (O^{18}/O^{16})_{\text{Meerwasser}}}{(O^{18}/O^{16})_{\text{Meerwasser}}} \times 100$$

Die Ergebnisse sind in den Abb. 5-21 und 5-22 wiedergegeben. Die Deuteriumgehalte der Formationswässer unterscheiden sich deutlich vom Gehalt des Meerwassers. Wässer geringsten Salzgehaltes enthalten ebensoviel Deuterium wie heutiges Oberflächenwasser (Michigan See). Mit zunehmendem Salzgehalt steigt der Deuteriumgehalt der Formationswässer. Die O^{18}-Gehalte verhalten sich ähnlich: auch hier enthalten salzarme Formationswässer ebensoviel O^{18} wie das Oberflächenwasser. Mit zunehmendem Salzgehalt vermehrt sich der O^{18}-Gehalt, eine Verwandtschaft zum Meerwasser besteht nicht.

Die D- und O^{18}-Gehalte zeigen ebenso wie die Gehalte an Magnesium und Calcium, daß die Formationswässer des Beckens nicht aus einer einfachen Konzentrierung von Meerwasser abgeleitet werden können. Die niedrigen Gehalte der schweren Isotope in salzarmen Formationswässern lassen vermuten, daß diese Lösungen eingedrungenes Oberflächenwasser enthalten. Jedoch können die Formationswässer auch nicht aus einer einfachen Mischung von Oberflächenwasser und Meerwasser entstanden sein; denn es müßten dann die die Gehalte der Formationswässer abbildenden Punkte auf der Verbindungslinie von Oberflächenwasser und Meerwasser liegen. Es muß deshalb angenommen werden, daß das ursprünglich in den Sedimenten enthaltene Meerwasser einerseits durch Wasser verdünnt wurde, das von der Oberfläche her eindrang, und daß andererseits während der diagenetischen Veränderung der Porenlösungen eine Anreicherung der schweren Wasserstoff- und Sauerstoffisotopen stattfand. Die mög-

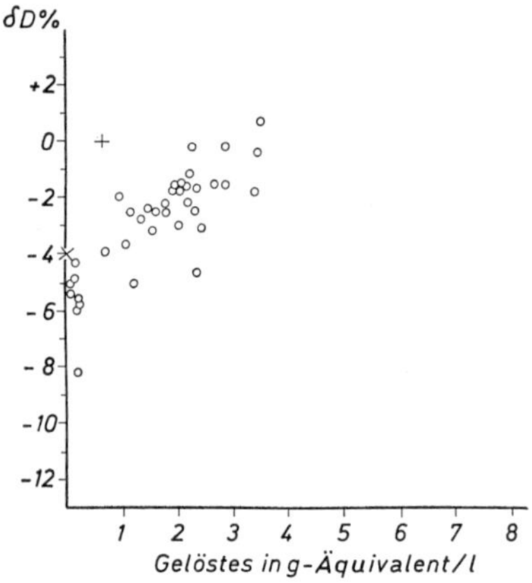

Abb. 5-21. Deuteriumgehalte in Formationswässern des Beckens von Illinois. × = Wasser des Michigan Sees; + = Meerwasser (CLAYTON et al. 1966, GRAF et al. 1966).

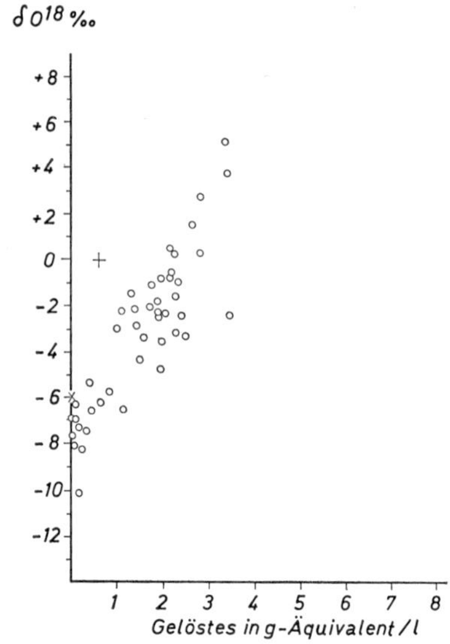

Abb. 5-22. O^{18}-Gehalte in Formationswässern des Beckens von Illinois. × = Wasser des Michigan Sees; + = Meerwasser (CLAYTON et al. 1966, GRAF et al. 1966).

lichen Ursachen einer solchen Verschiebung der Isotopenverhältnisse werden im folgenden Abschnitt behandelt.

In den Formationswässern der Becken von Michigan, der Golfküste und von West-Kanada wurden ähnliche Abhängigkeiten der D- und O^{18}-Gehalte vom Salzgehalt festgestellt. Auch dort enthalten salzarme Formationswässer ebensoviel schwere Isotope wie das Oberflächenwasser, und es nimmt ihr Gehalt mit zunehmendem Salzgehalt (d. h. mit der Tiefe) zu (CLAYTON et al. 1966, HITCHON & FRIEDMAN 1969).

Die Tatsache, daß die Formationswässer tiefer Sedimentbecken Wasserstoff- und Sauerstoffisotope enthalten, die von der Oberfläche stammen, beweist, daß die Strömung der Porenlösungen in solchen Becken nach dem Schema der Abb. 5-23 erfolgte und heute noch erfolgt (BREDEHOEFT et al. 1963, CLAYTON et al. 1966, GRAF et al. 1966, HITCHON & FRIEDMAN 1969). Im Laufe der geologischen Vergangenheit sind mehr oder minder große Mengen von Oberflächenwässern auf durchlässigen, am Beckenrand in genügend großer Höhe ausstreichenden Schichten in das Beckentiefste geströmt und im Beckeninneren an die Oberfläche getreten. Die Sedimentfüllung der Becken wurde nicht nur von dem aus der Verdichtung stammenden Kompaktionsstrom, sondern auch von einem zusätzlichen artesischen Strom durchsetzt. Die für das West-Kanada-Becken berechnete, aus der Verdichtung stammende Lösungsmenge ist deshalb nur ein Bruchteil der gesamten Wassermenge, die die Gesteine der Beckenfüllung tatsächlich durchströmt hat. Der Kompaktionsstrom wird in einer ersten Periode der Diagenese besonders wirksam gewesen sein, während der Zeit, in der sich

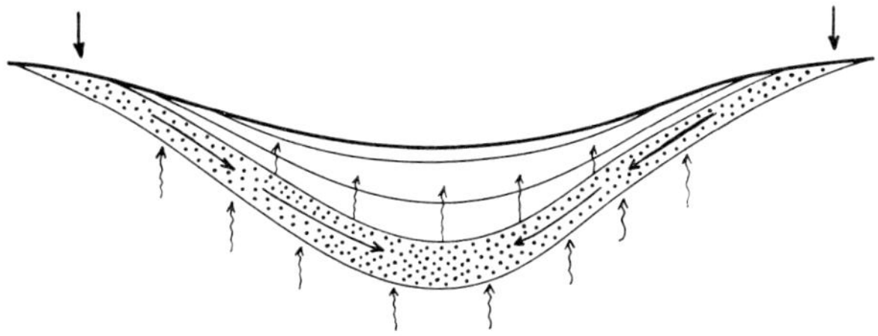

Abb. 5-23. Schematische Darstellung der Strömung von Formationswässern unter dem Einfluß von Kompaktion und artesischen Oberflächenwässern.

die Sedimente noch verdichteten. Dagegen wird der artesische Strom eine umso größere Rolle gespielt haben, je tiefer das Beckentiefste abgesunken war. Wenn die hydrologischen Bedingungen und die Durchlässigkeit der Gesteine es gestatten, kann er auch längst konsolidierte Beckensedimente während langer Zeiträume durchsetzen.

Die Zusammensetzung der Formationswässer, ihre Veränderung im Laufe der Zeit und die diagenetischen Prozesse im Porenraum der Sedimente sind daher nicht allein vom Chemismus des bei der Ablagerung eingeschlossenen Wassers, sondern auch von Art, Menge und Dauer artesischer Zufuhren abhängig.

Die Beweglichkeit der Porenlösungen auf den Leitungsbahnen durchlässiger Schichten, die Vermischung von Tiefen- und Oberflächenwässern und die Bedingtheit dieser Vorgänge durch den besonderen Bau der Becken, ihre tektonische Geschichte sowie das Oberflächenrelief und seine zeitliche Veränderung erklären die Unterschiede bezüglich der Konzentration und Zusammensetzung der Formationswässer in den einzelnen Becken. Einige besondere Situationen werden in den folgenden ausgewählten Beispielen erläutert.

Die Konzentration der Formationswässer auf einem rund 1000 km langen Schnitt entlang der nordamerikanischen Atlantikküste ist in Abb. 5-24 dargestellt (MANHEIM

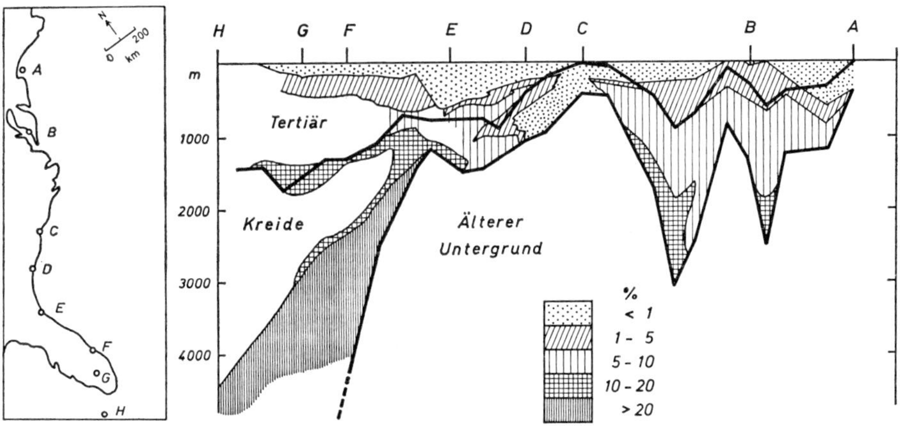

Abb. 5-24. Salzgehalte der Formationswässer auf einem Schnitt längs der nordamerikanischen Atlantik-Küste (nach MANHEIM & HORN 1968).

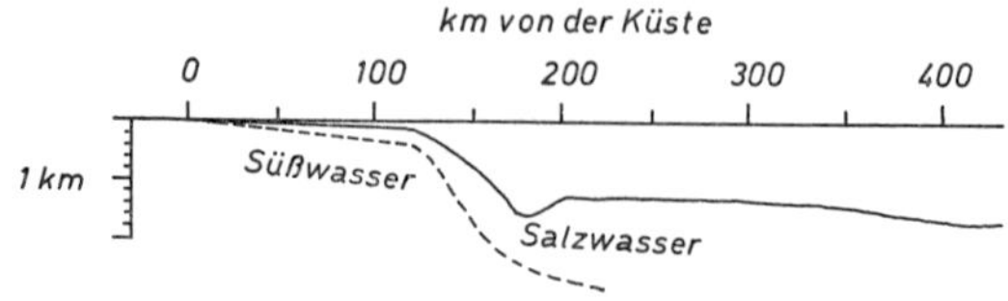

Abb. 5-25. Süß- und Salzwasser in tertiären Schichten vor der Küste von Florida (nach MANHEIM & HORN 1968).

& HORN 1968). Quellen sind z. T. elektrische Bohrlochmessungen, z. T. chemische Wasseranalysen. Auf dem gesamten Profil nimmt der Salzgehalt mit der Tiefe zu. Im Tertiär finden sich wenig konzentrierte Wässer (< 1 g/l), im tiefgelegenen (2000—4000 m) Paläozoikum sind hochkonzentrierte Lösungen enthalten (> 200 g/l). Im einzelnen verlaufen die Isokonen unregelmäßig und durchkreuzen manchmal die Formationsgrenzen. An einigen Stellen werden höher konzentrierte Lösungen von weniger konzentrierten unterlagert. Abb. 5-25 zeigt einen Schnitt senkrecht zur Atlantikküste von Florida. In off-shore Bohrungen im Atlantik fanden sich in den Gesteinen des Kontinentalsockels unter einer dünnen, mit Meerwasser gefüllten Zone, mit Süßwasser gefüllte Schichten des Tertiär. Die Grenze zwischen Salz- und Süßwasser fällt in Richtung auf den freien Ozean ab. Die geneigte Grenze läßt erkennen, daß unter der Salzwasserzone Süßwasser dem Meere zuströmt.

Ein Beispiel dafür, daß unter besonderen hydrologischen Verhältnissen Formationswässer auch aus dem Inneren des Beckens nach dem Rand hin strömen können, haben LEMCKE & TUNN (1956) aus den tertiären Molasseschichten Süddeutschlands beschrieben. Abb. 5-26 zeigt einen Schnitt durch das westliche tertiäre Molassebecken nördlich der Alpen. Über dem nach Süden, alpenwärts einfallenden Untergrund aus verkarsteten Kalken des Oberen Jura liegt eine nach Süden an Mächtigkeit zunehmende Schichtfolge tertiärer Sande, Mergel und Kalke. Zwischen den fluviatilen Schichten der Unteren und Oberen Süßwassermolasse liegt die marine Obere Meeresmolasse.

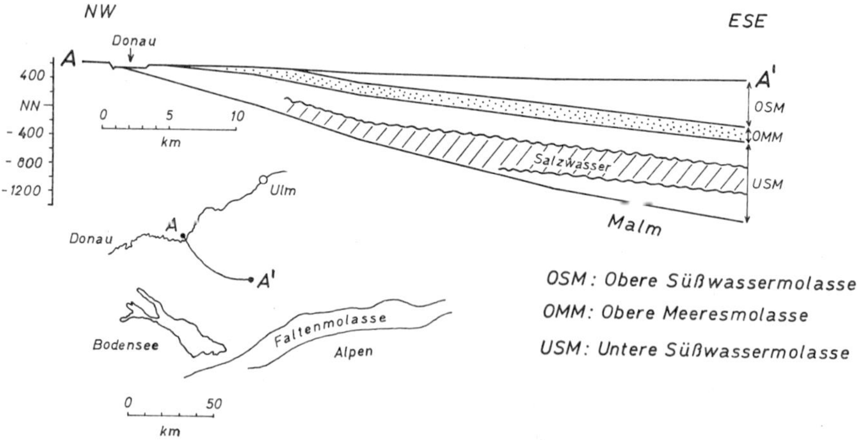

Abb. 5-26. Süßwasser und Salzwasser in tertiären Schichten des Molassebeckens nördlich vom Bodensee (nach LEMCKE & TUNN 1956).

Im Formationswasser des zerklüfteten Jurakalkes herrscht infolge einer Verbindung zur Donau im Norden ein Druck, wie er der Höhendifferenz zum Niveau der Donau entspricht. Da die Landoberfläche von der Donau nach Süden ansteigt, ist der Druck im Jurakalk niedriger als der auf die Landoberfläche bezogene hydrostastische Druck. In den Molasseschichten über dem Jura herrscht dagegen der normale hydrostatische Druck. Unter dem Einfluß dieses Druckunterschiedes erfolgt quer durch die tertiären Schichten eine Formationswasserströmung nach unten. Dabei muß Oberflächenwasser von oben her eindringen. Durch den zerklüfteten Jurakalk setzt sich die Strömung bis in die Donau hin fort. Infolge dieser vertikal nach unten und nordwärts gerichteten Strömung ist das ursprünglich in der marinen Oberen Meeresmolasse enthaltene Salzwasser abwärts gewandert, so daß die Grenze zwischen süßem und salzigem Porenwasser nach Ausweis elektrischer Bohrlochmessungen heute weit unter der Unterkante der marinen Schichten mitten in der Unteren Süßwassermolasse verläuft. Die Grenze sollte unter statischen Bedingungen horizontal liegen. Ihre Neigung nach Süden zeigt die donauwärts gerichtete Strömung der tieferen Wasserschichten an.

In Abb. 5-27 sind Konzentration und Chloridgehalt der Formationswässer in den kaum verfestigten Tertiärschichten der Struktur Gösting im Wiener Becken dargestellt (nach Analysen bei FRIEDL 1956, KREJCI-GRAF et al. 1957). Die Formationswässer stammen aus Sandschichten, die Tonen und Mergeln eingelagert sind. Nach Ausweis der Faunen wurden die Schichten des Pannon in Süß-Brackwasser-Milieu abgelagert, die Sedimente des Sarmat entstanden in brachyhalinem Wasser (16—30 ‰ Salzgehalt), während das Torton rein marin ist (PAPP 1954). Die Wässer sind besonders reich an Karbonat (Abb. 5-13). Unter den Kationen überwiegt Natrium. Das Äquivalentverhältnis Na : Ca schwankt im Pannon zwischen 6 und 35, im Sarmat zwischen 30 und 170 und im Torton zwischen 25 und 45, es wird also das Verhältnis des Meerwassers (23) teils unter- teils überschritten. Das Äquivalentverhältnis Na : Mg liegt im Pannon zwischen 20 und 30, im Sarmat zwischen 50 und 100 und im Torton zwischen 50 und 80, es ist also überall sehr viel höher als im Meerwasser (4,4). Konzentration und Chloridgehalt nehmen mit zunehmender Tiefe zu. Ein starker Anstieg ereignet sich zwischen 1000 und 1300 m Tiefe, d. h. von der Mitte des Sarmats an (12.—17. Sandhorizont). Im Torton ist dann wieder eine leichte Abnahme des Salzgehaltes mit der Tiefe festzustellen. Die höchsten Salzgehalte im tieferen Sarmat und oberen Torton erreichen fast die Meerwasserkonzentration. Der Anstieg des Salzgehaltes im Unteren Sarmat dürfte den Wechsel vom marinen zu brackisch-limnischem Milieu zwischen Torton und Sarmat abbilden. Möglicherweise ist eine ursprünglich an der Grenze von Torton und Sarmat gelegene Übergangszone von salzreichem zu salzarmem Formationswasser durch einen Zustrom artesischen Wassers allmählich emporgewandert.

Kompaktions- und artesische Strömungen durchsetzen mächtige Sedimentserien quer, obwohl tonige Schichten sehr geringer Durchlässigkeit volumenmäßig den größten Anteil der meisten Formationen bilden. Geringe Durchlässigkeit vermindert wohl die Strömungsgeschwindigkeit der Formationswässer, kann aber ihre Bewegungen nicht ganz verhindern. Dennoch werden die Formationswässer, wo immer möglich, die durchlässigsten Schichten als bevorzugte Leitungsbahnen benutzen, da beim Über-

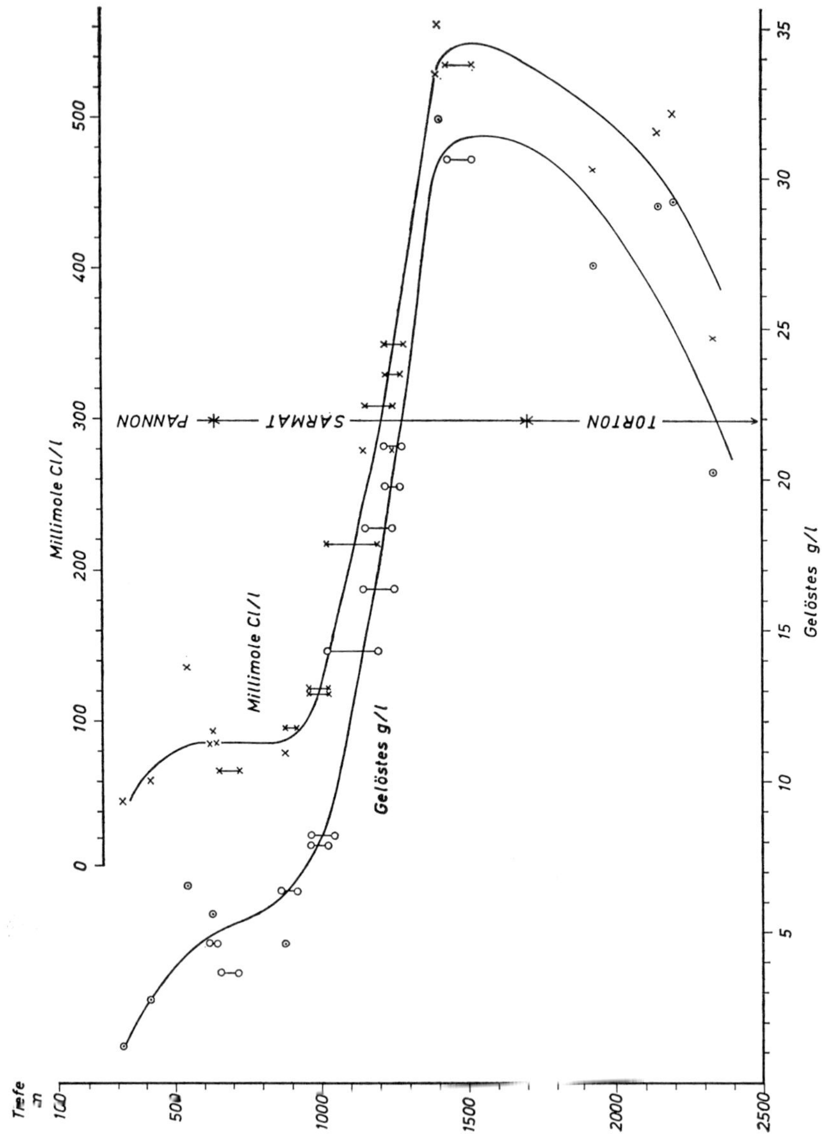

Abb. 5-27. Salzgehalte der Formationswässer in tertiären Schichten der Struktur Gösting im Becken von Wien (nach FRIEDL 1956, KREJCI-GRAF et al. 1957).

tritt einer Strömung aus einem Ton in eine durchlässigere Schicht die Fließlinien stark in die durchlässige Schicht hinein gebrochen werden, wenn die Schichtgrenze auch nur wenig gegen die Isobaren geneigt ist. Daher ist es verständlich, daß auch nah benachbarte, durch schlecht durchlässige Schichten getrennte Lagen hoher Durchlässigkeit oft Wasser unterschiedlicher Zusammensetzung führen.

Daß solche Unterschiede nicht nur in jungen Sedimentserien vorkommen, sondern

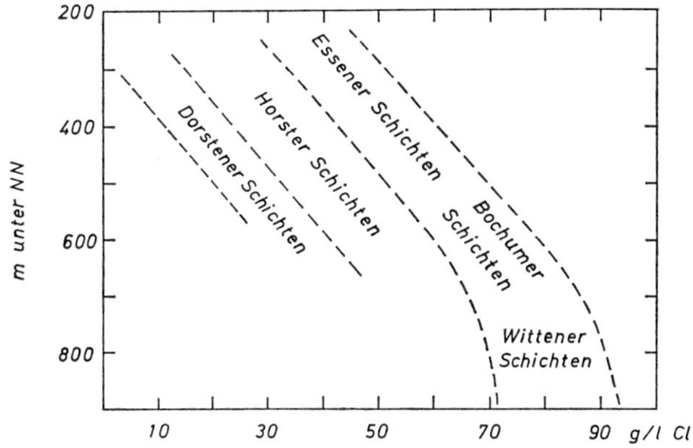

Abb. 5-28. Cl^--Gehalte der Formationswässer in Sandsteinen des Oberkarbon im Ruhrgebiet (MICHEL & RÜLLER 1964).

sich auch in alten, längst verfestigten Formationen erhalten können, haben Untersuchungen über die Zusammensetzung der Wässer im Oberkarbon des Ruhrgebietes gezeigt (PUCHELT 1964, MICHEL & RÜLLER 1964). Das Oberkarbon wird im Ruhrgebiet diskordant von Cenoman überdeckt. Unter der Kreide fallen die Schichten des Karbon nach Norden ein. Von unten nach oben folgen aufeinander: Essener Schichten,

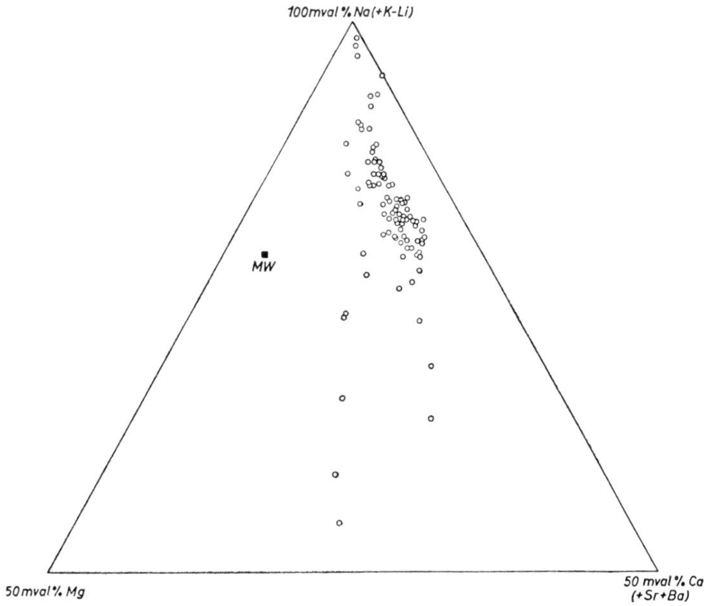

Abb. 5-29. Kationengehalte (Äquivalentprozente) der Formationswässer des Oberkarbons im Ruhrgebiet (PUCHELT 1964).

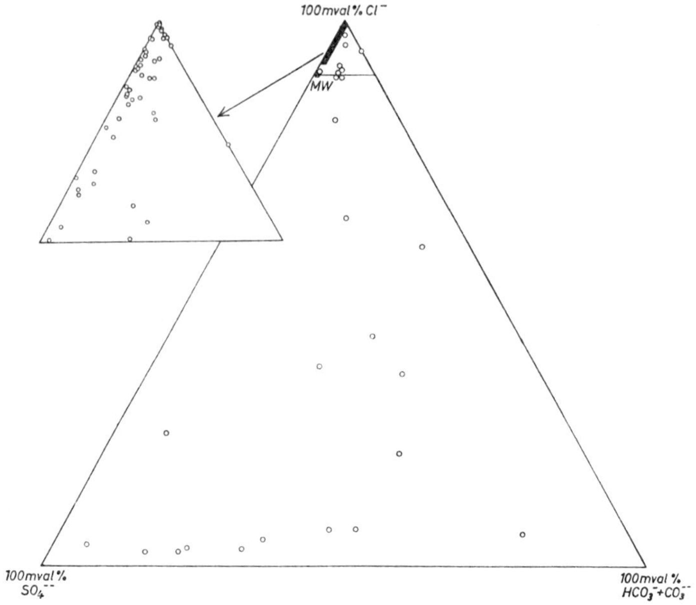

Abb. 5-30. Anionengehalte (Äquivalentprozente) der Formationswässer des Oberkarbons im Ruhrgebiet (Puchelt 1964).

Horster Schichten und Dorstener Schichten. Abb. 5-28 zeigt die Abhängigkeit des Chloridgehaltes der Formationswässer aus Sandsteinen dieser Schichten von der Tiefe. Die Wässer wurden in Steinkohlengruben gewonnen. In jeder Schicht nimmt der Chloridgehalt mit der Tiefe zu. Für die gleiche Tiefe sind jedoch die Chloridgehalte verschieden, in den Essener Schichten höher als in den Horster Schichten und in diesen wieder höher als in den Dorstener Sandsteinen. Abb. 5—29 und 5-30 zeigen die Kationen- und Anionen-Verhältnisse, welche denen anderer Formationswässer durchaus entsprechen. Die Tiefenwässer enthalten mehr als 90 Äquivalent-% Chlorid. Karbonat- und sulfatreiche Wässer kommen nur in der Nähe der Tagesoberfläche vor. Abb. 5-31 zeigt auf einem Schnitt von NW nach SE durch das Ruhrgebiet die räumliche Verteilung der Wässer mit überwiegendem Karbonat, mit viel Sulfat und mit überwiegendem Chlorid ohne Sulfat.

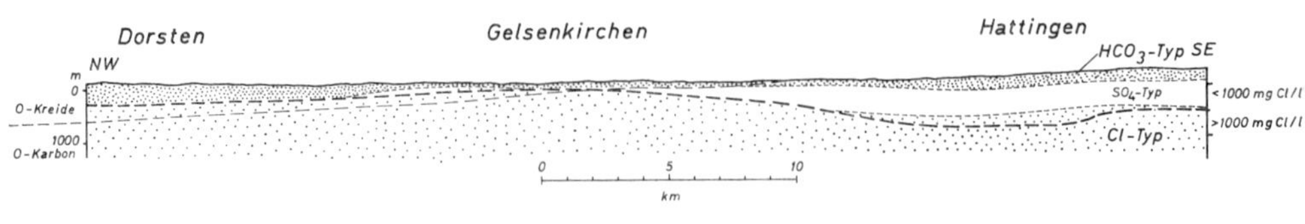

Abb. 5-31. Verbreitung von Karbonat-, Sulfat- und Chloridwässern in Kreide- und Oberkarbon-Schichten des Ruhrgebietes (Michel 1965).

5.33 Diagenese der Formationswässer

Von allen Veränderungen, welche die Formationswässer während der Diagenese erfahren, ist die Erhöhung der Gesamtkonzentration besonders auffallend. Wie die einzelnen Beispiele zeigten, nimmt die Konzentration der Porenlösungen mehr oder weniger gleichmäßig mit der Tiefe zu und übersteigt oft den Salzgehalt des Meerwassers um ein Vielfaches.

Salzreiche Porenlösungen könnten durch die Auflösung von Evaporitgesteinen, insbesondere von Steinsalz entstehen. In der Tat gibt es Beobachtungen über hochkonzentrierte Formationswässer in der Nachbarschaft von Salzkörpern, die durch die Auflösung von festem Salz entstanden sind. So berichten z. B. MANHEIM & BISCHOF (1969), daß von sechs bis zu 300 m tiefen Bohrungen im Golf von Mexiko (tonige Sedimente, Pliozän bis rezent) zwei Bohrungen, die über Salzdomen abgeteuft wurden, eine Zunahme des Salzgehaltes der Formationswässer zeigten, während sich in den anderen der Salzgehalt der Wässer mit der Tiefe nicht änderte. Die von LÖHNERT (1967) untersuchte Verbreitung salzhaltiger Wässer um den Salzstock von Altona-Langenfelde im Stadtgebiet von Hamburg zeigt Abb. 5-32. In tertiären Sanden (100—200 m Tiefe) kommen in nächster Nähe des mit einem mächtigen Gipshut bedeckten Salzstockes sulfatreiche Wässer vor. Nach außen schließt sich eine etwa 5 km breite Zone salzreicher Wässer mit vorwiegendem Chlorid an.

In solchen und ähnlichen Fällen handelt es sich um Aureolen begrenzter Ausdehnung, die die Versalzung größerer Formationswassermengen nicht hervorgebracht

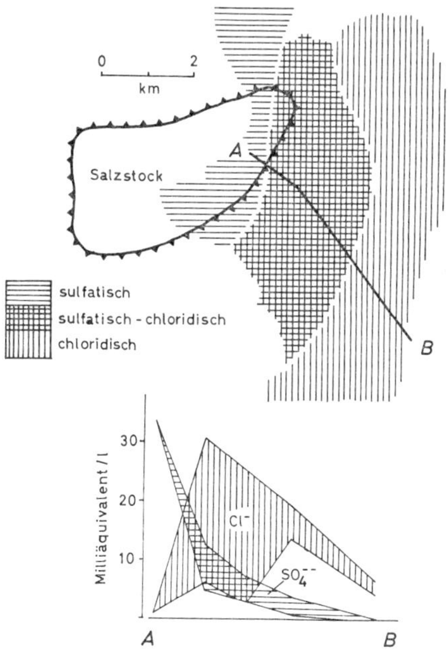

Abb. 5-32. Verbreitung salzreicher Formationswässer in tertiären Sanden an der Ostflanke des Salzstocks von Altona-Langenfeld, Hamburg (nach LÖHNERT 1967).

haben können. Daß an Salzkörpern Lösungsvorgänge stattfinden, zeigen die als Lösungsrückstände zu deutenden Gips- und Breccienmassen, von denen Salzstöcke in der Regel umhüllt und bedeckt sind. Diese meist recht dichten Hüllen aus Lösungsrückständen schützen den Salzkörper vor weitergehender Auflösung in den Porenlösungen der umgebenden Gesteine. Würde die Auflösung von Salz in Formationswässern eine große Rolle spielen, so wäre es nicht möglich, daß Salzkörper vermöge ihres Auftriebs praktisch unversehrt durch mehrere tausend Meter Sedimentüberdeckung aufsteigen konnten, wie dies in vielen Sedimentbecken, so etwa in Nordwestdeutschland und an der Golfküste im Verlaufe geologisch langer Zeiten geschehen ist. Die Existenz von Salzdomen und Salzstöcken spricht gegen die Herkunft der größeren Menge des Salzgehaltes der Formationswässer aus der Auflösung von Steinsalz.

Daß in erster Linie andere Ursachen für die Anreicherung von Salzen in tieferen, also älteren Formationswässern verantwortlich sind als die Auflösung salinarer Bildungen geht vor allem daraus hervor, daß die Zunahme des Salzgehaltes mit der Tiefe eine sehr allgemeine Erscheinung ist, die auch in solchen Becken beobachtet wird, in denen Evaporitgesteine ganz fehlen oder doch nur in sehr untergeordneter Menge vorkommen. Ein Beispiel hierfür ist das Becken von Illinois, das keine Salzschichten und nur geringe Mengen von Anhydrit enthält. Auch die tertiären Sedimente des Pobeckens und des Rheintals enthalten salzreiche Wässer, obwohl salinare Bildungen fehlen oder doch nur sehr unbedeutend sind.

Ist die Erhöhung der Salzkonzentration nicht durch eine Zufuhr von Salz entstanden, so muß sie durch den Entzug von Wasser hervorgebracht worden sein. De Sitter (1947) hat als erster den Gedanken geäußert, daß die bei der Kompaktion der Sedimente ausgepreßte Porenlösung bei der Wanderung durch tonige Sedimente an Ionen verarmt, so daß salzarmes Wasser entfernt wird, während in den durchlässigen Schichten salzreiches Formationswasser zurückbleibt.

Daß komprimierte Tone als Ionenfilter wirken, geht aus ihrem Basenaustauschvermögen hervor. Der Basenaustausch der Tone beruht darauf, daß die einzelnen Tonteilchen an ihrer Oberfläche negative elektrische Ladungen tragen, die von freien Valenzen, der Dissoziation von Wasserstoffionen von OH-Gruppen und der Dissoziation der in Zwischenschichten locker gebundener Kationen herrühren. Demzufolge bildet ein komprimierter Ton ein Gerüst negativ geladener Einzelteilchen, deren jedes von einer Wasserschicht umgeben ist, die bewegliche Kationen enthält. Die negativ geladene Oberfläche des Teilchens und die sie kompensierende Kationenwolke bilden eine diffuse elektrische Doppelschicht. Ist ein Ton soweit komprimiert, daß die diffusen Doppelschichten einander berühren oder durchdringen, so werden ihn neutrale Wassermoleküle und auf dem Wege des Austauschs auch Kationen passieren können. Für Anionen sollte ein komprimierter Ton aber weitgehend undurchlässig sein, da die negativ geladenen Teilchenoberflächen den Durchtritt negativer Ionen behindern. Preßt man eine Elektrolytlösung durch einen solchen Ton, so sollte er, da Kationen nicht ohne Anionen wandern können, als ein Ionenfilter wirken und nur reines Wasser hindurchtreten lassen.

Experimentell kann die Wirkung von Tonen als semipermeable Membranen durch das elektrochemische Potential zwischen zwei durch eine Tonschicht getrennten

Salzlösungen und durch die Filtration von Salzlösungen durch Tone nachgewiesen werden.

Das elektrochemische Potential zwischen zwei Salzlösungen verschiedener Konzentration (c_1, c_2), die ohne eine Zwischenschicht aneinander grenzen, ist durch die Beweglichkeit von Kation (u^+) und Anion (u^-) bestimmt:

$$E = \frac{u^+ - u^-}{u^+ + u^-} \frac{RT}{F} \ln \frac{c_1}{c_2} \quad (5.33)$$

(R = Gaskonstante, F = Faradaykonstante, T = abs. Temperatur).
Trennt man die Lösungen durch eine semipermeable Membran, die nur für Kationen und nicht für Anionen durchlässig ist, so gilt $u^- = 0$, und es sollte sich nach der obigen Gleichung das sogenannte Nernst-Potential einstellen:

$$E = \frac{RT}{F} \ln \frac{c_1}{c_2} \quad (5.34)$$

Unterscheiden sich die Konzentrationen um den Faktor 10, so beträgt das Nernstpotential 59 Millivolt. Mit natürlichen Tongesteinen und NaCl-Lösungen erhielt Wyllie (1948, 1955) das theoretische Nernstpotential, solange die Konzentration kleiner als 0,1 Mol/l waren. Für höhere Konzentrationen wurde die Anionensperre zunehmend unwirksamer, so daß zu niedrige Spannungen auftraten. Auch Hanshaw (1962) erhielt den theoretischen Wert des Nernstpotentials mit verschieden stark verdichteten Illit- und Montmorillonittonen nur mit verdünnten NaCl-Lösungen (0,01—0,1 Mol/l). Die Tone mußten durch Drucke von mindestens 1000 bis 2000 PSI (70—140 kg/cm²) komprimiert sein. Diese Versuche zeigen, daß die Effektivität von Tonen als Ionenfilter mit steigender Salzkonzentration abnimmt und eine gewisse Verdichtung voraussetzt.

Verschiedene Autoren haben die Veränderung der Konzentration von Salzlösungen beim Durchtritt durch Tone untersucht. McKelvey & Milne (1962) und Hanshaw (1962) preßten NaCl-Lösungen durch Tone und bestimmten den Salzgehalt der austretenden Lösungen. McKelvey & Milne untersuchten mit Drucken bis zu 10 000 PSI (700 kg/cm²) komprimierte Tonpasten aus Bentonit und gepulvertem Tonschiefer. In allen Fällen war die Konzentration der austretenden Lösung geringer als die der eingepreßten. Die Konzentration einer 0,164 molaren NaCl-Lösung verminderte sich beim Durchtritt durch Bentonit (Porosität 34—41 %) auf 1/8. Der Effekt nimmt mit zunehmender Konzentration und Porosität ab. Mit Tonschiefer und einer 0,129 molaren Lösung wurde ein Faktor von 1,7 erreicht. Hanshaw (1962) erhielt durch die Filtration von NaCl-Lösungen (0,001—0,08 molar) durch Illit- und Montmorillonittone (komprimiert bei 5000 PSI = 350 kg/cm²) eine Verarmung des Filtrats auf 1/20 bis 1/80. Auch hier wurde eine Abnahme des Filtrationseffekts mit zunehmender Konzentration festgestellt.

Andere Autoren (Kryukov & Komarova 1956, v. Engelhardt & Gaida 1963, Rieke et al. 1964) haben die Konzentration der aus einem Tonschlamm bei zunehmender Verdichtung ausgepreßten Lösungen untersucht. Kryukov & Komarova fanden bei der Verdichtung natürlicher Tone unter zunehmendem Druck, daß der Salzgehalt der austretenden Lösung von einem bestimmten Verdichtungsgrad (Druck) an zunehmend geringer wurde. Bei einem Verwitterungston andesitischer Gesteine („Askangel") begann die Konzentrationsabnahme schon bei einem Wassergehalt von 70% und einem Druck von 600 kg/cm², bei einem Bentonit bei 50% Wassergehalt und 1300 kg/cm² und bei einem Kaolin bei 10% Wassergehalt und 3800 kg/cm². Die mittleren Salzkonzentrationen lagen bei 0,9 Mol/l NaCl. RIEKE und Mitarbeiter fanden bei der Kompression eines Bentonits von ursprünglich 81 auf 14% Wassergehalt eine Abnahme der Konzentration auf etwa 1/5 (Druck 40000 PSI = 2800 kg/cm²). v. ENGELHARDT & GAIDA bestimmten die Konzentration der bei Drucken bis zu 3200 kg/cm² aus Montmorillonitschlämmen ausgepreßten Lösungen und berechneten daraus die Konzentration der im Ton verbliebenen Porenlösung. Die Tonschlämme wurden mit Lösungen bestimmten Salzgehaltes hergestellt. Bis zu Porositäten von etwa 30% (ca. 1000 kg/cm²) nahm die Konzentration der im Ton verbliebenen Lösung mit zunehmender Verdichtung zuerst langsam, dann schneller bis auf einige Zehntel Mol/l ab (Ausgangskonzentrationen waren: NaCl-Lösungen, 1 bis 0,16 Mol/l; $CaCl_2$-Lösungen, 1,2—0,6 Mol/l). Bei weiterer Abnahme der Porosität bis auf 20% (3200 kg/cm²) wurde ein geringer Anstieg der Porenlösungskonzentration beobachtet. Diese Befunde sind so zu deuten, daß mit zunehmender Verdichtung freies Salzwasser zwischen den Doppelschichten der Tonteilchen ausgetrieben wird, bis der komprimierte Ton fast nur noch das salzarme Wasser der Doppelschichten enthält. In diesem Zustand sollte der Ton die beste Wirkung als Anionensperre haben. Der Anstieg der Konzentration bei den höchsten Drucken wird von den Autoren so gedeutet, daß die untersuchten Tone sich nicht ganz homogen verdichteten, so daß kleine Tröpfchen freier Porenlösung eingeschlossen wurden, die bei weiterer Verdichtung kein Salz, sondern nur Wasser abgeben konnten, so daß die mittlere Salzkonzentration im Ton anstieg.

So zeigen elektrochemische und Filtrationsversuche, daß Tone als Ionensperren wirken. Strömt Salzlösung durch einen Ton, so wird die Konzentration an der Eintrittsseite ansteigen, während an der anderen Seite salzärmeres Wasser austritt. Nach den Versuchen setzt die Wirksamkeit eines Tones als Ionenfilter eine gewisse Verdichtung voraus, sie nimmt mit zunehmendem Basenaustauschvermögen des Tones zu und mit steigender Salzkonzentration ab. Da die Wirkung eines Tones als Filter für gelöste Salze auf der Behinderung der Anionenbeweglichkeit beruht, besteht keine Selektivität hinsichtlich der Kationen. Nach den vorliegenden Experimenten scheint aber auch die Art des Anions keinen Einfluß zu haben.

GRAF und Mitarbeiter (1965) fanden, wie oben erwähnt, in den Formationswässern des Illinois- und anderer Becken eine Zunahme des Gehaltes an Deuterium und O^{18} mit steigendem Salzgehalt, d. h. fortschreitender Diagenese der Wässer. Sie deuteten diesen Effekt als eine diagenetische Veränderung von Wässern, die zu überwiegendem Teil aus ursprünglichem Oberflächenwasser entstanden sind. Während die Erhöhung des O^{18}-Gehaltes durch einen Austausch mit Calcit bei den höheren Temperaturen der Tiefe quantitativ erklärt werden kann, nehmen die Autoren an, daß der erhöhte Deuterium-Gehalt bei der Filtration durch Tone zustandekommt.

Die experimentelle Bestätigung einer solchen Isotopentrennung durch Tonschichten steht noch aus.

Wie an den einzelnen Beispielen aufgewiesen wurde, erfahren die Formationswässer während der Diagenese außer einer Erhöhung der Konzentration generell eine Verminderung der Gehalte an Magnesium und Sulfat und häufig eine Erniedrigung des Verhältnisses Na : Ca.

Für die Verminderung des Sulfatgehaltes ist die Tätigkeit sulfatreduzierender Bakterien wie *Desulfovibrio desulfuricans* verantwortlich (ZOBELL 1958, 1963, KUZNETSOV, IVANOV & LYALIKOVA 1963, WALLHÄUSSER & PUCHELT 1966). Solche Bakterien reduzieren Sulfat zu Sulfid unter gleichzeitiger Oxidation von organischen Kohlenstoffverbindungen zu Karbonat. Dabei kann es zur Ausscheidung von Calciumkarbonat und von Pyrit kommen. Der Stoffumsatz verläuft nach dem Schema:

$$CaSO_4 + 2\,C_{org.} + H_2O \rightarrow H_2S + CO_2 + CaCO_3$$

Sulfatreduzierende Bakterien wurden in zahlreichen Formationswässern bis zu Tiefen von mehreren tausend Metern gefunden. Ihre Existenzbedingungen umfassen einen weiten Bereich: Bestimmte Arten kommen in Sumpfwässern mit pH 3 und weniger als 100 ppm gelösten Stoffen vor, andere Arten leben in konzentrierter Salzlösung bei pH 10,4. Manche Arten sind bei 0° C aktiv, andere wachsen bei über 100° C und Drucken von 1000 at. Sulfatreduzierende Bakterien sind in der Regel an anaerobe Bedingungen gebunden ($Eh < -100$ mV bei pH 7).

Unter günstigen Bedingungen setzt die Sulfatreduktion schon sehr frühzeitig ein. So fanden KAPLAN und Mitarbeiter (1963) in rezenten marinen Sedimenten vor der amerikanischen Pazifikküste innerhalb der obersten 2 m eine Abnahme des Sulfatgehaltes der Porenlösung auf etwa 1/4 des Gehalts im Meerwasser (Abb. 5-33). Daß

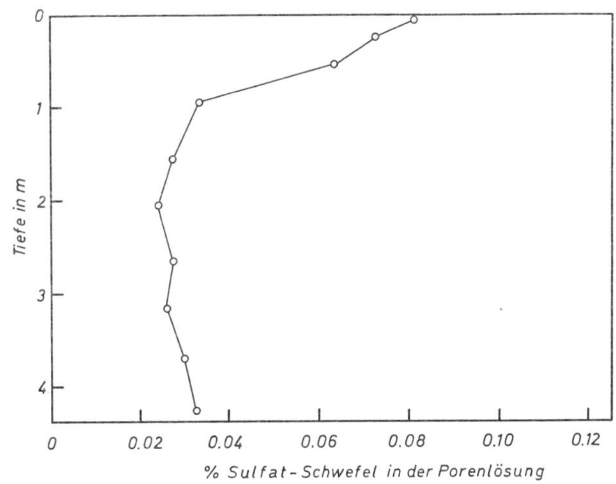

Abb. 5-33. Sulfatgehalt der Porenlösung rezenter Meeressedimente aus dem Pazifik vor der kalifornischen Küste (Santa Barbara Basin) in Abhängigkeit von der Tiefe unter der Oberfläche (KAPLAN et al. 1963).

der Sulfatgehalt mit der Tiefe nicht mehr weiter abnimmt, beruht auf dem relativ geringen Gehalt dieser Sedimente an oxidierbarer organischer Substanz. Sedimente mit mehr organischer Substanz können mehr Sulfat reduzieren. Daher sind die Wässer von Erdöllagerstätten im allgemeinen sulfatfrei.

Der Entzug von Sulfat aus eingeschlossenem Meerwasser verschiebt die Zusammensetzung der Formationswässer im Anionendreieck vom Meerwasserpunkt in Richtung auf die Seite Cl-HCO_3 (Abb. 5-34). Da bei der bakteriellen Reduktion des Sulfats Karbonat entsteht, ändert sich die Zusammensetzung der Wässer zunächst in der Richtung des Pfeiles A. Der Pfeil B entspricht dem Fall, daß das Karbonat durch Ausfällung von Calcit oder Dolomit gebunden wird. Formationswässer, deren darstellende Punkte zwischen den Pfeilen A und B liegen, wie z. B. das Mittel der Wässer aus dem West-Kanada-Becken, könnten durch bakterielle Reduktion des Sulfats und teilweise Ausfällung des entstandenen Karbonats entstanden sein. Formationswässer, deren darstellende Punkte unterhalb des Pfeiles A liegen, wie z. B. die Wässer aus dem Tertiär des Wiener Beckens, haben einen Überschuß von Karbonat, der aus Meerwasser nicht abgeleitet werden kann. Solche Wässer stammen nicht aus marinem Milieu oder es muß ihnen Karbonat aus Oberflächenwässern, vielleicht auch durch Aufnahme juveniler Kohlensäure zugeführt worden sein. Die Projektionspunkte einiger Formationswässer liegen links vom Pfeil B, ihnen ist also mehr als das aus der Reduktion des Sulfast stammende Karbonat durch Ausfällung entzogen worden.

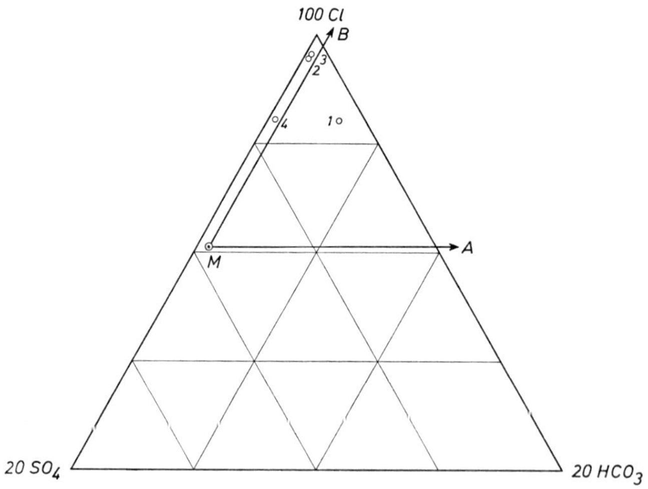

Abb. 5-34. Zur diagenetischen Veränderung des Anionengehaltes von Formationswässern (Erklärung im Text). M, 1—4 vgl. Abb. 5-35.

Chlorid beteiligt sich an keinem chemischen diagenetischen Prozeß. Daher reichert es sich im Laufe der Diagenese sowohl absolut als auch relativ zu den anderen Anionen an. Die fast reinen Chloridwässer, wie man sie in vielen tiefen Zonen der Sedimentbecken antrifft, sind daher Endprodukte der Porenwasserdiagenese.

Daß Magnesium den Formationswässern während der Diagenese entzogen wird, ist eine allgemeine und weitverbreitete Erscheinung. Verglichen mit der Zusammensetzung des Meerwassers sind die Projektionspunkte aller Formationswässer im Kationendreieck Na—Ca—Mg nach der Na—Ca-Seite hin verschoben (Abb. 5-35). Diagenetische Vorgänge, welche der Porenlösung Magnesium entziehen, sind in erster Linie die Bildung von Dolomit, in zweiter Linie die von Chlorit.

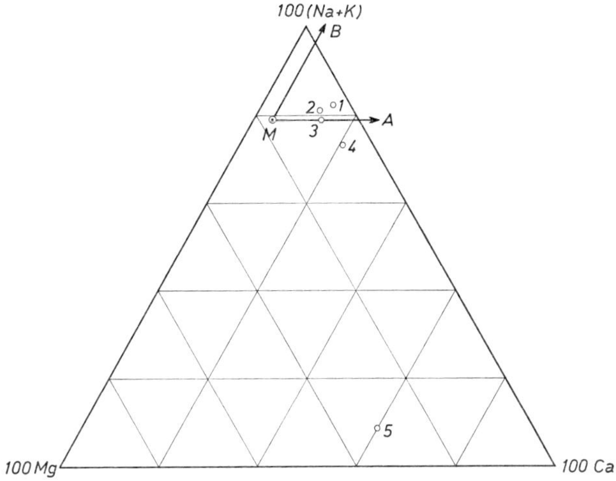

Abb. 5-35. Zur diagenetischen Veränderung der Kationengehalte von Formationswässern (Erklärung im Text). M: Meerwasser; 1: West-Kanada-Becken, Mittel; 2: Illinois-Becken, Pennsylvanian und Mississippian; 3: Illinois-Becken, Silur und Devon; 4: Mittel von 1860 Formationswässern aus Tiefbohrungen in USA (KRAMER 1969); 5: Michigan-Becken.

Bei der Chloritbildung muß ein Austausch des Magnesiums gegen Alkali- oder Erdalkali-Ionen erfolgen, d. h. also gegen Calcium oder Natrium, da sich Kalium wegen der starken Bindungsfähigkeit der Tone für Kalium in der Lösung nicht halten wird. Natrium und Calcium mögen etwa aus sich zersetzenden Feldspäten stammen. Erfolgt der Austausch gegen Calcium, so würde sich eine aus Meerwasser abzuleitende Porenlösung längs des Pfeiles A in Abb. 5-35 verändern, erfolgt ein Austausch gegen Natrium längs des Pfeiles B.

Entsteht Dolomit nach dem Schema:

$$2\,CaCO_3 + Mg^{++} \rightarrow CaMg(CO_3)_2 + Ca^{++}$$

so wird Magnesium gegen Calcium ausgetauscht, und die Veränderung der Zusammensetzung der Porenlösung erfolgt längs des Pfeiles A. Bei vollständigem Ersatz von Magnesium der Lösung durch Calcium würde das Verhältnis Na : Ca von 22,9 im Natrium, längs des Pfeiles B.

Die zahlreichen calcium-reichen Formationswässer, deren darstellende Punkte im Kationendreieck unterhalb des Pfeiles A liegen, deren Na : Ca-Verhältnisse also kleiner als 3,71 sind — ein Beispiel sind die Formationswässer des Michigan-Beckens,

Abb. 5-12 —, können aus Meerwasser nicht durch Dolomit- oder Chloritbildung entstanden sein. Es muß also diagenetische Reaktionen geben, die diesen Wässern Calcium zugeführt und Natrium entzogen haben. Natriumentzug durch Albitbildung kann keine große Rolle spielen, da diagenetisch gebildeter Albit verhältnismäßig selten ist. Da fast alle calcium-reichen Formationswässer über 90% Äquivalentprozent Chlorid, bezogen auf die Summe der Anionen, enthalten, kann eine Calciumzufuhr nicht durch die Auflösung von Calciumsulfaten oder Calciumkarbonat erfolgt sein. Es zeigt sich auch, daß die calcium-reichen Formationswässer durchaus nicht bevorzugt in Kalken oder Sulfatgesteinen vorkommen. Man findet jedoch sehr häufig, daß der Calciumgehalt der Formationswässer mit wachsender Gesamtkonzentration ansteigt. Ein Beispiel ist in Abb. 5-19 dargestellt. Diese Tatsache macht es sehr wahrscheinlich, daß das Na : Ca-Verhältnis der Porenlösungen durch den Basenaustausch an Tonen bestimmt wird. Steht eine Lösung, die 1- und 2wertige Kationen enthält, im Gleichgewicht mit einem basenaustauschenden Ton, so hängt, wie sich aus dem Massenwirkungsgesetz ergibt (vgl. z. B. Walton 1949), die Verteilung der Ionen von der Gesamtkonzentration ab. Je konzentrierter die Lösung ist, desto kleiner ist der Anteil des höherwertigen Ions im Ton. Mit zunehmender Konzentration wächst also der Anteil des höherwertigen Ions in der Lösung. So könnte das mit steigender Konzentration abnehmende Na : Ca-Verhältnis durch eine Wechselwirkung der sich während der Diagenese immer mehr konzentrierenden Porenlösung mit basenaustauschenden Tonen hervorgebracht worden sein.

Zusammenfassend ergibt sich bezüglich der Kationengehalte der aus Meerwasser abzuleitenden Formationswässer folgendes: Wässer, deren Projektionspunkte zwischen den Pfeilen A und B liegen, können aus Meerwasser durch diagenetische Chlorit- und Dolomitbildung entstehen. Außerdem können alle Wässer mit Projektionspunkten oberhalb des Pfeiles A durch Dolomitbildung und zusätzliche Entfernung von Calcium durch Abscheidung von Calcit entstanden sein. Insbesondere muß die Bildung aller Wässer, deren Projektionspunkte oberhalb des Pfeiles B liegen, auf die Ausscheidung von Calcit sowie die Entfernung von Magnesium durch die Bildung von Dolomit und/oder Chlorit zurückgeführt werden. Wässer mit Projektionspunkten unterhalb des Pfeiles B (Na : Ca-Verhältnisse 3,71) können durch Basenaustausch mit Tonen gebildet worden sein. Natrium verhält sich ähnlich wie Chlorid: Es findet keine diagenetische Bindung von Natrium statt. Daher steigt während der Diagenese der Natriumgehalt der Wässer. NaCl-Lösungen hoher Konzentration sind daher Endprodukte der Formationswasser-Diagenese.

Im Vorstehenden wurde davon ausgegangen, daß sich die Formationswässer von eingeschlossenem Meerwasser ableiten. Die Gehalte an den schweren Wasserstoff- und Sauerstoffisotopen zeigen jedoch, daß mindestens in manchen, vielleicht in sehr vielen Sedimentbecken eine Zufuhr von Oberflächenwässern stattgefunden hat (s. Abschnitt 5.32, vgl. auch Degens et al. 1964). Die Zusammensetzung der Oberflächenwässer weicht von der des Meerwassers wesentlich ab: so enthält z. B. das für den Zustrom in die Becken von Illinois und Michigan wahrscheinlich typische Wasser des Michigan-Sees (Tab. 5-11) als häufigste Kationen Calcium und Magnesium und als vorherrschendes Anion Karbonat. Die Zufuhr solchen Wassers konnte die Karbonat-, Cal-

Tabelle 5-11. Zusammensetzung des Wassers des Michigan-Sees (GRAF et al. 1966).

	mg/l	Mol/l	Äqu. % Anionen	Äqu. % Kationen
Cl	2,73	0,000077	3,54	
SO_4	7,26	0,000076	2,27	
HCO_3 als CO_3	58,35	0,00097	89,5	
Na	4,08	0,000177		8,14
K	0,66	0,0000169		0,76
Ca	26,21	0,000654		60,0
Mg	8,27	0,000340		31,2
Gelöste Substanz	107,27	. . .		. . .

cium- und Magnesiumgehalte der Porenlösung so weit erhöhen, daß die Löslichkeitsprodukte von Calcit und Dolomit erreicht sind.

Daß diagenetische Veränderungen des in marinen Sedimenten eingeschlossenen Meerwassers schon sehr früh beginnen, hat die Untersuchung der in jungen marinen Sedimenten eingeschlossenen Porenlösungen ergeben. Die Unterschiede gegen das Meerwasser pflegen schon wenige cm unter der Sedimentoberfläche bemerkbar zu sein. Es genügt schon eine sehr geringe Sedimentüberdeckung, um den Porenraum weitgehend gegen den Einfluß des freien Meerwassers abzuschirmen.

Untersuchungen der Porenlösungen unverfestigter mariner Sedimente von BERNER (1964), SIEVER, BECK & BERNER (1965) und FRIEDMANN und Mitarbeitern (1968) ergeben das folgende Bild:

Der Chloridgehalt der Porenlösungen ist gegenüber dem des Meerwassers über dem Sediment um etwa 5% erhöht. Während das Verhältnis Na : Cl in den Porenlösungen dem des Meerwassers entspricht, ist der relative Kaliumgehalt deutlich höher als im Meerwasser, manchmal um mehr als den Faktor 2. Das Verhältnis (Ca + Mg) : Cl ist kleiner als im Meerwasser, insbesondere ist das Verhältnis Mg : Cl erniedrigt. Der Gehalt an SiO_2 ist in allen untersuchten Porenlösungen viel höher als im Meerwasser (Porenlösungen: 20—50 ppm, Meerwasser: 0,1—4 ppm an der Oberfläche, 5—10 ppm in der Tiefe). In Sedimenten vor der Bucht von Kalifornien nimmt der Sulfatgehalt mit zunehmender Tiefe unter der Sedimentoberfläche ab, während der Hydrogensulfidgehalt der Porenlösungen ansteigt (vgl. auch Abb. 5-33). Auch in den grauen Tonen des nordwestlichen Pazifik, nicht aber in den hochoxidierten braunen und roten Tiefseetonen sind die Sulfatgehalte des Porenwassers niedriger als im Meerwasser. Das pH der Porenlösungen ist mit 7,2—7,7 im allgemeinen niedriger als das des Meerwassers (8,0—8,2). Die Porenlösungen sind deshalb im Gegensatz zu dem übersättigten Meerwasser in der Regel für $CaCO_3$ gesättigt oder untersättigt.

Nach diesen Befunden scheint es so, daß die Reaktionen, welche eingeschlossenes Meerwasser in die Formationswässer tieferer Schichten umwandeln, schon kurz nach der Ablagerung beginnen. Dazu gehören die Entfernung von Magnesium, wahrscheinlich durch Dolomitbildung, die bakterielle Reduktion des Sulfats und die relative Zunahme des Chloridgehaltes. Die Zunahme des Kaliumgehaltes dürfte auf eine Zersetzung von Feldspäten, vielleicht auch von Glimmern zurückzuführen sein. Außerdem ist aber zu bedenken, daß die in den obersten Sedimentschichten enthaltene Porenlösung zu einem Teil aus tieferen Schichten stammt, aus denen sie als Kampaktionsstrom aufgestiegen ist. Die beobachteten Veränderungen der chemischen Zusammensetzung brauchen daher nicht in der alleroberstens Sedimentschicht erzeugt worden zu sein.

5.4 Diagenese von Sanden

5.41 Mechanische Diagenese

Die Ablagerung von Sand in Wasser oder Luft führt zu verhältnismäßig lockeren Gefügen. Selbst homodisperse und gutsortierte Sande aus kugelförmigen Körnern haben im frisch abgelagerten Sediment Porositäten, die um 0,4 liegen. Dagegen hat die dichteste Packung gleichgroßer Kugeln, in der jede Kugel von 12 Nachbarn berührt wird, eine Porosität von 0,26. Das Volumen eines frisch abgelagerten, homodispersen Sandes könnte demnach durch einfache Umlagerung der Körner um 20% abnehmen. Dabei würden 50% der ursprünglich im Sand eingeschlossenen Porenlösung entfernt.

Durch künstliches Einrütteln in Luft oder Wasser kann man die Porosität homodisperser Sande kaum auf Werte unter 0,35 reduzieren, weil der Umlagerung in die dichteste Packung Reibungskräfte an den Berührungsstellen der Körner entgegenwirken. Messungen der Porosität unverfestigter Sande aus Tiefbohrungen zeigen, daß diese Reibungskräfte durch den Gesteinsdruck überwunden werden. Auch in solchen Sanden, in denen durch frühzeitige Füllung mit Erdöl oder Gas oder aus anderen Gründen keine Reduktion des Porenraums durch chemische Vorgänge stattgefunden hat, nimmt die Porosität mit der Versenkungstiefe auf Werte um 0,3 und darunter ab (vgl. z. B. Füchtbauer 1961, 1970, S. 105 f). Dabei zeigt sich eine deutliche Abhängigkeit von der Korngröße des Sandes: Während frisch abgelagerte fein- und grobkörnige Sande dieselbe Porosität haben, nimmt die mechanische Verdichtung grobkörniger Sande mit der Versenkungstiefe schneller ab als die feinkörniger. Daher haben bei gleicher Versenkungstiefe tonfreier, unverfestigter Sande die grobkörnigen Schichten in der Regel eine geringere Porosität als die feinkörnigen. Als ein Beispiel für diesen Zusammenhang ist in Abb. 5-36 die Porosität ölgefüllter und daher fast unverfestigter Unterkreidesande (Valendis) aus 1100 m Tiefe dargestellt.

Wie eine einfache Überlegung zeigt, kann diese Korngrößenabhängigkeit nur darauf zurückzuführen sein, daß die Reibung an den Kornkontakten in feinkörnigen Sanden größer ist als in groben. Der auf ein Sandvolumen wirkende Druck der überlagernden Schichten verteilt sich auf alle im Volumen enthaltenen Kontaktstellen der einzelnen Körner. Ein grobkörniger Sand enthält pro Volumeneinheit weniger Kontaktstellen als ein feiner. Sind d_1 und d_2 die mittleren Durchmesser des groben und des feinen Sandes, so verhalten sich bei geometrisch gleichem Gefüge die Zahlen der Kontaktstellen pro Volumeneinheit des groben und des feinen Sandes wie $1/d_1^3$ zu $1/d_2^3$. Bei gleicher Versenkungstiefe entfällt daher auf die einzelne Kontaktstelle im

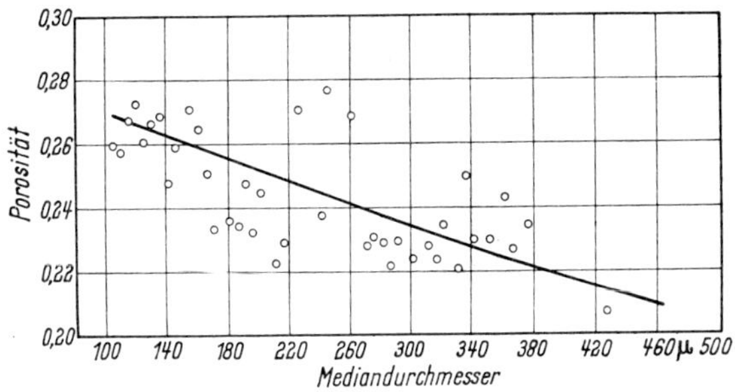

Abb. 5-36. Porosität von Sandsteinen der Unterkreide (Valendis) aus dem Erdölfeld Scherhorn, NW-Deutschland (1000 m Tiefe) in Abhängigkeit von der Korngröße.

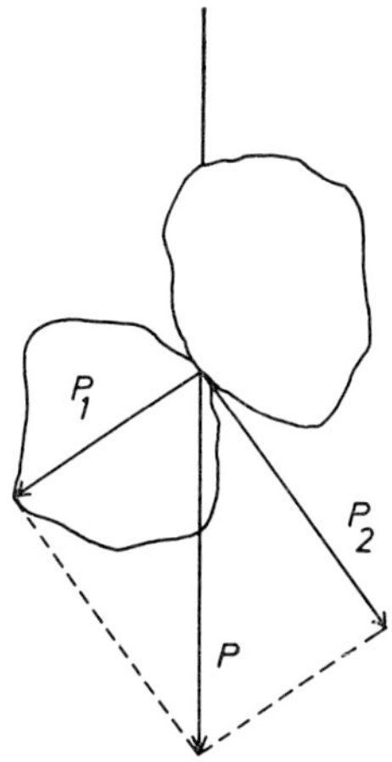

Abb. 5-37. Zur Reibung an Kornkontakten (Erklärung im Text).

groben Sand ein höherer Druck als im feinkörnigen. Es sei P der auf eine Kontaktstelle vertikal wirkende Gesteinsdruck (Abb. 5-37). Er zerlegt sich in eine normal zur Kontaktfläche gerichtete Komponente P_1 und eine in der Fläche wirkende Schubkraft P_2. Die letztere kann eine Bewegung der sich berührenden Körner bewirken, wenn sie die Reibungskraft R übertrifft, von der angenommen werden kann, daß sie dem Normaldruck proportional ist: $R = c \cdot P_1$. Der Reibungskoeffizient c hängt von der Form und der Oberflächenbeschaffenheit der Körner ab. Nun ist bei gleicher Versenkungstiefe der auf die einzelne Kontaktstelle entfallende Gesteinsdruck P in einem feinkörnigen Sand (viele Kontakte) zwar kleiner als in einem groben (weniger Kontakte). In gleichem Maße ist aber auch die für die Bewegung zweier Körner zu überwindende Reibungskraft R wegen der Abhängigkeit vom Normaldruck P_1 im feinen Sand kleiner als im groben. Unterschiede im Widerstand gegen die Verdichtung können also nur dadurch zustande kommen, daß der Reibungskoeffizient c für grobe Sande kleiner ist als für feine. Daß dies in der Regel der Fall ist, beruht darauf, daß kleine und große Sandkörner während des Transportes eine verschieden starke Beanspruchung erfahren. Kleinere Sandkörner werden vorwiegend in Suspension transportiert und behalten auch nach längerem Transportweg unrunde Gestalt und rauhe Oberfläche, während die am Boden bewegten gröberen Körner während des Transportes geglättet und gerundet werden.

5.42 Chemische Diagenese

Im Unterschied zur Metamorphose sind alle Vorgänge der chemischen Diagenese heterogene Reaktionen, an welchen die den Porenraum der Sedimente erfüllenden Lösungen beteiligt sind. Formationswasserströmungen, welche die in die festen Reaktionsprodukte eintretenden Stoffe herbeiführen und die in Lösung gehenden Komponenten fortbringen, sorgen dafür, daß sich kein Gleichgewicht einstellt und die diagenetischen Prozesse im Gang bleiben, solange noch ein kommunizierender Porenraum vorhanden ist.

Produkte oder Spuren dieser chemischen Reaktionen lassen sich in allen Sandsteinen mehr oder minder deutlich erkennen. In ihrer zeitlichen Abfolge spiegeln sie die diagenetische Geschichte des betreffenden Sedimentpakets ab. Ausnahmen bilden nur solche Sande, deren Poren vorzeitig mit Erdöl oder mit Gasen gefüllt wurden, oder die aus anderen Gründen, wie z. B. allseitig von Ton umschlossene Sandlinsen, von Formationswasserströmungen abgeschlossen waren.

Heterogene Reaktionen im Porenraum erzeugen einerseits Neubildungen fester Phasen, andrerseits werden feste Bestandteile des Sediments aufgelöst. Formal kann man folgende Fälle unterscheiden:

1. Auflösung ohne Neubildung: Gesteinsbestandteile werden von der Porenlösung aufgelöst, ohne daß am selben Ort Neubildungen entstehen.
2. Neubildung ohne Auflösung: Aus der Porenlösung entstehen Neubildungen, ohne daß am selben Ort Gesteinsbestandteile aufgelöst werden.
3. Neubildung neben Auflösung: Gesteinsbestandteile werden aufgelöst und gleichzeitig entstehen aus der Porenlösung Neubildungen, welche aber nicht den Raum der aufgelösten Minerale einnehmen.
4. Umwandlungspseudomorphosen: Gesteinsbestandteile werden aufgelöst, deren Raum von gleichzeitig entstehenden Neubildungen eingenommen wird. Aufgelöstes und neugebildetes Mineral haben gemeinsame chemische Bestandteile. (Beispiel: Pseudomorphosen von Kaolinit nach Feldspat.)
5. Verdrängungspseudomorphosen: Gesteinsbestandteile werden aufgelöst, deren Raum von gleichzeitig entstehenden Neubildungen eingenommen wird. Aufgelöstes und neugebildetes Mineral haben keine gemeinsamen chemischen Bestandteile. (Beispiel: Pseudomorphosen von Calcit nach Quarz.)

Bei den bereits von Blum (1843, vgl. auch Niggli 1920) unterschiedenen Umwandlungs- und Verdrängungspseudomorphosen findet die Bildung der neuen Phase zur gleichen Zeit und am selben Ort wie die Auflösung eines Minerals des Sediments statt, wobei jedes kleinste Partikel des sich auflösenden Minerals durch ein Partikel der Neubildung ersetzt wird. Im Falle der Umwandlungspseudomorphosen reagieren bestimmte Komponenten des sich auflösenden Minerals mit der Lösung und bilden sogleich eine neue Phase, während die übrigen Bestandteile abdiffundieren und fortgeführt werden. So gehen z. B. bei der Umwandlung von Kalifeldspat in Kaolinit zunächst Kieselsäure, Aluminium und Kalium des Feldspats in Lösung. Aus einem Teil der gelösten Kieselsäure und dem Aluminium bildet sich sogleich Kaolinit, während Kaliumionen und der Rest der Kieselsäure fortgeführt werden. Eine Verdrängungspseudomorphose entsteht, wenn die Lösung am Ort der Phase A an dieser untersättigt und an einer anderen Phase B übersättigt ist. Ein Gleichgewicht wird erreicht, indem A in Lösung geht und an derselben Stelle die neue Phase B kristallisiert. So wird z. B. die Verdrängung von Quarz durch Calcit durch eine schwach alkalische, an

Calciumkarbonat übersättigte und an SiO_2 untersättigte Lösung erzeugt, die einerseits Quarz löst und andererseits Calcit abscheidet.

Ob die durch Umwandlung oder Verdrängung entstehenden Pseudomorphosen das ganze Primärkorn oder nur Teile desselben erfassen, hängt davon ab, welche Mengen der für die Reaktionen notwendigen Stoffe von der Porenwasserströmung zugeführt wurden.

Unter den Auflösungen, die ohne Neubildung am selben Ort stattfinden, sind die durch gerichtete Drucke an den Berührungsstellen der Sandkörner hervorgerufenen Lösungserscheinungen von besonderer Bedeutung. Diese sogenannte Drucklösung erfolgt gemäß dem Prinzip von RIECKE, nach welchem die Löslichkeit eines festen Körpers durch gerichteten Druck erhöht wird. Steht ein Teil der Oberfläche eines festen Körpers unter einem um $\triangle P$ höheren Druck als die übrige Oberfläche, so gilt für das Verhältnis der Löslichkeit (Sättigungskonzentration) der gedrückten Fläche (c) zur Löslichkeit des nicht gedrückten Körpers (c_0):

$$\ln \frac{c}{c_0} = \frac{V_0}{RT} \triangle P \tag{5.35}$$

V_0 ist das Molvolumen der Substanz im festen Zustand (vgl. CORRENS & STEINBORN 1939, CORRENS 1949, BREHLER 1951). Wie WILLIAMSON (1917) (vgl. auch GORANSON 1940) zeigte, erfahren auch die „freien", d. h. nicht senkrecht zur Druckrichtung verlaufenden Teile der Oberfläche eine Erhöhung der Löslichkeit. Es gilt für das Verhältnis der Löslichkeit (c') eines parallel zur Druckrichtung stehenden Flächenteiles zur Löslichkeit des nicht gedrückten Kristalls:

$$\ln \frac{c'}{c_0} = \frac{V_0}{RTE} (\triangle P)^2 \tag{5.36}$$

E ist der Elastizitätsmodul. Da E z. B. für Quarz von der Größenordnung 10^6 kg/cm² ist, ist die Löslichkeitserhöhung der freien Flächen so gering, daß sie vernachlässigt werden kann.

Die thermodynamische Ableitung der Gl. (5.35) (BECKER in CORRENS 1949) zeigt, daß bei der Berechnung der Löslichkeitserhöhung die Einsetzung des ganzen Molvolumens im festen Zustand nur dann gerechtfertigt ist, wenn jedes Molekül des sich auflösenden Stoffes in der Lösung auch als ein selbständiges Partikel erscheint. Ist diese Bedingung nicht erfüllt und erscheinen pro Molekül (im festen Zustand) in der Lösung α Partikel, so muß Gl. (5.35) richtig lauten:

$$\ln \frac{c}{c_0} = \frac{V_0}{\alpha RT} \triangle P \tag{5.37}$$

Ist $\alpha > 1$ (vollständige oder teilweise Dissoziation), so wird die nach Gl. (5.37) berechnete Löslichkeitserhöhung kleiner, ist $\alpha < 1$ (Assoziation), so wird sie größer als nach Gl. (5.35).

Zu bedenken ist ferner, daß die Gl. (5.35) und (5.37) nur für verdünnte Lösungen, in welchen die Aktivitäten der gelösten Stoffe den Konzentrationen gleichgesetzt werden können, und für einen Druckbereich gelten, in dem man V_0 als konstant ansehen kann.

Für einige Minerale sind in Tabelle 5-12 die nach Gl. (5.35) berechneten Löslichkeitserhöhungen zusammengestellt. Wegen der Dissoziation gemäß Gl. (5.37) dürften die Werte für Feldspat und Calcit zu hoch sein.

Tabelle 5-12. Erhöhung der Löslichkeit einiger Mineralien durch gerichteten Druck bei 40° C (berechnet nach Gl. 5.35).

Mineral	Molvolumen	$C \triangle p : C_0$	
		$\Delta P = 10$ at	$\Delta P = 100$ at
Quarz	22,6	1,0088	1,0920
Calcit	37,0	1,0145	1,155
Orthoklas	108	1,043	1,523

In einem Sand wirkt an den Kontaktstellen der einzelnen Körner eine Komponente G des vom Gewicht der überlagernden Schichten herrührenden Gebirgsdrucks, während im Porenraum der hydrostatische Druck p herrscht. An den Kontaktstellen befinden sich die Körner unter einem höheren Druck als dort, wo sie an den Porenraum grenzen. Der Druckunterschied beträgt

$$\triangle P = G - p$$

Befindet sich zwischen den einander berührenden Körnern ein Flüssigkeitsfilm, so wird sich in ihm gemäß Gl. (5.35) resp. (5.37) die Sättigungskonzentration c einstellen, die höher ist als die Sättigungskonzentration c_0 im Porenraum. Führt der Konzentrationsunterschied zu einer Diffusion von gelöster Substanz aus dem Kontaktfilm in den freien Porenraum, so kommt es zur Drucklösung, deren Geschwindigkeit durch die Diffusionsgeschwindigkeit gegeben ist. Die Geschwindigkeit der Drucklösung hängt also von der Dicke des Kontaktfilmes, dem Diffusionskoeffizienten im Kontaktfilm und dem Unterschied der Sättigungskonzentrationen c und c_0, d. h. also für ein bestimmtes Mineral vom Druckunterschied $\triangle$ P ab.

Eine Drucklösung nach diesem Mechanismus ist nur dann zu erwarten, wenn ein Flüssigkeitsfilm ausreichender Dicke zwischen den sich berührenden Körnern vorhanden ist, und wenn die aus der Drucklösung stammende Substanz nicht eine Übersättigung im freien Porenraum erzeugt. Die gelöste Substanz muß abgeführt oder anderswo im Porenraum abgeschieden werden.

Wie die Versuche von Correns & Steinborn (1939) und von Brehler (1951) über das Verhalten einseitig gepreßter Alaunkristalle zeigten, ist das Vorhandensein eines Flüssigkeitsfilms von ausschlaggebender Bedeutung. So fand Brehler (1951) nur dann Drucklösung, wenn sich zwischen den aufeinander gepreßten Alaunkristallen eine Schicht Filterpapier befand, durch welche die gelöste Substanz abdiffundieren konnte.

Den hier qualitativ beschriebenen Vorgang der Drucklösung hat Weyl (1959) für einfache Modelle berechnet. Für die Geschwindigkeit, mit welcher zwei Zylinder vom Radius r, die sich auf einem Querschnitt senkrecht zur Zylinderachse berühren, durch Drucklösung zusammenrücken, gilt:

$$-\frac{dz}{dt} = 8\,D\,m\,b\,\frac{\triangle P}{r^2} \tag{5.38}$$

für b gilt in erster Annäherung:

$$b = \frac{c_0\,V_0}{\alpha RT} \tag{5.39}$$

Für die Rechnung wurde angenommen, daß der Diffusionskoeffizient D im Kontaktfilm konstant ist und daß die Dicke des Filmes m vom Druck unabhängig ist. $\triangle P$ ist der in der Kontaktfläche im Mittel herrschende Druck. Die obigen Gleichungen gelten auch dann, wenn die Filmdicke mit zunehmendem Druck abnimmt, solange dieser Druck klein ist gegenüber dem Druck, der die Filmdicke auf 1/e verringert.

Aus einer Übertragung dieser Modellvorstellung auf eine einfache kubische Kugelpackung leitete WEYL ab, daß die durch Drucklösung an den Kontaktstellen bewirkte Kompaktion in einem feinkörnigen Sandstein schneller voranschreiten sollte als in einem gröber körnigen Gestein.

Drucklösung von Quarz ist eine in Sandsteinen außerordentlich verbreitete Erscheinung. Sie führt dazu, daß sich benachbarte Quarzkörner so durchdringen, daß von jedem der beiden Körner schmale Zapfen in das andere Korn eindringen. Im Querschnitt erscheint die Kontaktfläche als eine sägeartige oder gewellte Linie, die man Drucksutur nennt. Die Auflösungsgeschwindigkeit der Quarzkörner wird offenbar durch Baufehler der Kristalle kontrolliert, so daß an einer Stelle die Auflösung des Kornes A schneller voranschreitet und das Korn B als schmaler Zapfen in A eindringt, während unmittelbar daneben B sich schneller löst und von A durchdrungen wird. Da sich Quarzkristalle senkrecht zur c-Achse schneller auflösen als parallel zur Achse (KENNEDY 1950, HEIMANN & WILLGALLIS 1969), sollte man eine Abhängigkeit der relativen Lösungsbeträge zweier sich berührender Quarzkörner von der kristallographischen Orientierung erwarten. THOMPSON (1959) hat eine solche Abhängigkeit an konkav-konvexen Kornkontakten in einem silurischen Sandstein festgestellt. Der Drucklösung sind vornehmlich diejenigen Kontaktflächen ausgesetzt, die auf der Richtung des herrschenden Gebirgsdrucks senkrecht stehen, im allgemeinen also Kontakte parallel zur Schichtung. Es können so Gesteine mit geplätteten Quarzkörnern und suturierten Kontakten parallel zur Schichtung entstehen (HEALD 1955, THOMPSON 1959). An Gesteinen, die außer Quarzkörnern auch Körner feinkristalliner Quarzgesteine wie Feuerstein (Chert) enthalten, stellt man fest, daß die letzteren schneller der Drucklösung verfallen (HEALD 1955, SLOSS & FERRAY 1948). Da sich die Kontaktflächen mit zunehmender Drucklösung vergrößern, so daß der auf die einzelne Kontaktstelle wirkende Druck abnimmt, wird, wenn nicht die Versenkungstiefe entsprechend zunimmt, die Geschwindigkeit der Drucklösung mit zunehmender Diagenese kleiner werden.

An den Kontaktflächen einander durchdringender Quarzkörner findet man meistens dunkle Säume toniger, kohliger oder anderer Substanzen. Man hat sie früher als Lösungsrückstände gedeutet. Durch Beobachtungen in verschiedenen Sandsteinen hat man jedoch festgestellt, daß die Drucklösung bevorzugt solche Kontakte angreift, an welchen zwischen den Quarzkörnern ein feines Häutchen von Ton oder anderer feinkörniger Substanz liegt. Daher pflegt in einem Sandsteinkörper die Drucklösung in Lagen mit einem geringen Tongehalt am stärksten und am schwächsten in sehr reinen Sandschichten zu sein (Heald 1956a, Thompson 1959, Lerbekmo & Platt 1962). Heald (1956a) schloß auf eine katalytische Wirkung der tonigen Substanz, Thompson (1959) nahm an, daß illithaltige Tone an der Kontaktfläche Kalium abgeben und so eine alkalische Reaktion hervorrufen, welche die Löslichkeit von Quarz erhöht. Lerbekmo & Platt (1962) fanden Pyrit, Hämatit, Siderit und kohlige Substanz in Kontaktsäumen eines Kreidesandsteins von Alberta und vermuteten, daß die Reduktion von Hämatit in Anwesenheit von schwefelhaltiger organischer Substanz zur Bildung von Pyrit und zu löslichkeitssteigernder alkalischer Reaktion führte.

Da Drucklösung das Vorhandensein eines Flüssigkeitsfilmes an der Kontaktstelle voraussetzt, ist es wahrscheinlicher, daß die Begünstigung der Drucklösung durch Häutchen von Ton oder anderen feinkörnigen Substanzen darauf beruht, daß diese Filme die Abdiffusion der gelösten Substanz ermöglichen (Weyl 1959). Die Filme an den Kontaktstellen spielen dieselbe Rolle wie das Filterpapier bei den oben erwähnten Versuchen von Brehler (1951) über die Drucklösung von Alaun.

Für eine merkliche Drucklösung von Quarz sind offenbar Mindestwerte des Gebirgsdrucks erforderlich. Nach den vorliegenden Beobachtungen beginnt bei etwa 1000 bis 1500 m Versenkungstiefe die Drucklösung von Quarz zu einem wesentlichen Faktor der chemischen Diagenese zu werden. Daß nicht nur das Gewicht der überlagernden Schichten, sondern auch tektonisch bedingte Drucke zur Drucklösung von Quarz führen können, zeigen Beobachtungen von Siever (1959), nach denen im Bereich der Appalachen stark gefaltete Sandsteine des Pennsylvanian sehr viel stärker durch Drucklösung verdichtet sind als ebenso tief versenkte schwach gefaltete Sandsteine derselben Formation. Durch tektonische Spannungen bedingte Drucklösung von Quarz wird auch durch Beobachtungen von Hoeppener (1956) aus dem Rheinischen Schiefergebirge belegt, wo quarzreiche Lagen in Tonschiefern vorkommen, die parallel zu Schieferungsflächen angelöst sind.

In manchen Sandsteinen beobachtet man durchgehende Stylolithsäume, die das Gestein parallel zur Schichtung auf längere Strecken hin durchziehen (Heald 1955, 1959). Stylolithsäume sind stets von einer dünnen Schicht „tonigen" Materials belegt, wobei unter „Ton" die verschiedensten Tonminerale, aber auch kohlige Substanzen, Eisenoxidminerale, Pyrit und andere feinkörnige Gemenge zu verstehen sind. Die Säume entwickeln sich aus dünnen Schichten feinkörnigen Materials, die homogenen Sandkörpern primär eingelagert sind. Die bevorzugte Drucklösung längs solcher Schichten hat man auf eine verstärkte Wasserbewegung in diesen Ebenen zurückgeführt (Stockdale 1926). Daß die Bildung der Stylolithsäume nicht in erster Linie diese Ursache hat, geht u. a. aus Beobachtungen von Heald (1959) an gut durchlässigen Sandsteinen der Vereinigten Staaten hervor. Die hohe Durchlässigkeit ermöglicht Wasserbewegungen im gesamten Schichtkomplex dieser Gesteine. Wären Strömungen der Porenlösungen allein entscheidend, so bestünde kein Grund dafür, daß sich Stylolithsäume in diesen Gesteinen gerade an den wenigen Tonlagen bilden. Man muß vielmehr annehmen, daß wie im Falle der Einzelkontakte Tone und andere feinkörnige Substanzen die Drucklösung ermöglichen oder befördern. Deshalb entwickeln sich Drucksuturen an dünnen Lagen feinkörnigen Materials, die dem Sandstein primär eingelagert sind. Die Drucklösung an Stylolithsäumen ist ein lange andauernder Vorgang, durch den beträchtliche Quarzmengen aufgelöst und in die Porenlösungen gebracht werden können. In einigen Fällen läßt sich der Betrag der Auflösung aus der Anreicherung schwerlöslicher Schwerminerale in den Säumen abschätzen (Heald 1955). Die oft beobachtete Abschneidung von sekundär gebildeten Quarzanwachssäumen durch Stylolithsäume zeigt, daß Drucklösung wirksam war, auch nachdem sich bereits Quarz im Porenraum abgeschieden hatte (Heald 1959).

Kalkspat (und ähnlich wohl auch Dolomit) reagiert auf Druckeinwirkung empfindlicher als Quarz. Drucklösung tritt daher in klastischen Sedimenten mit karbonatischen Bestandteilen besonders deutlich in Erscheinung. Aus verschiedenen Gebieten sind junge Konglomerate mit „eingedrückten" Kalk- und Dolomitgeröllen (pitted pebbles) bekannt, die durch Drucklösung entstanden sind. Beobachtungen von Morawietz (1958) an der tertiären Juranagelfluh (grobkörnigen klastischen Sedimenten aus überwiegend karbonatischem Material) der Schwäbischen Alb zeigten, daß Drucklösung von Karbonaten, die bis zur Bildung von suturierten Korngrenzen und Stylolithen führt, bereits bei Bedeckungstiefen von wenigen Metern stattfindet, d. h. also bei wesentlich niedrigeren Drucken als beim Quarz. In Sanden, die neben Quarzkörnern größere karbonatische Fossilreste enthalten, können die letzteren während der Diagenese durch Drucklösung vollständig zerstört werden. Ein Beispiel für die Drucklösung von Kalkschalen hat Seilacher (1968) aus einem devonischen Sandstein der Appalachen beschrieben. In diesem Gestein ist die Intensität der Drucklösung in nur wenige cm voneinander entfernten Lagen unterschiedlich, vielleicht wegen des in einzelnen Lagen verschieden schnellen Abtransports des Gelösten. Auch tektonische Spannungen vermögen Drucklösung von Karbonaten hervorzurufen. Kalkige Fossilien und Kalkooide in Sandsteinen, die bevorzugt parallel zu Schieferungsflächen und „Ablösungsflächen" angelöst wurden, hat Plessmann (1966) aus dem Rheinischen Schiefergebirge beschrieben. Neben der Druckwirkung dürfte in diesen Fällen auch die Abfuhr des Gelösten und die Zufuhr frischen Lösungsmittels längs den s-Flächen eine Rolle gespielt haben.

Auch Feldspatkörner zeigen, wenn auch sehr viel weniger ausgeprägt als Quarz, in manchen Sandsteinen Erscheinungen der Drucklösung (Gilbert 1949, Heald 1955, 1956 a). Noch weniger deutlich ist die Drucklösung anderer Minerale der Sandsteine. Nach Beobachtungen von Heald (1955) an kambrischen bis triassischen Sandsteinen gilt die folgende Reihenfolge abnehmender Empfindlichkeit gegenüber Drucklösung: Calcit — Quarz — Feldspat — Titanit und Turmalin — Zirkon und Pyrit.

Auffällig sind die großen Unterschiede im Verhalten der einzelnen Minerale. Wie Gl. (5.38) zeigt, hängt die Geschwindigkeit der Drucklösung von der normalen Löslichkeit, vom Diffusionskoeffizienten der gelösten Substanz im Kontaktfilm und von dem Faktor $V_0/\alpha RT$ ab. Von Bedeutung ist vor allem der Einfluß der Löslichkeit:

leichter lösliche Minerale werden besonders starke Effekte zeigen. Dies ist wohl vor allem der Grund für die starke Druckempfindlichkeit der Karbonate.

Während die Drucklösung durch physikalische Ursachen bedingt ist, führen chemische Vorgänge zu verschiedenen Auflösungen, Umbildungen und Neubildungen im Porenraum der Sandsteine, deren wichtigste im folgenden besprochen werden.

Neubildung von Quarz. (Waldschmidt 1941, Dapples 1959, 1967, Siever 1959, Carozzi 1960, Füchtbauer 1961, Meisl 1970.) Im Porenraum neu gebildeter Quarz ist außerordentlich verbreitet. Meist handelt es sich um Säume, die sich in gleicher kristallographischer Orientierung an detritische Körner ansetzen. Im Dünnschliff sind diese neugebildeten Säume vom Kern durch größere Klarheit und Einschlußfreiheit unterschieden. Häufig bezeichnet ein Ring dunkler Einschlüsse die ehemalige Kornoberfläche, so daß es möglich ist, im Dünnschliff die Porosität des Gesteines vor der Quarzbildung und die Menge des abgeschiedenen Quarzes abzuschätzen. An den Säumen sind oft Kristallflächen zu beobachten, wenn der Porenraum durch die Abscheidung nicht vollständig geschlossen wurde. Einkristalline Umwachsungen können nur bei geringer Keimzahl und kleiner Wachstumsgeschwindigkeit entstehen. Sie bildeten sich daher aus schwach übersättigten Lösungen. Bei höherer Keimzahl und größerer Wachstumsgeschwindigkeit, d. h. aus stärker übersättigter Lösung, entsteht polykristalliner Quarz, wie er als Porenfüllung mancher Sandsteine vorkommt, welche Komponenten mit leichter löslicher Kieselsäure wie organogene Kieselskelette oder vulkanisches Glas enthalten.

In einer zusammenhängenden Sandsteinfolge sind die Neubildungen von Quarz niemals gleichmäßig verteilt. Neugebildeter Quarz findet sich vielmehr in begrenzten Zonen oder Lagen angereichert, und selbst auf kleinstem Raum kommen nebeneinander Körner mit und ohne sekundärem Quarzsaum vor. Übersättigte Kieselsäurelösungen vermögen sich verhältnismäßig lange zu halten und größere Strecken zu wandern. Wie die Abscheidung in Form orientierter Säume zeigt, kommt es zur Aufhebung der Übersättigung im allgemeinen nur dort, wo die Keimbildungsarbeit durch die Möglichkeit der Aufwachsung an geeigneten Quarzoberflächen herabgesetzt ist. Die Beschaffenheit der Quarzkornoberflächen ist daher für den Ort der sekundären Quarzabscheidung entscheidend. Weil ein Tonüberzug die orientierte Aufwachsung erschwert oder verhindert, sind tonhaltige Sandsteine meist frei von Quarzneubildungen (Siever 1959, Heald & Anderegg 1960, Horn 1965). Besonders reichliche Neubildungen findet man in Lagen reiner Quarzsandsteine. Oft beobachtet man in feinkörnigen Lagen eine stärkere Abscheidung von Quarz als in grobkörnigen. Diese Erscheinung dürfte durch die größere Rauhigkeit der kleineren Sandkörner verursacht sein, welche die Keimbildungswahrscheinlichkeit erhöht. Die auf kleinstem Raum beobachteten Unterschiede der Quarzumwachsung sind vermutlich durch Unterschiede der Oberflächenbeschaffenheit, wie Adsorptionsfilme oder andere im Mikroskop nicht erkennbare Oberflächenschichten bedingt.

In einem einheitlichen Sedimentbecken nimmt die diagenetische Neubildung von Quarz mit der Versenkungstiefe zu. In Abb. 5-38 ist dies für Doggersandsteine des Gifhorner Troges in Nordwestdeutschland nach Untersuchungen von Philipp, Drong, Füchtbauer, Haddenhorst & Jankowsky (1963) dargestellt. Als Maß für die

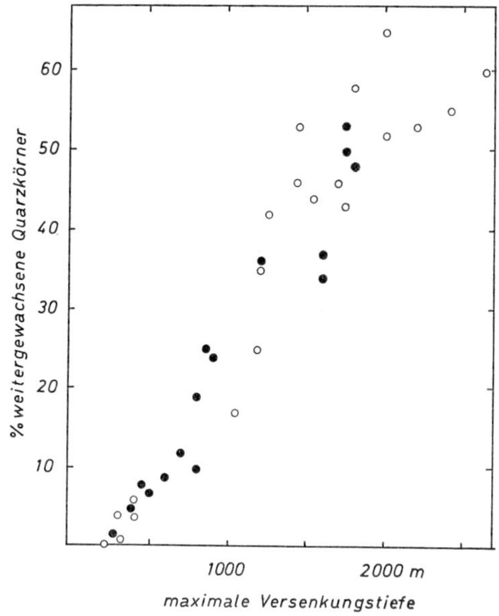

Abb. 5-38. Quarzkörner mit Anwachssäumen von diagenetisch gebildetem Quarz in % aller Quarzkörner. Sandsteine des Mittleren Jura aus Tiefbohrungen in NW-Deutschland. Die maximale Versenkungstiefe bezieht sich bei den mit Öl gefüllten Sandsteinen (•) auf die Zeit vor der Öleinwanderung. (Nach PHILIPP et al. 1963.)

Quarzneubildung wurde der Anteil weitergewachsener Quarze in Prozent aller Quarzkörner in Abhängigkeit von der maximalen Versenkungstiefe benutzt. Die Kreise entsprechen wassergefüllten, die Punkte ölgefüllten Sandsteinen. Für die letzteren wurde die maximale Versenkungstiefe vor der Einwanderung des Öls aus geologischen Überlegungen abgeschätzt.

Die als Quarz diagenetisch abgeschiedene Kieselsäure kann aus verschiedenen Quellen stammen. Einem sehr frühen Stadium der Diagenese gehören oberflächennah gebildete Quarzite an, deren Porenraum durch Quarz gefüllt wurde, der aus Verwitterungslösungen stammt. Derartige Bildungen sind die Tertiärquarzite Mitteleuropas, deren Kieselsäure aus der intensiven kaolinitischen Verwitterung unter Kohlenmooren stammt. Auch Wüstenquarzite mit Opal- oder Chalzedonzement gehören dem Übergangsbereich zwischen Verwitterung und Diagenese an.

Eine wichtige Kieselsäurequelle tiefer versenkter Sandsteine ist die Drucklösung. Man sollte erwarten, daß die an den Druckstellen gelöste Quarzsubstanz in unmittelbarer Nachbarschaft an nicht druckbeanspruchten Oberflächen der Sandkörner ausgeschieden wird. Sehr häufig ist dies jedoch nicht der Fall, und man beobachtet die stärkste Ausscheidung von sekundärem Quarz nicht in denselben Schichten, die die deutlichsten Anzeichen für Drucklösung aufweisen. Der Grund ist die erwähnte Beständigkeit übersättigter Kieselsäurelösungen, die erst dort Quarz abscheiden, wo geeignete Quarzkornoberflächen zur Verfügung stehen. Da Tongehalt die Drucklösung befördert, Tonüberzüge auf den Sandkörnern die Quarzabscheidung jedoch erschweren, wandert die aus der Drucklösung stammende Kieselsäure aus tonhaltigen Lagen in solche Bereiche, wo die Neubildung von Quarz leichter erfolgt, d. h. in tonfreie und auch in feinerkörnige Lagen.

Eine andere wichtige Quelle der Kieselsäure sind die in Sanden eingebetteten organischen Schalen und Skelette, die aus amorphem SiO_2 bestehen. Da die Löslichkeit von amorphem SiO_2 etwa 10mal höher ist wie die von Quarz (Abschnitt 2.331), ergibt die Auflösung des organogenen SiO_2 Lösungen, die in bezug auf Quarz stark übersättigt sind. Im Laufe der Diagenese muß daher das amorphe SiO_2 bei gleichzeitiger Neubildung von Quarz allmählich verschwinden.

Weitere Kieselsäure wird aus der Auflösung verschiedener Silikate geliefert, so insbesondere aus der im folgenden näher behandelten Umwandlung von Feldspat in Kaolinit. Schließlich ist damit zu rechnen, daß SiO_2 aus der Diagenese von Tonen stammt und den Sanden durch den Kompaktionsstrom zugeführt wird.

Da die Löslichkeit des SiO_2 mit der Temperatur stark zunimmt, werden Lösungen, die in größerer Tiefe und bei höherer Temperatur an SiO_2 gesättigt sind, übersättigt, wenn sie sich beim Aufsteigen im Kompaktionsstrom abkühlen. Auf diesem Wege kann SiO_2 aus größeren Tiefen nach oben transportiert werden. Daß Lösungen, welche aus der Verdichtung von Tonen stammen, SiO_2 in den Porenraum der Sandsteine bringen, die dort verbleibt, weil die wieder in Tone tretenden Lösungen ihren Gehalt an gelösten Stoffen durch Ionenfiltration im Sandstein hinterlassen, kann aus dem Vorkommen von Zonen starker Quarzneubildung geschlossen werden, die auch in ölgefüllten Sandsteinen nahe dem Kontakt zu liegenden und hangenden Tonschichten vorkommen, wie sie z. B. FÜCHTBAUER (1961) aus dem Dogger des Gifhorner Troges beschrieb.

Auch die Abhängigkeit der Löslichkeit der Kieselsäure vom pH kann zur Übersättigung und damit zur Neubildung von Quarz führen. Oberhalb pH 8 nimmt die Löslichkeit stark mit dem pH zu (Abschnitt 2.331). Die Neutralisierung alkalischer Lösungen kann somit eine Ausscheidung von Quarz hervorrufen.

Neubildung und Auflösung von Karbonaten. Die diagenetische Neubildung von Karbonaten ist im Porenraum von Sandsteinen weitverbreitet. Z. T. handelt es sich um die Wiederabscheidung durch Drucklösung aufgelösten Karbonats, das als detritisches Material (Karbonatkörner oder Organismenreste) dem Sand beigemengt war. Auf diese Weise entsteht ein feiner Karbonatzement im freien Porenraum.

Aus dem in der Porenlösung gelösten Karbonat kann sich gemäß den in Abschnitt 4.2 und 4.3 entwickelten Prinzipien Calcit oder Dolomit abscheiden, wenn sich Temperatur, pH oder CO_2-Tension ändern. Erwärmung der an Karbonat gesättigten Porenlösung in größeren Tiefen muß zur Abscheidung von Calcit oder Dolomit führen. Dies kann z. B. bei der Absenkung von Sedimenten geschehen oder dadurch, daß an Karbonat gesättigte Oberflächenwässer auf Sandsteinschichten in größere Tiefen eindringen. Erhöhung des pH und Verminderung der CO_2-Tension, die z. B. durch die Auflösung alkalihaltiger Silikate oder Entgasung der Porenlösung hervorgerufen werden, können zur Ausscheidung von Karbonaten führen.

Im Kompaktionsstrom aufsteigende Formationswässer können durch Ionenfiltration eine Übersättigung erfahren, wenn sie aus Sandsteinschichten in Tone übertreten. Auf diese Weise wurde die Entstehung verkalkter Zonen gedeutet, die in Sandsteinen häufig nahe dem Kontakt zu Tonschichten angetroffen werden (FOTHERGILL 1955). Ein Beispiel, für das diese Erklärung sicherlich zutrifft, beschrieb WERNER (1961) aus einem Doggersandstein Süddeutschlands. Dort findet sich eine verkalkte Zone unterhalb der hangenden Tonschichten, während in dem darunterliegenden Sandstein kalkige Fossilreste aufgelöst sind. In anderen Fällen finden sich karbonatisierte Säume sowohl an der Oberkante als auch an der Unterkante von Sandsteinschichten und auch in solchen Sandsteinen, die frühzeitig mit Öl gefüllt waren. Hier könnte auch eine Diffusion von Ionen aus feinkörnigen Sedimentgesteinen in den Sandstein die Übersättigung an Karbonat hervorgerufen haben (Füchtbauer 1970).

Für die Abscheidung von Dolomit im Porenraum und die oft beobachtete Umwandlung von primärem oder diagenetisch gebildetem Calcit in Dolomit dürfte die in Abb. 4-7 dargestellte Temperaturabhängigkeit der Stabilitätsfelder von Calcit und Dolomit von Bedeutung sein. Das Verhältnis der Konzentrationen von Calcium und Magnesium in den mit Dolomit als Bodenkörper im Gleichgewicht stehenden Lösungen verschiebt sich mit steigender Temperatur zu höheren Calciumkonzentrationen. Eine bei tieferer Temperatur mit Calcit im Gleichgewicht befindliche Lösung ist bei höherer Temperatur mit Dolomit im Gleichgewicht. Auf dem Wege über die Lösung sollte Calcit gelöst und Dolomit neu gebildet werden.

Eine Auflösung von Karbonaten wird durch Erniedrigung der Temperatur, Verringerung des pH und Erhöhung der CO_2-Tension in der Porenlösung hervorgerufen. Die allgemein zu beobachtende Erscheinung, daß karbonathaltige Sandsteine entkalkt sind, wo sie von kühlen, sauren und CO_2-haltigen Oberflächenwässern durchströmt wurden, ist auf diese Weise zu erklären.

Verdrängung von Quarz und Feldspäten durch Karbonate. In manchen Sandsteinen beobachtet man eine diagenetische Verdrängung von Quarz und Feldspäten durch Calcit, manchmal auch durch Dolomit (Walker 1957, 1960, 1962, Dapples 1959, 1967, Carozzi 1960, Zimmerle 1963, Heling 1963, 1970 a, Sharma 1965, Füchtbauer 1967 b, Kulke 1969, Meisl 1970).

Quarzkörner werden von der Oberfläche her von neugebildetem Karbonat korrodierend angegriffen. In fortgeschrittenen Stadien bleiben vom Quarz nur Skelette oder Aggregate von Fragmenten übrig, deren optische Einheitlichkeit noch den Umriß des ursprünglichen Kornes erkennen läßt. Schließlich können auf diesem Wege Gesteine entstehen, die aus einer dichten Calcitmasse bestehen, in der einzelne, meist deutlich korrodierte Quarzkörner schwimmen.

Die Verdrängung von Quarz durch Karbonat muß durch eine Veränderung der Porenlösung verursacht worden sein, welche die Löslichkeit von Quarz erhöht und gleichzeitig die des Karbonats herabsetzt. Die Löslichkeit von Quarz wird durch Temperatur- und pH-Erhöhung vermehrt, die von Calcit durch dieselben Einflüsse vermindert. Es liegt daher nahe, die Verdrängungsreaktion auf Erhöhung der Temperatur, Erhöhung des pH oder beides zurückzuführen. Auf den Einfluß des pH hat zuerst Correns (1950) hingewiesen. Eine solche kann z. B. dadurch zustandekommen, daß der CO_2-Gehalt der Porenlösung, etwa durch Abtrennung einer Gasphase abnimmt. Wird der Porenlösung CO_2 entzogen, steigt das pH, und die Löslichkeit von Calcit nimmt ab. Eine an $CaCO_3$ gesättigte Lösung hat bei verschwindender CO_2-Tension ein pH von fast 10 und enthält nur 13 mg/l $CaCO_3$, während eine gesättigte Lösung im Gleichgewicht mit dem CO_2 der normalen Atmosphäre ein pH von 8,4 hat und 50 mg/l $CaCO_3$ enthält (beides bei 25° C). Eine Entfernung von CO_2 aus dem Formationswasser kann also zu einer Ausfällung von Calcit führen und gleichzeitig das pH soweit erhöhen, daß SiO_2 in Lösung gehen muß. In der gleichen Richtung wirkt Temperaturerhöhung. Auch bei gleichbleibendem CO_2-Druck vermindert sich die Löslichkeit von Calcit mit steigender Temperatur. So ist z. B. bei gleichem CO_2-Druck bei 0° C in der gesättigten Lösung 2,4mal mehr $CaCO_3$ enthalten als bei 40° C. Die gleiche Temperaturerhöhung erhöht die Löslichkeit von Quarz von rund 5 ppm auf 16 ppm (vgl. Abschnitte 2.331 und 4.2).

Es ist daher anzunehmen, daß die häufig zu beobachtende Verdrängung von Quarz durch Karbonat durch eine Verminderung des CO_2-Gehaltes der Porenlösung, durch Temperaturerhöhung oder auch durch das Zusammenwirken beider Einflüsse hervorgerufen wird. Neben Quarz werden häufig auch Feldspäte von Calcit oder Dolomit verdrängt. Die Verdrängung erfolgt entlang von Spaltrissen, Zwillingslamellen oder Perthitspindeln und führt schließlich zu mehr oder minder vollständigen Pseudomorphosen. Nach den vorliegenden Beobachtungen scheint Kalifeldspat leichter und schneller verdrängt zu werden als Plagioklas. Da die Löslichkeit von Feldspat in neutralen Lösungen (pH 7) am geringsten ist und mit zunehmendem pH zunimmt, kann auch die Verdrängung von Feldspat durch Karbonat durch eine Zunahme des pH der Porenlösung verursacht werden, welche z. B. durch eine Abnahme des CO_2-Gehaltes bedingt sein kann.

Die Verdrängung durch Karbonate findet in der Regel in späteren Stadien der Diagenese, d. h. nach erheblicher Absenkung statt.

Verdrängung von Karbonaten durch Quarz. Die Verdrängung von Karbonatmineralien durch Chalcedon oder grobkristallinen Quarz ist besonders in Karbonatgesteinen weitverbreitet und führt dort zur Bildung von Hornstein- oder Feuersteinkonkretionen. Dieselbe Verdrängung wird auch in Sandsteinen beobachtet. Sie zeigt, daß es im System Quarz-Karbonat-Porenlösung reversible Gleichgewichte gibt, die von Temperatur und CO_2-Tension, resp. Wasserstoffkonzentration abhängen. Erhöhung der Temperatur und Verringerung der CO_2-Tension, resp. Erhöhung des pH führen zur Verdrängung von Quarz durch Karbonat; Erniedrigung der Temperatur und Vermehrung der CO_2-Tension, resp. Abnahme des pH führen zur Verdrängung von Karbonat durch Quarz. In manchen Fällen bildet das Gestein einen mehrfachen Wechsel dieser Verhältnisse in der Porenlösung ab. So beobachtete Walker (1962) in einem kieseligen Kalkoolith (Ordovizium) von Wisconsin die folgende Abfolge: 1. Ablagerung eines Kalkooliths, 2. teilweise Verdrängung des Karbonats durch Chalzedon, 3. teilweise Verdrängung des Chalzedon durch Dolomit, 4. teilweise Verdrängung des Dolomit durch Chalzedon. Die Verdrängung von Karbonaten durch Quarz ist in Sandsteinen seltener als die Verdrängung von Quarz durch Karbonate.

Neubildung von Alkalifeldspat. In vielen Sandsteinen findet man diagenetisch gebildeten Alkalifeldspat. In der Regel kommen nur die reinen Endglieder (Albit mit weniger als 3 Mol%, Kalifeldspat mit weniger als 2 Mol% Albit, Baskin 1956) und keine Mischungen vor, wie man es bei Bildungen tiefer Temperatur erwarten sollte. Doch fand Heling (1965) in einem Keupersandstein neugebildete Kalifeldspäte mit bis zu 30 Mol% Albit. Die neugebildeten Feldspäte bilden entweder

Umwachsungssäume um verschiedene detritische Feldspäte oder Kristalle im Porenraum. Die Umwachsungssäume haben dieselbe optische Orientierung wie der Kern, wenn die Zusammensetzung übereinstimmt. Sekundärer Albit ist oft polysynthetisch verzwillingt, doch nimmt die Schärfe der Zwillingslamellen mit der Annäherung an den Kern ab (HEALD 1956b). Die neugebildeten Feldspäte haben in der Regel Kristallflächen. Neugebildete Albite sind tafelig nach (001) oder (010) und oft nach dem Rock Tournée-Gesetz als Vierlinge verzwillingt. Neugebildete Kalifeldspäte haben oft Adularhabitus. Nach röntgenographischen und optischen Untersuchungen kommen Mikroklin, „Orthoklas" und Sanidin als Neubildungen vor. BASKIN (1956), SAENZ (1963), GLOVER & HOSEMANN (1967) fanden in einem devonischen Sandstein Umwachsungssäume auf detritischem Kalifeldspat, die auf (001) aus Hochsanidin, auf (010) aus Orthoklas und Niedersanidin und auf (110) und ($1\bar{1}0$) aus allen drei Modifikationen bestehen. Symmetrie und Optik der neugebildeten Feldspäte hängen wahrscheinlich von der Wachstumsgeschwindigkeit, d. h. vom Grad der Übersättigung ab. Die niedrigsymmetrischen, gut geordneten Phasen dürften bei langsamem Wachstum aus verdünnten Lösungen entstanden sein.

Wie im Falle des Quarz scheidet sich neugebildeter Feldspat vorzugsweise dort ab, wo die Oberflächen detritischer Feldspatkörner die Keimbildung erleichtern. Daher kommt neugebildeter Feldspat vornehmlich in Arkosen und Grauwacken vor. FÜCHTBAUER (1967a) fand im brackisch-marinen Mittleren Buntsandstein Albit, im fluviatilen Kalifeldspat als Neubildungen (vgl. auch MEISL 1970), was auf den Einfluß der Zusammensetzung der primär eingeschlossenen Porenlösung hinweist.

Die Neubildung von Feldspäten setzt eine gewisse Überdeckung voraus und wird durch höhere Temperatur gefördert. Die Reaktion der Feldspat abscheidenden Porenlösung dürfte schwach alkalisch gewesen sein.

Umwandlungspseudomorphosen von Kaolinit nach Feldspat und Neubildung von Kaolinit unter gleichzeitiger Auflösung von Feldspat. Die von der Verwitterung her wohlbekannte Auflösung von Feldspat bei gleichzeitiger Bildung von Kaolinit ist eine in vielen feldspathaltigen Sandsteinen zu beobachtende Reaktion, die der frühen Diagenese bei geringer Versenkungstiefe angehört. Eine Zusammenstellung über Sandsteine mit neugebildetem Kaolinit hat SHELTON (1964) veröffentlicht. Genauere Beschreibungen einzelner Beispiele finden sich z. B. bei FOTHERGILL (1955), FÜCHTBAUER & GOLDSCHMIDT (1963), HELING (1963), CARRIGY & MELLON (1964), KULKE (1969). Der neugebildete Kaolinit scheidet sich entweder in wurmförmigen oder geldrollenähnlichen Aggregaten im freien Porenraum ab, oder er nimmt den Platz des aufgelösten Feldspats ein. Im letzteren Fall handelt es sich um Umwandlungspseudomorphosen. Die Auflösung der nicht pseudomorphosierten Feldspäte erkennt man an Korrosionen der Kornränder und Löchern im Inneren. Die zerbrechlichen Formen unterscheiden diese neu gebildeten Kaolinitaggregate von detritischem Kaolinit, der zusammen mit dem Sand abgelagert wurde. Eine andere Möglichkeit, diagenetisch gebildeten Kaolinit von detritischem zu unterscheiden, ergibt sich aus einem Vergleich mit eingelagerten Tonschichten, deren Mineralzusammensetzung etwa dieselbe sein sollte, wie die des dem Sand primär beigemengten Tons. Sandsteine mit neugebildetem Kaolinit enthalten sehr viel mehr von diesem Mineral als die begleitenden Tone (GLASS, POTTER & SIEVER 1956, FÜCHTBAUER & GOLDSCHMIDT 1963).

Der Kaolinit scheidet sich zunächst in der ungeordneten „fireclay" Form ab, die sich allmählich in wohlgeordneten Kaolinit umwandelt. Die „fireclay"-Modifikation kann in frühzeitig mit Öl gefüllten Sandsteinen erhalten bleiben, ein Anzeichen dafür, daß die Umordnung nicht allein im festen Zustand, sondern auf dem Wege oder unter Mitwirkung der Porenlösung erfolgte (FÜCHTBAUER & GOLDSCHMIDT 1963).

Wie in Abschnitt 2.3323 dargelegt, bildet sich Kaolinit aus schwach sauren Lösungen (um pH 5). Die Auflösung des Feldspats in Kaliumionen, Aluminiumionen und Kieselsäure sowie die Bildung des Kaolinits aus diesen Bestandteilen kann durch die folgende Gleichung beschrieben werden:

$$2\,KAlSi_3O_8 + 16\,H_2O \rightarrow 2\,K^+ + 2\,Al^{3+} + 8\,OH^- + 6\,H_4SiO_4$$
$$\rightarrow Al_2(OH)_4Si_2O_5 + 4\,SiO_2 + 2\,K^+ + 2\,OH^- + 13\,H_2O$$

Der Vorgang führt also neben der Bildung von Kaolinit zur Freisetzung von SiO_2, Kalium- und Hydroxylionen. Damit Feldspatauflösung und Kaolinitbildung voranschreiten können, muß SiO_2 abgeschieden werden, und es muß eine Formationswasserströmung Wasserstoffionen zur Neutralisation der OH-Ionen zu- und Kaliumionen fortführen. In allen Sandsteinen mit diagenetischer Kaolinitbildung findet man neu gebildeten Quarz als Umwachsungssaum um detritische Körner. Für den Verbleib des Kaliums gibt es keinen direkten Hinweis. Es ist anzunehmen, daß das Kalium in Tonschichten adsorptiv oder durch Einbau in unvollständige Glimmer gebunden wird.

Neubildung und Umbildung von Tonmineralen. Je nach dem primären Mineralbestand der Sande und der Zusammensetzung, Temperatur und Wasserstoffionenkonzentration der Porenlösungen entstehen durch diagenetische Um- und Neubildungen im Porenraum der Sandsteine verschiedene Tonminerale. Diese Reaktionen setzen einerseits die Prozesse der Verwitterung fort, andererseits sind es Vorgänge, die man auch im Bereich der Metamorphose beobachtet.

Die in schwach saurem Milieu stattfindende Neubildung von Kaolinit beobachtet man auch in Sandsteinen ohne erkennbare Feldspatzersetzung. In diesen Fällen wurden Aluminium und Kieselsäure nicht an Ort und Stelle mobilisiert, sondern von Formationswasserströmungen herangebracht.

Detritische dioktaedrische Glimmer können bei saurer Reaktion der Porenlösung wie bei der Verwitterung zu kaliumarmen Wechsellagerungsmineralen und schließlich zu Montmorillonit abgebaut werden.

Führen jedoch die Porenlösungen Kalium und Aluminium zu, die im wesentlichen aus der Auflösung von Feldspäten stammen dürften, so kommt es zur Umwandlung der unvollständigen Glimmer (Illit) des Detritus in mehr oder minder vollständigen Muskovit. Aus der feinkörnigen primären Tonmatrix von Sandsteinen kann sich gröberkörniger Muskovit (Serizit), seltener Biotit bilden (DAPPLES 1967). Die Kristallisation von Biotit ist nur möglich, wenn die Porenlösung zweiwertiges Eisen enthält, also ein sehr niedriges Oxidationspotential hat. Aus primärem Glaukonit können Gemenge von Muskovit und Biotit entstehen (DAPPLES 1967).

In größeren Tiefen bildet sich Muskovit auch auf Kosten von Kalifeldspat. Das

Gleichgewicht Kalifeldspat/Muskovit hängt von der Menge der in der Porenlösung gelösten Kieselsäure ab (GARRELS & CHRIST 1965, S. 361): Bei gleicher Konzentration von Kalium in der Porenlösung bildet sich bei hoher H_4SiO_4-Konzentration Kalifeldspat, bei niedrigerer Muskovit.

Charakteristische Neubildungen sind in vielen Sandsteinen tri- und dioktaedrische Chlorite. Trioktaedrische, meist recht eisenreiche Chlorite kommen in manchen Sandsteinen als feiner Kristallrasen vor, der die Sandkörner überzieht (z. B. HEALD 1950, v. ENGELHARDT 1960, CARRIGY & MELLON 1964, HORN 1965). HORN (1965) fand als Kristallrasen im Porenraum eines Doggersandsteins einen eisenreichen „7-Å-Chlorit" = Chamosit, also eine zur Berthierin-Cronstedtitgruppe gehörige Zweischichtmodifikation mit Kaolinitstruktur. Der von HELING (1970) näher untersuchte neugebildete Chlorit eines Oberkarbonsandsteins ist ein normaler Chlorit mit $Si_{4.4}Al_{3.6}$ in den Tetraederpositionen und hälftiger Besetzung beider Oktaederschichten mit Eisen. In manchen Sandsteinen kann man die Verdrängung von detritischem Biotit durch Chlorit beobachten (SCHERP 1963, HELING 1965, 1970 a). In anderen Sandsteinen ist Chlorit auf Kosten von primärem Glaukonit entstanden (DAPPLES 1967). Die Umwandlungspseudomorphosen von Chlorit nach Biotit oder Glaukonit wurden durch eine Porenlösung hervorgebracht, welche arm an Kalium war und entweder viel Eisen und Magnesium oder wenig Kieselsäure enthielt. In jedem Fall setzt die diagenetische Bildung trioktaedrischer Chlorite Porenlösungen mit einem pH über 7 (GARRELS und CHRIST 1965, S. 364) und einem sehr niedrigen Oxidationspotential voraus, das die Existenz zweiwertiger Eisenionen in der Lösung zuläßt.

Dioktaedrische Chlorite, und zwar der Aluminiumchlorit Sudoit, unregelmäßige Wechsellagerungen mit Montmorillonit und regelmäßige Wechsellagerungen (Tosudit) sind in Sandsteinen wahrscheinlich verbreiteter als es bisher bekannt ist. Sie wurden von KULKE (1969) als feine feder-, fächerförmige und geldrollenartige Aggregate im Porenraum eines süddeutschen Keupersandsteins gefunden, wo sie als Umwandlungspseudomorphosen aus zuvor diagenetisch gebildetem Kaolinit entstanden. Worin sich die Existenzbedingungen von Kaolinit und Sudoit unterscheiden, ist noch nicht klar. Im genannten Vorkommen treten Sudoit und seine Wechsellagerungen in größerer Tiefe an die Stelle von Kaolinit. Es könnte sich also um einen Einfluß der höheren Temperatur handeln. Wahrscheinlicher ist es, daß die dioktaedrischen wie die trioktaedrischen Chlorite in alkalischen Lösungen stabil sind, während sich der Kaolinit aus sauren Lösungen bildet.

Neubildung von Sulfaten. In manchen Sandsteinen kommt Anhydrit als Neubildung der späten Diagenese vor (WALDSCHMIDT 1941, HELING 1965, FÜCHTBAUER 1967 a, b, MEISL 1970). Er findet sich besonders in der Nachbarschaft evaporitischer Sedimente. Der Anhydrit kommt als Füllung des Porenraums vor oder bildet Verdrängungspseudomorphosen nach Quarz, Feldspat und Tonmineralen. Da im Gegensatz zu den verdrängten Mineralen die Löslichkeit des Anhydrit mit steigender Temperatur stark abnimmt (Abb. 4-10), können die Abscheidung von Anhydrit wie auch die beobachteten Verdrängungen durch die Erwärmung einer an $CaSO_4$ gesättigten Porenlösung hervorgebracht werden.

Umwandlungspseudomorphosen von Calcit nach diagenetisch gebildetem Anhydrit, wie sie HELING (1965) im Schilfsandstein (Keuper) des Rheintalgrabens beobachtete, zeigen, daß dieser Sandstein nach der Anhydritbildung von Porenlösungen durchströmt wurde, in denen das Konzentrationsverhältnis Karbonat/Sulfat so groß war, daß eine Umwandlung von Anhydrit zu Calcit stattfand.

Diagenetisch gebildeter Baryt (seltener Barytocoelestin und Coelestin) ist in Sandsteinen nicht selten. Er findet sich als Füllung des Porenraums, oft in Form idiomorpher Kristalle. Auch Verdrängungen von Quarz und Feldspäten wurden beschrieben (FÜCHTBAUER 1967b, MEISL 1970). Das Barium dürfte aus der Auflösung von Kalifeldspat stammen. Wegen der besonders geringen Löslichkeit von $BaSO_4$ genügen schon sehr geringe Gehalte von Barium und Sulfat in der Porenlösung zur Ausfällung von Baryt.

Neu- und Umbildung von Zeolithen. Zeolithführende Gesteine kommen als Ablagerungen salzreicher Alkaliseen, in meist mächtigen Serien tuffitischer Sandsteine und Tuffe, die vulkanisches Glas enthalten und in manchen Sandsteinen mit Feldspat- und Gesteinsfragmenten vor. Besonders verbreitet sind solche zeolithreiche Sandsteine in tiefer versenkten Sedimentfolgen der Geosynklinalen des westlichen Nordamerika und Neuseelands sowie der russischen Plattform. Zusammenstellungen über das Vorkommen von Zeolithen in Sedimenten finden sich bei DEFFEYES (1959) und HAY (1966).

Die Zeolithe dieser Gesteine füllen entweder den Porenraum oder sie bilden Pseudomorphosen nach klastischen Komponenten wie Feldspat und Glas. Sie sind entweder bei der sublakustrischen und submarinen Verwitterung oder erst während der Diagenese entstanden.

Tabelle 5-13 enthält die Zusammensetzung der wichtigsten Zeolithe, die in Sedimenten vorkommen. Nach den Ergebnissen synthetischer Untersuchungen (Zusammenstellungen bei COOMBS et al. 1959, FISCHER & MEIER 1965) bilden sich Zeolithe bei Temperaturen bis etwa 450° C aus alkalischen Lösungen (hohes Konzentrationsverhältnis Kationen : Wasserstoffionen), die viel gelöste Kieselsäure enthalten. Die experimentell hergestellten Zeolithe entstehen in der Regel als metastabile Phasen, d. h. die Bildungsbedingungen decken sich im allgemeinen nicht mit den Stabilitätsbereichen der betreffenden Phasen. Die genauen Gleichgewichtsbedingungen sind daher noch nicht bekannt.

Aus den natürlichen Vorkommen kann man schließen, daß Chabasit, Offretit (Erionit), Natrolith und Phillipsit vorzugsweise durch subaquatische Verwitterung am Meeresboden oder besonders in Salzseen mit hohem pH und hohem Gehalt an Alkalien (Natronseen, Boratseen) entstehen.

Diagenetisch bilden sich in geringeren Tiefen vorzugsweise Analcim, Wairakit und Klinoptilolith, die SiO_2-reiche Abart des Heulandit. Voraussetzung für die diagenetische Zeolithbildung ist ein hoher Gehalt der Porenlösung an Natrium, Calcium und Kieselsäure und alkalische Reaktion. Zeolithe bilden sich daher vorzugsweise im Porenraum solcher Gesteine, die vulkanisches Glas, amorphes SiO_2 oder auch viel Feldspäte und daher Porenlösungen enthalten, die an Kieselsäure in bezug auf Quarz übersättigt sind. Eine weitere Bedingung für diagenetische Zeolithbildung dürfte eine geringe Konzentration an Karbonationen in der Porenlösung sein, so daß sich keine

Tabelle 5-13. Wichtigste Zeolithe in Sedimentgesteinen.

Name	Ideale Formel	Variationsbereich (Coombs et al. 1959)	Si : Al
1. Vorzugsweise bei der subaquatischen Verwitterung gebildet:			
Chabasit	$(Ca_{1/2},Na,K)_2Al_2Si_4O_{10} \cdot 6\,H_2O$	$(Ca_{1/2},Na,K)_{10}Al_{10}Si_{26}O_{72}$ — $(Ca_{1/2},Na,K)_{13,5}Al_{13,5}Si_{22,5}O_{72} \cdot 36\,H_2O$	2,6—1,7
Offretit (Erionit)	$(Ca_{1/2},Mg_{1/2},Na,K)_3Al_3Si_9O_{24} \cdot 9\,H_2O$		3,0
Natrolith	$Na_2Al_2Si_3O_{10} \cdot 2\,H_2O$		1,5
Phillipsit	$KCaAl_3Si_5O_{16} \cdot 6\,H_2O$	$(Ca_{1/2},K)_5Al_5Si_{11}O_{32}$ — $(Ca_{1/2},K)_7Al_7Si_9O_{32} \cdot 12\,H_2O$	1,7
2. Vorzugsweise im Sediment bei tieferen Temperaturen gebildet:			
Heulandit	$CaAl_2Si_7O_{18} \cdot 6\,H_2O$	$(Ca_{1/2},Na)_{9,6}Al_{9,6}Si_{26,4}O_{72}$ — $(Ca_{1/2},Na)_8Al_8Si_{28}O_{72} \cdot 24\,H_2O$	2,8—3,5
		Klinoptilolith: $Ca(Na,K)_4Al_6Si_{30}O_{72} \cdot 24\,H_2O$	5,0
Analcim	$NaAlSi_2O_6 \cdot H_2O$	$Na_{17}Al_{17}Si_{31}O_{96}$ — $Na_{14}Al_{14}Si_{34}O_{96} \cdot 16\,H_2O$	1,8—2,4
Wairakit	$CaAl_2Si_4O_{12} \cdot 2\,H_2O$		2,0
Mordenit	$(Ca_{1/2},Na,K)_2Al_2Si_{10}O_{24} \cdot 7\,H_2O$		5,0
3. Im Sediment bei Temperaturen über 200° gebildet:			
Laumontit	$CaAl_2Si_4O_{12} \cdot 4\,H_2O$	$Ca_{4,25}Al_{8,5}Si_{15,5}O_{48}$ — $Ca_{3,75}Al_{7,5}Si_{16,5}O_{48} \cdot 16\,H_2O$	1,8—2,2

Karbonatminerale bilden können, welche sonst die verbreitetsten Abscheidungen aus alkalischen Porenlösungen sind.

Wie aus der Tabelle hervorgeht, variiert die Zusammensetzung einzelner Zeolithe. Allen Zeolithen gemeinsam ist die allgemeine Formel $(M^{I}, M_{1/2}^{II})_x \cdot x\,AlO_2 \cdot y\,SiO_2 \cdot z\,H_2O$, mit M^{I} = Li, Na, K und M^{II} = Mg, Ca, Sr, Ba. Innerhalb mancher Arten variieren x, y und z. Da die Kationen im Gitter beweglich sind und ausgetauscht werden können, sind auch ihre Mengenverhältnisse variabel. Diese Variabilität der Zusammensetzung spiegelt die Zusammensetzung der Ausgangsmaterialien und der Porenlösung ab und ist außerdem von Druck und Temperatur abhängig.

Coombs & Whetten (1967) unterscheiden drei Gruppen (A, B, C) von Analcimen verschiedener Zusammensetzung: Si-reiche A-Analcime ($Na_{13}Al_{13}Si_{35}O_{96}$ – $Na_{14}Al_{14}Si_{34}O_{96} \cdot z\,H_2O$) bilden sich nahe der Oberfläche in Lösungen mit hohen Gehalten von Kieselsäure und Kationen. B-Analcime der Zusammensetzung $Na_{14}Al_{14}Si_{34}O_{96} \cdot z\,H_2O$ entstehen diagenetisch während der Versenkung in größere Tiefen. Si-arme Analcime der Gruppe C ($Na_{15}Al_{15}Si_{33}O_{96} \cdot z\,H_2O$ – $NaAlSi_2O_6 \cdot H_2O$) kommen oft zusammen mit neugebildetem Dolomit vor. Sie entstanden nicht aus vulkanischem Glas, sondern direkt aus alkalischen Lösungen oder durch Reaktion von solchen Lösungen mit Ton- und anderen Mineralen der Sedimente. Nach Experimenten von Fyfe (Coombs et al. 1959) erniedrigt steigendes pH den SiO_2-Gehalt der synthetischen Zeolithe und begünstigt die Abscheidung von Quarz.

In tiefer versenkten Gesteinen verschwinden Analcim, Heulandit und Wairakit und es erscheinen an ihrer Stelle Laumontit, Albit und Quarz. Als ein Beispiel für diese Teufenabhängigkeit ist in Abb. 5-39 das Vorkommen der Zeolithe in einer 10 000 m mächtigen Serie triassischer tuffitischer Grauwacken, Siltsteine und Tuffe der Südinsel von Neuseeland dargestellt (nach Coombs et al. 1959).

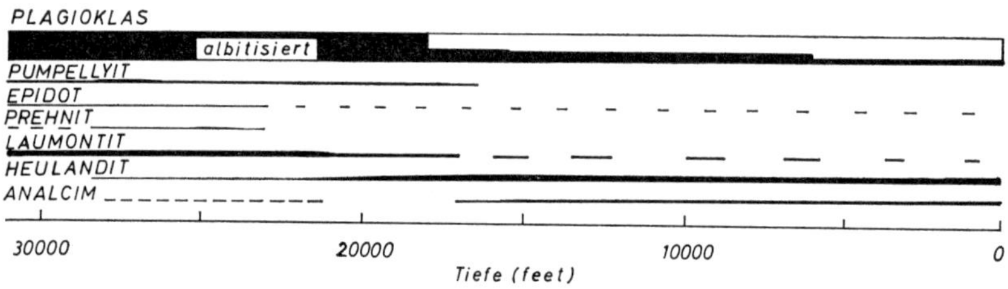

Abb. 5-39. Diagenetisch resp. durch Metamorphose gebildete Minerale in triassischen Grauwacken, Siltsteinen, Tuffiten und Tuffen von Taringatura, Südinsel Neuseeland (nach Coombs et al. 1959).

Bei Temperaturerhöhung bildet sich aus Analcim und Quarz Albit, gemäß der Reaktion:

$$\underset{\text{Analcim}}{NaAlSi_2O_6 \cdot H_2O} + \underset{\text{Quarz}}{SiO_2} \rightarrow \underset{\text{Albit}}{NaAlSi_3O_8} + H_2O$$

Entsprechend setzt im Profil der Abb. 5-39 mit dem Verschwinden von Analcim eine starke Albitisierung von Plagioklas ein. Wegen der geringen Reaktionsgeschwindigkeit konnte die Gleichgewichtstemperatur der Reaktion experimentell noch nicht genau festgelegt werden. Nach den vorliegenden Daten dürfte bei Wasserdampfdrucken unter 2000 Bar der Analcim bei Temperaturen um 200° mit Quarz unter Albitbildung reagieren (Coombs et al. 1959, Winkler 1967).

Im Gegensatz zu den anderen Zeolithen kommt Laumontit nur in Tuffen und Sedimenten vor, die bis in eine gewisse Tiefe versenkt wurden. In Profilen einheitlicher Sedimentserien wie dem der Abb. 5-39 bezeichnet die beginnende Laumontitbildung eine recht scharfe Grenze, die offensichtlich in erster Linie durch die Temperatur gegeben ist. An derselben Grenze verschwinden Analcim und Heulandit. Der Laumontit bildet sich auf Kosten von Heulandit oder der Anorthitkomponente der Plagioklase gemäß den Reaktionen:

$$\underset{\text{Heulandit}}{CaAl_2Si_7O_{18} \cdot 6\,H_2O} \rightarrow \underset{\text{Laumontit}}{CaAl_2Si_4O_{12} \cdot 4\,H_2O} + \underset{\text{Quarz}}{3\,SiO_2} + 2\,H_2O$$

$$\underset{\text{Anorthit}}{CaAl_2Si_2O_8} + \underset{\text{Quarz}}{2\,SiO_2} + 4\,H_2O \longrightarrow \underset{\text{Laumontit}}{CaAl_2Si_4O_{12} \cdot 4\,H_2O}$$

Die Bildung von Laumontit nach diesen Reaktionen ist im Laboratorium noch nicht gelungen. Nach Beobachtungen im Fumarolengebiet von Wairaki, Neuseeland, schließen Coombs et al. (1959), daß die Laumontitbildung wie die Bildung von Albit auf Kosten von Analcim bei etwa 200° C beginnt. Das Vorkommen von Laumontit in einigen Sandsteinen, die nicht tief versenkt waren und vermutlich nicht höhere Temperaturen als etwa 100° erlebten (Hay 1966, S. 90) läßt es jedoch nicht ausgeschlossen erscheinen, daß sich Laumontit auch bei niederen Temperaturen aus geeignet zusammengesetzten Porenlösungen (alkalische Reaktion, viel Kieselsäure und Ca, kein Karbonat) bilden kann.

Auf der Suche nach einer Abgrenzung von Diagenese und Metamorphose hat man den Beginn der Laumontitbildung als die Grenze dieser zwei Bereiche definiert (Turner & Verhoogen 1960, Winkler 1967). Oberhalb dieser Grenze, d. h. bei Temperaturen über 200° soll der Bildungsbereich der durch die Minerale Laumontit und Prehnit charakterisierten Zeolith- (Turner & Verhoogen 1960) oder Laumontit-Prehnit-Fazies (Winkler 1967) liegen, mit welcher die so definierte Metamorphose beginnt.

Auflösung von Schwermineralen (Intrastratal solution). Wie die anderen Bestandteile der Sandsteine werden auch die spezifisch schweren, akzessorischen Minerale von den durchströmenden Porenlösungen aufgelöst. Diese Auflösung unterscheidet sich im Prinzip nicht von den entsprechenden Vorgängen im Verwitterungsbereich. Da die Schwerminerale für Zwecke der Korrelation und der Ermittlung von Transportrichtungen besondere Beachtung erfuhren, fiel ihre Auflösung während der Diagenese früh schon auf und wurde von Pettijohn (1941, 1957) als “intrastratal solution” bezeichnet.

Aus einer Statistik über die aus Formationen verschiedenen Alters beschriebenen Schwerminerale leitete Pettijohn eine Persistenzreihe ab. An der Spitze der Reihe stehen die in den ältesten Gesteinen angereicherten Minerale wie Rutil, Zirkon und Turmalin, denen die größte Stabilität zugesprochen wird, am Ende der Reihe, die in jüngeren Gesteinen häufigeren Minerale wie Olivin und Pyroxen, die deshalb als besonders instabil angesehen werden.

Beobachtungen verschiedener Autoren an einzelnen Sandsteinen, über die FÜCHTBAUER (1970) zusammenfassend berichtete, haben diese Reihe im wesentlichen bestätigt. Im einzelnen macht sich wie bei der Verwitterung der Einfluß von Kalkgehalt und pH besonders bemerkbar. Besonders intensiv ist die Auflösung in solchen Sandsteinen, in denen eine Kaolinisierung der Feldspäte stattgefunden hat, wo also saure Porenlösungen gewirkt haben. In kalkhaltigen Sandsteinen ist die Schwermineralauflösung weniger intensiv, sowohl wegen der weniger sauren Reaktion der Porenlösungen als auch wegen der frühzeitigen Schließung des Porenraums durch diagenetisch ausgeschiedenes Karbonat, welches die Bewegung der Porenlösungen verhindert. Ebenso kommt auch in ölgefüllten Sandsteinen die Auflösung der Schwerminerale zum Stillstand, während sie in benachbarten wassergefüllten Schichten weiter fortschreitet.

Daß die Auflösung der Schwerminerale in einer einheitlichen Schichtserie mit zunehmender Tiefe zunimmt, konnte an verschiedenen Beispielen nachgewiesen werden. So fand WIESENEDER (1952, 1958) in den miozänen Sanden des Wiener Beckens eine mit der Versenkungstiefe (0—2500 m) zunehmende Zerstörung von Epidot, Hornblende, Granat und Staurolith. Die Formationswässer dieser Schichten (vgl. Abschnitt 5.32) enthalten Karbonat und freie Kohlensäure, deren Gehalt mit der Tiefe zunimmt. In Doggersandsteinen Nordwestdeutschlands stellte DRONG (FÜCHTBAUER 1970) eine Abnahme der Gehalte von Disthen, Staurolith und Granat mit zunehmender Versenkungstiefe (500—2000 m) fest.

Die von FÜCHTBAUER (1970) angegebene Reihenfolge der Stabilität der Schwerminerale gegenüber diagenetischer Auflösung, wie sie sich aus den Beobachtungen an verschiedenen Sandsteinen ableiten läßt, ist die folgende:

Amphibol, Pyroxen, Olivin	instabil
Epidot	↑
Disthen	│
Staurolith	│
Apatit, Granat	↓
Turmalin, Zirkon, Rutil	stabil

Die Reihenfolge entspricht etwa der von PETTIJOHN statistisch ermittelten Persistenzreihe. Sie gibt offenbar die Stabilität der verschiedenen Minerale in den in Sandsteinen am häufigsten vorkommenden Porenlösungen an. Im einzelnen sollte man bei der diagenetischen Auflösung aber ebenso wie im Verwitterungsbereich eine Abhängigkeit der Reihenfolge vom besonderen Chemismus der Porenlösungen erwarten. Daß in der diagenetischen Stabilitätsreihe abweichend von den Beobachtungen in den meisten Böden Apatit und Granat als relativ stabile Minerale erscheinen, hat seinen Grund wohl darin, daß die Porenlösungen der meisten Sandsteine im Verlauf der Diagenese im Durchschnitt nicht stark sauer sind und wohl auch relativ viel Calcium enthalten.

Neubildung von Schwermineralen. Einige Schwerminerale, die sich normalerweise bei höheren Temperaturen aus Magmen oder hydrothermalen Lösungen bilden, können auch im Verlauf der Diagenese bei niederen Temperaturen entstehen. Genaueres ist über die Bildungsbedingungen nicht bekannt. Diagenetisch gebildeter Turmalin wurde aus verschiedenen Sedimentgesteinen, u. a. auch aus Sandsteinen beschrieben (Boswell 1933, Krynine 1946, Pettijohn 1957, Pustowaloff 1955, Awasthi 1961 u. a.). In der Regel handelt es sich um klare von Kristallflächen begrenzte Anwachssäume detritischer Körner. Es kommen aber im selben Sandstein neben Anwachssäumen auch feine, neugebildete Turmalinnadeln vor (Valeton 1955). Selbst Zirkonkörner mit diagenetisch gebildeten Anwachssäumen sind aus verschiedenen Sandsteinen beschrieben worden (Pettijohn 1957, Valeton 1955b, Awasthi 1961). An Zirkonen aus dem Buntsandstein beobachtete Valeton bevorzugtes Wachstum auf den Prismenflächen getrübter oder zonarer Zirkone unter Ausbildung von (111)-Flächen, wobei am selben Korn andere Teile der Oberfläche stark korrodiert erscheinen. Möglicherweise handelt es sich hier wie auch bei manchen weitergewachsenen Turmalinen nicht um eine Abscheidung aus der Porenlösung, sondern um eine Materialumlagerung durch Oberflächendiffusion. Anatas und Brookit, durch kristallographische Begrenzung von detritischen Körnern unterschieden, sind häufige Neubildungen in Sandsteinen (Boswell 1933, Pettijohn 1957). Das Titan dürfte im wesentlichen aus der Zersetzung von Biotiten stammen. Auch Apatit wurde aus manchen Sandsteinen als Neubildung beschrieben, so z. B. als Anwachssaum um detritische Apatitkörner im Buntsandstein (Valeton 1953).

Neubildung von Sulfiden. Diagenetisch gebildete Eisensulfide (Markasit und Pyrit) kommen in vielen Sandsteinen vor. In diesen Mineralen ist das bei der frühdiagenetischen Reduktion des Sulfats der Porenlösung gebildete Sulfid fixiert.

Die Mehrzahl der diagenetischen Prozesse im Porenraum der Sandsteine können nicht allein durch Reaktionen der detritischen Sandkomponenten mit der bei der Ablagerung eingeschlossenen Porenlösung erklärt werden. Die mengenmäßig großen Umsetzungen, die z. B. bei der Kaolinisierung von feldspathaltigen Sanden, der Auflösung von Karbonaten, der Um- und Neubildung von Phyllosilikaten, der Verdrängung von Quarz und Feldspat durch Karbonate usw. stattfinden, erfordern den Zustrom frischer Lösungen und die Abfuhr gelöster Stoffe während eines längeren Zeitraums. Dasselbe gilt für die diagenetische Auflösung schwer löslicher Minerale, wie z. B. der Schwerminerale, die nur in einem lange andauernden Lösungsstrom möglich ist. Wie das Studium der Formationswässer gezeigt hat, werden diese Strömungen einerseits von den durch die Kompaktion der Sedimente freiwerdenden Wassermengen, dem Kompaktionsstrom, andererseits von einströmendem Oberflächenwasser gespeist.

Der Kompaktionsstrom stammt aus der bei der Absenkung der Sedimente stattfindenden Verdichtung. Die Hauptmenge der aufsteigenden Lösungen liefert die im nächsten Kapitel zu behandelnde Verdichtung der Tone, da diese den Hauptanteil der meisten Beckenfüllungen bilden und bei der Versenkung die stärkste Volumverminderung erfahren. Die ausgepreßten Lösungen wandern unter dem Einfluß des vertikal gerichteten Druckes der aufliegenden Schichten nach oben. Die Strömung verläuft jedoch in einem aus verschiedenen Schichten bestehenden Sedimentpaket nicht einfach vertikal zur Oberfläche. Sie findet vorzugsweise in den durchlässigen Sandsteinlagen statt. Wie die nähere Betrachtung zeigte (vgl. Abschnitt 5.23), werden beim Übertritt einer Wasserströmung aus undurchlässigen in durchlässige Schichten die Fließlinien stark in die durchlässige Schicht hinein gebrochen, wenn die Grenzfläche nur wenig gegen die Horizontale geneigt ist. Da die Schichtgrenzen nur selten genau horizontal sind, benutzt der aus einem sich verdichtenden Becken austretende Kompaktionsstrom vornehmlich Sandsteinschichten als Leitungsbahnen. Sie werden im Verlauf der Diagenese von sehr viel größeren Lösungsmengen durchströmt, als es der Verdichtung der unmittelbar darunter liegenden Tonschichten entspricht, da die Sandschichten ein größeres Volumen sich verdichtender Beckensedimente drainieren (v. ENGELHARDT 1967).

Da die Strömung der Formationswässer im wesentlichen in den Sandsteinschichten verläuft, können während der Diagenese in nah benachbarten Sandsteinlagen unter Umständen verschiedene chemische Bedingungen herrschen, wenn dieselben durch schwerdurchlässige Tonschichten voneinander getrennt sind. Ein Beispiel hierfür bieten Schilfsandstein und Stubensandstein des Mittleren Keupers in Süddeutschland, die durch 60 bis 70 m dicke Mergel voneinander getrennt sind (HELING 1963, 1965). Während im Stubensandstein zunächst Feldspat aufgelöst, Quarz und Kaolinit neugebildet und später Dolomit und Calcit abgeschieden wurden, fand im darunter liegenden Schilfsandstein diagenetische Neubildung von Alkalifeldspat und Chlorit statt.

Nur ein kleiner Teil des Kompaktionsstromes tritt aus den Sandsteinlagen in die hangenden Tonschichten. Dabei werden sowohl suspendierte Gasbläschen und Öltröpfchen als auch gelöste Ionen abfiltriert und im Sandstein zurückgehalten — Gas und Öl wegen des Kapillardrucks, die Ionen wegen des Ionenfiltrationseffektes.

So reichern sich einerseits Gas und Öl, andererseits gelöste Stoffe in durchlässigen Schichten an. Nahe der Sand-Tongrenze kann auf diesem Wege die Sättigung für bestimmte Minerale, wie z. B. Quarz oder Calcit, überschritten werden, die sich dann dort bevorzugt abscheiden.

Besondere Situationen ergeben sich an Antiklinalen und ähnlichen Strukturen von Sanden. Der Kompaktionsstrom wird hier von allen Seiten der Hochlage zuströmen und von dort aus in die darüber liegenden Tonschichten dringen. Hier können sich Anreicherungen von Gas und Öl oder von diagenetischen Neubildungen bilden.

Der Kompaktionsstrom wird geneigte Sandsteinschichten in der Regel entgegengesetzt zum Fallen durchsetzen. Er kann aber auch anders verlaufen, wenn die Durchlässigkeit der darüber liegenden Schichten variiert und an bestimmten Stellen wegen des Wechsels der Gesteinsbeschaffenheit oder durch Störungen und Spalten größer ist. Dann kann die Strömung im Sandstein unter Umständen auch unabhängig vom Fallen auf diese Stellen hin gerichtet sein.

Wie die Analyse der Formationswässer gezeigt hat, ist ihre Bewegung im Sediment nicht immer allein vom Kompaktionsstrom bestimmt. Unter bestimmten Umständen können auch große Mengen von Oberflächenwässern in tiefere Schichten eindringen. Derartige Einströmungen von Oberflächenwässern sind insbesondere in älteren, konsolidierten Sedimentbecken zu erwarten, in denen keine Absenkung mehr stattfindet, so daß der Kompaktionsstrom zur Ruhe gekommen ist. Auch eine spätere Heraushebung in größerer Tiefe verfestigter Schichten kann diese in den Einwirkungsbereich von Oberflächenwässern bringen.

In Sandsteinen konsolidierter Sedimentbecken sollten daher zwei Epochen durch Formationswasserströmungen hervorgerufener diagenetischer Reaktionen zu unterscheiden sein: In einer ersten Periode der Absenkung werden Auflösung, Umbildung und Neubildung bei gleichzeitiger Zunahme von Druck und Temperatur durch den von unten aufsteigenden Kompaktionsstrom erzeugt. Nach der Konsolidierung des Beckens kann sich eine zweite Periode anschließen, in der von oben eindringende Oberflächenwässer Veränderungen im Porenraum der Gesteine hervorrufen.

Beschreibungen des zeitlichen Ablaufs der chemischen Diagenese in einzelnen gut untersuchten Sandsteinen hat Füchtbauer (1970) gegeben, auf die hier verwiesen sei. Aus diesen Beispielen geht hervor, daß die zeitliche Folge der diagenetischen Auflösungen, Umbildungen und Neubildungen, wie zu erwarten, in den einzelnen Fällen sehr verschieden ist, da sie von vielen Umständen abhängt. Es gibt daher kein allgemeingültiges Schema für den Verlauf der chemischen Diagenese. Wichtigste Faktoren sind neben der Zusammensetzung des Sandes und der Porenlösungen, welche den Sand und die ihn umgebenden Sedimente primär erfüllten, der Verlauf der Absenkung, gegebenenfalls seine spätere Heraushebung und die Veränderungen des Chemismus der Formationswässer, die ihn während der Diagenese durchströmten.

Von besonderer Bedeutung für die diagenetischen Prozesse ist das Verhältnis Wasserstoffionen/Kationen in der Porenlösung. In den frühen Stadien der Diagenese ist dieses Verhältnis im wesentlichen noch durch die Art des Ablagerungsmilieus bestimmt. Es ist in der Regel höher in den Bildungen kontinentaler Ablagerungsräume als in marinen Sedimenten.

Für die frühe Diagenese vieler kontinentaler Sandsteine sind daher Reaktionen typisch, die im sauren Milieu verlaufen. Hierzu gehört die Auflösung der Feldspäte unter gleichzeitiger Bildung von Kaolinit und Quarz, die Herauslösung von Kalium aus detritischen Glimmern, die Auflösung von Karbonaten und ihre Verdrängung durch Quarz, sowie die Auflösung von Schwermineralen, insbesondere von Apatit, Granat und Hornblende.

In marinen Sandsteinen und solchen kontinentalen Ablagerungen, die keine sauren Verwitterungslösungen eingeschlossen haben, finden diese Reaktionen nicht statt. Hier kann es schon recht frühzeitig zur Neubildung von Feldspäten, zur Abscheidung von Karbonaten und zur Neubildung von Chloriten kommen. Primärer oder sekundär ausgeschiedener Calcit wird später in Dolomit umgewandelt, der ebenso wie die Chlorite den Porenlösungen Magnesium entzieht. Bei besonders hoher Konzentration an Kieselsäure und Kationen, wie sie durch die Anwesenheit von viel Feldspat und vulkanischem Glas begünstigt werden, bilden sich Zeolithe, besonders Analcim und Heulandit.

Wenn innerhalb einer Formation ein regionaler Fazieswechsel vorliegt, finden sich auch entsprechende regionale Unterschiede der frühen Diagenese. So sind die diagenetischen Neubildungen im Mittleren Buntsandstein Deutschlands durch das verschiedene Ablagerungsmilieu bestimmt (FÜCHTBAUER 1967a): Im südlichen Gebiet fluviatiler Sandsteine bildete sich neben Quarz Kalifeldspat und in einer späteren Phase Dolomit. Im nördlichen brackisch-marinen Gebiet bildeten sich dagegen Analcim, Albit, Quarz und später neben Calcit Anhydrit, Baryt, Barytocoelestin, Coelestin und stellenweise Steinsalz.

Drucklösung der detritischen Bestandteile ist eine den Sandsteinen aller Bildungsbereiche gemeinsame diagenetische Reaktion. Schon bei sehr geringer Überdeckung beginnt die Drucklösung detritischen Karbonats, das in feinkristalliner Form im Porenraum der Sedimente ausgeschieden wird. Die Drucklösung von Quarz (in geringerem Ausmaß auch die von Feldspat) beginnt bei Versenkungstiefen um 1000 m wirksam zu werden. Die ebenfalls in fast allen Sandsteinen zu beobachtende Neubildung von Quarz, die schon in geringen Versenkungstiefen einsetzt, beruht zu einem Teil auf der Drucklösung. Im übrigen stammt das SiO_2 aus der Auflösung von leichter löslichen organogenen SiO_2-Arten, aus der Auflösung von Feldspat und wohl auch aus der Abkühlung der aus größeren Tiefen aufsteigenden Porenlösungen.

Die diagenetischen Prozesse bei tieferer Versenkung werden durch die Zunahme von Temperatur und Druck bestimmt und können in ihren Grundzügen anhand der Veränderungen verstanden werden, welchen die Zusammensetzung der Formationswässer während der Diagenese und Absenkung unterworfen sind. Der in den Formationswässern allgemein zu beobachtenden Zunahme des Kationengehaltes mit der Tiefe, d. h. der Abnahme des Verhältnisses Wasserstoffionen : Kationen entspricht ein Zurücktreten der in saurem Milieu stattfindenden Reaktionen. Die in geringer Tiefe noch durch das Ablagerungsmilieu bedingten Unterschiede werden in größeren Tiefen geringer oder verschwinden ganz. So wird die Kaolinitbildung der frühen Diagenese in größeren Tiefen durch die Bildung dioktaedrischer und trioktaedrischer Chlorite abgelöst. Aus alkalireichen Lösungen bildet sich Alkalifeldspat. Muskovit entsteht aus unvollständigen Glimmern oder auch an Stelle und auf Kosten von Kalifeldspat, wenn die Lösung viel Kieselsäure enthält. Aus karbonathaltigen Lösungen scheidet sich bei der Erhöhung von Temperatur und Alkalinität in größeren Tiefen Karbonat ab, das häufig Quarz und Feldspat verdrängt. Zu Beginn der Diagenese entstandener Analcim und Heulandit setzen sich in größerer Tiefe zu Albit, Quarz und Laumontit um. Anhydrit und Baryt scheinen in der Regel zu späten Bildungen der Diagenese zu gehören.

Mannigfach sind die diagenetischen Reaktionen, die durch die Mischung der Formationswässer mit Wässern ausgelöst werden können, die von der Oberfläche her zuströmen. Verschiedene Bildungen und Umbildungen der späten Diagenese mögen auf den Einfluß von Oberflächenwässern zurückzuführen sein. Es wurde bereits erwähnt, daß die hohen Ca-Gehalte der Formationswässer des Michiganbeckens wahrscheinlich aus Oberflächenwässern stammen. Die Erwärmung karbonathaltiger Ca- und Mg-reicher Oberflächenwässer in der Tiefe könnte die in vielen Sandsteinen beobachtete späte Abscheidung von Karbonaten verursacht haben, die angesichts des meist niedrigen Karbonatgehaltes der Formationswässer anders schwer zu erklären ist. Dasselbe gilt für die späte Abscheidung von Baryt und Anhydrit. Da tiefe Formationswässer sehr wenig Sulfat enthalten, müßten sulfathaltige Lösungen zugeströmt sein.

Sofern sie nicht aus Evaporiten stammen, könnten sie auch von der Oberfläche her zugeführt worden sein.

Die chemischen Prozesse der Diagenese werden unterbrochen, wenn der Porenraum durch Öl oder Gas gefüllt wird. In öl- und gasgefüllten Sandsteinen ist daher dasjenige Stadium der Diagenese konserviert, welches zur Zeit der Einwanderung dieser Phasen erreicht war. Dies ist der Grund für die in vielen Öl- und Gaslagerstätten festgestellte Tatsache, daß Sande, wo sie öl- oder gasgefüllt sind, eine höhere Porosität haben als in den wassergefüllten Bereichen. Die z. B. durch die Menge des neugebildeten Quarzes feststellbare Grenze zwischen stärkerer und schwächerer Diagenese fällt selten genau mit der heutigen Öl- resp. Gas/Wassergrenze zusammen. Aus diesen Abweichungen lassen sich Schlüsse über die Geschichte der Öl- oder Gasfüllung der Lagerstätte und ihrer Struktur ableiten (Füchtbauer 1961, Philipp et al. 1963).

5.5 Diagenese von Tonen

5.51 Mechanische Diagenese (Kompaktion)

Frisch abgelagerte Tonsedimente haben Porositäten im Bereich zwischen 0,7 und 0,9. Durch den Druck auflagernder Schichten können diese lockeren Gefüge allein durch Umordnung, Deformierung oder auch Zerbrechung der Einzelteilchen ohne die Beteiligung chemischer Prozesse eine erhebliche Verdichtung erfahren. Diese Kompaktion spielt bei tonigen Sedimenten eine sehr viel größere Rolle als bei Sanden, weil erstens die primäre Porosität der Tone wesentlich höher ist und weil zweitens die blättchenförmigen Tonteilchen aus geometrischen Gründen dichter gepackt werden können als die etwa kugelförmigen Sandkörner.

Die Kompaktion der Tone umfaßt zwei Arten der Gefügeveränderung. Es findet erstens durch Herauspressen der Porenlösung eine Verringerung des Porenraumes statt (Verdichtung), und es wird zweitens die primäre Anordnung der Teilchen verändert, indem z. B. primär vorhandene Aggregate oder Flocken zerstört werden (Homogenisierung) und eine Textur entsteht, wenn sich blättchenförmige Einzelteilchen parallel zueinander und senkrecht zur Druckrichtung einordnen.

Für technische Probleme der Bodenmechanik ist die Verdichtung von Tonschlämmen in vielen Laboratorien untersucht worden. Bei solchen Verdichtungsversuchen wird die seitlich durch einen Zylinder begrenzte Tonprobe durch einen Stempel zusammengedrückt. Das austretende Wasser kann durch die Unterlage oder auch durch den Stempel entweichen. Gemessen werden die sich bei bestimmten Belastungsdrucken einstellenden Volumina der Tonprobe. Sind V_0, ε_0 und E_0 Volumen, Porosität und relatives Porenvolumen der Ausgangsprobe und V, ε und E dieselben Werte der komprimierten Probe, so gilt für den Zusammenhang zwischen relativer Volumenabnahme $\triangle V$ und Porosität, resp. relativem Porenraum:

$$\triangle V = \frac{V_0 - V}{V_0} = \frac{\varepsilon_0 - \varepsilon}{1 - \varepsilon} = \frac{E_0 - E}{1 + E_0} \tag{5.40}$$

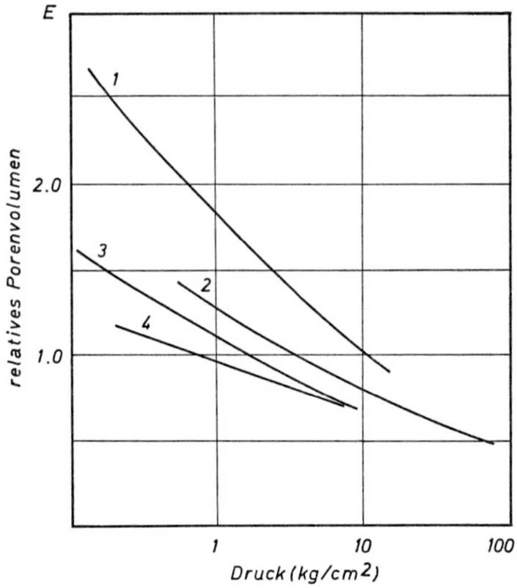

Abb. 5-40. Experimentelle Verdichtung verschiedener Tonsedimente bei Drucken unter 100 kg/cm². 1: Argile plastique, marin (Eozän), Pariser Becken; 2: London blue clay, marin (Eozän); 3: Gosport clay, estuarin (rezent); 4: Oxford clay, marin (Jura). (Nach SKEMPTON 1944.)

$$\varepsilon = \frac{\varepsilon_0 - \triangle V / V_0}{1 - \triangle V / V_0} \tag{5.41}$$

$$E = E_0 - (1 + E_0) \triangle V / V_0 \tag{5.42}$$

Abb. 5-40 enthält einige Beispiele im Laboratorium ermittelter Verdichtungskurven verschiedener toniger Sedimente durch Drucke bis zu etwa 100 kg/cm². Trägt man das relative Porenvolumen gegen den Logarithmus des Druckes auf, so erhält man

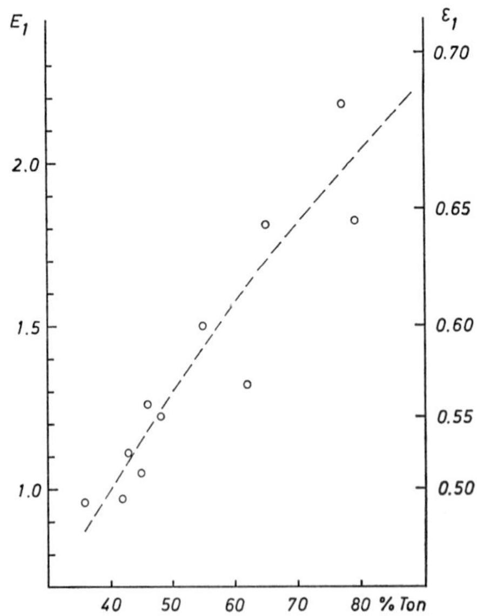

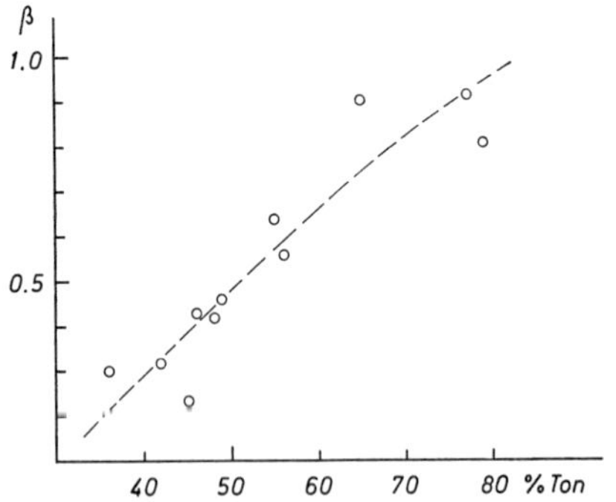

Abb. 5-41. Abhängigkeit des Anfangsporenraums E_1 der Sedimente in Tab. 5-14 vom Tongehalt.

◄ Abb. 5-42. Abhängigkeit des Kompressionsindex β der Sedimente in Tab. 5-14 vom Tongehalt.

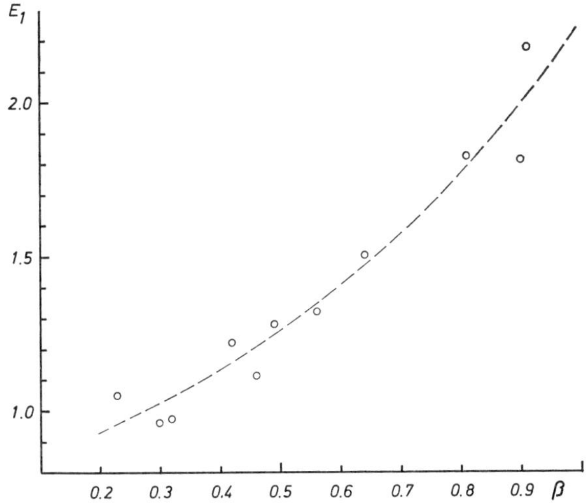

Abb. 5-43. Beziehung zwischen Anfangsporenraum E_1 und Kompressionsindex β für die Sedimente der Tab. 5-14.

Kurven, die in vielen Fällen fast linear verlaufen. Die Verdichtung läßt sich daher in meist guter Annäherung durch die folgende von TERZAGHI (1925) angegebene empirische Formel beschreiben:

$$E = E_1 - \beta \lg P/P_1 \qquad (5.43)$$

E_1 ist der relative Porenraum beim Druck $P_1 = 1$ kg/cm². Der Kompressionsindex β ist gleich der Abnahme des relativen Porenraums, die durch eine Zunahme des Druckes von P auf 10 P erzeugt wird. Wie Tabelle 5-14 und die Abb. 5-41 und 5-42 zeigen, nehmen E_1 und β mit steigendem Tongehalt des Sediments zu. Abb. 5-43 zeigt die Beziehung zwischen E_1 und β: Je höher die durch die Korngröße bestimmte Anfangsporosität ist, desto größer ist der Kompressionsindex. Feinkörnige Tone, die unter Normaldruck mit Wasser sehr voluminöse Sedimente bilden, erfahren durch einen bestimmten Druck eine relativ stärkere Kompression als tonige Sedimente mit gröberen Komponenten. Aus diesem Grunde nähern sich die Verdichtungskurven der einzelnen tonigen Sedimente in Abb. 5-40 mit zunehmendem Druck.

Die Verdichtungsversuche zeigen, daß tonige Sedimente bereits durch Drucke von ca. 50 kg/cm² auf relative Porenvolumina um 0,5 oder Porositäten um 0,3 komprimiert werden, wobei bei einer Ausgangsporosität von 0,7 das ursprüngliche Volumen auf weniger als 1/2 reduziert wird. Dem Druck von 50 kg/cm² entsprechen in der Natur Versenkungstiefen von nur wenigen hundert Metern. Zum Verständnis der Diagenese der Tone in den vor allen Dingen interessierenden größeren Versenkungstiefen sind Kompressionsversuche in höheren Druckbereichen wichtig. Abb. 5-44 enthält die Ergebnisse von Versuchen mit verschiedenen natürlichen Tonsedimenten bei höheren Drucken von PARASNIS (1960). Abb. 5-45 gibt Experimente von v. ENGELHARDT & GAIDA (1963) mit reinen Tonmineralen wieder. Ähnliche Ergebnisse erhielten CHILINGAR & KNIGHT (1960) mit Montmorillonit-, Illit- und Kaolinit-Tonen. In allen diesen Versuchen wurden die Tone in Zylindern durch einen Stempel zusammengepreßt.

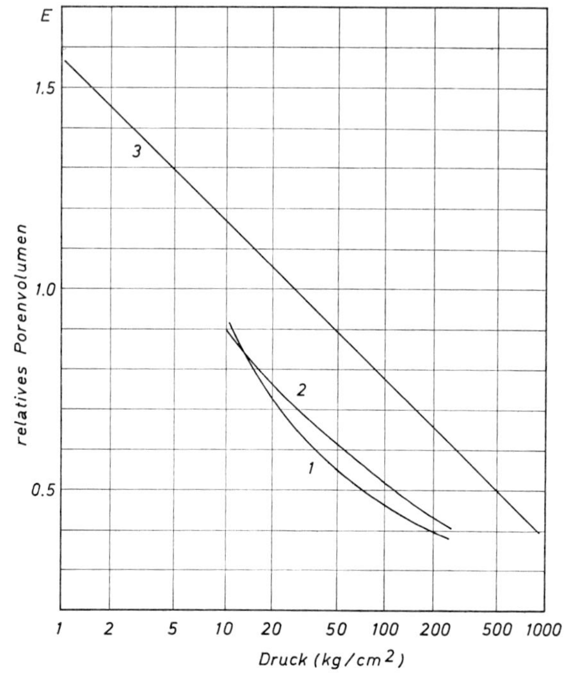

Abb. 5-44. Experimentelle Verdichtung verschiedener Tonsedimente bei Drucken bis 1000 kg/cm² nach PARASNIS (1960). 1: Gault Ton, Cambridge, England; 2: Oxford Ton, Bedford, England; 3: Tiefseeton (4700 m), Atlantik (45° 26′ N, 9° 20′ W).

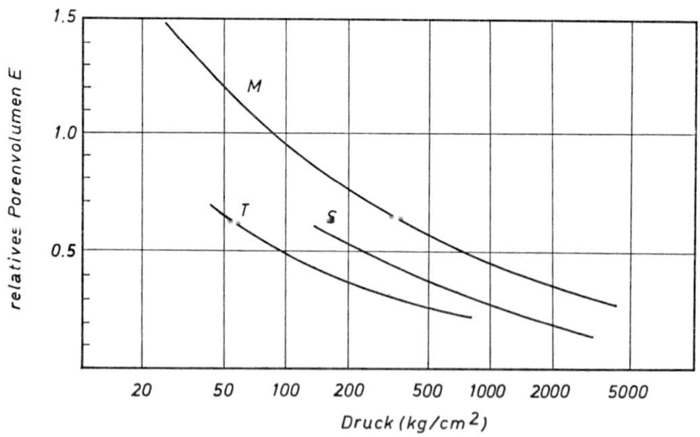

Abb. 5-45. Experimentelle Verdichtung von Kaolinit- und Montmorillonitschlämmen bei Drucken bis 3000 kg/cm². M: Montmorillonit (Tixoton); S: Kaolonit, feinkörnig (Handelsprodukt); T: Kaolinit, grobkörniger (Tirschenreuth). (v. ENGELHARDT & GAIDA 1963.)

Tabelle 5-14. Zur Verdichtung toniger Sedimente durch Drucke bis zu 70 kg/cm². Nach SKEMPTON (1944).

	% Ton	E_1	ε_1	β	Max. Druck kg/cm²
1) Oxford clay, Jura, marin, Peterborough	36	0,96	0,49	0,30	8,6
2) Gosport clay, estuarin, rezent	43	1,11	0,53	0,46	8,9
3) Kaolin, Cornwall	45	1,05	0,51	0,23	8,9
4) Blue marine clay, Bosporus	42	0,97	0,49	0,32	18
5) London Blue clay, Eozän, marin	46	1,28	0,56	0,49	70
6) Ganges Delta clay, Calcutta, rezent	48	1,22	0,55	0,42	9,1
7) Mississippi clay	ca. 55	1,50	0,60	0,64	3,2
8) London Brown clay, Eozän, marin, verwittert	62	1,32	0,57	0,56	8,6
9) Yaguajay clay, Kuba	ca. 65	1,81	0,65	0,90	3,1
10) Kleinbelt Ton, Eozän, marin, Dänemark	77	2,18	0,69	0,91	5
11) Argile plastique, Eozän, marin, Pariser Becken	79	1,82	0,65	0,81	15

Die lineare Beziehung zwischen relativem Porenvolumen und Logarithmus des Druckes gilt bei höheren Drucken offenbar weniger gut als bei niederen. Sie läßt sich in bestimmten Druckbereichen als Regel anwenden, ist jedoch kein allgemeines Gesetz. Besonders für feinkörnige Tone nimmt die Porosität mit steigendem Druck langsamer ab, als es der linearen Beziehung entspricht. Wie im niederen Druckbereich nähern sich die Verdichtungskurven verschiedener Tone mit steigendem Druck, d. h. bei den höchsten Drucken verschwinden die zu Anfang großen Unterschiede der Porositäten grobkörniger und feinkörniger Tone.

Die komplizierten Vorgänge, welche bei der Kompaktion eines Tonschlammes vor sich gehen, kann man in ihren Grundzügen nach dem folgenden Modell verstehen (vgl. hierzu VAN OLPHEN 1963, 1964): Die blättchenförmigen Teilchen der Tonminerale sind, wie aus ihrem elektrophoretischen Verhalten und dem Basenaustauschvermögen hervorgeht, insgesamt negativ geladen. Die negative Ladung rührt von dem isomorphen Ersatz von Silicium durch Aluminium und Aluminium durch Magnesium her und wird durch die Adsorption von Kationen an der Oberfläche der Teilchen kompensiert. In Anwesenheit von Wasser verteilen sich die Kationen in diffusen Doppelschichten um die Teilchen, deren Ausdehnung von der Elektrolytkonzentration der Porenlösung abhängt: sie ist groß in verdünnten Lösungen und nimmt mit zunehmendem Salzgehalt ab. Stehen sich zwei Tonteilchen mit parallelen Blättchenflächen gegenüber, so wirken die Doppelschichten abstoßend, und nur van-der-Waals-Kräfte bewirken eine schwache Anziehung. Anders ist es, wenn die Kante eines Tonmineralblättchens die Fläche eines anderen berührt. An den Kanten ist das Kristallgitter unterbrochen, und freie Bindungen erzeugen Potentialfelder, die von denen der Blättchenoberflächen verschieden sind. Die bevorzugte Adsorption von Goldpartikeln, Phosphaten und anderen Stoffen (vgl. z. B. Marshall 1964, S. 326) lassen es ebenso wie strukturelle Überlegungen wahrscheinlich erscheinen, daß die Kanten der Tonmineralteilchen positive Ladungen tragen. Daher wirken zwischen Kanten und Flächen der Teilchen elektrostatische Anziehungskräfte. Die kartenhausähnlichen Gefüge mancher frisch sedimentierter Tonsedimente kommen durch diese Anziehungskräfte zustande.

Der Widerstand, den ein Tonschlamm einer Verdichtung entgegensetzt, entsteht einerseits aus der Abstoßung der diffusen Doppelschichten, andererseits aus der Festigkeit des aus den Fläche-Kante-Bindungen aufgebauten Gefüges. Niedrige Drucke wirken in erster Linie gegen die Abstoßung der diffusen Doppelschichten, deren Ausdehnung durch die Abpressung von Wasser verringert wird. Die auf diese Weise erzeugte Volumverminderung ist reversibel: Bei Druckentlastung nimmt der Ton Wasser auf, um den ursprünglichen Zustand möglichst wiederherzustellen. Diesen Vorgang nennt man Quellung. Die an Tonen beobachteten Quellungsdrucke können recht erheblich sein, liegen aber kaum höher als etwa 10 kg/cm².

Die der eigentlichen Diagenese entsprechende Kompaktion durch höhere Drucke ist dagegen ein irreversibler Vorgang, der die Veränderung des durch die Haftkräfte an den Kante-Fläche-Berührungsstellen aufgebauten Gefüges betrifft. In diesem Gefüge ist jedes Mineralpartikel durch Haftstellen mit seinen Nachbarn verbunden. Je geringer die Porosität ist, desto größer ist die durchschnittliche Koordinationszahl, d. h. die Zahl der Haftstellen zwischen einem Teilchen und seinen Nachbarn. Solange das System im Gleichgewicht ist, wird der äußere Druck durch die Haftkräfte kompensiert. Die Porenlösung ist durch das Teilchengerüst vom äußeren Druck abgeschirmt. Wird der Druck um einen kleinen Betrag erhöht, so werden die Haftkräfte an einigen Stellen überwunden, einzelne Teilchen kommen in Bewegung, und das Gerüst wird zusammengeschoben. Dabei wird der Druck auf die Porenlösung übertragen, welche aus dem sich verdichtenden Ton herausgepreßt wird. Die Geschwindigkeit dieses Vorgangs wird durch die Fließgeschwindigkeit der Porenlösung, d. h. durch die Permeabilität bestimmt und hält so lange an, bis die bewegten Partikel in neuen Stellungen größerer Haftfestigkeit oder höherer Koordinationszahl hängen bleiben. Es ist dann ein neues Gefüge geringerer Porosität entstanden, das dem erhöhten Druck standhalten kann. Da mit zunehmender Verdichtung sowohl die Zahl der Kontaktstellen größerer Haftfestigkeit als auch die Zahl der Kontaktstellen überhaupt zunimmt, nimmt die Kompressibilität des Tones mit steigender Verdichtung ab. Zugleich verringert sich die Permeabilität, da die Größe der für die Porenwasserströmung zur Verfügung stehenden Querschnitte mit zunehmender Annäherung der Teilchen geringer wird. Daher verlangsamt sich mit abnehmender Porosität die Geschwindigkeit, mit der sich das Gleichgewicht nach einer Steigerung des Druckes einstellt. Versuche über den Einfluß der chemischen Zusammensetzung der Porenlösung auf die Verdichtung von Tonen haben ergeben, daß chemische Faktoren die durch einen bestimmten Druck erreichte Verdichtung nur im niederen Druckbereich, d. h. bis zu etwa 10 kg/cm^2 beeinflussen (Zusammenstellung der vorliegenden Ergebnisse bei MEADE 1964, 1966). Die Wirkung von Elektrolytzusätzen ist bei verschiedenen Tonen recht unterschiedlich. So ergab z. B. feinkörniger Illit bei der Verdichtung ein geringeres Porenvolumen, wenn die NaCl-Konzentration der Porenlösung erhöht wurde (BOLT nach MEADE). Grobkörniger Illit verhielt sich umgekehrt und ein Montmorillonit ebenso wie der feinkörnige Illit (MITCHELL nach MEADE). Diese Unterschiede sind dieselben, wie sie auch am primären Sedimentvolumen festgestellt wurden: „normale", d. h. relativ grobkörnige Tone bilden in Salzwasser voluminösere Sedimente als in Süßwasser, während sich der sehr feinkörnige Montmorillonit umgekehrt verhält. Auch die Art der austauschbaren Kationen hat bei einzelnen Tonen unterschiedliche Wirkung: Na-Montmorillonit behält bei der Kompression ein höheres Porenvolumen als mit Ca und Al beladene Montmorillonite, während ein mit Al beladener Kaolinit ein höheres Volumen behielt als Ca- und Na-Kaolinit (SAMUELS nach MEADE).

Der Elektrolytgehalt der Porenlösung hat auf den Betrag der Verdichtung eine wesentliche Wirkung offenbar nur, so lange die Kompressionsarbeit hauptsächlich gegen die abstoßenden Kräfte der diffusen Doppelschichten geleistet wird, welche die Tonteilchen umgeben, weil Potential und Ausdehnung dieser Schichten durch Art und Konzentration der Ionen bestimmt werden. Auf die Festigkeit der Haftstellen, mit denen die Tonmineralteilchen aneinanderhängen, hat die Elektrolytkonzentration eine offensichtlich geringere Wirkung. Daher ist bei höheren Drücken der Salzgehalt der Porenlösung ohne Einfluß auf die bei einem bestimmten Druck erreichte Verdichtung. So fanden v. ENGELHARDT & GAIDA (1963) an Kaolinit- und Montmorillonittonen im Druckbereich zwischen 30 und 3000 kg/cm^2 mit NaCl (0,2—4,6 n) und $CaCl_2$-Lösungen (0,6—1,2 n) dieselbe Verdichtung wie mit reinem Wasser.

Dagegen werden sowohl die Geschwindigkeit der Kompression wie auch die Textur des verdichteten Tones im höheren Druckbereich deutlich vom Elektrolytgehalt der Porenlösung beeinflußt. An reinen Kaolinit- und Montmorillonittonen, die bei mehreren hundert kg/cm^2 komprimiert wurden, stellten v. ENGELHARDT & GAIDA (1963) mit einer röntgenographischen Methode fest, daß die Tonmineralblättchen umso besser senkrecht zur Druckrichtung eingeordnet sind, je höher der NaCl-Gehalt der Porenlösung ist. Abb. 5-46 zeigt den Zeitverlauf der Verdichtung eines Montmorillonittones bei 126 kg/cm^2, bei Sättigung mit reinem Wasser und mit NaCl-Lösungen verschiedener Konzentration. Die Verdichtung verläuft umso schneller, d. h. die Porenlösung fließt umso schneller durch den komprimierten Ton, je höher die Salzkonzentration ist. Kaolinittone zeigen dasselbe Verhalten. Diese Erscheinung kann wohl nur so gedeutet werden, daß die Permeabilität des komprimierten Tongefüges umso größer ist, je höher der Salzgehalt der Porenlösung ist.

Die Tatsache, daß der Salzgehalt der Porenlösung nicht den Gesamtbetrag der Porosität beeinflußt, die sich bei einem bestimmten Druck einstellt, wohl aber die Permeabilität erhöht und die Textur verschlechtert, kann am besten durch ein Aggre-

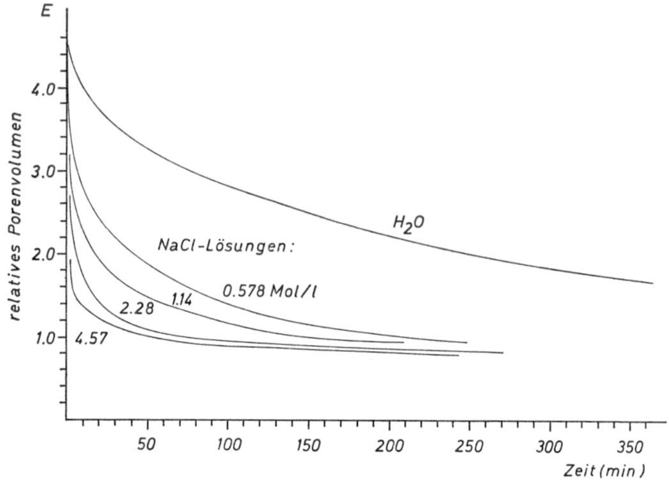

Abb. 5-46. Zeitlicher Verlauf der Verdichtung von Montmorillonitschlämmen bei einem Druck von 126 kg/cm² und verschiedenen NaCl-Gehalten der Porenlösung (v. Engelhardt & Gaida 1963).

gatgefüge erklärt werden, dessen Struktur vom Salzgehalt der Porenlösung abhängt (Abb. 5-47): Aggregate von Einzelteilchen, wie sie z. B. bei der Flockung einer verdünnten Tonsuspension entstehen, bilden ein Gefüge, dessen Porenraum aus den kleinen Poren innerhalb der Aggregate und den größeren Räumen zwischen den Aggregaten besteht. Elektrolytgehalt der Porenlösung fördert die Bildung und Stabilität der Aggregate. Daher enthalten Tone mit salzarmer Porenlösung kleine Aggregate oder auch freie Einzelteilchen, die sich verhältnismäßig ungehindert senkrecht zur Druckrichtung einregeln können. Die Permeabilität ist wegen der kleinen Porenkanäle gering. Bei höherer Salzkonzentration sind die Aggregate groß. Die Einregelung ist daher erschwert und die Permeabilität ist höher, da große Kanäle zwischen den Aggregaten bestehen. Mit zunehmender Verdichtung wird die Aggregatstruktur immer mehr zerstört werden, und es sollte bei den höchsten Drucken ein homogenes Gefüge entstehen, in dem die einzelnen Tonmineralblättchen bevorzugt senkrecht zur Druckrichtung angeordnet sind. In Verdichtungsexperimenten mit allseitig begrenzten zylindrischen Proben hat sich allerdings eine solche Zunahme der Textur mit der Verdichtung bisher noch nicht eindeutig nachweisen lassen. Ergebnisse von v. Engelhardt & Gaida (1963), nach denen die Textur von Kaolinit- und Montmorillonittonen im Druckbereich zwischen 100 und 1000 kg/cm² regelmäßig mit der Verdichtung zunehmen sollte, haben sich durch genauere Messungen (Thiem 1967) nicht bestätigen lassen. Es zeigte sich, daß der Ordnungsgrad der Blättchen innerhalb einer gepreßten Probe so stark schwankt, daß keine Aussage über eine regelmäßige Zunahme der Regelung mit der Verdichtung möglich ist. Es ist anzunehmen, daß die seitliche Begrenzung der Tonproben die Einregelung der Blättchen stört, welche wohl Scherbewegungen senkrecht zur Druckrichtung erfordert. Es ist außerdem zu bedenken, daß die abgepreßte Porenlösung bei den Versuchen an der Unterseite des von oben

a

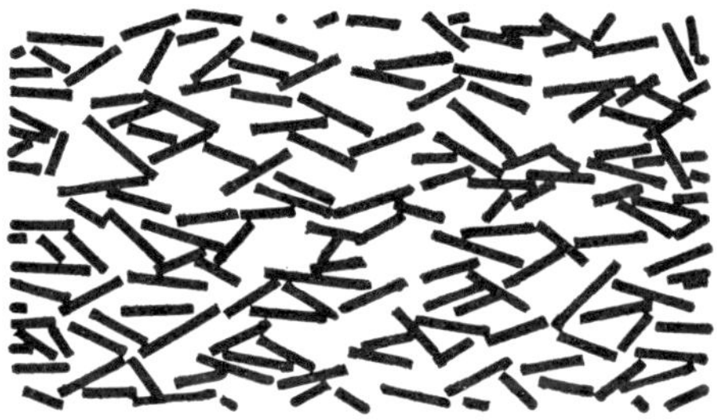
b

Abb. 5-47. Zweidimensionales Modell des Gefüges von komprimierten Tonen. a) Porenlösung mit hohem Elektrolytgehalt; b) Porenlösung mit niedrigem Elektrolytgehalt (v. ENGELHARDT & GAIDA 1963).

durch einen Stempel gedrückten Tonzylinders austrat, so daß sie stets durch die am stärksten komprimierten Bereiche strömte und die Einregelung der Teilchen wahrscheinlich störend beeinflußte. Bei der natürlichen Kompaktion strömt die Porenlösung dagegen aus stärker verdichteten Bereichen in die höheren, nach oben immer poröser werdenden Lagen.

Im Gegensatz zu den Versuchen mit allseitig begrenzten Proben entsteht eine Einregelung der Tonblättchen senkrecht zur Druckrichtung bei der Kompression seitlich nicht begrenzter Tonproben bereits bei sehr niedrigen Drucken. Bei derartigen Versuchsanordnungen sind seitliche Scherbewegungen nicht behindert, und die Regelung wird durch die Strömung der austretenden Porenlösung nicht gestört (über verschiedene Versuche berichtet MEADE 1964).

Aus der starken Zusammendrückbarkeit von Tonschlämmen durch geringe Belastungen, wie sie in den Laboratoriumsexperimenten festgestellt wurde, folgt, daß die Porosität toniger Sedimente mit der Tiefe unter der Oberfläche deutlich abnehmen sollte. Aus den Experimenten ergibt sich aber zugleich, daß eine regelmäßige Abnahme der Porosität nur zu erwarten ist, wenn sich die Korngröße mit der Tiefe nicht wesentlich ändert und auch andere Faktoren konstant bleiben, wie die Mineralzusammensetzung und die Zusammensetzung der Porenlösung, da die Verdichtung von

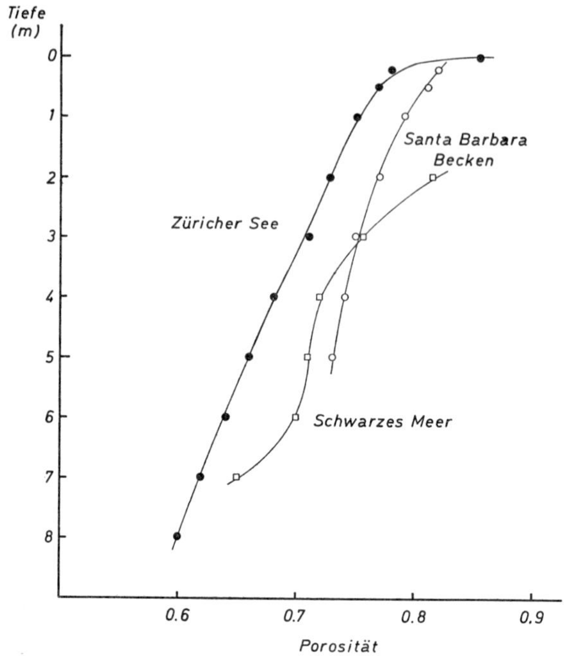

Abb. 5-48. Porosität rezenter Tonsedimente in Abhängigkeit von der Tiefe unter der Oberfläche. Zürichsee (ZÜLLIG 1956); Santa Barbara Becken, Pazifik, Kalifornien (EMERY & RITTENBERG 1952); Schwarzes Meer (SAWELEJEW nach RUCHIN 1958).

Tonen gerade bei niedrigen Drucken sehr stark von Korngröße, Mineralzusammensetzung und chemischen Einflüssen abhängig ist.

Tatsächlich nimmt die Porosität unverfestigter Tonsedimente in den obersten Metern unter der Oberfläche stark mit der Tiefe ab. Einige Beispiele: Seesedimente des Zürich-Sees (ZÜLLIG 1956), Meeressedimente vor der kalifornischen Küste (EMERY & RITTENBERG 1952) und Sedimente des Schwarzen Meeres (SAWELJEW, nach RUCHIN 1958) sind in Abb. 5-48 dargestellt. Obwohl es sich um Sedimente handelt, die nach Bildungsbereich und Zusammensetzung sehr verschiedenartig sind, verläuft die Abnahme der Porosität mit der Tiefe recht ähnlich. In den obersten 8 Metern verringert sich die Porosität von den Werten zwischen 0,8 und 0,9 an der Oberfläche auf rund 0,6, das Tonsediment verliert in diesem ersten Stadium der Kompaktion bereits 30% seines ursprünglichen Wassergehaltes.

Daß nicht allein das Gewicht der überlagernden Schichen die frühdiagenetische Kompaktion toniger Sedimente bestimmt, sondern außerdem auch noch andere Faktoren eine Rolle spielen, zeigen die Untersuchungen von MEADE (1968 a) über die Porosität junger alluvialer Sedimente der San Joaquin und Santa Clara Täler in Kalifornien in Tiefen bis zu 700 m. Von besonderem Einfluß erwiesen sich hier die variable Korngrößenverteilung und der ebenfalls schwankende Gehalt an Diatomeenskeletten. Vergleicht man Sedimente etwa gleicher Korngröße, so besteht trotz erheblicher Streu-

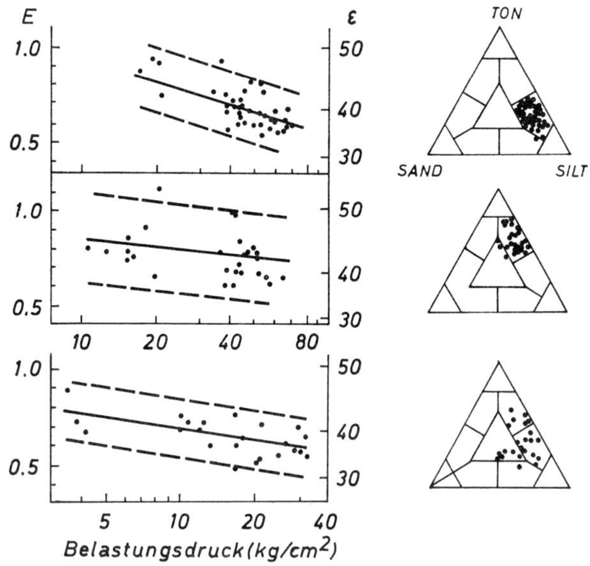

Abb. 5-49. Porosität tonreicher alluvialer Süßwassersedimente aus Bohrungen im San Joaquin Tal und Santa Clara Tal, Kalifornien (MEADE 1968).

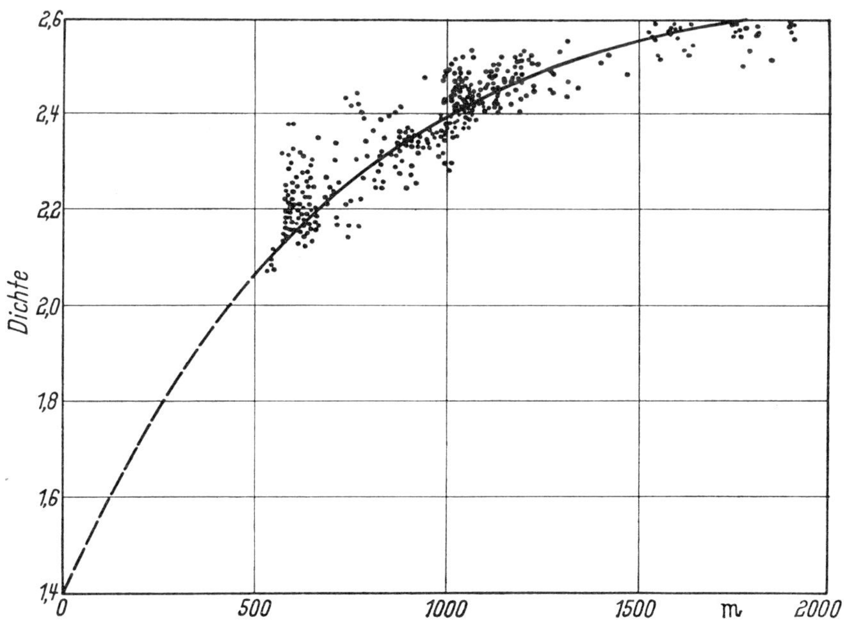

Abb. 5-50. Dichte von Tongesteinen aus Tiefbohrungen in Oklahoma in Abhängigkeit von ihrer maximalen Bedeckungstiefe (nach ATHY 1930).

ung eine Abnahme des Porenraumes mit steigendem Gebirgsdruck, wie die Beispiele der Abb. 5-49 zeigen. Da in diesen Ablagerungen ein artesischer Überdruck herrscht, wurde der in den Sedimenten tatsächlich herrschende Druck aus der Differenz zwischen dem Gewicht der Sedimente und dem in den Bohrungen gemessenen Druck in der Porenlösung (hydrostatischer + artesischer Druck) berechnet. Im Durchschnitt nimmt in den tonigen Sedimenten Kaliforniens das relative Porenvolumen im Druckbereich zwischen 3 und 70 kg/cm² um 0,3 Einheiten ab, was einer Reduktion des Gesamtvolumens um etwa 15 % entspricht.

Durch das Vordringen der Erdölbohrungen in größere Tiefen hat sich seit den 20iger Jahren dieses Jahrhunderts deutlich gezeigt, daß die Porosität von Tongesteinen in allen Sedimentationsbecken auch in großen Tiefen systematisch mit der Versenkungstiefe abnimmt. Die von ATHY (1930) veröffentlichte Zusammenstellung von 2200 Dichtebestimmungen an Bohrkernen aus Texas und Oklahoma (Abb. 5-50) veranschaulicht die bei aller Streuung im einzelnen regelmäßige Zunahme der Dichte von Tongesteinen mit der Tiefe. Bei Tiefen um 2000 m wird eine mittlere Dichte von 2,6 erreicht, die einem Tongestein mit verschwindend geringem Porenraum entspricht. Die Werte von ATHY umfassen sehr verschiedenartige Gesteine, u. a. auch solche, die nicht nur einem Belastungsdruck durch überlagernde Sedimente, sondern auch tektonischer Beanspruchung ausgesetzt waren. In seiner klassischen Arbeit über die Kompaktion

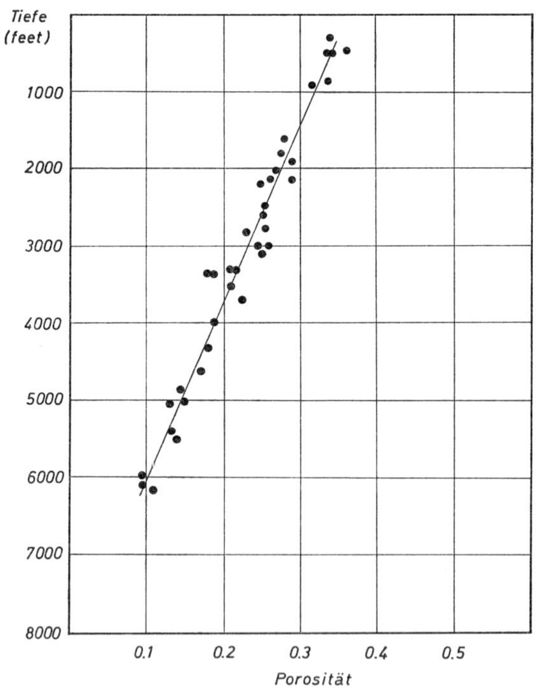

Abb. 5-51. Porosität tertiärer Tongesteine aus einer Tiefbohrung in Venezuela in Abhängigkeit von der Tiefe (nach HEDBERG 1936).

von Tonen untersuchte HEDBERG (1936), um die Wirkung des Gebirgsdrucks möglichst rein zu erfassen und andere Einflüsse wie tektonische Drucke und Materialwechsel auszuschließen, die Porosität einer einheitlichen Tonserie aus der tertiären Geosynklinale von Venezuela, aus der Bohrkerne aus Tiefen bis zu 2000 m zur Verfügung standen. Die im wesentlichen aus einer Bohrung stammenden Werte ergaben die in Abb. 5-51 dargestellte Beziehung zwischen Tiefe und Porosität. Trägt man statt der Porosität den relativen Porenraum gegen den Logarithmus der Tiefe auf, so erhält man, wie Abb. 5-52 zeigt, für Tiefen über etwa 400 m eine annähernd lineare Relation.

Spätere Untersuchungen an Tongesteinen anderer Formationen und Becken, die in den Abb. 5-53—5-59 dargestellt sind, haben eine für Versenkungstiefen zwischen einigen 100 und ca. 3000 m annähernd lineare Beziehung zwischen relativem Porenraum und Logarithmus der Tiefe bestätigt. Im Falle der Liastone Nordwestdeutschlands (Abb. 5-53) ließ sich zeigen, daß die Porosität der Tongesteine die jeweils maxi-

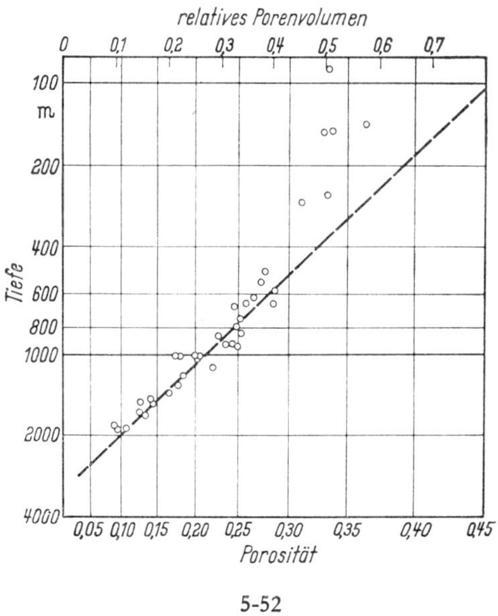

5-52

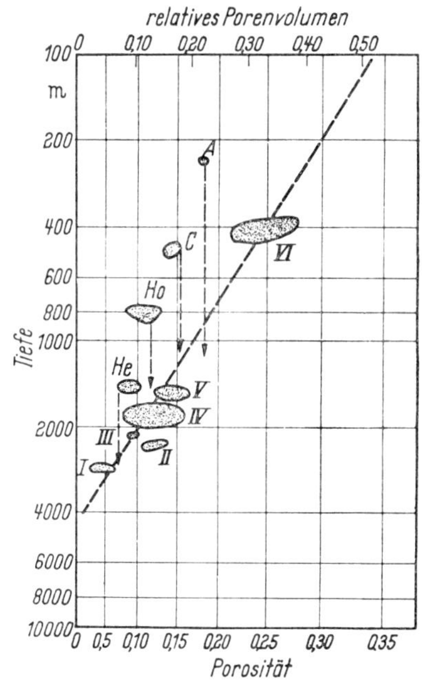

5-53

Abb. 5-52. Porosität (ε) und relatives Porenvolumen (E) tertiärer Tongesteine von Venezuela in Abhängigkeit vom Logarithmus der Tiefe (nach HEDBERG 1936).

Abb. 5-53. Porosität (ε) und relatives Porenvolumen (E) von Tongesteinen des Lias α aus Tiefbohrungen in Nordwestdeutschland in Abhängigkeit von der heutigen Tiefenlage. Die Pfeile bezeichnen die aus geologischen Beobachtungen erschlossenen ursprünglichen maximalen Tiefenlagen später gehobener Schichten. I: Harsebruch; II: Wettenbostel; III: Bokel; IV: Hohne und Wesendorf u. a.; V: Eldingen; VI: Wesendorf; He: Groß Hehlen; Ho: Hohenassel; C: Calberlah; A: Abbensen (nach Messungen von FÜCHTBAUER & v. ENGELHARDT 1960).

male Versenkungstiefe anzeigt. Gesteine, die durch tektonische Bewegungen später in höhere Positionen gehoben wurden, haben diejenige Porosität bewahrt, die ihnen in ihrer größten Tiefenlage aufgeprägt wurde.

Die vorliegenden Beobachtungen zeigen somit, daß sich die Abhängigkeit des relativen Porenraums der Tongesteine von der maximalen Versenkungstiefe für Tiefen über ca. 400 m recht gut durch die folgende empirische Gleichung darstellen läßt:

$$E_T = E_1 - b \lg T \qquad (5.44)$$

E_T ist der relative Porenraum in T m Tiefe. b und E_1 sind Konstanten. E_1 ist formal der Porenraum in 1 m Tiefe, also eine Größe, welche wohl ein Maß für den primären Porenraum des frisch abgelagerten Sediments darstellt.

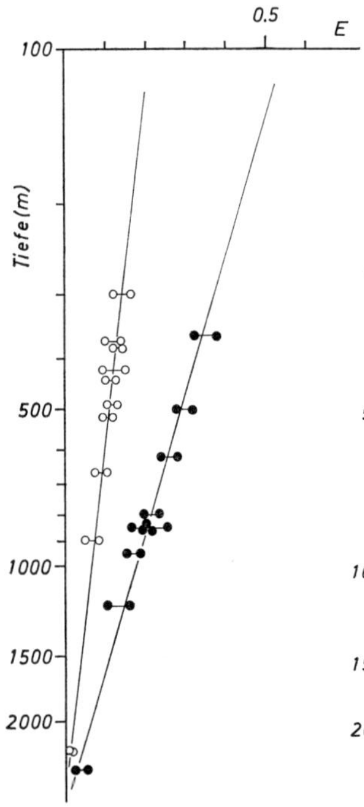

5-54

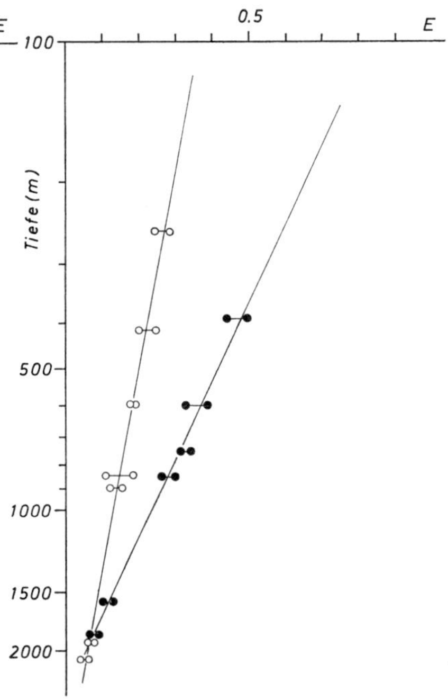

5-55

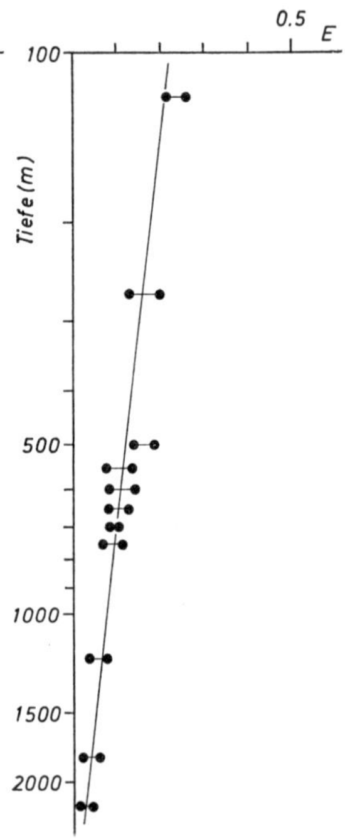

5-56

Abb. 5-54. Relatives Porenvolumen von Tongesteinen des Keuper aus Südwestdeutschland in Abhängigkeit von der Tiefe. O Unterer Keuper (Untere Bunte Mergel); ● Mittlerer Keuper (Knollenmergel) (HELING 1967).

Abb. 5-55. Relatives Porenvolumen von Tongesteinen des Lias aus Südwestdeutschland in Abhängigkeit von der maximalen Tiefe. O Lias α und β; ● Lias δ (HELING 1967).

Abb. 5-56. Relatives Porenvolumen von Tongesteinen des Dogger (α, ς) aus Südwestdeutschland in Abhängigkeit von der maximalen Tiefe (HELING 1967).

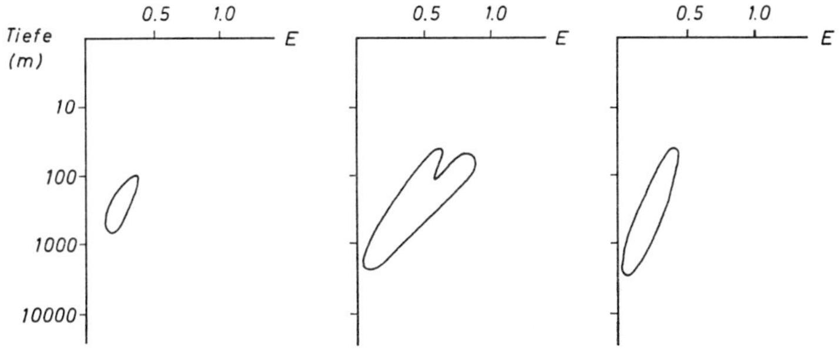

5-57 5-58 5-59

Abb. 5-57—5-59. Relatives Porenvolumen tertiärer Tonsedimente des Rheintalgrabens in Abhängigkeit von der Tiefe. Abb. 5-57: Pliozän; Abb. 5-58: Miozän; Abb. 5-59: Oligozän (nach HELING 1969).

Für die untersuchten Formationen sind die E_1- und b-Werte in Tabelle 5-15 zusammengestellt. Wie man an Abb. 5-60 sieht, stehen b und E_1 in einer engen Relation: großen E_1-Werten entsprechen auch große b-Werte. Es besteht also eine Analogie zu der bei den Verdichtungsexperimenten gefundenen Beziehung zwischen Kompressionsindex β und dem Anfangsporenraum E_1 (Abb. 5-43). Ursprünglich porösere Tone werden bei der Versenkung relativ stärker verdichtet als weniger poröse. Die Anfangsporosität eines Tonsediments hängt von der Korngröße, der Mineralzusammensetzung und dem Salzgehalt der Porenlösung ab. Die verschiedenen Werte der Konstanten E_1 und b der einzelnen Tonformationen lassen sich zum Teil aus diesen Zusammenhängen deuten. So beruht z. B. der Unterschied im Kompaktionsverhalten der Tone des

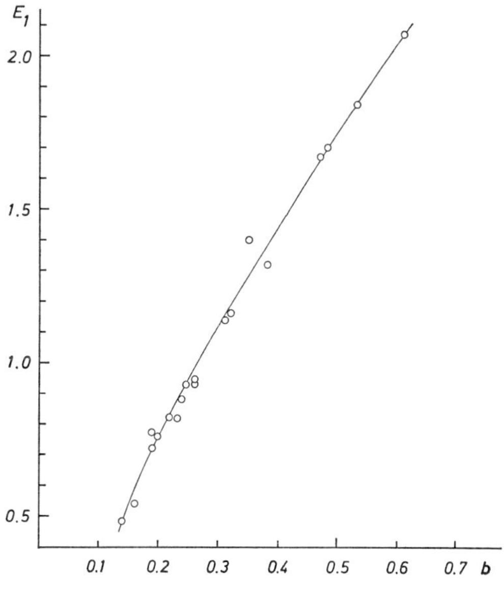

Abb. 5-60. Anfangsporenraum (E_1) und Kompaktionskonstante (b) der Tonsedimente von Tab. 5-15.

Tabelle 5-15. Konstanten der Gl. (5.44) für verschiedene Tonsedimente.

Formation	Minerale	b	E_1	ε_1	MD (μ)
Unterer Keuper, SW-Deutschland (HELING 1967)	I, c, k	0,16	0,54	0,35	3
Mittl. Keuper, SW-Deutschland (HELING 1967)	WM, i, c, k	0,38	1,32	0,57	2
Lias α, β, NW- Deutschland					
(v. ENGELHARDT 1960, FÜCHTBAUER & GOLDSCHMIDT 1963)	I, K, c	0,32	1,16	0,51	. . .
Lias α, SW-Deutschland (HELING 1967)	K, i, c	0,23	0,82	0,45	10
Lias δ, SW-Deutschland (HELING 1967)	K, i, c	0,61	2,07	0,67	3
Dogger, SW-Deutschland (HELING 1967)	I, c, k	0,14	0,49	0,33	12
Tertiär, Venezuela (HEDBERG 1936)	. . .	0,53	1,84	0,65	. . .
Tertiär, Po-Becken (nach STOFER 1959)	. . .	0,48	1,70	0,63	. . .
Tertiär, Rheintalgraben (HELING 1969):					
Jungtertiär (Süßwasser)	i, wm, k, c	0,22	0,82	0,45	1,5
Ob. Hydrobienschichten (brackisch)	i, wm, k, c	0,35	1,40	0,51	2,0
Unt. Hydrobienschichten (brackisch)	i, wm, k, c	0,47	1,67	0,63	2,5
Cerithienschichten (marin)	i, (wm), k, c	0,31	1,14	0,53	5,0
Bunte Niederrödener Schichten (brackisch)	i, (wm), k, c	0,19	0,72	0,42	6,0
Cyrenenmergel (marin)	i, k, c	0,22	0,82	0,45	6,0
Melettaschichten (marin)	i, k, c	0,20	0,76	0,43	7,0
Fischschiefer (marin)	i, k, c	0,19	0,77	0,43	9,0
Ob. Pechelbronner Schichten (marin)	i, k, c	0,25	0,93	0,48	17
Mittl. Pechelbronner Schichten (marin)	i, k, c	0,88	0,24	0,19	13
Untere Pechelbronner Schichten (marin)	i, k, c	0,26	0,94	0,48	12
Lymnäenmergel (marin)	i, k, c	0,26	0,93	0,48	12

C = Chlorit; I = Illit; K = Kaolinit; WM = Wechsellagerung Illit/Montmorillonit.
Große Buchstaben bedeuten größere, kleine geringere Mengen der betreffenden Minerale.

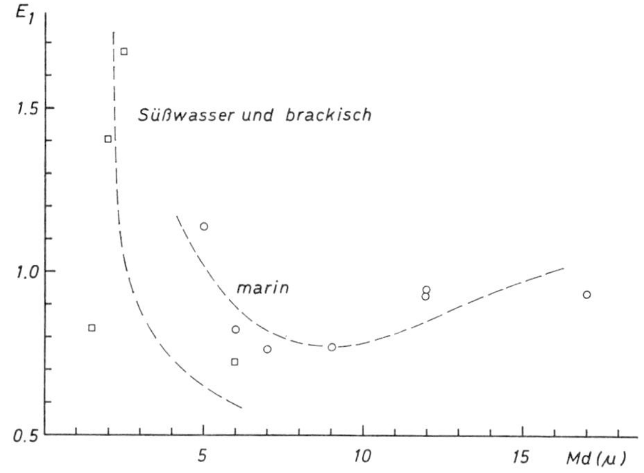

Abb. 5-61. Beziehung zwischen Anfangsporenraum (E_1) und Mediandurchmesser (Md) mariner und nicht-mariner tertiärer Tonsedimente des Rheintalgrabens (nach HELING 1969).

Unteren und Mittleren Keupers offensichtlich auf dem hohen Gehalt der Tone des Mittleren Keupers an Wechsellagerungsmineralen mit Montmorillonitschichten, welche eine hohe Anfangsporosität bedingen. Der Unterschied zwischen den Tonen des Lias α und δ SW-Deutschlands ist durch die größere Feinheit der Lias δ-Tone verursacht, welche eine höhere Anfangsporosität erzeugten. Die E_1-Werte der von HELING (1969) untersuchten tertiären Sedimente des Rheintalgrabens sind in Abb. 5-61 in Abhängigkeit vom Mediandurchmesser dargestellt. Trotz großer Streuung scheint sich der Einfluß des Ablagerungsmilieus abzuzeichnen, indem die marinen Tone bei vergleichbarer Korngröße eine höhere Anfangsporosität aufweisen als die in Süßwasser oder Brackwasser abgelagerten. In beiden Gruppen nimmt E_1 mit wachsender Korngröße ab.

Gl. (5.44) ist eine empirische Näherungsformel, welche im Bereich zwischen einigen hundert und ca. 3000 m die Abhängigkeit des relativen Porenraums von der Versenkungstiefe beschreibt. Vermutlich wird es für größere Tiefen keine allgemein gültige Form für die Abnahme der Porosität geben, da dort Mineralbildungen und -umbildungen eine weitaus größere Rolle spielen als die mechanische Kompaktion. Auch für geringe Tiefen gilt die Gl. (5.44) nicht. Zwischen der Oberfläche und einigen hundert Metern Tiefe nimmt die Porosität weitaus schneller ab. Zwar stehen für geringe Versenkungstiefen nur wenig Daten zur Verfügung, doch läßt sich die starke Porositätsabnahme bei geringmächtiger Bedeckung an den Beobachtungen in rezenten Sedimenten erkennen, die in Abb. 5-48 dargestellt sind.

Abb. 5-62 ist ein Versuch, die Abnahme des relativen Porenraums mit der Versenkungstiefe für ein durchschnittliches Tonsediment im gesamten Bereich von der Oberfläche bis etwa 3000 m darzustellen. Für den oberflächennächsten Bereich wurden die Porositätsmessungen an rezenten Tonsedimenten des Pazifik, des Schwarzen Meeres und des Zürichsees (Abb. 5-48) verwendet. Die gezeichnete Kurve entspricht dem Mittel dieser Daten. Im tiefen Bereich von etwa 200 m abwärts wurde eine der Gl.

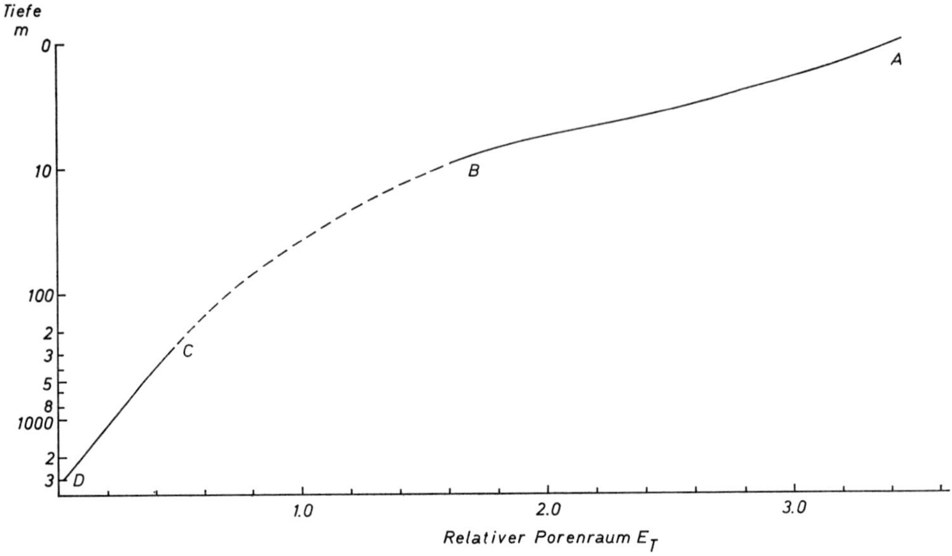

Abb. 5-62. Relativer Porenraum (E) von Tonsedimenten in Abhängigkeit von der Bedeckungstiefe. A—B: Mittel rezenter Sedimente, Abb. 5-48; C—D: Mittel von Lias Nordwestdeutschland (Abb. 5-53) und Tertiär Venezuela (Abb. 5-52).

Abb. 5-63. Porosität von Tonsedimenten in Abhängigkeit von der Bedeckungstiefe (nach Abb. 5-62).

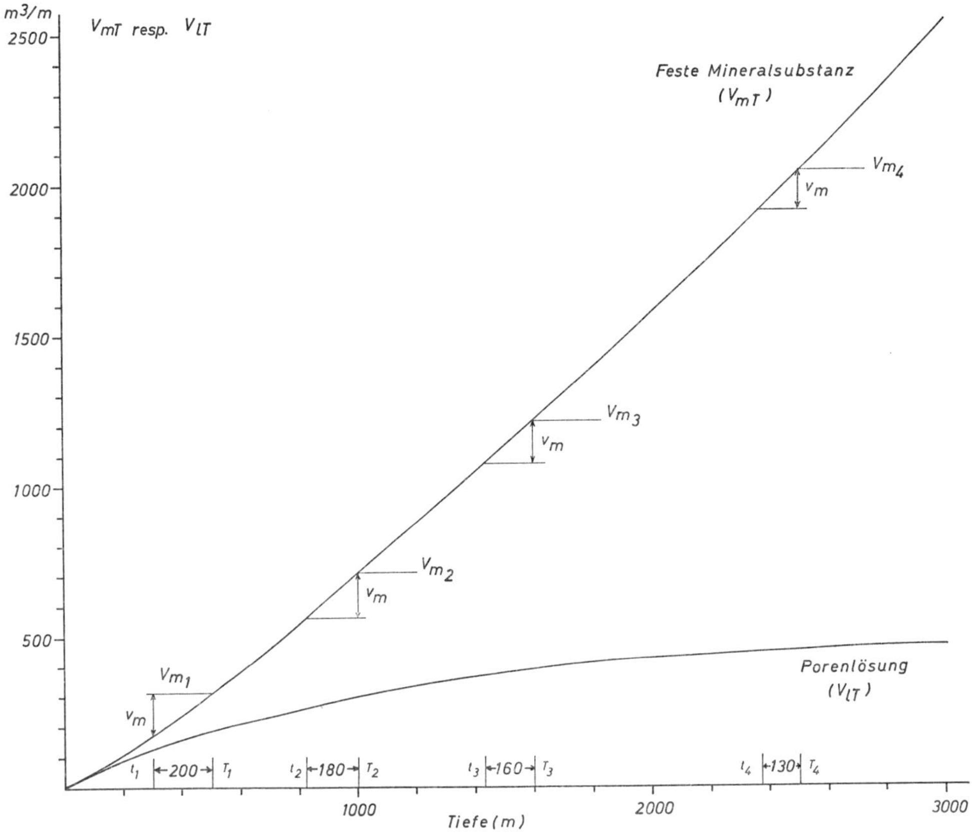

Abb. 5-64. Gehalt an fester Mineralsubstanz (V_{mT}) und Porenlösung (V_{lT}) in m^3/m^2 in einer T m dicken Folge homogener Tone, welche das Kompaktionsgleichgewicht erreicht haben (nach Abb. 5-62).

(5.44) entsprechende Gerade eingezeichnet, die das Mittel zwischen den in Liassedimenten Nordwestdeutschlands und tertiären Schichten Venezuelas gemessenen Werten darstellt. Für die folgenden Überlegungen soll diese Kompaktionskurve eines Modellsediments als Beispiel dienen.

Aus Abb. 5-62 erhält man die in Abb. 5-63 wiedergegebene Abhängigkeit der Porosität von der Tiefe. Das in Abb. 5-64 dargestellte Volumen V_{lT} (m^3) der pro m^2 Oberfläche bis zu einer Tiefe T (m) im Sediment enthaltenen Porenlösung erhält man durch eine graphische Integration der Porositätsfunktion gemäß

$$V_{lT} = \int_{0}^{T} \varepsilon \, dT \quad |m^3/m^2| \tag{5.45}$$

Für die in Abb. 5-65 dargestellte mittlere Porosität $\bar{\varepsilon}_T$ aller Schichten oberhalb der Tiefe T gilt:

$$\bar{\varepsilon}_T = \frac{1}{T} \int_0^T \varepsilon \, dT \tag{5.46}$$

Das Volumen V_{mT} (m^3) der pro m^2 Oberfläche bis zu einer Tiefe T (m) im Sediment enthaltenen festen Mineralsubstanz beträgt:

$$V_{mT} = (1 - \bar{\varepsilon}_T)\, T = T - \int_0^T \varepsilon \, dT \quad |m^3/m^2| \tag{5.47}$$

In Abb. 5-64 ist V_{mT} in Abhängigkeit von der Tiefe dargestellt.

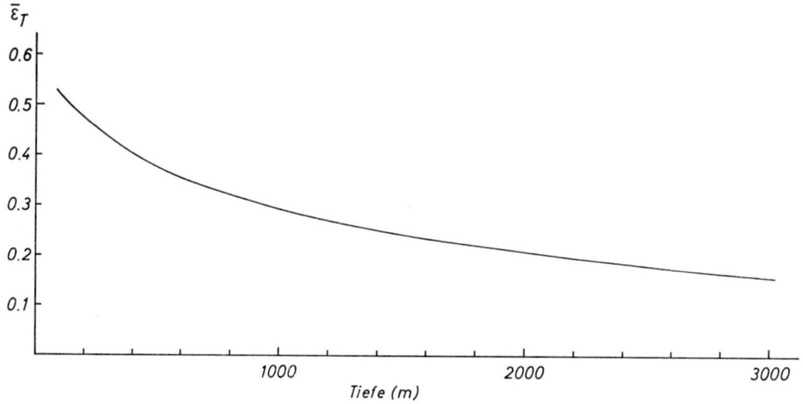

Abb. 5-65. Gemittelte Porosität ($\bar{\varepsilon}_T$) aller Schichten oberhalb der Tiefe T einer Folge homogener Tone, welche das Kompaktionsgleichgewicht erreicht haben (nach Abb. 5-62).

Um die Abnahme der Porosität von Tongesteinen mit der Versenkungstiefe mit Verdichtungsexperimenten zu vergleichen, müssen Tiefen in Drucke umgerechnet werden. Der die Kompaktion bedingende Druck kann nicht gemessen werden, man kann ihn nur unter Berücksichtigung der Porosität der Gesteine, der Dichte der Gesteine oder ihrer Mineralsubstanz und der Dichte der Porenlösung berechnen. Der Rechnung können verschiedene Annahmen zugrunde gelegt werden, welche zu verschiedenen Ergebnissen führen:

1. Alle Poren der Gesteine kommunizieren miteinander. In der Porenlösung herrscht der hydrostatische Druck. Der Kompaktionsdruck kommt durch das um den Auftrieb in der Porenlösung verminderte Gewicht der festen Substanz der Gesteine zustande. Der Druck (kg/cm^2), den eine Schicht der Dicke T (m) der mittleren Porosität $\bar{\varepsilon}_T$ auf einen darunterliegenden Ton ausübt, beträgt, wenn man das Gesteinsgewicht auf den gesamten Querschnitt bezieht (ϱ_m = Dichte der Mineralsubstanz in der Schicht, ϱ_L = Dichte der Porenlösung):

1a) $$G = (\varrho_M - \varrho_L)(1 - \bar{\varepsilon}_T) \cdot 9{,}81 \cdot 10^{-2} \cdot T \quad |kg/cm^2| \tag{5.48}$$

Bezieht man das Gesteinsgewicht nur auf denjenigen Anteil der Oberfläche des belasteten Tons, der von festen Teilchen gebildet wird, und ist die Porosität dieses Tonse ε_T, so gilt für den Belastungsdruck:

$$1b) \quad G = \frac{(\varrho_M - \varrho_L)\,(1 - \bar{\varepsilon}_T) \cdot 9{,}81 \cdot 10^{-2} \cdot T}{(1 - \varepsilon_T)} \quad |\mathrm{kg/cm^2}| \qquad (5.49)$$

2. Der Belastungsdruck wird ohne Berücksichtigung eines Auftriebs als das Gewicht der festen Bestandteile und der den Porenraum füllenden Lösung berechnet. Bezieht man dieses Gewicht auf den gesamten Querschnitt, so erhält man für den Belastungsdruck, den eine Schicht der Dicke T ausübt:

$$2a) \quad G = [\varrho_M - (\varrho_M - \varrho_L)\,\bar{\varepsilon}_T] \cdot 9{,}81 \cdot 10^{-2} \cdot T \quad |\mathrm{kg/cm^2}| \qquad (5.50)$$

Bezieht man das Gewicht von Gestein mit Porenlösung nur auf den aus festen Teilchen gebildeten Anteil der Oberfläche des belasteten Tones (Porosität $= \varepsilon_T$), so erhält man:

$$2b) \quad G = \frac{[\varrho_M - (\varrho_M - \varrho_L)\,\bar{\varepsilon}_T] \cdot 9{,}81 \cdot 10^{-2} \cdot T}{(1 - \varepsilon_T)} \quad |\mathrm{kg/cm^2}| \qquad (5.51)$$

Diese Berechnungsarten sind von verschiedenen Autoren verwendet worden. So berechnete z. B. Hedberg (1936) die Drucke nach 2a). Weller (1959) nahm an, daß bis zu Versenkungstiefen von 500 feet der Druck nach 1a) zu berechnen sei und daß für größere Tiefen oder für Porositäten unter 0,37 nach der folgenden Formel gerechnet werden sollte, welche eine teilweise Wirkung des Auftriebs berücksichtigt:

$$3. \quad G = [(\varrho_M - \varrho_L)\,(1 - \bar{\varepsilon}_T) + (1 - \bar{\varepsilon}_T/0{,}37)\varrho_L] \cdot 9{,}81 \cdot 10^{-2} \cdot T \qquad (5.52)$$

Marsal & Philipp (1970) nehmen an, daß für geringere Tiefen nach 1b), für größere nach 2b) zu rechnen sei.

Abb. 5-66 zeigt die nach den Annahmen 1a, 1b und 2a berechneten Belastungsdrucke für das Modellsediment. Die Werte für $\bar{\varepsilon}_T$ wurden der Abb. 5-65 entnommen. Wie man sieht, ergeben sich recht verschiedene Werte, je nachdem, ob man den Auftrieb der Mineralsubstanz berücksichtigt (1a, 1b) oder ob man das nicht tut (2a). Der Belastungsdruck wird höher, wenn man das Gewicht nicht auf den gesamten Querschnitt (1a), sondern nur auf das feste Gerüst bezieht (1b).

Wenn man sich vorstellt, daß die Kompaktion der Tone durch den Belastungsdruck so zustande kommt, daß die Porenlösung durch Zusammendrückung des Gerüstes der Mineralteilchen ausgepreßt wird, so muß während des Vorgangs der Kompaktion in der Porenlösung ein Druck herrschen, der höher ist als der hydrostatische Druck. Wenn man weiter annimmt, daß bei entsprechender Steigerung des Belastungsdruckes schließlich die gesamte Porenlösung auf diese Weise entfernt werden kann, so müssen alle Porenräume miteinander kommunizieren. Die Porenlösung kann nur ausgepreßt werden, d. h. gegen den hydrostatischen Druck fließen, solange sie unter überhydrostatischem Druck steht. Wenn der Gleichgewichtszustand erreicht ist, was wegen der geringen Permeabilität sehr lange dauern kann, steht die Porenlösung nur noch unter hydrostatischem Druck. Der Gebirgsdruck wird dann vom Gerüst der Mineralteilchen getragen. In einer Schichtserie, die in allen ihren Horizonten das

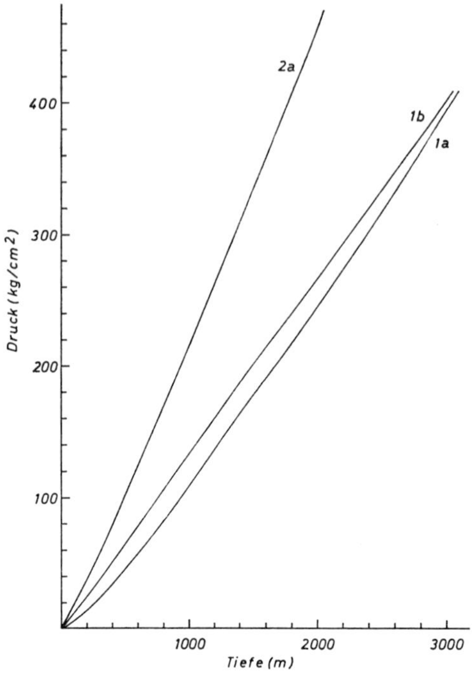

Abb. 5-66. Belastungsdruck in Abhängigkeit von der Tiefe in einer Folge homogener Tone, welche das Kompaktionsgleichgewicht erreicht haben, berechnet gemäß den Annahmen 1a, 1b und 2a (siehe Text).

Kompaktionsgleichgewicht erreicht hat, sollte man daher den in einer bestimmten Tiefe wirksamen Druck, welcher mit der dort herrschenden Porosität im Gleichgewicht ist, nach der Annahme 1b) berechnen, weil wegen des kommunizierenden Porenraums der Auftrieb der festen Substanz zu berücksichtigen ist, und der Gebirgsdruck vom Gerüst der Mineralteilchen, nicht von der Porenlösung getragen wird.

In den tieferen Zonen eines absinkenden Beckens wird sich der Gleichgewichtszustand der Kompaktion dann einstellen, wenn die Strömungsgeschwindigkeit der Porenlösung mit der Absenkungsgeschwindigkeit Schritt halten kann. Wegen der sehr geringen Permeabilität komprimierter Tone ist es möglich, daß in jungen Sedimentbecken das Gleichgewicht noch nicht erreicht ist, so daß die Porenlösung in tieferen Horizonten unter Drucken steht, die höher sind als der hydrostatische Druck. Sind den Tonschichten Lagen durchlässiger Sandsteine eingeschaltet, so wird der erhöhte Druck auf deren Porenfüllung übertragen und kann in Tiefbohrungen gemessen werden.

In der Tat hat man in verschiedenen Sedimentbecken, die mit mächtigen Serien vorwiegend toniger Ablagerungen jungen Alters gefüllt sind, überhydrostatische Drucke gefunden. So wurden in dem mit jungtertiären Tonen gefüllten Ventura-Becken in Kalifornien in 2700 m tiefen Sanden Drucke festgestellt, die einem Gradienten von 0,23 at/m entsprechen, der also wesentlich höher ist als die hydrostatische Druckzunahme (ca. 0,11 at/m) (Watts 1948). Im Tertiärbecken der Golfküste (Lousiana) wurden in zahlreichen Ölbohrungen übernormale Drucke festgestellt (bis zu

0,21 at/m, Dickinson 1953). Die erhöhten Drucke wurden in Sanden gemessen, die in größeren Tonserien eingeschlossen sind. Auch in dem oberitalienischen Pobecken, das mit miozänen und pliozänen Sedimenten gefüllt ist, hat man überhydrostatische Drucke festgestell (Facca 1951). In allen diesen Becken ist die Kompaktion noch nicht abgeschlossen. Die überhydrostatischen Drucke zeigen, daß hier Porenlösung nach oben strömt und die Kompression der Tonschichten noch nicht zum Stillstand gekommen ist.

Abb. 5-66 zeigt, daß der Belastungsdruck in einer einheitlichen Tonserie für weite Bereiche und insbesondere in größeren Tiefen annähernd linear mit der Tiefe zunimmt. Das relative Porenvolumen (E) eines Tonsediments nimmt in Tiefen über einigen Hundert Metern annähernd linear mit dem Logarithmus der Tiefe (Abb. 5-62) und daher auch linear mit dem Logarithmus des Belastungsdruckes (Abb. 5-67) ab.

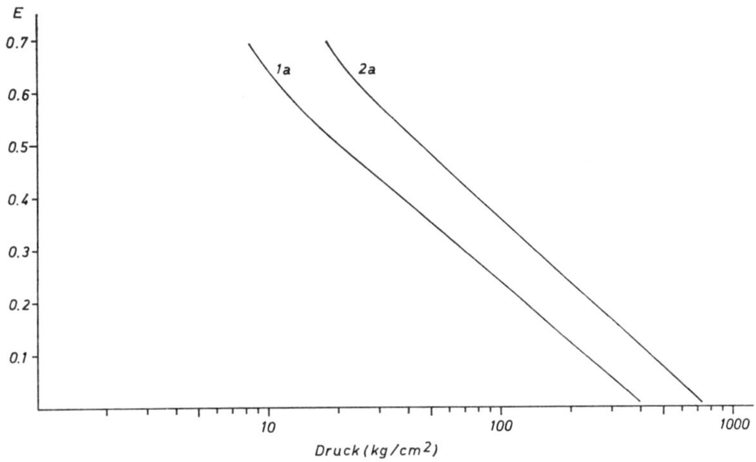

Abb. 5-67. Beziehung zwischen dem relativen Porenraum des in Abb. 5-62 dargestellten Tonsediments und dem gemäß den Annahmen 1a und 2a berechneten Belastungsdruck.

So ist die formale Übereinstimmung der Gl. (5.43) und (5.44) verständlich, d. h. die Tatsache, daß der relative Porenraum für viele Tone im Verdichtungsexperiment proportional mit dem Logarithmus des Druckes und in der Natur in Tiefen über einigen hundert Metern proportional mit dem Logarithmus der Tiefe abnimmt. Sowohl im Verdichtungsexperiment als auch bei der natürlichen Kompaktion verhalten sich die Tone, mindestens innerhalb bestimmter Druckbereiche so, daß die Abnahme des Porenraums mit zunehmendem Druck dem Druck umgekehrt proportional ist:

$$\frac{dE}{dP} = -\text{const.} \quad \frac{1}{P} \qquad (5.53)$$

Die Gl. (5.43) und (5.44) ergeben sich durch die Integration dieser Differentialbeziehung.

Trotz der formalen Übereinstimmung dürften jedoch Unterschiede zwischen den Mechanismen der experimentellen Verdichtung und der diagenetischen Kompaktion bestehen. Ein Vergleich der Abb. 5-40, 5-44, 5-45 und 5-63 zeigt, daß für manche Tone im Verdichtungsexperiment etwa dieselben Drucke aufgewendet werden müssen, wie sie bei der Diagenese auftreten, um eine bestimmte Verdichtung zu erreichen. In anderen Fällen hat man jedoch den Eindruck, daß dieselbe Verdichtung bei der natürlichen Kompaktion durch einen geringeren Druck hervorgebracht wird als im Experiment. Verschiedene Gründe mögen für einen solchen Unterschied verantwortlich sein: Erstens verläuft die diagenetische Kompaktion sehr langsam und bei sehr allmählicher Steigerung des Belastungsdruckes, während im Experiment die Belastung plötzlich erfolgt. Zweitens fehlt bei der diagenetischen Kompaktion die im Experiment stets vorhandene seitliche Begrenzung. Die diagenetische Kompaktion wird vermutlich in den meisten Fällen unter Beteiligung von Scherbewegungen mit einer Komponente senkrecht zum Belastungsdruck vor sich gehen. Schließlich ist besonders in größeren Tiefen die diagenetische Kompaktion kein rein mechanischer Vorgang, wie bisher zur Vereinfachung vorausgesetzt wurde. Mit zunehmender Tiefe werden chemische Vorgänge der Mineralneu- und -umbildung eine immer größere Rolle spielen, welche eine zusätzliche Verringerung des Porenraums hervorrufen.

Die Anwendung der vorstehend geschilderten theoretischen und empirischen Erkenntnisse über die Kompaktion von Tonsedimenten wird vornehmlich bezüglich zweier Fragen interessieren:

1) Volumenverlust und Wasserabgabe einer einzelnen Tonschicht während der Versenkung.
2) Kompaktionsgeschichte einer Schichtfolge von Tonsedimenten in einem absinkenden Becken.

1. Ist h_0 die Dicke einer Tonschicht vor der Absenkung und h_T die Dicke derselben Schicht nach der Absenkung in T m Tiefe, so gilt für die Dickenabnahme dieser Schicht gemäß Gl. 5.2 und 5.3:

$$\frac{h_T}{h_0} = \frac{1 + E_T}{1 + E_0} = \frac{1 - \varepsilon_0}{1 - \varepsilon_T} \qquad (5.54)$$

E_0, ε_0 und E_T, ε_T sind relativer Porenraum und Porosität zu Anfang und in der Tiefe T. Ist der Ton soweit komprimiert, daß alle Porosität verschwunden ist, so ist die Dicke der Schicht nur noch gleich $(1 - \varepsilon_0) h_0$ oder $h_0/(1 + E_0)$ (maximale Verdichtung). Ist die Ausgangsporosität (E_0, ε_0) bekannt und ist die Abhängigkeit der Porosität (E_T, ε_T) von der Versenkungstiefe gegeben, so kann man ausrechnen, welche Volumenabnahme eine Tonschicht während der Versenkung erfährt. Dabei ist vorausgesetzt, daß es sich um eine einzelne Schicht einer ganzen Serie homogener Tone handelt. Für den vorstehend als Beispiel behandelten Modellton, der dem durchschnittlichen Verhalten natürlicher Tonsedimente entspricht, ergibt sich die in Abb. 5-68 dargestellte Dickenabnahme während der Versenkung. Bei der vorausgesetzten Anfangsporosität von $\varepsilon_0 = 0{,}775$ ($E_0 = 3{,}45$) ist die Dicke der Schicht bei maximaler Kompression ($\varepsilon = 0$) gleich $0{,}225 \cdot h_0$. Wie man sieht, erfolgt die stärkste Volumenabnahme schon in verhältnismäßig geringen Tiefen. Der größte Teil der ursprünglich eingeschlossenen Porenlösung wird bereits in Versenkungstiefen bis zu einigen hundert Metern abgegeben.

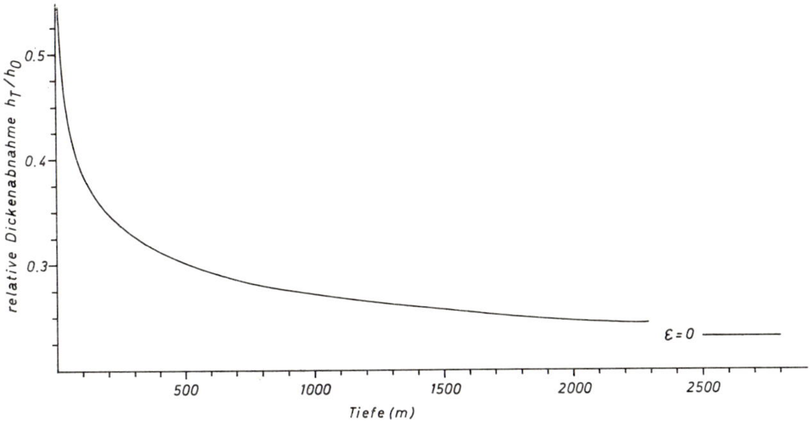

Abb. 5-68. Dickenabnahme einer Tonschicht (h_T/h_O) in Abhängigkeit von der Versenkungstiefe T. h_O = Dicke bei der Ablagerung. h_T = Dicke in der Tiefe T (nach Abb. 5-62).

2. Findet in einem Becken eine kontinuierliche Sedimentation von Ton bei gleichzeitiger Absenkung des Untergrundes statt, so wird jede zunächst als wasserreicher Schlamm an der Oberfläche abgesetzte Schicht stetig durch neues Sediment überlagert. In dem Maße, in dem sie versenkt wird, erfährt jede Schicht eine kontinuierliche Verringerung ihrer Porosität und Dicke (Abb. 5-68). Ein mathematisches Modell für diesen Vorgang haben MARSAL & PHILIPP (1970) beschrieben. Der Druck auf alle älteren Tonschichten wird durch die Ablagerung neuen Materials stetig erhöht. Sie werden komprimiert und eine entsprechende Menge Porenlösung muß das Sedimentpaket verlassen. Wenn keine durchlässigen Schichten oder Klüfte vorhanden sind, auf denen die ausgepreßte Porenlösung nach oben steigen kann, muß der Kompaktionsstrom die ganze Tonserie durchsetzen.

In einem Schichtpaket aus homogenen Tonen, welche ursprünglich mit der Porosität ε_0 abgelagert wurden, und dessen Dicke nach Erreichung des Kompaktionsgleichgewichtes T Meter beträgt, nimmt die Porosität von der Oberfläche bis zum Untergrund von ε_0 auf ε_T ab. Für das als Beispiel betrachtete Modellsediment ist diese Porositätsabnahme, die über die gesamte Dicke gemittelte Porosität und die in der Schichtserie enthaltenen Volumina von Porenlösung und fester Tonsubstanz in den Abb. 5-64 und 5-65 dargestellt. Die durch eine zusätzliche Ablagerung von Ton verursachte Kompaktion, die Dickenzunahme des ganzen Pakets und die aufwärts gerichtete Porenwasserströmung lassen sich am besten anhand der Abb. 5-64 beschreiben:

Wenn insgesamt $V_{m1} = 314\ m^3/m^2$ wasserfreie Tonsubstanz abgelagert wurden, hat das Sedimentpaket eine Dicke von $T_1 = 500$ m. Es enthält bei einer mittleren Porosität von $\bar{\varepsilon}_T = 0{,}372$ insgesamt $V_{l1} = 186\ m^3/m^2$ Porenlösung. Die Tonsubstanz wurde ursprünglich als Schlamm mit einer Porosität von $\varepsilon_0 = 0{,}775$ abgelagert. Es wurde daher ursprünglich die folgende Wassermenge mit dem Ton zusammen sedimentiert:

$$V_{l0} = \frac{(1 - \bar{\varepsilon}_T)\,\varepsilon_0}{(1 - \varepsilon_0)}\,T = 1082\ m^3/m^2$$

Im Verlauf der Absenkung und Sedimentation wurde durch die jeweilige Oberfläche ein Wasservolumen entfernt, welches gleich der Differenz zwischen V_{l0} und V_{l1} ist:

$$V_{l0} - V_{l1} = \frac{(\varepsilon_0 - \bar{\varepsilon}_T)}{(1 - \varepsilon_0)} T = 896 \text{ m}^3/\text{m}^2$$

Es möge nun bei gleichzeitiger Absenkung so viel Tonsubstanz abgelagert werden, daß die Dicke des Sediments von 500 auf $T_2 = 1000$ m anwächst. Nach Abb. 5-64 entspricht dieser Dicke ein Volumen fester Tonsubstanz von $V_{m2} = 707$ m³/m². Für die Zunahme der Dicke von 500 auf 1000 m wurden also 393 m³/m² fester Ton sedimentiert. Die 1000 m dicke Schichtfolge hat eine mittlere Porosität von $\bar{\varepsilon}_T = 0{,}293$ und enthält 293 m³/m² Porenlösung. Während des Anwachsens der Sedimentdicke von 500 auf 1000 m wurden durch die Kompaktion 1244 m³/m² Porenlösung ausgepreßt.

Zur Veranschaulichung der Porenwasserströmung im Sedimentpaket sei eine bestimmt irgendwie markierte Grenze betrachtet, die zur Zeit als die Sedimentdicke 500 m betrug $t_1 = 300$ m unter der Oberfläche lag. Man entnimmt der Abb. 5-64, daß zwischen den Tiefen $T_1 = 500$ m und $t_1 = 300$ m $v_m = 140$ m³/m² wasserfreier Ton vorhanden ist. Nach der Ablagerung von weiterem Ton, welcher die Sedimentdicke auf 1000 m erhöht, wandert auch die betrachtete Grenze nach unten bis in die Tiefe t_2. Da aus dem Sediment zwischen dem Untergrund und der Grenze nur Porenlösung, nicht aber feste Tonsubstanz verschwinden kann, entnimmt man der Abb. 5-64 $t_2 =$ 820 m, da zwischen $T_2 = 1000$ m und $t_2 = 820$ m 140 m³/m² feste Tonsubstanz enthalten sind. Durch die Absenkung haben die Sedimente zwischen Untergrund und Grenze eine Dickenabnahme von 20 m erfahren. Dabei sind 20 m³/m² Porenlösung durch die Grenze nach oben geströmt.

In entsprechender Weise kann man die weitere Verminderung der Schichtdicke zwischen Untergrund und der betrachteten Grenze und die durch die Grenze hindurchtretende Porenwasserströmung bei fortlaufender Sedimentation der Abb. 5-64 entnehmen: Hat die Gesamtdicke den Wert $T_3 = 1600$ m erreicht, so liegt die Grenze in der Tiefe $t_3 = 1430$ m und es sind während dieser Periode der Sedimentation weitere 20 m³/m² Lösung durch die Grenze geströmt. Ist die Gesamtdicke auf $T_4 =$ 2500 m angewachsen, so liegt die Grenze bei $t_4 = 2370$ m und die Sedimente zwischen ihr und dem Untergrund sind 130 m dick. Während der Absenkung auf diese Tiefe haben 30 m³/m² Porenlösung die Grenze durchsetzt. Schließlich läßt sich aus Abb. 5-64 auch die Mächtigkeit der Sedimente oder die Tiefenlage des Untergrundes zu der Zeit ablesen, als die betrachtete Grenze gerade die Sedimentoberfläche bildete. Es ergibt sich $T_0 = 260$ m. In Abb. 5-69 ist die durch die Grenze hindurchgeflossene Menge Porenlösung in Abhängigkeit von ihrer Tiefenlage t aufgezeichnet. Diese Darstellung kann auch als ein Bild der Kompaktionsströmung in verschiedenen Tiefen eines absinkenden Sedimentpakets aufgefaßt werden. Die Menge der pro Meter Absenkung durch einen Querschnitt strömenden Porenlösung ist durch die Neigung der Kurve gegeben. Die Kompaktionsströmung ist in geringen Tiefen am stärksten und verringert sich nach unten.

Wenn der Kompaktionsstrom nicht durch Sandschichten oder Klüfte abgelenkt wird, wird die zwischen den Tonteilchen ursprünglich eingeschlossene Porenlösung

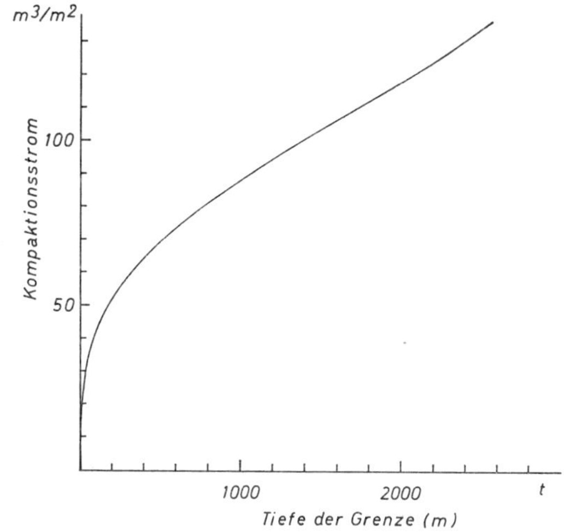

Abb. 5-69. Kompaktionsstrom in einem absinkenden Tonsediment: Durch eine markierte Grenze während des Absinkens derselben bis zur Tiefe T pro m² insgesamt hindurchgeströmte Lösungsmenge in m³ (nach Abb. 5-62).

während der Kompaktion nicht nur in ihrer Menge vermindert, sondern fortlaufend durch die von unten aufsteigenden Lösungen ersetzt.

Mit zunehmender Kompaktion wird nicht nur die Porosität verringert, es werden auch die Querschnitte der Poren immer kleiner, da die Einzelteilchen näher aneinander rücken und Aggregate homogenisiert werden. Heling (1970b) untersuchte durch Bestimmung der Kapillardruckkurven mit Quecksilber als verdrängender Phase die Porenquerschnitte in tertiären Tonsedimenten des Rheintalgrabens verschiedenen Alters und unterschiedlicher Versenkungstiefe. An den gleichen Proben wurden auch Korngrößenverteilung und spezifische innere Oberfläche durch die Adsorption von Stickstoff nach der BET-Methode bestimmt. Der mittlere Porenradius nimmt etwa proportional zur Porosität mit der Versenkungstiefe ab. Die Verteilung der Porenradien zeigt, daß sich bis etwa 1000 m Tiefe große und kleine Poren etwa gleichmäßig verkleinern. In größeren Tiefen verschwinden bevorzugt die kleinsten Poren. Wie man dies für eine rein mechanische Kompaktion erwarten muß, die nur aus einer Umordnung der Einzelteilchen besteht, ist für Tiefen bis 1000 m die spezifische innere Oberfläche von der Versenkungstiefe nahezu unabhängig. Bei Tiefen über 1000 m setzt eine starke Abnahme der inneren Oberfläche ein, welche anzeigt, daß nun primäre Einzelteilchen zu größeren und kompakten Gebilden zusammenwachsen. Heling (1967) bringt diesen Vorgang mit der in diesen Tiefen beobachteten Bildung von Illit aus primärem Montmorillonit in Zusammenhang. So zeigt sich durch diese Untersuchung, daß das Modell der rein mechanischen Verdichtung der Tone nur für geringere Tiefen zutrifft. Unterhalb einer Grenze, die für den Rheintalgraben bei etwa 1000 m liegt, beginnen die im nächsten Abschnitt zu besprechenden Prozesse der Um- und Neubildung von Tonmineralen eine zunehmend größere Rolle zu spielen.

Man sollte erwarten, daß die Kompaktion von Tonen nicht nur zu einer Verdichtung führt, sondern gleichzeitig zu einer zunehmend besseren Einregelung der Tonmineralblättchen in die Ebene senkrecht zur Druckrichtung. Quantitativ kann eine solche Einregelung durch röntgenographische Gefügeanalyse gemessen werden (vgl. z. B. GEHLEN 1960), welche im Falle der immer axialsymmetrischen Tongefüge eine einfachere Form als im allgemeinen Fall annimmt (TAYLOR & NORRISH 1966, LIPPMANN 1970). Eine solche Analyse ergibt die Intensität der Basisinterferenz eines Tonminerals in Abhängigkeit vom Winkel, den die Normale n der Blättchen mit der Normale zu einer S-Fläche des Gesteins bilden, welche makroskopisch als Schichtfläche, Absonderungs- oder Schieferungsfläche zu erkennen ist. Auf der Oberfläche einer Kugel, deren Äquatorebene durch die S-Fläche gegeben ist, erscheinen die Normalenrichtungen der einzelnen Tonmineralpartikel als Punkte, deren Lage durch zwei Winkel festgelegt ist: den Polwinkel φ, welcher den Winkelabstand gegen die Normale auf die S-Fläche bezeichnet und einen Azimutwinkel ψ, der auf dem Äquator gemessen wird. Die innerhalb eines infinitesimalen Winkelbereiches $d\varphi \cdot d\psi$ gemessene Intensität eines Basisreflexes ist dem Volumen der Mineralteilchen proportional, deren Blättchennormalen diese Position haben. Ist die über alle φ und ψ gemessene Intensitätsfunktion $I(\varphi, \psi)$ bekannt, so kann man die mittlere Intensität pro Flächeneinheit der Halbkugel berechnen, welche im Falle eines Tones aus gleichgroßen Teilchen der Gesamtzahl der Partikel pro Volumeneinheit proportional ist:

$$\bar{I} = \frac{\int_0^{2\pi} \int_0^{\pi/2} I(\varphi, \psi) \sin\varphi \, d\psi \, d\varphi}{2\pi} \tag{5.55}$$

Weil die Regelung bei Tongesteinen axialsymmetrisch ist, hängt die Intensität nicht vom Azimut, sondern nur vom Polwinkel ab. Man kann daher schreiben:

$$\bar{I} = \int_0^{\pi/2} I(\varphi) \sin\varphi \, d\psi \tag{5.56}$$

Liegen die Tonblättchen bevorzugt parallel zur S-Fläche, so hat die Funktion $I(\varphi)$ für $\varphi = 0$ ein Maximum:

$$I_{max}(\varphi) = I(\varphi = 0) = I(0) \tag{5.57}$$

Als Maß für die Textur definiert man das Verhältnis dieser maximalen Intensität zur gemittelten Intensität:

$$\text{Texturgrad } t = \frac{I(0)}{\bar{I}} \tag{5.58}$$

Der Texturgrad ist gleich dem Verhältnis der bei $\varphi = 0$ gemessenen Intensität im geregelten Ton zu der Intensität bei $\varphi = 0$ für denselben Ton ohne Regelung, oder gleich dem Verhältnis der Anzahl der Teilchen, deren Blättchen im geregelten Ton parallel zur S-Fläche liegen zur Anzahl der Teilchen parallel S im ungeregelten Ton.

Zur Bestimmung des Texturgrades muß man die Funktion $I(\varphi)$ für einen möglichst großen Winkelbereich messen und $I(\varphi) \sin\varphi$ für verschiedene φ-Werte berechnen. Trägt man $I(\varphi) \sin\varphi$ gegen φ auf, so erhält man durch graphische Integration den Wert der gemittelten Intensität $\bar{I}$. Den Texturgrad bekommt man gemäß Gl. (5.58) als den Quotienten der bei $\varphi = 0$ gemessenen Intensität und der gemittelten Intensität.

Die Intensität I nimmt mit zunehmendem Polwinkel φ umso stärker ab, je höher der Texturgrad t ist. Die Intensität ist also eine Funktion von φ und t. LIPPMANN (1970) zeigte, daß $I(\varphi, t)$ in den meisten Fällen durch die Funktion

$$I(\varphi, t) = t \cdot \bar{I} (\cos \varphi)^{t-1} \tag{5.59}$$

dargestellt werden kann. Daraus erhält man:

$$\log I(\varphi, t) = \log (t \cdot \bar{I}) + (t - 1) \log \cos \varphi \tag{5.60}$$

Diese Formulierung erleichtert die Ermittlung des Texturgrades t: Trägt man den Logarithmus der gefundenen Intensität $I(\varphi)$ gegen $\log \cos \varphi$ auf, so bekommt man eine Gerade, deren Steigung gleich $(t - 1)$ ist.

Abb. 5-70 zeigt als Beispiel die von THIEM (1967) gemessenen Texturfunktionen verschiedener künstlich hergestellter Tonpräparate aus Montmorillonit verschiedener Textur. Die ausgezogenen Kurven entsprechen der von LIPPMANN (1970) angegebenen Funktion.

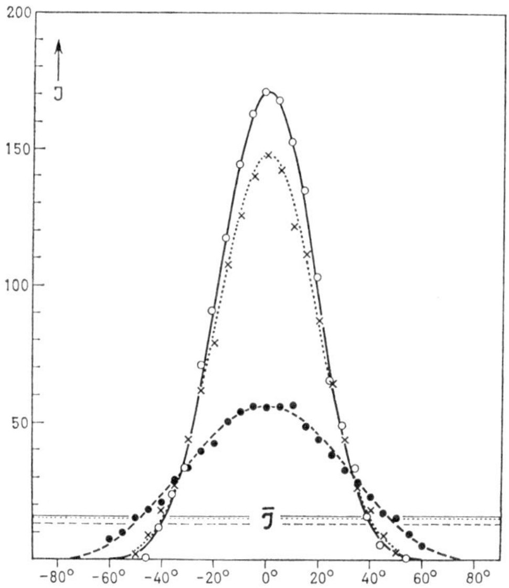

Abb. 5-70. Textur künstlich gepreßter Montmorillonitpräparate (THIEM 1967) und Texturfunktion nach LIPPMANN (1970).

Systematische Messungen des Texturgrades von Tongesteinen verschiedenen Verdichtungsgrades nach dieser quantitativen Methode liegen noch nicht vor. Stattdessen wurden mehr qualitative Methoden angewendet, die auf Intensitätsmessungen an Schnitten parallel und senkrecht zur S-Fläche beruhen. So benutzte KAARSBERG (1959) das Verhältnis der Intensitäten der (002 und (110)-Reflexe des Illit in Schnitten parallel zur S-Fläche als Maß für die Regelung. MEADE (1964) benutzte als Orientierungsverhältnis (orientation ratio) das Verhältnis der Intensitäten von (001) und (020) des Montmorillonit:

$$\text{Orientierungsverhältnis (Meade)} = \frac{I\,(001) : I\,(020)\ \text{parallel S}}{I\,(001) : I\,(020)\ \text{senkrecht S}}$$

Das Orientierungsverhältnis ist für ein ungeregeltes Gefüge gleich 1.

Gipson (1966) benutzte das folgende Orientierungsverhältnis (orientation ratio):

$$\text{Orientierungsverhältnis (Gipson)} = (A_{002} : A_{020}) : ([B_{002} + C_{002}] : [B_{020} + C_{020}])$$

(A_{002} und A_{020} = Intensitäten der (002)- und (020)-Linien des Illit in der S-Fläche, B und C beziehen sich auf dieselben Intensitäten, gemessen in zwei zueinander und zur S-Fläche senkrechten Schnitten.) Ein ungeregeltes Gefüge ergibt den Wert Eins.

Odom (1967) definierte einen Gefügeindex (fabric index) als das Verhältnis der in Schnitten parallel und senkrecht zur S-Fläche gemessenen Intensität des Basisreflexes eines Tonminerals (Illit, Kaolinit, Chlorit):

$$\text{Gefügeindex (Odom)} = \frac{I\,(\text{Basis})\ \text{senkrecht S}}{I\,(\text{Basis})\ \text{senkrecht S} + I\,(\text{Basis})\ \text{parallel S}}$$

Der Gefügeindex ist für ein ungeregeltes Gefüge gleich 0,5. In Tongesteinen des Pennsylvanian fand Odom (1967) eine Korrelation zwischen Gefügeindex und makroskopischem Gefüge: Gesteine mit schieferiger Struktur hatten Gefügeindizes zwischen 0 und 0,3. Massige Gesteine (Tonsteine) hatten Indizes zwischen 0,35 und 0,5. Besonders dünnplattige Absonderung zeigten Gesteine mit Gefügeindizes zwischen 0 und 0,15.

Neben makroskopischen Merkmalen (Schieferung) und röntgenographischen Methoden wurden auch elektronenoptische Verfahren zur Feststellung der Regelung in Tongesteinen angewendet (Abdruckverfahren: Gipson 1965; Rasterelektronenmikroskop: Mattiat 1969).

Kaarsberg (1959) fand an einer Reihe von Tongesteinen der Kreide von verschiedenen Tiefbohrungen und Tagesaufschlüssen in den Vereinigten Staaten eine Zunahme der Orientierung des Illit parallel zur S-Fläche mit zunehmender Dichte der Gesteine und schloß darauf, daß die Regelung in diesen Gesteinen mit zunehmender Bedeckungstiefe zunimmt. Viele Beobachtungen anderer Autoren (vgl. z. B.: Meade 1964, 1968 a, Gipson 1965, 1966, Odom 1967) zeigen jedoch, daß die Einregelung der Tonmineralblättchen keineswegs regelmäßig mit der Tiefe zunimmt. In Kernen aus Tiefbohrungen wechseln häufig schieferige und massige Tongesteine miteinander ab, ohne daß eine systematische Zunahme der Schieferigkeit mit der Bedeckungstiefe festzustellen ist (vgl. z. B. Rubey 1931, White 1961). Neben dem Gebirgsdruck müssen daher noch andere Einflüsse die Einregelung der Tonmineralteilchen bestimmen. Die bisher vorliegenden Beobachtungen reichen noch nicht aus, um die Rolle dieser Einflüsse vollständig zu überblicken. Es ist daher nur möglich, auf einige der wahrscheinlich wichtigsten Faktoren hinzuweisen (vgl. hierzu Meade 1964).

Von wesentlichem Einfluß scheinen die Bedingungen während der Ablagerung zu sein. In Tongesteinen des kohleführenden Pennsylvanian von Illinois, die aus wechselnden Mengen von Illit, Kaolinit, Chlorit und Wechsellagerungsmineralen bestehen, fand ODOM (1967) einen Wechsel dünner Schichten gut geregelter, schieferiger und massiger, schlechtgeregelter Gesteine. Es besteht kein Zusammenhang zwischen mineralogischer Zusammensetzung und Gefüge. Doch ist eine Abhängigkeit vom Gehalt an organischer Substanz festzustellen: Die am stärksten geregelten Gesteine sind besonders reich an organischer Substanz. Die unter den Kohleschichten liegenden, an organischer Substanz armen Tonsteine (underclays) sind, wie auch O'BRIEN (1964) an den Underclays des Pennsylvanian im Illinoisbecken feststellte, massig und ungeregelt. Denselben Zusammenhang zwischen organischer Substanz und Regelung fand auch GIPSON (1965) durch elektronenoptische Untersuchung von Tongesteinen des Pennsylvanian aus Iowa und INGRAM (1953) stellte allgemein fest, daß Tongesteine mit höheren Gehalten an organischer Substanz schieferiger ausgebildet sind als solche mit geringen C-Gehalten. Vermutlich erzeugt die Kompaktion ein geregeltes Gefüge bevorzugt in solchen Tonen, welche schon geregelt abgelagert wurden, die sich also durch die Sedimentation einzelner Partikel bildeten. Eine solche Einzelkornsedimentation erfolgt, wenn keine Koagulation stattfindet, d. h. in elektrolytarmer Lösung, bei geringer Materialzufuhr oder auch bei Verhinderung der Flockung durch Schutzkolloide. Wahrscheinlich haben bei der Bildung kohlenstoffreicher Tonschiefer organische Kolloidstoffe die Sedimentation einzelner Tonmineralblättchen und damit die Bildung primär schon geregelter Sedimente begünstigt. Ablagerung aus salzreicherem Wasser ohne Schutzkolloide führt dagegen zu ungeregelten Sedimenten aus größeren Aggregaten, die während der Kompaktion zu massigen, schlechtgeregelten Tonsteinen werden. Die in den Gesteinen des Pennsylvanian beobachtete und auch sonst in nicht rein marinen Serien zu beobachtende Wechsellagerung massiger und schieferiger Tongesteine bildet wahrscheinlich einen Wechsel der Ablagerungsbedingungen ab. So entstanden die Underclays des Pennsylvanian in einer Regressionsphase des Meeres unter brackischen Bedingungen (O'BRIEN 1964). Die Flockung des angelieferten Tonmaterials führte zu ungeregelten Gefügen, während in einem salzarmen, an organischen Stoffen reichen Milieu Ablagerungen ungeflockter Tone nach der Kohlenbildung entstanden.

Neben den Ablagerungsbedingungen ist die Korngröße der Tonmineralpartikel von Bedeutung. Grobkörnige Tone aus Kaolinit und Illit erfahren bei der Kompaktion eine bessere Regelung als feinkörnige, wie z. B. Montmorillonittone. So fand MEADE (1968 a) in pliozänen bis rezenten Süßwassertonen Kaliforniens, die hauptsächlich aus Montmorillonit bestehen, bis zu Tiefen von 600 m keine Zunahme der Regelung mit der Bedeckungstiefe. Alle diese Sedimente sind nur wenig geregelt (Orientierungsverhältnisse zwischen 1 und 3). Die höchsten Orientierungsverhältnisse (1,5—3) fanden sich in Seesedimenten, die niedrigsten ($\simeq 1$) in alluvialen Fächersedimenten.

Es wurde bisher vorausgesetzt, daß die Kompaktion der Tone ausschließlich durch das Gewicht der Sedimente, also unter dem Einfluß eines vertikal gerichteten Druckes erfolgt. Es gibt jedoch Anzeichen dafür, daß bei der Kompaktion auch lateral gerichtete Druckkomponenten eine Rolle spielen. LANGHEINRICH (1966) beobachtete und vermaß die Deformation von Ammonitenschalen *(Psiloceras)* in Tonen des Unteren Lias bei Göttingen, der tektonisch nicht beansprucht ist. Die Schalen sind seitlich um rund 16% zusammengedrückt, wobei die Längsachsen der deformierten Schalen einheitlich ausgerichtet sind. Aus Beobachtungen über die Fossilisation kann geschlossen werden, daß die Deformation in einem frühen Stadium der Diagenese stattfand. Vermutlich ist das noch plastische Sediment unter Verminderung des Porenraums auf dem flach geneigten Meeresboden abgeglitten.

Aus den seismischen Geschwindigkeiten in den tertiären Schichten des subalpinen Molassebeckens konnte LOHR (1969) ableiten, daß die bis zu 4000 m mächtige ungefaltete Füllung dieses Beckens in stärkerem Maße von den lateral gerichteten gebirgsbildenden Kräften der Alpenfaltung verdichtet worden ist als vom normalen Belastungsdruck. Die seismische Geschwindigkeit einheitlicher Beckenfüllungen nimmt in der Regel recht genau linear mit der Tiefe zu. Im Molassebecken beobachtet man erstens eine stärkere Zunahme der Geschwindigkeit mit der Tiefe als in den entsprechenden Schichten des Rheintalgrabens, die keinem seitlichen Druck ausgesetzt waren. Zweitens nimmt die Geschwindigkeitszunahme mit der Tiefe mit der Annäherung an die Zone der gefalteten Molasse am Alpenrand deutlich zu. Abb. 5-71 zeigt die Zunahme der mittleren Geschwindigkeiten mit Annäherung an die Alpen.

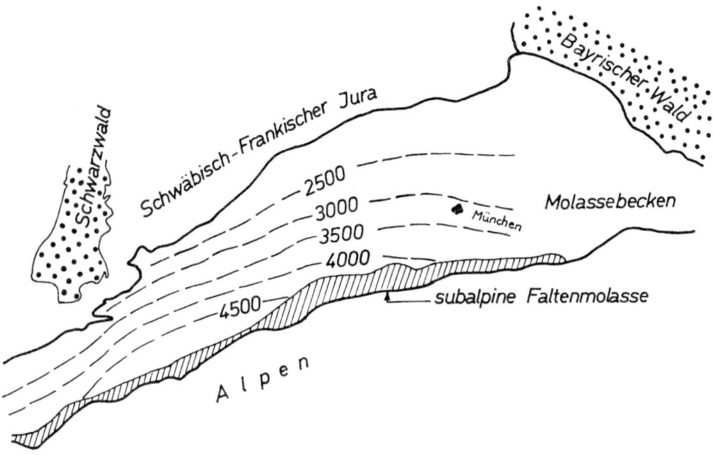

Abb. 5-71. Mittlere seismische Geschwindigkeiten (m/sec) im Tertiär des subalpinen Molassebeckens (LOHR 1969).

5.52 Chemische Diagenese

Im vorigen Abschnitt wurde die Verdichtung (Kompaktion) von Tonen als ein mechanischer Vorgang betrachtet, der unter dem Einfluß des Gebirgsdrucks stattfindet und lediglich in einer Umlagerung, Verformung und Zerbrechung der primären Partikel besteht. In Wirklichkeit greifen mechanische und chemische Vorgänge stets ineinander, wenn auch bei der Diagenese von Tonen anders als bei Sanden mechanische Vorgänge das Gefüge weitaus stärker verändern als chemische Prozesse. Daher konnten die ersteren zunächst ohne Berücksichtigung der chemischen Reaktionen behandelt werden.

Faktoren, welche die chemische Diagenese der Tone veranlassen, sind die Veränderungen im Chemismus der Porenlösung, welche die Sedimente während der Versenkung als Kompaktionsstrom durchsetzt, sowie die Zunahme von Druck und Temperatur. Verschiedene Autoren haben ein frühes Stadium der Diagenese bei geringer Sedimentbedeckung und ein spätes Stadium bei stärkerer Bedeckung unterschieden (vgl. z. B. Dapples 1959, 1967 [drei Stadien], Müller 1967, 1970). Wenn es auch schwierig ist, die Grenzen beider Bereiche genau zu bezeichnen, so sind doch die Bedingungen bei geringer Sedimentbedeckung wesentlich von denen verschieden, die in größeren Versenkungstiefen herrschen.

Bei geringer Überdeckung (frühes Stadium der Diagenese) hat das Sediment noch eine hohe Porosität und eine entsprechend große Permeabilität. In einem absinkenden Schichtpaket genügender Dicke ist der Kompaktionsstrom verhältnismäßig stark, die Minerale kommen daher mit relativ großen Lösungsmengen in Berührung, die gelöste Stoffe ab- und andere Stoffe zuführen. Wurden organische Stoffe, die die subaquatische Verwitterung mit ihren oft oxidierenden Bedingungen überstanden, im Sediment eingebettet, so werden wegen des Abschlusses vom Luftsauerstoff in der Porenlösung reduzierende Bedingungen (negatives Eh) herrschen. Die Elektrolytkonzentration der Porenlösung ist noch relativ niedrig und entspricht mehr oder weniger der Zusammensetzung der bei der Ablagerung eingeschlossenen Lösung. Marine Tone enthalten also dem Meerwasser ähnliche Lösungen, kontinentale Tone solche, die der Zusammensetzung der kontinentalen Gewässer entsprechen. Die im Abschnitt über die Diagenese der Formationswässer besprochenen Veränderungen ihres Chemismus werden zu einem großen Teil in diesem Diagenesestadium stattfinden, so z. B. die Fixierung von Magnesium und Kalium und die Reduktion des Sulfates. Temperatur und Druck sind noch niedrig. Setzt man als ungefähre Grenze der frühen Diagenese eine Porosität von 0,3, so entspricht dieses Stadium einer Versenkung bis in etwa 300 m (vgl. Abb. 5-63). In dieser Tiefe erfolgt auch, wie Abb. 5-69 zeigt, eine deutliche Abnahme der Intensität des Kompaktionsstromes.

Im späten Stadium der Diagenese sind Porosität und Durchlässigkeit des Sediments nur noch gering. Auch der Kompaktionsstrom ist vermindert, so daß die Minerale mit kleineren Lösungsmengen als zuvor in Berührung kommen. Die Elektrolytkonzentration der Porenlösung erhöht sich durch die zunehmende Wirkung der Ionenfiltration, und ihre Zusammensetzung nähert sich für die meisten Sedimente immer mehr der einer reinen NaCl-Lösung. Die chemischen Reaktionen werden in ihrer Richtung und Geschwindigkeit durch die Zunahme von Temperatur und Druck bestimmt. Diffusive Vorgänge und Reaktionen im festen Zustand gewinnen an Bedeutung. Beim schließlichen Verschwinden des Porenraums in Tiefen in ca. 6000 m hören die für die Diagenese charakteristischen Umsetzungen zwischen festen Phasen und Porenlösung ganz auf, und es wird das Gebiet der Metamorphose erreicht, in welchem die Reaktionen im wesentlichen nur noch auf dem Wege der Grenzflächendiffusion und Diffusion im festen Zustand verlaufen.

Prozesse der chemischen Diagenese von Tonen betreffen in erster Linie den Tonmineralbestand. Bestimmte Tonminerale verschwinden und andere treten durch Um- oder Neubildung an ihre Stelle. Neugebildete oder umgebildete Tonminerale sind jedoch schwer als solche zu erkennen. Daher ist es meist schwierig zu entscheiden, ob eine Änderung des Mineralbestandes einer Schichtfolge mit der Tiefe diagenetisch verursacht ist, bei der subaquatischen Verwitterung entstand oder eine Veränderung der Zusammensetzung des primär angelieferten und abgelagerten Materials abbildet.

Typische Bildungen der frühen Diagenese sind die Konkretionen, welche vornehmlich in marinen Tongesteinen aller Formationen sehr verbreitet sind. Konkretionen sind kugelig, ellipsoidisch oder unregelmäßig geformte, oft abgeplattete Anreicherungen diagenetisch abgeschiedener Minerale, welche das detritische Material des Tones entweder verdrängt haben oder einschließen. Am häufigsten sind Konkretionen aus Calcit, Siderit, Dolomit und Gips. Außerdem bilden Baryt, Calciumphosphat, Pyrit und Markasit Konkretionen. SiO_2-Konkretionen (Flint, Feuerstein) kommen vorwiegend in Kalken vor.

Nach dem Verhältnis zum umgebenden Gestein kann man verschiedene Arten von Konkretionen unterscheiden (Illies 1949):

1. Konkretionen, die sich durch die Ausfüllung des Porenraums mit einem diagenetisch gebildeten Mineral bildeten.
2. Konkretionen, die durch mechanische Verdrängung der Sedimentsubstanz durch wachsende Kristalle entstanden.
3. Konkretionen, die sich durch eine metasomatische Verdrängung des umgebenden Gesteins bildeten.

Konkretionen des dritten Typs sind in Kalken verbreitet und kommen in Tongesteinen nicht vor. Von den im folgenden näher besprochenen häufigsten Konkretionen in Tonen gehören die Karbonatkonkretionen dem Typ 1, die Konkretionen aus Pyrit und Markasit im wesentlichen dem Typ 2 an.

Konkretionen können sich nur bilden, wenn das Sediment hinsichtlich der physikalisch-chemischen Bedingungen nicht homogen ist. An bestimmten Punkten, und nur an diesen, müssen Bedingungen herrschen, die die Ausscheidung einer festen Phase hervorrufen. Dies kann dadurch geschehen, daß an diesen Stellen lokale chemische Reaktionen ablaufen, die zur Bildung einer bestimmten Phase führen, deren Komponenten in der Porenlösung gelöst sind. Solange eine solche lokale Reaktion andauert, werden die Komponenten der neuen Phase zu den Konkretionszentren diffundieren und sich dort abscheiden. Eine andere Möglichkeit zur Konkretionsbildung ist gegeben, wenn die Porenlösung an einer bestimmten Phase schwach übersättigt ist, so daß die spontane Keimbildungswahrscheinlichkeit gering ist. Dann kann sich die Ausscheidung an bestimmten Stellen konzentrieren, wo geeignete Keime vorliegen.

In jedem Fall muß die sich als Konkretion abscheidende Substanz aus der Umgebung zum Konkretionszentrum diffundieren. Die oft zu beobachtende konzentrische Struktur im Inneren der Konkretionen bildet den nicht immer ganz gleichförmigen Wachstumsprozeß ab, der von innen nach außen fortschreitet. Die Geschwindigkeit, mit der die Konkretion wächst, hängt von der Geschwindigkeit des Diffusionsstromes, d. h. vom Diffusionskoeffizienten und vom Konzentrationsgefälle ab. Im ersten der beiden genannten Fälle besteht fern von der Konkretion die den dort herrschenden Bedingungen entsprechende Sättigungskonzentration, am Ort der Konkretion eine niedrigere Konzentration, die durch die dort ablaufende Reaktion bestimmt wird.

Im zweiten Fall herrscht fern von der Konkretion Übersättigung, an der Oberfläche der Konkretion ist die Lösung gerade gesättigt. BERNER (1968 a) berechnete die Wachstumsgeschwindigkeit einer kugelförmigen Konkretion nach einem solchen Diffusionsmodell. Dabei sind zwei Fälle zu unterscheiden:

1. Die Konkretion wächst in unbewegter Porenlösung,
2. die Konkretion wächst in einer Porenwasserströmung.

Es gelten die folgenden Ausdrücke:

Wachstum in unbewegter Porenlösung:

$$t = \frac{R^2}{2\,v\,D\,(c_\infty - c_R)} \tag{5.61}$$

Wachstum in bewegter Porenlösung:

$$t = \frac{(R - D/0{,}715\,U)\,(1 + RU/D)\;0{,}175 + D/0{,}175\,U}{1{,}175\,U\,v\,(c_\infty - c_R)} \tag{5.62}$$

t ist die Zeit, in welcher eine Kugel vom Durchmesser R gewachsen ist, v ist das Molvolumen der sich abscheidenden Substanz, D ist der Diffusionskoeffizient, c_∞ und c_R sind die Konzentrationen des Gelösten in großer Entfernung und an der Oberfläche der Konkretion, U ist die Geschwindigkeit der Porenwasserströmung. Abb. 5-72 stellt

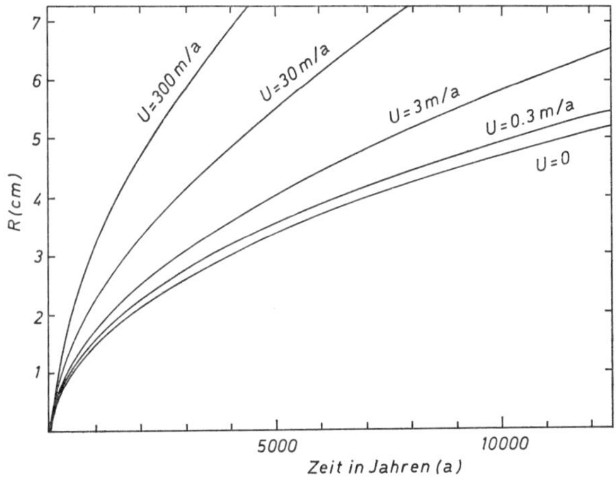

Abb. 5-72. Wachstum von Konkretionen nach der Formel von BERNER (1968) in Abhängigkeit von der Strömungsgeschwindigkeit der Porenlösung (U in m/Jahr).

beide Gleichungen für Bedingungen dar, wie sie etwa für das Wachstum von Calcitkonkretionen angenommen werden können. Die Formeln gelten nur für den Fall, daß die einzelnen Konkretionen genügend weit voneinander entfernt sind, so daß sich die Diffusionshöfe nicht überschneiden, und daß immer dieselbe Übersättigung an der Oberfläche der Konkretion herrscht. Wegen der vereinfachenden Annahmen und der im Einzelfall variablen Bedingungen kann die Rechnung nur die Größenordnung der Wachstumsgeschwindigkeit angeben. Sicher ist jedenfalls, daß Konkretionen in geologisch kurzen Zeiten wachsen können. Ferner ergibt sich, daß eine Strömung der

Porenlösung die Wachstumsgeschwindigkeit nicht mehr als um etwa eine Größenordnung erhöht. Zur Bildung ist es also nicht erforderlich, daß ein Kompaktionsstrom gelöstes Material heranbringt.

Daß die besonders häufigen Karbonatkonkretionen nicht an der Sedimentoberfläche, sondern innerhalb des Sediments entstanden, erkennt man daran, daß eine Besiedlung durch benthonische Organismen fehlt. Im Inneren dieser Konkretionen finden sich häufig Reste von Organismen, die im Gegensatz zu den deformierten Fossilien des umgebenden Tones vollkörperlich erhalten sind. Die Konkretionen wurden also schon sehr früh gebildet, so daß sie die Fossilien vor der Deformation durch die Kompaktion des Sediments schützen konnten. Die frühe Bildung der Konkretionen ist auch aus dem Verhalten der Feinschichtung abzulesen, die den Ton und die Konkretionen durchzieht. Die Schichtgrenzen liegen in den Konkretionen horizontal und rücken beim Übergang in den Ton näher zusammen, indem sie sich den gekrümmten Ober- und Unterflächen der Konkretion anpassen. Aus dem Abstand solcher Feinschichtungsgrenzen in der Konkretion und im Ton läßt sich der Betrag der Kompaktion ableiten, den der Ton nach der Bildung der Konkretion erlitt. Für kalkige Konkretionen im Lias ε Südwestdeutschlands (Schwäbische Alb) leiteten EINSELE & MOSEBACH (1955) z. B. eine Volumenabnahme des Tones nach der Konkretionsbildung auf $^1/_3$ bis $^1/_4$ ab. Ein weiterer Hinweis auf die frühe Bildung der Konkretionen ergibt sich aus einem Vergleich des in den Konkretionen eingeschlossenen detritischen Materials mit dem Mineralbestand des umgebenden Tons: Es zeigt sich, daß die Minerale des Tons stärker diagenetisch verändert sind.

Aus diesen Beobachtungen folgt, daß die Karbonatkonkretionen durch Füllung des Porenraums des noch sehr lockeren Sediments mit Karbonat entstanden. Aus dem Karbonatgehalt kann man abschätzen, daß die Porosität des Sediments zur Zeit der Konkretionsbildung 0,7—0,8 betrug. Dies bedeutet, daß die Konkretionen wenige Meter unter der Sedimentoberfläche gebildet wurden oder mindestens zu wachsen begannen (LIPPMANN 1955, SEIBOLD 1962). Da sich der Porenraum des Tones während des Wachstums der Konkretion zunehmend verringerte, nimmt der Karbonatgehalt vom Zentrum zum Rand hin ab (SEIBOLD 1962, KNOKE 1966).

Die Bildung der Karbonatkonkretionen zeigt, daß Calcium- und Eisenkarbonat in vielen tonigen Sedimenten in einem sehr frühen Diagenesestadium sehr beweglich sind. Man wird diese Beobachtung mit der Tatsache in Verbindung bringen dürfen, daß in den Porenlösungen rezenter Sedimente eine gegenüber Meerwasser erhöhte Wasserstoffionenkonzentration gefunden wurde. Derartige Lösungen sind für Calcit nicht mehr übersättigt wie das Meerwasser, sondern schwach untersättigt oder gerade gesättigt. In manchen marinen Tongesteinen zeigen kalkige Fossilreste Zeichen einer frühdiagenetischen Auf- oder Anlösung. So sind z. B. in dem an Kalkkonkretionen reichen Posidonienschiefer (Lias ε) Südwestdeutschlands die aus dem leichter löslichen Aragonit bestehenden Ammonitengehäuse völlig aufgelöst. Die Schalen sind als hauchdünne völlig flache Häutchen organischer Substanz erhalten. Aus Calcit bestehende Aptychen, Muschelschalen und Hartteile von Belemniten und Crinoiden sind mehr oder minder körperlich erhalten, zeigen aber auch Zeichen der Anlösung (EINSELE & MOSEBACH 1955).

Konkretionen aus Karbonat bilden sich an einzelnen Stellen im Sediment, wo über eine gewisse Zeit hin lokal Karbonat abgeschieden wird. Da die Löslichkeit von Karbonaten durch pH-Erhöhung herabgesetzt wird, haben CORRENS (1950) und nach ihm andere Autoren (WEEKS 1953, LIPPMANN 1955, BERNER 1968 b) angenommen, daß sich die Konkretionen dort bilden, wo sich Organismen unter Bildung von Aminen und Ammoniak zersetzen und so für eine gewisse Zeit als Quellen erhöhter Alkalinität wirken. Diese Erklärung wird durch die Tatsache gestützt, daß die Konkretionen oft größere Reste von Tieren, manchmal auch von Pflanzen enthalten und daß auch das Vorkommen von Phosphat und Pyrit in ihnen auf die Beteiligung organischen Materials hinweist. Konkretionen ohne heute noch sichtbare organische Reste mögen einstmals die Körper von schalen- oder skelettlosen Weichtieren oder auch Pflanzenreste umschlossen haben.

Die Konkretionen enthalten Kohlenstoff nur in Form von Karbonat. Daher wird bei der Zersetzung der organischen Substanz neben CH_3 auch CO_2 erzeugt worden sein, welches die Löslichkeit der Karbonate erhöht. Die Bildung der Karbonatkonkretionen müßte also an spezielle Bedingungen geknüpft gewesen sein, bei denen die Produktion von Ammoniak und Aminen genügend hoch war, um Karbonat auszufällen. BERNER (1968 b) zeigte experimentell, daß bei der anaeroben Zersetzung von Fischkadavern in Meerwasser das pH unter Bildung von Ammoniak und Aminen stark ansteigt, wobei gleichzeitig der Gehalt der Lösung an Calcium und Magnesium ab- und der an Karbonat zunimmt. Calcium und Magnesium wurden bei diesen Versuchen allerdings nicht als Karbonate, sondern als Salze langkettiger Fettsäuren gefällt. Derartige Bildungen sind auch aus der Natur als Zersetzungsprodukte (sogenanntes Leichenwachs) rezenter Kadaver in Wasser bekannt (BERGMANN 1963). Eine spätere Spaltung könnte aus diesen Stoffen einerseits Calcium- und Magnesiumkarbonate und andererseits Kohlenwasserstoffe bilden. BERNER (1968 b) nimmt an, daß mindestens einige Karbonatkonkretionen auf diesem Wege entstanden sind.

Der geringe Stickstoffgehalt der organischen Substanz macht es jedoch fraglich, ob die Konkretionsbildung allein durch die Zersetzung organischer Substanz erklärt werden kann. Erfolgt die Karbonatabscheidung gemäß der Reaktion

$$NH_3 + Ca^{++} + HCO_3^- \rightarrow CaCO_3 + NH_4^+$$

so entspricht jedem Mol abgeschiedenem Calciumkarbonat ein Mol Ammoniak, resp. Stickstoff. Der Stickstoffgehalt der Pflanzen ist wegen ihres geringeren Eiweißgehaltes niedriger als der der Tiere. Er beträgt im Mittel 3 Gew.% der Trockensubstanz (VINOGRADOV nach BOWEN 1966). Der mittlere Gehalt von Tieren beträgt 10 Gew.% der Trockensubstanz (verschiedene Autoren nach BOWEN 1966). Demnach kann die Zersetzung von 100 g pflanzlicher Trockensubstanz maximal zur Ausfällung von 20 g $CaCO_3$ führen, während 100 g tierische Trockensubstanz maximal 70 g $CaCO_3$ ergeben können. Eine kugelförmige Konkretion von 10 cm Durchmesser enthält bei einem mittleren Kalkgehalt von 80% 1,13 kg $CaCO_3$. Zur Ausfällung dieser Menge wären mindestens 1,6 kg tierische oder 5,7 kg pflanzliche Trockensubstanz erforderlich. Wenn man bedenkt, daß die Trockensubstanz nur etwa 1 Gew.% eines Organismus ausmacht, wären unwahrscheinlich große Mengen von Pflanzenresten oder tierischen

Körpern zur Bildung einer einzigen Konkretion erforderlich. Man muß annehmen, daß auch noch andere Vorgänge bei der Konkretionsbildung eine Rolle gespielt haben. Möglicherweise wurde nur der innerste Kern der Karbonatkonkretionen durch die Zersetzung organischer Substanz ausgefällt, und es wirkten die Oberflächen dieser ersten Konkretionen als Keime für weitere Karbonatabscheidung während späterer Stadien der Diagenese. Damit sich auf diese Weise Calcit auch nach der Beendigung der Zersetzung der organischen Substanz auf der Oberfläche der Konkretionen abscheiden kann, muß in der Porenlösung eine schwache Übersättigung herrschen. Eine solche Übersättigung kann durch die im Ton eingebetteten aragonitischen Hartteile von Organismen hervorgerufen werden, da eine für Aragonit gesättigte Lösung für Calcit übersättigt ist. In einem solchen Fall wachsen die Kalkkonkretionen auf Kosten der sich auflösenden aragonitischen Schalen.

Die Bildung von Kalkkonkretionen erzeugt eine Sammlung und Konzentrierung des primär in Form von großen und kleinen Organismenschalen mehr oder weniger gleichmäßig im Sediment verteilten Kalkgehaltes. Oft sind die Konkretionen in bestimmten Horizonten angereichert. Wahrscheinlich handelt es sich um primär besonders karbonatreiche Schichten. Benachbarte Konkretionen eines Horizontes können auch miteinander verschmelzen, so daß es Übergänge zu durchgehenden Kalkbänken gibt, von denen manche diagenetisch nach Art der einzelnen Konkretionen entstanden sein mögen.

Bei der Bildung von Kalkkonkretionen kommt es entsprechend der geringen Löslichkeit von Magnesium im Calcitgitter bei tiefen Temperaturen zu einer Trennung von Calcium und Magnesium. Sowohl die von Seibold (1962) untersuchten Konkretionen aus dem südwestdeutschen Lias als auch die von Knoke (1966) untersuchten aus dem Devon des Harzes enthalten weniger Magnesium als das Karbonat des umgebenden Tones.

Untersuchungen über die Isotopenzusammensetzung des Kohlenstoffs in karbonatischen Konkretionen haben den Bildungsmechanismus bisher nicht weiter aufklären können. Hoefs (1970, dort auch ältere Literatur) fand in Konkretionen der Unterkreide eine Anreicherung an leichtem Kohlenstoff, der aus dem Abbau organischer Substanz herrühren kann. Dagegen war in Konkretionen aus dem Devon schwerer Kohlenstoff angereichert, der möglicherweise aus einem Isotopengleichgewicht mit Methan stammt.

Neben Calcitkonkretionen sind solche aus Siderit häufig (Toneisensteine). In dem von Lippmann (1955) untersuchten Unterkreideton sind die Sideritkonkretionen später als die Calcitkonkretionen gebildet worden. Auch das Eisen dieser Konkretionen stammt aus dem Ton. Es mag sich aus der Reduktion des primär in dreiwertiger Form im Sediment deponierten Eisens herleiten, wobei organische Stoffe als Reduktionsmittel gewirkt haben können. Jedenfalls hat die Bildung der Sideritkonkretionen in einem reduzierenden Milieu (negative Eh-Werte) bei neutraler oder schwach alkalischer Reaktion stattgefunden.

Karbonatkonkretionen sind häufig von radial verlaufenden Rissen und offenen Spalten durchzogen, die nach außen hin schmäler werden oder sich ganz schließen. Das Volumen solcher Konkretionen mit Schrumpfrissen (Septarien) hat während der

Diagenese abgenommen. Sie entstanden zunächst als weicher Kalkschlamm hoher Porosität und erfuhren im Verlauf der Versenkung durch den Austritt von Wasser eine Verdichtung, die sich teils in einer Deformation des noch plastischen Körpers (abgeplattete Formen), teils in der Bildung offener Bruchspalten des schon verfestigten Gebildes äußerte. Da diese sich in der Regel nach dem Rand hin schließen, war der Volumenschwund im Inneren stärker als in den Außenzonen. Dies ist verständlich, da der in den ersten Phasen der Konkretionsbildung ausgeschiedene Kalkschlamm poröser war als der später unter stärkerer Sedimentbedeckung gebildete. In den Spalten der Septarien findet man als Bildungen späterer Stadien der Diagenese Kristalle verschiedener Minerale. Aus den Konkretionen in Unterkreidetonen beschrieb LIPPMANN (1955) Calcit, Pyrit, Baryt, Whewellit (Calciumoxalat) und Zinkblende. Diese Minerale haben sich aus der Porenlösung des Tongesteins ausgeschieden, wobei wahrscheinlich die Differenz zwischen dem Gebirgsdruck, unter dem die Partikel des Sediments stehen, und dem hydrostatischen Druck in der Porenlösung wirksam war (entsprechend der Druckabhängigkeit der Löslichkeit).

In Tonsedimenten, die organische Kohlenstoffverbindungen enthalten, wird das Sulfat der Porenlösung und der Eiweißschwefel durch Bakterien zu Sulfid reduziert. Daß die Sulfatreduktion schon in den frühesten Stadien der Diagenese stattfindet, zeigt die Analyse der aus rezenten marinen Sedimenten gewonnenen Porenlösungen. Das so gebildete Sulfid wird im Sediment vornehmlich als Eisensulfid fixiert, das entweder feinverteilt vorkommt oder sich in FeS_2-Konkretionen aus Pyrit oder Markasit anreichert. Die Eisensulfidkonkretionen sind entsprechend ihrer Herkunft aus Eiweißschwefel häufig an organische Reste gebunden. Im Unterschied zu den karbonatischen Konkretionen schließen die oft radialstrahlig ausgebildeten Eisensulfidkonkretionen kaum detritisches Material ein. Sie haben sich also nicht im Porenraum des Sediments abgeschieden, sondern wuchsen unter Beiseitedrängung des noch plastischen Tones. Ebenso wuchsen auch die in vielen Tonen vorkommenden klaren Gipskristalle, indem sie die Tonpartikel nicht einschlossen, sondern beiseite schoben. Gips, Pyrit und Markasit vermögen also im Gegensatz zu den Karbonaten einen sogenannten Wachstumsdruck auszuüben, d. h. gegen den Gebirgsdruck zu wachsen. Wie CORRENS (1939, 1949) zeigte, ist dazu nicht nur eine bestimmte Übersättigung erforderlich, die der Löslichkeitserhöhung durch Druck entspricht. Es muß außerdem die Bedingung erfüllt sein, daß die übersättigte Lösung in den kapillaren Raum zwischen dem wachsenden Kristall und den angrenzenden Mineralpartikeln eindringen kann (vgl. hierzu Abschnitt 5.42). Dies hängt aber von den Eigenschaften der Grenzflächen, resp. den Grenzflächenspannungen ab. So vermag z. B. ein wachsender Alaunkristall bei einer 1,75fachen Übersättigung gegen einen Druck von 40 kg/cm^2 zu wachsen, wenn die wachsende Oktaederfläche gegen eine Glasfläche grenzt. Dagegen ist kein Wachstumsdruck, d. h. kein Wachstum gegen einen Druck zu beobachten, wenn die Oktaederfläche gegen Glimmerspaltflächen oder die Würfelfläche gegen Glas grenzt (CORRENS & STEINBORN 1939). In ähnlicher Weise dürften Eigenschaften der beteiligten Grenzflächen, über die Näheres noch nicht bekannt ist, bewirken, daß manche Minerale wie Gips und Eisensulfide in Tonen einen Wachstumsdruck auszuüben vermögen, während andere, wie die Karbonate, dies im allgemeinen nicht können. Nagelkalke (cone-in-cone-Strukturen) dürften durch den Wachstumsdruck von Karbonaten entstanden sein.

Die Veränderungen des detritischen Mineralbestandes verlaufen während der frühen Diagenese von Tonen noch weitgehend in den Bahnen der subaquatischen Verwitterung. So werden Feldspäte aufgelöst, Kaolinit und auch Chlorit bilden sich neu. Diese Vorgänge lassen sich durch einen Vergleich des Mineralbestandes von Konkretionen und des umgebenden Tones feststellen. Die in den Konkretionen schon sehr frühzeitig eingeschlossenen Mineralteilchen waren vor diagenetischen Veränderungen geschützt und repräsentieren die Mineralzusammensetzung des detritischen Materials. So fand Knoke (1966) in devonischen Tongesteinen Plagioklas und auch Quarz stärker auf- und angelöst als in den Kalkkonkretionen. Im Inneren der Konkretionen fand sich zwar auch Chlorit, doch nimmt der Chloritgehalt vom Zentrum zum Rand hin und in das Gestein hinein zu. In der gleichen Richtung vermehrt sich der Eisengehalt der Chlorite. Diese Beobachtung zeigt, daß schon während des Wachstums der Konkretionen eine diagenetische Bildung von Chlorit begann, wobei zuerst magnesiumreiche und später immer eisenreichere Chlorite gebildet wurden. In den frühgebildeten Chloriten wird ein Teil des Magnesiums gebunden, das schon sehr frühzeitig aus der Porenlösung verschwindet. Die frühdiagenetische Bildung von Kaolinit und Chlorit konnten Füchtbauer & Goldschmidt (1963) an Kalkkonkretionen in Liastonen Süd- und Norddeutschlands nachweisen. Im Inneren der Konkretionen fand sich viel Illit und wenig Kaolinit, im umgebenden Ton sehr viel mehr Kaolinit und Chlorit. In allen Fällen konnte eine allmähliche Veränderung der Tonmineralverhältnisse vom Zentrum zum Rand der Konkretionen festgestellt werden. Dieser Übergang bildet die während des Wachstums der Konkretion fortschreitende Diagenese ab.

In welcher Richtung der ursprüngliche Mineralbestand von Tonsedimenten während der späteren Diagenese durch erhöhten Druck und höhere Temperatur verändert wird, läßt sich in großen Zügen bereits aus dem Vergleich der mittleren Zusammensetzung von Tongesteinen verschiedenen geologischen Alters ablesen. In Tonen jüngeren Alters kommen Minerale der Kaolinit-, Montmorillonit- und Chloritgruppe zusammen mit Illit und Wechsellagerungsmineralen in den verschiedensten Mengenverhältnissen vor. Dagegen sind die geologisch älteren, im Mittel stärker diagenetisch veränderten Tongesteine in der Regel sehr viel einförmiger zusammengesetzt. Illit (Muskovit) und Chlorit wiegen vor, Kaolinit, Montmorillonit und Wechsellagerungsminerale, besonders solche mit quellfähigen Schichten, fehlen oder sind selten (Grim 1953, Eckhardt 1958, Weaver 1959, Keller 1963, Millot 1964 u. a.). Diesen Befunden entspricht auch die Änderung der chemischen Zusammensetzung von Tongesteinen mit dem Alter, die von Vinogradov & Ronov (1957) an einer großen Anzahl von Proben von der Russischen Plattform festgestellt wurde. In diesen Gesteinen nimmt der K-Gehalt vom Tertiär bis zum Kambrium von rund 2% auf rund 4% zu, und das Verhältnis SiO_2/Al_2O_3 verringert sich von 5 auf etwa 3.

Diese Beobachtungen sprechen dafür, daß Montmorillonit, Kaolinit und Wechsellagerungsminerale im Verlauf der späteren Diagenese abgebaut und Illit (Muskovit) sowie Chlorit aufgebaut werden. In verschiedenen Sedimentfolgen aus einheitlichem Material konnten diese diagenetischen Vorgänge genauer verfolgt werden.

Die diagenetische Umbildung von Montmorillonit und Montmorillonit-Illit-Wechsellagerung in Illit ließ sich in bis über 4000 m tiefen Profilen durch die tertiären Sedimente der Golfküste (Texas) nachweisen. In den oberen 1000 m ist Montmorillonit neben Illit und Chlorit das vorherrschende Tonmineral. Unterhalb 1000 m beginnt der Montmorillonit zurückzutreten, und der Gehalt an quellfähigen Schichten der Wechsellagerungsminerale nimmt mit der Tiefe ab, während der Gehalt an Illit zunimmt. Im Tiefenbereich zwischen 3000 und 4000 m ist der Abbau des Montmorillonit und der Wechsellagerungsstrukturen mit quellfähigen Schichten beendet. Unterhalb 4000 m kommen keine quellfähigen Minerale mehr vor. Die Tone bestehen dort aus Illit mit einer geringeren Menge von Chlorit. Der Chloritgehalt verändert sich in diesen Profilen nicht mit der Tiefe, doch nimmt die Kristallinität des Chlorits zu (Burst 1959, 1969, Powers 1959, 1967). Ganz analoge diagenetische Umwandlungen beobachtete Van Moort (1971) in mesozoischen Tongesteinen von Neuguinea, die durch Bohrungen bis zu Tiefen von 4500 m aufgeschlossen sind. Die bis zu 1000 m Tiefe aus Wechsellagerungsmineralen mit 60% Montmorillonit und 40% Illit bestehenden Tone enthalten in 3000 m Tiefe Wechsellagerungen mit 20% Montmorillonit und 80% Illit.

Die Umwandlung der Montmorillonitstruktur in die Glimmerstruktur ist ein komplexer Vorgang: Es muß Kalium zugeführt werden, welches zwischen den Dreierschichten nur gebunden werden kann, wenn gleichzeitig eine entsprechende Menge von Silizium der Tetraederschichten durch Aluminium ersetzt wird. Bei der Fixierung von Kalium zwischen den Schichten wird außerdem das Zwischenschichtwasser frei. Zur Entfernung dieser Wasserschichten auf rein mechanischem Wege sind, wie Van Olphen (1963) zeigte, Drucke erforderlich, wie sie in Tiefen von 3000 bis 4000 m nicht zur Verfügung stehen. Aus dem Verlauf von Desorptionskurven leitete Van Olphen ab, daß die Entfernung der letzten der vier Wasserschichten aus dem Montmorillonitgitter einen Druck von 5400 at, die der vorletzten 2500 at erfordert. Werte ähnlicher Größenordnung fanden Steinfink & Gebhart (1962) experimentell für die Entwässerung von Vermikulit durch Druck.

Es ist daher nicht der Druck allein, der die Umwandlung von Montmorillonit in Glimmer in Gang setzt. Es handelt sich vielmehr um eine chemische Reaktion. Die erforderliche Aktivierungsenergie wird durch die erhöhte Temperatur geliefert, die in der Umwandlungszone herrscht. Nach Bohrlochmessungen liegt die Temperatur in den Tiefen, in welchen im Tertiär von Texas die Montmorillonitschichten verschwinden, bei ca. 100° C (Burst 1969). Es ist noch nicht bekannt, woher Kalium und Aluminium stammen, die bei der Glimmerbildung zugeführt werden müssen. Der Kaliumgehalt der Porenlösung ist nach einer Überschlagsrechnung von Powers (1959) zu niedrig und das gleiche gilt für Aluminium.

Da Tone im allgemeinen nur sehr wenig Feldspat enthalten, wäre es möglich, daß Kalium und Aluminium aus benachbarten Sandlagen zuwandern, in denen Feldspäte aufgelöst werden. Die Stoffbilanz für Sandsteine, in denen Feldspat aufgelöst und Kaolinit sowie Quarz abgeschieden werden, zeigt, daß Kalium übrigbleibt, das im Sandstein selbst nicht fixiert wird. Wenn kein oder nur wenig Kaolinit gebildet wird, könnte auch Aluminium zur Verfügung stehen. Für jedes Mol Kalium, das in die entstehende Glimmerstruktur eingebaut wird, muß zum Ladungsausgleich ein Mol Aluminium zu und ein Mol Silizium abgeführt werden. Die diagenetische Umwandlung quellfähiger Tonminerale liefert demnach freies SiO_2, das entweder eine Silifizierung des Tones hervorrufen oder in Sandsteinen abgeschieden werden kann (Towe 1962).

Die Umbildung von Montmorillonit- zu Glimmerschichten führt zu einer chemisch bedingten Entwässerung des Sediments, welche in Tiefen stattfindet, in denen die mechanische Kompaktion nahezu abgeschlossen ist. In Tonen, die reich an Montmorillonit und quellfähigen Wechsellagerungsmineralen sind, mag dieses in größeren Tiefen freigesetzte Wasser, das wie das Kompaktionswasser durch den Gebirgsdruck ausgetrieben wird, dazu führen, daß auch feinverteilte flüssige Kohlenwasserstoffe ausgetrieben werden und sich in durchlässigen Schichten zu Öllagerstätten anreichern (Powers 1967, Burst 1969).

Die Bildung von Illit aus Illit-Montmorillonit-Wechsellagerungen und die Umkristallisation schlechtgeordneter detritischer Illite führt zu einer Zunahme der Kristallinität des Illit, die sich im Pulverdiagramm in zunehmender Schärfe der 10 Å-Interferenz äußert (Weaver 1960). Wie Kubler (1966) zeigte, kann man als Maß für die Kristallinität des Illit und damit für den Grad der Diagenese die Halbwertsbreite der 10 Å-Interferenz benutzen. In einem Profil durch die Oberkreide des Bekkens von Douala in Kamerun fanden Dunoyer de Segonzac, Ferrero & Kubler (1968) zwischen 1000 und 4000 m Tiefe eine lineare Abnahme der Halbwertsbreite bis auf verschwindende Werte in den tiefsten Proben. Gleichzeitig verringert sich der Gehalt der Tone an Illit-Montmorillonit-Wechsellagerungen, die in 4000 m Tiefe ganz fehlen.

Der aus kontinentalem Verwitterungsmaterial stammende und in den frühesten Stadien der Diagenese gebildete Kaolinit ist in größeren Versenkungstiefen nicht mehr stabil. Diese in den Sandsteinen zu beobachtende Tatsache findet sich auch in Tongesteinen bestätigt. Tiefversenkte Tongesteine enthalten im allgemeinen keinen oder nur sehr wenig Kaolinit. So verschwindet in dem oben erwähnten, von Dunoyer de Segonzac und Mitarbeitern (1968) untersuchten Oberkreideprofil in etwa 3000 m Tiefe der Kaolinit vollständig, während Illit und Chlorit an seine Stelle treten. In karbonischen Tonsteinen der Bohrung Münsterland in Nordwestdeutschland (Stadler 1963) ist Kaolinit bis in Tiefen von 3300 m das vorherrschende Tonmineral. Unter 3300 m bestehen die Tone aus Chlorit und Serizit. Zwar mag in diesem Fall die Veränderung des Mineralbestandes auch durch einen Wechsel in der Zusammensetzung des detritischen Materials bedingt sein, doch dürfte die Tatsache, daß die tieferen Schichten ganz frei von Kaolinit sind, die Instabilität des Kaolinit in größeren Tiefen bestätigen. An einem großen Probenmaterial aus Tiefbohrungen in Nordwestdeutschland zeigten Füchtbauer & Goldschmidt (1963), daß in Tongesteinen des Alb, Dogger und Lias das Mengenverhältnis von Kaolinit zu Chlorit zwischen 400 und 3500 m kontinuierlich mit der Versenkungstiefe abnimmt.

Neben Illit sind in manchen Tongesteinen Chlorite wichtige Neubildungen der Diagenese (Eckhardt 1958). Die Chloritbildung beginnt bereits während der submarinen Verwitterung, ist in manchen Tonen während der frühen Diagenese zu beobachten und setzt sich in größeren Versenkungstiefen, wo Montmorillonit, quellfähige Minerale und Kaolinit instabil werden, in verstärktem Umfang fort. Die frühgebildeten Chlorite sind Magnesium-reich, später gebildete sind häufig reich an Eisen. In den meisten Fällen handelt es sich um trioktaedrische Chlorite, doch wurden auch dioktaedrische, d. h. magnesium- und eisenarme, aluminiumreiche Minerale der Chloritgruppe nachgewiesen. So fand WEAVER (1959) dioktaedrischen Chlorit als diagenetisches Umbildungsprodukt von Montmorillonit in mittelordovizischen Bentoniten von Pennsylvania, Tennessee, Virginia, Alabama und Kentucky. In diesem Falle kann man sich vorstellen, daß der Chlorit durch Einlagerung von Oktaederschichten mit Magnesium und/oder Aluminium in Montmorillonit gebildet wurde.

In Tonen und Mergeln des Mittleren Keupers in Südwestdeutschland fand KROMER (1963) als Hauptbestandteil einen dioktaedrischen Chlorit (Sudoit), der offenbar diagenetisch gebildet wurde. Das Mineral enthält in den Tetraederpositionen etwa 1 Al auf 3 Si. In den Oktaederschichten sitzt neben Aluminium auch etwas Magnesium. Der Sudoit ist hier auf Kosten von Kaolinit, z. T. wohl auch auf Kosten eines Illit-Montmorillonit-Chlorit-Wechsellagerungsminerals entstanden.

Diagenetisch gebildete dioktaedrische Chlorite mögen in Tonen häufiger sein, als man heute weiß, da ihr Nachweis in Mischungen mit anderen dioktaedrischen Mineralen schwierig oder unmöglich ist. Der Stoffbestand eines dioktaedrischen Chlorits ist dem des Kaolinits ähnlich. Doch muß, wenn dioktaedrischer Chlorit auf Kosten von Kaolinit entsteht, entweder SiO_2 abgeführt oder Aluminium zugeführt werden, da im Chlorit ein Teil der Tetraederpositionen durch Aluminium besetzt wird. Wenn in den oktaedrischen Zwischenschichten neben Aluminium auch Magnesium oder Eisen vorkommt, müßten auch diese Stoffe zugeführt worden sein.

Die größte Menge der diagenetisch gebildeten Chlorite sind jedoch trioktaedrisch, d. h. die Oktaederpositionen sind mit Magnesium und Eisen besetzt. Da man die chemische Zusammensetzung dieser neugebildeten Chlorite nicht genau kennt, ist die Herkunft ihres Stoffbestandes im einzelnen nicht bekannt. Die Eisen- und Magnesiumgehalte der Porenlösungen genügen, vor allem in den späteren Stadien der Diagenese, sicherlich nicht allein für eine Chloritbildung. Eisen und Magnesium können daher nur aus primären Eisen-Magnesiummineralen stammen wie Glaukonit, detritischem Biotit, Vermikulit u. a. Das chemische Milieu der Chloritbildung ist durch schwach alkalische Reaktion (pH 7 bis 9) und niedrige Gehalte an Kalium gekennzeichnet. In dieser Hinsicht dürften sich die Porenlösungen derjenigen Tongesteine, in denen sich Chlorit bildet, wie die der Tone des Alb, Dogger und Lias in Nordwestdeutschland, von denen unterscheiden, in denen, wie in den tertiären Tonen der Golfküste, Illit aus Montmorillonit entsteht: Sowohl an der Golfküste als auch in Nordwestdeutschland dürften die Porenlösungen schwach alkalisch gewesen sein, doch war in den Porenlösungen der Golfküste der Kaliumgehalt höher und/oder der Gehalt an Eisen und Magnesium niedriger als in den Porenlösungen nordwestdeutscher Tone.

In Tonen, die viel pyroklastisches Material enthalten, führt die Diagenese zu der bei der Diagenese der Sandsteine bereits besprochenen Bildung von Zeolithen.

Während in normalen Tonen die Kaliumkonzentration in der Porenlösung so niedrig ist, daß sich höchstens dioktaedrische Glimmer bilden oder regenerieren, können in Tonen mit vulkanischem Material so hohe Kaliumkonzentrationen auftreten, daß es zur diagenetischen Bildung von Alkalifeldspäten kommt. Ein Beispiel sind die unterpermischen Tonsteine des Saar-Nahegebietes (Heim 1960).

In Tonen salinarer Schichtfolgen, deren Porenraum bei der Ablagerung mit hochkonzentriertem Meerwasser gefüllt war, kommt es zu einer verstärkten diagenetischen Neubildung magnesiumreicher Minerale. So ist z. B. für die Salztone der Zechsteinformation Nordwestdeutschlands die schon sehr frühzeitig einsetzende Bildung von trioktaedrischen Chloriten charakteristisch, welche vermutlich auf Kosten von detritischem Illit stattfand (Füchtbauer & Goldschmidt 1959, Niemann 1960). Nach chemischen Analysen sind die Chlorite des 30 m mächtigen Grauen Salztones von Reyhershausen bei Göttingen Magnesiumchlorite, deren Aluminiumgehalte vom Liegenden (Sheridanit) zum Hangenden (Pennin) kontinuierlich abnehmen (Niemann 1960). In manchen Tonen salinarer Formationen kommt zusammen mit Magnesiumchlorit oder ihn ersetzend Corrensit vor, die regelmäßige Wechsellagerung von Chlorit und quellfähigem Saponit. Hohe Gehalte an sehr frühdiagenetisch gebildetem Corrensit sind für salinare Tone des mittleren Keupers charakteristisch (Lippmann 1954, 1960 a, Schlenker 1971). Tonige Einlagerungen im Anhydrit des Zechstein in Nordwestdeutschland enthalten als Hauptmineral diagenetisch gebildeten Talk.

Als spätdiagenetische Bildung ist in Tongesteinen verschiedentlich Pyrophyllit festgestellt worden, so z. B. im Pennsylvanian von Utah (Ehlman & Sand 1959), im Ordovizium des Rheinischen Schiefergebirges (Scherp & Stadler 1968), im Devon des Armorikanischen Massivs (Dunoyer & Millot 1962, Melou & Plusquellec 1967), im Silur bis Devon der Sahara (Chennaux & Dunoyer de Segonzac 1967). In diesem Vorkommen hat sich Pyrophyllit wahrscheinlich auf Kosten von Kaolinit unter Zufuhr von SiO_2 und Entfernung von Wasser gebildet. Nach experimentellen Untersuchungen von Althaus (1966 a) erfolgt die Bildung von Pyrophyllit aus Kaolinit und Quarz in neutralem Milieu bei 390°. Die Bildungstemperatur ist nur wenig druckabhängig. Winkler (1967) betrachtet das Auftreten von Pyrophyllit als kritisch für den Beginn der Grünschieferfazies der Regionalmetamorphose. Übereinstimmend mit den Beobachtungen in der Natur sprechen jedoch Untersuchungen von Althaus (1966 b) dafür, daß der Pyrophyllit auch schon bei niedrigeren Temperaturen entstehen kann. Althaus stellte fest, daß die Bildungstemperatur durch die Anwesenheit von Säuren wesentlich erniedrigt wird, so liegt sie in 10 n HCl oder H_2SO_4 bei 260°. Ein Grund für diesen Effekt ist die Erniedrigung der Aktivität des Wassers durch die hohe Säurekonzentration. Es ist zu erwarten, daß eine ähnliche Wirkung durch hohe Salzkonzentrationen erzeugt wird. Auch wird die Bildung von Pyrophyllit leichter erfolgen, wenn SiO_2 nicht als Quarz sondern in der Porenlösung gelöst vorliegt. In den hoch konzentrierten Porenlösungen tiefversenkter Tone oder in Tonen salinarer Formationen genügender Versenkungstiefe sind daher die Bedingungen für eine diagenetische Bildung von Pyrophyllit durch die Reaktion von Kaolinit mit der Porenlösung gegeben. Die Seltenheit von diagenetisch gebildetem Pyrophyllit beruht vermutlich darauf, daß der Kaolinit in großen Versenkungstiefen meist nicht mehr vorhanden ist. Das durch die diagenetischen Reaktionen in Chlorite oder Glimmer eingebaute Aluminium steht für eine Pyrophyllitbildung offenbar nicht mehr zur Verfügung.

Zusammenfassend ergeben sich für den Verlauf der chemischen Diagenese normaler Tone die folgenden Prinzipien (vgl. hierzu Dunoyer de Segonzac 1969): Aluminium tritt zunehmend aus oktaedrischer Position (Kaolinit) in die Tetraederpositionen von Chlorit und Glimmer, wodurch SiO_2 frei wird. Magnesium der Porenlösung, sowie adsorbiertes und gelöstes Kalium werden in Mineralen der Chlorit- und Glimmergruppe gebunden. Innerkristallines Wasser der quellfähigen Schichten wird entfernt. Wenn auch die diagenetischen Prozesse innerhalb der Tone im wesentlichen isochemisch verlaufen, so dürfte zu einem gewissen Grade auch ein chemischer Austausch mit den Porenlösungen durchlässiger Schichten erfolgen: durch die Feldspatzersetzung freiwerdendes Kalium wandert aus den Sandsteinen in die Tone, während die Tone gelöstes SiO_2 abgeben. Diesen Prinzipien gemäß führt die Diagenese primär recht verschiedenartig zusammengesetzter Tone letztlich zu der Mineralassoziation dioktaedrischer Glimmer + vorwiegend trioktaedrischer Chlorit.

5.6 Diagenese von Karbonaten

5.61 Mechanische Diagenese

Kalklutite und Kalkarenite besitzen unmittelbar nach der Ablagerung Porositäten, die denen der Tone, Silte und Sande entsprechen. So fand Ginsburg (1957) in der Floridabay Aragonitschlämme, die an der Oberfläche eine Porosität von 0,87 und in 3,4 m Tiefe eine solche von 0,75 haben. Kalkschlämme um die Bahamainseln haben an der Oberfläche Porositäten zwischen 0,60 und 0,70 (Bathurst 1971, Miller & Richards 1969). Kögler (nach Füchtbauer 1970) fand an Kalkschlämmen im Golf von Oman an der Oberfläche $\varepsilon = 0{,}70$ und in 1—3 m Tiefe $\varepsilon = 0{,}60$. Kalkarenite haben primäre Porositäten, die wie die von Sanden zwischen 0,4 und 0,5 liegen (Ebhardt 1968).

Kompressionsexperimente, die mit Kalkschlämmen in Zylindern mit beweglichem Stempel ausgeführt wurden (Terzaghi 1940, Parasnis 1960, Ebhardt 1968) ergaben die von Tonen bekannte annähernd lineare Beziehung zwischen relativem Porenraum und Druck:

$$E = E_1 - \beta \lg p/p_1 \qquad (5.63)$$

E ist der relative Porenraum beim Druck p. E_1 (relativer Porenraum bei $p_1 = 1$) und β sind Konstanten. Einige Beispiele sind in Abb. 5-73 dargestellt. Tabelle 5-16 enthält einige experimentell ermittelte Werte der Konstanten E_1 und β.

Die Konstanten E_1 und β sind von ähnlicher Größe wie die an Tonen gemessenen (vgl. Abschnitt 5.51). Formal verläuft also die mechanische Verdichtung von Kalkschlämmen ähnlich wie die von Tonen. Daß die Vorgänge im einzelnen andere sind als bei Tonen und Sanden, zeigen Versuche von Fruth, Orme & Donath (1966) über die Verdichtung von Kalksedimenten verschiedener Korngröße, die in einer Apparatur

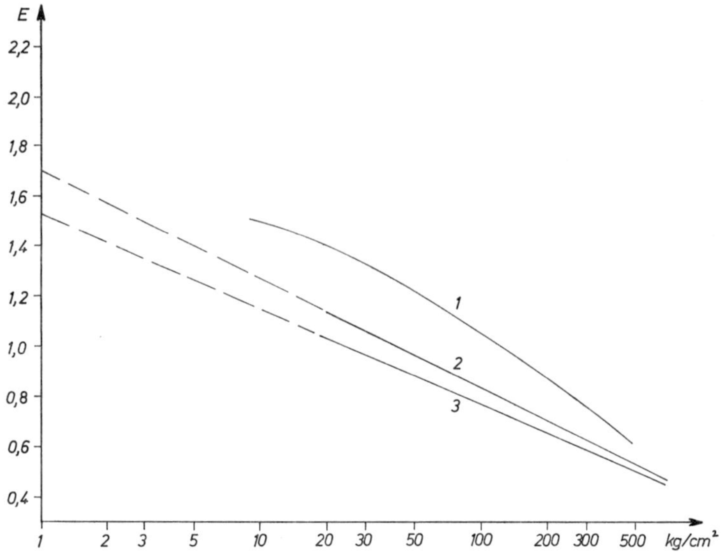

Abb. 5-73. Experimentelle Kompression von Kalkschlämmen. 1: Globigerinenschlamm (Parasnis 1960); 2: Kalksilt, Rotes Meer; 3: Kalksilt, Florida Bay (Ebhard 1968).

mit drei Druckstempeln bei allseitigen Drucken bis zu 1000 at durchgeführt wurden. Sande, die im wesentlichen aus Quarz bestehen, können rein mechanisch nur wenig verdichtet werden, da die Sandkörner hohen Belastungsdrucken standhalten. Dagegen konnten die genannten Autoren an Dünnschliffen eines verdichteten oolithischen Kalkarenits feststellen, daß die Ooide unter der Wirkung des Druckes z. T. zerbrechen, z. T. ineinander eindringen. Ebenso verhalten sich die Kalkschalen von Organismen. Obwohl die Wirkung von Drucklösung wohl nicht ganz sicher auszuschließen ist, spricht das Fehlen stylolithischer Kontakte dafür, daß die Partikel unter der Wirkung des Druckes plastisch fließen. Aus diesen Beobachtungen ist zu folgern, daß die mechanische Kompaktion von Kalksedimenten wegen der geringeren Festigkeit des Calcit unter starker Beteiligung von Bruchvorgängen und plastischem Fließen vor sich

Tabelle 5-16. Kompression von Kalkschlämmen.

Nr.	% $CaCO_3$	MD [µm]	E_0	β
1	93	—	2,20	0,58
2	75	20	1,70	0,43
3	86	7	1,54	0,38
4	—	—	1,45	0,35
5	—	—	1,03	0,23

1: Globigerinenschlamm, Pazifischer Ozean (Parasnis 1960); 2: Globigerinenschlamm, Rotes Meer (Ebhardt 1968); 3: Aragonitschlamm, Florida Bay (Ebhardt 1968); 4: Aragonitschlamm, Bahamabank (Terzaghi 1940); 5: Aragonitschlamm, Bahamabank (Terzaghi 1940).

geht, während die mechanische Verdichtung der aus Quarz und Silikaten bestehenden klastischen Sedimente vorwiegend durch eine Umorientierung der Teilchen verursacht wird.

In den Experimenten zur mechanischen Kompaktion von Ton- und Kalkschlämmen wird die Verdichtung durch einseitigen Druck in einem Gefäß erzeugt, das den Austritt des Porenwassers, nicht aber ein Ausweichen der festen Substanz erlaubt (begrenzender Zylinder parallel zur Druckrichtung). Diese Art der Verformung dürfte in der Terminologie von SANDER (1948, S. 41) am besten durch das Modell einer zweischarigen Scherung (affine Zergleitung nach zwei Ebenenscharen) zu beschreiben sein. Dabei gilt die besondere Bedingung, daß das Gesamtvolumen infolge des Austritts von Porenwasser abnimmt. Eine der homogenen Masse vor der Verformung eingezeichnete Kugel erfährt dabei eine Stauchung zu einem in der Druckrichtung abgeflachten Rotationsellipsoid (SANDER 1950, S. 112). Der Durchmesser des Kreisschnitts dieses Ellipsoids, welcher senkrecht zur Druckrichtung liegt, behält während der Deformation den Durchmesser der ursprünglichen Kugel. In der Natur verläuft die Kompaktion von Tonen durch einen Belastungsdruck weitgehend nach diesem im Experiment verifizierbaren Modell. Dem Ton eingelagerte Fossilschalen erleiden bruchhafte oder plastische Deformationen, die der Verformung einer Kugel in ein gestauchtes Rotationsellipsoid entsprechen.

Daß die Verdichtung von Kalksedimenten in der Natur in der Regel anders erfolgt als die von Tonen, obwohl sich Kalk- und Tonschlämme im Verdichtungsexperiment ähnlich verhalten, geht aus dem Erhaltungszustand der Fossilien in Kalken hervor. Wie von vielen Autoren erwähnt (WELLER 1959, PRAY 1960 u. a.), aber leider noch nicht systematisch untersucht, zeigen in Kalken eingebettete Schalen und zarte Skelett-Teile von Organismen in der Regel keine oder nur geringfügige Anzeichen von Deformation. Sie sind häufig ganz oder fast ganz körperlich erhalten und fast nie so platt gedrückt oder zerbrochen, wie dies in Tonen die Regel ist. Diese meist nur geringe Deformation von Fossilien zeigt, daß Kalksedimente sich nur während einer kurzen Anfangsphase der Diagenese so wie im Experiment durch Stauchung verformen. Relativ früh wird diese Art der Verdichtung durch Vorgänge abgelöst, die den ursprünglichen Porenraum auf andere Art zum Verschwinden bringen, so daß aus unverfestigten Kalksedimenten mit Porositäten zwischen 0,40 (Kalkarenit) bis etwa 0,70 (Kalklutit) Kalksteine mit Porositäten unter 0,05 entstehen. Es kann sich dabei nur um chemische Prozesse handeln, die wegen ihrer Langsamkeit im Experiment nicht in Erscheinung treten.

5.62 Isochemische Diagenese

5.621 Allgemeines

Die wichtigsten Vorgänge der chemischen Diagenese von Kalksedimenten erfolgen isochemisch, d. h. ohne Veränderung der chemischen Hauptkomponenten. Die isochemische Diagenese von Kalken ist, wie aus dem Erhaltungszustand der Fossilien hervorgeht, dadurch gekennzeichnet, daß sie sehr frühzeitig einsetzt und das Gesteinsgerüst soweit stabilisiert, daß interne Scherbewegungen zum Stillstand kommen, die die Fossilien deformieren. Im einzelnen hängt es von verschiedenen Faktoren ab, die noch nicht genügend bekannt sind, wann dieser Zustand einsetzt, d. h. in welchem Stadium die mechanische Kompaktion durch die chemische Verfestigung abgelöst wird. Dies sei an einigen Beispielen demonstriert.

Im Wettersteinkalk (Mitteltrias) der Alpen fand GERMAN (1966) keinerlei Anzeichen von Kompaktion: Muschelschalen sind unzerbrochen erhalten und ehemalige Hohlräume in Mikriten sind nicht zusammengedrückt. In der Senonen Kreide von Nordirland stellte WOLFE (1968) ein unterschiedliches Verhalten verschiedener Schichtglieder fest: In der feinkörnigen Weißen Kreide (mittlere Korngröße 0,5—1,5 μm) kann man aus der Zusammendrückung der Makrofossilien auf eine mittlere Kompaktion von 22% schließen. Eine ähnliche Kompaktion ergibt sich aus der Deformation der Makrofossilien für die Inoceramus-Kreide, die kleine Prismen zerfallener Inoceramus-Schalen in einer Grundmasse enthält, deren mittlere Korngröße zwischen 0,5 und 2,5 μm liegt. Die an Wühlstrukturen reiche Bioturbations-Kreide (mittlere Korngröße 0,5—1,5 μm) zeigt dagegen kaum Anzeichen einer Kompaktion, da die Makrofossilien nur um etwa 1—7% zusammengedrückt sind.

Nach einer Untersuchung von ZANKL (1969) ist der Gehalt an Tonsubstanz für das Wechselspiel zwischen mechanischer Kompaktion und chemischer Füllung des Porenraumes von Bedeutung. ZANKL bestimmte den Gehalt an in Salzsäure unlöslicher Substanz („Tongehalt") von Kalksteinen, deren mechanische Kompaktion durch die Deformation bestimmter Fossilien bekannt war. Als Maß für die Kompaktion wurde das Längen/Höhenverhältnis der Schalen und Abdrücke der Pelekypoden Pinna und Rolliera benutzt. Die Ergebnisse, welche an triassischen und jurassischen Kalken gewonnen wurden, sind in Abb. 5-74 dargestellt. Es besteht offenbar ein systematischer Zusammenhang zwischen mechanischer Kompaktion und Tongehalt: Die mechanische Kompaktion kann umso weiter fortschreiten und wird umso später von der chemischen Ausfüllung des Porenraums unterbrochen, je höher der Tongehalt des Sediments ist. Die Ursache dieses Zusammenhanges, der durch weitere Untersuchungen bestätigt werden sollte, ist noch nicht klar. Es ist denkbar, daß ein auch nur geringer Tongehalt die Abscheidung von Kalk in den Poren behindert.

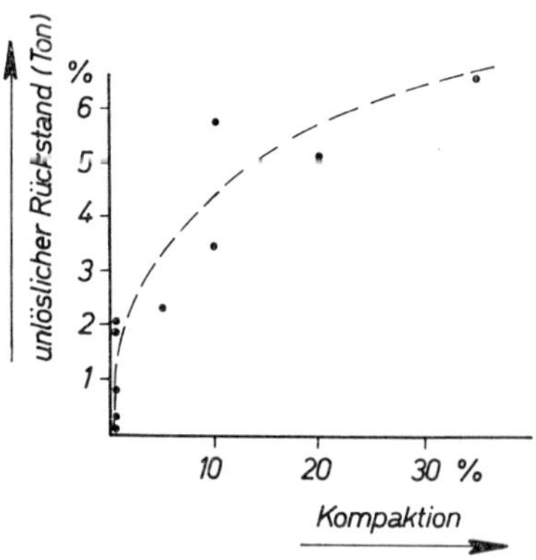

Abb. 5-74. Zusammenhang zwischen Kompaktion und Tongehalt von Kalken (ZANKL 1969).

Für die Ausfüllung des Porenraumes von Kalksedimenten durch chemische Vorgänge gibt es zwei Möglichkeiten:

1. Exogene Zementation: Kalksubstanz wird von außen zugeführt und im Porenraum abgeschieden. In diesem Fall verändert sich das ursprüngliche Volumen einer porösen Sedimentschicht nicht. Der Kalk wird durch Lösungstransport diffusiv oder unter dem Einfluß einer Strömung herangebracht und es erhebt sich die Frage, woher dieser Kalk stammt und welche Umstände die Ausfällung aus der Lösung hervorriefen.

2. Endogene Zementation: Der Porenraum wird dadurch gefüllt, daß die Kalksubstanz des Sediments umgruppiert wird. In diesem Fall erfährt das Sediment eine dem verschwundenen Porenraum äquivalente Verringerung seines ursprünglichen Volumens.

5.622 Exogene isochemische Diagenese

Die exogene Zementation von Kalksedimenten fällt in der Regel in ein frühes Stadium der Diagenese, da sie einsetzt, bevor das Sediment in stärkerem Maße mechanisch verdichtet wird. Frühe exogene Zementation kann entweder durch die Einwirkung von Meerwasser am Meeresgrund und im Küstenbereich oder durch Niederschlagswässer auf den Kontinenten erfolgen. Beide Arten der frühen exogenen Zementation, die nach unserer Definition der Diagenese dem Übergangsbereich zwischen submariner, resp. subaerischer Verwitterung und Diagenese angehören, werden im folgenden näher besprochen. In gewissem Umfang kann exogene Zementation auch in späteren Stadien der Diagenese stattfinden, wenn nämlich verfestigte, aber immer noch poröse Kalke in größere Tiefen geraten. In manchen Becken ist das Eindringen artesischer Oberflächenwässer bis in tiefe Horizonte nachgewiesen. Infolge der Temperaturzunahme können solche Wässer in der Tiefe $CaCO_3$ abscheiden. Entsprechend der in Sandsteinen beobachteten spätdiagenetischen Abscheidung von Karbonaten in Sandsteinen könnte auch auf diese Weise porösen Kalken in der Tiefe ein später Kalkzement zugeführt werden.

Die Verfestigung lockerer Kalksedimente durch exogene Zementation im flachen Meer ist am besten im Persischen Golf untersucht worden (Shinn 1969, de Groot 1969, Taylor & Illing 1969). In Wassertiefen bis zu 60 m sind in weiten Gebieten des Persischen Golfes Kalkarenite an der Oberfläche verfestigt. Altersbestimmungen nach der Radiokarbonmethode und Tongefäße, die in diesen Kalken gefunden wurden, beweisen, daß die Verfestigung aus den letzten Jahrtausenden stammt und noch heute vor sich geht. Die harten Lagen sind stellenweise von unverfestigten Kalkareniten bedeckt. In Strandlagunen fand man mehrere, 5—10 cm dicke verfestigte Schichten, die mit Lagen unverfestigter Kalkarenite abwechseln. Offenbar waren die Bedingungen für Verfestigung an der Oberfläche nicht immer gegeben. Daß der Vorgang von der Oberfläche her in das Sediment eingreift, erkennt man daran, daß die Verfestigung von der Oberfläche her nach unten hin abnimmt. Die Dicke der festen Lagen steht in einem deutlichen Zusammenhang mit der Korngröße des Sediments: In feinkörnigen und daher relativ undurchlässigen Schichten kann der Verfestigungsprozeß weniger tief eindringen als in grobkörnigen. Daher sind die verfestigten Schichten in grobkörnigen Sedimenten dicker als in feinkörnigen. Der verfestigte Zement besteht vorwiegend aus nadelförmigem und faserigem Aragonit. Außerdem kommt neugebildeter Mg-reicher Calcit in sehr feiner Korngröße vor.

Aus dem Gefüge und dem Vorkommen dieser verfestigten Schichten ergibt sich eindeutig, daß es sich um eine Ausscheidung von Calciumkarbonat aus dem warmen, leicht übersättigten Meerwasser handelt, die von der Oberfläche her in das Sediment soweit hineinreicht, wie es dessen Durchlässigkeit resp. der Abschluß der Porenwege durch die Verfestigung erlaubt. Der Vorgang ist nur in solchen Zeiten möglich, in denen die Sedimentation gering war. Die harten Lagen zeigen somit Zeiten geringer Sedimentanlieferung, die unverfestigten solche verstärkter Sedimentation an.

Daß sich Aragonit aus Meerwasser ausscheidet, entspricht den Erwartungen. Zu erklären ist die Bildung des Mg-Calcit und die Tatsache, warum gerade an der Oberfläche und im Inneren des Sediments die Ausfällung von Calciumkarbonat induziert wird. Da man Aragonit niemals auf Quarzkörnern aufgewachsen fand, dürfte die Anwesenheit von Calciumkarbonatsubstrat großer Oberfläche die Keimbildungsarbeit verringert haben. Außerdem ist wohl auch die Wirkung des Zerfalls der organischen Substanz des Sediments, insbesondere die Tätigkeit sulfatreduzierender Bakterien in Betracht zu ziehen. In Anwesenheit von organischer Substanz reduzieren diese Bakterien Sulfat des Meerwassers unter gleichzeitiger Erzeugung von Karbonationen nach der folgenden Bruttoformel:

$$SO_4^{2-} + 2\,C + H_2O \rightarrow CO_3^{2-} + CO_2 + H_2S$$

In den oberflächennahen Schichten des Sediments wird durch die sulfatreduzierenden Bakterien die Konzentration an Karbonationen und damit die Übersättigung für Calciumkarbonat erhöht. In welchem Umfang die Tätigkeit von Algen bei der Abscheidung des verfestigten Karbonats, insbesondere des Mg-Calcits eine Rolle spielen, ist noch nicht geklärt.

Auch aus tieferen Meeren sind in den letzten Jahren verschiedene Beispiele der Verhärtung von Kalksedimenten durch die Einwirkung des Meerwassers bekannt geworden. In allen Fällen handelt es sich um pelagische Coccolithenschlämme mit Globigerinen und einigen Pteropoden. Im Mittelmeer wurden in 2055 m Tiefe 1—8 cm dicke Krusten beobachtet, die von unverfestigtem Kalkschlamm unterlagert sind und deren Festigkeit von der Oberfläche nach unten hin abnimmt (Fischer & Garrison 1967, Garrison & Fischer 1969). Das verfestigte Karbonat ist ein feinstkörniger, Mg-reicher Calcit. Aragonitschalen fanden sich z. T. aufgelöst. Verhärtung durch die Abscheidung von Mg-Calcit wurde auch an Kalksedimenten Atlantischer Seamounts beobachtet (Friedman 1964, Milliman 1966, Cifelli, Bowen & Siever 1966). Nach Fischer & Garrison hat in diesen Kalken nicht nur eine Abscheidung von Mg-Zement, sondern auch ein teilweiser Ersatz von Aragonit- und Calcit-Skelett-Teilen durch Mg-reichen Calcit stattgefunden. Daß für die Reaktion des zunächst lockeren Sediments mit dem Meerwasser eine geringe Sedimentationsrate die Vorbedingung ist, wird durch die Abscheidung von Eisen- und Manganoxiden auf diesen Krusten angezeigt. Welche Ursachen im einzelnen die Abscheidung von Calciumkarbonat und insbesondere die Bildung von Mg-Calcit auf diesen Tiefseeböden ermöglicht haben, ist noch nicht bekannt.

Daß die Temperatur des Bodenwassers eine entscheidende Rolle spielt, wird durch die Befunde von BARTLETT & GREGGS (1969) an Bohrkernen aus dem Nordatlantik illustriert: Die Kerne bestehen aus abwechselnden, bis 6 cm dicken Lagen von verfestigten und unverfestigten Kalksedimenten. Die verfestigten Lagen bestehen aus verhärtetem Globigerina-Pteropoden-Schlamm und enthalten eine Warmwasser-Fauna. Die unverfestigten enthalten eine Kaltwasserfauna und bestehen aus Korallen, Gastropoden-, Bivalven- und Pteropoden-Schalen in einer feinkörnigen Matrix. Altersbestimmungen zeigen, daß den Obergrenzen der verfestigten Lagen Perioden von etwa 30 000 Jahren ohne Sedimentation entsprechen. Abscheidung von Calciumkarbonat aus dem Meerwasser war also nur bei höherer Temperatur und in Zeiten fehlender Sedimentation möglich.

Die am Grunde des Roten Meeres in Tiefen zwischen 384 bis 1737 m beobachteten harten Lagen in Kalklutiten, die reich an planktonischen Foraminiferen und Pteropoden sind, verdanken ihre Entstehung vielleicht besonderen lokalen Bedingungen (GEVIRTZ & FRIEDMAN 1966). An Bohrkernen wurde eine Aufeinanderfolge von 1 bis 5 mm dicken harten Lagen beobachtet, die durch Aragonit verfestigt sind. FRIEDMAN & GEVIRTZ (1966) bringen die Aragonitabscheidung mit den heißen und hochkonzentrierten Lösungen in Zusammenhang, die man in den tiefsten Teilen des Roten Meeres festgestellt hat. Die Wechselfolge harter und unverfestigter Lagen spiegeln vermutlich Schwankungen der Temperatur und der Salinität des Bodenwassers wider.

Aus verschiedenen Formationen sind harte Kalkschichten bekannt, die wahrscheinlich unter ähnlichen Bedingungen wie die rezenten Bildungen im Persischen Golf durch die Einwirkung des Meerwassers auf unverfestigte Kalksedimente entstanden. Die Oberflächen dieser sogenannten Hardgrounds sind angebohrt, korrodiert und mit Bodenorganismen besetzt. Sie repräsentieren daher Zeiten sehr geringer Sedimentation. 2 bis 20 cm dicke, mit Mergel- und Tonschichten abwechselnde Kalklutit-Hardgrounds dieser Art beschrieb LINDSTRÖM (1963) aus dem Ordovizium von Süd- und West-Schweden. Aus den Triaskalken der Bayerischen Alpen beschrieben PICHLER (1963) und GERMAN (1966) Anzeichen für submarine und synsedimentäre Verfestigung. Kalksteinschichten im Dogger des Pariser Beckens mit angebohrten Oberflächen führte PURSER (1969) auf die Verfestigung von Kalkareniten am Meeresgrund zurück, die in Zeiten reduzierter Sedimentation stattfand. In der von BROHMLEY (1965, nach BATHURST 1971) untersuchten Turon-Kreide von England wechseln Hardgrounds von Coccolith-Mikriten mit Lagen kaum verfestigter Kreide ab. Ihre Oberflächen sind angebohrt, korrodiert, mit verschiedenen sessilen Organismen besetzt und mit Glaukonit und Calciumphosphat bedeckt. Nach der Tiefe nimmt die Verfestigung allmählich ab und löst sich im Übergang zu der nicht verfestigten Kreide in unregelmäßig verteilte Konkretionen auf.

Von größerer Bedeutung als die exogene Zementation von Kalksedimenten am Meeresboden ist diejenige exogene Zementation, welche marine Kalksedimente erfahren, wenn sie aus der Überdeckung mit Meerwasser emporgehoben und Bestandteil der Landoberfläche werden. Zwei Arten der diagenetischen Verfestigung sind zu unterscheiden: Im Gezeitenbereich bilden sich sogenannte Beachrocks, andere Kalkgesteine entstehen durch die zementierende Wirkung von Niederschlagswässern.

Rezente Beachrocks sind von zahlreichen Küsten bekannt und von vielen Autoren beschrieben worden. Sie entstehen dadurch, daß unverfestigte Kalksedimente zeitweise vom Meerwasser durchtränkt werden, das in den Poren verdunstet. Dabei bildet sich ein Zement, der zum Teil aus Aragonit, zum Teil aus Mg-reichem Calcit besteht, wie dies dem marinen Milieu entspricht (Friedman 1968).

Kommen unverfestigte marine Kalksedimente in den Einflußbereich CO_2-reicher Niederschlagswässer, so treten Umsetzungen ein, die durch die Löslichkeitserhöhung durch CO_2 und die Instabilität von Mg-reichem Calcit und Aragonit in Mg-freien Lösungen bedingt sind. Nach den Untersuchungen verschiedener Autoren an rezenten bis pleistozänen Karbonatsedimenten vor allem von den Bermudas, von Florida, den Bahamas und aus dem Gebiet des Mittelmeeres (Stehli & Hower 1961, Friedman 1964, Ginsburg 1957, Land 1966, 1967, Gavish & Friedman 1969) ergibt sich das folgende Bild für die Verfestigung mariner Kalksedimente durch meteorische Wässer:

Das Ausgangsstadium ist durch das unverfestigte Sediment gegeben, dessen karbonatischer Anteil aus Organismenresten aus Aragonit (z. B. Mollusken, Korallen) und Mg-reichem Calcit (z. B. Foraminiferen, Algen, Echinodermen) mit wenig Mg-armem Calcit (z. B. Bruchstücke älterer Kalke) besteht. Im ersten Stadium wird ein Mg-armer Calcit in den Porenräumen, vorzugsweise an den Kornkontakten abgeschieden, der durch Niederschlagswässer von außen zugeführt sein muß, da noch keine Auflösung von Aragonit stattfindet. Gleichzeitig wird der Mg-Calcit unter Wahrung aller Details der organischen Strukturen in Mg-armen Calcit umgewandelt. Die Zufuhr von Strontium-armem Calcit-Zement verursacht eine Abnahme des Strontium-Gehaltes des Gesteins. Der Ursprung des neuabgeschiedenen Karbonats aus atmosphärischem CO_2 macht sich in einer Zunahme des Gehaltes an leichten Isotopen des Sauerstoffs und Kohlenstoffs bemerkbar ($\delta^{13}C$ fällt von $+2$ bis $+3$ auf etwa 0, $\delta^{18}O$ fällt von -1 auf -2, Gavish & Friedman 1969). Nach den Beobachtungen von Gavish & Friedman (1969) sind in Israel Gesteine dieses Stadiums 7000 bis 10000 Jahre alt.

Im zweiten Stadium wird der Porenraum mehr oder weniger vollständig durch Mg-armen Calcit-Zement ausgefüllt. Der Aragonit wird aufgelöst. In den entstehenden Hohlräumen scheidet sich drusiger Calcit ab. $\delta^{13}C$ nimmt weiterhin auf $-5{,}5$ bis -6 ab und $\delta^{18}O$ auf etwa -4. Strontium erfährt wegen der Auflösung von Sr-reichem Aragonit eine weitere Abnahme. An der israelischen Mittelmeerküste sind Gesteine dieses Stadiums 80000 bis 100000 Jahre alt (Gavish & Friedman 1969).

Der Zufuhr von Calciumkarbonat während dieser diagenetischen Stadien muß eine Auflösung von Kalk die Wage halten. Die verfestigten Kalke, deren Porenraum mehr oder weniger gefüllt ist, sind Kalkacceptoren, denen Kalkdonoren entsprechen. Donoren sind in den meisten Fällen vermutlich Kalke, die an der Oberfläche durch die CO_2-reichen Oberflächenwässer aufgelöst wurden. Auf den Bermudas sind rote Böden und Kalke, aus denen der Aragonit gelöst ist, ohne daß sich ein Calcitzement gebildet hat, wahrscheinlich die Quelle für den in tieferen Horizonten abgeschiedenen Calcit (Land 1967). Auf den Bermudas haben pleistozäne Kalke des letzten Stadiums noch Porositäten um 0,20 (LAND 1966). In anderen Fällen mögen sich mehr oder weniger dichte Kalke bilden. Zur vollständigen Zementation einer Kalkschicht muß irgendwo ein primäres Kalksediment entsprechender Dicke aufgelöst werden.

Daß sich Calciumkarbonat nahe der Oberfläche in meteorischen Lösungen auflöst, und daß Aragonit und Mg-reicher Calcit von der Auflösung bevorzugt betroffen werden, ist verständlich. Noch nicht klar ist der Grund, weshalb die an Calciumkarbonat gesättigten Lösungen in tieferen Horizonten Calcit abscheiden. Daß die Übersättigung der einströmenden Lösungen nicht hoch gewesen sein kann, geht daraus hervor, daß nebeneinander Auflösung von Aragonit und Mg-reichem Calcit und Abscheidung von Mg-armem Calcit stattfand. GAVISH & FRIEDMAN (1969) beobachteten im ersten und zweiten Stadium der Diagenese an der israelischen Küste die Verdrängung von Quarz durch Calcit, was auf schwach alkalische Bedingungen hinweist.

Tiefbohrungen auf den Atollen Eniwetok und Bikini haben eindrucksvoll gezeigt, wie aragonitische Kalksedimente unter dem Einfluß meteorischer Wässer in Calcitkalksteine umgewandelt werden können (SCHLANGER 1963). Die bis zu 1500 m tiefen Bohrprofile enthalten bis zu drei Zonen fester Kalksteine, die aus Calcit bestehen. In diesen Gesteinen sind die ursprünglich aragonitischen Schalen aufgelöst worden. Die entstandenen Hohlräume sind mit faserigem Calcit bekleidet oder von grobspätigem Calcit gefüllt. Auch die feinkörnige Grundmasse ist vollständig zu Calcit umkristallisiert. Bei der Umwandlung in Calcit haben die ursprünglich aus Aragonit bestehenden Korallen ihren Strontiumgehalt verloren, woraus geschlossen werden kann, daß die Calcitisierung über die Lösung erfolgte. Die festen Kalkbänke gehen nach unten allmählich in unverfestigte Kalksedimente über, die aus einer Mischung verschiedenster calcitischer und aragonitischer Fossilbruchstücke bestehen. Die Bohrprofile umfassen einen Zeitraum, der von der Jetztzeit bis in das Eozän zurückreicht. Die harten Kalkbänke entsprechen Zeiten, in denen die Oberfläche der Inseln hoch über dem Spiegel des Meeres lag. Unverfestigte Kalksedimente kamen in den Wirkungsbereich von Niederschlagswässern, die an der Oberfläche Kalk lösten und in tieferen Horizonten Zementierung durch Calcit und Ersatz von Aragonit durch Calcit bewirkten. In denjenigen Horizonten, die nicht von Süßwasser erreicht werden konnten, blieben die Sedimente unverändert und bewahrten ihren Aragonitgehalt über beträchtliche Zeiträume.

5.623 Endogene isochemische Diagenese

Es ist noch immer umstritten, welche Rolle die exogene Zementation vor allem durch kontinentale Oberflächenwässer bei der frühdiagenetischen Bildung dichter Kalkgesteine aus porösen Kalksedimenten gespielt hat. Es kann kein Zweifel darüber bestehen, daß unverfestigte Kalke unter dem Einfluß von Niederschlagswässern verfestigt und zementiert werden. Doch ist es sicher nicht richtig, aus solchen Beobachtungen den Schluß zu ziehen, daß mit Ausnahme einiger submarin gebildeter Hardgrounds alle dichten Kalkgesteine auf diese Weise entstanden sind. Es müßten dann fast alle frühdiagenetisch verfestigten Kalke in noch unverfestigtem Zustand und, bevor sie in größere Tiefen gerieten, dem Einfluß kontinentaler Oberflächenwässer ausgesetzt gewesen sein, was mindestens für Kalkschichten, die kontinuierlichen Beckenfüllungen angehören, sehr unwahrscheinlich ist. Schwierigkeiten bereitet auch die Herleitung der großen Kalkmengen, die durch Oberflächenwässer zugeführt werden müssen, um ein poröses Kalksediment zu zementieren.

Es ist daher wohl anzunehmen, daß viele Kalksedimente frühdiagenetisch verfestigt wurden, ohne daß sie eine Zufuhr von Porenzement aus Oberflächenwässern erhielten. Wird kein Kalk von außen zugeführt, so muß die Zementation endogen, d. h. aus dem Kalkvorrat der Schicht selbst erfolgen. Die Umverteilung des Kalkes bei endogener Zementation findet so statt, daß Bereiche der primären Partikel gelöst werden und das Gelöste im Porenraum abgeschieden wird. So verschwindet der Porenraum des Sediments durch mikroskopische Vorgänge und Porenlösung wird ausgetrieben, ohne daß Scherbewegungen erfolgen, die wie bei der Kompaktion von Tonen eingelagerte Fossilien deformieren können.

Die Verlagerung von Kalksubstanz von den primären Körnern in den Porenraum kann nur durch Drucklösung erfolgen. Die Rolle der Drucklösung bei der Diagenese von Sandsteinen wurde in Abschnitt 5.42 beschrieben. Drucklösung tritt in Sandsteinen erst bei Bedeckungstiefen über 1000 m deutlich in Erscheinung. Die Karbonatminerale sind jedoch gegenüber Drucklösung sehr viel empfindlicher als Quarz. Sogenannte „eingedrückte“ Kalkgerölle, die sich in pleistozänen Konglomeraten bei Bedeckungstiefen von nur wenigen Metern bildeten, sind dafür ein eindrucksvoller Beweis (Moravietz 1958). Man kann daher mit Sicherheit annehmen, daß Drucklösung auch das Gefüge feinkörniger Kalksedimente sehr früh schon verändern wird. In der Tat beobachtet man suturierte Kontakte und deutliche Anzeichen von Drucklösung in vielen Kalken mit gröberen Bestandteilen, so z. B. in oolithischen Kalksteinen (Usdowski 1962 und andere, vgl. Bathurst 1971). Elektronenoptische Bilder der Grundmasse mikritischer Kalke zeigen verzahnte Kontakte auch der feinsten Kalkpartikel (vgl. z. B. Beobachtungen von Wolfe 1968 an Kreidegesteinen).

5.624 Stylolithen

Makroskopische Anzeichen der Drucklösung sind in Kalkgesteinen als Stylolithenflächen weit verbreitet. Es existiert eine ausgedehnte Literatur über Morphologie, Vorkommen und Entstehung der Stylolithen insbesondere in Kalken (Wagner 1913, Stockdale 1922, 1926, Shaub 1939, 1949, Bushinskiy 1961, Dunnington 1967, Trurnit 1967 a, b, Park & Schot 1968). Besonders sei auf die umfassende Arbeit von Trurnit (1967 a) hingewiesen, die leider nicht im Druck vorliegt.

Stylolithenflächen sind meist von Ton besetzte unregelmäßig geformte Grenzflächen zwischen zwei Gesteinseinheiten, die sich durch kleine kegelförmige oder säulige Auswüchse ineinander verzahnt haben. Im Anschnitt senkrecht zu diesen Flächen erscheinen sie als unregelmäßig gezackte Bänder (Suturen). Stylolithen und Stylolithenflächen entstehen durch bevorzugt in bestimmten Ebenen wirksame Drucklösung nach dem Rieckeschen Prinzip, deren Mechanismus in Abschnitt 5.42 dargestellt wurde. Die Unregelmäßigkeit der Lösungsfläche kommt durch geringe lokale Unterschiede der Drucklöslichkeit zustande. Der Partner mit geringerer Drucklöslichkeit dringt als Stylolith in den drucklöslicheren ein. Aus der Beobachtung der Drucklösungskontakte zwischen einzelnen Mineralkörnern kann geschlossen werden, daß die Drucklösungsflächen umso glatter sind, je größer die Unterschiede der Drucklöslichkeit der Partner sind (TRURNIT 1967).

Wie im Falle der Drucklösung am Kontakt zwischen einzelnen Körnern kann auch an einer Stylolithenfläche nur dann eine größere Substanzmenge gelöst werden, wenn die Voraussetzungen für den Abtransport des Gelösten gegeben sind. Es muß also Lösung durch das Gestein strömen und längs der Stylolithenfläche eine Leitungsbahn für diese Strömung zur Verfügung stehen. Der Tonsaum, mit welchem die Stylolithenfläche besetzt ist, stellt einerseits den Rückstand des an der Fläche gelösten Kalkes dar, andererseits ist der Ton oder die Fuge zwischen Ton und Kalk die Leitungsbahn für die lösende Strömung.

Die häufigsten und am weitesten aushaltenden Stylolithenflächen verlaufen parallel zur Schichtung. Sie entstehen unter der Wirkung des Belastungsdruckes und dürften sich aus dünnen Sedimentlagen mit einem höheren Gehalt an Ton oder gröberen klastischen Bestandteilen entwickeln. Wie MORAVIETZ (1958) und TRURNIT (1967) beobachteten, entstehen sie aus zunächst isolierten Drucklösungskontakten zwischen einzelnen gröberen Körnern. Diese verwachsen allmählich zu einer zusammenhängenden Fläche, indem sie sich durch den Zement fortsetzen, der im Porenraum nächst den Druckkontakten abgeschieden wird, oder indem sich Kornkontakte von anfänglich punktförmiger Berührung bis zum vollen Querschnitt des Kornes vergrößern, so daß die Drucksuturen benachbarter Körner miteinander verschmelzen. Wegen der hohen Empfindlichkeit der Karbonatminerale gegenüber Drucklösung kann dieser Vorgang schon bei geringer Bedeckungstiefe, d. h. im noch unverfestigten Sediment beginnen. Verdichtung und Erhärtung des Sediments sowie Ausbildung und Entwicklung von weitreichenden, zusammenhängenden Stylolithenflächen sind Vorgänge, die gleichzeitig ablaufen. Die Auflösung von Kalksubstanz längs Stylolithenflächen kann sich im endgültig verdichteten und erhärteten Gestein immer weiter fortsetzen, solange nur die Wegsamkeit der Leitungsbahnen erhalten bleibt und eine Strömung das Gestein durchsetzt. Solange das Sediment absinkt und einem zunehmenden Belastungsdruck ausgesetzt ist, wird diese Strömung vom Kompaktionsstrom genährt, der im Kalk die Stylolithenflächen als Leitungsbahnen für seinen Aufstieg benutzt. Er erfährt in dem Kalksediment einen Zuwachs durch die Lösung, die aus den sich mit Zement füllenden Poren ausgetrieben wird. In verfestigten Kalkgesteinen, die später an die Erdoberfläche gehoben wurden, können auch zirkulierende Tageswässer für das Fortschreiten der Auflösung längs Stylolithenflächen verantwortlich sein.

Von geringerer Ausdehnung und nicht so verbreitet sind Stylolithenflächen, die in mehr oder minder großen Winkeln zur Schichtung verlaufen. Sie werden durch tektonische Drucke ausgelöst. Da sie sich an Rupturen entwickeln, die als Leitungsbahnen dienen, können sie nur in einem Gestein entstehen, das schon eine gewisse Festigkeit und Sprödigkeit erlangt hat.

Der an den Stylolithenflächen gelöste Kalk wird zunächst in der Nachbarschaft der Lösungsflächen als Porenzement abgeschieden. Daher sind Porosität und Permeabilität in Kalkschichten, die reich an Stylolithenflächen sind, besonders niedrig. Nachdem die Umgebung auf diese Weise verdichtet ist, kann der gelöste Kalk auf den Leitungsbahnen der Stylolithenflächen weiter entfernten Partien des Gesteins zugeführt werden, wo noch freier Porenraum zur Verfügung steht. Die Menge des Kalkes, die in einem von Stylolithenflächen durchzogenen Gestein auf diese Weise mobilisiert und umgelagert wurde, ist schwer abzuschätzen. Aus der Höhe der Stylolithen schätzte STOCKDALE (1926), daß Kalke des Unteren Mississippian 13 bis 34% ihres ursprünglichen Volumens durch Drucklösung verloren haben. Diese Zahlen und ähnliche Schätzungen anderer Autoren stellen jedoch nur Mindestwerte dar, weil die Stylolithen selbst an ihren Spitzen durch Drucklösung abgebaut werden. Eine zuverlässigere Abschätzung des gelösten Kalkes ließe sich wahrscheinlich aus der Menge des tonigen Rückstandes ableiten, der an den Stylolithenflächen angereichert ist.

Es ist auf jeden Fall sicher, daß durch die Drucklösung an Stylolithenflächen beträchtliche Kalkmengen mobilisiert werden können. Ein wesentlicher Teil des für die endogene Zementation benötigten Kalkes dürfte aus dieser Quelle stammen. Ein von schichtparallelen Stylolithenflächen durchzogenes Kalkgestein unterscheidet sich unter Umständen beträchtlich von dem ursprünglichen Kalksediment. Das letztere mag kalkige und nichtkalkige (klastische) Komponenten in homogener Mischung enthalten haben. Durch die Drucklösung längs den Stylolithenflächen hat eine Umverteilung von Kalk und klastischen Komponenten stattgefunden: Der Kalk aus den längs den Stylolithenflächen gelösten Partien des Sediments hat sich im Porenraum der Gesteinsbänke zwischen den Stylolithenflächen abgeschieden, während die klastischen Gemengteile als ein mehr oder weniger dicker Saum längs der Stylolithenfläche angereichert sind.

Stößt eine Stylolithenfront auf eine schwerer lösliche Schicht, so werden die Stylolithenkegel abgebaut und es bildet sich eine ebene Drucklösungsfläche, die als solche kaum zu erkennen ist (TRURNIT 1967). Drucklösung des Kalkes und Anreicherung der nicht-kalkigen Komponenten kann auch an solchen mehr oder weniger ebenen Flächen stattfinden. Die in Kalkgesteinen aller Formationen so verbreitete, durch dünne Tonbestege bezeichnete Bankung oder auch die regelmäßigen Wechselfolgen kalkiger und mergeliger Lagen dürften in vielen Fällen nicht durch eine rhythmische Abfolge toniger und kalkiger Sedimentation erzeugt worden sein, sondern ihren Ursprung einer späteren Umverteilung von Kalk- und Tonsubstanz durch diagenetische Drucklösung verdanken.

5.625 Transformation von Mg-Calcit und Aragonit in Calcit

Rezente marine Kalksedimente bestehen aus den drei $CaCO_3$-Mineralen Aragonit, Mg-reicher Calcit (Mg-Calcit) und Mg-armer Calcit (Calcit). Die Mengenverhältnisse der drei Phasen hängen von den physikalischen und chemischen Bedingungen im Bildungsraum und von den Organismenarten ab, die bei der Kalkausscheidung beteiligt waren. Aragonit und Mg-Calcit sind die Hauptbestandteile der Kalksedimente in flachen Meeresgebieten. Lagunensedimente sind am reichsten an Aragonit. Sedimente im Schuttbereich von Riffen haben die höchsten Gehalte an

Mg-Calcit. Dagegen sind Tiefseesedimente mit hohen Anteilen von planktonischen Foraminiferen und Coccolithophoriden, deren Schalen aus Calcit bestehen, reich an Calcit (FRIEDMAN 1964). Gemäß der Evolution der Tier- und Pflanzenarten war das Calcit : Aragonitverhältnis der Kalksedimente in der geologischen Vergangenheit beträchtlichen Schwankungen unterworfen (LOWENSTAM 1963). So gab es im Paläozoikum relativ viel Lebewesen mit Calcitschalen, im Mesozoikum spielte Aragonit eine größere Rolle und im Känozoikum verschob sich das Schwergewicht durch die Entwicklung der Foraminiferen und Coccolithophoriden wieder zu Gunsten des Calcit.

Im Unterschied zu marinen Kalksedimenten sind solche aus Süßwasserseen aus Calcit zusammengesetzt (Beispiele siehe bei FÜCHTBAUER im 2. Teil dieses Werkes).

Im Gegensatz zur Variabilität der mineralogischen Zusammensetzung der unverfestigten Kalksedimente bestehen Kalkgesteine aller geologischen Epochen, unabhängig davon ob sie mariner oder nichtmariner Herkunft sind, aus Calcit. Aragonit kommt in diagenetisch veränderten Kalkgesteinen nur dort vor, wo besondere Umstände seine Erhaltung begünstigt haben, so z. B. in kalkigen Sedimenten, die frühzeitig mit Öl (FÜCHTBAUER & GOLDSCHMIDT 1963) und Asphalt (STEHLI 1956) getränkt waren oder in undurchlässigen Tonsteinen. Noch instabiler ist Mg-Calcit, der nur in jungen Sedimenten gefunden wird.

Wie in Abschnitt 4.2 dargelegt, sind unter den Bedingungen der Erdoberfläche und der Tiefen, in denen sich die Diagenese abspielt, Mg-Calcit und Aragonit metastabil. Die unter diesen Bedingungen einzig stabile Phase des $CaCO_3$ ist Calcit. Im Meerwasser ist jedoch das Wachstum von Calcitkeimen so stark gehemmt, daß sich mit und ohne Mitwirkung von Organismen Mg-Calcit und Aragonit an Stelle von Calcit ausscheiden. Der hemmende Faktor sind Mg-Ionen, die bevorzugt an der Oberfläche von Calcitkeimen adsorbiert werden. Bei 20° scheidet sich Aragonit statt Calcit aus, wenn das Mg : Ca-Verhältnis in der Lösung größer als 3 bis 4 ist. Bei höherer Temperatur ist das kritische Verhältnis kleiner (LIPPMANN 1973). Die Voraussetzung für die Transformation der metastabilen Phasen in Calcit ist daher die Erniedrigung des Mg : Ca-Verhältnisses in der Porenlösung.

Wo Meerwasser als Porenlösung erhalten bleibt, kann eine diagenetische Calcitisierung nicht stattfinden. Dies ist offenbar unter Bedingungen der Fall, die im Untergrund von Atollinseln des Pazifik herrschen, wo, wie oben berichtet, in Tiefen von über 1000 m unverfestigte aragonithaltige Kalklutite und -arenite angetroffen wurden (SCHLANGER 1963). Auf der anderen Seite wandeln sich Mg-Calcit und Aragonit schnell in Calcit um, wenn — wie oben beschrieben — marine Kalksedimente in den Einflußbereichen Mg-freier Niederschlagswässer kommen. Die schnelle Transformation läßt sich im Experiment bestätigen. Feiner Aragonitschlamm wandelt sich in Anwesenheit von reinem Wasser in Calcit um, da eine in bezug auf Aragonit gesättigte Lösung in bezug auf Calcit untersättigt ist. Die Geschwindigkeit der Reaktion hängt von der Temperatur ab: Vollständige Umsetzung wird bei 100° in einem Tag, bei 70° in zwei Tagen, bei 23° in 100 Tagen erreicht. Bei 3° sind nach 100 Tagen zwischen 10 und 20% umgesetzt (FYFE & BISCHOFF 1965, TAFT 1967). Das Reaktionsprodukt besteht aus Calcitrhomboedern gleichmäßiger Größe, was darauf hindeutet, daß die Geschwindigkeit des Kristallwachstums mit der Größe der Kristalle abnimmt. An der Oberfläche der wachsenden Calcitkristalle reichern sich offenbar wachstumshemmende Verunreinigungen an.

Da eingeschlossenes Meerwasser die Transformation von Aragonit verhindert, in den Bohrungen auf den Marshall-Inseln unverfestigte Aragonitsedimente vorkommen und an vielen Orten die Calcitisierung mariner Kalke durch Oberflächenwässer beobachtet wurde, glauben manche Autoren schließen zu müssen, daß die diagenetische Calcitisierung ursprünglich aragonithaltiger Kalke allgemein auf die Wirkung von Niederschlagswässern zurückzuführen sei. Es wurde schon oben darauf hingewiesen, daß es äußerst unwahrscheinlich ist, daß alle heute aus Calcit bestehenden marinen Kalke in frühdiagenetischem Zustand der Wirkung von Oberflächenwässern ausgesetzt waren. Es ist aber auch abgesehen von dieser Schwierigkeit der obige Schluß nur dann berechtigt, wenn Oberflächenwässer die einzige Quelle für Mg-arme Porenlösungen sind. Dies ist jedoch keineswegs der Fall.

Im Abschnitt über die Diagenese der Porenlösungen wurde gezeigt, daß eine der ersten Veränderungen, welche das in den Sedimenten eingeschlossene Meerwasser erfährt, die Abnahme des Mg-Gehaltes ist. Wässer, die in allen Arten von Sedimenten angetroffen werden, sind gegenüber dem Meerwasser an Magnesium verarmt, obwohl die Gesamtkonzentration an Gelöstem angestiegen ist. Das Magnesium wird im Laufe der Diagenese vor allem durch die Bildung von Chloriten und von Dolomit der Porenlösung entzogen. Der Kompaktionsstrom, welcher die Sedimente in einem absinkenden Becken durchsetzt, besteht aus Lösungen geringen Mg-Gehaltes, welche wohl in der Lage sind, die Calcitisierung aragonithaltiger Kalke zustande zu bringen. Wie groß die Lösungsmengen sind, welche aus dem Kompaktionsstrom gespeist, eine bestimmte Kalkschicht durchströmt haben, hängt von der geologischen Situation ab. Sie können, wie in früheren Abschnitten auseinandergesetzt wurde, sehr beträchtlich sein, besonders dann, wenn der Kalk, wie dies in Beckenfüllungen die Regel ist, von sehr viel mächtigeren Tonschichten unterlagert wird. Das Beispiel der Marshall-Inseln ist nicht typisch für die meisten Kalkgesteine der geologischen Vergangenheit, die im Schelfbereich oder in Geosynklinaltrögen abgelagert wurden. Im Untergrund der Atolle des Pazifik gibt es keine Tone. Die Kalksedimente liegen auf Basalt. So konnte hier kein aus dem Untergrund aufdringender Kompaktionsstrom das im Porenraum der kalkigen Sedimente eingeschlossene Meerwasser verdrängen und der primäre Aragonit blieb über Zeiträume, die bis in das Eozän zurückreichen, erhalten.

Die Verfestigung lockerer Kalksedimente zu Kalkgesteinen geht mit der diagenetischen Auflösung von Mg-Calcit und Aragonit und der Abscheidung von Calcit II and in II and. In primär aus Calcit bestehenden Sedimenten finden diese Reaktionen nicht statt. Sie können auch in größeren Versenkungstiefen in wenig verfestigtem Zustand erhalten sein. Dies gilt z. B. für die Schreibkreide, die im wesentlichen aus den calcitischen Coccolithophoriden und Foraminiferen besteht. In Nordwestdeutschland kommt wenig verfestigte Schreibkreide mit Porositäten zwischen 0,4 und 0,3 noch in Tiefen von 1500 m vor.

Von der Calcitisierung der aus metastabilen $CaCO_3$-Mineralen bestehenden Kalksedimente wird zuerst der Mg-Calcit betroffen. Es bilden sich Pseudomorphosen von Calcit nach Mg-Calcit, so daß Korngefüge und organogene Strukturen erhalten bleiben. So sind z. B. in Kalken der Bermudainseln, die durch Oberflächenwässer calcitisiert wurden, feinste Strukturen von Algen wohl erhalten, die ursprünglich aus Mg-Calcit bestanden (FRIEDMAN 1964).

Ob Aragonitauflösung und Calcitabscheidung am selben Platz, d. h. im Mikrobereich nah benachbart oder an räumlich voneinander entfernten Orten stattfinden, hängt, wie es scheint, in erster Linie von der durch die Permeabilität des Gesteins bestimmten Strömungsgeschwindigkeit der Porenlösung ab (FÜCHTBAUER im 2. Teil dieses Werkes). So findet man in hochdurchlässigen calcitisierten Fossilkalken die Aragonitschalen häufig selektiv aufgelöst. Der gelöste Kalk hat sich in den so entstehenden Hohlräumen oder an den Kornkontakten des Porenraums oft in recht grobkristalliner Form abgeschieden (FRIEDMAN 1964 u. a.). Die großen Kristalle weisen auf langsame Kristallisation aus schwach übersättigten Lösungen hin. In wenig durchlässigen, matrixreichen Kalken findet man dagegen Pseudomorphosen von Calcit nach Aragonit, so daß feinste Strukturen von Aragonitschalen erhalten blieben (FÜCHTBAUER im 2. Teil dieses Werkes). Auch die Umwandlung feinstkörniger Aragonitsubstanz in Calcit dürfte durch Auflösung von Aragonit und Abscheidung von Calcit am selben Ort, d. h. pseudomorph erfolgen.

Wegen der unterschiedlichen Löslichkeit von Fremdionen in den Gittern von Aragonit und Calcit geht die Überführung von Aragonit in Calcit bezüglich der Spurenelemente nicht isochemisch vor sich. Besonders stark wird der Sr-Gehalt der Kalke von der Umwandlung von Aragonit in Calcit betroffen: Während rezente Aragonitsedimente zwischen 8 000 und 10 000 ppm Sr enthalten, liegt der Sr-Gehalt der meisten alten Kalkgesteine bei 500 ppm — entsprechend der unterschiedlichen Fähigkeit der Gitter von Aragonit und Calcit zur Aufnahme von Sr (KINSMAN 1969). Von den Lösungen, welche die Calcitisierung von ursprünglich aus Aragonit bestehendenSedimenten verursachen, muß also Strontium fortgeführt werden. Ähnlich scheint sich nach Analysen von HAGLUND, FRIEDMAN & MILLER (1969) auch das Uran zu verhalten: Die Umwandlung von Aragonit-Sedimenten in calcitische Kalke geht mit einem Verlust des ursprünglichen U-Gehaltes um etwa 50% einher.

Infolge der höheren Dichte von Aragonit (d = 2,93) führt der pseudomorphe Ersatz von Aragonit durch Calcit (d = 2,71) zu einer Vermehrung des Volumens um 7,5%. Um diesen Betrag nimmt das Porenvolumen eines aragonitischen Sediments bei der Calcitisierung ab.

5.626 Umkristallisation von Calcit

Neben der Umwandlung metastabiler Kristallarten in Calcit finden in Kalken auch verschiedene Prozesse der Umkristallisation von Calcit statt, bei denen durch Auflösung von Calcitkristallen und Wachstum neuer Kristalle, die sich von den primären nach Orientierung und Größe unterscheiden, neue Gefüge entstehen. Die Erkennung diagenetischer Umkristallisation von Calcit ist schwierig, da die ursprüngliche Beschaffenheit des Sediments meist nicht bekannt ist und weil es oft nicht zu entscheiden ist, welche Gefüge durch die Transformation der metastabilen Phasen in Calcit entstanden. Meist ist es auch kaum möglich, im Porenraum ausgeschiedenen Zement von umkristallisiertem Material zu unterscheiden.

Abgesehen von der sehr frühdiagenetischen Mikritisierung, d. h. der von der Oberfläche her einsetzenden Umwandlung grobkristalliner Aragonit- und Calcitpartikel in ein strukturloses und sehr feinkörniges Kristallaggregat — ein Vorgang, der vermutlich auf die Tätigkeit von Algen zurückgeht (Beschreibungen bringt FÜCHTBAUER im 2. Teil dieses Werkes) — handelt es sich bei der diagenetischen Umkristallisation um eine Vergrößerung der ursprünglichen Kristallite. Eine solche Rekristallisation beobachtet man häufig an Fossilbruchstücken (Echinodermenschalen, Crinoiden, Foraminiferen), wobei die neuen Kristallite von den Fossilschalen in das Nebengestein vorstoßen. Manche Kalkgesteine mit Kristallitgrößen über 50 µm mögen durch Rekristallisation aus ursprünglich sehr viel feinkörnigeren Kalklutiten hervorgegangen sein. Auf der anderen Seite sind sehr viele feinkörnige Kalke mit Korngrößen von einigen µm erhalten geblieben, die keine Rekristallisation erfahren haben. Zu solchen Kalken gehört z. B. der Solnhofener Plattenkalk des süddeutschen Jura. Welche Ursachen die diagenetische Rekristallisation von Kalken begünstigen und welche sie verhindern, ist noch nicht bekannt. BAUSCH (1968) und ebenso FÜCHTBAUER (im 2. Teil dieses Werkes) vermuten, daß der Tongehalt des Sediments eine Rolle spielt. So fand BAUSCH im Fränkischen Jura Kalke mit mehr als 2% Lösungsrückstand feinstkristallin (2—10 µm) und solche mit mehr als 2% Unlöslichem gröberkristallin (50—250 µm). Feine Tonhäutchen zwischen den Kristalliten mögen ihr Wachstum hemmen.

Inwieweit die beim Solnhofener Plattenkalk des Oberen Jura von SIEMES (1966) röntgenographisch festgestellte schwache Regelung der etwa 5 µm großen Kristallite (c-Achse in der Schichtebene) ein schon bei der Sedimentation entstandenes Anlagerungsgefüge im Sinne SANDERS (1950) ist, oder durch diagenetische Rekristallisation entstand, ist noch nicht bekannt.

5.63 Allochemische Diagenese

5.631 Dolomitisierung und Dedolomitisierung

Wie bereits in Abschnitt 4.3 dargelegt, bildet sich Dolomit unter normalen Umständen nicht direkt aus dem Meerwasser, obwohl das Meerwasser an Dolomit stark übersättigt ist. Der Grund ist die starke Hydratation des Mg-Ions, durch welche die Keimbildungs- und Wachstumsgeschwindigkeit von Dolomitkristallen erheblich herabgesetzt wird.

Dolomitgesteine bilden jedoch einen wesentlichen Anteil der Karbonatgesteine der Erdkruste. Abb. 5-75 zeigt, daß die Menge der Dolomitgesteine im großen und ganzen mit dem geologischen Alter der Formationen zunimmt. Nur die Kreideformation fällt aus dieser Regel durch einen bemerkenswert geringen Gehalt an Dolomiten heraus. Alle Dolomitgesteine der geologischen Formationen müssen diagenetisch durch die Einwirkung Mg-haltiger Lösungen auf primär abgeschiedene Kalke entstanden sein. Gefüge, Fossilerhaltung und geologischer Verband deuten darauf hin, daß die Dolomitisierung sowohl in sehr frühen Stadien der Diagenese als auch spätdiagenetisch stattfinden kann (FÜCHTBAUER im 2. Teil dieses Werkes). Da es bisher

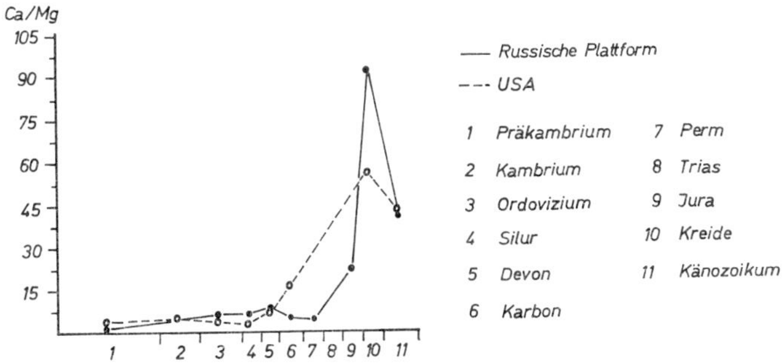

Abb. 5-75. Häufigkeit von Dolomitgesteinen in verschiedenen Formationen.

noch nicht gelungen ist, im Experiment unter den Bedingungen der Diagenese Kalk in Dolomit zu überführen, muß der Prozeß der diagenetischen Dolomitbildung aus der Theorie und aus Beobachtungen über Gefüge und Mineralgehalt von Dolomitgesteinen abgeleitet werden. Eine umfangreiche Literatur hat sich mit den Fragen der Dolomitbildung beschäftigt, auf die hier im einzelnen nicht eingegangen werden kann. Neuere zusammenfassende Darstellungen stammen von den Autoren FAIRBRIDGE (1957), STRAKHOV (1956, 1958), USDOWSKI (1967), FRIEDMAN & SANDERS (1967), BATHURST (1971), LIPPMANN (1973).

Von besonderer Bedeutung für die frühdiagenetische Dolomitbildung sind die Beobachtungen über die rezente und subrezente Bildung von Dolomit aus primären Kalksedimenten im Flachsee- und Küstenbereich verschiedener Meere sowie auf den Atollen des Pazifik.

Während des letzten Jahrzehnts ist von verschiedenen Gebieten der Erde die rezente Bildung von Dolomit im Küsten- und Flachseebereich beschrieben worden. Zusammenfassende Darstellungen dieser frühdiagenetischen Dolomitbildungen in der Karibischen See, an den Florida Keys, auf den Bahamainseln, am Persischen Golf, in Südaustralien, in der Karabugas-Bucht des Kaspischen Meeres, im Balkaschsee und an anderen Orten wurden z. B. von FÜCHTBAUER im 2. Teil dieses Werkes, von USDOWSKI (1967), von FRIEDMAN & SANDERS (1967) und von BATHURST (1971) gegeben, auf die hier verwiesen sei. In allen diesen Fällen entsteht Dolomit durch die Einwirkung von eingedunstetem Meerwasser auf unverfestigte Kalksedimente, die zum größten Teil aus Aragonit bestehen. Es handelt sich hier um eine Reaktion, die entsprechend der in diesem Buch vertretenen Systematik dem Grenzbereich zwischen synsedimentären Prozessen (submarine Verwitterung) und Diagenese angehört. Da die Dolomitbildung hauptsächlich im frischen Sediment unter der Oberfläche stattfinden dürfte, sei sie der Frühdiagenese zugerechnet. Bei dieser Art der frühdiagenetischen Dolomitbildung im salinaren Milieu kommt es offenbar nicht nur auf eine Erhöhung der Salinität, sondern vor allem auf eine starke Erniedrigung des Ca/Mg-Verhältnisses an, welche durch $CaCO_3$-Ausscheidung und die Bildung von Anyhdrit oder Gips hervorgebracht wurde, die in vielen Vorkommen zusammen mit Dolomit angetroffen wurden.

Eine große Rolle haben in den Diskussionen über die Dolomitbildung die Befunde in Tiefbohrungen auf Atollen im Pazifik gespielt, wo in mächtigen tertiären bis rezenten Karbonatserien einzelne dolomitisierte Horizonte angetroffen wurden. Außer dem länger schon bekannten Profil von Funafuti liegen heute Bohrprofile von den Inseln Kita-Daito-Jima, Bikini und Eniwetok (Schlanger 1963) vor. Aus allen diesen Bohrungen ergibt sich ein komplizierteres Bild, als es früher aus dem vielzitierten Profil von Funafuti abgeleitet wurde. Auf Funafuti ist der Kalk unterhalb einer Tiefe von 212 m vollständig dolomitisiert. Dagegen besteht auf Kita-Daito-Jima der oberste Teil des Profils bis in eine Tiefe von 120 m aus Dolomit. Auf Bikini gibt es keine reinen Dolomithorizonte. Auf Eniwetok fand sich Dolomit nur in den ältesten erbohrten Schichten (Eozän), etwa 1500 m unter der Oberfläche. Die aufgrund der Befunde von Funafuti zuerst von Reuling (1934) geäußerte und von anderen Autoren übernommene Ansicht, daß die Dolomitisierung durch erhöhten hydrostatischen Druck hervorgerufen wird, ist somit nicht haltbar.

Die dolomitisierten Horizonte sind in den Atollprofilen nicht nur über verschiedene Tiefenlagen verteilt, auch ihre Gefüge zeigen eine bemerkenswerte Variabilität (Schlanger 1963): Insbesondere auf Funafuti und Kita-Daito-Jima hat der Ersatz der primären Kalksubstanz durch Dolomit pseudomorph so stattgefunden, daß die organogenen Strukturen im Detail erhalten blieben. Auf Eniwetok waren Kalkauflösung und Dolomitkristallisation räumlich und/oder zeitlich getrennte Vorgänge. So kommt in den Proben von Eniwetok Dolomit in Form relativ großer Rhomoeder vor, die entweder dem Kalk eingestreut sind oder — bei vollständiger Dolomitisierung — ein zuckerkörniges Gefüge bilden. In anderen Proben von Eniwetok sind Rotalgen oder Molluskenschalen selektiv durch große Dolomitkristalle ersetzt, oder es sind die Gerüste von Korallen gelöst und die Septenhohlräume von Dolomit erfüllt. Da die Rotalgen primär aus Mg-Calcit bestanden, mag die auf Eniwetok beobachtete bevorzugte Dolomitisierung der Algenstrukturen durch lokale Mg-Anreicherung induziert worden sein. Eine allgemeine Regel fand sich in den Proben von allen Atollen bestätigt: Dolomit kommt mit Mg-reichem und Mg-armem Calcit aber niemals zusammen mit Aragonit vor. Die dolomitisierenden Lösungen haben also bevorzugt den metastabilen Aragonit der Sedimente angegriffen.

Die frühdiagenetische Dolomitisierung primärer Kalksedimente fand sowohl in den Atollen als auch unter salinaren Bedingungen im Küsten- und Flachmeerbereich durch die Einwirkung von Lösungen statt. Wo wie in den Atollsedimenten primärer Mg-Calcit vorlag, stammt ein Teil des für die Dolomitbildung benötigten Magnesiums aus diesem Material. Dieser primäre Mg-Vorrat kann aber die vollständige Dolomitisierung mächtiger Lagen nicht erklären. Die Hauptmenge des Dolomits muß sich durch eine Wechselwirkung zwischen $CaCO_3$-Mineralen und der Porenlösung gebildet haben. Die Reaktion kann pauschal durch die folgende Gleichung beschrieben werden:

$$2\,CaCO_3\ (\text{fest}) + Mg^{2+} \rightarrow CaMg(CO_3)_2\ (\text{fest}) + Ca^{2+}$$

Gemäß dieser Gleichung wird die Dolomitbildung auf Kosten von Calcit oder Aragonit durch ein niedriges Ca/Mg-Verhältnis begünstigt. Schon im Meerwasser ist, wie oben dargelegt, das Ca/Mg-Verhältnis so niedrig, daß Dolomit entstehen sollte.

Eine Erniedrigung diese Verhältnisses unter den Wert des Meerwassers wird die diagenetische Dolomitbildung begünstigen. Dies kann entweder durch eine Erhöhung der Mg-Konzentration oder durch eine Erniedrigung der Ca-Konzentration geschehen. Für die Erhöhung der Mg-Konzentration gibt es offenbar weder in den Atollsedimenten noch im Flachmeer- und Küstenbereich eine Quelle. Dagegen kann sich die Konzentration der Ca-Ionen verringern.

So beobachtet man, wie schon erwähnt, dort, wo sich Dolomit unter salinaren Bedingungen im Flachsee- und Küstenbereich bildet, die Paragenese von Anhydrit und Dolomit. Hier ist offenbar die Eindunstung des Meerwassers so weit fortgeschritten, daß $CaSO_4$ sich auszuscheiden beginnt, wodurch das Ca/Mg-Verhältnis so stark herabgesetzt wird, daß Dolomit auf Kosten von Kalk entstehen kann.

Eine andere Möglichkeit für die Erniedrigung des Ca/Mg-Verhältnisses ist durch eine Erhöhung der Konzentration von CO_3^{2-}-Ionen gegeben. Wegen des kleinen Wertes des Löslichkeitsproduktes $[Ca^{2+}][CO_3^{2-}]$ muß eine Erhöhung der CO_3^{2-}-Ionenkonzentration die Ca^{+2}-Ionenkonzentration verringern. Bei Berücksichtigung dieses Mechanismus sollte man nach LIPPMANN (1973) für die Dolomitisierung die folgende pauschale Gleichung schreiben:

$$CaCO_3\,(\text{fest}) + Mg^{2+} + CO_3^{2-} \rightarrow CaMg(CO_3)_2\,(\text{fest})$$

Da Magnesium in der diagenetisch noch nicht veränderten Porenlösung in ausreichender Menge zur Verfügung steht, könnten diagenetische Vorgänge, die CO_3^{2-}-Ionen erzeugen, die Dolomitbildung hervorrufen. LIPPMANN (1968, 1973) hat darauf hingewiesen, daß die Oxidation organischer Substanz durch sulfatreduzierende Bakterien nach dem Schema der folgenden Gleichungen CO_3^{2-}-Ionen liefert:

$$SO_4^{2-} + 2\,C + H_2O \rightarrow CO_3^{2-} + CO_2 + H_2S$$
$$SO_4^{2-} + 4\,H_2 + CO_2 \rightarrow CO_3^{2-} + 3\,H_2O + H_2S$$

Aufgrund dieser Gleichungen würde nach LIPPMANN (1973) die Oxidation von 13 g organischen Kohlenstoffs oder von 32 g eines Kohlehydrates die Bildung von 100 g Dolomit ermöglichen.

Daß die organische Substanz in Karbonatsedimenten im Mittel in stärkerem Maße oxidiert wird als in tonigen Sedimenten geht aus einem Vergleich der Gehalte frischer und diagenetisch veränderter Ton- und Kalksedimente hervor. Nach einer Zusammenstellung von HUNT (1961), Tabelle 5-17, enthalten frische Karbonatsedimente etwa ebensoviel organische Substanz wie rezente Tone. Karbonatgesteine sind dagegen erheblich ärmer an organischer Substanz als Tongesteine.

Tabelle 5-17. Gehalte rezenter und alter Sedimente an organischer Substanz (HUNT 1961).

	Gew.% organische Substanz
rezente Tone[2]	1,5
Tongesteine[2]	2,0
rezente Karbonate[1]	1,7
Kalkgesteine[2]	0,2

[1] Golf von Batabano, Kuba.
[2] Mittel von Proben aus verschiedenen Gegenden.

Die Menge von Dolomit, die durch die Tätigkeit sulfatreduzierender Bakterien entstehen kann, ist einerseits durch die Menge von Magnesium in der Porenlösung und andererseits durch den Gehalt des Sediments an organischer Substanz begrenzt. Bevorzugt dolomitisierte Lagen in den Atollbohrungen mögen Schichten mit besonders hohem Gehalt an organischer Substanz gewesen sein. Es ist die Frage, ob die in einer Schicht ursprünglich vorhandene organische Substanz zu ihrer vollständigen Dolomitisierung ausreicht. Auf keinen Fall kann aber die in der Porenlösung einer Sedimentschicht enthaltene Mg-Menge für die vollständige Dolomitisierung genügen. Es muß also den dolomitisierten Lagen durch Strömungen der Porenlösung oder durch Diffusion Magnesium aus anderen Horizonten zugeführt worden sein.

Zufuhr von Magnesium durch Strömungen der Porenlösung ist vor allem für die spätdiagenetische Dolomitisierung von Kalkgesteinen anzunehmen. Zahlreiche Beispiele von Dolomitisierungen, die deutlich von Klüften ausgehen, die an Antiklinalen gebunden sind oder sonst quer durch primäre Schichtgrenzen hindurchgreifen (vgl. hierzu Füchtbauer im 2. Teil dieses Werkes), zeigen, daß spätdiagenetische Dolomitisierung im verfestigten Sediment häufig ist. In diesen Fällen müssen die Sedimente von Porenlösungsströmen durchsetzt worden sein, die das Magnesium heranbrachten. Zum großen Teil wird es sich um den Kompaktionsstrom handeln, der vor allen Dingen aus Tonsedimenten stammt. Über den Chemismus dieser Lösungen ist nichts bekannt. Man kann nur feststellen, daß die heute im Porenraum konsolidierter Sedimentgesteine enthaltenen Lösungen gegenüber dem ursprünglich im Sediment enthaltenen Meerwasser an Magnesium erheblich verarmt sind (Abschnitt 5.32). Sie stellen die Restlaugen dar, die übriggeblieben sind, nachdem das im Sediment eingeschlossene Meerwasser sich auf seiner Wanderung durch mehr oder weniger dicke Sedimentpakete mit Kalken unter Dolomitbildung umgesetzt hat.

Wie diese Umsetzungen kinetisch verlaufen sind, d. h. insbesondere, welche Umstände die gehemmte Umsetzung von Kalk zu Dolomit erleichtert haben mögen, ist nicht bekannt. CO_3^{2-}-Produktion durch sulfatreduzierende Bakterien oder Erniedrigung der Ca-Konzentration durch Anhydritabscheidung, wie sie für die relativ schnell verlaufende frühdiagenetische Dolomitbildung von Bedeutung sind, spielen bei der spätdiagenetischen Dolomitbildung sicherlich keine Rolle. Sofern die spätdiagenetische Dolomitbildung in größerer Tiefe stattfindet, dürfte die in Abb. 4-7 dargestellte Temperaturabhängigkeit des Ca/Mg-Verhältnisses der mit Calcit und Dolomit zugleich gesättigten Lösung von Bedeutung sein: steigende Temperatur verschiebt das Ca/Mg-Verhältnis der Gleichgewichtslösung zu kleineren Werten. Im übrigen wird der Zeitfaktor eine Rolle spielen. In geologisch langen Zeiträumen wird sich wahrscheinlich das thermodynamische Gleichgewicht doch einstellen, wenn auch die Geschwindigkeit der Reaktion, durch welche bei der Einwirkung einer Mg-haltigen Lösung auf Kalk Dolomit entsteht, so langsam verläuft, daß sie weder im Experiment noch bei der rezenten Einwirkung von normalem Meerwasser auf Kalksedimente beobachtet werden kann.

Für die diagenetische Dolomitbildung spielt die mineralogische Zusammensetzung des Kalkes eine Rolle. In den Atollprofilen ist zu beobachten, daß die aragonitischen Lagen dolomitisiert sind, während die aus Calcit bestehenden Horizonte nicht verändert wurden. Ähnlich werden auch bei der Spätdiagenese aragonitische Kalke der Dolomitisierung bevorzugt anheimfallen. Die Seltenheit von Dolomitgesteinen in der Kreideformation (Abb. 5-75) mag dadurch begründet sein, daß die Kalke der Kreidezeit vorwiegend aus calcitischen Foraminiferen und Coccolithophoriden aufgebaut werden.

Die Isotopenzusammensetzung des Kohlenstoffs und des Sauerstoffs von Dolomiten kann unter Umständen Hinweise auf ihre Entstehung bieten. So hat BERNER (1965 a) eine Anreicherung von O^{18} in den Dolomiten der Atolle Funafuti, Kita-Daito-Jima und Eniwetok festgestellt und daraus geschlossen, daß die Dolomitisierung durch salinare Lösungen hervorgebracht wurde, die aus der Eindunstung von Meerwasser stammten. Dolomite, die durch Karbonatproduktion sulfatreduzierender Bakterien entstanden, sollten entsprechend der Isotopenzusammensetzung des organischen Materials an leichtem Kohlenstoff C^{12} angereichert sein. Tatsächlich wurde in verschiedenen Dolomiten eine Anreicherung von leichtem Kohlenstoff festgestellt (SPOTTS & SILVERMAN 1966; MURATA, FRIEDMAN & MADSEN 1969; DEUSER 1970; TAN & HUDSON 1971).

Dolomitgesteine sind häufig poröser als die umgebenden Kalke (vgl. hierzu FÜCHTBAUER im 2. Teil dieses Werkes). Da die Umwandlung von Kalk in Dolomit unter Zufuhr von Magnesium und Abfuhr von Calcium mit einer Volumenabnahme verknüpft ist, kann durch die spätdiagenetische Dolomitisierung eines bereits verfestigten Kalkes Porenraum entstehen. Die Dolomitisierung nach dieser Reaktion ergibt für Calcit 12,9 % und für Aragonit 5,8 % Volumenverlust. In manchen Dolomiten finden sich wesentlich höhere Porositäten (bis zu 0,30, siehe FÜCHTBAUER im 2. Teil dieses Werkes), was entweder auf eine Dolomitisierung des noch hochporösen Sediments oder durch eine Auflösung von Kalk im Zuge der Dolomitisierung gedeutet werden kann. Erfolgt die Dolomitisierung dagegen durch Zufuhr von Karbonat und Magnesium, z. B. durch die Tätigkeit sulfatreduzierender Bakterien, so tritt eine beträchtliche Volumvermehrung auf (74,4 % aus Calcit, 88,4 % aus Aragonit, bezogen auf das ursprüngliche Volumen). Poröse Dolomite können nach dieser Reaktion nur dann entstehen, wenn die Dolomitisierung sehr früh im noch hochporösen Sediment stattfindet (LIPPMANN 1973).

Manche Dolomite enthalten mehr Calcium (bis zu 60 Mol %), als es der stöchiometrischen Zusammensetzung entspricht. Der Ca-Überschuß macht sich in einer Vergrößerung der Netzebenenabstände bemerkbar und kann aus den Netzebenenabständen bestimmt werden (GOLDSMITH & GRAF 1958). Die Ca-reichen Dolomite zeigen verbreiterte Basisreflexe, die auf Unregelmäßigkeiten in der Aufeinanderfolge von Ca- und Mg-Ebenen hinweisen. Nach Untersuchungen von GOLDSMITH & GRAF (1958) sowie von FÜCHTBAUER & GOLDSCHMIDT (1965) sind Dolomite aus evaporitischen Gesteinsserien (z. B. Zechsteindolomite Nordwestdeutschlands) in der Regel stöchiometrisch zusammengesetzt und wohlgeordnet, während Dolomite in normalen Kalken (z. B. Dolomite des Oberen Jura Nordwestdeutschlands) meist einen Ca-Überschuß haben und ungeordnet sind. Dieser Regel entsprechend sind die rezenten Dolomite, die sich in salinarem Milieu bilden, stöchiometrisch zusammengesetzt. Geordnete Dolomite stöchiometrischer Zusammensetzung scheinen somit für die frühdiagenetische Bildung unter salinaren Bedingungen, ungeordnete Dolomite mit Ca-Überschuß für spätdiagenetische Entstehung typisch zu sein.

Als Dedolomitisierung bezeichnet man die diagenetische Auflösung von Dolomit, die meistens mit einer gleichzeitigen Abscheidung von Calcit einhergeht (Recalcitisierung). Es handelt sich stets um spätdiagenetische Vorgänge, die gemäß einer Umkehrung der Dolomitisierung durch Lösungen mit einem hohen Ca/Mg-Verhältnis hervorgebracht werden. Verschiedene Beispiele der Dedolomitisierung und Recalcitisierung wurden von FRIEDMAN & SANDERS (1967) und von FÜCHTBAUER (im 2. Teil dieses Werkes) beschrieben. In Gesteinen, die dedolomitisiert wurden, ohne daß eine entsprechende Menge Calcit abgeschieden wurde, finden sich, wie in den von BAUSCH (1965) beschriebenen Kalken des Oberen Jura der Frankenalb in Süddeutschland vollständig oder teilweise aufgelöste Dolomitrhomboeder als Hohlräume erhalten. In den meisten Fällen wird der aufgelöste Dolomit durch Calcit ersetzt, der entweder feinkristalline Pseudomorphosen nach Dolomitkristallen oder größere Kristalle bildet, die Dolomitrelikte einschließen. Im ersten Falle dürfte die Lösung in bezug auf Calcit stärker übersättigt gewesen sein als im zweiten.

Nach den Beobachtungen von LANG (1964) und BAUSCH (1965) im Oberen Jura Süddeutschlands kann die Dedolomitisierung und Recalcitisierung große Gesteinsbereiche erfassen. Aus dolomitischen Kalken entstehen dabei reine grobkörnige Kalke, die auffallenderweise besonders häufig in der Nähe größerer Dolomitstöcke auftreten. LANG und BAUSCH nehmen daher an, daß hier in einem spätdiagenetischen Stadium eine Stoffverschiebung stattgefunden hat, die aus einem Kalk mit mehr oder weniger gleichmäßig verteiltem Dolomitgehalt einen Gesteinskörper aus rein kalkigen und vollständig dolomitisierten Bereichen hervorbrachte.

Dedolomitisierende und recalcitisierende Lösungen können verschiedener Herkunft sein. Im salinaren Bereich weist das Vorkommen von Sulfatmineralien in dedolomitisierten und calcitisierten Gesteinen auf die Wirkung sulfathaltiger Lösungen, die sich mit Dolomit unter Bildung von Calcit und gelöstem $MgSO_4$ umsetzen (FRIEDMAN & SANDERS 1967). In den meisten Vorkommen dürfte Dedolomitisierung und Recalcitisierung durch deszendente Oberflächenwässer hervorgebracht worden sein. Dies gilt z. B. für den Oberen Jura Süddeutschlands, wo FRITZ (1966) eine Verarmung der dedolomitisierten Kalke an O^{18} und C^{13} gegenüber den Dolomiten und primären Kalken feststellte.

5.632 Bildung von SiO_2-Konkretionen (Hornstein)

Verbreitete Bestandteile von Karbonatgesteinen sind Hornsteinkonkretionen (Flint, Feuerstein), die aus Chalzedon oder Quarz, seltener aus Quarzin bestehen. Die sehr variablen und unregelmäßigen Formen dieser Gebilde zeigen insofern eine Beziehung zur Schichtung, als sie meist in der Schichtebene abgeplattet oder verlängert und in schmalen, schichtparallelen Lagen angereichert sind, die von dickeren, konkretionsfreien Zonen unterbrochen werden. In vielen Kalken, so z. B. in der obersenonen Schreibkreide Mitteleuropas, liegen die konkretionsreichen Lagen in regelmäßigen Abständen übereinander. In manchen Kalken können die Hornsteinkonkretionen einer

Schicht zu mehr oder minder zusammenhängenden Lagen verwachsen. Seltener als die schichtparallel angeordneten Konkretionen sind quer zur Schichtung verlaufende Hornsteinkörper oder mit Hornstein gefüllte Klüfte.

Konzentrische Gefüge, die ein allmähliches Wachstum anzeigen, oder Schichtgefüge, wie sie in den Kalkkonkretionen der Tone häufig sind, kommen in den Hornsteinkonkretionen selten vor. Die meisten Hornsteine sind im Inneren strukturlos. Meist enthalten sie verschiedene, kalkig erhaltene oder aus SiO_2 bestehende Fossilreste, polykristalline Kalkpartikel und einzelne Dolomit- und Calcitkristalle.

Die von einigen Autoren früher vertretene Ansicht, daß die Hornsteinkonkretionen aus SiO_2-Gelen entstanden, die sich auf der Oberfläche des Sediments aus dem Meerwasser abschieden (TARR 1917, 1926 u. a.), ist schon wegen des sehr niedrigen Gehalts des Ozeanwassers an SiO_2 nicht haltbar. Es weisen auch alle Beobachtungen über das Gefüge der Hornsteinkonkretionen darauf hin, daß sie unter einer gewissen Überdeckung im Sediment, also diagenetisch entstanden.

Über den Zeitpunkt der diagenetischen Bildung der Hornsteinkonkretionen, insbesondere der Feuersteine der Schreibkreide des baltischen Raumes, sind in der Literatur verschiedene Ansichten geäußert worden. Für eine sehr späte Bildung der Feuersteine durch den Einfluß von Oberflächenwässern trat insbesondere GRIPP (1933, 1954) ein, während die frühdiagenetische Entstehung der meisten Feuersteine u. a. von W. WETZEL (1957), ILLIES (1949) und MÜLLER (1956) vertreten wurde. Die heute in der Literatur vorliegenden Beobachtungen sprechen dafür, daß die Bildung der meisten Hornsteinkonkretionen in Kalken wie die der Kalkkonkretionen in Tonen sehr früh einsetzte und im wesentlichen in frühen Diagenesestadien abgeschlossen war, daß aber späterhin selbst noch im endgültig verfestigten Kalkgestein Mobilisationen des SiO_2 vorkamen, die zur Umverteilung und zu späten Anreicherungen führten.

Die sehr frühe Bildung von SiO_2-Konkretionen beweist die Erhaltung von skelettlosen Mikrofossilien, z. B. von Flagellaten mit feinsten Geißeln, wie sie O. WETZEL (1933) aus Feuersteinen der norddeutschen Schreibkreide beschrieben hat. Im übrigen weisen alle Beobachtungen darauf hin, daß sich die meisten Hornsteinkonkretionen bildeten, als die mechanische Kompaktion des Sediments noch in vollem Gange und bevor die endgültige Verfestigung durch chemische Vorgänge abgeschlossen war. Es finden sich daher sowohl Anzeichen mechanischer Kompaktion vor der Konkretionsbildung als auch solche, die die Fortdauer der Kompaktion nach der Bildung der Konkretionen beweisen. Zu den ersteren gehören z. B. zerdrückte Fossilreste in Feuersteinknollen der Schreibkreide, welche zeigen, daß sich diese Konkretionen in einer gewissen Tiefe unter der Oberfläche des weichen Sediments bildeten (GRIPP 1933, 1954, MÜLLER 1956). Andere Beobachtungen zeigen, daß die Kompaktion noch nicht weit fortgeschritten war, als sich manche Konkretionen bildeten. So findet sich die SiO_2-Masse oft als Füllung von Seeigeln oder anderen Organismenschalen, also in Hohlräumen, die nur bei geringer Sedimentüberdeckung existiert haben dürften. Daß die Kompaktion nach der Konkretionsbildung fortdauerte, beweist das Vorkommen von nicht oder kaum verfestigten Kreidebrocken im Inneren von Feuersteinkonkretionen, die von Schreibkreidegestein umgeben sind, das durch Drucklösung und Einregelung von Sedimentkörnern verfestigt ist (ILLIES 1954). Andere Anzeichen der nach der Konkretionsbildung andauernden Kompaktion sind Abflachungs- und Stauchungserscheinungen der Konkretionen, wie sie MÜLLER (1956) aus der norddeutschen Oberkreide beschrieb. Auch harnischartige Striemungen an Feuersteinkonkretionen führt MÜLLER (1956) auf die fortdauernde Kompaktion des umgebenden Sediments zurück.

Beobachtungen, die die Bildung von Hornsteinkonkretionen während eines gewissen Zeitraumes der frühen Diagenese beweisen, sind auch aus anderen Kalken bekannt. So konnte WILSON (1966) in Kalken des Oberen Jura von Süd-England die folgenden Phasen der Hornsteinbildung unterscheiden: Früheste Bildungen sind Pseudomorphosen von Chalzedon nach aragonitischen Schalen, die feinste organogene Strukturen abbilden und somit vor der Auflösung des Aragonit gebildet wurden. Spätere Stadien der SiO_2-Abscheidung werden durch die Silifizierung von Ooiden angezeigt, die durch vorhergehende Drucklösung ineinander eingedrungen sind, durch die SiO_2-Abscheidung im Porenraum, der vor der Bildung eines feinkörnigen Calcitzements bestand, sowie durch die Füllung von Hohlräumen, die durch die Auflösung aragonitischer Schalen gebildet wurden. Noch spätere SiO_2-Abscheidungen verdrängen diagenetisch gebildeten Calcitzement.

Sicherlich spätdiagenetisch sind die quer zur Schichtung verlaufenden, mit Hornstein gefüllten Spalten und Klüfte in manchen Kalken (z. B. die sogenannten Spaltenfeuersteine der obersenonen Schreibkreide des baltischen Raumes). Sie zeigen, daß SiO_2 auch noch im verfestigten Sediment beweglich war. In der Regel sind diese Bildungen sehr viel seltener als die schichtparallel angeordneten Hornsteinknollen.

Da das als Porenlösung eingeschlossene Meerwasser nur wenig SiO_2 enthält und eine Zufuhr aus anderen Quellen zumindest für die frühen Diagenesestadien ausgeschlossen ist, muß das SiO_2 der Hornsteinkonkretionen aus dem Sediment selbst stammen. SiO_2-Lieferanten sind die Schalen und Skelette mariner Organismen, die aus dem SiO_2-armen Ozeanwasser amorphes SiO_2 abzuscheiden vermögen. Es handelt sich um Diatomeen, bestimmte Gruppen von Flagellaten, Radiolarien und Kieselschwämme (vgl. hierzu MÜLLER im 2. Teil dieses Werkes). Calcitisierte und z. T. aufgelöste Schalen und Skeletteile dieser Organismen im Kalk, der die Hornsteinkonkretionen umschließt, zeigt, daß das ursprünglich mehr oder minder gleichmäßig im Sediment verteilte SiO_2 zunächst aufgelöst und dann an bestimmten Zentren akkumuliert wurde. Das amorphe SiO_2 der Schalen und Skelette war der Einwirkung des Meerwassers und der Porenlösungen so lange entzogen, als es von schützenden organischen Membranen umhüllt war. Sobald diese zerstört waren, konnte das SiO_2 gelöst und transportiert werden. Lösung, Transport und Abscheidung werden durch die Abhängigkeit der Löslichkeit des SiO_2 von den physikalisch-chemischen Faktoren, insbesondere von Temperatur und pH bestimmt. Wie in einem früheren Abschnitt dargelegt, ist die Löslichkeit unterhalb von pH 8 vom pH praktisch unabhängig und steigt über pH 8 stark mit zunehmendem pH an. Mit steigender Temperatur nimmt die Löslichkeit zu. Eine Porenlösung von unveränderter Meerwasserzusammensetzung ist in bezug auf amorphes SiO_2 untersättigt. Die Auflösung von Kieselschalen und -Skeletten in einer solchen Porenlösung ist daher verständlich. Zu erklären ist die konkretionäre Abscheidung des gelösten SiO_2.

Gemäß der in Abschnitt 5.52 dargelegten Einteilung der Konkretionen gehören die Hornsteinkonkretionen der Kalke z. T. zu den Konkretionen, die sich durch Ausfüllung bestehender Hohlräume bilden, z. T. zu denen, die durch metasomatische Verdrängung des umgebenden Kalkes entstehen. Im Unterschied zu den Kalkkonkretionen der Tone bilden sich die Hornsteinkonkretionen des ersten Typs nicht durch Ausfüllung des Porenraums, sondern durch Füllung größerer Hohlräume, z. B. in den Schalen von Seeigeln und anderen Organismen. Die überwiegende Menge der Hornsteinkonkretionen entstehen metasomatisch durch die Verdrängung von Kalk, wobei durch Lösungen SiO_2 herangebracht und abgeschieden sowie Kalk aufgelöst und fortgebracht wird (Verkieselung).

Hornsteine bestehen aus Chalzedon oder gröber kristallinem Quarz, seltener aus Quarzin. In vielen Fällen, z. B. dort, wo feinkristalliner Quarz die verdrängten Schalen- und Skelettstrukturen abbildet, dürfte sich das SiO_2 primär kristallin abgeschieden haben. Gelartige Oberflächenstrukturen vieler Hornsteinkonkretionen und Formen, die durch die Wirkung der Oberflächenspannung beeinflußt oder durch Deformation ursprünglich weicher Massen unter dem Einfluß des Belastungsdruckes hervorgebracht zu sein scheinen, sind so gedeutet worden, daß sich SiO_2 zunächst in Gelform abschied. Dann müßte die Umwandlung in feinkristallinen Quarz später stattgefunden haben. Es finden sich jedoch nirgends Anzeichen für die erhebliche Schrumpfung, die mit der Umwandlung eines wasserhaltigen Gels in eine kristalline Quarzmasse verbunden sein muß.

Auffallend ist die in vielen Kalken, so z. B. in der obersenonen Schreibkreide des baltischen Raumes, beobachtete Bindung der Hornsteinkonkretionen an organische Reste (vgl. z. B. Müller 1956). Die Form der Konkretionen wird in vielen Fällen durch die Organismenreste bestimmt, welche als Konzentrationszentren dienen. Dies gilt insbesondere von Schwämmen, deren vielgestaltige Formen von den Konkretionen abgebildet werden. Verschiedene Autoren haben daher die Abscheidung der Hornsteinkonkretionen mit den chemischen Bedingungen in Verbindung gebracht, die sich dort einstellen, wo organische Substanz zersetzt wird.

Wie im Falle der Konkretionsbildung in Tonen näher erläutert, kann die Bildung von Hornsteinkonkretionen nur in einem Sediment stattfinden, das hinsichtlich der physikalisch-chemischen Bedingungen nicht homogen ist. An den Zentren der Konkretionsbildung müssen Bedingungen herrschen, die die Auflösung von Kalk und die Abscheidung von SiO_2 hervorrufen, während im übrigen Sediment SiO_2 aufgelöst und Kalk abgeschieden wird. Es wirkt sich hier offenbar der schon mehrfach besprochene Antagonismus der Wirkung des pH auf die Löslichkeiten von Kalk und SiO_2 aus: Erhöhung des pH wirkt löslichkeitserhöhend auf SiO_2 und löslichkeitsmindernd auf Kalk. Nach diesem Modell sollte also an den Zentren der SiO_2-Abscheidung ein niedrigeres pH als in der Masse des Sediments geherrscht haben. Falls die vielfach beobachtete Bindung der Hornsteinkonkretionen an organische Reste eine ursächliche Beziehung abbildet, könnte man annehmen, daß die Zersetzung der organischen Substanz in den hornsteinführenden Kalken unter Bildung von CO_2 vor sich ging, durch dessen Einfluß SiO_2 abgeschieden und Kalk gelöst wurde (vgl. z. B. Illies 1949). Falls diese Deutung richtig ist, müßte die Zersetzung der organischen Substanz in diesen

Kalken in anderer Weise vonstatten gegangen sein, als in tonigen Sedimenten, in welchen Kalkkonkretionen entstehen, deren Bildung ebenfalls auf die Zersetzung organischer Substanz zurückgeführt wird. Im letzteren Fall wurde angenommen, daß die organische Substanz unter Bildung von Ammoniak und Aminen zerfällt, also alkalische Reaktion hervorruft.

Illies (1949) hat den Kompaktionsstrom für die Bildung der in schichtparallelen Lagen angereicherten Feuersteinkonkretionen der baltischen Schreibkreide verantwortlich gemacht: In größerer Tiefe soll die im Gleichgewicht mit dem Kalk schwach alkalisch reagierende Porenlösung die im Sediment verteilten kieseligen Organismenreste lösen. Die aufsteigende Lösung soll dann in einer bestimmten höheren Zone unter der Sedimentoberfläche, wo sich organische Reste unter CO_2-Entwicklung zersetzen, das tiefer unten gelöste SiO_2 bei gleichzeitiger Auflösung von Kalk absetzen. Dies geschieht bevorzugt in der Nähe größerer Ansammlungen von organischem Material, wo die CO_2-Konzentration am höchsten ist.

In der Nähe von pH 8 können geringe Schwankungen des pH das Gleichgewicht zugunsten des SiO_2 oder von Kalk verschieben. Mehrfacher Wechsel zwischen der Verdrängung von Kalk durch SiO_2 und der Verdrängung von SiO_2 durch Kalk, wie er z. B. von Wilson (1966) in oberjurassischen Kalken von Süd-England oder von Walker (1962) aus ordovizischen Kalken von Wisconsin beschrieben wurde, kann durch geringfügige Änderungen des pH der das Sediment durchströmenden Porenlösungen im schwach alkalischen Bereich erklärt werden.

Wie im Falle der Kalkkonkretionen in Tonen dürfte es fraglich sein, ob die Abscheidung der Hornsteinkonkretionen allein auf die ausfällende Wirkung des Zerfalls organischer Substanz zurückgeführt werden kann. Die in einer Konkretionslage ursprünglich enthaltene organische Substanz wird kaum so viel CO_2 geliefert haben, um das SiO_2 aller Konkretionen auszufällen. Auch hier müssen noch andere Mechanismen angenommen werden, die es bewirkt haben, daß sich das primär feinverteilte SiO_2 in Konkretionen und Lagen angereichert hat. Jedenfalls ist ein Phasengemenge, in dem amorphes SiO_2 in feinverteilter Form vorliegt, thermodynamisch weniger stabil als ein solches, in dem das SiO_2 größere Massen mit einer geringeren spezifischen Oberfläche bildet. Der diagenetische Prozeß hat in einer im einzelnen noch nicht bekannten Weise aus dem ursprünglichen Gemenge ein thermodynamisch stabileres System erzeugt.

5.633 Neubildung von Silikaten

Diagenetisch gebildete Silikate sind in reinen Karbonatgesteinen seltener als in klastischen Gesteinen. Da der Porenraum von Karbonatsedimenten im allgemeinen früh verschwindet, dürfte es sich meist um frühdiagenetische Bildungen handeln. Alkalifeldspäte, wie sie auch in tonig-sandigen Gesteinen vorkommen (vgl. Abschnitt 5.42) sind in Kalken die wichtigsten neugebildeten Silikate (über Feldspäte in Kalken vgl. Füchtbauer im 2. Teil dieses Werkes, ferner: Crowley 1939, Füchtbauer 1948, 1950, 1972, Topkaya 1950, Carozzi 1953, Baskin 1956, H. Müller 1958, Schöner 1960, Kastner & Waldbaum 1968).

Daß die Feldspäte diagenetisch entstanden sind, erkennt man an der meist idiomorphen Ausbildung der kleinen (< 0,2 mm) Kristalle und an Einschlüssen von Karbonat. Die Albite sind stets sehr reine Natronfeldspäte (< 3 Mol% Or, < 1 Mol% An, Baskin 1956), tafelig nach (010) oder (001) ausgebildet und häufig als Vierlinge nach dem Roc Tourné-Gesetz verzwillingt. Es handelt sich um Tieftemperaturalbite (unvollkommene Al-Si-Ordnung), was sich in einem großen optischen Achsenwinkel ($2V_z = 90-85°$, Füchtbauer 1950) und einem γ^*-Winkel des reziproken Gitters zwischen 89° und 91° (Baskin 1956) kundtut. Die Kalifeldspäte sind ebenfalls sehr rein (< 2 Mol% Ab, Baskin 1956). Sie sind meist kleiner als die Albite und entsprechen, wenn sie idiomorph ausgebildet sind, morphologisch meist dem Adulartyp. Der optische Achsenwinkel liegt recht konstant bei $2V_x = 43°$ (Füchtbauer 1950, Müller 1958, Schöner 1960).

Der Alkaligehalt der diagenetisch gebildeten Feldspäte dürfte im wesentlichen aus der Porenlösung stammen. Daher ist es verständlich, daß Natronfeldspat in normalen marinen Kalken häufiger als Kalifeldspat ist, wenn auch in manchen Kalken beide Feldspäte zusammen vorkommen. Daß sich Feldspäte in einem frühen Stadium der Diagenese bilden, so daß der Chemismus des Ablagerungsmilieus von Einfluß ist, geht aus Beobachtungen von Füchtbauer (1972) an den Karbonat- und Sulfatsedimenten der Zechsteinformation in Nordwestdeutschland hervor. In den Eindampfungszyklen dieser Formation findet sich mit zunehmender Salinität des Meerwassers die folgende Abfolge diagenetischer Neubildungen: Natronfeldspat-Quarz-Kalifeldspat. Relativ viel Kalifeldspat enthalten die aus stark konzentriertem Meerwasser abgeschiedenen Anhydrite.

Von anderen silikatischen Neubildungen ist vor allem Turmalin zu erwähnen, der nicht selten in langprismatischen Kristallen in Kalken vorkommt. Besonders häufig scheint Turmalin in evaporitischen Serien zu sein, wie z. B. in den Dolomiten der Zechsteinformation (Füchtbauer im 2. Teil dieses Werkes).

Literatur- und Autorenverzeichnis

Die rechts außen stehenden Ziffern in eckigen Klammern weisen auf die Seiten hin, auf denen die betreffende Arbeit zitiert wurde.

ALEKIN, O. A. (1962): Grundlagen der Wasserchemie (a. d. Russ. übertr.). — Leipzig. [122]

ALEXANDER, G. B., HESTON, W. M. & ILER, H. K. (1954): The solubility of amorphous silica in water. — J. Phys. Chem., **58**, 453—455. [39]

ALTHAUS, E. (1966a): Die Bildung von Pyrophyllit und Andalusit zwischen 2000 und 7000 bar H_2O-Druck. — Naturwiss. **53**, 105—106. [320]

— (1966b): Der Stabilitätsbereich des Pyrophyllits unter dem Einfluß von Säuren. — Contr. Miner. Petrol., **13**, 31—51. [320]

AMBERG, C. H., MCINTOSH, R. (1952): A study of adsorption hysteresis by means of length changes of a rod of porous glass. — Canad. J. Chem., **30**, 1012—1032. [11]

AMBRASEYS, N. N. (1960): The seismic sea wave of July 9, 1956, in the Greek Archipelago. — J. Geophys. Res., **65**, 1257—1265. [101]

ARRHENIUS, G. (1963): Pelagic Sediments. — In: M. N. HILL (General ed.), The Sea, Vol. 3: The Earth beneath the Sea. — Interscience Publ., New York, London, 655—727. [86, 130f, 154]

ASCHENBRENNER, B. C. (1956): A new method of expressing particle sphericity. — J. sediment. Petrol., **26**, 15—31. [107, 119]

ATHY, L. F. (1930): Density, porosity and compaction of sedimentary rocks. — Bull. amer. Assoc. Petrol. Geol., **14**, 1—24. [287f]

AWASTHI, N. (1961): Autigenic tourmaline and zircon in the Vindhyan formations of Sone valley, Mirzapur district, Uttar Pradesh, India. — J. sediment. Petrol., **31**, 482—484. [273]

BAAS BECKING, L. G. M., KAPLAN, I. R. & MOORE, D. (1960): Limits of the natural environment in terms of pH and oxidation-reduction potentials. — J. Geol., **68**, 243—284. [20f]

BAGNOLD, R. A. (1954): Experiments on a gravity-free dispersion of large solid spheres in a Newtonian fluid under shear. — Proc. roy. Soc. London, A **255**, 49—63. [74f]

— (1957): The flow of cohesion-less grains in fluids. — Phil. Trans. roy. Soc. London, A **249**, 235—297. [65, 67, 74ff, 78ff]

— (1962): Auto-suspension of transported sediment; turbidity currents. — Proc. roy. Soc. London, **265**, 315—319. [102]

— (1963): Mechanics of marine sedimentation. — In: M. N. HILL (ed.), The Sea, Vol. 3. — Interscience Publ., New York, London, 507—528. [93f]

— (1965): The physics of blown sand and desert dunes. — Methuen & Co., London. [155f, 159ff, 168, 171]

— (1966): An approach to the sediment transport problem from general physics. — U. S. geol. Surv. prof. Pap., 422—I. [75f, 78, 81ff]

BANGHAM, D. H. (1934): The swelling of charcoal IV. — Proc. roy. Soc. London, A, **147**, 175—188. [11]

BANGHAM, D. H., FAKHOURY, N. & MOHAMED, A. F. (1932): The swelling of charcoal II. — Proc. roy. Soc. London, A, **138**, 162—168. [11]

— — — (1935): The swelling of charcoal III. — Proc. roy. Soc. London, A, **147**, 152—175. [11]

BARREL, J. (1925): Marine and terrestrial conglomerates. — Bull. geol. Soc. Amer., **36**, 279—342. [115]

BARTH, T. F. W. (1949): Frequency distribution of the minerals in two petrographic provinces. — J. Geol., **57**, 55—61. [1]

BARTLETT, G. A. & GREGGS, R. G. (1969): Carbonate sediments: oriented lithified samples from the North Atlantic. — Science, **166**, 740—741. [327]

BASKIN, Y. (1965): A study of authigenic feldspars. — J. Geol., **64**, 132—155. [264f, 346f]

BASSET, W. A. (1963): The geology of vermiculite occurrences. — Clays and Clay Minerals. Proc. 10th nat. Conf. on Clays and Clay Minerals. Pergamon Press, Oxford, 60—69. [45]

BATES, TH. F. (1962): Halloysite and gibbsite formation in Hawaii. — Clays and Clay Minerals. Proc. 9th nat. Conf. on Clays and Clay Minerals. Pergamon Press, Oxford, 315—328. [46, 48, 54 f]

— (1964): Geology and mineralogy of the sedimentary Kaolins of the SE United States. A review. — Clays and Clay Minerals. Proc. 12th nat. Conf. on Clays and Clay Minerals. Pergamon Press, Oxford, 177—194. [47]

BATHURST, R. G. C. (1971): Carbonate sediments and their diagenesis. — Elsevier, Amsterdam, London, New York. 620 pp. [321, 327, 330, 337]

BAUSCH, W. M. (1965): Dedolomitisierung und Recalcitisierung in fränkischen Malmkalken. — N. Jb. Miner. Mh., 75—82. [342]

— (1968): Clay content and calcite cristal size of limestones. — Sedimentology, **10**, 71—75. [336]

BAYLISS, P. & LOUGHNAN, F. C. (1964): Mineralogical transformations accompanying the chemical weathering of clay-slates from New South Wales. — Clay Minerals Bull., **5**, 353—363. [47]

BELL, D. C. & GOODELL, H. G. (1967): A comparative study of glauconite and the associated clay fraction in modern marine sediments. — Sedimentology, **9**, 169—202. [127 f]

BERGMANN, W. (1963): Geochemistry of lipids. — In: E. INGERSON (ed.): Organic geochemistry. — Pergamon Press, Oxford, 503—542. [313]

BERNER, R. A. (1964): An idealized model of dissolved sulfate distribution in recent sediments. — Geochim. Cosmochim. Acta, **28**, 1497—1503. [251]

— (1965 a): Dolomitization of the mid-Pacific atolls. — Science, **147**, 1297—1299. [341]

— (1965 b): Activity coefficients of bicarbonate, carbonate and calcium ions in sea water. — Geochim. Cosmochim. Acta, **29**, 947—965. [188, 190 ff]

— (1967): Comparative dissolution characteristics of carbonate minerals in the presence and absence of aqueous magnesium ion. — Amer. J. Sci., **265**, 45—70. [193]

— (1968 a): Rate of concretion growth. — Geochim. Cosmochim. Acta, **32**, 477—483. [311]

— (1968 b): Calcium carbonate concretions formed by the decomposition of organic matter. — Science, **159**, 195—197. [313]

BERTHOIS, L. & PORTIER, J. (1956): Recherches expérimentales sur la mode d'usure des graviers. — C. r. Acad. Sci. Paris, **243**, 1778—1781. [109]

— — (1957 a): Recherches expérimentales sur le façonnement des graviers de quartz. — C. r. Acad. Sci. Paris, **244**, 362—364. [109]

— — (1957 b): Recherches expérimentales sur le façonnement des grains de sable quartzeux. — C. r. Acad. Sci. Paris, **245**, 1152—1154. [113]

BERTHOUD, A. (1912): Théorie de la formation des faces d'un cristal. — J. Chim. Phys., **10**, 624—635. [23]

BIEGER, T. (1952): Verwitterung von Albit. — Diss. Göttingen, 37 pp., zit. bei CORRENS, Clay Min. Bull., **4**, 249—265. [29]

BILLINGS, G. K., HITCHON, B. & SHAW, D. R. (1969): Geochemistry and origin of formation waters in the Western Canada Sedimentary Basin, 2: Alkali metals. — Chem. Geol., **4**, 211—223. [222, 225]

BISCAYE, P. E. (1965): Mineralogy and sedimentation of recent deep-sea clay in the Atlantic Ocean and adjacent seas and oceans. — Bull. geol. Soc. Amer., **76**, 803—832. [129]

BISCHOFF, J. L. & FYFE, W. S. (1968): Catalysis, inhibition, and the calcite-aragonite problem. I. The aragonite-calcite transformation. — Amer. J. Sci., **266**, 65—79. [189]

BLACKWELDER, E. (1933): The insolation hypothesis of rock weathering. — Amer. J. Sci., **26**, 97—113. [14]

BLATT, H. (1959): Effect of size and genetic quartz type on sphericity and form of beach sediments, Northern New Jersey. — J. sediment. Petrol., **29**, 197—206. [116]

BLATT, H. & CHRISTIE, J. M. (1963): Undulatory extinction in quartz of igneous and metamorphic rocks and its significance in provenance studies of sedimentary rocks. — J. sediment. Petrol., **33**, 559—579. [5]

BLISSENBACH, E. (1952): Relation of surface angle distribution to particle size distribution on alluvial fans. — J. sediment. Petrol., **22**, 25—28. [115]

BLUM, R. (1843): Die Pseudomorphosen des Mineralreichs. — Schweizerbart, Stuttgart. [254]

BÖHMEKE, A. (1952): Verwitterung von Muskovit. — Diss. Göttingen 1952, 28 pp., zit. bei CORRENS, Clay Min. Bull., **4**, 249—265. [32]

BONATTI, E. & ARRHENIUS, G. (1965): Eolian sedimentation in the Pacific off northern Mexico. — Mar. Geol., **3**, 337—348. [129]

Boström, K. (1967): The problem of excess manganese in pelagic sediments. — Ph. A. Abelson (ed.): Researches in geochemistry, Vol. **2**, 421—452. [131]

Boswell, P. G. H. (1933): On the mineralogy of sedimentary rocks. — Murby, London. [273]

Bouma, A. H. & Brouwer, A. (1964): Turbidities. — Elsevier, Amsterdam, London, New York. [98]

Bowen, H. J. M. (1966): Trace elements in geochemistry. — Academic Press, New York, 241 pp. [313]

Braitsch, O. (1962): Entstehung und Stoffbestand der Salzlagerstätten. — Mineralogie und Petrographie in Einzeldarstellungen, Springer, Berlin, Göttingen, Heidelberg. [177 f]

Bredehoeft, J. D., Blyth, C. R., White, W. A. & Maxey, G. B. (1963): Possible mechanism for concentration of brines in subsurface formations. — Bull. amer. Assoc. Petrol. Geol., **47**, 257—269. [230, 236]

Brehler, B. (1951): Über das Verhalten gepreßter Kristalle in ihrer Lösung. — N. Jb. Miner. Mh., 110—131. [255 f, 258]

Briggs, L. J., Mc Culloch, D. S. & Moser, F. (1962): The hydraulic shape of sand particles. — J. sediment. Petrol., **32**, 645—656. [65]

Brindley, G. W. & De Kimpe, C. (1961): Identification of clay minerals by single crystal electron diffraction. — Amer. Miner., **46**, 1005—1016. [48]

Brown, G. (1953): The dioctahedral analogon of vermiculite. — Clay Minerals Bull., **2**, 64—69. [46]

— (ed.) (1961): The X-ray identification and cristal structures of clay minerals. — Miner. Soc. London. [41]

Bryant, J. P. & Dixon, J. P. (1964): Clay mineralogy and weathering of a red-yellow podzolic soil from quartz mica schist in the Alabama Piedmont. — Clays and Clay Minerals. Proc. 12th nat. Conf. on Clays and Clay Minerals. Pergamon Press, Oxford, 509—521. [47]

Brydon, J. E., Clarke, J. S. & Osborne, V. (1961): Dioctahedral chlorite. — Canad. Miner., **6**, 595—609. [46]

Brydon, J. E. & Kodoma, H. (1966): The nature of aluminum hydroxide-montmorillonite complexes. — Amer. Miner., **51**, 875—889. [46]

Bülow, K. v. (1951): Schwermineralseifen an der mecklenburgischen Ostseeküste. — Arch. Lagerstättenforsch., H. 81, 1—63. [149]

Burri, C. (1929): Sedimentpetrographische Untersuchungen an alpinen Flußsanden. — Schweiz. Miner. Petrogr. Mitt., **9**, 205—240. [118]

Burst, J. F. (1958): "Glauconite" pellets: their mineral nature and applications to stratigraphic interpretation. — Bull. amer. Assoc. Petrol. Geol., **42**, 310—327. [127]

— (1958): Mineral heterogeneity in "glauconite" pellets. — Amer. Miner., **43**, 481—497. [127]

— (1959): Postdiagenetic clay mineral environmental relationships in the Gulf Coast eocene. — Clays and Clay Minerals. Proc. 6th nat. Conf., 1951, 327—341. [317]

— (1969): Diagenesis of Gulf Coast clayey sediments and its possible relation to petroleum migration. — Amer. Assoc. Petrol. Geol. Bull., **53**, 73—93. [317 f]

Buser, W. & Grütter, A. (1956): Untersuchungen an Mangansedimenten. — Schweiz. Miner. Petrogr. Mitt., **36**, 49—62. [130]

Bushinsky, G. I. (1967): Stylolites. — Izvest. Akad. Nauk. SSSR, Ser. Geol. 1961 (nach Trurnit 1967). [330]

Cailleux, A. (1942): Les actions éoliennes périglaciaires en Europe. — Mém. Soc. géol. France, n. s. 21, No. 46, 1—176. [167]

— (1952): Morphoskopische Analyse der Geschiebe und Sandkörner und ihre Bedeutung für die Paläoklimatologie. — Geol. Rdsch., **40**, 11—19. [107 ff, 117]

Cailleux, A. & Tricart, J. (1959): Initiation à l'étude des sables et des galets. — Paris, T. I, 376 pp. [167]

Carman, P. C. (1937): Fluid flow through granular beds. — Trans. Inst. Chem. Eng., **15**, 150. [211]

— (1948): Some physical aspects of water flow in porous media. — Disc. Faraday Soc., **3**, 72—77. [211]

— (1956): The flow of gases through porous media. — Academic Press, New York. [206, 211]

Carozzi, A. (1953): Données micrographiques sur le crétacé supérieur helvétique. — Bull. Inst. Nat. Genevois, **76**, 1—76. [346]

CAROZZI, A. V. (1960): Microscopic sedimentary petrography. — John Wiley & Sons, New York, London, 485 pp. [260, 263]
CARRIGY, M. A. & MELLON, G. B. (1964): Authigenic clay mineral cements in cretaceous and tertiary sandstones of Alberta. — J. sediment. Petrol., **34**, 461—472. [265, 267]
CARROL, D. & STARKEY, H. C. (1959): Effect of sea water on clay minerals. — Clays and clay minerals, Proc. 7th nat. Conf., Washington. Pergamon Press, Oxford, 80—101. [125]
CHAVE, K. E. (1954): Aspects of biogeochemistry of magnesium. I. Calcareous marine organisms; II. Calcareous sediments and rocks. — J. Geol., **62**, 266—283; 587—599. [189]
— (1960): Evidence on history of sea water from chemistry of deeper subsurface waters of ancient basins. — Bull. amer. Assoc. Petrol. Geol., **44**, 357—370. [220]
CHEBOTAREV, I. I. (1955): Metamorphism of natural waters in the crust of weathering. — Geochim. Cosmochim. Acta, **8**, 22—48; 137—170; 198—212. [220]
CHENNAUX, G. & DUNOYER DE SEGONZAC, G. (1967): Etude pétrographique de la pyrophyllite du Silurien et du Dévonien au Sahara. Répartition et origine. — Bull. Serv. Carte géol. Als. Lorr., Strasbourg, **20**, 159—210. [320]
CHILINGAR, G. V. & KNIGHT, L. (1960): Relationship between pressure and moisture content of kaolinite, illite and montmorillonite clays. — Bull. amer. Assoc. Petrol. Geol., **44**, 100—106. [280]
CIFELLI, R., BOWEN, V. T. & SIEVER, R. (1966): Cemented foraminiferal oozes from the Mid-atlantic ridge. — Nature, **209**, 32—34. [326]
CLARKE, F. W. & WASHINGTON, H. S. (1924): The composition of the earth's crust. — U. S. geol. Surv. prof. Pap. 127. [1]
CLAYTON, R. N., FRIEDMAN, I., GRAF, D. L., MAYEDA, T. K., MEENTS, W. F. & SHIMP, N. F. (1966): The origin of saline formation waters. I: Isotopic composition. — J. geophys. Res., **71**, 3869—3882. [234, 236]
COOMBS, D. S., ELLIS, A. J., FYFE, W. S. & TAYLOR, A. M. (1959): The zeolite facies, with comments on the interpretation of hydrothermal syntheses. — Geochim. Cosmochim. Acta, **17**, 53—107. [268 ff]
COOMBS, D. S. & WHETTEN, J. T. (1961): Composition of analcime from sedimentary and burial metamorphic rocks. — Bull. geol. Soc. Amer., **78**, 269—282. [270]
CORRENS, C. W. (1937): Die Sedimente des äquatorialen Atlantischen Ozeans. Geochemie der Sedimente. — Wiss. Ergebn. dt. Atlant. Expedition Meteor 1925—1927, Bd. III, 3. Teil, 205—245. [192]
— (1939): Die Sedimentgesteine. In: BARTH, T. F. W., CORRENS, C. W. & ESKOLA, P.: Die Entstehung der Gesteine. — Springer, Berlin. [15, 121, 123, 192, 315]
— (1940): Die chemische Verwitterung der Silikate. — Naturwiss., **28**, 369—376. [29]
— (1949): Growth and dissolution of crystals under linear pressure. — Disc. Faraday Soc., **5**, 267—271. [255, 315]
— (1950): Zur Geochemie der Diagenese: I. Das Verhalten von $CaCO_3$ und SiO_2. — Geochim. Cosmochim. Acta, **1**, 49—54. [263, 313]
— (1961): The experimental weathering of silicates. — Clay miner. Bull., **4**, 249—265. [29]
— (1963): Experiments on the decomposition of silicates and discussion of chemical weathering. — Clays and Clay minerals, Vol. 10, Proc. 10th nat. Conf. on Clays and Clay minerals. Pergamon Press, Oxford, 443—459. [29]
CORRENS, C. W. & ENGELHARDT, W. v. (1938): Neue Untersuchungen über die Verwitterung des Kalifeldspates. — Chem. d. Erde, **12**, 1—22. [28 ff]
CORRENS, C. W. & STEINBORN, W. (1939): Experimente zur Messung und Erklärung der sogenannten Kristallisationskraft. — Z. Kristallogr. (A), **101**, 117—133. [15, 255 f, 315]
COULTER, H. W. & MIGLIACCIO, R. R. (1966): Effects of the earthquake of March 27, 1964, at Valdez, Alaska. — U. S. geol. Surv. prof. Pap., 542 — C. [101]
CROWLEY, A. J. C. (1939): Possible criterion for distinguishing marine and non-marine sediments. — Bull. amer. Assoc. Petrol. Geol., **23**, 1716—1720. [346]
CULKIN, F. (1965): The major constituents of sea water. — In: Chemical oceanography (eds.: RILEY, J. P. & SKIRROW, G.), Vol. I. — Academic Press, London, 121—161. [124, 225]
CURTIS, R. G., EVANS, G., KINSMAN, J. J. & SHEARMAN, D. J. (1963): Association of dolomite and anhydrite in recent sediments of the Persian Gulf. — Nature, **197**, 679—680. [199]

DAPPLES, E. C. (1959): The behaviour of silica in diagenesis. In: IRELAND, H. A. (ed.): Silica in Sediments. — Soc. Econ. Palaeont. Miner., Spec. Publ. Nr. 7, Tulsa, 36—54. [260, 263, 309]

— (1967): Diagenesis of sandstones. In: LARSEN, G. & CHILINGAR, G. V. (eds.), Diagenesis in Sediments. — Elsevier, Amsterdam, London, New York, 91—125. [260, 263, 266 f, 309]
DAUBRÉE, A. (1879): Etudes synthétiques de géologie expérimentale. — Paris. [109, 113]
DEFFEYES, K. S. (1959): Zeolites in sedimentary rocks. — J. sediment. Petrol., **29**, 602—609. [268]
DEGENS, E. T. & CHILINGAR, G. V. (1967): Diagenesis of subsurface waters. In: LARSEN, G. & CHILINGAR, G. V. (eds.): Diagenesis in sediments. — Elsevier, Amsterdam, London, New York, 477—501. [220]
DEGENS, E., HUNT, J. M., REUTER, J. H. & REED, W. E. (1964): Data on the distribution of amino acids and oxygen isotopes in petroleum brine waters of various geologic ages. — Sedimentology, **3**, 199—225. [250]
DE GROOT, K. (1969): The chemistry of submarine cement formation at Dohat Hussain in the Persian Gulf. — Sedimentology, **12**, 63—68. [325]
DE KIMPE, C., GASTUCHE, M. C. & BRINDLEY, G. W. (1961): Ionic coordination in alumino-silicic gels in relation to clay mineral formation. — Amer. Miner., **46**, 1370—1381. [48]
— — — (1966): Low temperature syntheses of Kaolin minerals. — Amer. Miner., **49**, 1—16. [48]
DE SITTER, L. U. (1947): Diagenesis of oil-field brines. — Bull. amer. Assoc. Petrol. Geol., **31**, 2030—2040. [227 f, 244]
DEUSER, W. G. (1970): Extreme C^{13}/C^{12} variation in Quaternary dolomites from the continental shelf. — Earth Planet. Sci. Lett., **8**, 118—124. [341]
DICKEY, P. A. (1969): Increasing concentration of subsurface brines with depth. — Chem. Geol., **4**, 361—370. [229 f]
DICKINSON, G. (1953): Geological aspects of abnormal reservoir pressures in the Gulf coast region of Louisiana, U. S. A. — Bull. amer. Assoc. Petrol. Geol., **37**, 410—432. [299]
DICKSON, F. W., BLOUNT, CH. W. & TUNEL, G. (1963): Use of hydrothermal solution equipment to determine the solubilitiy of anhydrite in water from 100° C to 275° C and from 1 bar to 1000 bars pressure. — Amer. J. Sci., **261**, 61—78. [198]
DIETRICH, G. & KALLE, K. (1957): Allgemeine Meereskunde. — Gebr. Borntraeger, Berlin, 492 pp. [17 f, 86]
DILLO, H. G. (1960): Sandwanderungen in Tideflüssen. — Mitt. Franzius Inst. Grund- u. Wasserbau, T. H. Hannover, H. 17, 135—253. [74 f]
DIXON, J. B. & JACKSON, M. L. (1962): Properties of intergradient chlorite-expansible layer silicates of soils. — Soil Sci. amer. Proc., **26**, 358—362. [46]
DOEGLAS, D. J. (1950): De interpretatie van Korrelgrootteanalysen. — Verh. Nederl. Geol.-Mijnbouwk. Genoot., Deel 15, 247—328. [140]
DOTT, R. H. (1963): Dynamics of subaqueous gravity depositional processes. — Bull. amer. Assoc. Petrol. Geol., **47**, 104—128. [153]
DROSTE, J. B., BHATTACHARYA, N. & SUNDERMAN, J. A. (1962): Clay mineral alteration in some Indiana soils. — Clays and Clay Minerals, Proc. 9th nat. Conf. on Clays and Clay Minerals. Pergamon Press, Oxford, 329—342. [44 f]
DRYDEN, A. L. & DRYDEN, C. (1946): Comparative rates of weathering of some common heavy minerals. — J. sediment. Petrol., **16**, 91—96. [25]
DRYGALSKI, E. v. & MACHATSCHEK, F. (1942): Gletscherkunde. — In: Enzyklopädie der Erdkunde. Wien. [175]
DUNNINGTON, H. v. (1967): Aspects of diagenesis and shape change in stylolitic limestone reservoirs. — Proc. 7th Wld. Petrol. Congr., Mexico **2**, Panel Disc. No. 3, nach TRURNIT 1967. [330]
DUNOYER DE SEGONZAC, G. (1969): Les minéraux argilleux dans la diagenèse. Passage au métamorphisme. — Mém. Serv. Carte géol. Als. Lorr., **29**, 1—320. [321]
DUNOYER DE SEGONZAC, G., FERRERO, J. & KUBLER, B. (1968): Sur la cristallinité de l'illite dans la diagenèse et l'anchimétamorphose. — Sedimentology, **10**, 137—143. [318]
DUNOYER DE SEGONZAC, G. & MILLOT, G. (1962): Pyrophyllite du diagenèse gans le Dévonien inférieur du synclinal de Laval (Massif armoricain). — C. r. Acad. Sci. Paris, **255**, 3438—3440. [320]
DURUM, W. H., HEIDEL, S. G. & TISON, L. J. (1960): World wide runoff of dissolved solids. — Assoc. internat. d'Hydrol. sci. Assemblée gén. de Helsinki 25.7. — 6. 8. 1960. Commiss. des eaux de surface. Publ. No. 51, Gentbrugge (Belg.), 618—628. [18, 122]

EBHARDT, G. (1968): Experimentelle Untersuchungen zur Kompaktion karbonatischer Sedimente. — Inaug. Diss., Würzburg. [321 f]

ECKART, C. (1952): The propagation of waves from deep to shallow water. In: Gravity waves. — Nat. Bur. Standarts Circ., **521**, nach INMAN 1963, 165—173. [87]

ECKHARDT, F. J. (1958): Über Chlorite in Sedimenten. — Geol. Jb., **75**, 437—474. [316, 318]

EDELMAN, C. H. & DOEGLAS, D. J. (1932): Reliktstrukturen detritischer Pyroxene und Amphibole. — Miner. Petrogr. Mitt., **42**, 482—490. [25]

— — (1934): Über Umwandlungserscheinungen an detritischem Staurolith und anderen Mineralien. — Miner. Petrogr. Mitt., **45**, 225—234. [25]

EHLMANN, A. J., HULINGS, N. C. & GLOVER, E. D. (1963): Stages of glauconite formation in modern foraminiferal sediments. — J. sediment. Petrol., **33**, 87—96. [127]

EHLMANN, A. J. & SAND, L. B. (1959): Occurrence of shales partially altered to pyrophyllite. — Clays and clay minerals, 6th nat. Conf. 1957, 386—391. [127, 320]

EINSELE, G. (1967): Sedimentary processes and physical properties of cores from the Red Sea, Gulf of Aden and off the Nile delta. — In: RICHARDS, A. F. (ed.): Marine Geotechnique. — Univ. of Illinois Press, Urbana, Ill., 154—169. [100]

EINSELE, G. & MOSEBACH, R. (1955): Zur Petrographie, Fossilerhaltung und Entstehung der Gesteine des Posidonienschiefers im Schwäbischen Jura. — N. Jb. Geol. Paläont. Abh., **101**, 319—430. [312]

ELLIS, A. J. (1959): The solubility of calcite in carbon dioxide solutions. — Amer. J. Sci., **257**, 354—365. [184 f]

EMERY, K. O. (1955): Grain size of marine beach gravels. — J. Geol., **63**, 39—49. [148]

— (1968): Relict sediments on the continental shelves of the world. — Bull. amer. Assoc. Petrol. Geol., **52**, 445—464. [151]

EMERY, K. O. & RITTENBERG, S. C. (1952): Early diagenesis of California basin sediments in relation to origin of oil. — Bull. amer. Assoc. Petrol. Geol., **36**, 735—806. [203, 286]

ENGELHARDT, W. v. (1937 a): Mineralogische Beschreibung eines mecklenburgischen Bodenprofils. — Chemie d. Erde, **11**, 17—37. [24]

— (1937 b): Über die Schwermineralsande der Ostseeküste zwischen Warnemünde und Darsser Ort und ihre Bildung durch die Brandung. — Z. angew. Miner., **1**, 30—59. [149]

— (1940 a): Die Unterscheidung wasser- und windsortierter Sande auf Grund der Korngrößenverteilung ihrer leichten und schweren Gemengteile. — Chemie d. Erde, **12**, 445—465. [137, 173]

— (1940 b): Zerfall und Aufbau von Mineralen in norddeutschen Bleicherdewaldböden. — Chemie d. Erde, **13**, 1—43. [24, 47]

— (1960): Der Porenraum der Sedimente. — Springer, Berlin, Göttingen, Heidelberg, 207 pp. [202 f, 205 ff, 212 ff, 218, 220, 227, 229, 267, 289, 292]

— (1961): Zum Chemismus der Porenlösung der Sedimente. — Bull. Geol. Inst. Univ. Uppsala, **40**, 189—204. [220, 229]

— (1967): Interstitial solutions and diagenesis in sediments. — In: G. LARSEN & G. V. CHILINGAR (eds.): Diagenesis in sediments. — Elsevier, Amsterdam, London, New York, 503—521. [220, 274]

ENGELHARDT, W. v. & GAIDA, K. H. (1963): Concentration changes of pore solutions during the compaction of clay sediments. — J. sediment. Petrol., **33**, 919—930. [245, 279 f, 283 ff]

ENGELHARDT, W. v. & HAUSSÜHL, S. (1965): Festigkeit und Härte von Kristallen. — Fortschr. Miner., **42**, 5—49. [110, 112]

ENGELHARDT, W. v. & PITTER, H. (1951): Über die Zusammenhänge zwischen Porosität, Permeabilität und Korngröße bei Sanden und Sandsteinen. — Heidelb. Beitr. Miner. Petrogr., **2**, 477—491. [212 f]

ERDMANN, E. (1894): Bidrag till kannedomen om rullstenas bildande. — Geol. Fören. Stockh. Förh., **4**, 407—417. [109]

FACCA, G. (1951): Three gas bearing fields in the Po-valley (North Italy). — Proc. 3rd World Petrol. Congr., Sect. I, Leiden, 256—265. [299]

FAIRBRIDGE, R. W. (1957): The dolomite question. — In: Regional aspects of carbonate deposition. — Soc. Econ. Paleont. Miner., Spec. Publ. No. 5, 125—178. [337]

FENIAK, M. W. (1944): Grain sizes and shapes of various minerals in igneous rocks. — Amer. Miner., **29**, 415—421. [3, 4]

FISCHER, A. G. & GARRISON, R. E. (1967): Carbonate lithification on the sea floor. — J. Geol., **75**, 488—496. [326]

FISCHER, K. F. & MEIER, W. M. (1965): Kristallchemie der Zeolithe. — Fortschr. Miner., **42**, 50—86. [268]

FISK, H. N. (1955): Sand facies of recent Mississippi delta deposits. — Proc. 4th Wld. Petrol. Congr., Sect. I, Rome, 377—398. [145]

FISK H. N., MCFARLAN, E., KOLB, C. R. & WILBERT, L. J. (1964): Sedimentary framework of the modern Mississippi delta. — J. sediment. Petrol., **24**, 76—99. [144]

FOLK, R. L. & WARD, W. C. (1957): Brazos river bar: a study in the significance of grain size parameters. — J. sediment. Petrol., **27**, 3—26. [135]

FOSTER, M. D. (1963): Interpretation of the composition of vermiculites and hydrobiotes. — Proc. 10th National Conference on Clays and Clay Minerals. — Pergamon Press, Oxford, 70—89. [45]

FOTHERGILL, C. A. (1955): The cementation of oil reservoir sands and its origin. — Proc. 4th Wld. Petrol. Congr., Sect. I, Rome, 300—312. [262, 265]

FRIEDL, K. (1956): Die Tiefenwässer der Gösting-Domung. — Erdöl u. Kohle, **9**, 505—511. [228, 239 f]

FRIEDMAN, G. M. (1962): On sorting, sorting coefficients and the lognormality of the grain size distribution of sandstones. — J. Geol., **70**, 737—756. [132]

— (1964): Early diagenesis and lithification in carbonate sediments. — J. sediment. Petrol., **34**, 777—813. [188, 193, 326, 328, 333, 335]

— (1965): Occurrence and stability relationships of aragonite, high-magnesian calcite and low-magnesian calcite under deep-sea conditions. — Bull. geol. Soc. Amer., **76**, 1191—1196. [193]

— (1967): Dynamic processes and statistical parameters compared for size frequency distribution of beach and river sands. — J. sediment. Petrol., **37**, 327—354. [132, 142, 148, 173]

— (1968): The fabric of carbonate cement and matrix and its dependence on the salinity of water. — In: G. MÜLLER & G. M. FRIEDMAN (eds.): Recent developments in Carbonate Sedimentology in Central Europe. — Springer, Berlin, 11—20. [328]

FRIEDMAN, G. M., FABRICAND, B. P., IMBIMBO, E. S., BREY, M. E. & SANDERS, J. E. (1968): Chemical changes in interstitial waters from continental shelf sediments. — J. sediment. Petrol., **38**, 1313—1319. [251]

FRIEDMAN, G. M. & SANDERS, J. E. (1967): Origin and occurrence of dolostones. — In: G. V. CHILINGAR, H. J. BISSEL & R. W. FAIRBRIDGE (eds.): Carbonate rocks, Part A. — Elsevier, Amsterdam, London, New York, 268—348. [337, 342]

FRITZ, P. (1966): Zur Genese von Dolomit und zuckerkörnigem Kalk im Weißen Jura der Schwäbischen Alb (Württemberg). — Arb. Geol. Paläont. Inst. T. H. Stuttgart, N. F., Nr. 50, 104 pp. [342]

FRUTH, L. S., ORME, G. R. & DONATH, F. A. (1966): Experimental compaction effects in carbonate sediments. — J. sediment. Petrol., **36**, 747—754. [321]

FÜCHTBAUER, H. (1948): Einige Beobachtungen an authigenen Albiten. — Schweiz. Miner. Petr. Mitt., **28**, 709—716. [346]

— (1950): Die nicht-karbonatischen Bestandteile des Göttinger Muschelkalkes. — Heidelb. Beitr. Miner. Petr., **2**, 235—254. [346 f]

— (1961): Zur Quarzneubildung in Erdöllagerstätten. — Erdöl u. Kohle, **14**, 169—173. [252, 260, 262, 277]

(1967a): Der Einfluß des Ablagerungsmilieus auf die Sandsteindiagenese im Mittleren Buntsandstein. — Sediment. Geol., **1**, 159—179. [265, 267, 276]

— (1967 b): Influence of different types of diagenesis on sandstone porosity. — Proc. 7th Wld. Petrol. Congr., Mexico, Reservoir Geol., 353—369. [263, 267 f]

— (1970): Sandsteine, Konglomerate und Breccien. — In: H. FÜCHTBAUER & G. MÜLLER: Sedimente und Sedimentgesteine. — Schweizerbart Stuttgart. [252, 263, 272, 275, 321]

— (1972): Influence of salinity on carbonate rocks in the Zechstein formation, north western Germany. — Geology of saline deposits. Proc. Hannover Sympos. 1968, Earth Sci., **7**, 23—31. [346 f]

FÜCHTBAUER, H. & GOLDSCHMIDT, H. (1959): Die Tonminerale der Zechsteinformation. — Beitr. Miner. Petrogr., **6**, 320—345. [320]

— — (1963): Beobachtungen zur Tonmineraldiagenese. — Internat. Clay Conf. Stockholm, Pergamon Press, Vol. I, 99—111. [265 f, 292, 316, 318, 333]

— — (1964): Aragonitische Lumachellen im bituminösen Wealden des Emslandes. — Beitr. Miner. Petrogr., **10**, 184—197. [318]
— — (1965): Beziehungen zwischen Calciumgehalt und Bildungsbedingungen der Dolomite. — Geol. Rdsch., **55**, 29—40. [341]
FÜCHTBAUER, H. & MÜLLER, G. (1970): Sedimente und Sedimentgesteine. Sediment-Petrologie, Teil II. — Schweizerbart, Stuttgart. [passim.]
FÜCHTBAUER, H. & REINECK, H. E. (1963): Porosität und Verdichtung rezenter mariner Sedimente. — Sedimentology, **2**, 294—306. [202]
FÜHRBÖTER, A. (1967): Zur Mechanik der Strömungsriffel. — Mitt. Franzius Inst. Grund- u. Wasserbau, T. H. Hannover, H. 29, 1—35. [75]
FYFE, W. S. & BISCHOFF, J. L. (1965): The calcite-aragonite problem. — In: L. C. PRAY & R. C. MURRAY (eds.): Dolomitization and limestone diagenesis: a symposium. — Soc. Econ. Paleont. Miner., Spec. Publ., **13**, 3—13. [333]

GADOW, S. (1965): Verwitterung und Mineralneubildung in Bodenprofilen auf Stubensandstein. — Beitr. Miner. Petrogr., **11**, 449—469. [24]
GAERTNER, H. R. v. & SCHELLMANN, W. (1965): Rezente Sedimente im Küstenbereich der Halbinsel Kaloum, Guinea. — Miner. Petr. Mitt., **10**, 349—367. [130]
GARRELS, R. M. & CHRIST, C. L. (1965): Solutions, minerals, and equilibria. — Harper & Row, New York. [35 ff, 48, 129, 179 f, 187 f, 195, 267]
GARRELS, R. M., THOMPSON, M. E. & SIEVER, R. (1961): Control of carbonate solubility. — Amer. J. Sci., **259**, 24—45. [187]
— — — (1962): A chemical model for sea water at 25 °C and one atmosphere total pressure. — Amer. J. Sci., **260**, 57—66. [187 f]
GARRISON, R. E. & FISCHER, A. G. (1969): Deep-water limestones and radiolarites of the Alpine Jurassic. — In: G. M. FRIEDMAN (ed.): Depositional Environments in Carbonate Rocks: a Symposium. — Soc. Econ. Paleont. Miner., Spec. Publ., **14**, 20—55. [326]
GAVISH, E. & FRIEDMAN, G. M. (1969): Progressive diagenesis in Quaternary to the late Tertiary carbonate sediments: sequence and time scale. — J. sediment. Petrol., **39**, 980—1006. [328 f]
GEE, H. (1932): Preliminary experiments in precipitation by removal of carbon dioxide under aseptic conditions. — Bull. Scripps Inst. Oceanogr., Techn. Ser., **3**, 180. [188]
GEHLEN, K. v. (1960): Die röntgenographische und optische Gefügeanalyse von Erzen, insbesondere mit dem Zählrohrtexturgoniometer. — Beitr. Miner. Petrogr., **1**, 340—388. [304]
GERMANN, K. (1966): Ablauf und Ausmaß diagenetischer Veränderungen im Wettersteinkalk (alpine Mitteltrias). — Inaug. Diss. München. [324, 327]
GEVIRTZ, J. L. & FRIEDMAN, G. M. (1966): Deep-sea carbonate sediments of the Red Sea and their implications on marine lithification. — J. sediment. Petrol., **36**, 143—151. [327]
GILBERT, CH. M. (1949): Cementation of some California Tertiary reservoir sands. — J. Geol., **57**, 1—17. [259]
GILBERT, G. K. (1914): Transportation of debris by running water. — U. S. geol. Surv. prof. Pap., **86**. [74]
GINSBURG, R. N. (1957): Early diagenesis and lithification of shallow-water carbonate sediments in South Florida. — In: Regional Aspects of Carbonate Deposition. — Soc. Econ. Paleont. Miner., Spec. Publ., **5**, 80—100. [321, 328]
GIPSON, M. (1965): Application of the electron microscope to the study of particle orientation and fissility in shale. — J. sediment. Petrol., **35**, 408—414. [306 f]
— (1966): A study of the relations of depth, porosity, and clay mineral orientation in Pennsylvanian shales. — J. sediment. Petrol., **36**, 888—903. [306]
GIRESSE, P. (1965): Observations sur la présence de glauconie actuelle dans les sédiments ferrugineux peu profonds du bassin gabonais. — C. r. Acad. Sci. Paris, **260**, 5597—5600. [130]
GJEMS, O. (1960): Some notes on clay minerals in podzol profiles in Fennoscandia. — Clay Miner. Bull., **4**, 208—211. [44]
GLASS, H. D., POTTER, P. E. & SIEVER, R. (1956): Clay mineralogy of some basal Pennsylvanian sandstones, clays and shales. — Bull. amer. Assoc. Petrol. Geol., **40**, 750—754. [266]

GLENN, R. C. & NASH, V. E. (1964): Weathering relationships between Gibbsite, Kaolinite, Chlorite and expansible layer silicates in selected soils from the Lower Mississippi Coastal Plain. — Clays and Clay Minerals. Proc. 12th nat. Conf., Pergamon Press, Oxford, 529—548. [46]

GLOVER, J. E. & HOSEMANN, P. (1967): Authigenic high sanidine from Western Australia. — Nature, **214**, 262. [265]

GMELIN (1961): Handbuch der Anorganischen Chemie, 8. Aufl., System Nr. 28, Calcium. — Verlag Chemie, Weinheim. [184]

GOLDICH, S. S. (1938): A study in rock weathering. — J. Geol., **46**, 17—58. [25]

GOLDSMITH, J. R. & GRAF, D. L. (1958): Structural and compositional variations in some natural dolomites. — J. Geol., **66**, 678—693. [341]

GOLDSMITH, J. R., GRAF, D. L. & JOENSUU, O. I. (1955): The occurrence of magnesian calcite in nature. — Geochim. Cosmochim. Acta, **7**, 212—230. [189]

GORANSON, R. W. (1940): Physics of stressed solids. — J. Chem. Phys., **8**, 323—334. [255]

GORDON, M., TRACEY, J. L. & ELLIS, M. W. (1958): Geology of the Arkansas bauxite region. — U. S. geol. Surv. prof. Pap., **299**. [54]

GORHAM, E. (1955): On the acidity and salinity of rain. — Geochim. Cosmochim. Acta, **7**, 231—239. [19 f]

— (1957): The influence and importance of daily weather conditions in the supply of chloride, sulfate and other ions to fresh waters from atmospheric precipitation. — Phil. Trans. roy. Soc. London, Ser. B, **241**, 147—178. [19 f]

GRAF, D. L., FRIEDMAN, J. & MEENTS, W. F. (1965): The origin of saline formation waters II: Isotopic fractionation by shale micropore systems. — Illinois State geol. Surv. Circ. 393, 31 pp. [246]

GRAF, D. L., MEENTS, W. F., FRIEDMAN, J. & SHIMP, N. F. (1966): The origin of saline formation waters III: Calcium chloride waters. — Illinois State geol. Surv. Circ. 397, 60 pp. [228, 230, 232 f, 236, 251]

GRANT, W. H. (1963): Weathering of Stone Mountain granite. — Clays and Clay Minerals, Proc. 11th nat. Conf., Pergamon Press, Oxford, 65—73. [47]

GREENBERG, S. A. & PRICE, E. W. (1957): The solubility of silica in solutions of electrolytes. — J. Phys. Chem., **61**, 1539—1541. [39]

GRIFFIN, G. M. (1962): Regional clay mineral facies — Product of weathering intensity and current distribution in the northeastern Gulf of Mexico. — Bull. geol. Soc. Amer., **73**, 737—768. [152]

GRIFFITHS, J. C. (1952): Reaction relation in the finer-grained rocks. — Clay Miner. Bull., **1**, 251—256. [44]

GRIGGS, D. T. (1936): The factor of fatigue in rock exfoliation. — J. Geol., **44**, 783—796. [12 f, 14]

GRIM, R. E. (1953): Clay mineralogy. — McGraw-Hill, New York, London, Toronto, 384 pp. [46, 125, 316]

GRIM, R. E. & JOHNS, W. D. (1954): Clay mineral investigation of sediments in the northern Gulf of Mexico. — Clays and Clay Minerals, Proc. 2nd nat. Conf., Columbia — Nat. Acad. Sci. — Nat. Res. Council, Publ. 327, Washington, 81—103. [126]

GRIMM, W. D. (1957): Stratigraphische und sedimentpetrographische Untersuchungen in der Oberen Süßwassermolasse zwischen Inn und Rott (Niederbayern). — Beih. Geol. Jb., **26**, Hannover, 97—200. [25]

GRIPP, K. (1933): Tunnelfährten aus Feuerstein und die Entstehung des Feuersteins. — Mitt. Miner.-Geol. Staatsinst. Hamburg, **14**, 23—39. [343]

— (1954): Kritik und Beitrag zur Frage der Entstehung der Kreide-Feuersteine. — Geol. Rdsch., **42**, 248—262. [343]

GROGAN, R. M. (1945): Shape variation of some Lake Superior beach pebbles. — J. sediment. Petrol., **15**, 3—10. [117]

GUILCHER, A. (1963): Continental shelf and slope (Continental margin). — In: M. N. HILL (ed.): The sea, Vol. 3. — Interscience Publ., New York, London, 281—311. [91, 151]

GUTENBERG, B. (1939): Tsunamis and earthquakes. — Bull. seismol. Soc. Amer., **29**, 517—526. [101]

HAGLUND, D. S., FRIEDMAN, G. M. & MILLER, D. S. (1969): The effect of fresh water on the redistribution of uranium in carbonate sediments. — J. sediment. Petrol., **39**, 1283—1296. [335]

HALLA, F. & RITTER, F. (1935): Eine Methode zur Bestimmung der Änderung der freien Energie bei Reaktionen des Typs A(S) + B(S) = $AB(S)_2$ und die Anwendung auf das Dolomitproblem. — Z. phys. Chem., **175**, 63—82. [193]

HAMILTON, E. L. & MENARD, H. W. (1956): Density and porosity of sea floor surface sediments off San Diego, California. — Bull. amer. Assoc. Petrol. Geol., **40**, 754—761. [202]

HANSHAW, B. B. (1962): Membrane properties of clays. — Ph. D. Thesis, Harvard Univ., Cambridge, Mass. [245]

HARDER, H. (1965): Experimente zur „Ausfällung" der Kieselsäure. — Geochim. Cosmochim. Acta., **29**, 429—442. [124, 128]

HARDER, H. & FLEHMIG, W. (1967): Bildung von Quarz aus verdünnten Lösungen bei niedrigen Temperaturen. — Naturwiss., **54**, 140. [40, 129]

HARDER, H. & MENSCHEL, G. (1967): Quarzbildungen am Meeresboden. — Naturwiss., **54**, 561. [129]

HARDIE, L. A. (1967): The gypsum-anhydrite equilibrium at one atmosphere pressure. — Amer. Miner., **52**, 171—200. [197]

HARRISON, J. R. & MURRAY, H. H. (1959): Clay mineral stability and formation during weathering. — Clays and Clay Minerals, Proc. 6th nat. Conf., Pergamon Press, Oxford, 144—153. [45]

HARVEY, H. W. (1955): The chemistry and fertility of sea water. — Cambridge. [191]

HAY, R. L. (1966): Zeolites and zeolitic reactions in sedimentary rocks. — Bull. geol. Soc. Amer. Spec. Pap., **85**. [268, 271]

HEALD, M. T. (1950): Authigenesis in West-Virginia sandstones. — J. Geol., **58**, 624—633. [267]

— (1955): Stylolites in sandstones. — J. Geol., **63**, 101—114. [257 ff]

— (1956 a): Cementation of Simpson and St. Peter sandstones in parts of Oklahoma, Arkansas and Missouri. — J. Geol., **64**, 16—30. [258 f]

— (1956 b): Cementation of Triassic arkoses in Connecticut and Massachusetts. — Bull. geol. Soc. Amer., **67**, 1133—1154. [265]

— (1959): Significance of stylolites in permeable sandstones. — J. sediment. Petrol., **29**, 251—253. [258 f]

HEALD, M. T. & ANDEREGG, R. C. (1960): Differential cementation in the Tuscarora sandstone. — J. sediment. Petrol., **30**, 568—577. [260]

HEDBERG, H. D. (1936): Gravitational compaction of clays and shales. — Amer. J. Sci., **31**, 241—287. [288 f, 292, 297]

HEEZEN, B. C. (1963): Turbidity currents. — In: M. N. HILL (ed.): The Sea, Vol. 3. — Interscience Publ., New York, London, 742—775. [98]

HEEZEN, B. C. & EWING, M. (1952): Turbidity currents and submarine slumps and the Grand Banks earthquake. — Amer. J. Sci., **250**, 849—873. [101, 104]

— — (1955): Orléansville earthquake and turbidity currents. — Bull. amer. Assoc. Petrol. Geol., **39**, 2505—2514. [101 f]

HEEZEN, B. C. & MENARD, H. W. (1963): Topography of the deep-sea floor. — In: M. N. HILL (ed.): The Sea, Vol. 3. — Interscience Publ., New York, London, 232—280. [97]

HEIM, D. (1960): Über die Petrographie und Genese der Tonsteine aus dem Rotliegenden des Saar-Nahe-Gebietes. — Beitr. Miner. Petrogr., **7**, 281—317. [320]

HEIMANN, R. & WILLGALLIS, A. (1969): Kinetik und Morphologie der Auflösung von Quarz. — N. Jb. Miner. Mh., 145—160. [257]

HELING, D. (1963): Zur Petrographie des Stubensandsteins. — Beitr. Miner. Petrogr., **9**, 251—284. [263, 265, 274]

— (1965): Zur Petrographie des Schilfsandsteins. — Beitr. Miner. Petrogr., **11**, 272—296. [264, 267 f, 274]

— (1967): Die Porositäten toniger Keuper- und Jurasedimente Südwestdeutschlands. — Contr. Miner. Petrol., **15**, 224—232. [290, 292, 303]

— (1969): Relationships between initial porosity of Tertiary argillaceous sediments and paleosalinity in the Rheintalgraben (SW-Germany). — J. sediment. Petrol., **39**, 246—254. [204, 291 ff]

— (1970 a): Die Petrographie des Lokisandsteins im Ruhrcarbon (Oberes Westfal C): Ein Beitrag zur Diagenese tief versenkter Sandsteine. — Chemie d. Erde, **28**, 294—330. [263, 267]

— (1970 b): Microfabrics of shales and their rearrangement by compaction. — Sedimentology, **15**, 247—260. [303]

HÉNIN, S. & CAILLÈRE, S. (1961): Vue d'ensemble sur le problème de la synthèse des minéraux phylliteux à basses températures. — Coll. Inst. C.N.R.S. Genése et synthèse des argiles, Paris, 31—43. [47]

HITCHON, B. (1968): Rock volume and pore volume data for plains region of Western Canada sedimentary basin between latitudes 49° and 60° N. — Bull. amer. Assoc. Petrol. Geol., **52,** 2318—2323. [221 ff]

HITCHON, B. & FRIEDMAN, I. (1969): Geochemistry and origin of formation waters in the western Canada sedimentary basin. — Geochim. Cosmochim. Acta., **33,** 1321—1349. [236]

HJULSTRÖM, F. (1934/35): Studies of the morphological activity of rivers as illustrated by the river Fyris. — Bull. geol. Inst. Univ. Uppsala, **25,** 221—452. [70, 77]

HOEFS, J. (1970): Kohlenstoff- und Sauerstoffisotopenuntersuchungen an Karbonatkonkretionen und umgebendem Gestein. — Contr. Miner. Petrol., **27,** 66—79. [314]

HOEPPENER, R. (1956): Zum Problem der Bruchbildung, Schieferung und Faltung. — Geol. Rdsch., **45,** 247—283. [258]

HOFMANN, U. & HAUSDORF, A. (1945): Über das Sedimentvolumen und die Quellung von Bentonit. — Koll. Z., **110,** 1—17. [204]

HOLLAND, H. D., KIRSIPU, T. V., HUEBNER, J. S. & OXBURGH, U. M. (1964): On some aspects of the chemical evolution of cave waters. — J. Geol., **72,** 36—67. [193]

HOPPE, G. (1962): Petrogenetisch auswertbare morphologische Erscheinungen an akzessorischen Zirkonen. — N. Jb. Miner. Abh., **98,** 35—50. [8]

— (1963): Die Verwendbarkeit morphologischer Erscheinungen an akzessorischen Zirkonen. — Abh. dt. Akad. Wiss., Kl. Bergbau, Hüttenwes., Montangeol., **1,** Berlin, 130 pp. [8]

HOPPE, H. J. (1941): Untersuchungen an Palagonit-Tuffen und über ihre Bildungsbedingungen. — Chemie d. Erde, **13,** 484—514. [33]

— (1947): Verwitterungsversuche am Olivin. — Diss., Göttingen. [33]

HORN, D. (1965): Diagenese und Porosität des Dogger-beta-Hauptsandsteines in den Ölfeldern Plön-Ost und Preetz. — Erdöl u. Kohle, **18,** 249—255. [260—267]

HORN, M. K. & ADAMS, J. A. S. (1966): Computer-derived geochemical balances and element abundances. — Geochim. Cosmochim. Acta, **30,** 279—297. [131]

HOUTZ, R. E. (1962): The 1953 Suva earthquake and tsunami. — Bull. seismol. Soc. Amer., **52,** 1—12. [101]

HOWER, J. (1961): Some factors concerning the nature and origin of glauconite. — Amer. Miner., **46,** 313—332. [127 f]

HOWER, J. & MOWATT, TH. C. (1966): The mineralogy of illites and mixed layer illite/montmorillonites. — Amer. Miner., **51,** 825—854. [43, 45]

HSI, H. R. & CLIFTON, D. F. (1962): Flocculation of selected clays by various electrolytes. — Clays and Clay Minerals, Proc. 9th nat. Conf., Pergamon Press, Oxford, 269—275. [204]

HSU, K. J. (1963): Solubility of dolomite and composition of Florida ground waters. — J. Hydrol., **1,** 288—310. [193]

HUMMEL, K. (1922): Die Entstehung eisenreicher Gesteine durch Halmyrolyse. — Geol. Rdsch., **13,** 40—81. [121]

HUNT, J. M. (1961): Distribution of hydrocarbons in sedimentary rocks. — Geochim. Cosmochim. Acta, **22,** 37—49. [339]

ILLIES, H. (1949): Über die erdgeschichtliche Bedeutung der Konkretionen. — Z. dt. geol. Ges., **101,** 95—98. [310, 343, 345 f]

— (1954): Zur Entstehung der Kreidefeuersteine. — Geol. Rdsch., **42,** 262—264. [343]

INGRAM, R. L. (1953): Fissility of mudrocks. — Bull. geol. Soc. Amer., **64,** 869—878. [307]

INMAN, D. L. (1949): Sorting of sediments in the light of fluid mechanics. — J. sediment. Petrol., **19,** 51—71. [139]

— (1952): Measures for describing the size distribution of sediments. — J. sediment. Petrol., **22,** 125—145. [132, 134 f]

— (1963): Ocean waves and associated currents. — In: F. P. SHEPARD: Submarine Geology. — Harper & Row, New York, Evaston, London, 49—81. [86, 88, 92]

INMAN, D. L. & BAGNOLD, R. A. (1963): Littoral processes. — In: M. N. HILL (ed.): The Sea, Vol. 3. — Interscience Publ., New York, London, 529—553. [94 f, 147]

INNERBRITZEN, A. L. (1959): Gravels of Alameda Creek, California. — J. sediment. Petrol., **29,** 212—220. [117]

JACKSON, M. L. (1963a): Interlayering of expandible layer silicates in soils by chemical weathering. — Clays and Clay Minerals, Proc. 11th nat. Conf., Pergamon Press, Oxford, 29—46. [44, 46]
— (1963b): Aluminum bonding in soils: A unifying principle in Soil science. — Proc. Soil Sci. Soc. Amer., **27**, 1—10. [46]
JAMIESON, J. C. (1953): Phase equilibrium in the system calcite-aragonite. — J. Chem. Phys., **21**, 1385—1390. [188]
JASMUND, K. (1955): Die silikatischen Tonminerale. — Verlag Chemie, Weinheim. [41, 127]
JOHNS, W. D. (1963): Die Verteilung von Chlor in rezenten marinen und nichtmarinen Sedimenten. — Fortschr. Geol. Rheinl.-Westf., **10**, 215—230. [126]
JOHNS, W. D. & GRIM, R. E. (1958): Clay mineral composition of recent sediments from the Mississippi river delta. — J. sediment. Petrol., **28**, 186—199. [126, 152]
JONAS, E. C. (1964): Petrology of the Dry Branch, Georgia, Kaolin deposits. — Clays and Clay Minerals, Proc. 12th nat. Conf., Pergamon Press, Oxford, 199—205. [47]

KAARSBERG, E. A. (1959): Introductory studies of natural and artificial argillaceous aggregates by sound-propagation and X-ray diffraction methods. — J. Geol., **67**, 447—472. [305f]
KALINSKE, A. A. (1943): Turbulence and the transport of sand and silt by wind. — Ann. New York Acad. Sci., **33**, 41—54. [69f, 72]
KAPLAN, I. R., EMERY, K. O. & RITTENBERG, S. C. (1963): The distribution and isotopic abundance of sulphur in recent marine sediments off southern California. — Geochim. Cosmochim. Acta, **27**, 297—331. [247]
KÁRMÁN, TH. v. (1930): Mechanische Ähnlichkeit und Turbulenz. — Nachr. Akad. Wiss. Göttingen Math.-phys. Kl., 58—68. [60f, 71]
KASTNER, M. & WALDBAUM, D. R. (1968): Authigenic albite from Rhodes. — Amer. Miner., **53**, 1579—1602. [346]
KELLER, W. D. (1963): Diagenesis in clay minerals — a review. — Clays and Clay Minerals, Proc. 11th nat. Conf. Pergamon Press, Oxford, 136—157. [125, 316]
— (1964): The origin of high-alumina clay minerals. A review. — Clays and Clay Minerals, Proc. 12th nat. Conf., Pergamon Press, Oxford, 129—151. [46, 54]
KELLER, W. D., BALGORD, W. D. & REESMAN, A. L. (1963): Dissolved products of artificially pulverized silicate minerals and rocks. — J. sediment. Petrol., **33**, 191—204. [26f, 125]
KENNEDY, G. C. (1950): A portion of the system silica — water. — Econ. Geol., **45**, 629—653. [257]
KENNEDY, J. F. (1964): The formation of sediment ripples in closed rectangular conduits and in the desert. — J. geophys. Res., **69**, 1517—1524. [75]
KINSMAN, D. J. J. (1969): Interpretation of Sr^{2+} concentrations in carbonate minerals and rocks. — J. sediment. Petrol., **39**, 486—508. [335]
KNOKE, R. (1966): Untersuchungen zur Diagenese an Kalkkonkretionen und umgebenden Tonschiefern. — Contr. Miner. Petrol., **12**, 139—167. [312, 314, 316]
KÖSTER, E. (1964): Granulometrische und morphometrische Meßmethoden. — Enke, Stuttgart. [105]
KOLDEWIJN, B. W. (1958): Sediments of the Paria-Trinidad Shelf. — Rep. Orinoco Shelf exped., Vol. 3. — Thesis Univ. Amsterdam. [130]
KOSSOVSKAYA, A. G., DRITS, V. A. & ALEXANDROVA, V. A. (1965): On trioctahedral micas in sediments. — Internat. Clay Conf. 1963, Vol. 2, Pergamon Press, Oxford, 147—169. [45]
KOZENY, J. (1927): Über die kapillare Leitung des Wassers im Boden. — Sitz.-Ber. österr. Akad. Wiss. **IIa**, **136**, 271—306. [211]
KRAMER, J. R. (1959): Correction of some earlier data on calcite and dolomite in sea water. — J. sediment. Petrol., **29**, 464—469. [193]
— (1969): Subsurface brines and mineral equilibria. — Chem. Geol., **4**, 37—50. [226, 249]
KRAUSKOPF, K. B. (1956): Dissolution and precipitation of silica at low temperatures. — Geochim. Cosmochim. Acta, **10**, 1—26. [39f]
— (1959): The geochemistry of silica in sedimentary environments. In: H. A. IRELAND (ed.): Silica in Sediments. — Soc. Econ. Palaeont. Miner., Spec. Publ., **7**, 4—19. [39f]
KREJCI-GRAF, K., HECHT, F. & PASLER, W. (1957): Über Ölfeldwässer im Wiener Becken. — Geol. Jb., Hannover, **74**, 161—210. [227, 239f]
KROMER, H. (1963): Untersuchungen über den Mineralbestand des Knollenmergel-Keupers in Württemberg. — Diss., Tübingen. [319]

KRÜGER, G. (1939): Verwitterungsversuche am Leuzit. — Chemie d. Erde, **12**, 236—264. [32]

KRUIT, C. (1955): Sediments of the Rhone delta. — Monton & Co., 'S-Gravenhage, 141 pp. [144 f]

KRUMBEIN, W. C. (1940): Flood gravel of San Gabriel Canyon, California. — Bull. geol. Soc. Amer., **51**, 639—676. [116 f]

— (1941 a): Measurement and geological significance of shape and roundness of sedimentary particles. — J. sediment. Petrol., **11**, 64—72. [107 f, 117, 119]

— (1941 b): The effects of abrasion on the size, shape and roundness of rock fragments. — J. Geol., **49**, 482—520. [109 ff]

— (1942): Flood deposits of Arroyo Seco, Los Angeles Co., California. — Bull. geol. Soc. Amer., **53**, 1355—1402. [115 ff]

KRUMBEIN, W. C. & SLOSS, L. L. (1963): Stratigraphy and Sedimentation. 2nd ed. — Freeman & Co., San Francisco, London, 660 pp. [172]

KRUMBEIN, W. E. (1972): Rôle des microorganismes dans la genèse, la diagenèse et la dégradation des roches en place. — Ecol. Biol. du Sol, **9**, 305—341. [20]

KRYNINE, P. D. (1946): The turmaline group in sediments. — J. Geol., **54**, 635—710. [273]

KRYUKOV, P. A. & KOMAROVA, N. A. (1956): Etudes des solutions de sols, de limons et de roches-mères. — Rapp. 6ième Congr. internat. Sci. du sol. 2ième Commiss. (Chimie du Sol), Moscou, 151—184. [245]

KUBLER, B. (1966): La cristallinité de l'illite et les zones tout à fait supérieures de métamorphose. — Coll. sur les Etages Tecton., Univ. Neuchâtel, Baconière, Neuchâtel, 105—122. [318]

KUENEN, PH. H. (1950): Marine Geology. — Wiley, New York, 551 pp. [151]

— (1951): Properties of turbidity currents of high density. — Soc. Econ. Palaeont. Miner., Spec. Publ., **2**, 14—33. [98, 104]

— (1956): Experimental abrasion of pebbles: 2. Rolling by currents. — J. Geol., **64**, 336—368. [109, 111 f]

— (1958): Some experiments on fluviatile rounding. — Kon. Ned. Akad. Wet. Amsterdam, Ser. B, **61**, 1, 47—53. [114]

— (1959): Experimental abrasion: 3. Fluviatile action on sand. — Amer. J. Sci., **257**, 172—190. [114]

— (1960): Experimental abrasion: 4. Eolian action. — J. Geol., **68**, 427—449. [167]

— (1964): Deep sea sands and ancient turbidites. — In: A. H. BOUMA & A. BROUWER (eds.): Turbidites. — Elsevier, Amsterdam, London, New York, 3—33. [98]

— (1967): Emplacement of flysch-type sand beds. — Sedimentology, **9**, 203—243. [98]

KUENEN, PH. H. & HUMBERT, F. L. (1964): Bibliography of turbidity currents and turbidites. — In: A. H. BOUMA & A. BROUWER (eds.): Turbidites. — Elsevier, Amsterdam, London, New York, 222—246. [98]

KUENEN, PH. H. & MENARD, H. W. (1952): Turbidity currents, graded and non-graded deposits. — J. sediment. Petrol., **22**, 83—96. [104, 153]

KUENEN, PH. H. & MIGLIORINI, C. I. (1950): Turbidity currents as a cause of graded bedding. — J. Geol., **58**, 91—127. [98, 104]

KUENEN, PH. H. & PERDOK, W. G. (1962): Experimental abrasion. 5. Frosting and defrosting of quartz grains. — J. Geol., **70**, 648—658. [167]

KULKE, H. (1969): Petrographie und Diagenese des Stubensandsteins (Mittlerer Keuper) aus Tiefbohrungen im Raum Memmingen (Bayern). — Contr. Miner. Petrol., **20**, 135—163. [263, 265, 267]

KUZNETSOV, S. I., IVANOV, M. V. & LYALIKOVA, N. N. (1963): Introduction to geological Microbiology (transl. by P. T. BRONEER, ed. C. H. OPPENHEIMER). — McGraw Hill, New York, San Francisco, Toronto, London, 252 pp. [247]

LAND, L. S. (1966): Diagenesis of metastable skeletal carbonates. — Thesis, Mar. Sci. Center, Leigh, Univ. Bethlehem, Pa., 141 pp. [328 f]

— (1967): Diagenesis of skeletal carbonates. — J. sediment. Petrol., **37**, 914—930. [328]

LANDON, R. E. (1930): Analysis of beach pebble abrasion and transportation. — J. Geol., **38**, 437—446. [115]

LANG, H. B. (1964): Dolomit und zuckerkörniger Kalk im Weißen Jura der mittleren Schwäbischen Alb. — N. Jb. Geol. Paläont. Abh., **120**, 253—299. [342]

LANGHEINRICH, G. (1966): Syndiagenetische Fossildeformation im untersten Lias (Hettangium) von Göttingen. — N. Jb. Geol. Paläont. Mh., 666—680. [307]

LANGMUIR, D. (1964): Stability of carbonates in the system $CaO—MgO—CO_2—H_2O$. — Ph. D. Thesis, Harvard Univ., Cambridge, Mass. [193]

LEITMEIER, H. (1910): Zur Kenntnis der Karbonate. Die Dimorphie des Kohlensauren Kalkes. — N. Jb. Miner. **1910 I**, 49—74. [189]

LEMCKE, K., ENGELHARDT, W. v. & FÜCHTBAUER, H. (1953): Geologische und sedimentpetrographische Untersuchungen im Westteil der ungefalteten Molasse des süddeutschen Alpenvorlandes. — Beih. Geol. Jb., **11**, 110 pp. [25]

LEMCKE, K. & TUNN, W. (1956): Tiefenwasser in der süddeutschen Molasse und in ihrer verkarsteten Malmunterlage. — Bull. Ver. Schweiz. Petrol., Geol., Ing., **23**, 35—56. [238]

LEOPOLD, L. B. (1953): Downstream change of velocity in rivers. — Amer. J. Sci., **251**, 606—624. [137]

LEOPOLD, L. B. & MADDOCK, T. (1953): The hydraulic geometry of stream channels and some physiographic implications. — U. S. geol. Surv. prof. Pap., **252**. [137 f]

LEOPOLD, L. B., WOLMAN, M. G. & MILLER, J. P. (1964): Fluvial processes in geomorphology. — Freeman & Co., San Francisco, London, 522 pp. [137, 141]

LERBEKMO, J. F. & PLATT, R. L. (1962): Promotion of pressure-solution of silica in sandstones. — J. sediment. Petrol., **32**, 514—519. [258]

LINDSTRÖM, M. (1963): Sedimentary folds and the development of limestone in an Early Ordovician sea. — Sedimentology, **2**, 243—275. [327]

LIPPMANN, F. (1954): Über einen Keuperton von Zaisersweiher bei Maulbronn. — Heidelb. Beitr. Miner. Petrogr., **4**, 130—134. [320]

— (1955): Ton, Geoden und Minerale des Barrême von Hoheneggelsen. — Geol. Rdsch., **43**, 475—503. [312 ff]

— (1960 a): Corrensit. — In: HINTZE-CHUDOBA, Handb. d. Mineralogie, Erg. Bd. II, 688—691. [320]

— (1960 b): Versuche zur Aufklärung der Bildungsbedingungen von Calcit und Aragonit. — Fortschr. Miner., **38**, 156—161. [189]

— (1968): Synthesis of $BaMg(CO_3)_2$ (Norsethite) at 20 °C and the formation of dolomite in sediments. — In: G. MÜLLER & G. M. FRIEDMAN (eds.): Recent developments in carbonate petrology in Central Europe. — Springer, Berlin, Heidelberg, New York, 33—37. [339]

— (1970) Functions describing preferred orientation in flat aggregates of flake-like minerals and in other axially symmetric fabrics. — Contr. Miner. Petrol., **25**, 77—94. [304 f]

— (1973): Sedimentary carbonate minerals. — Springer, Berlin, Heidelberg, New York. [196, 333, 337, 339]

LIU, H. K. (1957): Mechanics of sediment-ripple formation. — J. Hydraul. Div., Proc. amer. Soc. civ. Eng., **83**, Pap. 1197. [74]

LIVINGSTONE, D. A. (1963): Chemical composition of rivers and lakes. — In: M. FLEISCHER (ed.): Data of Geochemistry. — U.S. geol. Surv. prof. Pap., **440**, ch. G, 1—G 64. [21, 124]

LÖHNERT, E. (1967): Grundwasserversalzungen im Bereich des Salzstocks von Altona-Langenfelde. — Abh. u. Verh. Naturwiss. Verein Hamburg, **11**, 29—46. [243]

LOHR, J. (1969): Die seismischen Geschwindigkeiten der jüngeren Molasse im ostschweizerischen und deutschen Alpenvorland. — Geophys. Prospect., **17**, 111—125. [308]

LONGUET-ESCARD, J. (1950): Fixation des hydroxides par la montmorillonite. — Trans. 4th internat. Congr. Soil. Sci., **3**, 40. [46]

LONGUET-HIGGINS, M. S. (1953): Mass transport in water waves. — Phil. Trans. roy. Soc. London, Ser. A, **245**, 535—581. [95]

LOWENSTAM, H. A. (1961): Mineralogy, O^{18}/O^{16} ratios and strontium and magnesium contents of recent and fossil brachiopods and their bearing on the history of the oceans. — J. Geol., **69**, 241—260. [123]

— (1963): Biologic problems relating to the composition and diagenesis of sediments. — In: T. W. DONNELLY (ed.): The Earth sciences, Problems and progress in current research. — Univ. Chicago Press, 137—195. [333]

LUCAS, J. (1962): Remarques sur les minéraux argileux interstratifiés et leur genèse. — Genèse et synthese des argiles. Coll. internat. C. N. R. S., Paris, 177—190. [44]

LUDWIG, G. & VOLLBRECHT, K. (1957): Die allgemeinen Bildungsbedingungen litoraler Schwermineralkonzentrate und ihre Bedeutung für die Auffindung sedimentärer Lagerstätten. — Geologie, **6**, 233—277. [149]

MACCARTHY, G. R. (1931): Coastal sands of the eastern United States. — Amer. J. Sci., Ser. 5, **22**, 35—50. [119]
— (1933): The rounding of beach sands. — Amer. J. Sci., **225**, 205—224. [119]
MACEWAN, D. M. C., RUIZ AMIL, A. & BROWN, G. (1961): Interstratified clay minerals. — In: BROWN, G. (ed.): The X-ray identification and crystal structures of clay minerals. — Min. Soc. London, 393—445. [44 f]
MACKENZIE, F. T. & GARRELS, R. M. (1956): Silicates: Reactivity with sea water. — Science, **150**, 57—58. [125]
— — (1966): Chemical mass balance between rivers and oceans. — Amer. J. Sci., **264**, 507—525. [123 f]
MACKENZIE, F. T., GARRELS, R. M., BRICKER, O. P. & BICKLEY, F. (1967): Silica in sea water: Control by silica minerals. — Science, **155**, 1404—1405. [125]
MANHEIM, F. T. & BISCHOF, J. L. (1969): Geochemistry of pore waters from SHELL-OIL Company drill holes on the continental slope of the northern Gulf of Mexico. — Chem. Geol., **4**, 63—82. [243]
MANHEIM, F. T. & HORN, M. K. (1968): Composition of deeper subsurface waters along the Atlantic continental margin. — Southeastern Geol., **4**, 215—236. [237 f]
MARSAL, D. (1967): Statistische Methoden für Erdwissenschaftler. — Schweizerbart, Stuttgart. [132]
MARSAL, D. & PHILIPP, W. (1970): Compaction of sediments. A simple mathematical model for calculating the gravitational porosity-depth equilibrium-curve of shales. — Bull. Geol. Inst. Univ. Uppsala, N. S., **2**, 59—66. [297, 301]
MARSHAL, P. E. (1927): The wearing of beach gravels. — Trans. Proc. New Zealand Inst., **58**, 507—532. [109]
MARSHALL, C. E. (1954): Multifunctional ionization as illustrated by the clay minerals. — Clays and Clay Minerals, Proc. 2nd nat. Conf., Columbia. — Nat. Acad. Sci. — Nat. Res. Counc. Washington, Publ. **327**, 364—385. [125]
— (1964): The physical chemistry and mineralogy of soils, Vol. I, Soil materials. — John Wiley, New York, London, Sydney, 388 pp. [282]
MARTIN-VIVALDI, J. L. & MACEWAN, D. M. C. (1951): Triassic chlorites from the Jura and the Catalan coastal range. — Clay Miner. Bull., **3**, 177—183. [45]
MATTHES, S. (1950): Vorkommen von Vermikulit in mitteldeutschen Serpentiniten. — N. Jb. Miner. Mh., 29—62. [45]
MATTIAT, B. (1969): Eine Methode zur elektronenmikroskopischen Untersuchung des Mikrogefüges in tonigen Sedimenten. — Geol. Jb. Hannover, **88**, 87—111. [306]
MCKELVEY, J. G. & MILNE, I. H. (1962): The flow of salt solutions through compacted clay. — Proc. 9th nat. Conf. on Clays and Clay Minerals, Pergamon Press, Oxford, 248—259. [245]
MEADE, R. H. (1964): Removal of water and rearrangement of particles during the compaction of clayey sediments — a review. — U. S. geol. Surv. prof. Pap., **497—B**, 1—23. [204, 283, 285, 305 f]
— (1966): Factors influencing the early stages of the compaction of clays and sands — a review. — J. sediment. Petrol., **36**, 1085—1101. [283]
— (1968 a): Compaction of sediments underlying areas of land subsidence in Central California. — U. S. geol. Surv. prof. Pap., **497—D**, 1—39. [286 f, 306 f]
(1968 b): Relations between suspended matter and salinity in estuaries of the Atlantic seabord, U.S.A. — Internat. Assoc. Sci. Hydrol. Gen. Assembly, Bern, **4**, 96—109. [153]
MEENTS, W. F., BELL, A. H., REES, O. W. & TILBURY, W. G. (1956): Illinois oil field brines. — Div. Illinois State Geol. Surv., Urbana. [227, 230 ff]
MEHMEL, M. (1937): Ab- und Umbau am Biotit. — Chemie d. Erde, **11**, 307—332. [32 f]
MEISL, ST. (1970): Petrologische Studien im Grenzbereich Diagenese—Metamorphose. — Abh. Hess. Geol. Landesamt Bodenforsch., H. 57, 93 pp. [260, 263, 265, 267 f]
MELOU, M. & PLUSQUELLEC, Y. (1967): Répartition de la pyrophyllite dans quelques niveaux du Briovérien et du Primaire Armoricain. — C. R. Acad. Sci. Paris, **265—D**, 14—16. [320]
MENARD, H. W. (1964): Marine Geology of the Pacific. — McGraw-Hill, New York. [97]
MICHEL, G. (1965): Zur Mineralisation des tiefen Grundwassers in Nordrheinwestfalen, Deutschland. — J. Hydrol., **3**, 73—87. [242]

MICHEL, G. & RÜLLER, K. H. (1964): Hydrochemische Untersuchungen des Grubenwassers der Zechen der Hüttenwerk Oberhausen A. G. — Bergbau-Arch., **25**, 21—27. [241]
MILLER, D. G. & RICHARDS, A. F. (1969): Consolidation and sedimentation-compression studies of a calcareous core, Exuma Sound, Bahamas. — Sedimentology, **12**, 301—316. [321]
MILLIMAN, J. D. (1966): Submarine lithification of carbonate sediments. — Science, **153**, 994—997. [326]
MILLOT, G. (1964): Géologie des argiles. — Masson, Paris. [44, 46 f, 53, 126 f, 316]
MILLOT, G. & CAMEZ, TH. (1963): Genesis of vermiculite and mixed layer vermiculite in the evolution of the soils of France. — Clays and Clay Minerals, Proc. 10th nat. Conf., Pergamon Press, Oxford, 90—95. [45]
MILLOT, G., LUCAS, J. & WEY, R. (1963): Research on evolution of clay minerals and argillaceous and siliceous neoformations. — Clays and Clay Minerals, Proc. 10th nat. Conf., Pergamon Press, Oxford, 399—412. [55]
MITCHELL, W. A. (1955): A review of the mineralogy of Scottish soil clays. — J. Soil. Sci., **6**, 94—98. [45]
— (1963): Mineralogical aspects of soil formation on a granitic till. — Internat. Clay Conf. 1963, Vol. I, Pergamon Press, Oxford, 131—138. [45]
MONAGHAN, P. H. & LYTLE, M. L. (1956): The origin of calcareous ooliths. — J. sediment. Petrol., **26**, 111—118. [188 f]
MOORE, G. W., ROBERSON, C. E. & NYGREN, H. D. (1962): Electrode determination of the carbon dioxide content of sea water and deep sea sediments. — U. S. geol. Surv. prof. Pap., **450—B**, 83—86. [191]
MORAVIETZ, F. H. (1958): Die Auslösungserscheinungen in der Juranagelfluh und ihre Bedeutung für die Diagenese. — Inaug. Diss. Tübingen. [259, 330 f]
MORGENSTERN, N. R. (1967): Submarine slumping and the initiation of turbidity currents. — In: A. F. RICHARDS (ed.): Marine Geotechnique, Univ. Illinois Press, Urbana, Ill., 189—220. [101]
MORTENSEN, H. (1933): Die Salzsprengung und ihre Bedeutung für die regional-klimatische Gliederung der Wüsten. — Petermanns geogr. Mitt., 130—135. [16]
MÜLLER, A. H. (1956): Die Knollenfeuersteine der Schreibkreide, eine frühdiagenetische Bildung. — Ber. Geol. Ges., **1**, 136—146. [343 ff]
MÜLLER, G. (1961): Die rezenten Sedimente im Golf von Neapel. 2. Mineral-Neu- und -Umbildungen in den rezenten Sedimenten des Golfes von Neapel. Ein Beitrag zur Umwandlung vulkanischer Gläser durch Halmyrolyse. — Beitr. Miner. Petrogr., **8**, 1—20. [131]
— (1963): Zur Kenntnis dioktaedrischer Vierschicht-Phyllosilikate (Sudoitreihe der Sudoit-Chlorit-Gruppe). — Internat. Clay Conf. 1963, Vol. I, Pergamon Press, Oxford, 121—130. [44, 46]
— (1964): Methoden der Sedimentuntersuchung. — Schweizerbart, Stuttgart. [41, 132]
— (1966): Die Sedimentbildung im Bodensee. — Naturwiss., **53**, 237—247. [150]
— (1967): Diagenesis in argillaceous sediments. — In: G. LARSEN & G. V. CHILINGAR (eds.): Diagenesis in Sediments. — Elsevier, Amsterdam, London, New York, 127—177. [309]
— (1970): Siehe FÜCHTBAUER & G. MÜLLER, passim.
MÜLLER, H. (1958): Die Petrographie der Röt-Muschelkalkgrenzschichten bei Studnitz nördlich Jena. — Chemie d. Erde, **19**, 391—435. [346 f]
MÜLLER, W. (1965): Auflösungsgeschwindigkeit von Kristallen in Wasser. — Inaug. Diss. Tübingen. [23]
MURATA, K. J., FRIEDMAN, I. & MADSEN, B. M. (1969): Isotopic composition of diagenetic marine carbonates in marine Miocene formations of California and Oregon. — U. S. geol. Surv. prof. Pap., **614—B**. [341]
MURRAY, J. & RENARD, A. F. (1891): Deep-sea deposits. — Challenger Exped. Rep., London. [131]
MUSKAT, M. (1946): The flow of homogeneous fluids through porous media. — Edwards, Ann Arbor, 763 pp. [207]

NERNST, W. & BRUNNER, E. (1904): Theorie der Reaktionsgeschwindigkeit in heterogenen Systemen. — Z. phys. Chem., **47**, 52—55. [22]
NIEMANN, H. (1960): Untersuchungen am Grauen Salzton der Grube „Königshall-Hindenburg“, Reyershausen bei Göttingen. — Beitr. Miner. Petrogr., **7**, 137—165. [320]
NIGGLI, P. (1920): Lehrbuch der Mineralogie. — Borntraeger, Berlin. [254]
— (1952): Gesteine und Minerallagerstätten. Bd. 2: Exogene Gesteine und Minerallagerstätten. — Birkhäuser, Basel. [121]

Nordin, C. F., jr. & Dempster, G. R. (1963): Vertical distribution of velocity and suspended-sediment concentration, Middle Rio Grande, New Mexico. — U. S. geol. Surv. prof. Pap., **462—B**, 1—20. [61 f, 73 f]

Nota, D. J. G. (1958): Sediments of the western Guiana shelf. — Meded. Landbouwhogeschool Wageningen, Nederland, **58** (2), 1—98. [146, 151]

O'Brien, N. R. (1964): Origin of Pennsylvanian underclays in the Illinois basin. — Bull. geol. Soc. Amer., **75**, 823—832. [307]

O'Brien, N. R. & Harrison, W. (1969): Fabric of a non-fissile pleistocene clay. — Naturwiss., **56**, 135—136. [307]

Odom, I. E. (1967): Clay fabric and its relation to structural properties in mid-continent Pennsylvanian sediments. — J. sediment. Petrol., **37**, 610—623. [306 f]

Oseen, C. W. (1927): Hydrodynamik. — Akademische Verlagsges., Leipzig. [64 f, 67]

Papp, A. (1954): Fazies und Gliederung des Sarmats im Wiener Becken. — Mitt. Geol. Ges. Wien, **47**, 35—97. [239]

Parasnis, D. S. (1960): The compaction of sediments and its bearing on some geophysical problems. — Geophys. J. roy. astron. Soc., **3**, 1—28. [279 f, 321 f]

Park, W. C. & Schot, E. H. (1968): Stylolites: their nature and origin. — J. sediment. Petrol., **38**, 175—191. [330]

Patterson, S. H. (1964): Halloysite underclay and amorphous inorganic matter in Hawaii. — Clays and Clay Minerals, Proc. 12th nat. Conf., Pergamon Press, Oxford, 153—172. [48]

Pawluck, S. (1963): Characteristics of 14 Å clay minerals in the B horizonts of podzolized soils of Alberta. — Clays and Clay Minerals, Proc. 11th nat. Conf., Pergamon Press, Oxford, 74—82. [46]

Pelto, C. R. (1956): A study of chalcedony. — Amer. J. Sci., **254**, 32—50. [40]

Petrov, V. P. (1958): Genetic types of white clays in the USSR and laws governing their distribution. — Clay Miner. Bull., **3**, 287—296. [47]

Pettijohn, F. J. (1941): Persistence of heavy minerals and geologic age. — J. Geol., **49**, 610—625. [271]

— (1957): Sedimentary rocks. — Harper & Broth., New York, 1. ed. 1949, 2. ed. 1957. [105, 108, 132, 271, 273]

Pettijohn, F. J. & Lundahl, A. C. (1943): Shape and roundness of Lake Erie beach sand. — J. sediment. Petrol., **13**, 69—78. [119]

Philipp, W., Drong, H. J., Füchtbauer, H., Haddenhorst, H. G. & Jankowsky, W. (1963): Zur Geschichte der Migration im Gifhorner Trog. — Erdöl u. Kohle, **16**, 456—468. [260 f, 277]

Pichler, H. (1963): Geologische Untersuchungen im Gebiet zwischen Roßfeld und Markt Schellenberg im Berchtesgadener Land. — Beih. geol. Jb., **48**, 129—204. [327]

Plapp, J. E. & Mitchell, J. (1960): A hydrodynamic theory of turbidity currents. — J. geophys. Res., **65**, 983—992. [104]

Plessmann, W. (1966): Lösung, Verformung, Transport und Gefüge (Beiträge zur Gesteinsverformung im Rheinischen Schiefergebirge). — Z. dt. geol. Ges., **115**, 650—663. [259]

Plumley, P. E. (1948): Black hills terrace gravels, a study in sediment transport. — J. Geol., **56**, 526—577. [115 f]

Pollack, J. M. (1961): Significance of compositional and textural properties of South Canadian River channel sands, New Mexico, Texas and Oklahoma. — J. sediment. Petrol., **31**, 15—37. [118]

Porrenga, D. H. (1967): Clay mineralogy and geochemistry of recent marine sediments in tropical areas. — Acad. Proefschr., Univ. Amsterdam. [130, 151 f]

Poser, H. & Hövermann, J. (1952): Beiträge zur morphometrischen und morphologischen Schotteranalyse. — Abh. Braunschweiger Wiss. Ges., **4**, 12—36. [117]

Posnjak, E. (1940): Deposition of Calcium sulfate from sea water. — Amer. J. Sci., **238**, 559—568. [197 f]

Potter, P. E. & Mast, R. F. (1963): Sedimentary structures, sand shape fabrics and permeability. — J. Geol., **71**, 441—471; 548—565. [209]

Potter, P. E. & Scheidegger, A. E. (1966): Bed thickness and grain size: graded beds. — Sedimentology, **7**, 233—240. [153]

POWERS, M. C. (1953): A new roundness scale for sedimentary particles. — J. sediment. Petrol., **23**, 117—119. [108]
— (1954): Clay diagenesis in the Chesapeake Bay area. — Clays and Clay Minerals, Proc. 2nd nat. Conf., Columbia. — Nat. Acad. Sci. — Nat. Res. Council, Publ. 327, Washington, 68—80. [126]
— (1957): Adjustment of land derived clays to the marine environment. — J. sediment. Petrol., **27**, 355—372. [126]
— (1959): Adjustment of clays to chemical change and the concept of the equivalence level. — Clays and Clay Minerals, Proc. 6th nat. Conf. 1957, 309—326. [317]
— (1967): Fluid release mechanism in compacting marine mudrocks and their importance in oil exploration. — Bull. amer. Assoc. Petrol. Geol., **51**, 1240—1254. [317 f]
PRANDTL, L. (1965): Führer durch die Strömungslehre. — 6. Aufl., Vieweg, Braunschweig. [56, 60, 62]
PRAY, L. C. (1960): Compaction in calcilutites (Abstr.). — Bull. geol. Soc. Amer., **71**, 1946. [323]
PRICE, W. A. (1963): Physicochemical and environmental factors in clay dune genesis. — J. sediment. Petrol., **33**, 766—778. [172]
PUCHELT, H. (1964): Zur Geochemie des Grubenwassers im Ruhrgebiet. — Z. dt. geol. Ges., **116**, 167—203. [241 f]
PURSER, B. H. (1969): Syn-sedimentary marine lithification of Middle-Jurassic limestones in the Paris Basin. — Sedimentology, **12**, 205—230. [327]
PUSTOWALOFF, L. W. (1955): Über sekundäre Veränderungen der Sedimentgesteine. — Geol. Rdsch., **43**, 535—550. [273]

RANKAMA, K. & SAHAMA, TH. G. (1950): Geochemistry. — Univ. of Chicago Press. [17]
RAYLEIGH, Lord (1943): The ultimate shape of pebbles, natural and artificial. — Proc. roy. Soc. London, Ser. A, **181**, 107—118. [109, 113, 116]
— (1944): Pebbles, natural and artificial. Their shape under various conditions of abrasion. — Proc. roy. Soc. London, Ser. A, **182**, 321—335. [109, 113, 116]
REICHE, P. (1950): A survey of weathering processes and products. — Univ. of Mexico Publ. in Geol., No. 3. [12]
REINECK, H. E. (1963): Sedimentgefüge im Bereich der südlichen Nordsee. — Abh. Senckenberg. Naturforsch. Ges., Frankfurt a. M., **505**, 1—138. [146, 150]
— (1967): Layered sediments of tidal flats, beaches and shelf bottoms of the North Sea. — In: Estuaries. Amer. Assoc. Advanc. of Sci., 191—206. [150]
REULING, H. T. (1934): Der Sitz der Dolomitisierung: Versuch einer neuen Aufwertung der Bohrergebnisse von Funafuti. — Abh. Senckenberg. Naturforsch. Ges., **428**, 44 pp. [338]
REX, R. W. & MARTIN, B. D. (1966): Clay mineral formation in sea water by submarine weathering of K-feldspar. — Clays and Clay Minerals, Proc. 14th nat. Conf., Pergamon Press, Oxford, 235—240. [124]
RICH, C. J. & COOK, M. G. (1963): Formation of dioctahedral vermiculite in Virginia soils. — Clays and Clay Minerals, Proc. 10th nat. Conf., Pergamon Press, Oxford, 96—106. [46]
RIEKE, H. H., CHILINGAR, G. V. & ROBERTSON, J. O. (1964): High pressure (up to 500 000 psi) compaction studies on various clays. — 22nd internat. Geol. Congr., New Delhi, Proc. in press. [245]
RILEY, N. A. (1941): Projection sphericity. — J. sediment. Petrol., **11**, 94—97. [108]
RIMSAITE, J. (1957): Über die Eigenschaften der Glimmer in den Sanden und Sandsteinen. — Beitr. Miner. Petrogr., **6**, 1—15. [26]
RITTENHOUSE, G. (1943): The transportation and deposition of heavy minerals. — Bull. geol. Soc. Amer., **54**, 1725—1780. [137, 173]
RÖSLER, H. J. & LANGE, H. (1965): Geochemische Tabellen. — VEB Deutscher Verlag für Grundstoffindustrie, Leipzig. [124]
ROGERS, J. W., KRUEGER, W. C. & KROG, M. (1963): Sizes of naturally abraded materials. — J. sediment. Petrol., **33**, 628—632. [120]
ROLLER, P. S. & ERVIN, G. (1940): Ionization of silicic acid. — J. amer. Chem. Soc., **62**, 468. [39]
ROSENBERG, P. E. & HOLLAND, H. D. (1964): Calcite-Dolomite-Magnesite stability relations in solutions at elevated temperature. — Science, **145**, 700—701. [193 f]

ROSENQUIST, I. TH. (1962): The influence of physico-chemical factors upon the mechanical properties of clays. — Clays and Clay Minerals, Proc. 9th nat. Conf., Pergamon Press, Oxford, 12—27. [204]

ROUSE, H. (1937): Modern conceptions of the mechanics of fluid turbulence. — Trans. amer. Soc. Civ. Eng., **102**, 534. [70]

ROY, R. & ROMO, I. (1957): New data on vermiculite. — J. Geol., **65**, 603—610. [45]

RUBEY, W. W. (1931): Lithologic studies of fine-grained upper Cretaceous sedimentary rocks of the Black Hills region. — U. S. geol. Surv. prof. Pap., **165**, 1—54. [306]

— (1951): Geologic history of sea water. — Bull. geol. Soc. Amer., **62**, 1111—1147. [131]

RUCHIN, L. B. (1958): Grundzüge der Lithologie. Lehre von den Sedimentgesteinen (übers. a. d. Russ. von A. SCHÜLLER). — Akademie Verlag, Berlin, 806 pp. [286]

RUSSELL, D. R. (1937): Mineral composition of Mississippi river sands. — Bull. geol. Soc. Amer., **48**, 1307—1348. [118]

RUSSELL, R. D. & TAYLOR, R. E. (1937): Roundness and shape of Mississippi River sands. — J. Geol., **45**, 225—267. [108, 118]

RYAN, W. B. F. & HEEZEN, B. C. (1965): Ionian sea submarine canyons and the 1908 Messina turbidity current. — Bull. geol. Soc. Amer., **76**, 915—932. [101]

SÁENZ, I. M. de (1963): Autigener Sanidin. — Schweiz. Miner. Petrogr. Mitt., **43**, 485—492. [265]

SANDER, B. (1948): Einführung in die Gefügekunde der geologischen Körper. Erster Teil. — Springer, Wien, Innsbruck, 215 pp. [323]

— (1950): Einführung in die Gefügekunde der geologischen Körper. Zweiter Teil. — Springer, Wien, Innsbruck, 409 pp. [323, 336]

SCHEFFER, F. & SCHACHTSCHABEL, P. (1966): Lehrbuch der Bodenkunde. 6. Aufl. — F. Enke, Stuttgart. [17, 49 f]

SCHEIDEGGER, A. E. (1960): The physics of flow through porous media. — Univ. of Toronto Press., Toronto. [205 ff, 213]

— (1961): Theoretical Geomorphology. — Springer, Berlin, Göttingen, Heidelberg. [70, 86]

— (1965): Textural studies of graded bedding. Observation and theory. — Sedimentology, **5**, 289—304. [153]

SCHEIDEGGER, A. E. & POTTER, P. E. (1967): Bed thickness and grain-size: Cross-bedding. — Sedimentology, **8**, 39—44. [142]

SCHERP, A. (1963): Die Petrographie der palaeozoischen Sandsteine in der Bohrung Münsterland 1 und ihre Diagenese in Abhängigkeit von der Teufe. — Fortschr. Geol. Rheinl.-Westf., **11**, 251—282. [267]

SCHERP, A. & STADLER, G. (1968): Die Pyrophyllit-führenden Tonschiefer des Ordoviziums im Ebbesattel und ihre Genese. — N. Jb. Miner. Abh., **108**, 142—165. [320]

SCHILLER, L. (1932): Fallversuche mit Kugeln und Scheiben. — In: Handbuch der Experimentalphysik, Bd. 4, 2. Teil. Hrsg. L. SCHILLER, Leipzig. [63, 66 f]

SCHLANGER, S. O. (1963): Subsurface geology of Eniwetok Atoll. — U. S. geol. Surv. prof. Pap., **260—BB.** [329, 333, 338]

SCHLENKER, B. (1971): Petrographische Untersuchungen am Gips-Keuper und Lettenkeuper von Stuttgart. — Diss. Tübingen. [320]

SCHMIDT, W. (1925): Der Massenaustausch in freier Luft und verwandte Erscheinungen. — Hamburg. [68]

SCHNEIDERHÖHN, P. (1954): Eine vergleichende Studie über Methoden zur quantitativen Bestimmung von Abrundung und Form an Sandkörnern. — Heidelb. Beitr. Miner. Petrogr., **4**, 172—191. [106, 108 f]

— (1957): Sedimentpetrographische Untersuchung einiger Terrassenablagerungen des oberen Euphrat. — N. Jb. Miner. Abh., **91**, 58—88. [142 f]

SCHOELLER, H. (1955): Géochimie des eaux souterraines. Applications aux eaux des gisements de pétrole. — Rev. Inst. Franç. Pétrole **10**, 181, 219, 507, 671, 823. [220]

SCHÖNER, H. (1960): Über die Verteilung und Neubildung der nichtkarbonatischen Mineralkomponenten der Oberkreide aus der Umgebung von Hannover. — Beitr. Miner. Petrogr., **7**, 76—103. [346 f]

SCHOKLITSCH, A. (1933): Über die Verkleinerung der Geschiebe in Flußläufen. — Sitzungsber. Akad. Wiss. Wien, Math.-naturwiss. Kl., Sec. II, **142**, 343—366. [109, 112]

SCHUBERT, C. (1964): Size-frequency distribution of sand-sized grains in an abrasion mill. — Sedimentology, **3**, 288—295. [113, 120]

SCHULEIKIN, W. (1959): Theorie der Meereswellen (Übers. a. d. Russ. von E. BRUNS). — Akademie Verlag, Berlin. [86]
SCHUMANN, H. (1941): Zur Korngestalt der Quarze in Sanden. — Chemie d. Erde, **14**, 131—151. [5, 119]
SEIBOLD, E. (1962): Kalkkonkretionen und karbonatisch gebundenes Magnesium. — Geochim. Cosmochim. Acta, **26**, 899—909. [312, 314]
— (1964): Das Meer. — In: R. BRINKMANN: Lehrbuch der allgemeinen Geologie. Bd. I. — F. Enke, Stuttgart. [97, 146]
SEILACHER, A. (1968): Origin and diagenesis of the Oriskany Sandstone (Lower Devonian, Appalachians) as reflected in its shell fossils. — In: G. MÜLLER & G. M. FRIEDMAN (eds.): Recent Developments in Carbonate Sedimentology in Central Europe. — Springer, Berlin, Heidelberg, New York, 175—185. [259]
SHARMA, G. D. (1965): Formation of silica cement and its replacement by carbonates. — J. sediment. Petrol., **35**, 733—745. [263]
SHAUB, B. M. (1939): The origin of stylolites. — J. sediment. Petrol., **9**, 47—61. [330]
— (1949): Do stylolites develop before or after the hardening of the enclosing rock? — J. sediment. Petrol., **19**, 26—36. [330]
SHELTON, J. W. (1964): Autigenic kaolinite in sandstone. — J. sediment. Petrol., **34**, 102—111. [265]
SHEPARD, F. P. (1963 a): Submarine canyons. — In: M. N. HILL (ed.): The sea. Vol. 3. — Interscience Publ., New York, London, 480—506. [86, 97]
— (1963 b): Submarine geology. 2nd Ed. — Harper & Row, New York. [97]
SHINN, E. A. (1969): Submarine lithification of holocene carbonate sediments in the Persian Gulf. — Sedimentology, **12**, 109—144. [325]
SHIRLEY, M. L. & RAGSDALE, J. A. (eds.) (1966): Deltas. — Houston Geol. Soc., 251 pp. [144]
SIEMES, H. (1966): Röntgenographische Bestimmung der Texturen von unverformten und experimentell verformten Solnhofener Kalkstein. — Proc. 1st Congr. intern. Soc. Rock Mech., Lissabon, 205—215. [336]
SIEVER, R. (1957): The silica budget in the sedimentary cycle. — Amer. Miner., **42**, 821—841. [39]
— (1959): Petrology and geochemistry of silica cementation in some Pennsylvanian sandstones. — In: H. A. IRELAND (ed.): Silica in sediments. — Soc. Econ. Paleont. Miner., Spec. Publ. Nr. 7, 55—79. [258, 260]
— (1962): Silica solubility, 0°—200° C, and the diagenesis of siliceous sediments. — J. Geol., **70**, 127—150. [39 f]
SIEVER, R., BECK, K. C. & BERNER, R. A. (1965): Composition of interstitial waters of modern sediments. — J. Geol., **73**, 39—73. [251]
SKEMPTON, A. W. (1944): Notes on the compressibility of clays. — Quart. J. geol. Soc. London, **100**, 119—135. [278, 281]
SLAUGHTER, M. & MILNE, I. H. (1960): The formation of chlorite-like structures from montmorillonite. — Clays and Clay Minerals, Proc. 7th nat. Conf., Pergamon Press, Oxford, 114—124. [46]
SLOSS, L. L. & FERRAY, D. E. (1948): Microstylolites in sandstones. — J. sediment. Petrol., **18**, 3—13. [257]
SNEED, E. D. & FOLK, L. (1958): Pebbles in the lower Colorado River, Texas: a study in particle morphogenesis. — J. Geol., **66**, 114—150. [105, 115 f]
SPOTTS, J. H. & SILVERMAN, S. R. (1966): Organic dolomite from Point Fermin, California. — Amer. Miner., **51**, 1144—1155. [341]
STADLER, G. (1963): Die Petrographie und Diagenese der oberkarbonischen Tonsteine in der Bohrung Münsterland I. — Fortschr. Geol. Rheinl.-Westf., II, 283—290. [318]
STEHLI, F. G. (1956): Shell mineralogy in paleozoic invertebrates. — Science, 123, 1031—1032. [333]
STEHLI, F. G. & HOWER, J. (1961): Mineralogy and early diagenesis of carbonate sediments. — J. sediment. Petrol., **31**, 358—371. [328]
STEINFINK, H. & GEBHART, J. E. (1962): Compression apparatus for powder X-ray diffractometry. — Rev. Sci. Instr., **33**, 542—544. [317]
STEPHEN, I. (1963): Bauxitic weathering at Mount Zomba, Nyasaland. — Clay Miner. Bull., **5**, 203—208. [54]
STEPHEN, I. & MACEWAN, D. M. C. (1951): Some chloritic clay minerals of unusual type. — Clay Miner. Bull., **1**, 157—162. [45]

STERNBERG, H. (1875): Untersuchungen über Längen- und Querprofile geschiebeführender Flüsse. — Z. Bauwes., **25**, 483—506. [110, 112, 114]

STOCKDALE, P. B. (1922): Stylolites: Their nature and origin. — Indiana Univ. Stud., **9**, 55, 1—97. [330]

— (1926): The stratigraphic significance of solution in rocks. — J. Geol., **34**, 399—414. [258, 330, 332]

STOKER, J. J. (1957): Water Waves. — Interscience Publ., New York. [86]

STORER, H. (1959): Costipazione dei sedimenti argillosi nel bacino Padano. — In: Giacimenti Gassiferi dell' Europa Occidentale, Vol. II, Acad. Lincei, Roma. [292]

STRAKHOV, N. M. (1956): Typen der Dolomitgesteine und ihre Entstehung (russ.). — Akad. Nauk. SSSR, Moskau, Trudy Geol. Inst. [337]

— (1958): Tatsachen und Hypothesen zur Frage der Bildung von Dolomitgesteinen (russ.). — Izvest. Akad. Nauk. SSSR, Ser. geol., 3—21. [337]

SUDO, T. (1954): Clay mineralogical aspects of the alteration of volcanic glass in Japan. — Clay Miner. Bull., **2**, 96—106. [47]

SWARTZENDRUBER, D. (1962): Non-Darcy flow behavior in liquid-saturated porous media. — J. geophys. Res., **67**, 5205—5213. [207]

SWINDALE, L. D. & FAN, P. F. (1967): Transformation of gibbsite to chlorite in ocean bottom sediments. — Science, **157**, 799—800. [129]

SZADECZKY-KARDOSS, E. (1933): Die Bestimmung des Abrollungsgrades. — Zbl. Miner. Abt. B, 389—401. [108 f]

TAFT, W. H. (1967): Physical chemistry of formation of carbonates. — In: G. V. CHILINGAR, H. J. BISSELL & R. W. FAIRBRIDGE (eds.): Carbonate rocks. — Elsevier, Amsterdam, 151—167. [333]

TAN, F. C. & HUDSON, J. D. (1971): Carbon and oxygen isotopic relationships of dolomites and coexisting calcites, Great Estuarine Series (Jurassic), Scotland. — Geochim. Cosmochim. Acta, **35**, 755—767. [341]

TARR, W. A. (1917): Origin of chert in the Burlington limestone. — Amer. J. Sci., Ser. 4, **44**, 409—452. [343]

— (1926): The origin of chert and flint. — Univ. Missouri Stud., **1**, No. 2. [343]

TAYLOR, J. C. M. & ILLING, L. V. (1969): Holocene intertidal calcium carbonate cementation, Quartar, Persian Gulf. — Sedimentology, **12**, 69—107. [325]

TAYLOR, R. M. & NORRISH, K. (1966): The measurement of orientation distribution and its application to quantitative X-ray diffraction analysis. — Clay Miner., **6**, 127—142. [304]

TERTSCH, H. (1949): Die Festigkeitseigenschaften der Kristalle. — Springer, Wien. [112]

TERZAGHI, K. (1925): Erdbaumechanik auf bodenphysikalischer Grundlage. — Deuticke, Leipzig, Wien, 399 pp. [279]

TERZAGHI, R. D. (1940): Compaction of lime and mud as a cause of secondary structure. — J. sediment. Petrol., **10**, 78—90. [321 f]

THIEL, G. A. (1940): The relative resistance to abrasion of mineral grains of sand size. — J. sediment. Petrol., **10**, 102—124. [114]

THIEM, H. J. (1967): Quantitative Texturanalyse durch Röntgenintensitätsmessungen und ihre Anwendung auf experimentell verdichtete Kaolinit- und Montmorillonit-Tone. — Diss. Univ. Tübingen. [284, 305]

THOMPSON, A. (1959): Pressure solution and porosity. — In: H. A. IRELAND (ed.): Silica in sediments. — Soc. Econ. Paleont. Miner., Spec. Publ. No. 7, Tulsa, Okla., 92—110. [257, 258]

TOPKAYA, M. (1950): Recherches sur les silicates authigènes dans les roches sédimentaires. — Bull. Lab. Univ. Lausanne, **97**, 1—132. [346]

TOWE, K. M. (1962): Clay mineral diagenesis as a possible source of silica cement in sedimentary rocks. — J. sediment. Petrol., **32**, 26—28. [318]

TRURNIT, P. (1967 a): Morphologie und Entstehung von Druck-Lösungserscheinungen während der Diagenese. — Inaug. Diss. Heidelberg. [330 ff]

— (1967 b): Morphologie und Entstehung diagenetischer Druck-Lösungserscheinungen. — Geol. Mitt. Aachen, **1**, 173—204. [330 ff]

TUNN, W. (1940): Untersuchungen über die Verwitterung des Tremolit. — Chemie d. Erde, **12**, 275—303. [33]

TUREKIAN, K. K. (1969): The oceans, streams and atmosphere. — In: K. H. WEDEPOHL (ed.): Handbook of Geochemistry, Vol. I. — Springer, Berlin, Heidelberg, New York, 297—323. [186, 194]

TURNER, F. J. & VERHOOGEN, J. (1960): Igneous and metamorphic rocks. 2nd ed. — Mc Graw Hill, New York, Toronto, London. [271]

UDDEN, J. (1914): Mechanical composition of clastic sediments. — Bull. geol. Soc. Amer., **25**, 655—744. [132]

USDOWSKI, H. E. (1962): Die Entstehung der kalkoolithischen Fazies des norddeutschen Unteren Buntsandsteins. — Beitr. Mineral. Petrol., **8**, 141—179. [330]

— (1967): Die Genese von Dolomit in Sedimenten. — Springer, Berlin, Heidelberg, New York, 95 pp. [193 f, 337]

VALETON, I. (1953): Petrographie des süddeutschen Hauptbuntsandsteines. — Heidelb. Beitr. Miner. Petrogr., **3**, 335—379. [273]

— (1955 a): Beziehungen zwischen petrographischer Beschaffenheit, Gestalt und Rundungsgrad einiger Flußgerölle. — Petermanns geogr. Mitt., 14—17. [116 f]

— (1955 b): Veränderungen an Zirkon und Turmalin in Buntsandstein und Keuper. — Heidelb. Beitr. Miner. Petrogr., **5**, 100—104. [273]

— (1958): Der Glaukonit und seine Begleitminerale aus dem Tertiär von Walsrode. — Mitt. Geol. Staatsinst. Hamburg, **27**, 88—131. [127]

VAN ANDEL, TJ. H. (1952): Zur Frage der Schwermineralverwitterung in Sedimenten. — Erdöl u. Kohle, **5**, 100—104. [25]

— (1959): Reflections on the interpretation of heavy mineral analyses. — J. sediment. Petrol., **29**, 153—163. [25]

VAN ANDEL, TJ. H. & POSTMA, H. (1954): Recent sediments in Gulf of Paria. — North Holland Publ. Co., 143 pp. [130, 152]

VAN ANDEL, TJ. H., WIGGERS, A. J. & MAARLEVELD, G. (1954): Roundness and shape of marine gravels from Urk (Netherlands), a comparison of several methods of investigation. — J. sediment. Petrol., **24**, 100—116. [116 f]

VAN MOORT, J. C. (1971): A comparative study of the diagenetic alteration of clay minerals in mesozoic shales from Papua, New Guinea, and in Tertiary shales from Louisiana, U.S.A. — Clays and Clay Miner., **19**, 1—20. [317]

VAN OLPHEN, H. (1963): Compaction of clay sediments in the range of molecular particle distances. — Clays and Clay Miner., **11**, 178—187. [12, 281, 317]

— (1964): Internal mutual flocculation in clay suspensions. — J. Colloid Sci., **19**, 313—322. [281]

VENIALE, F. & VAN DER MAREL, H. W. (1963): An interstratified saponite-swelling chlorite mineral as a weathering product of lizardite rock from St. Margherita (Pavia Province), Italy. — Beitr. Miner. Petrogr., **9**, 198—245. [45]

VIELSTICH, W. (1953): Der Zusammenhang zwischen NERNST'scher Diffusionsschicht und PRANDTL'scher Strömungsgrenzschicht. — Z. Elektrochem., **57**, 646—655. [23]

VINOGRADOV, A. P. & RONOV, A. B. (1957): Evolution of chemical composition of clays of the Russian platform (abstr. by G. V. CHILINGAR). — Geochim. Cosmochim. Acta, **12**, 172—175. [316]

WADELL, H. (1932): Volume, shape and roundness of rock particles. — J. Geol., **40**, 443—451. [107 ff]

— (1935): Volume, shape and roundness of quartz particles. — J. Geol., **43**, 250—280. [107]

WAGNER, G. (1913): Stylolithen und Drucksuturen. — Geol. Paläont. Abh. N. F., **11** (15), 1—30. [330]

WALDSCHMIDT, W. A. (1941): Cementing materials in sandstones and their probable influence on migration and accumulation of oil and gas. — Bull. amer. Assoc. Petrol. Geol., **25**, 1839—1879. [260, 267]

WALGER, E. (1961): Die Korngrößenverteilung von Einzellagen sandiger Sedimente und ihre genetische Bedeutung. — Geol. Rdsch., **51**, 494—507. [141]

— (1966): Untersuchungen zum Vorgang der Transportsonderung von Mineralen am Beispiel von Strandsanden der westlichen Ostsee. — Meyniana, **16**, 55—106. [137, 173]

WALKER, G. F. (1950): Trioctahedral micas in the soil clays of north-east Scotland. — Miner. Mag., **29**, 72—84. [44 f]

— (1957): On the differentiation of vermiculites and smectites in clays. — Clay Miner. Bull., **3**, 154—163. [45]

WALKER, T. R. (1957): Frosting of quartz grains by silica replacement. — Bull. geol. Soc. Amer., **68**, 267—268. [263]
— (1960): Carbonate replacement of detrital crystalline silicate minerals as a source of authigenic silica in sedimentary rocks. — Bull. geol. Soc. Amer., **71**, 145—152. [263]
— (1962): Reversible nature of chert-carbonate replacement in sedimentary rocks. — Bull. geol. Soc. Amer., **73**, 237—242. [263 f, 346]
WALLHÄUSER, K. H. & PUCHELT, H. (1966): Sulfatreduzierende Bakterien in Schwefel- und Grubenwässern Deutschlands und Österreichs. — Contr. Miner. Petrol., **13**, 12—30. [247]
WALTON, H. F. (1949): Ion exchange equilibria. — In: F. C. NACHOD (ed.): Ion exchange. — Academic Press, New York, 3—28. [250]
WATTENBERG, H. (1933): Kalziumkarbonat- und Kohlensäuregehalt des Meerwassers. — Wiss. Ergebn. dt. Atlant. Exped. Meteor 1925—1928, Bd. VIII, 1. Teil, Berlin. [192]
— (1936): Kohlensäure und Kalziumkarbonat im Meere. — Fortschr. Miner., **20**, 168—195. [188]
— (1937): Die Bedeutung anorganischer Faktoren bei der Ablagerung von Kalziumkarbonat im Meere. — Geol. d. Meere u. Binnengew., **1**, 237—259. [188, 191 f]
WATTENBERG, H. & TIMMERMANN, E. (1936): Über die Sättigung des Seewassers an $CaCO_3$ und die anorganogene Bildung von Kalksedimenten. — Ann. Hydrogr., **64**, 23—31. [188]
WATTS, E. V. (1948): Some aspects of high pressure in the D 7 zone of the Ventura Avenue field. — Trans. Amer. Inst. Miner. Met. Engrs., **174**, 191—205. [298]
WEAVER, CH. E. (1958): A discussion on the origin of clay minerals in sedimentary rocks. — Clays and Clay Minerals, Proc. 5th nat. Conf., Nat. Res. Council Publ. No. **566**, 159—173. [123]
— (1959): The clay petrology of sediments. — Clays and Clay Minerals, Proc. 6th nat. Conf. 1957, 154—187. [316, 319]
— (1960): Possible use of clay minerals in search for oil. — Bull. amer. Assoc. Petrol. Geol., **44**, 1505—1518. [318]
WEDEPOHL, K. H. (1960): Spurenanalytische Untersuchungen an Tiefseetonen aus dem Atlantik. — Geochim. Cosmochim. Acta, **18**, 200—231. [130 f]
— (1967): Geochemie. — Samml. Göschen, Walter de Gruyter, Berlin. [124]
WEEKS, L. G. (1953): Environment and mode of origin and facies relationships of carbonate concretions in shales. — J. sediment. Petrol., **23**, 162—173. [313]
WELLER, J. M. (1959): Compaction of sediments. — Bull. amer. Assoc. Petrol. Geol., **43**, 273—310. [297, 323]
WENTWORTH, C. K. (1919): A laboratory and field study of cobble abrasion. — J. Geol., **27**, 507—522. [109]
— (1922): A method of measuring and plotting the shapes of pebbles. — U. S. geol. Bull., **730**, 91—102. [108 f]
WERNER, E. (1961): Zu Verkittungsvorgängen an Psammiten. — Geol. Rdsch., **51**, 507—517. [262]
WETZEL, O. (1933): Die in organischer Substanz erhaltenen Mikrofossilien des baltischen Kreidefeuersteins. — Palaeontographica, **77**, 141—186; **78**, 1—110.
WETZEL, W. (1923): Sedimentpetrographie. — Fortschr. Miner., Kristallogr., Petrogr., **8**, 101—198. [121]
— (1957): Selektive Verkieselung. — N. Jb. Geol. Paläont. Abh., **105**, 1—10. [343]
WEY, R. & SIFFERT, B. (1961): Réactions de la silice monomoléculaire en solution avec les ions Al^{3+} et Mg^{2+}. — Coll. Inst. C.N.R.S. Genèse et synthèse des argiles, Paris, 11—23. [47 f]
WEYL, P. K. (1959): Pressure solution and the force of crystallisation — a phenomenological theory. — J. geophys. Res., **64**, 2001—2025. [256, 258]
WEYL, R. (1950): Schwermineralverwitterung und ihr Einfluß auf die Mineralführung klastischer Sedimente. — Erdöl u. Kohle, **3**, 209—211. [25]
— (1952): Zur Frage der Schwermineralverwitterung in Sedimenten. — Erdöl u. Kohle, **5**, 29—33. [25]
WHITE, D. E. (1957): Magmatic, connate and metamorphic waters. — Bull. geol. Soc. Amer., **68**, 1659—1682. [220]
— (1965): Saline waters of sedimentary rocks. — In: A. YOUNG & J. E. GALLEY (eds.): Fluids in subsurface environments — a symposium. — Mem. amer. Assoc. Petrol. Geol., **4**, 342—366. [220]

WHITE, W. A. (1961): Colloid phenomena in sedimentation of argillaceous rocks. — J. sediment. Petrol., **31**, 560—570. [306]

WHITEHOUSE, U. G., JEFEREY, L. M. & DEBBRECHT, J. D. (1960): Differential setting tendencies of clay minerals in saline waters. — Clays and Clay Minerals, Proc. 7th nat. Conf., Pergamon Press, Oxford, Paris, 1—79. [152]

WICKMAN, F. E. (1954): The total amount of sediments and the composition of the average igneous rock. — Geochim. Cosmochim. Acta, **5**, 97—110. [2]

WIESENEDER, H. (1952): Die Verteilung der Schwermineralien im nördlichen Inneralpinen Wiener Becken und ihre geologische Deutung. — Verh. Geol. Bundesanst. Wien, 207—222. [272]

WIESENEDER, H. & MAURER, I. (1958): Ursachen der räumlichen und zeitlichen Änderung des Mineralbestandes der Sedimente des Wiener Beckens. — Eclog. geol. Helv., **51**, 1155—1172. [272]

WILHELMY, H. (1958): Klimamorphologie der Massengesteine. — Georg Westermann, Braunschweig. [10, 12]

WILLIAMSON, E. D. (1917): The effect of strain on heterogeneous equilibrium. — Phys. Rev., **10**, 275—283. [255]

WILSON, M. J. (1966): The weathering of biotite in some Aberdeenshire soils. — Miner. Mag., **35**, 1080—1093. [344, 346]

WINKLER, H. G. F. (1967): Die Genese der metamorphen Gesteine. — 2. Aufl. — Springer, Berlin, Heidelberg, New York. [271, 320]

WOLF, K. L. (1957): Physik und Chemie der Grenzflächen, Bd. I. — Springer, Berlin, Göttingen, Heidelberg. [11]

WOLFE, M. J. (1968): Lithification of a carbonate mud: senonian chalk in Northern Ireland. — Sediment. Geol., **2**, 263—280. [324, 330]

WYCKOFF, R. D., BOTSET, M., MUSKAT, M. & REED, D. W. (1934): Measurement of permeability of porous media. — Bull. amer. Assoc. Petrol. Geol., **18**, 161—190. [205]

WYLLIE, M. R. (1948): Some electrochemical properties of shales. — Science, **108**, 684—685. [245]

— (1955): Role of clay in well log interpretation. — First nat. Conf. Clay Technol. 1952. — Calif. Div. Min. Bull., **169**, 282—305. [245]

YATES, D. J. C. (1954): The expansion of porous glass on the adsorption of non-polar gases. — Proc. roy. Soc. London, Ser. A, **224**, 526—544. [11]

ZANKL, H. (1969): Structural and textural evidence of early lithification in fine-grained carbonate rocks. — Sedimentology, **12**, 241—256. [324]

ZIMMERLE, W. (1963): Zur Petrographie und Diagenese des Dogger-beta-Hauptsandsteines im Erdölfeld Plön-Ost. — Erdöl u. Kohle, **16**, 9—16. [263]

ZINGG, TH. (1935): Beiträge zur Schotteranalyse. — Schweiz. Miner. Petr. Mitt., **15**, 39—140. [105 ff, 115, 119]

ZOBELL, C. E. (1958): Ecology of sulfate reducing bacteria. — Producers Month., **22**, 12—29. [247]

— (1963): Organic geochemistry of sulfur. — In: I. A. BREGER (ed.): Organic Geochemistry, Ch. 13. — Internat. Ser. Monogr. on Earth Sci., Pergamon Press, Oxford, London, New York, Paris, **16**, 543—578. [247]

ZOEBELEIN, H. K. (1940): Geologische und sedimentpetrographische Untersuchungen im niederbayerischen Tertiär. — N. Jb. Geol. Paläont. Abh., Beil. Bd. **84**, Abt. B, 233—302. [25]

ZÜLLIG, TH. (1956): Sedimente als Ausdruck des Zustandes eines Gewässers. — Schweiz. Z. Hydrol., **18**, 5—143. [286]

Sachverzeichnis